Reihe: Rechnungslegung und Wirtschaftsprüfung · Band 29

Herausgegeben von Prof. (em.) Dr. Dr. h. c. Jörg Baetge, Münster, Prof. Dr. Hans-Jürgen Kirsch, Münster, und Prof. Dr. Stefan Thiele, Wuppertal

AF792295

Dr. Kathrin Köhling

Barwertorientierte Fair Value-Ermittlung für Renditeimmobilien in der IFRS-Rechnungslegung

Empfehlungen zur Konkretisierung eines Bewertungskalküls

Mit einem Geleitwort von Prof. Dr. Hans-Jürgen Kirsch, Westfälische Wilhelms-Universität Münster

EUL VERLAG

Bibliografische Information der Deutschen Nationalbibliothek

Die Deutsche Nationalbibliothek verzeichnet diese Publikation in der Deutschen Nationalbibliografie; detaillierte bibliografische Daten sind im Internet über <http://dnb.d-nb.de> abrufbar.

Dissertation, Westfälische Wilhelms-Universität Münster, 2011

D 6

ISBN 978-3-8441-0041-9
1. Auflage Juni 2011

© JOSEF EUL VERLAG GmbH, Lohmar – Köln, 2011
Alle Rechte vorbehalten

JOSEF EUL VERLAG GmbH
Brandsberg 6
53797 Lohmar
Tel.: 0 22 05 / 90 10 6-6
Fax: 0 22 05 / 90 10 6-88
E-Mail: info@eul-verlag.de
http://www.eul-verlag.de

Bei der Herstellung unserer Bücher möchten wir die Umwelt schonen. Dieses Buch ist daher auf säurefreiem, 100% chlorfrei gebleichtem, alterungsbeständigem Papier nach DIN 6738 gedruckt.

Geleitwort

Die International Financial Reporting Standards (IFRS) sehen für die Bilanzierung von Renditeimmobilien gemäß IAS 40 alternativ eine Bewertung zu fortgeführten Anschaffungs- bzw. Herstellungskosten oder eine Bewertung zum Fair Value vor. Gerade Immobiliengesellschaften entscheiden sich, unter anderem aufgrund von externen Empfehlungen, immer häufiger für das Fair Value-Model. Die Unternehmen benötigen dazu entsprechende Standards, um ihre Immobilien (einheitlich) zu bewerten. Da die internationale Harmonisierung der Immobilienbewertung anders als die Rechnungslegung noch am Anfang ihrer Entwicklung steht, werden in der Praxis bereits seit langem unabhängig von Bilanzierungsfragen diverse unterschiedliche Immobilienbewertungsmethoden angewandt, die mehr oder weniger stark nationale Besonderheiten reflektieren.

Hier setzt die Verfasserin an und untersucht zunächst, wie die in der Praxis aus verschiedensten Gründen etablierten Bewertungsstandards in einem IFRS-Abschluss anwendbar sein könnten. Dazu gibt sie zunächst einen Überblick über diese, weitestgehend unstandardisierten Methoden, um im Anschluss daran verschiedene barwertorientierte Methoden mit Hilfe der Ziele und Anforderungen der IFRS-Rechnungslegung zu beurteilen und zu konkretisieren. Vor allem aus dem gerade vom IASB verabschiedeten IFRS 13 zum Fair Value Measurement resultieren konkrete Anforderungen an die Marktobjektivierung von Immobilienbewertungsverfahren. Die Verfasserin nimmt diese aktuellen Entwicklungen zum Anlass, detailliert die Vor- und Nachteile bestehender barwertorientierter Immobilienbewertungsmethoden für die IFRS-Rechnungslegung herauszuarbeiten und zu würdigen, um im Anschluss daran ein Bewertungskalkül zu entwickeln, dass die Vorteile der einzelnen Methoden so weit wie möglich miteinander verbindet.

Dazu stellt die Verfasserin im zweiten Kapitel die Grundlagen der Immobilienökonomie, der IFRS-Rechnungslegung und der Bewertung vor. In diesem Zusammenhang grenzt sie zunächst den investitionstheoretischen Immobilienbegriff, der Grundlage dieser Arbeit ist, von anderen Definitionen ab und erläutert im Anschluss die speziellen Charakteristika von Immobilien und Immobilienmärkten.

Im Folgenden stellt die Verfasserin allgemein die Ziele und Grundsätze der IFRS-Rechnungslegung dar. Hierbei erläutert sie das im September 2010 verabschiedete neue Conceptual Framework, welches auch die Basis für den jüngst veröffentlichten Fair Value Measurement-IFRS bildet. Den (neuen) Grundsatz der glaubwürdigen Darstellung operationalisiert sie mit Hilfe eines verhaltenswissenschaftlichen Konzepts, das davon ausgeht, dass die Glaubwürdigkeit einer Information dann verbessert wird, wenn die Anreize und/oder die Möglichkeiten zur Gestaltung gemindert werden. Anschließend wird die Bilanzierung von Renditeimmobilien gemäß IAS 40 allgemein und speziell in Bezug auf die Fair Value-Ermittlung nach IAS 40 und nach IFRS 13 vorgestellt. Die Inputparameter-Hierarchie des IFRS 13 soll sicherstellen, dass jeweils dasjenige Bewertungsverfahren zum Einsatz kommt, das eine möglichst weitgehende Marktobjektivierung der Inputparameter ermöglicht.

Abschließend stellt die Verfasserin auf dieser Basis allgemeine und barwertspezifische Anforderungen an eine Bewertungskonzeption für Immobilien dar. Hierzu zählen etwa die Äquivalenzprinzipien.

Zu Beginn des dritten Kapitels erläutert die Verfasserin zunächst das Wertverständnis der Immobilienökonomie, das den gängigen Immobilienbewertungsverfahren zugrunde liegt, und vergleicht dieses mit dem bilanziellen Begriff des Fair Value. Dabei stellt sie zutreffend fest, dass die verschiedenen Immobilienbewertungsverfahren grundsätzlich für die Fair Value-Ermittlung im Rahmen der IFRS in Frage kommen könnten. Im Folgenden erläutert die Verfasserin daher ausführlich die gängigen Immobilienbewertungsverfahren. Hierbei unterscheidet sie zwischen den deutschen, durch die ImmoWertV normierten Methoden und denen, die sich im internationalen Umfeld herausgebildet haben. Während die in Deutschland kodifizierten Verfahren durch den Gesetzgeber gestaltet werden, wird die internationale Immobilienbewertung weitestgehend durch entsprechende Standardsetter und andere Institutionen dominiert, die ebenfalls kurz vorgestellt werden. Die gemäß ImmoWertV kodifizierten Verfahren sind das Sachwert-, das Vergleichswert- und das Ertragswertverfahren. International sind der Cost Approach, der Sales Comparison Approach, der Income Capitalization Approach und das Discounted Cashflow-Verfahren die gängigsten Methoden. Abgesehen von der Darstellung der Verfahren wird auch auf Unterschiede und Gemeinsamkeiten zwischen den Verfahren verwiesen.

Im Anschluss daran würdigt die Verfasserin die Bedeutung dieser Verfahren ausführlich im Bilanzierungskontext. Während zwar alle Methoden grundsätzlich die Anforderungen an die Fair Value-Bewertung erfüllen können, sind einige Methoden dazu besonders geeignet. Hier dürften gerade die barwertorientierten Methoden für die Fair Value-Bewertung von besonderer Bedeutung sein. Somit verbleiben für die Fair Value-Bewertung von Renditeimmobilien im Wesentlichen das Ertragswertverfahren gemäß ImmoWertV, der Income Capitalization Approach und das DCF-Verfahren.

Diese barwertorientierten Verfahren werden im vierten Kapitel ausführlich analysiert und konkretisiert. Dafür wird die Ermittlung der einzelnen Inputparameter für jedes Verfahren dargestellt und an den Anforderungen der IFRS-Rechnungslegung und hier insbesondere denen des IFRS 13 gewürdigt. Zunächst werden die Parameter beurteilt, die bei allen drei Verfahren explizit berücksichtigt werden. Im Zähler sind dies als Inflows die Mieteinnahmen und als Outflows die Bewirtschaftungskosten. Im Nenner ist es der Diskontierungszinssatz. Anschließend werden der Bodenwert und die Restnutzungsdauer dargestellt, beurteilt und konkretisiert, die lediglich beim Ertragswertverfahren explizit und bei den anderen Verfahren nur implizit berücksichtigt werden. Im Rahmen der Untersuchung werden Gemeinsamkeiten und Unterschiede zwischen den Verfahren sowie ihren Inputparametern deutlich.

Außerdem verdeutlicht die Verfasserin durch die Analyse, worauf sie auch schon bei der Darstellung der Bewertungskonzeption im zweiten Kapitel hingewiesen hat: Bedingt durch den Aufbau der einzelnen Verfahren ist insbesondere zwischen impliziten und expliziten Wachstumsmodellen zu differenzieren. So sind das Ertragswertverfahren gemäß ImmoWertV und der Income Capitalization Approach implizite Wachstumsmodelle, da sie im Zähler zunächst von einem konstanten Cashflow ausgehen. Die Entwicklung der Cashflows wird durch die im Zinssatz berücksichtigten durchschnittlichen Erwartungen der Marktteilnehmer hinsichtlich der künftigen Entwicklung in Form einer impliziten Wachstumsrate ausgedrückt. Dementsprechend ist es für diese Modelle immanent, dass grundsätzlich Zinssätze mit entsprechenden Wachstumserwartungen zu verwenden sind. Lediglich dann, wenn Mietverträge berücksichtigt werden sollen, wird das Wachstum teilweise auch in den Cashflows im Zähler berücksichtigt. Anders ist dies beim DCF-Verfahren, da hier die Cashflows im Zähler explizit prognostiziert werden. Der hierfür verwandte Zinssatz sollte daher keine zusätzlichen Wachstumserwartungen enthalten.

Im weiteren Verlauf des vierten Kapitels werden die einzelnen Ergebnisse hinsichtlich der Inputparameter zu einem Gesamtbild zusammengefügt. Dabei werden die Stärken und Schwächen der einzelnen Verfahren herausgestellt. Letztendlich vermag indes nach Ansicht der Verfasserin kein Verfahren vollumfänglich zu überzeugen, was den Ausgangspunkt für ihren im fünften Kapitel entwickelten, eigenen Ansatz bildet.

Im fünften Kapitel entwickelt die Verfasserin nun auf Basis der zuvor ermittelten Stärken und Schwächen der einzelnen Verfahren einen modifizierten Income Capitalization Approach in der Form eines Term and Reversion Models, der die Stärken des Income Capitalization Approach mit den Vorteilen der anderen Verfahren verbindet. Dafür wird in einem ersten Schritt die Bewertungsebene des Kalküls dargestellt und beurteilt. Hierbei handelt es sich um ein auf Marktmieten und einem All Risk Yield beruhendes Immobilienbewertungsverfahren, das optimalerweise auch den Bodenwert und die Restnutzungsdauer der jeweiligen Immobilie berücksichtigt. Bei dem Verfahren differenziert die Verfasserin zwischen dem einphasigen Grundmodell des Income Capitalization Approach z. B. für rack-rented properties und dem Term and Reversion Model, welches regelmäßig bei over- und underrented properties anzuwenden ist. Aus diesem Grund stellt die Verfasserin die einzelnen Parameter zunächst immer für das einphasige Verfahren, ggf. aufgrund der Parallelen bei der Ermittlung zusammen mit den Hinweisen für die Reversion, und dann für den Term dar. Die verschiedenen Ausprägungen des Verfahrens und somit die unterschiedlichen Anpassungen der Parameter, die sich durch unterschiedliche Mietverträge ergeben, werden vor allem bei der Darstellung des Terms deutlich.

Das von der Verfasserin entwickelte Bewertungskalkül verbindet im Hinblick auf die Normierung und Marktobjektivierung aber auch hinsichtlich der Berücksichtigung signifikanter wertbeeinflussender Faktoren, die Stärken der einzelnen Modelle miteinander und berücksichtigt zusätzliche Aspekte, wie etwa die Strukturierung der vertragsspezifischen Anpassungen des All Risk Yield. So können etwa im Vergleich zum DCF-Verfahren explizite und tendenziell ermessensbehaftete Prognosen eher vermieden werden. Zudem sind bewertungsrelevante Parameter wie die Restnutzungsdauer und der Bodenwert anders als beim Income Capitalization Approach explizit zu berücksichtigen. Im Vergleich zum Ertragswertverfahren gemäß ImmoWertV basiert das Modell nicht auf ortsüblichen Mieten sondern auf Marktmieten, die die realen Verhältnisse auf dem Grundstücksmarkt tendenziell besser abzubilden vermögen.

Da trotz der höheren Marktobjektivierung und Normierung der Inputparameter im Vergleich zu den klassischen Verfahrensausprägungen der dargestellten Bewertungsmethoden nach wie vor Ermessensspielräume verbleiben, widmet sich die Verfasserin in einem zweiten Schritt des fünften Kapitels der flankierenden Erläuterungsebene. Durch diese sollen aufbauend auf den bisherigen Erläuterungspflichten und durch Empfehlungen für eine erweiterte Berichterstattung die Transparenz der Bewertung verbessert und mithin die Ermessensspielräume für externe Dritte sichtbar werden. Dabei stützt die Verfasserin ihre Empfehlungen mit Hinweisen auf die Best Practice Recommendations der European Public Real Estate Association (EPRA) und mit Beispielen aus Geschäftsberichten von Immobiliengesellschaften.

Die Arbeit schließt mit einem sechsten Kapitel, in dem die Verfasserin die wichtigsten Untersuchungsergebnisse noch einmal knapp zusammenfasst und um mögliche künftige Entwicklungen ergänzt.

Insgesamt zeichnet sich die Arbeit durch eine Vielzahl von sehr unterschiedlichen Aspekten aus. So gibt sie unter anderem einen breiten und fundierten Überblick über die gängigen Verfahren der Immobilienbewertung. Diese in der Immobilienwirtschaft entwickelten Verfahren werden dann vor dem Hintergrund der Anforderungen an einen IFRS-Abschluss umfassend gewürdigt, wobei die Verfasserin die „neuen" Anforderungen des Conceptual Framework und des IFRS zum Fair Value Measurement sehr anschaulich im Detail darstellt und ihrer Analyse zugrunde legt. Aus diesem reichen Fundus schöpfend entwickelt die Verfasserin dann sehr kreativ einen eigenen Bewertungsansatz, in dem sie die Stärken der verschiedenen Verfahren bewertungstheoretisch sauber miteinander kombiniert. Ergänzt um verschiedene Angaben zeichnet die Verfasserin das Bild einer sachgerechten und transparenten Bewertung von Renditeimmobilien in einem IFRS-Abschluss. Insofern sei dem vorgestellten Ansatz zum einen eine weite Verbreitung und positive Aufnahme in der Bilanzierungspraxis gewünscht. Zum anderen bin ich sicher, dass die Arbeit die theoretische Diskussion um die aktuelle Fair Value-Bewertung wesentlich beeinflussen wird.

Münster, im Mai 2011 — Prof. Dr. Hans-Jürgen Kirsch

Vorwort der Verfasserin

Die vorliegende Arbeit entstand während meiner Tätigkeit als wissenschaftliche Mitarbeiterin am Institut für Rechnungslegung und Wirtschaftsprüfung (IRW) der Westfälischen Wilhelms-Universität Münster. Sie wurde von der Wirtschaftswissenschaftlichen Fakultät in Münster im Mai 2011 als Dissertation angenommen.

An dieser Stelle möchte ich all jenen danken, die mich bei der Anfertigung dieser Arbeit auf vielfältige Weise unterstützt haben. Im Besonderen gilt dies für meinen verehrten akademischen Lehrer und Doktorvater, Herrn Prof. Dr. Hans-Jürgen Kirsch. Ihm danke ich sowohl für die Möglichkeit zur Promotion als auch für die ständige Diskussionsbereitschaft und die wertvollen fachlichen Hinweise, die erheblich zum Gelingen dieser Arbeit beigetragen haben. Bedanken möchte ich mich auch bei Herrn Prof. Dr. Berens für die Übernahme des Zweitgutachtens und bei Herrn Prof. Dr. Grob für seine Mitwirkung in der Promotionskommission.

Großer Dank gilt auch Herrn Prof. Dr. Dr. h.c. Jörg Baetge und den Mitarbeitern seines Forschungsteams für die stets gute Zusammenarbeit und die wertvollen fachlichen Anregungen in den gemeinsamen Doktorandenseminaren. Weiterhin ist es mir ein Anliegen, meinen (ehemaligen) Kolleginnen und Kollegen am Institut in Münster, sowohl für die fachliche Unterstützung als auch für die mitunter notwendige Ablenkung von der Forschung, zu danken. Namentlich erwähnen möchte ich an dieser Stelle Frau Ann-Kathrin Bonke, Herrn Dipl.-Kfm. Adrian Chadi, Herrn Dipl.-Kfm. Matthias Knabe, Herrn Dr. Peter Koelen, Herrn Dr. Lüder Kurz sowie Herrn Dipl.-Kfm. Gerrit Lütkeschümer. Zudem danke ich den wissenschaftlichen Hilfskräften für die Unterstützung bei der Literaturrecherche.

Ganz besonders möchte ich mich bei meinen Eltern bedanken, die mich auf meinem bisherigen Lebensweg fortwährend unterstützt haben. Ohne ihren großartigen Rückhalt und ihr Vertrauen wäre diese Arbeit und sicherlich vieles mehr in meinem Leben nicht möglich gewesen. Bedanken möchte ich mich auch ganz herzlich bei meinen Geschwistern. Ihre Aufmunterungen und ihre Anteilnahme waren mir während meiner Dissertationszeit sehr willkommen. Ebenso großen und herzlichen Dank möchte ich meinem Partner Alexander aussprechen, der mir während des gesamten Dissertationsprojekts stets zur Seite gestanden und durch seine grenzenlose Zuversicht, seinen Optimismus und seine Liebe sehr viel Kraft gegeben hat. Meiner Familie und meinem Partner möchte ich diese Arbeit widmen.

Münster, im Mai 2011 — Kathrin Köhling

Inhaltsübersicht

Inhaltsverzeichnis

Abbildungsverzeichnis

Formelverzeichnis

Abkürzungsverzeichnis

II. BV	Zweite Berechnungsverordnung
a. A.	anderer Auffassung
a.a.a.	aktiengesellschaft allgemeine anlageverwaltung
a.F.	alte Fassung
Abs.	Absatz
ADS	Adler/Düring/Schmaltz
AG	Aktiengesellschaft
AGVGA-NRW	Arbeitsgemeinschaft der Vorsitzenden der Gutachterausschüsse für Grundstückswerte in Nordrhein-Westfalen
AICPA	American Institute of Certified Public Accountants
AIZ	Das Immobilienmagazin (Zeitschrift)
Art.	Artikel
Aufl.	Auflage
b&b	bilanz und buchhaltung (Zeitschrift)
BauGB	Baugesetzbuch
BB	Betriebs-Berater (Zeitschrift)
BC	Basis for Conclusions (i. V. m. IFRS-Fundstellen verwandt)
BC	Bilanzbuchhalter und Controller (Zeitschrift)
Bd.	Band
BDVI	Bund der öffentlich bestellten Vermessungsingenieure e.V.
BelWertV	Beleihungswertermittlungsverordnung
BetrKV	Betriebskostenverordnung
BewG	Bewertungsgesetz
BFuP	Betriebswirtschaftliche Forschung und Praxis (Zeitschrift)
BGB	Bundesgesetzbuch
BGBl.	Bundesgesetzblatt
BGH	Bundesgerichtshof
BIIS	Bundesverband der Immobilien-Investment-Sachverständigen e.V.
BIP	Bruttoinlandsprodukt
BKI	Baukosteninformationszentrum Deutscher Architektenkammern GmbH
bspw.	beispielsweise
BV	Berechnungsverordnung
BVS	Bund der öffentlich bestellten und vereidigten Sachverständigen e.V.
bzw.	beziehungsweise
c. p.	ceteris paribus (unter sonst gleichen Bedingungen)

ca.	circa
CAPM	Capital Asset Pricing Model
CDAX	Composite DAX
CF	Conceptual Framework
CL	Comment Letter
d. h.	das heißt
DAX	Deutscher Aktienindex
DB	Der Betrieb (Zeitschrift)
DBW	Die Betriebswirtschaft (Zeitschrift)
DBZ	Deutsche BauZeitschrift
DCF	Discounted Cashflow
DEGI	Deutsche Gesellschaft für Immobilienfonds
DP	Discussion Paper (i. V. m. IFRS-Fundstellen verwandt)
DP FVM	Discussion Paper Fair Value Measurement
DPR	Deutsche Prüfstelle für Rechnungslegung
DStR	Deutsches Steuerrecht (Zeitschrift)
e.V.	eingetragener Verein
ED	Exposure Draft (i. V. m. IFRS-Fundstellen verwandt)
ED FVM	Exposure Draft Fair Value Measurement
ED Unc	Exposure Draft Measurement Uncertainty Analysis
EG	Europäische Gemeinschaft
EPRA	European Real Estate Association
ErbStRG	Erbschaftssteuerreformgesetz
etc.	et cetera
EU	Europäische Union
EUROVAL	European Property Valuers Association
EVA	European Valuation Application
EVS	European Valuation Standard(s)
evtl.	eventuell
EWG	Europäische Wirtschaftsgemeinschaft
EZB	Europäische Zentralbank
F	Framework
f.	folgende
F+B	F+B Forschung und Beratung für Wohnen, Immobilien und Umwelt GmbH
FASB	Financial Accounting Standards Board
FAUB	Fachausschuss für Unternehmensbewertung und Betriebswirtschaft
Fn.	Fußnote
fub	Flächenmanagement und Bodenordnung : Zeitschrift für Liegenschaftswesen, Planung und Vermessung

GAAP	Generally Accepted Accounting Principles
GB	Großbritannien
ggf.	gegebenenfalls
gif	Gesellschaft für immobilienwirtschaftliche Forschung e.V.
GmbH	Gesellschaft mit beschränkter Haftung
GN	Guidance Note
GoB	Grundsätze ordnungsmäßiger Buchführung
G-REIT	German Real Estate Investment Trust
GuG	Grundstücksmarkt und Grundstückswert: Zeitschrift für Immobilienwirtschaft, Bodenpolitik und Wertermittlung
HFA	Hauptfachausschuss des IDW
HGB	Handelsgesetzbuch
Hrsg.	Herausgeber
i. d. F.	in der Fassung
i. d. R.	in der Regel
i. S. d.	im Sinne des
i. S. v.	im Sinne von
i. S.	im Sinne
i. V. m.	in Verbindung mit
IAS	International Accounting Standard
IASB	International Accounting Standards Board
IDW FN	Fachnachrichten des Instituts der Wirtschaftsprüfer in Deutschland e.V. (Zeitschrift)
IDW	Institut der Wirtschaftsprüfer in Deutschland e.V.
IE	Illustrative Example (i. V. m. IFRS-Fundstellen verwandt)
IFRIC	International Financial Reporting Interpretations Committee
IFRS	International Financial Reporting Standard(s)
ImmoWertV	Immobilienwertermittlungsverordnung
inkl.	inklusive
IPD	Investment Property Databank GmbH
IRRV	Institute of Revenues Rating & Valuation
IRZ	Zeitschrift für internationale Rechnungslegung
ISA	International Standards on Auditing
IVA	International Valuation Application
IVD	Immobilienverband Deutschland
IVS	International Valuation Standard(s)
IVSC	International Valuation Standards Council bzw. International Valuation Standards Committee (bis 2007)
IWR	Immobilienwirtschaft (Zeitschrift)
Kap.	Kapitel

KoR	Zeitschrift für internationale und kapitalmarktorientierte Rechnungslegung
lit.	Littera (Buchstabe)
Max.	Maximum
MDAX	Mid-Cap-DAX
MDR	Monatsschrift für Deutsches Recht (Zeitschrift)
MF-G	Richtlinie zur Berechnung der Mietfläche für gewerblichen Raum
Min.	Minimum
MSCI	Morgan Stanley Capital International
N.V.	Naamloze Vennootschap (Bezeichnung für eine Aktiengesellschaft nach niederländischem Recht)
NHK	Normalherstellungskosten
Nr.	Nummer
NZM	Neue Zeitschrift für Miet- und Wohnungsrecht
o. g.	oben genannt
o. V.	ohne Verfasser
OB	Objective (i. V. m. IFRS-Fundstellen verwandt)
PiR	Praxis der internationalen Rechnungslegung (Zeitschrift)
PMA	Property Market Analysis
PS	Practice Statement
QC	Qualitative Characteristic (i. V. m. IFRS-Fundstellen verwandt)
REIT	Real Estate Investment Trust
REITG	Gesetz über deutsche Immobilien-Aktiengesellschaften mit börsennotierten Anteilen
rev.	revised
RGBl.	Reichsgesetzblatt
RICS	Royal Institute of Chartered Surveyors
RIWIS	Regionales Immobilien-Wirtschaftliches Informations System
RS	Stellungnahme zur Rechnungslegung des IDW
RWZ	Zeitschrift für Recht und Rechnungswesen
S.	Seite
s.	siehe
SDAX	Small-Cap-DAX
SFAC	Statement of Financial Accounting Concepts
SFAS	Statement of Financial Accounting Standards
SMT	Statement on Appraisal Standards
sog.	so genannte(n)

StLB	Standardleistungsbuch
StuB	Steuern und Bilanzen (Zeitschrift)
SWX	Swiss Exchange
TEGoVA	The European Group of Valuers' Associations
TEGoVoFA	The European Group of Valuers of Fixed Assets
TIAVSC	The International Assets Valuation Standards Committee
Tz.	Textziffer
u. a.	unter anderem
u. U.	unter Umständen
UK	United Kingdom
UM	Unternehmensbewertung und Management (Zeitschrift)
USA	United States of America
USPAP	Uniform Standards of Professional Appraisal Practice
vdp	Verband Deutscher Pfandbriefbanken e.V.
Vgl.	Vergleich
vgl.	vergleiche
VÖB	Bundesverband öffentlicher Banken Deutschlands e.V.
VR	Vermessungswesen und Raumordnung: Vermessungstechnische Rundschau (Zeitschrift)
vs.	versus
WertR	Wertermittlungsrichtlinien
WertV	Wertermittlungsverordnung
WFA	WertermittlungsForum Aktuell (Zeitschrift)
WiStG	Wirtschaftsstrafgesetz
WP	Wirtschaftsprüfer
WPg	Die Wirtschaftsprüfung (Zeitschrift)
z. B.	zum Beispiel
ZfB	Zeitschrift für Betriebswirtschaft
zfbf	Schmalenbachs Zeitschrift für betriebswirtschaftliche Forschung
ZfCM	Zeitschrift für Controlling & Management
zfv	Zeitschrift für Geodäsie, Geoinformation und Landmanagement
ZGR	Zeitschrift für Unternehmens- und Gesellschaftsrecht
ZIÖ	Zeitschrift für Immobilienökonomie

Symbolverzeichnis

ARY	All Risk Yield
BW	Bodenwert
BWK	Bewirtschaftungskosten
EW	Ertragswert
i	Diskontierungszinssatz
KP	Kaufpreis
m	Anzahl der Perioden der Detailplanungsphase
MW	Marktwert
n	Restnutzungsdauer
NOI	Net Operating Income
p	Liegenschaftszinssatz
q	1 + Liegenschaftszinssatz
RBF	Barwertfaktor
RE	Reinertrag

1 Problemstellung und Gang der Untersuchung

Prognosen sind schwierig, besonders wenn sie sich auf die Zukunft beziehen![1]

Immobilien stellen einen bedeutenden Anteil am Vermögen vieler Unternehmen dar.[2] So beträgt der geschätzte Wert der Immobilien deutscher Unternehmen 1,5 Billionen Euro. Allein 115-160 Milliarden Euro hiervon entfallen auf die Unternehmen des DAX 30.[3] Ein zunehmender Teil dieser Objekte wird zu Anlagezwecken als sogenannte **Renditeimmobilien** gehalten.[4] In der Praxis finden sich Renditeimmobilien, wenn man ihren Wert in Bezug zur jeweiligen Bilanzsumme setzt, insbesondere bei Unternehmen der Bank-, Versicherungs-, Immobilien- und Finanzdienstleistungsbranche. Dies ist vor allem auf die Nähe der Renditeimmobilien zu Finanzanlagen zurückzuführen.[5] Renditeimmobilien können im Rahmen einer IFRS-Bilanzierung gemäß IAS 40 und künftig nach den Bestimmungen des IFRS 13 (Fair Value Measurement) zum Fair Value bewertet werden. Davon machen Unternehmen, insbesondere Immobiliengesellschaften, vermehrt Gebrauch.[6] Durch diese Entwicklung bei der Fair Value-Bewertung ist die Immobilienbewertung in den letzten Jahren für die internationale Rechnungslegung zunehmend bedeutender geworden.[7] Die derzeitige Planung des FASB, eine verpflichtende Fair Value-Bewertung für Renditeimmobilien von Immobiliengesellschaften einzuführen,[8] dürfte diesen Trend in der nahen und mittleren Zukunft noch verstärken. Demgegenüber steht eine Vielzahl zulässiger **Immobilienbewertungsmethoden**, die auch im Rahmen der Bilanzierung angewandt werden. Während die Harmonisierung im Bereich der Rechnungslegung bereits weit fortgeschritten ist, befindet sich diese in der Bewertung indes erst am Anfang.[9] So bestehen etwa auf europäischer und internationaler Ebene Bestrebungen zur Harmonisierung der Bewertung. Unterstützt wird diese Entwicklung durch die zunehmende Bedeutung grenzüberschreitender Investitionen in Immobilien zur Diversifizierung und zur globalen Geschäftstätig-

---

1 Dieses Zitat wird u. a. Mark Twain und Winston Churchill zugeschrieben. Vgl. WINKER, P., Empirische Wirtschaftsforschung, S. 282.

2 Die Immobilienindustrie ist die größte Industrie der Welt. Jeder zweite Dollar, Yen und Euro wird in Immobilien investiert. Vgl. TROTZ, R., Immobilienbewertungsstandards, S. 293.

3 Vgl. STEINGRÄBER, C., Immobilienportfolien, S. 9.

4 Vgl. ZÜLCH, H., Investment Properties, S. 67; KÜMPEL, T., Finanzinvestitionen, S. 17.

5 Vgl. MÜLLER, S./WOBBE, C./REINKE, J., Investment Properties, S. 252 f. In anderen Branchen ist die Bedeutung eher gering. PETERSEN/ZWIRNER ermitteln einen durchschnittlichen Anteil der Renditeimmobilien an der Bilanzsumme für 2005 und 2006 bei DAX-, MDAX-, SDAX- und TecDAX-Unternehmen von ca. 1 % bei sinkender Tendenz. Indes wurden hier nur Industrie-, Handels- und Dienstleistungsunternehmen untersucht. Vgl. PETERSEN, K./ZWIRNER, C., Fair value-Bewertung, S. 222 f.

6 Vgl. BAUMUNK, H./WEBER, E., Einführung, S. 2. Die zunehmende Fair Value-Bewertung ist u. a. auch auf die Einführung von Real Estate Investment Trusts (REITs) zurückzuführen. Vgl. HEINTGES, S./BOGGEL, A./WULBRAND, H., Immobilienvermögen, S. 2037.

7 Vgl. ähnlich BECK, M., Wertermittlung bei Immobilien, S. 344 f.

8 Der FASB plant die Veröffentlichung des Exposure Drafts im zweiten und die des finalen Standards im vierten Quartal 2011. Vgl. für die Vorschläge u. a. FASB (Hrsg.), Meeting Minutes, S. 2; FASB (Hrsg.), Summary of Decisions Reached. Vgl. zur bisherigen Bilanzierung BECK, M./MATTNER, A./REHKUGLER, H., Bewertung, S. 13.

9 Vgl. ZÜLCH, H., Immobilienbewertung, S. 213.

keit.[10] Dieser Globalisierungstrend auf den Immobilienmärkten[11] führt mithin zu einer erhöhten Nachfrage nach international standardisierten Bewertungsmaßstäben.[12]

Im Rahmen dieser Arbeit wird untersucht, inwiefern die derzeitig angewandten Immobilienbewertungsverfahren für eine Fair Value-Bilanzierung von Renditeimmobilien im Rahmen der IFRS-Rechnungslegung **geeignet** sind bzw. inwiefern sich diese **Verfahren** in ihrer Eignung untereinander **unterscheiden**. Die Frage nach der Überlegenheit einer Fair Value-Bewertung versus der ebenso gemäß IAS 40 zulässigen Bewertung zu fortgeführten Anschaffungs- und Herstellungskosten ist nicht Gegenstand dieser Arbeit. Diese Frage wurde im Schrifttum bereits kontrovers und bisher ohne einheitliches Ergebnis diskutiert, weswegen die Argumente hier nicht wiederholt werden sollen.[13] Vielmehr wird hier, neben der vergleichenden Beurteilung der bestehenden Verfahren, versucht, die Fair Value-Bewertung im Sinne der Bilanzadressaten zu **konkretisieren** und zu **vereinheitlichen**. Daher wird aufbauend auf den Ergebnissen der detaillierten Beurteilung der etablierten Verfahren im Kontext der IFRS ein **barwertorientiertes Bewertungskalkül** entwickelt, dass speziell auf die Ansprüche einer marktorientierten IFRS-Rechnungslegung zugeschnitten ist und die positiven Aspekte der einzelnen Verfahren miteinander verbindet.

Hierzu werden im **zweiten Kapitel** die grundlegenden Aspekte der Immobilienökonomie und der IFRS dargelegt. In diesem Zusammenhang werden sowohl der Begriff der Immobilie als auch die Charakteristika von Immobilien und Immobilienmärkten näher erläutert. Im Anschluss werden die Ziele und Grundsätze der IFRS-Rechnungslegung sowie die Einordnung und Bilanzierung von Renditeimmobilien nach IFRS dargestellt. Danach werden die Grundlagen der Bewertung von Immobilien näher erläutert. Hierzu folgt eine grundsätzliche Darstellung einer Bewertungskonzeption für Immobilienbewertungsverfahren unter besonderer Berücksichtigung der Anforderungen von barwertorientierten Verfahren.

---

10 Vgl. ZÜLCH, H., Immobilienbewertung, S. 131.

11 Vgl. hierzu auch ZÜLCH, H., Bilanzierung von Investment Properties, S. 131; SCHULTE, K.-W., Internationalisierung der Immobilienbewertung, S. 50 f.; SCHILLER, J., Wertermittlung in Europa, S. 37. Vgl. für die Gründe zur Globalisierung der Immobilienmärkte, zu denen bspw. auch die zunehmende Bedeutung der REITs gehört, ZAUGG, D./KRÄMER, C., IFRS-Jahresabschlüsse von Immobiliengesellschaften, S. 69; STARINGER, C., Ausgliederung von Immobilien, S. 181. Vgl. allgemein zum Globalisierungstrend auch KIRSCH, H.-J./DOHRN, M., Aktuelle Entwicklungen, S. 159.

12 Vgl. VAN KANN, J., Immobilieninvestment, S. 67; ZÜLCH, H., Immobilienbewertung, S. 213.

13 Vgl. dafür etwa ausführlich BAETGE, der feststellt, dass die mark to model-Bewertung regelmäßig kaum entscheidungsnützlich ist. Vgl. BAETGE, J., DCF-Kalküle, S. 23; so auch GASSEN, J./SCHWEDLER, K., Decision Usefulness, S. 506; GASSEN, J./SCHWEDLER, K., Fair Value, S. 1 f. Ebenso kritisch im Hinblick auf die Fair Value-Bewertung KÜTING, K./LAUER, P., Fair Value, S. 554-563; BALLWIESER, W./KÜTING, K./SCHILDBACH, T., Fair Value in der Krise, S. I; EBERHARTINGER, E./WIEDERMANN-ONDREJ, N., Immobilien nach IFRS, S. 57; SCHILDBACH, T., Fair value-Statik, S. 595. Vgl. hingegen positiv zur Fair Value-Bewertung von Immobilien u. a. REHKUGLER, H., Fair Value-Bewertung, S. 279-282; LANG, H., Immobilienvermögen, S. 345; HUTTO, G. W., Real estate accounting, S. 38. Ferner wird der Fair Value zur Berechnung des Net Asset Values benötigt. Dieser ist im Immobilienbereich als eine Art Unternehmenswert sehr verbreitet. Vgl. BECK, M., Wertermittlung bei Immobilien, S. 343 f.; GONDRING, H., Immobilienwirtschaft, S. 811 f. Aktuell mehren sich die Stimmen in der Literatur, die eine erfolgsneutrale Neubewertung für Renditeimmobilien wünschen. Vgl. bspw. BECK, M./REHKUGLER, H., Fair Value-Konzept, S. 493; UNTERREINER, F. P., Keine Scheingewinne, S. 9. A. A. FREIBERG, J., § 16, Tz. 57.

Im **dritten Kapitel** liegt der Schwerpunkt auf der Darstellung der allgemeinen Methoden zur Immobilienbewertung. Hierfür werden zunächst allgemeine Werttheorien betrachtet und der Marktwert aus der Immobilienbewertung dem Fair Value-Konzept gegenübergestellt, um ein gemeinsames Wertverständnis für die Bewertung nach IFRS und die allgemeine Immobilienbewertung abzuleiten. Anschließend werden die in Deutschland gesetzlich normierten Immobilienbewertungsverfahren und darauf folgend die international gebräuchlichen Verfahren einschließlich der für sie maßgeblichen Institutionen erläutert. Die dargestellten Verfahren werden im Anschluss hinsichtlich ihrer Bedeutung für die Fair Value-Bewertung beurteilt, um so die Verfahren zu ermitteln, die dann im Folgenden näher betrachtet werden. Auf diese Weise werden die allgemeinen Methoden der Immobilienbewertung an den Anforderungen der IFRS-Rechnungslegung gemessen und es wird so die Verknüpfung zwischen der allgemeinen Immobilienbewertung und der Immobilienbilanzierung, also der Bewertung im Kontext der IFRS, hergestellt.

Die kritische Analyse der ausgewählten Bewertungsverfahren bildet den Schwerpunkt des **vierten Kapitels**. Hierbei werden für das deutsche Ertragswertverfahren nach Immobilienwertermittlungsverordnung (ImmoWertV) sowie für den Income Capitalization Approach und das DCF-Verfahren ausführlich die einzelnen Parameter dargestellt und ihre Ermittlung und Berücksichtigung innerhalb der Verfahren kritisch an den Zielen der IFRS-Rechnungslegung im Allgemeinen und den Anforderungen des IAS 40 und denen des IFRS 13 im Speziellen beurteilt. Abschließend werden die drei Verfahren übergreifend gewürdigt, um die Stärken und Schwächen der einzelnen Verfahren gegeneinander abzuwiegen.

Hierauf aufbauend werden in einem **fünften Kapitel** auf Basis dieser Erkenntnisse Empfehlungen zur Ableitung eines Bewertungskalküls für Renditeimmobilien entwickelt. Auf der Bewertungsebene werden hierfür möglichst die jeweiligen Vorteile der zuvor analysierten Verfahren miteinander verbunden, um so zu einer normierten und marktobjektivierten Immobilienbewertung und somit zu einer entscheidungsnützlichen Berichterstattung im Sinne der IFRS beizutragen. Da auch bei diesem Bewertungskalkül aufgrund der Unsicherheit von Prognosen noch mit verbleibenden Ermessensspielräumen bei der Bewertung zu rechnen ist, wird das entwickelte Bewertungskalkül durch eine Erläuterungsebene mit entsprechenden Anhangangabepflichten flankiert, um zusätzlich zu einer entscheidungsnützlichen auch eine transparente Berichterstattung zu gewährleisten.

Die Arbeit schließt mit einem **sechsten Kapitel**, in dem die wesentlichen Ergebnisse noch einmal knapp zusammengefasst und um einen Ausblick ergänzt werden.

2 Grundlagen der Immobilienökonomie, der Bilanzierung von Renditeimmobilien nach IFRS und der Bewertung

21 Grundlagen der Immobilienökonomie

211. Begriff der Immobilie

Immobilien sind Betrachtungsobjekte einer Vielzahl von wissenschaftlichen Disziplinen wie beispielsweise der Volkswirtschaftslehre, der Architektur und dem Bau- und Vermessungsingenieurwesen. Hieraus resultiert eine Reihe von Definitionen für Immobilien.[14] Diese Definitionen lassen sich im Wesentlichen in den physischen, den rechtlichen und den ökonomischen Immobilienbegriff systematisieren.[15]

Der **physische** Immobilienbegriff erstreckt sich allein auf die materielle Dimension einer Immobilie (Wände, Decken, Böden und Dächer).[16] Das Nutzenpotential einer Immobilie wird folglich vernachlässigt.[17] Daher ist der substanzorientierte Begriff für eine ökonomische Betrachtung regelmäßig nicht geeignet.[18] Außerdem wird der Grund und Boden durch den Fokus auf die Gebäudestrukturen nicht näher betrachtet, obwohl er ebenfalls wertrelevant sein kann.[19]

Das **Rechtsverständnis** im Sinne des BGB erfasst unter einem Grundstück einen „räumlich abgegrenzte[n] Teil der Erdoberfläche“[20], wobei ein Gebäude als rechtlicher Bestandteil des darunterliegenden Grundstücks betrachtet wird (§ 94 Abs. 1 BGB).[21] Das Gebäude wird mithin nachrangig betrachtet. Diese Fokussierung auf den Grund und Boden steht indes dem ökonomischen Interesse an dem Gebäude und seiner Bedeutung im wirtschaftlichen Kontext entgegen.[22]

Der allgemeine **ökonomische** Immobilienbegriff kann dagegen z. B. folgendermaßen definiert werden: „Immobilien sind Wirtschaftsgüter, die aus unbebauten oder bebauten Grundstücken mit dazugehörigen Gebäuden und Außenanlagen bestehen. Sie werden von Menschen im Rahmen physisch-technischer, rechtlicher, wirtschaftlicher und zeitlicher Grenzen für Produktions-, Handels-, Dienstleistungs- und Konsumzwecke genutzt“.[23] Dieser Begriff umfasst auch eine produktionsbezogene Auslegung[24] und als solches auch Immobilien, die beispielsweise als eigengenutzte Produktionshallen im Bestand des Unternehmens sind. Da im Rahmen dieser Arbeit ausschließlich zu Renditezwecken gehaltene Immobilien (bebaute Grundstücke) betrachtet werden, empfiehlt sich eine etwas engere, investitionstheoretische Betrachtung. Bei dieser Sichtweise steht die **Nutzenstif-**

---

14 Vgl. BONE-WINKEL, S./SCHULTE, K.-W./FOCKE, C., Begriff und Besonderheiten, S. 5; ähnlich auch LOOS, C., Immobilieninvestoren, S. 9.

15 Vgl. BONE-WINKEL, S./SCHULTE, K.-W./FOCKE, C., Begriff und Besonderheiten, S. 7.

16 Vgl. BONE-WINKEL, S./SCHULTE, K.-W./FOCKE, C., Begriff und Besonderheiten, S. 7.

17 Vgl. BONE-WINKEL, S./SCHULTE, K.-W./FOCKE, C., Begriff und Besonderheiten, S. 7.

18 Vgl. BAUMUNK, H., Immobilien und Immobilienbewertung, S. 23.

19 Vgl. ZÜLCH, H., Bilanzierung von Investment Properties, S. 18; BONE-WINKEL, S./SCHULTE, K.-W./FOCKE, C., Begriff und Besonderheiten, S. 7.

20 BONE-WINKEL, S./SCHULTE, K.-W./FOCKE, C., Begriff und Besonderheiten, S. 8.

21 Vgl. zum rechtlichen Immobilienbegriff auch PFNÜR, A., Immobilienökonomie, S. 6-8.

22 Vgl. dazu auch BONE-WINKEL, S./SCHULTE, K.-W./FOCKE, C., Begriff und Besonderheiten, S. 10.

23 BONE-WINKEL, S./SCHULTE, K.-W./FOCKE, C., Begriff und Besonderheiten, S. 16.

24 Vgl. zu dieser Auslegung etwa ZÜLCH, H., Immobilienbewertung, S. 19.

tung der Immobilie als **abgeschlossener Raum** im Vordergrund der Betrachtung. Dieses Nutzenpotential kann vom Eigentümer für einen begrenzten **Zeitraum** an einen Mieter übertragen werden, um im Austausch dafür Mietzahlungen zu erzielen. Die Immobilie wird als Kapitalanlageobjekt betrachtet.[25] Immobilien werden somit „as space and money over time“[26] definiert. Die Immobilie selbst besitzt demnach keinen intrinsischen Wert, sondern stiftet ihren Nutzen erst durch die Verwendung im Zeitablauf.[27] Im weiteren Verlauf der Arbeit wird diese investitionstheoretische Perspektive zugrunde gelegt.

212. Charakteristika von Immobilien und Immobilienmärkten

Immobilien zeichnen sich durch spezielle Eigenschaften aus, die sie deutlich von anderen Wirtschaftsgütern unterscheiden.[28] Dazu gehören die im Folgenden dargestellten Merkmale.[29] Zentrale materielle Eigenschaft einer Immobilie ist ihre **Immobilität**, also ihre Standortgebundenheit.[30] Der Standort hat einen wesentlichen Einfluss auf den Wert einer Immobilie.[31] Eingebettet in ihre Mikrolage determinieren beispielsweise die Entscheidungen der Kommune im Rahmen ihrer Planungs- und Genehmigungshoheit die Freiheitsgrade der Immobiliennutzung.[32]

Aus der Immobilität ergibt sich im Weiteren die **Heterogenität** von Immobilien. Es bestehen keine zwei gleichen Immobilien, da sie sich mindestens aufgrund der Lage,[33] häufig auch in ihrer Gestaltung und Nutzung,[34] unterscheiden werden.[35] Mithin ist jede Immobilie einzigartig.[36] Da Immobilien Unikate sind,[37] sind sie auch nur begrenzt substituierbar. So kann etwa ein gewerblich genutz-

---

25 Vgl. anschaulich GRAASKAMP, J. A., Feasibility Analysis, S. 513; BONE-WINKEL, S./SCHULTE, K.-W./FOCKE, C., Begriff und Besonderheiten, S. 10 f.

26 PHYRR, S. A./COOPER, J./WOFFORD, L. E./KAPPLIN, S. D./LAPIDES, P. D., Real Estate Investment, S. 4.

27 Vgl. PFNÜR, A., Immobilienökonomie, S. 9.

28 Vgl. BONE-WINKEL, S./SCHULTE, K.-W./FOCKE, C., Begriff und Besonderheiten, S. 16.

29 Die nachfolgende Darstellung der Charakteristika von Immobilien orientiert sich im Wesentlichen an der Klassifizierung von BRAUER. Vgl. dazu BRAUER, K.-U., Immobilienwirtschaft, S. 10-13. Für eine ähnliche Charakterisierung vgl. auch BONE-WINKEL, S./SCHULTE, K.-W./FOCKE, C., Begriff und Besonderheiten, S. 16-21. Die Darstellung wurde um das Kriterium der eingeschränkten Fungibilität von Immobilien ergänzt. Vgl. dazu LOOS, C., Immobilieninvestoren, S. 11 f.

30 Vgl. VAN SUNTUM, U./WESTERMEIER, A., Wohnungsbau in Deutschland, S. 1; BRAUER, K.-U., Immobilienwirtschaft, S. 10; HEYSER, H., Büromietzins, S. 34 f.

31 Vgl. dazu auch LEOPOLDSBERGER, G., Kontinuierliche Wertermittlung, S. 228 f.

32 Vgl. BONE-WINKEL, S./SCHULTE, K.-W./FOCKE, C., Begriff und Besonderheiten, S. 17; LOOS, C., Immobilieninvestoren, S. 11.

33 Die Lage von Immobilien unterscheidet sich bspw. in der Erreichbarkeit mit öffentlichen Verkehrsmitteln, den Lichtverhältnissen, der Anfahrbarkeit und Auffindbarkeit und der Nahversorgung. Vgl. dazu ENGEL, R., DCF-Methode, S. 329.

34 Vgl. ähnlich BRAUER, K.-U., Immobilienwirtschaft, S. 11.

35 Vgl. HEYSER, H., Büromietzins, S. 43 f.; APPRAISAL INSTITUTE, Appraisal of Real Estate, S. 48.

36 Vgl. BONE-WINKEL, S./SCHULTE, K.-W./FOCKE, C., Begriff und Besonderheiten, S. 18; LOOS, C., Immobilieninvestoren, S. 11; WÜSTEFELD, H., Risiko und Rendite, S. 34. Abweichend zu dieser Klassifizierung differenziert BRAUER noch zwischen den Kriterien der Einmaligkeit und der Heterogenität. Vgl. dazu BRAUER, K.-U., Immobilienwirtschaft, S. 10 f.

37 Vgl. dazu auch BAETGE, J./ZÜLCH, H., Fair Value-Accounting, S. 556; MOLL-AMREIN, M., Liegenschaftszins, S. 40; BRAUER, K.-U., Immobilienwirtschaft, S. 11.

tes Gebäude ein Wohngebäude aufgrund seiner unterschiedlichen Funktion regelmäßig nicht ersetzen.[38]

Ein weiteres bedeutendes Merkmal von Immobilien ist ihre **lange Nutzungsdauer**.[39] Immobilien haben im Vergleich zu anderen Wirtschaftsgütern eine sehr lange Lebensdauer. Der Grund und Boden, auf dem die Immobilie steht, hat sogar eine quasi unendliche Nutzungsdauer.[40] Aufgrund ihrer Langlebigkeit können Immobilien mehrfach umgeschlagen werden. Somit konkurrieren auf dem Immobilienmarkt Neubauten mit Bestandsimmobilien, wobei letztere überwiegen.[41]

Aus langen Planungs- und Genehmigungsverfahren vor der eigentlichen Bauphase resultiert eine **lange Produktionsdauer** von Immobilien, die durchaus zwei bis fünf Jahren betragen kann.[42] Eine Investition in Immobilien ist daher schon wegen der langen Produktionsdauer mit einer **hohen Kapitalbindung** verbunden.[43] Die eingeschränkte Teilbarkeit[44] von Immobilien erschwert zudem die Gestaltung optimaler Portfolien, da bei Immobilien keine graduelle Anpassung der Portfoliostruktur möglich ist.[45] Ein weiterer Nachteil des hohen Investitionsvolumens ist der hierdurch grundsätzlich eingeschränkte Kreis an potentiellen Nachfragern.[46]

Transaktionskosten sind bei Immobilien vergleichsweise **hoch**.[47] KLEIBER schätzt sie auf durchschnittlich 12 % des Kaufpreises.[48] Dabei wird zwischen direkten Kosten, wie Grunderwerbssteuer, Notar- und Amtsgerichtsgebühren, und indirekten Kosten, die auf die Intransparenz im Immobilienmarkt zurückzuführen sind, differenziert. Zu letzteren zählen Such- und Informationskosten, die beispielsweise bei dem Einsatz eines Maklers in Form von Maklercourtagen entstehen können.[49] Der Einfluss der Transaktionskosten auf die Rendite einer Immobilie sinkt mit zunehmender Haltedauer der Immobilie. Transaktionskosten setzen somit tendenziell einen Anreiz für den Investor

---

38 BONE-WINKEL/SCHULTE/FOCKE und LOOS klassifizieren die begrenzte Substituierbarkeit, die sich aus der Heterogenität ergibt, als separates Merkmal. Vgl. BONE-WINKEL, S./SCHULTE, K.-W./FOCKE, C., Begriff und Besonderheiten, S. 21; LOOS, C., Immobilieninvestoren, S. 11.

39 Vgl. LOOS, C., Immobilieninvestoren, S. 12.

40 Vgl. BONE-WINKEL, S./SCHULTE, K.-W./FOCKE, C., Begriff und Besonderheiten, S. 21; BONE-WINKEL, S., Offene Immobilienfonds, S. 30.

41 Vgl. BRAUER, K.-U., Immobilienwirtschaft, S. 12 f.

42 Vgl. VAN SUNTUM, U./WESTERMEIER, A., Wohnungsbau in Deutschland, S. 1; BRAUER, K.-U., Immobilienwirtschaft, S. 11. Vgl. hierzu und zu den folgenden Ausführungen auch ausführlich BONE-WINKEL, S./SCHULTE, K.-W./FOCKE, C., Begriff und Besonderheiten, S. 19 f.; ähnlich HEYSER, H., Büromietzins, S. 47 f.

43 Vgl. VAN SUNTUM, U./WESTERMEIER, A., Wohnungsbau in Deutschland, S. 1; BRAUER, K.-U., Immobilienwirtschaft, S. 12; HEYSER, H., Büromietzins, S. 44 f.

44 Vgl. dazu auch GATZLAFF, D. H./TIRTIROGLU, D., Real Estate Market Efficiency, S. 180.

45 Vgl. LOOS, C., Immobilieninvestoren, S. 11.

46 Vgl. LOOS, C., Immobilieninvestoren, S. 12; BONE-WINKEL, S., Offene Immobilienfonds, S. 29; BONE-WINKEL, S./SCHULTE, K.-W./FOCKE, C., Begriff und Besonderheiten, S. 20.

47 Vgl. GATZLAFF, D. H./TIRTIROGLU, D., Real Estate Market Efficiency, S. 180; BRAUER, K.-U., Immobilienwirtschaft, S. 12; HEYSER, H., Büromietzins, S. 45 f.; SHILLING, J. D., Real Estate, S. 13.

48 Vgl. KLEIBER, W., Verkehrswertermittlung, S. 427.

49 Vgl. BONE-WINKEL, S./SCHULTE, K.-W./FOCKE, C., Begriff und Besonderheiten, S. 20; BONE-WINKEL, S., Offene Immobilienfonds, S. 30.

eine Immobilie länger im Portfolio zu lassen, was wiederum einen Anreiz für eine eher geringe Kapitalumschlagshäufigkeit impliziert.[50]

Eine Eigenschaft von Immobilien in finanzieller Hinsicht ist ihre eingeschränkte Fungibilität und somit ihre **eingeschränkte Liquidierbarkeit**.[51] Diese ist auf den durch die hohe Kapitalbindung eingeschränkten Kreis an potentiellen Nachfragern zurückzuführen[52] und wird durch die hohen Transaktionskosten noch verstärkt.[53] Zudem erschwert die Heterogenität von Immobilien ein Zusammenkommen von Anbietern und Nachfragern mit gleichen Vorstellungen.[54]

Aufgrund der dargestellten speziellen Eigenschaften von Immobilien unterscheiden sich **Immobilienmärkte** deutlich von der Idealvorstellung vollkommener Märkte mit vollständiger Konkurrenz.[55] Die Unterschiede werden im Folgenden näher erläutert. So sind Immobilienmärkte durch das Fehlen eines homogenen Markts geprägt. Durch die Heterogenität und die Immobilität von Immobilien verbunden mit individuellen Nutzungsabsichten bestehen Präferenzen der Marktteilnehmer für bestimmte Immobilien(arten).[56] Dies wiederum führt zu einer **starken Segmentierung** des Immobilienmarkts **in Teilmärkte**, wobei eine Substitution der Teilmärkte untereinander relativ gering ist.[57] Die Teilmärkte lassen sich im Wesentlichen in räumliche und sachliche Teilmärkte untergliedern.[58] Bei räumlichen Teilmärkten wird abhängig von den Präferenzen der Nachfragegruppen zwischen lokalen, regionalen, nationalen und internationalen Märkten differenziert.[59] Sachliche Teilmärkte lassen sich hinsichtlich ihrer Nutzungsart oder der Vertragsgestaltung (Käufermarkt/Mietermarkt) untergliedern.[60] Im Hinblick auf die Nutzungsart werden z. B. Wohn- oder Gewerbeimmobilienmärkte als mögliche Teilmärkte differenziert.[61] Innerhalb der Wohnimmobilienmärkte ist in Anlehnung an § 75 Abs. 1 BewG[62] eine weitere Untergliederung in Einfamilien-, Zweifamilien- und

---

[50] Vgl. BRAUER, K.-U., Immobilienwirtschaft, S. 13; ähnlich FRANCKE, H.-H., Kapitalanlageentscheidungen, S. 287 f. und 298; HEYSER, H., Büromietzins, S. 48 f.

[51] Vgl. GATZLAFF, D. H./TIRTIROGLU, D., Real Estate Market Efficiency, S. 180; PHYRR, S. A./COOPER, J./WOFFORD, L. E./KAPPLIN, S. D./LAPIDES, P. D., Real Estate Investment, S. 13.

[52] Vgl. BONE-WINKEL, S./SCHULTE, K.-W./FOCKE, C., Begriff und Besonderheiten, S. 20.

[53] Vgl. MOLL-AMREIN, M., Liegenschaftszins, S. 50.

[54] Vgl. LOOS, C., Immobilieninvestoren, S. 11.

[55] Vgl. dazu stellvertretend u. a. MOLL-AMREIN, M., Liegenschaftszins, S. 52; BRAUER, K.-U., Immobilienwirtschaft, S. 17. Für eine ausführliche Erläuterung der Kriterien eines vollkommenen Markts mit vollständiger Konkurrenz vgl. u. a. ERLEI, M./LESCHKE, M./SAUERLAND, D., Neue Institutionenökonomik, S. 44 f.; CEZANNE, W., Allgemeine Volkswirtschaftslehre, S. 155-158.

[56] Vgl. BRAUER, K.-U., Immobilienwirtschaft, S. 13; LOOS, C., Immobilieninvestoren, S. 14; KLEIBER, W., Verkehrswertermittlung, S. 412; APPRAISAL INSTITUTE, Appraisal of Real Estate, S. 48.

[57] Vgl. SAILER, E., Grundstücksmarkt, S. 329.

[58] Vgl. u. a. MOLL-AMREIN, M., Liegenschaftszins, S. 43; BONE-WINKEL, S./SCHULTE, K.-W./FOCKE, C., Begriff und Besonderheiten, S. 21 f.; BRAUER, K.-U., Immobilienwirtschaft, S. 14; WELLNER, K., Immobilien-Portfolio-Management-System, S. 11.

[59] Vgl. SAILER, E., Grundstücksmarkt, S. 329 f.; BRAUER, K.-U., Immobilienwirtschaft, S. 12.

[60] Vgl. BRAUER, K.-U., Immobilienwirtschaft, S. 14.

[61] Vgl. BONE-WINKEL, S./SCHULTE, K.-W./FOCKE, C., Begriff und Besonderheiten, S. 22; BRAUER, K.-U., Immobilienwirtschaft, S. 14. Das Appraisal Institute unterscheidet bspw. zwischen fünf Kategorien: Wohn-, Gewerbe- und Spezialimmobilien, industrielle Immobilien sowie Immobilien im Agrarbereich. Vgl. dazu APPRAISAL INSTITUTE, Appraisal of Real Estate, S. 64-77.

[62] In der Praxis dominiert die Einteilung der Immobilien gemäß BewG. Vgl. ENGELBRECHT, B., Ordnungsmäßige Immobilienbewertung, S. 6.

Mietwohngrundstücke (Mehrfamilienhäuser[63]) möglich.[64] Gemischtgenutzte Grundstücke stellen einen weiteren Teilmarkt dar, der die beiden Teilmärkte der Gewerbe- und Wohnimmobilien verknüpft.[65] Gewerbeimmobilienmärkte können ebenfalls sehr heterogen sein. Wichtigste Ausprägungen sind neben Dienstleistungsimmobilienmärkten (z. B. für Büroimmobilien) die Märkte für Industrie- und Produktionsimmobilien sowie die für Handelsimmobilien.[66]

Für diese Teilmärkte treffen weitere Kriterien, die für einen vollkommenen Markt relevant sind, nicht zu. Unter anderem führen die starke Segmentierung und die hohe Kapitalbindung zu einer eher **geringen Zahl an Anbietern und Nachfragern** in den einzelnen Teilmärkten,[67] was, wie bereits dargestellt, die Liquidierbarkeit von Immobilien und somit ihre Fungibilität negativ beeinflusst.

Ferner ergibt sich durch die lange Produktionsdauer von Immobilien eine **verringerte Angebotselastizität** auf Immobilienmärkten, da nur mit einer gewissen Zeitverzögerung auf Nachfrageänderungen reagiert werden kann.[68] Es kann zum sogenannten Schweinezyklus kommen.[69] Bei steigender Nachfrage werden vermehrt Immobilien gebaut, die erst dann fertig gestellt werden, wenn die Nachfrage bereits wieder sinkt. Der dadurch entstehende Angebotsüberhang kann zu einem Preisverfall führen.[70] Dieser Zusammenhang impliziert ein gewisses Risiko für Immobilieninvestitionen.[71] Immobilien unterliegen somit aufgrund der zeitlich verzögerten Reaktion auf Nachfrageänderungen tendenziell einer Zyklizität. Entsprechende Nachfrageänderungen können sich beispielsweise durch konjunkturelle Schwankungen ergeben, da Immobilienmärkte abhängig vom Konjunkturverlauf sind.[72] So wird durch die Höhe der Haushaltseinkommen die Kaufkraft in Bezug auf Immobilien determiniert.[73]

---

63 Vgl. dazu ENGELBRECHT, B., Ordnungsmäßige Immobilienbewertung, S. 8.

64 Vgl. zur Erläuterung der einzelnen Nutzungsarten des BewG HOLZNER/RENNER, die ähnlich systematisieren. Vgl. dazu HOLZNER, P./RENNER, U., Ermittlung des Verkehrswertes, S. 37-54.

65 Vgl. KLEIBER, W., Verkehrswertermittlung, S. 1959. Vgl. dazu und für weitere Teilmärkte ENGEL, R., DCF-Methode, S. 323. Gemischtgenutzte Grundstücke werden negativ von den Immobilien mit gewerblicher Nutzung und denen zu Wohnzwecken gehaltenen abgegrenzt (§ 75 Abs. 4 BewG). Mehrfamilienhäuser dürfen demnach eine maximale gewerbliche Nutzung von 20 % aufweisen (§ 75 Abs. 2 BewG). Geschäftsgrundstücke sind gewerbliche Objekte mit mindestens 80 % gewerblicher Nutzung (§ 75 Abs. 3 BewG).

66 Vgl. DRÖGE, F., Mietpreisbildende Determinanten, S. 119. Vgl. zur Einteilung der Gewerbeimmobilien auch KLEIBER, W., Verkehrswertermittlung, S. 1961 f.

67 Vgl. WELLNER, K., Immobilien-Portfolio-Management-System, S. 11; ähnlich auch BRAUER, K.-U., Immobilienwirtschaft, S. 13; APPRAISAL INSTITUTE, Appraisal of Real Estate, S. 48.

68 Vgl. HELM, F. M., Investment Properties, S. 33; BRAUER, K.-U., Immobilienwirtschaft, S. 13; LOOS, C., Immobilieninvestoren, S. 14; APPRAISAL INSTITUTE, Appraisal of Real Estate, S. 48.

69 Vgl. dazu u. a. WEINSTOCK, M./SCIBBE, P., Konjunktur und Immobilienmarkt, S. 158 f.

70 Vgl. u. a. BRAUER, K.-U., Immobilienwirtschaft, S. 11 f.; PHYRR, S. A./COOPER, J./WOFFORD, L. E./KAPPLIN, S. D./LAPIDES, P. D., Real Estate Investment, S. 485-489.

71 Vgl. LOOS, C., Immobilieninvestoren, S. 12.

72 Vgl. BONE-WINKEL, S./SCHULTE, K.-W./FOCKE, C., Begriff und Besonderheiten, S. 22 f. Vgl. zur Abhängigkeit von Immobilien- und Kapitalmärkten auch APPRAISAL INSTITUTE, Appraisal of Real Estate, S. 51-54.

73 Für eine umfangreiche Erläuterung des Zusammenhangs zwischen Immobilienmärkten und Konjunkturzyklen vgl. u. a. FRANCKE, H.-H., Konjunkturelle Perspektiven, S. 449-453. FRANCKE beschreibt hier auch explizit die zeitliche Verzögerung (Lag) des Immobilienmarkts im Vergleich zu der Entwicklung des BIP und unterscheidet zwischen Miet-, Bestands- und Neubaumärkten.

Auch die **Markttransparenz** ist auf Immobilienmärkten **eingeschränkt**.[74] Dies ist u. a. auf die Heterogenität von Immobilien zurückzuführen. Eine abgeschlossene Immobilientransaktion kann im Gegensatz zum Aktienhandel nur bedingt einen Anhaltspunkt für den Marktwert einer anderen Immobilie liefern. Außerdem handelt es sich bei Immobilientransaktionen in der Regel um Transaktionen, deren Modalitäten (insbesondere die Preise) nur spät oder gar nicht veröffentlicht werden.[75] Da Angebotspreise selten die finalen Kaufpreise darstellen, hilft auch ein Rückgriff auf Angebotspreise nur bedingt.[76] Zudem mindern die hohen Transaktionskosten die Markttransparenz erheblich. Da trotz der langen Nutzungsdauer von Immobilien die Transaktionshäufigkeit von Immobilien eher gering ist, kann diese auch nicht maßgeblich zu einer höheren Transparenz beitragen. Im zeitlichen Vergleich[77] zeigt sich zwar eine Tendenz zu transparenteren Immobilienmärkten, wenngleich sich die Markttransparenz zwischen einzelnen Ländern noch deutlich unterscheidet.[78]

Letztendlich lässt sich feststellen, dass der Immobilienmarkt mit seinen diversen Teilmärkten nicht die Attribute eines vollkommenen Markts aufweist.[79] Wie gezeigt wurde, fehlt es vor allem an Homogenität der Immobilien, Markttransparenz, einer „unendlichen" Zahl von Anbietern und Nachfragern und der entsprechenden Angebotselastizität.[80] Durch die speziellen Eigenschaften von Immobilien sind Immobilienmärkte mithin auch weniger effizient als Kapitalmärkte,[81] wodurch die Bewertungsunsicherheit im Vergleich zu z. B. Finanzinstrumenten tendenziell höher ist.

22 Grundlagen der Bilanzierung von Renditeimmobilien nach IFRS

221. Ziele und Grundsätze der IFRS-Rechnungslegung

221.1 Ziele der IFRS-Rechnungslegung

Die Ziele und Grundsätze der IFRS-Rechnungslegung ergeben sich aus dessen Conceptual Framework (CF). Im Rahmen des **Conceptual Framework-Projekts** des IASB wird zurzeit in Zusammenarbeit mit dem FASB ein gemeinsames Framework entwickelt, dass das bestehende nach und

[74] Vgl. dazu beispielhaft BRAUER, K.-U., Immobilienwirtschaft, S. 13. HEYSER differenziert hier zwischen großen und kleinen Immobilienmärkten, kommt insgesamt aber auch zu dem Ergebnis, dass keine vollkommene Transparenz erreicht wird. Vgl. HEYSER, H., Büromietzins, S. 55.

[75] Vgl. GATZLAFF, D. H./TIRTIROGLU, D., Real Estate Market Efficiency, S. 180; BONE-WINKEL, S./SCHULTE, K.-W./FOCKE, C., Begriff und Besonderheiten, S. 22.

[76] Vgl. GATZLAFF, D. H./TIRTIROGLU, D., Real Estate Market Efficiency, S. 180.

[77] So stieg die Transparenz auf den Immobilienmärkten global gemäß des Real Estate Transparency Indizes von Jones Lang LaSalle seit seiner Einführung im Jahr 1999 kontinuierlich. Der Index wurde 1999, 2001 und seit 2004 alle zwei Jahre ermittelt. Vgl. dazu ausführlich die Berichte ab 2004 unter www.joneslanglasalle.com/pages/GRETI_worldview.aspx# (Stand: 12.01.2011).

[78] Im Global Real Estate Transparency Index von Jones Lang LaSalle von 2010 führen Australien, Kanada und Großbritannien. Deutschland erreicht erstmals die beste von fünf Transparenzstufen und liegt damit auf Rank 10 hinter Ländern wie Schweden, den USA und Frankreich. Vgl. JONES LANG LASALLE, Global Real Estate Transparency Index 2010, S. 5.

[79] So auch FOLIAN, D., Fair Value-Bilanzierung, S. 180; BRAUER, K.-U., Immobilienwirtschaft, S. 12; ADS, Abschnitt 10, Tz. 137; HEYSER, H., Büromietzins, S. 55.

[80] Vgl. dazu auch LEINEMANN, M., Immobilienbewertung nach IAS/IFRS, S. 261.

[81] Vgl. GATZLAFF, D. H./TIRTIROGLU, D., Real Estate Market Efficiency, S. 181.

nach ersetzen soll (CF.Foreword).[82] Dieses Projekt ist in acht Phasen unterteilt, wobei sich der als Phase A bezeichnete Abschnitt mit den Zielen und Grundsätzen der IFRS-Rechnungslegung beschäftigt.[83] In diesem Zusammenhang ist im September 2010 das „Conceptual Framework (2010)" veröffentlicht worden. Dieses setzt die im Rahmen der Phase A beschlossenen Änderungen um und übernimmt im Übrigen das Framework (1989) interimsweise bis zur jeweiligen Überarbeitung der anderen Kapitel. Damit gelten die bisherigen Neuregelungen bereits seit September 2010, obwohl noch nicht alle Phasen abgeschlossen sind.[84] Im Nachfolgenden werden die in der Phase A festgelegten Ziele und Grundsätze der IFRS-Rechnungslegung erläutert, die in Teilen von den Regelungen des vorherigen Frameworks abweichen.[85]

Zielsetzung der Finanzberichterstattung nach IFRS ist gemäß CF.OB2 die **Vermittlung entscheidungsnützlicher Informationen** (decision usefulness). Dieses Ziel wird durch die beiden gleichrangigen[86] Subziele Bewertungsnützlichkeit (assessing cash flow prospects) und Rechenschaft (stewardship) operationalisiert (CF.OB3 f.).[87] Rechnungslegungsinformationen sind bewertungsnützlich, wenn sie dem Adressaten helfen, die Höhe, den zeitlichen Verlauf und die Unsicherheit der künftigen Cashflows abzuschätzen (CF.OB3).[88] Die Rechenschaftsfunktion hingegen soll es den Bilanzadressaten ermöglichen, die Leistung des Managements zu beurteilen. Dies ist beispielsweise für die Wahl eines neuen Managements bedeutsam (CF.OB4).[89] Primäre Adressaten der Rechnungslegung sind gemäß CF.OB5 alle aktuellen und potentiellen Eigen- und Fremdkapitalgeber sowie sonstige Gläubiger.[90]

Um die genannten Ziele zu erreichen, nennt der IASB im Conceptual Framework (primäre) fundamentale qualitative Anforderungen und (sekundäre) fördernde qualitative Anforderungen sowie eine Kostenbeschränkung (CF.QC3 f.). Fundamentale Kriterien sind die Relevanz mit dem Unterkriterium der Wesentlichkeit und die glaubwürdige Darstellung mit den Unterkriterien der Vollständigkeit, der Neutralität und der Freiheit von Fehlern. Die fördernden Anforderungen sind die

---

82 Das Projekt wurde bereits 2004 begonnen. Vgl. zur Forderung nach einem übereinstimmendem Framework von IASB und FASB auch WATRIN, C./STROHM, C., Paradigmenwechsel, S. 127.

83 Vgl. für eine Erläuterung des gesamten Projekts GASSEN, J./FISCHKIN, M./HILL, V., Rahmenkonzept-Projekt, S. 874 f.

84 Vgl. erläuternd KIRSCH, H., Conceptual Framework, S. 396 f.; GASSEN, J./FISCHKIN, M./HILL, V., Rahmenkonzept-Projekt, S. 875. Der Verbindlichkeitsgrad des Frameworks soll erst in einer späteren Projektphase festgelegt werden. Vgl. kritisch KAMPMANN, H./SCHWEDLER, K., Rahmenkonzept, S. 524. Mit einem Abschluss des gesamten Projekts ist nicht vor 2012 zu rechnen.

85 Vgl. zu den Änderungen auf Basis des Exposure Drafts BERENTZEN, C., Finanzielle Vermögenswerte, S. 32-35.

86 Auf eine Gleichrangigkeit der beiden Subziele deuten die Ausführungen in CF.BC1.27 hin. So auch KOELEN, P., Bewertungskalküle, S. 41; PELGER, C., Entscheidungsnützlichkeit, S. 158 f. A. A. GASSEN, J./FISCHKIN, M./HILL, V., Rahmenkonzept-Projekt, S. 876 f.

87 Der Begriff „stewardship" wird im finalen Chapter zwar nicht explizit verwandt, um Übersetzungsprobleme zu vermeiden, inhaltlich ist aber das umschrieben, was auch bisher unter „stewardship" verstanden wurde (CF.BC1.28).

88 Vgl. auch PELGER, C., Entscheidungsnützlichkeit, S. 158 f.

89 Vgl. zur Rechenschaftsfunktion von Jahresabschlüssen auch ausführlich COENENBERG, A. G./STRAUB, B., Rechenschaft, S. 17-20.

90 Damit wurde der primäre Adressatenkreis im Vergleich zum vorherigen Framework auf alle Kapitalgeber erweitert. Das Management als Adressat bleibt indes weiter außen vor (CF.OB9). Vgl. auch PELGER, C., Entscheidungsnützlichkeit, S. 156.

Vergleichbarkeit, die Nachprüfbarkeit, die Zeitnähe und die Verständlichkeit. Als limitierender Faktor ist auf die Kosten zu achten. Im Folgenden sollen diese Anforderungen und die Kostenbeschränkung näher erläutert werden.

221.2 Fundamentale qualitative Kriterien

Die **fundamentalen qualitativen Kriterien** der Relevanz und der glaubwürdigen Darstellung sind für entscheidungsnützliche Informationen unerlässlich. Obwohl sie gewöhnlich nacheinander geprüft werden, sind sie gleichbedeutend (CF.QC17 f.).[91]

Nachdem ein Sachverhalt als potentiell nützlich für Bilanzadressaten identifiziert wurde, sind üblicherweise in einem nächsten Schritt die Informationen über den Sachverhalt zu ermitteln, die am relevantesten sind (CF.QC18). **Relevant** ist eine Information, wenn sie die Entscheidung eines Bilanzadressaten beeinflussen kann. Es wird nicht auf die tatsächliche Einflussnahme abgestellt (CF.QC6).[92] Eine Einflussnahme kann vorliegen, wenn ein Prognosewert (predictive value) und/oder ein Bestätigungswert (confirmatory value) vermittelt wird (CF.QC7). Informationen haben dann einen Prognosewert, wenn sie dazu geeignet sind, dass sich der Bilanzadressat ein eigenes Bild über die künftige Entwicklung machen kann (CF.QC8). Einen bestätigenden Charakter (Bestätigungswert) haben Informationen, wenn sie vergangene oder aktuelle Erwartungen bestätigen oder ändern (CF.QC9). Ein unternehmensspezifischer Aspekt der Relevanz ist die **Wesentlichkeit**. Sie ist abhängig von der Größe und/oder Art des Unternehmens und für den individuellen Jahresabschluss zu beurteilen (CF.QC11).[93] Wesentlich ist eine Information, wenn ein Unterlassen oder eine falsche Darstellung der Information die Entscheidung eines Bilanzadressaten potentiell beeinflussen könnte.

Relevanz ist indes nur ein notwendiges und kein hinreichendes Kriterium für Entscheidungsnützlichkeit. Wenn eine Information hinsichtlich eines Sachverhalts relevant ist, wird auf der nächsten Ebene, der Abbildungsebene, beurteilt, ob sie auch verfügbar ist und glaubwürdig dargestellt werden kann. Ist dies nicht der Fall, ist auf die nächstrelevantere Information zurückzugreifen und diese auf eine glaubwürdige Darstellung zu prüfen (CF.QC18). Die **glaubwürdige Darstellung** (faithful representation) einer Information ist dann gegeben, wenn der Sachverhalt vollständig, neutral und frei von Fehlern abgebildet werden kann (CF.QC12).[94] **Vollständigkeit** ist gewährleistet, wenn alle erforderlichen Informationen abgebildet werden (CF.QC13). Unvollständige Informationen könnten falsch oder irreführend sein. **Neutral** bzw. unverzerrt ist eine Information dann, wenn sie frei von jeglichem Bias ist.[95] Das heißt, dass sie weder dazu genutzt werden soll, ein bestimmtes Ergebnis zu erzielen noch eine bestimmte Handlung herbeizuführen (CF.QC14). Informationen sind **frei von Fehlern**, wenn es sowohl im Hinblick auf die Abbildung der Informationen als auch in Bezug auf

---

[91] So auch LORSON, P./GATTUNG, A., Faithful representation, S. 556; KIRSCH, H., Conceptual Framework, S. 395.

[92] Vgl. dazu auch erläuternd KIRSCH, H., Conceptual Framework, S. 406-408.

[93] Vgl. auf Basis des „alten" Frameworks auch EWELT-KNAUER, C., Konzernabschluss, S. 17 f.

[94] Im Vergleich zum alten Framework wurde der Begriff der Verlässlichkeit durch die glaubwürdige Darstellung ersetzt (CF.BC3.19-25). Vgl. KIRSCH, H., Conceptual Framework, S. 408 f.

[95] Vgl. so auch LORSON, P./GATTUNG, A., Faithful representation, S. 556.

den Ermittlungsprozess keine Fehler und Auslassungen gibt (CF.QC15). Dennoch wird keine perfekte Genauigkeit angestrebt (CF.QC15). In Bezug auf Schätzungen bedeutet dies etwa, dass diese deutlich als Schätzung zu deklarieren sind, dass der Charakter und die Limitierungen des Schätzungsprozesses erläutert werden und dass bei der Auswahl und der Anwendung des Schätzprozesses keine Fehler gemacht werden (CF.OB15).[96]

221.3 Operationalisierung der Glaubwürdigkeit von Informationen im Kontext der IFRS

Nach HARTLE lässt sich die **Glaubwürdigkeit** von Informationen mit Hilfe eines verhaltenswissenschaftlichen Konzepts **operationalisieren**, worauf im Rahmen dieser Arbeit Bezug genommen wird. Dieses charakterisiert die beiden Faktoren „Anreize“ und „Nichtmanipulierbarkeit“ von Informationen durch das Management als die zentralen Determinanten für die Glaubwürdigkeit von Daten in der Berichterstattung.[97] Informationen können demnach als umso glaubwürdiger charakterisiert werden, je geringer die Anreize und/oder die Möglichkeiten des Managements sind, durch Manipulation von Daten die externe Berichterstattung in ihrem Sinne zu verzerren. **Anreize** zur Manipulation, die sich beispielsweise aufgrund von pekuniären Interessen durch variable Gehaltsbestandteile ergeben, die auf extern kommunizierten Daten basieren,[98] dürften in der externen Rechnungslegung regelmäßig vorhanden sein.[99] Da zwischen dem Management und den primären Bilanzadressaten, d. h. den Kapitalgebern, zusätzlich zu diesem Interessenkonflikt eine asymmetrische Informationsverteilung vorliegt, besteht somit ein Prinzipal-Agenten-Verhältnis.[100] Das Management als Agent ist grundsätzlich besser über die Lage des Unternehmens informiert als der Bilanzadressat als Prinzipal. Daher können die Bilanzadressaten nicht immer feststellen, ob das Management wirklich in ihrem Interesse handelt oder ob es seinen Informationsvorsprung zur eigenen Nutzenmaximierung (aus)nutzt. Es bestehen somit grundsätzlich **Möglichkeiten** des Managements, Daten zu manipulieren. Diesen Zusammenhang beschreibt HARTLE mit dem „Nichtmanipulierbarkeitsfaktor“. Je größer die Gestaltungsspielräume, also die Möglichkeiten des Managements Daten zu manipulieren, umso weniger glaubwürdig sind die vermittelten Informationen.[101] Die Glaubwürdigkeit einer kommunizierten Information kann also entweder durch eine Minderung der Anreize zur Manipulation und/oder durch eine Einschränkung der Möglichkeiten zur Manipulation wirksam erhöht werden. Dieser Zusammenhang soll noch einmal durch die folgende Abbildung verdeutlicht werden.

---

[96] Allerdings kann es sein, dass ein Schätzwert, sofern die Bewertungsunsicherheit sehr groß ist, unter Umständen zwar glaubwürdig dargestellt, aber nicht entscheidungsnützlich ist, weil er nicht relevant ist (CF.QC16).

[97] Vgl. HARTLE, J., Entobjektivierung, S. 77-85 und 194-207; ähnlich STREIM, H./LEIPPE, B., Neubewertung nach IAS, S. 403 f.

[98] Vgl. MURPHY, K. J., Executive compensation, S. 2485-2563; PELLENS, B./CRASSELT, N./ROCKHOLTZ, C., Wertorientierte Entlohnungssysteme, S. 7-9; WATRIN, C., Regulierungstheorie, S. 75 f.

[99] Vgl. beispielhaft KIRSCH, H.-J./KOELEN, P./KÖHLING, K., Management approach, S. 201 f.; speziell für Investment Property vgl. REHKUGLER, H., Wertansätze, S. 30.

[100] Vgl. BUSSE VON COLBE, W., Unternehmenskontrolle, S. 43; ausführlich METH, D., Rechnungslegung mittelständischer Unternehmen, S. 16-21; OBERDÖRSTER, T., Finanzberichterstattung, S. 11-14. Vgl. ausführlich zum Konzept der Prinzipal-Agenten-Theorie JENSEN, M. C./MECKLING, W. H., Theory of the firm, S. 305-360.

[101] Vgl. HARTLE, J., Entobjektivierung, S. 97 und 197.

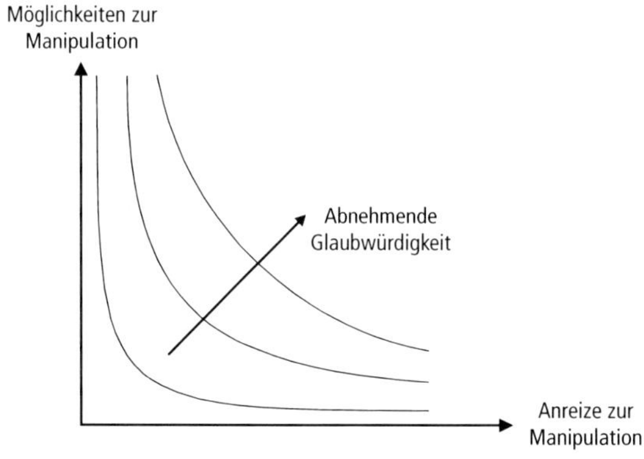

Abbildung 1: Auswirkungen der Möglichkeiten und Anreize zur Manipulation auf die Glaubwürdigkeit[102]

Die **Anreize** zur Manipulation können beispielsweise durch die Nutzung des **Management Approach** und somit durch die Gleichschaltung der Interessen von Management und Bilanzadressat gesenkt werden,[103] da hierbei die Daten des internen Rechnungswesens im Rahmen einer Zweitverwendung die Grundlage für die externe Berichterstattung bilden.[104] Es soll dem Investor so ein Blick „through management's eyes"[105] ermöglicht werden. Dadurch würde das Management bei einer Beeinflussung der externen Berichterstattung riskieren, die eigene, interne Steuerungsgrundlage zu verzerren.[106]

Die **Möglichkeiten** zur Manipulation können mit Hilfe von **Objektivierungen**, im Sinne von Marktobjektivierungen und Normierungen,[107] wirksam gemindert werden.[108] Eine Forderung nach Objektivierung ist somit implizit in einem gewissen Maße im Grundsatz der glaubwürdigen Darstellung enthalten,[109] wenngleich zu bedenken ist, dass die Glaubwürdigkeit einer Information c. p.

[102] In Anlehnung an KIRSCH, H.-J./KOELEN, P./KÖHLING, K., Management approach, S. 201.

[103] Vgl. beispielhaft KIRSCH, H.-J./KOELEN, P./KÖHLING, K., Management approach; ähnlich STREIM, H./LEIPPE, B., Neubewertung nach IAS, S. 408. Vgl. für weitere Vorteile des Management Approach auch KIRSCH, H.-J./STEINHAUER, L., Einfluss der internationalen Rechnungslegung, S. 431 f. Vgl. zu Konvergenzpotentialen von externer und interner Rechnungslegung auch KIRSCH, H.-J./EWELT, C., Konvergenz, S. 307-317.

[104] Vgl. BURGER, A./BUCHHART, A., Integration des Rechnungswesens, S. 550 f.; WEIßENBERGER, B. E./MAIER, M., Der Management Approach in der IFRS-Rechnungslegung, S. 2077. Vgl. zu den Konvergenzansätzen auch COENENBERG, A. G./HALLER, A./MATTNER, G./SCHULTZE, W., Einführung in das Rechnungswesen, S. 28-31. Ein Beispiel für die Umsetzung des Management Approach in der IFRS-Rechnungslegung ist IFRS 8 zur Segmentberichterstattung. Vgl. hierzu u. a. KAJÜTER, P./BARTH, D., Segmentberichterstattung, S. 431-434.

[105] MARTIN, P., The management approach, S. 29.

[106] Vgl. KIRSCH, H.-J./KOELEN, P./KÖHLING, K., Management approach, S. 202. Vgl. zur Gefahr der Bilanzmanipulation durch das Management bei falscher Anreizsetzung auch NIMWEGEN, S., Vermeidung und Aufdeckung von Fraud, S. 178 f.

[107] So auch TINZ, O., Die Abbildung von Wachstum, S. 205 und 230 f.

[108] Vgl. etwa HARTLE, J., Entobjektivierung, S. 198.

[109] So wird auch im Schrifttum die Ansicht vertreten, dass für eine glaubwürdige Darstellung eine gewisse Objektivierung erforderlich ist. Vgl. LORSON, P./GATTUNG, A., Faithful representation, S. 556-558 und 564; ähnlich im Er-

auch durch geringere Manipulationsanreize verbessert werden kann. Objektivierung wird dabei im Sinne von BAETGE als intersubjektive Nachprüfbarkeit definiert.[110] Da diese zwar vom Standardsetter in Form des Grundsatzes der Nachprüfbarkeit bewusst und explizit aus dem Konzept der glaubwürdigen Darstellung herausgenommen und auf die nachgelagerte Stufe der sekundären Grundsätze verschoben wurde (CF.BC3.34-36),[111] ist eine vollständige Nachprüfbarkeit der vermittelten Informationen nicht gefordert. Dies ist konsistent zur geforderten Relevanz, insbesondere auch von Schätzwerten, die mitunter einer gänzlichen Objektivierung entgegenstehen dürften.[112] Mithin wird lediglich ein **Mindestmaß an Objektivierung** durch den Grundsatz der glaubwürdigen Darstellung verlangt, um entscheidungsnützliche Informationen zu gewährleisten. Eine darüber hinausgehende Objektivierung erhöht nur die Nachprüfbarkeit (sekundäres Kriterium) einer Information und als solches lediglich den Grad der Entscheidungsnützlichkeit der Information.[113] Ab wann dieses Mindestmaß erreicht ist, dürfte indes nicht pauschal zu beantworten sein. Hier ist jeweils eine sachverhaltsspezifische Einschätzung der Entscheidungsnützlichkeit erforderlich.

221.4 Fördernde qualitative Kriterien und die Kostenbeschränkung

Sofern sowohl das Kriterium der Relevanz als auch das der glaubwürdigen Darstellung kumulativ erfüllt sind, liegen entscheidungsnützliche Informationen vor (CF.QC17). Dies ist unabhängig vom Vorliegen der untergeordneten **fördernden qualitativen Kriterien**. Diese dienen lediglich dazu, den Grad der Entscheidungsnützlichkeit näher zu bestimmen. Je besser diese Kriterien erfüllt werden, desto entscheidungsnützlicher sind die vermittelten Informationen. (CF.QC19 und QC33). Der IASB legt keine Gewichtung dieser Kriterien fest. Vielmehr ist gemäß CF.QC34 ein Abwägen der Kriterien vom Bilanzierenden selbst unter Würdigung des Sachverhalts vorzunehmen. Fördernde qualitative Anforderungen sind Vergleichbarkeit, Nachprüfbarkeit, Zeitnähe und Verständlichkeit.

Vergleichbarkeit besteht, wenn eine Information dabei hilft, zwei Sachverhalte im Hinblick auf Unterschiede und Gemeinsamkeiten miteinander vergleichen zu können (CF.QC.20 f.). Für die zeitliche und die zwischenbetriebliche Vergleichbarkeit von Informationen ist die Stetigkeit der Bewertungsmethoden von besonderer Bedeutung (CF.QC22). Wahlrechte hingegen beeinträchtigen die Vergleichbarkeit (CF.QC25).[114]

Nachprüfbarkeit ist in CF.QC26-28 erläutert und liegt dann vor, wenn verschiedene sachverständige und unabhängige Beobachter innerhalb einer angemessenen Bandbreite zu dem gleichen Ergebnis in Hinblick auf die einen ökonomischen Sachverhalt widerspiegelnde Information kommen würden (CF.QC26). Bei dem Grundsatz der Nachprüfbarkeit wird gemäß CF.QC27 zwischen der

gebnis GASSEN, J./FISCHKIN, M./HILL, V., Rahmenkonzept-Projekt, S. 879; kritisch DOBLER, M./HETTICH, S., Rahmenkonzepte, S. 35.

110 Vgl. BAETGE, J., Möglichkeiten der Objektivierung, S. 16 f. unter Verweis auf POPPER, K. R., Logik der Forschung, S. 18-21. So auch BEISSE, H., Gläubigerschutz, S. 83.

111 Für Unterschiede zwischen dem Begriff der glaubwürdigen Darstellung und dem Grundsatz der Nachprüfbarkeit vgl. auch LENNARD, A., Stewardship, S. 61 f.

112 Vgl. ähnlich CF.BC3.36.

113 Vgl. zum Kriterium der Nachprüfbarkeit auch Kap. 221.4.

114 Zudem erhöhen Wahlrechte die bilanzpolitischen Möglichkeiten. Vgl. dazu auch BAETGE, J./BALLWIESER, W., Spielraum, S. 215.

direkten und der indirekten Nachprüfbarkeit unterschieden. Direkte Nachprüfbarkeit besteht, wenn die entsprechenden Beobachter den Wert direkt beobachten können. Bei der indirekten Nachprüfbarkeit verifizieren die Beobachter die einzelnen Inputs und vergleichen, ob sie bei gleicher Vorgehensweise zu dem gleichen Ergebnis kämen. Statt eines einzelnen Punktwerts kann auch eine Bandbreite von Werten mit ihren entsprechenden Wahrscheinlichkeiten verifiziert werden (CF.QC26). Gefordert wird also eine Objektivierung, die durch eine intersubjektive Nachprüfbarkeit erreicht werden kann.[115] Diese Objektivierung dürfte in der Regel, wie bereits erwähnt, abhängig von ihrem Ausmaß, durch die Verringerung der Möglichkeiten zur Manipulation, insbesondere zur Verbesserung der glaubwürdigen Darstellung beitragen.[116] Der Grundsatz der Nachprüfbarkeit wurde vom IASB bereits im Exposure Draft im Vergleich zum Discussion Paper auf die nachgeordnete Hierarchiestufe, der nicht zwingend notwendigen Anforderungen, verschoben. Dies wird damit begründet, dass nicht alle entscheidungsnützlichen Informationen, wie beispielsweise (interne) Schätzungen, auch verifizierbar sind und unter Umständen trotzdem nicht auf diese Information verzichtet werden sollte (CF.BC3.36).

Ein weiteres förderndes Kriterium ist die **Zeitnähe**. Gemäß CF.QC29 bedingt Zeitnähe, dass entscheidungsnützliche Informationen dann zur Verfügung gestellt werden, wenn sie in der Lage sind, Entscheidungen von Adressaten zu beeinflussen. Wenn eine Information erst sehr spät veröffentlicht wird, kann der Grad der Entscheidungsnützlichkeit der Information sinken.

Abschließend wird das Kriterium der **Verständlichkeit** genannt. Diese kann durch eine präzise und deutliche Klassifizierung, Charakterisierung und Darstellung der Information erreicht werden (CF.QC30). Die Tatsache, dass manche, sehr komplexen, Sachverhalte auch von einem informierten Bilanzleser nicht mehr verstanden werden können, soll die Unternehmen indes nicht davon abhalten, diese darzustellen (CF.QC31). In diesem Fall kann nach Meinung des IASB von dem Bilanzleser erwartet werden, Rat von einem entsprechenden Experten einzuholen (CF.QC32).

Neben den fördernden Kriterien, die die Entscheidungsnützlichkeit von Informationen unterstützen, gelten die **Kosten** als **limitierenden Faktor**. Nur wenn den Kosten auch ein entsprechender Nutzen gegenübersteht, sind sie gerechtfertigt (CF.QC35). Dabei sind neben den Bilanzierungskosten auch die Kosten zu berücksichtigen, die dem Bilanzadressaten möglicherweise entstehen, wenn er versucht, entscheidungsnützliche Informationen zu bekommen, die (aus Kostengründen) nicht bereitgestellt werden (CF.QC36).

221.5 Zwischenfazit

Wie in der IFRS-Rechnungslegung insgesamt sind auch bei der Bilanzierung von Immobilien die vermittelten Informationen zunächst nach den fundamentalen Anforderungen zu beurteilen. Nur wenn die Informationen relevant sind und glaubwürdig dargestellt werden können, sind Informationen entscheidungsnützlich (erster Schritt). Glaubwürdigkeit wird insbesondere durch die Anreize

---

[115] Vgl. BAETGE, J., Möglichkeiten der Objektivierung, S. 16 f.

[116] Ähnlich auch die Aussage im „alten" Framework des FASB (SFAC 2.81 a.F.). Dieser Meinung ist zuzustimmen. So auch LORSON, P./GATTUNG, A., Faithful representation, S. 561.

und Möglichkeiten zur Manipulation von Daten für die Finanzberichterstattung determiniert, wobei die Möglichkeiten zur Manipulation im Wesentlichen durch Objektivierung und die Anreize durch Anwendung des Management Approach gesenkt werden können. In einem zweiten Schritt ist der Grad der Entscheidungsnützlichkeit der Information unter Beachtung der Kosten zu maximieren, indem zusätzlich die Kriterien der Vergleichbarkeit, der Nachprüfbarkeit, der Zeitnähe und der Verständlichkeit herangezogen werden. Abbildung 2 gibt abschließend einen Überblick über die Anforderungen an die IFRS-Rechnungslegung.

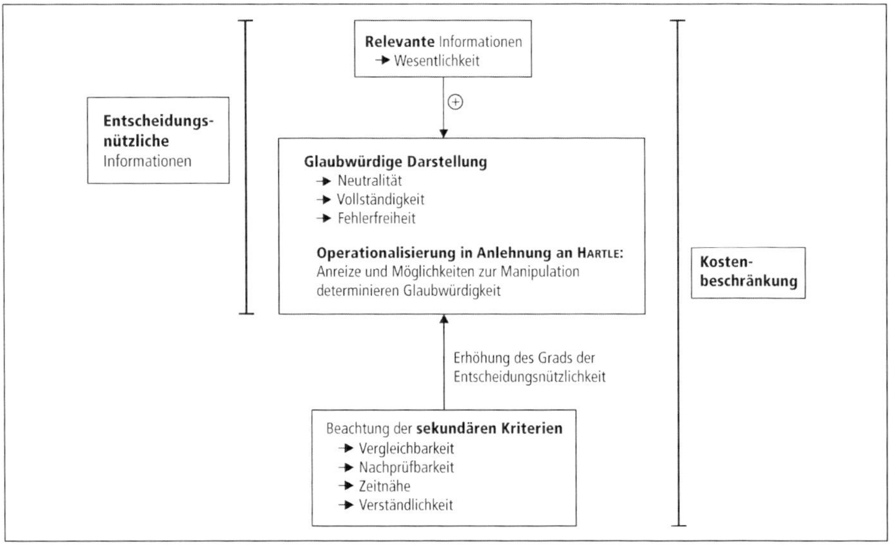

Abbildung 2: Anforderungen des Conceptual Framework-Konzepts

Diese allgemeinen Anforderungen des Frameworks determinieren zusammen mit den Anforderungen, die sich aus den speziellen Regelungen zur Bilanzierung von Renditeimmobilien ergeben, den Rahmen, an dem sich potentielle Bewertungsmethoden für Immobilien messen müssen. Daher werden im Folgenden nach der Einordnung und Abgrenzung der Renditeimmobilien gemäß IFRS zunächst die speziellen Bilanzierungsregelungen vorgestellt, bevor im dritten Kapitel die möglichen Verfahren zur Bewertung von Immobilien erläutert werden.

222. Kategorisierung von Immobilien nach IFRS

Immobilien werden im Rahmen der IFRS nicht einheitlich bilanziert. Abhängig von der Nutzung der Immobilie im Unternehmen wird eine Klassifizierung vorgenommen, nach der sich die Anwendung der verschiedenen Standards bestimmt.[117] Dabei unterscheidet der Standardsetter fünf ver-

[117] Vgl. Böckem, H./Schurbohm, A., Klassifizierung von Immobilien, S. 5 f.; Zülch, H./Hendler, M., Bilanzierung nach IFRS, S. 267; Beck, M., Bilanzierung von Immobilien, S. 148.

schiedene Kategorien, die sich in die Bereiche Non-Investment Property und Investment Property unterteilen lassen.[118]

Im Bereich der Non-Investment Property werden die vier Kategorien der Betriebsimmobilien, der Vorratsimmobilien, der im Rahmen eines Fertigungsauftrags errichteten Immobilien und der zur Veräußerung gehaltenen Immobilien unterschieden.[119] **Betriebsimmobilien** werden vom Eigentümer selbst genutzt und gemäß IAS 16 bilanziert. Hierzu gehören alle Immobilien, die im Rahmen der gewöhnlichen Geschäftstätigkeit länger als eine Periode im Unternehmen verbleiben (IAS 16.6).[120] **Vorratsimmobilien** sind Immobilien, die im Rahmen der gewöhnlichen Geschäftstätigkeit zur Veräußerung bestimmt sind. Sie werden nach IAS 2 bilanziert (IAS 2.6).[121] Eine solche Kategorisierung kommt insbesondere bei Grundstücksentwicklern und -händlern wie Bauträgern in Betracht, die größere Immobilienprojekte durchführen, um die Immobilien nach Fertigstellung zu verkaufen.[122] Bei Immobilien, deren Entwicklung und Herstellung im Rahmen eines **Fertigungsauftrags** für fremde Dritte erfolgt, richtet sich die Bilanzierung nach IAS 11. Diese Immobilien unterscheiden sich von den Vorratsimmobilien insofern, als dass sie Gegenstand eines konkreten Vertrags sind und nicht für den anonymen Markt produziert werden.[123] Die Kategorie der **zur Veräußerung gehaltenen Immobilien** nimmt eine gewisse Sonderstellung ein. Unter diese Kategorie fallen alle Immobilien, die zur Veräußerung gehaltene, langfristige Vermögenswerte im Unternehmen darstellen oder Teile von aufgegebenen Geschäftsbereichen sind (IFRS 5.2). In diese Kategorie, die nach IFRS 5 bilanziert wird, müssen Betriebs- und Renditeimmobilien unter bestimmten Umständen umklassifiziert werden, wenn sie veräußert werden sollen. So wird etwa eine sehr wahrscheinliche Veräußerung innerhalb eines Jahres verlangt (IFRS 5.8).[124] Von einer Umklassifizierung nach IFRS 5 sind zwar auch solche Renditeimmobilien nicht ausgenommen, die nach dem Fair

---

[118] Vgl. KLINGER, F./MÜLLER, M., IFRS & Immobilien, S. 76-78; BECK, M., Bilanzierung von Immobilien, S. 149. Für eine ähnliche Einteilung vgl. ZÜLCH, H., Investment Properties, S. 68. Eine alternative Kategorisierung wäre auch nach Betriebs-, Rendite- und zur Veräußerung gehaltenen Immobilien möglich. In letztgenannter Kategorie würden dann die Bilanzierungen nach IAS 2, IAS 11 und IFRS 5 zusammengefasst. Vgl. dazu ALTMEPPEN, H./BRAUER, F., Fair Value, S. 774.

[119] Vgl. für die vier Kategorien KLINGER, F./MÜLLER, M., IFRS & Immobilien, S. 76; BRÄSICK, A., Ansatz und Bewertung von Immobilien, S. 276. BRÄSICK differenziert zusätzlich zwischen Immobilien, die im Rahmen von Leasingverhältnissen gehalten werden und Immobilien, die den Vorschriften für Wertminderungen nach IAS 36 entsprechen. Da Leasingverhältnisse je nach Klassifikation als Operating oder Finance Lease und somit je nach ihrer Verwendung im Unternehmen verschiedenen hier genannten Kategorien zugeordnet werden können, wird hiernach an dieser Stelle nicht differenziert. Vgl. u. a. für Finance Lease-Verhältnisse KLINGER, F./MÜLLER, M., IFRS & Immobilien, S. 77 f. und für die Bilanzierung von Immobilienleasingverhältnissen VOGEL, M., IAS 17. Wertminderungen nach IAS 36 sind bspw. Teil der Vorschriften für Betriebsimmobilien, weswegen hier keine gesonderte Kategorie vorgesehen ist. Vgl. dazu auch BAUMUNK, H./BEYHS, O., IAS 36.

[120] Vgl. dazu ausführlich KELLER, N./WEBER, E., IAS 16.

[121] Vgl. zur Interpretation des Begriffs der „gewöhnlichen Geschäftstätigkeit" HEINTGES, S./BOGGEL, A./WULBRAND, H., Immobilienvermögen, S. 2038 f.; BÖCKEM, H./SCHURBOHM, A., Klassifizierung von Immobilien, S. 15 f.

[122] Vgl. KLINGER, F./MÜLLER, M., IFRS & Immobilien, S. 76 f.; ADS, Abschnitt 10, Tz. 53. Vgl. zur Bilanzierung von Vorratsimmobilien ausführlich BAUMUNK, H./SCHRÖDER, D., IAS 2.

[123] Vgl. hierzu und zur Bilanzierung von Immobilien nach IAS 11 ausführlich LIECK, H., IAS 11. Vgl. zu Abgrenzungsproblemen zwischen IAS 2 und IAS 11 INGOLD, M., Anwendungsbereiche und Abgrenzungsfragen, S. 114. Die Erfolgsrealisation bei Immobilienprojekten richtet sich bei Klassifizierung in IAS 11 nach diesem Standard. Ansonsten ist IAS 18 einschlägig. Als Abgrenzungshilfe gilt IFRIC 15. Vgl. erläuternd OVERSBERG, T., IFRIC 15.

[124] Vgl. für weitere Kriterien auch IFRS 5.6-12A.

Value-Model gemäß IAS 40 bilanziert werden, allerdings richtet sich ihre Bewertung weiterhin nach den Vorschriften des IAS 40 (IFRS 5.5 (d)).[125] Mithin können Renditeimmobilien nur dann gemäß den Vorschriften des IFRS 5 bewertet werden, wenn das Cost Model gewählt wurde.[126]

Die zu Renditezwecken gehaltenen Immobilien stellen eine gesonderte Kategorie unter den Immobilien dar. Diese sogenannten **Renditeimmobilien** (auch als zur Finanzanlage gehaltene Immobilien bezeichnet) bilden die Kategorie der Investment Property. Unter Renditeimmobilien sind konkret solche Immobilien (Grundstücke und/oder Gebäude) zu verstehen, die (vom Eigentümer oder Leasingnehmer im Rahmen eines Finance Lease) zur Erzielung von Mieteinnahmen und/oder zum Zwecke der Wertsteigerung gehalten werden (IAS 40.5).[127] Sie sind nach IAS 40 zu bilanzieren.[128] IAS 40 ist vor allem für solche Unternehmen relevant, die sich auf das Halten von Immobilien zu Renditezwecken spezialisiert haben.[129] Hält ein Unternehmen dagegen eine Immobilie ohne derzeitige konkrete Nutzungsabsicht bzw. ist dessen künftige Nutzung noch ungewiss, so sind diese Grundstücke und/oder Gebäude ebenfalls als Renditeimmobilien zu klassifizieren.[130] Im Fokus dieser Arbeit stehen indes nur solche Immobilien, die aus einem Grundstück mit einem Gebäude bestehen und mit Mieterzielungsabsicht gehalten werden. Sie werden im Folgenden vereinfachend als Renditeimmobilien bezeichnet. Diese Immobilien generieren im Unterschied zu betrieblich genutzten Immobilien direkt zurechenbare Cashflows, die überwiegend unabhängig von anderen Vermögenswerten erwirtschaftet werden (IAS 40.7). Nicht betrachtet werden z. B. unbebaute Grundstücke, die zur langfristigen Wertsteigerung gehalten werden und gemäß IAS 40.8 (a) auch als Renditeimmobilien zu klassifizieren wären. Seit dem Improvement Projekt von Mai 2008 sind auch in der Entwicklung befindliche Renditeimmobilien nach IAS 40 zu bilanzieren (IAS 40.8 (e)).[131] Die Besonderheiten für die Bewertung werden im Rahmen dieser Arbeit indes nicht behandelt.

Abgesehen von Eigentümern und Leasingnehmern eines Finance Lease können auch Leasingnehmer, deren Immobilien aufgrund der allgemeinen Leasingvorschriften gemäß IAS 17.10 als **Operating Lease** klassifiziert werden, ihre Immobilien nach IAS 40 bilanzieren, sofern die Immobilie die sonstigen Kriterien des IAS 40 erfüllt. Ein Kriterium ist, dass der Leasingnehmer die Immobilie seinerseits an einen Endnutzer untervermietet.[132] Die Option kann für jede geleaste Immo-

---

[125] Vgl. auch FRANK, T., Bilanzierung von Anlageimmobilien, S. 29. Vgl. zum Fair Value-Model von IAS 40 ausführlich Kap. 223.223.1.

[126] So ist IAS 40.56 für die Umklassifizierung vom Cost Model gemäß IAS 40 zu IFRS 5 einschlägig. Vgl. ausführlich zu IFRS 5 HASENBURG, C., IFRS 5.

[127] Vgl. für Beispiele für Renditeimmobilien IAS 40.8.

[128] Vgl. KLINGER, F./MÜLLER, M., IFRS & Immobilien, S. 77.

[129] Vgl. ADS, Abschnitt 10, Tz. 17.

[130] IAS 40.8 (b) weist explizit auf diese Eingruppierung für Grundstücke ohne derzeitige Nutzungsabsicht hin. Gemäß BÖCKEM/SCHURBOHM ist diese Regelung auf Gebäude zu übertragen. Vgl. BÖCKEM, H./SCHURBOHM, A., Klassifizierung von Immobilien, S. 17. Ebenso ADS, Abschnitt 10, Tz. 20 f.; ähnlich MÜLLER, S./WOBBE, C./REINKE, J., Investment Properties, S. 250. A. A. GRAUMANN, M., Renditeimmobilien, S. 132. Er bevorzugt eine Bilanzierung als sonstiges Vermögen.

[131] Diese Änderung ist seit dem 1. Januar 2009 gültig. Vgl. ausführlich DIETRICH, A./WOLTER, I., Zweifelsfragen; ZAUGG, D./KRÄMER, C./BACH, R. F., Entwicklungsliegenschaften. Für erste empirische Auswertungen vgl. ZAUGG, D./KRÄMER, C./MEYER, T., Renditeliegenschaften im Bau.

[132] Vgl. FREIBERG, J., § 16, Tz. 6.

bilie einzeln ausgeübt werden. Sofern aber mindestens eine Immobilie eines Operating Lease-Verhältnisses nach IAS 40 bilanziert wird, ist grundsätzlich für alle Renditeimmobilien das Fair Value-Model anzuwenden (IAS 40.6).[133]

Da im Rahmen dieser Arbeit ausschließlich Renditeimmobilien betrachtet werden, die unter den Anwendungsbereich des IAS 40 fallen, wird im Folgenden ihre Bilanzierung im Kontext der IFRS näher erläutert.

223. Bilanzierung von Renditeimmobilien nach IFRS

223.1 Ansatz von Renditeimmobilien

Für den Ansatz von Renditeimmobilien gelten die **Ansatzkriterien** der IFRS für Vermögenswerte. Renditeimmobilien sind daher nur dann in der Bilanz anzusetzen, wenn es wahrscheinlich ist, dass dem Unternehmen durch die Immobilie künftiger wirtschaftlicher Nutzen zufließt und wenn die Anschaffungs- bzw. Herstellungskosten verlässlich ermittelt werden können (IAS 40.16 i. V. m. CF.4.44). Ein wahrscheinlicher Nutzenzufluss wird in der Literatur je nach Autor ab einer Eintrittswahrscheinlichkeit von größer 50 % und spätestens ab 80 % unterstellt.[134] IAS 40 enthält hierzu keine Angaben. Eine verlässliche Ermittlung der Anschaffungskosten ist bei einem Erwerb mittels des Kaufpreises in der Regel möglich. Ähnlich verlässlich können die angefallenen Herstellungskosten der Immobilie im Fall der eigenen Erstellung ermittelt werden.[135] Ausschlaggebend ist das **wirtschaftliche**, nicht das rechtliche, **Eigentum**.[136] Dies kann dazu führen, dass eine Renditeimmobilie bereits bilanziert wird, bevor ein Vertrag wirksam abgeschlossen ist. Abzustellen ist auf die Verteilung der Chancen und Risiken, die mit der Immobilie verbunden sind.[137]

223.2 Erst- und Folgebewertung von Renditeimmobilien

223.21 Erstbewertung

Immobilien sind mit ihren Anschaffungs- bzw. Herstellungskosten einschließlich der nachträglichen Anschaffungs- und Herstellungskosten zu bewerten, sofern sie die Ansatzkriterien erfüllen

---

133 Vgl. kritisch zu der dadurch verursachten Doppelbilanzierung von Immobilien bei Leasingnehmer und Leasinggeber FREIBERG, J., § 16, Tz. 6. Vgl. für mögliche künftige Änderungen das Discussion Paper „Leases – Preliminary Views“ des IASB von März 2009 und den Exposure Draft vom August 2010, in denen durch den Wechsel auf den right-of-use-Ansatz grundlegende Veränderungen der Bilanzierung von Leasingverhältnissen geplant sind. Vgl. dazu auch BÖMELBURG, P./LANDGRAF, C./SINGH-VERMA, J., Zukunft der Leasingbilanzierung nach IFRS; HARTMANN-WENDELS, T./SCHMIDT, P., Zur Reform des IAS 17; LORENZ, K., ED „Leases“; KÜTING, K./KOCH, C./TESCHE, T., Internationale Leasingbilanzierung.

134 Vgl. PELLENS, B./FÜLBIER, R. U./GASSEN, J./SELLHORN, T., Internationale Rechnungslegung, S. 342.

135 Vgl. ZÜLCH, H./HENDLER, M., Bilanzierung nach IFRS, S. 274.

136 Hierauf weist F.35 a.F. explizit mit dem Grundsatz „Substance over Form“ hin. Im aktuellen Framework wird dieser Grundsatz nicht mehr explizit erwähnt, da er nach Meinung des IASB bereits im Grundsatz der glaubwürdigen Darstellung enthalten ist (CF.BC3.19 und BC3.26).

137 Vgl. ausführlich FREIBERG, J., § 16, Tz. 21; ADS, Abschnitt 10, Tz. 79; ähnlich auch ZÜLCH, H./HENDLER, M., Bilanzierung nach IFRS, S. 274 f. Vergleichbar ist hier auch die Auslegung des HGB, bei der bereits ein bilanzieller Ansatz der Immobilie vor Eintragung im Grundbuch als möglich erachtet wird. Vgl. HOFBAUER, M. A., Buchungszeitpunkt, S. 144.

(IAS 40.17). Die Erstbewertung von Renditeimmobilien ähnelt mithin den Regelungen des IAS 16.[138]

Wird eine **Immobilie erworben** setzen sich die Anschaffungskosten aus dem Kaufpreis und den direkt zurechenbaren Kosten zusammen. Direkt zurechenbare Kosten sind im Wesentlichen die Transaktionskosten (IAS 40.20 f.). Hierzu zählen z. B. Anwalts- und Notarkosten für die notarielle Beurkundung des Kaufvertrags sowie Steuern, die bei einem Eigentumsübergang anfallen (IAS 40.21).[139] Anschaffungspreisminderungen sind in IAS 40 nicht erwähnt, indes wird davon ausgegangen, dass diese, analog zu den Bestimmungen für Vorräte, Sachanlagevermögen und immaterielle Vermögenswerte, wertmindernd zu berücksichtigen sind.[140]

Bei der **Herstellung** von Immobilien sind zwar grundsätzlich die Herstellungskosten im Zugangszeitpunkt maßgeblich. Da seit 2009 indes auch im Bau befindliche Immobilien als Renditeimmobilien zu klassifizieren sind (IAS 40.8 (e)), entscheidet der spätere bilanzielle Umgang mit den Immobilien im Rahmen der Folgebewertung, inwiefern die Herstellungskosten zu berücksichtigen sind.[141] Bei der erstmaligen Berücksichtigung einer sich im Bau befindlichen Immobilie sind immer die bis dato angefallenen Herstellungskosten relevant. Wenn eine Folgebewertung zum Cost Model vorgesehen ist, werden die gesamten Herstellungskosten sukzessive gemäß IAS 16 bis zur Fertigstellung aktiviert. Ansonsten wird die noch nicht fertig gestellte Immobilie bei der ersten Aktivierung als Immobilie im Bau mit den bis dahin angefallenen Herstellungskosten und danach (im Rahmen der Folgebewertung) zum jeweiligen Abschlussstichtag bereits zum Fair Value bewertet.[142]

Erfüllt eine Immobilie die Anforderungen an ein qualifying asset gemäß IAS 23.5, so sind die für die Immobilie anfallenden **Finanzierungskosten** als Anschaffungsnebenkosten bzw. als Teil der Herstellungskosten zu aktivieren (IAS 23.1).[143] Ein qualifying asset liegt vor, wenn ein beträchtlicher Zeitraum benötigt wird, um die Immobilie in einen gebrauchsfähigen Zustand zu versetzen (IAS 23.5). Für Immobilien, die bereits einsatzbereit erworben werden, ist diese Regelung gegenstandslos.

Neben den Anschaffungs- und Herstellungskosten einer Immobilie, die bei Kauf bzw. Herstellung anfallen, kommen auch **nachträgliche Anschaffungs- und Herstellungskosten** in Betracht, um die Immobilie zu erweitern, einzelne Teile auszutauschen oder um die Immobilie im Betrieb zu halten (IAS 40.17). Nicht angesetzt werden dürfen Kosten der Instandhaltung, die sofort aufwandswirksam zu buchen sind (IAS 40.18). Hierbei sind die Kosten für die Instandhaltung von den Kosten für Er-

[138] Vgl. JUNG, H., § 6, Tz. 27; ZÜLCH, H./HENDLER, M., Bilanzierung nach IFRS, S. 275; BAUMUNK, H., IAS 40, S. 77.
[139] Vgl. dazu auch KLINGER, F./MÜLLER, M., IFRS & Immobilien, S. 83 f.
[140] Vgl. ZÜLCH, H./HENDLER, M., Bilanzierung nach IFRS, S. 277.
[141] Vgl. ZÜLCH, H./HENDLER, M., Bilanzierung nach IFRS, S. 277.
[142] Vgl. ZÜLCH, H./HENDLER, M., Bilanzierung nach IFRS, S. 277. So im Ergebnis auch FREIBERG, J., § 16, Tz. 44.
[143] Vgl. ADS, Abschnitt 10, Tz. 98 und 106. Das vorherige Aktivierungswahlrecht zum Ansatz von Fremdkapitalkosten ist seit dem 1. Januar 2009 zu einer Aktivierungspflicht geworden. Vgl. dazu auch BALLWIESER, W., IAS 40, Tz. 22; HOFFMANN, W.-D., § 9, Tz. 10.

satzinvestitionen einzelner Bauteile zu trennen, die im Rahmen der nachträglichen Anschaffungs- und Herstellungskosten ansatzfähig sind (IAS 40.19).[144]

223.22 Folgebewertung

223.221. Wahlrecht zwischen Cost Model und Fair Value-Model

Bei der Folgebewertung von Renditeimmobilien können Unternehmen nach IAS 40 grundsätzlich zwischen dem Cost Model, also einer Bewertung zu fortgeführten Anschaffungs- und Herstellungskosten, und dem Fair Value-Model wählen. Das **Wahlrecht** ist für alle Renditeimmobilien gemäß IAS 40.30 einheitlich auszuüben und das gewählte Modell ist aufgrund der Bewertungsstetigkeit gemäß IAS 40.55 im Zeitablauf beizubehalten.[145] Ein Wechsel des Bewertungsmodells ist nur dann vorgesehen, wenn die dadurch vermittelten Informationen im Sinne von IAS 8 verlässlich und gleichzeitig relevanter als vorher sind (IAS 40.31).[146] Der IASB beurteilt daher einen Wechsel vom Fair Value-Model zum Cost Model als sehr unwahrscheinlich (IAS 40.31). Demnach kann ein Unternehmen faktisch nur dann das Bewertungsmodell ändern, wenn es vom Cost Model auf eine Fair Value-Bewertung wechselt.[147] Durch diesen einseitig möglichen Methodenwechsel wird die Präferenz des IASB für das Fair Value-Model deutlich. Dies wird noch dadurch verstärkt, dass solche Unternehmen, die sich für das Cost Model entschieden haben, im Anhang zusätzlich den Fair Value der Immobilien veröffentlichen müssen (IAS 40.79 (e)).[148] Der Fair Value ist mithin stets zu ermitteln.

Von einer Fair Value-Bewertung darf im Rahmen des Fair Value-Models in Ausnahmefällen für einzelne Immobilien abgesehen werden, wenn der Fair Value beim erstmaligen Zugang oder bei der erstmaligen Klassifikation als Renditeimmobilie **nicht verlässlich ermittelbar** ist. Dies ist gemäß IAS 40.53 a.F.[149] nur der Fall, wenn vergleichbare Markttransaktionen selten und andere verlässliche Schätzungen nicht verfügbar sind. In IAS 40.53 (2011) wird diese Anforderung im Kontext mit den Regelungen in IFRS 13 etwas anders formuliert. Demnach ist der Fair Value für eine Renditeimmobilie künftig dann nicht verlässlich ermittelbar, wenn der Markt für vergleichbare Immobilien inaktiv ist oder wenn andere verlässliche Fair Value-Bewertungen nicht verfügbar sind. Die betroffene Immobilie ist sowohl bisher als auch künftig separat bis zur Ausbuchung mit dem Cost Model nach IAS 16 zu bewerten. Davon unberührt sind gemäß IAS 40.54 alle anderen Renditeimmobilien des Unternehmens weiterhin zum Fair Value zu bewerten. Eine einmal mit dem Fair Value bilan-

---

144 Vgl. dazu auch BAUMUNK, H., IAS 40, S. 76 f.

145 Vgl. u. a. BALLWIESER, W., IAS 40, Tz. 37 f.; EBERHARTINGER, E./WIEDERMANN-ONDREJ, N., Immobilien nach IFRS, S. 50.

146 Möglicherweise wird der Begriff der Verlässlichkeit in kommenden Überarbeitungen des Standards zur Anpassung an das neue Framework-Konzept durch den Begriff der glaubwürdigen Darstellung ersetzt. Hierdurch würden sich inhaltlich voraussichtlich keine wesentlichen Änderungen ergeben. Aktuell sind indes keine Anpassungen geplant.

147 Vgl. BALLWIESER, W., IAS 40, Tz. 37; FREIBERG, J., § 16, Tz. 47; BECK, M., Bilanzierung von Immobilien, S. 160.

148 Vgl. u. a. FREIBERG, J., § 16, Tz. 43 und 47; FOLIAN, D., Fair Value-Bilanzierung, S. 179; ZÜLCH, H./HENDLER, M., Bilanzierung nach IFRS, S. 279; EBERHARTINGER, E./WIEDERMANN-ONDREJ, N., Immobilien nach IFRS, S. 50.

149 IAS 40 wird durch IFRS 13 an einigen Stellen modifiziert. Durch a.F. gekennzeichnete Textziffern von IAS 40 sind solche, die nur bis zum Inkrafttreten von IFRS 13 gültig sind. Vgl. zu IFRS 13 ausführlich Kap. 223.223.2.

zierte Immobilie muss gemäß IAS 40.55 bis zum Abgang mit dem Fair Value bewertet werden.[150] Sie darf auch dann nicht zu fortgeführten Anschaffungs- oder Herstellungskosten bilanziert werden, wenn vergleichbare Markttransaktionen seltener oder Marktpreise weniger leicht verfügbar sind (IAS 40.55). Damit möchte der IASB bilanzpolitischen Spielraum einschränken.[151]

Auch bei **im Bau befindlichen Immobilien** ist das Wahlrecht einmalig im Ansatzzeitpunkt auszuüben. Kann ein Fair Value trotz Wahl des Fair Value-Models noch nicht verlässlich ermittelt werden, darf eine im Bau befindliche Immobilie gemäß IAS 40.53 maximal bis zur Fertigstellung mit dem Cost Model bewertet werden.[152] Die Möglichkeit der Fair Value-Bewertung kann auch hier nur beim erstmaligen Ansatz der Immobilie widerlegt werden (IAS 40.53B). Spätestens bei Fertigstellung einer Immobilie wird davon ausgegangen, dass der Fair Value verlässlich ermittelt werden kann (IAS 40.53A). Sollte dies schon vor der Fertigstellung möglich sein, ist die Immobilie bereits dann zum Fair Value zu bewerten (IAS 40.53).

Generell **ausgenommen von dem Wahlrecht** sind Unternehmen, die Immobilien als Leasingnehmer im Rahmen eines Operating Lease halten und diese gemäß IAS 40.6 als Renditeimmobilien klassifiziert haben. Sie müssen für alle Renditeimmobilien das Fair Value-Model anwenden (IAS 40.30 i. V. m. IAS 40.34).[153]

Schlussendlich lässt sich feststellen, dass der IASB mit IAS 40 zwar eine Wahlmöglichkeit zwischen dem Cost Model und dem Fair Value-Model lässt, diese möglicherweise aber nur als eine Art unbestimmte **Übergangslösung** verstanden werden muss. In IAS 40.B48 wird angedeutet, dass der IASB langfristig nach wie vor eine reine Fair Value-Bilanzierung für Renditeimmobilien anstrebt,[154] was so auch bereits im Exposure Draft für den IAS 40 (E64) vorgesehen war.[155] Der Trend zum Fair Value-Model wird ferner durch den FASB verstärkt, der derzeit einen Standard für Investment Property vorbereitet, der eine verpflichtende Fair Value-Bewertung für Renditeimmobilien von Immobiliengesellschaften vorsieht.[156]

In der **Praxis** dominiert bei Immobiliengesellschaften in der EU, in der Schweiz und auch weltweit das Fair Value-Model.[157] Es wird auch von dem europäischen Verband der börsennotierten Immo-

150 Vgl. BALLWIESER, W., IAS 40, Tz. 40.

151 Vgl. EBERHARTINGER, E./WIEDERMANN-ONDREJ, N., Immobilien nach IFRS, S. 53.

152 Vgl. für Kriterien, die Hinweise darauf geben können, ob der Fair Value einer Renditeimmobilie verlässlich ermittelbar ist, DIETRICH, A./RANKER, D., Investment Properties, S. 113 f.

153 Vgl. ADS, Abschnitt 10, Tz. 130.

154 Auch FOLIAN rechnet mit einer Abschaffung des Wahlrechts. Vgl. FOLIAN, D., Fair Value-Bilanzierung, S. 179. Vgl. dazu auch HUSCHKE, C., Immobilienbewertung, S. 46.

155 Der IASB bezeichnet die Einführung des Wahlrechts auch als die wichtigste Änderung im Vergleich von Exposure Draft und finalem Standard (IAS 40.B67).

156 Vgl. hierzu auch FASB (Hrsg.), Meeting Minutes, S. 2.

157 Bedeutsam ist das Cost Model lediglich in Frankreich, Spanien und Deutschland. Vgl. ZAUGG, D./KRÄMER, C., IFRS-Jahresabschlüsse von Immobiliengesellschaften, S. 70 f. In der Schweiz ist aufgrund der Bestimmung der SWX für börsennotierte Unternehmen nur das Fair Value-Model zulässig. Vgl. Nr. 2.7.2 des Schema C für Immobiliengesellschaften. Vgl. zur Dominanz des Fair Value-Models in der EU sowie weltweit auch die folgenden empirischen Studien: MULLER, K. A./RIEDL, E. J./SELLHORN, T., Historical Cost vs. Fair Value, S. 21; FOLIAN, D., Fair Value-Bilanzierung, S. 182; ERNST & YOUNG, IFRS for real estate, S. 3 und 18 f.

biliengesellschaften, der European Public Real Estate Association (EPRA), empfohlen,[158] der eine Standardisierung der internationalen Rechnungslegung von Immobilienunternehmen in Europa anstrebt.[159] Ansonsten wird das Fair Value-Model in Deutschland hauptsächlich bei Versicherungen, Banken und Finanzdienstleistern angewandt.[160] Vor allem im Bereich der Immobiliengesellschaften ist in Deutschland mit einer weiteren Ausbreitung des Fair Value-Models und somit einer wachsenden Bedeutung aufgrund des REITG[161] zu rechnen.[162] Zwar ist auch nach dem REITG eine Anwendung des Cost Models erlaubt, indes wird zur Realisierung der Bewertungsmaßstäbe das Fair Value-Model benötigt.[163]

223.222. Folgebewertung zum Cost Model

Wählt ein Unternehmen für die Folgebewertung das Cost Model, so sind alle Renditeimmobilien zu **fortgeführten Anschaffungs- und Herstellungskosten** gemäß IAS 16 zu bilanzieren (IAS 40.56). Somit sind auch planmäßige und ggf. außerplanmäßige Abschreibungen gemäß IAS 16.30 zu berücksichtigen.[164] Für **planmäßige Abschreibungen** müssen Nutzungsdauer und Abschreibungsmethode festgelegt werden, da die Immobilie über ihre voraussichtliche Nutzungsdauer abzuschreiben ist. Diese Parameter sind jährlich zu überprüfen (IAS 16.51 und 16.61). Grundsätzlich ist nur der abnutzbare Teil einer Immobilie planmäßig abzuschreiben. Daher muss der Buchwert der Immobilie auf das Grundstück, das sich nicht abnutzt und somit prinzipiell eine unendliche Nutzungsdauer hat, und das Gebäude verteilt werden.[165] Bei im Bau befindlichen Immobilien setzt die planmäßige

---

158 Vgl. EPRA, Best Practices Recommendations, S. 13. Diese Empfehlung scheint einen signifikanten Einfluss auf die Unternehmen zu haben. Vgl. hierzu QUAGLI, A./AVALLONE, F., Fair Value or Cost Model, S. 486.

159 Vgl. EPRA, Best Practices Recommendations, S. 3; GRAßL, A./BECK, M., Bewertung von Immobilienunternehmen, S. 319.

160 Vgl. MÜLLER, S./WOBBE, C./REINKE, J., Investment Properties, S. 253. In allen anderen Branchen ist die Bedeutung eher gering, und zumindest in Deutschland überwiegt das Cost Model deutlich. Vgl. PETERSEN, K./ZWIRNER, C., Fair value-Bewertung, S. 223; VON KEITZ, I., Praxis der IASB-Rechnungslegung, S. 80 f. Die Erhebungen von PETERSEN/ZWIRNER umfassen Geschäftsberichte der Jahre 2005 und 2006; die von VON KEITZ die der Jahre 2001 und 2002.

161 Das REITG wurde 2007 verabschiedet. Es regelt die Bilanzierung von Immobilienaktiengesellschaften mit REIT-Status und gewährt den Unternehmen, unter bestimmten Umständen, Steuervorteile. Damit wurde eine neue Möglichkeit der Investition in Immobilien geschaffen. Vgl. ausführlich zum REITG u. a. STOBBE, J./WEINAND-HÄRER, K., G-REITs; KÜHNBERGER, M./BRENIG, M./MAAßEN, H., REITs-Rechnungslegung; KNOFLACH, B. A., G-REITs.

162 Vgl. DETTMEIER, M./PÖSCHKE, M., IFRS und deutscher REIT, S. 1733; ähnlich PETERSEN, K./ZWIRNER, C., Fair value-Bewertung, S. 224; HEINTGES, S./BOGGEL, A./WULBRAND, H., Immobilienvermögen, S. 2042; VOIGTLÄNDER, M., Stabilität des deutschen Immobilienmarktes, S. 9. A. A. KOWAR, der für einen Erfolg des G-REIT (German REIT) zunächst eine Reform des REITG für erforderlich erachtet. Vgl. KOWAR, J., Korrektur. Bei den Reformbemühungen steht vor allem die Einführung von Wohnungs-REITs im Fokus. Vgl. JACKE, U./SCHWAGENSCHEIDT, J., Politische Forderungen, S. 16.

163 Vgl. u. a. HAURY, U., REIT-Gesetz, Tz. 8-26.

164 Vgl. dazu ausführlich PELLENS, B./FÜLBIER, R. U./GASSEN, J./SELLHORN, T., Internationale Rechnungslegung, S. 309-320. Eine Anwendung des Revaluation Model des IAS 16 ist nicht möglich. Vgl. auch FREIBERG, J., § 16, Tz. 50 f.

165 Vgl. FRANK, T., Bilanzierung von Anlageimmobilien, S. 42 f.; MÜLLER, S./WOBBE, C./REINKE, J., Investment Properties, S. 250 f.

Abschreibung erst dann ein, wenn die Immobilie Nutzen generiert. Dies ist frühestens bei Fertigstellung möglich.[166]

Außerplanmäßige Abschreibungen richten sich gemäß IAS 16.63 nach den Regelungen des IAS 36.[167] Spezielle Indikatoren für eine mögliche Wertminderung von Immobilien können gemäß IAS 36.12 beispielsweise der Rückgang von Preisen vergleichbarer Immobilien oder geringere Einzahlungen aus einer Immobilie sein.[168] Die Werthaltigkeit der Immobilie, sowohl des Gebäudes als auch des Grundstücks,[169] ist jährlich im Hinblick auf diese Indikatoren (qualitativ) zu überprüfen (IAS 36.9). Sofern Indikatoren für eine Wertminderung vorliegen, ist gemäß IAS 36.9 (quantitativ) der erzielbare Betrag zu ermitteln.[170] Dieser ist der höhere Betrag aus Fair Value less Costs to Sell (bzw. mit Inkrafttreten von IFRS 13: Fair Value less Costs of Disposal)[171] und Value in Use (IAS 36.6 und 36.18). Sofern dieser Betrag kleiner als der Buchwert der Immobilie ist, ist die Immobilie, unabhängig von der Dauerhaftigkeit der Wertminderung,[172] im Wert zu mindern (IAS 36.59). Sofern die Gründe für eine außerplanmäßige Abschreibung entfallen, ist eine Zuschreibung gemäß IAS 36.114 vorzunehmen. Dabei ist maximal auf den Betrag zuzuschreiben, der sich ohne die außerplanmäßige Abschreibung durch die fortgeführten Anschaffungs- und Herstellungskosten ergeben hätte (IAS 36.117).

Falls die Immobilie mit hoher Wahrscheinlichkeit innerhalb eines Jahres veräußert werden soll und auch die sonstigen Kriterien für eine Klassifizierung der Immobilie als Held for Sale gemäß IFRS 5.6-14 erfüllt sind, ist zur Bewertung ausnahmsweise nicht IAS 16 sondern IFRS 5 anzuwenden (IAS 40.56).[173] Die **zur Veräußerung gehaltene Immobilie** ist dann zum niedrigeren Wert aus Fair Value less Costs to Sell und Buchwert anzusetzen (IFRS 5.15).

223.223. Folgebewertung zum Fair Value-Model

223.223.1 Folgebewertung zum Fair Value-Model gemäß IAS 40

Wählt ein Unternehmen das hier im Vordergrund stehende **Fair Value-Model** so sind grundsätzlich gemäß IAS 40.33 alle Renditeimmobilien zum Fair Value zu bewerten. Änderungen des Fair Value sind erfolgswirksam in der Gesamtergebnisrechnung des Unternehmens zu berücksichtigen

166 Vgl. ZÜLCH, H./HENDLER, M., Bilanzierung nach IFRS, S. 281. Vgl. zur Erschließung des Nutzenpotentials am Beispiel von Klimaschutzprojekten auch detailliert KURZ, L., Klimaschutzprojekte, S. 199-204.

167 Gemäß IAS 36.2 (f) findet IAS 36 auf Immobilien, die mit dem Fair Value-Model bewertet werden, keine Anwendung.

168 Vgl. dazu ausführlich BAUMUNK, H./BEYHS, O., IAS 36, S. 138-140; BECK, M., Bilanzierung von Immobilien, S. 165.

169 Vgl. MÜLLER, S./WOBBE, C./REINKE, J., Investment Properties, S. 250 f.

170 Vgl. auch HACHMEISTER, D., Investment Properties (IAS 40), S. 424.

171 Vgl. dazu auch IFRS 13.D81.

172 Vgl. dazu KLINGER, F./MÜLLER, M., IFRS & Immobilien, S. 100.

173 Gemäß IFRS 5.5 (d) kommt eine Bewertung nach IFRS 5 für Immobilien, die nach dem Fair Value-Model bewertet werden, nicht in Betracht.

(IAS 40.35), so dass der Fair Value optimalerweise immer den aktuellen Wert der Immobilie reflektiert.[174] Damit entfallen mögliche planmäßigen oder außerplanmäßigen Abschreibungen.[175]

Gemäß IAS 40.5 kann eine Renditeimmobilie ein Grundstück, ein Gebäude oder auch beides zusammen sein.[176] Bei der Bewertung von Immobilien zum Fair Value ist daher keine Trennung der Immobilie in Grundstück und Gebäude erforderlich. Es kann die Immobilie als Ganzes bewertet werden.[177] Dem **Einzelbewertungsgrundsatz** wird der Bilanzierende gemäß IAS 40.50 (a) beispielsweise auch dann noch gerecht, wenn er Aufzüge und/oder Klimaanlagen als integralen Bestandteil der Immobilie in den Fair Value inkludiert.[178]

Der **Fair Value** wird bis Inkrafttreten von IFRS 13 zum 1. Januar 2013 gemäß IAS 40.36 a.F. i. V. m. IAS 40.5 a.F.[179] **definiert** als „the amount for which an asset could be exchanged between knowledgeable, **willing parties** in an **arm's length transaction**".[180] Dabei bezieht sich die Bewertung auf einen bestimmten Zeitpunkt, hier dem Bilanzstichtag, zu dem sie Gültigkeit besitzt (IAS 40.39 a.F.). Besondere Umstände wie untypische Finanzierungen oder mit dem Verkauf gewährte Vergünstigungen sollen hierbei ebenso wenig berücksichtigt werden, wie mögliche Transaktionskosten, die dem Bilanzierenden beim Verkauf entstehen könnten (IAS 40.36 f. a.F.).[181] Davon ausgenommen bleiben die zu berücksichtigenden Erwerbsnebenkosten eines potentiellen Käufers, die wertbeeinflussend sind und die Zahlungsbereitschaft und somit den Fair Value mindern.[182] Der Fair Value soll ferner keinen künftigen Nutzen berücksichtigen, der auf künftigen Ausgaben zur Verbesserung oder Vergrößerung der Immobilie beruht (IAS 40.51 a.F.). Der Term des sachverständigen („knowledgeable") und vertragswilligen („willing") Geschäftspartners wird in IAS 40.42 f. a.F. näher erläutert. Sachverständig bedeutet, dass beide Parteien ausreichend über Art, Merkmale und Nutzung der betrachteten Renditeimmobilie sowie den aktuellen Marktbedingungen zum Bilanzstichtag informiert sind. Vertragswillige Käufer und Verkäufer handeln nicht unter Zwang und orientieren sich bei ihren Preisvorstellungen an den Marktgegebenheiten des gewöhnlichen Geschäftsverkehrs. Die tatsächlichen Verhältnisse wie beispielsweise die steuerliche Situation des Eigentümers werden nicht betrachtet. Es werden typisierte Marktteilnehmer unterstellt.[183] Der Fair Value wird gemäß IAS 40.44 a.F. bei Transaktionen zwischen unabhängigen Geschäftspartnern („in an arm's length transaction") ermittelt. Marktuntypische Preise werden nicht berücksichtigt. Letztendlich soll der Fair Value am Markt den Wert darstellen, der bei einer fiktiven Transaktion

174 Die erfolgswirksame Berücksichtigung der Wertänderungen kann das Jahresergebnis einer Immobiliengesellschaft maßgeblich beeinflussen. Vgl. FOLIAN, D., Fair Value-Bilanzierung, S. 182.

175 Vgl. dazu auch BALLWIESER, W., IAS 40, Tz. 57; ZÜLCH, H./HENDLER, M., Bilanzierung nach IFRS, S. 283; FREIBERG, J., § 16, Tz. 55; REHKUGLER, H., Fair Value-Bewertung, S. 271.

176 Vgl. so auch DIETRICH, A./RANKER, D., Investment Properties, S. 114.

177 So auch RANKER, D., Immobilienbewertung, S. 147 und 323.

178 Vgl. für weitere Beispiele IAS 40.50.

179 IAS 40 wird durch IFRS 13 an einigen Stellen modifiziert. Durch a.F. gekennzeichnete Textziffern von IAS 40 sind solche, die nur bis zum Inkrafttreten von IFRS 13 gültig sind.

180 Für die künftige Definition vgl. die Ausführungen zu IFRS 13 in Kap. 223.223.2.

181 Vgl. auch ausführlich ZÜLCH, H., Bilanzierung von Investment Properties, S. 175-177.

182 Vgl. u. a. PÖRSCHKE, A., Transaktionskosten, S. 153.

183 Vgl. ADS, Abschnitt 10, Tz. 134 f.

mit hypothetischen Käufern und Verkäufern am wahrscheinlichsten erzielt würde.[184] Bei der Bestimmung des Fair Value handelt es sich somit um eine Schätzung,[185] bei der ein fiktiver Transaktionspreis ermittelt wird.[186] Da subjektive Parameter nicht beachtet werden, handelt es sich mithin um einen objektivierten Wert.[187]

Der Wertmaßstab des Fair Value ist laut IAS 40.49 a.F. von dem in IAS 36 eingeführten **Value in Use** zu unterscheiden. Zur Ermittlung des Value in Use werden auch unternehmensspezifische Faktoren und die Erwartungen des Unternehmens beachtet.[188] Diese Perspektive bleibt beim Fair Value außen vor.[189] Hier ist allein auf die Marktgegebenheiten abzustellen.

Für die Ermittlung des Fair Value wird dem Bilanzierenden nicht vorgeschrieben, aber empfohlen („encouraged"), einen unabhängigen **Gutachter** mit entsprechender Expertise zu beauftragen (IAS 40.32). HEINTGES/BOGGEL/WULBRAND haben bei einer diesbezüglichen empirischen Analyse von Geschäftsberichten bei Immobiliengesellschaften in 2007 eine deutliche Dominanz extern angefertigter Gutachten festgestellt.[190] Eine mindestens jährlich vorgenommene externe Bewertung empfiehlt auch die EPRA ausdrücklich.[191] Desgleichen überwiegt in der Literatur die Empfehlung, aus Objektivierungsgesichtspunkten einen externen Gutachter heranzuziehen.[192] Indes ist der Einsatz externer Gutachter nicht nur positiv zu bewerten. Die Interessenlage des Gutachters darf nicht vernachlässigt werden. Der Gutachter bewegt sich, je nach Anreizen und Möglichkeiten der Einflussnahme,[193] in einem Spannungsfeld zwischen eigener Nutzenmaximierung und objektivierter Wertermittlung.[194]

IAS 40 enthält keinen expliziten Hinweis auf die **Frequenz der Neubewertung** der Immobilie. Nach überwiegender Meinung im Schrifttum sollte der Fair Value jährlich neu ermittelt werden.[195]

---

184 Vgl. dazu auch HACHMEISTER, D., Investment Properties (IAS 40), S. 425; FREIBERG, J., § 16, Tz. 76; ENGEL-CIRIC, D., Als Finanzinvestition gehaltene Immobilien, S. 162; RANKER, D., Immobilienbewertung, S. 294 f.; BECK, M., Bilanzierung von Immobilien, S. 160; BAUMUNK, H./BÖCKEM, H./SCHURBOHM-EBNETH, A., Bilanzierung von Immobilien, S. 358.

185 Vgl. u. a. ADS, Abschnitt 10, Tz. 138.

186 Vgl. FREIBERG, J., § 16, Tz. 76; HACHMEISTER, D., Investment Properties (IAS 40), S. 425.

187 Vgl. JUNG, H., § 6, Tz. 52.

188 Vgl. zur Ermittlung ausführlich LIENAU, A./ZÜLCH, H., Value in use, S. 319-329.

189 Vgl. KÜMPEL, T., Finanzinvestitionen, S. 21 f.

190 Vgl. HEINTGES, S./BOGGEL, A./WULBRAND, H., Immobilienvermögen, S. 2041. Indes ist darauf hinzuweisen, dass die Auswertung lediglich auf 18 untersuchten Unternehmen beruht. Das Ergebnis wird allerdings durch eine empirische Analyse von Ernst & Young bestätigt, bei der 30 Geschäftsberichte aus dem Geschäftsjahr 2008 bzw. 2008/2009 untersucht wurden. Vgl. dazu ERNST & YOUNG, IFRS for real estate, S. 3 und 18 f.

191 Sie legen den Unternehmen darüber hinaus eine zweimal jährlich stattfindende externe Bewertung nahe. Vgl. EPRA, Best Practices Recommendations, S. 13.

192 Vgl. u. a. KÜMPEL, T., Finanzinvestitionen, S. 22; LANG, H., Immobilienvermögen, S. 345. ENGEL-CIRIC betrachtet dies als die einzige Möglichkeit, um „zumindest ansatzweise eine zuverlässige und glaubwürdige Bilanzierung" zu erreichen. Vgl. ENGEL-CIRIC, D., Als Finanzinvestition gehaltene Immobilien, S. 162.

193 Vgl. zur Problematik von Anreizen und Möglichkeiten zur Manipulation in der externen Rechnungslegung (am Beispiel des Management Approach) KIRSCH, H.-J./KOELEN, P./KÖHLING, K., Management approach.

194 PLENKER/PLENKER nennen irrationale Entscheidungsmuster als weitere Einflussgröße auf das Verhalten des Gutachters. Vgl. PLENKER, S./PLENKER, H., Verkehrswert (Teil 1), S. 226-228.

195 Vgl. JUNG, H., § 6, Tz. 41; FREIBERG, J., § 16, Tz. 52; ZÜLCH, H., Investment Properties, S. 71; GRAUMANN, M., Renditeimmobilien, S. 133; KÜMPEL, T., Finanzinvestitionen, S. 21; BAUMUNK, H., IAS 40, S. 94; BÖCKEM,

Dies ist auch im Sinne von IAS 40.38 a.F., der bei der Bewertung der Immobilie auf die Bedingungen am Bilanzstichtag abstellt,[196] weswegen eine jährliche Neubewertung zu befürworten ist.

Für die Bestimmung des Fair Value sieht IAS 40 bisher ein sogenanntes **Stufenkonzept** vor. Dieses wird auch als Fair Value-Hierarchie bezeichnet.[197] Für Geschäftsjahre beginnend ab dem 1. Januar 2013 werden die Regelungen durch IFRS 13 ersetzt, der im nachfolgenden Abschnitt erläutert wird.

Auf **erster Stufe** soll ein originärer Marktwert im Sinne der Fair Value-Definition des IAS 40.36 a.F. für die zu bewertende Immobilie direkt an einem aktiven Markt ermittelt werden.[198] Dies wäre bei Wertpapieren beispielsweise ein an der Börse ermittelter Wert für ein bestimmtes Wertpapier.[199] Hierbei ist zu beachten, dass es sich bei der Anwendung von Marktpreisen lediglich um eine Approximation des Marktwerts im Sinne des Ertragswerts handeln kann.[200] Trotz dieser Einschränkung ist diese Approximation ein akzeptierter Ansatz zur Ermittlung des Marktwerts. Er überzeugt auch im Vergleich zu Anschaffungskosten, da er trotz seiner höheren Relevanz noch vergleichsweise glaubwürdig ermittelt werden kann.[201]

Kann ein originärer Marktwert nicht ermittelt werden, so ist im Rahmen der **zweiten Stufe** auf aktuelle Preise nahezu identischer Immobilien an einem aktiven Markt zurückzugreifen (IAS 40.45 a.F.). Nach Meinung des IASB stellt dies den bestmöglichen Hinweis auf den originären Marktwert dar. Voraussetzung hierfür ist, dass sich die Immobilien sehr ähnlich in Bezug auf die wertbestimmenden Faktoren sind. Dafür sollen sie sich gemäß IAS 40.45 a.F. unter anderen am gleichen Ort und im gleichen Zustand befinden sowie z. B. ähnliche Mietvertragsverhältnisse aufweisen. Auf dieser Stufe wird der Fair Value somit mit einem **unmittelbaren Preisvergleich** ermittelt.[202]

Ist auch nach der zweiten Stufe kein Fair Value ermittelbar, so ist auf die **dritte Stufe** und die damit verbundenen Immobilienbewertungsverfahren zurückzugreifen.[203] Im Rahmen eines **mittelbaren Preisvergleichs** gemäß IAS 40.46 (a) und (b) a.F. kann der Fair Value einer Immobilie mit Hilfe

---

H./SCHURBOHM-EBNETH, A., Implementierung von IAS 40, S. 341; REHKUGLER, H., Fair Value-Bewertung, S. 271. A. A. ADS, Abschnitt 10, Tz. 167. Sofern im Einzelfall keine Anzeichen für eine Wertänderung vorliegen, kann nach Meinung des ADS eine Neubewertung unterbleiben. RANKER schlägt vor, die wertbeeinflussenden Faktoren im Zeitablauf zu verfolgen und ihre Wirkung auf den Fair Value zu erfassen. Eine vollständige Neubewertung wäre dann nicht mehr jährlich notwendig. Vgl. RANKER, D., Immobilienbewertung, S. 334.

196 Vgl. ähnlich MEYER, C./MEISENBACHER, M., Bilanzpolitik, S. 571.

197 Vgl. u. a. HACHMEISTER, D., Investment Properties (IAS 40), S. 425; FOLIAN, D., Fair Value-Bilanzierung, S. 180; ähnlich GRAUMANN, M., Renditeimmobilien, S. 133 f.

198 Vgl. LENZ, T., Bilanzierung von Immobilien, S. 191; FOLIAN, D., Fair Value-Bilanzierung, S. 180. Auf dieser Stufe wird von der Idealvorstellung vollkommener Märkte ausgegangen. Vgl. ZÜLCH, H., Bilanzierung von Investment Properties, S. 175.

199 Vgl. ähnlich ZÜLCH, H./HENDLER, M., Bilanzierung nach IFRS, S. 285.

200 Vgl. DOHRN, M., Entscheidungsrelevanz, S. 193; PELLENS, B./FÜLBIER, R. U., Rechnungslegungsregulierung, S. 584.

201 Vgl. so auch BAETGE, J., DCF-Kalküle, S. 17; BERENTZEN, C., Finanzielle Vermögenswerte, S. 154 und 173 f.

202 Vgl. FRANK, T., Bilanzierung von Anlageimmobilien, S. 49; ähnlich RANKER, D., Immobilienbewertung, S. 323 f.; ZÜLCH, H., Bilanzierung von Investment Properties, S. 185.

203 Vgl. für einen Überblick über Immobilienbewertungsverfahren ausführlich Kap. 3.

von Informationen aus anderen als den oben genannten Quellen approximiert werden.[204] Gemäß IAS 40.46 (a) a.F. werden dafür aktuelle Preise auf aktiven Märkten betrachtet, die sich auf nicht identische Immobilien beziehen (sachliche Vergleichspreise)[205]. Diese Immobilien können sich etwa hinsichtlich des Orts oder des Zustands von der betrachteten Immobilie unterscheiden. Daher ist der am Markt beobachtete Preis entsprechend anzupassen. Alternativ können Preise um eine zeitliche Komponente angepasst werden, sofern sie für vergleichbare Objekte auf weniger aktiven Märkten in der nahen Vergangenheit ermittelt wurden (zeitliche Vergleichspreise)[206]. Als weitere Möglichkeit zur Fair Value-Ermittlung auf der dritten Stufe kann das bilanzierende Unternehmen **barwertorientierte Verfahren** nutzen. Bei diesen Verfahren sind gemäß IAS 40.46 (c) a.F. verlässlich geschätzte, künftige Cashflows mit einem Zinssatz zu diskontieren, der die Markteinschätzungen bezüglich der Unsicherheit über die Höhe und den zeitlichen Anfall der Cashflows widerspiegelt. Für die Ermittlung der Cashflows sind, soweit möglich, bestehende Vertragsverhältnisse und externe Hinweise wie marktübliche Mieten zu beachten. Der Fair Value ist mithin aus Marktsicht zu ermitteln.[207] Konkrete Bewertungsverfahren oder Hinweise, wie der Diskontierungszinssatz ermittelt werden soll, werden in IAS 40 indes nicht genannt.[208]

Aus dieser Bewertungskonzeption wird deutlich, dass die ersten beiden Stufen einer **mark to market**-Philosophie folgen, da auf öffentlich verfügbare Preise zur Ermittlung des Fair Value zurückgegriffen wird. Sollte eine mark to market-Bewertung nicht möglich sein, muss im Rahmen der dritten Stufe eine **mark to model**-Bewertung mit Immobilienbewertungsverfahren angewandt werden.[209] Der IASB äußert innerhalb der dritten Stufe keine Präferenz für einzelne Vorgehensweisen.[210] Indes weist IAS 40.47 a.F. darauf hin, dass, sofern durch verschiedene Vorgehensweise unterschiedliche Werte ermittelt werden, der verlässlichste Wert die beste Schätzung des Fair Value darstellt. Daraus lässt sich eine implizite Rangordnung der Verfahren hinsichtlich ihrer Verlässlichkeit ableiten,[211] wobei der mittelbare Preisvergleich in der Regel aufgrund seiner größeren Marktbezogenheit den barwertorientierten Verfahren überlegen sein dürfte.[212]

---

204 Vgl. ZÜLCH, H., Bilanzierung von Investment Properties, S. 185.
205 Vgl. OLBRICH, M., Bilanzierung nach IAS 40, S. 347.
206 Vgl. OLBRICH, M., Bilanzierung nach IAS 40, S. 347.
207 Vgl. hierzu auch ausführlich LENZ, T., Bilanzierung von Immobilien, S. 256-259.
208 So auch BAUMUNK, H., IAS 40, S. 92.
209 Vgl. zu dieser Einteilung der Fair Value-Hierarchie ZÜLCH, H./HENDLER, M., Bilanzierung nach IFRS, S. 287; ZÜLCH, H., Bilanzierung von Investment Properties, S. 187; BAETGE, J./ZÜLCH, H., Fair Value-Accounting, S. 547. A. A. bezüglich der Einteilung ist bspw. BAUMUNK. Für ihn werden sowohl die mittelbaren als auch die unmittelbaren Vergleichspreise mark to market ermittelt. Lediglich die barwertorientierten Verfahren stellen eine Bewertung zum mark to model dar. Vgl. BAUMUNK, H., IAS 40, S. 86; so auch HACHMEISTER, D., Investment Properties (IAS 40), S. 426.
210 Für diese Interpretation der IFRS vgl. auch BALLWIESER, W./KÜTING, K./SCHILDBACH, T., Fair value, S. 533; FRANK, T., Bilanzierung von Anlageimmobilien, S. 49; PELLENS, B./FÜLBIER, R. U./GASSEN, J./SELLHORN, T., Internationale Rechnungslegung, S. 346.
211 Vgl. ähnlich ADS, Abschnitt 10, Tz. 146.
212 Im Ergebnis wird diese Rangordnung auch im Schrifttum so interpretiert, wenngleich eine Erläuterung, wie sich diese Rangfolge ergibt, i. d. R. unterbleibt. Vgl. dazu u. a. FREIBERG, J., § 16, Tz. 62 und 86; KLINGER, F./MÜLLER, M., IFRS & Immobilien, S. 87 f.

Mit der Verabschiedung des Fair Value Measurement-Projekts im Mai 2011 wurden die Fair Value-Definition und die Fair Value-Hierarchie in IAS 40 durch die Regelungen in IFRS 13 ersetzt. IFRS 13 regelt die Fair Value-Ermittlung für alle IFRS übergreifend in einem Standard. Diese Regelungen und potentielle Änderungen werden im nächsten Abschnitt erläutert.

223.223.2 Folgebewertung zum Fair Value-Model gemäß IFRS 13

Zur Vereinheitlichung der Fair Value-Ermittlung innerhalb der verschiedenen Standards hat der IASB analog zum FASB einen einzigen Standard zur Fair Value-Ermittlung für alle Anwendungszwecke entwickelt (IFRS 13.1 und 13.IN7).[213] Dafür veröffentlichte der IASB im November 2006 ein Discussion Paper „Fair Value Measurement".[214] Im Mai 2009 folgte der Exposure Draft „Fair Value Measurement" (ED FVM). Dieser wurde durch den Exposure Draft „Measurement Uncertainty Analysis: Disclosure for Fair Value Measurements: Limited re-exposure of proposed disclosure" (ED Unc) im Juni 2010 ergänzt. Der endgültige Standard IFRS 13 „**Fair Value Measurement**" wurde im Mai 2011 veröffentlicht. Er ist für Geschäftsjahre beginnend ab dem 1. Januar 2013 anzuwenden, wobei eine frühere **Anwendung** erlaubt ist (IFRS 13.C1). Die neuen Bestimmungen zur Fair Value-Ermittlung sind prospektiv anzuwenden (IFRS 13.C2). Der eigentliche Anwendungsbereich des Fair Value wird in diesem Standard indes nicht geregelt und soll hierdurch nicht erweitert werden (IFRS 13.BC8).[215] In IAS 40.40 (und in IAS 40.5) wird auf diesen Standard zur Fair Value-Bewertung verwiesen, wobei darauf zu achten ist, dass aktuelle Mietverträge und andere Annahmen, die Marktteilnehmer bei der Bewertung von Immobilien treffen würden, zu berücksichtigen sind.

In IFRS 13 wird der Fair Value-Begriff einheitlich als **Exit-Preis** für alle Fair Value-Ermittlungen **definiert** (IFRS 13.24).[216] Für Vermögenswerte ist der Fair Value „the price that would be received to sell an asset [...] in an orderly transaction between market participants at the measurement date" (IFRS 13.9). Diese Definition entspricht, abgesehen von der ausdrücklichen Orientierung am Exit-Preis,[217] im Wesentlichen der Definition in IAS 40.5 a.F., wobei nach Meinung des IASB einzelne Aspekte, wie z. B. der Bewertungszeitpunkt, deutlicher herausgestellt wurden (IFRS 13.BC30 f.).[218] Damit verdeutlicht der IASB, dass der Fair Value zu jedem Wertermittlungsstichtag neu zu ermitteln ist.[219] Nach wie vor ist auf einen Preis abzustellen, der sich im gewöhnlichen Geschäftsverkehr

[213] Dieses Projekt ist Teil des Konvergenzprojekts mit dem FASB. Positiv zur Vereinheitlichung der Fair Value-Ermittlung äußert sich u. a. THEILE. Vgl. THEILE, C., Fair value-Ermittlung, S. 7 f.

[214] Vgl. kritisch hierzu LÜDENBACH, N./FREIBERG, J., Objektivierungsbeitrag. ZAUGG/KRÄMER befürworten für spezielle Vermögenswerte wie etwa Immobilien spezielle Regelungen zur Fair Value-Ermittlung. Vgl. ZAUGG, D./KRÄMER, C., IFRS-Jahresabschlüsse von Immobiliengesellschaften, S. 76.

[215] Indes wird vermutet, dass der Standard bei der weiteren Ausbreitung der Fair Value-Bewertung maßgeblich helfen soll. Vgl. so auch BERNDT, T./EBERLI, P., Fair-Value-Konzeption, S. 897.

[216] Der Exit-Preis ist nicht als Liquidationswert zu verstehen. Vgl. dazu auch DOHRN, M., Entscheidungsrelevanz, S. 118. Kritisch zum Exit-Preis BECK, M., Entscheidungsrelevanter Fair Value, S. 516 f.

[217] Vgl. LÖW, E./ANTONAKOPOULOS, N./WEILAND, T., Fair Value Measurements, S. 732.

[218] So ist bspw. die Definition der Marktteilnehmer sehr ähnlich. Vgl. IFRS 13.Appenxix A (market participants); LÖW, E./ANTONAKOPOULOS, N./WEILAND, T., Fair Value Measurements, S. 732; FISCHER, D. T., Fair Value Measurement, S. 341; HITZ, J.-M., DP Fair Value Measurements, S. 365; BIEKER, M., Fair Value Measurements (Teil I), S. 96.

[219] Vgl. hierzu im Kontext der bisherigen Regelungen Kap 223.223.1 und hier insbesondere Fn. 195.

und ohne Zwang zwischen den Vertragspartnern unter Berücksichtigung aktueller Marktbedingungen bildet (IFRS 13.15 und Appendix A).[220] Auch ist der Fair Value gemäß IFRS 13 wie bisher vom Value in Use in IAS 36 zu unterscheiden (IFRS 13.6 (c)).

Der Fair Value ist am **Hauptmarkt**[221] (principal market) bzw., wenn dieser nicht existiert, am vorteilhaftesten Markt zu ermitteln (IFRS 13.16). Sofern keine anderen Hinweise vorliegen, ist der Hauptmarkt bzw. in dessen Abwesenheit der vorteilhafteste Markt regelmäßig der Markt, an dem das Unternehmen den Vermögenswert normalerweise verkaufen würde (IFRS 13.17).[222] Indes ist die Problematik des relevanten Markts bei Immobilien aufgrund der Standortgebundenheit eher nebensächlich.[223] Bei der Wahl des vorteilhaftesten Markts sind neben Transportkosten auch Transaktionskosten zu berücksichtigen (IFRS 13.Appendix A (most advantageous market)). Transaktionskosten gehen indes wie gemäß IAS 40.37 a.F. nicht in den Fair Value ein (IFRS 13.25). Davon unbenommen sind die Erwerbsnebenkosten eines potentiellen, typischen Käufers wertmindernd zu berücksichtigen.[224] Der Wert, der wie in IAS 40 im Sinne eines objektivierten Werts grundsätzlich aus Sicht der Marktteilnehmer und nicht aus der des spezifischen Unternehmens zu ermitteln ist (IFRS 13.2),[225] soll für nicht-finanzielle Vermögenswerte, also auch für Renditeimmobilien, wie bereits bei der Marktwertermittlung für Immobilien üblich (IFRS 13.BC68),[226] explizit nach dem Konzept des **Highest and Best Use** ermittelt werden. Dies bedeutet, dass die Immobilie, unabhängig von ihrer Nutzung im Unternehmen, unter Berücksichtigung ihrer besten Verwendungsmöglichkeit bewertet werden soll (IFRS 13.27-30).[227] Grundsätzlich sind hierbei die individuellen wertrelevanten Charakteristika der Immobilie zu berücksichtigen (IFRS 13.11).[228] Wird statt eines Punktwerts eine Bandbreite von potentiellen Fair Values ermittelt, weil mehrere Verfahren zur Fair Value-Bewertung herangezogen werden, so ist der Wert der Fair Value, der für den Sachverhalt am maßgeblichsten ist (IFRS 13.63).

IFRS 13 sieht drei verschiedene **Bewertungsansätze** zur Fair Value-Ermittlung von Vermögenswerten vor, wobei entgegen der bisherigen Regelungen in IAS 40 theoretisch keine Hierarchisierung der Verfahren festgelegt ist (IFRS 13.74). Die drei Bewertungstechniken sind der marktorientierte (market approach), der barwertorientierte (income approach) und der kostenorientierte (cost approach) Ansatz (IFRS 13.62). Beim marktorientierten Ansatz werden Bewertungstechniken ver-

---

220 Die Ansprüche an die Marktteilnehmer (Unabhängigkeit, Transaktionsbereitschaft etc.) sind nicht explizit in der Fair Value-Definition erwähnt, sondern ausführlich in IFRS 13.Appendix A (market participants) geregelt.

221 Das ist der Markt mit dem höchsten Handelsvolumen und der größten Aktivität (IFRS 13.Appendix A (principal market). Vgl. auch CASTEDELLO, M., Fair Value Measurement, S. 915.

222 Im Exposure Draft war zuerst der vorteilhafteste Markt zu betrachten (ED FVM.8). Im finalen Standard ist dann wieder die Vorgehensweise aus dem Discussion Paper gewählt worden (DP FVM.35).

223 Vgl. auch KÜHNBERGER, M., Bilanzierung und Bewertung von Immobilien nach IFRS, S. 154.

224 Vgl. PÖRSCHKE, A., Transaktionskosten, S. 153.

225 CASTEDELLO kritisiert hier die fehlende Transparenz durch die Einnahme des Blickwinkels eines fiktiven Dritten. Vgl. CASTEDELLO, M., Fair Value Measurement, S. 915.

226 Vgl. dazu auch die Ausführungen des Kap. 31.

227 Dabei ist zu beachten, was physisch möglich, rechtlich erlaubt und finanziell möglich ist (IFRS 13.28). Kritisch dazu LÖW, E./ANTONAKOPOULOS, N./WEILAND, T., Fair Value Measurements, S. 734. Vgl. erläuternd CASTEDELLO, M., Fair Value Measurement, S. 915 f.

228 Vgl. FISCHER, D. T., Fair Value Measurement, S. 341.

wandt, die auf identische oder vergleichbare Vermögenswerte abstellen (IFRS 13.B5). Unter dem barwertorientierten Ansatz werden Verfahren subsumiert, die im Wesentlichen aktuelle Markterwartungen über diskontierte künftige Cashflows berücksichtigen sollen (IFRS 13.B10).[229] IFRS 13 gibt zwar in B12-B30 (Present Value Techniques) Hinweise wie Barwerte berechnet werden könnten, indes beschränken sich diese auf eine wenig detaillierte Darstellung von Methoden (discount rate adjustment technique und expected cash flow technique). Neben den dort genannten Vorgehensweisen sind zudem auch andere Barwertmodelle explizit erlaubt (IFRS 13.B12). Der kostenorientierte Ansatz beruht gemäß IFRS 13.B8 f. auf dem Ansatz von aktuellen Wiederbeschaffungskosten unter Berücksichtigung der Alterswertminderung. Unter Alterswertminderung sind die Abnutzung sowie die technische und ökonomische Überalterung zu verstehen.[230]

Statt einer Hierarchisierung der verschiedenen Bewertungsverfahren führt der IASB nunmehr eine **Hierarchisierung der Inputparameter** auf drei Ebenen ein (IFRS 13.72),[231] wobei die Objektivität der Parameter prinzipiell mit den Ebenen abnimmt.[232] Hierfür wird zwischen beobachtbaren und nicht-beobachtbaren Inputparametern unterschieden (IFRS 13.67 und Appendix A (inputs; observable inputs; unobservable inputs). Es soll jeweils ein der Situation angemessenes Bewertungsverfahren gewählt werden, das auf einem Maximum an beobachtbaren und einem Minimum an nicht beobachtbaren Inputparametern basiert (IFRS 13.61 und 13.67). Hierdurch soll eine **größtmögliche Marktobjektivierung** der Inputparameter ermöglicht werden.

Bevorzugt sind Parameter der **ersten Ebene** für die Bewertung heranzuziehen. Dazu gehören solche Preise, die direkt für identische Vermögenswerte an einem aktiven Markt abgelesen werden können (originärer Marktwert). Hierbei sind keine Anpassungen erlaubt bzw. erforderlich (IFRS 13.76). Ein aktiver Markt bemisst sich nach dem Transaktionsvolumen und der Transaktionshäufigkeit, die beide hinreichend („sufficient") sein müssen (IFRS 13.Appendix A (active market).

Auf der **zweiten Ebene** sind Marktpreise für ähnliche Vermögenswerte auf aktiven Märkten und Marktpreise für gleiche oder ähnliche Vermögenswerte auf inaktiven Märkten einzuordnen. Außerdem gehören hierzu am Markt beobachtbare Inputparameter, also Marktparameter wie Zinssätze, und solche Inputparameter, die im Wesentlichen aus beobachtbaren Marktdaten (mittels statistischer Verfahren) indirekt abgeleitet werden können (IFRS 13.81 f. und Appendix A (market corroborated inputs)). Zwischen den Parametern der zweiten Ebene ist keine Hierarchisierung vorgesehen.[233] Sofern erforderlich, sind Anpassungen der Parameter bzw. Preise an die bewertungsobjektspezifischen Charakteristika vorzunehmen (IFRS 13.83). Dies kann dazu führen, dass, abhängig von der Art und dem Umfang der Anpassung, diese und somit u. U. dann auch der gesamte Fair

[229] Es ist auch die Anwendung von Optionspreis- und Binomialmodellen zur Fair Value-Bewertung explizit möglich (IFRS 13.B11 (b)). Diese werden zur Bewertung von Finanzinstrumenten angewandt. Vgl. detailliert RUDOLPH, B./SCHÄFER, K., Derivative Finanzmarktinstrumente, S. 257-283. Für immaterielle Vermögenswerte kann auch die Multi-period excess earnings method angewandt werden (IFRS 13.B11 (c)). Vgl. dazu auch Vgl. MOSER, U., Multi-Period Excess Earnings Method, S. 11 f.

[230] Vgl. IFRS 13.B9; CASTEDELLO, M., Fair Value Measurement, S. 916.

[231] Vgl. KIRSCH, H.-J., Fair Value, S. I.

[232] Vgl. auch FISCHER, D. T., Fair Value Measurement, S. 342 sowie implizit IFRS 13.94.

[233] Vgl. ähnlich LÜDENBACH, N./FREIBERG, J., Objektivierungsbeitrag, S. 441.

Value auf der dritten Ebene einzuordnen sind (IFRS 13.84). Die Ebene der gesamten Bewertung bestimmt sich nämlich nach dem niedrigsten verwandten Parameter, der signifikant ist (IFRS 13.73).

Alle weiteren Parameter, die auf nicht-beobachtbaren Daten beruhen, wie etwa unternehmensinterne Daten, sind ebenfalls auf der **dritten Ebene** einzuordnen (IFRS 13.86 und 13.89). Hierzu gehören auch Daten der internen Finanzplanung wie beispielsweise Cashflow-Prognosen (IFRS 13.B36 (e)). Mithin wären interne Planungsrechnungen erst nachrangig zu Marktparametern zu berücksichtigen. Wenn unternehmensinterne Daten genutzt werden, so sind diese, sofern differierende Markterwartungen vorhanden sind, an die geänderten Erwartungen anzupassen, wenngleich bei der Suche nach verfügbaren Marktinformationen keine „exhaustive efforts“ gefordert werden (IFRS 13.89). Diese Ebene kann auch als „Auffangbecken“[234] bezeichnet werden.

Insgesamt lässt sich feststellen, dass der IASB mit seiner Präferenz für beobachtbare Daten einen deutlichen Schwerpunkt auf die Inputfaktoren und deren **Objektivierbarkeit am Markt** legt.[235] Daher sollte bei der Fair Value-Ermittlung primär versucht werden, die Möglichkeiten zur Manipulation durch Marktobjektivierungen zu senken. Darüber hinaus sind im Sinne der IFRS ggf. auch Normierungen zur Reduktion der Manipulationsmöglichkeiten sinnvoll.[236] Wenn nicht-beobachtbare Daten der dritten Ebene zum Einsatz kommen, sollte des Weiteren versucht werden, die Anreize zur Manipulation zu senken. Unabhängig davon, dass die einzelnen Determinanten der Glaubwürdigkeit in IFRS 13 unterschiedlich gewichtet werden, kann so die Glaubwürdigkeit der Information im Sinne der grundsätzlichen Ziele der IFRS (unter Beibehaltung der Relevanz) gestärkt werden.

So führt IFRS 13 (Fair Value-Measurement) im Vergleich zu IAS 40 zwar zu diversen formalen Änderungen und geänderten Anhangsvorschriften,[237] letztendlich dürfte sich aber gerade hinsichtlich der **(impliziten) Hierarchisierung der angewandten Bewertungsverfahren** im Vergleich zu den standardspezifischen Regelungen in IAS 40 wenig ändern.[238] Auf der ersten Ebene wird der Fair Value in beiden Hierarchien als **originärer Marktwert** direkt am Markt abgelesen.[239] Dies entspricht in IFRS 13 einem marktorientierten Ansatz (**Market Approach**), da hier Preise für identische Vermögenswerte verwandt werden (IFRS 13.B5). Auf der zweiten Ebene bietet sich zunächst im Rahmen eines **unmittelbaren Preisvergleichs** bei beiden Hierarchien (IAS 40 und IFRS 13) ebenfalls mit einem marktorientierten Ansatz eine direkte Übernahme von beobachtbaren Preisen an einem aktiven Markt zur Bewertung einer anderen (ähnlichen) Immobilie an. Da bei einem unmittelbaren Preisvergleich ausschließlich am Markt beobachtbare Parameter der zweiten Ebene oh-

[234] Vgl. CASTEDELLO, M., Fair Value Measurement, S. 917.
[235] Vgl. so auch CASTEDELLO, M., Fair Value Measurement, S. 917.
[236] Vgl. zu den grundsätzlichen Möglichkeiten der Objektivierung auch KÜMMEL, J., Fair Value-Ermittlung mit Barwertkalkülen, S. 92-95.
[237] Vgl. für die Anhangvorschriften Kap. 223.32.
[238] Vgl. ähnlich CASTEDELLO, M., Fair Value Measurement, S. 917. Vgl. dazu auch die Ausführungen in Kap. 223.223.1.
[239] Vgl. CASTEDELLO, M., Fair Value Measurement, S. 917; LÖW, E./ANTONAKOPOULOS, N./WEILAND, T., Fair Value Measurements, S. 733.

ne Anpassungen verwandt werden, dürfte dieser Ansatz dem **mittelbaren Preisvergleich** überlegen sein. Der mittelbare Preisvergleich ist eine weitere Ausprägung des Market Approach und gemäß IFRS 13 ebenfalls auf der zweiten Ebene einzuordnen.[240] Im Rahmen eines mittelbaren Preisvergleichs sind mit Hilfe eines Vergleichswertverfahrens Immobilien zu bewerten, für die Preise von vergleichbaren Immobilien aus aktiven Märkten oder Preise von identischen oder ähnlichen Immobilien aus inaktiven Märkten vorliegen (zweite Ebene).[241] Sie sind aufgrund des höheren Anpassungserfordernisses wie auch schon gemäß IAS 40 nachrangig im Vergleich zum unmittelbaren Preisvergleich. Sofern erforderliche Anpassungen beim mittelbaren Preisvergleich auf nicht-beobachtbaren Daten beruhen, ist auch eine Kategorisierung auf der dritten Ebene möglich.[242] Der unmittelbare Preisvergleich (zweite Ebene) ist somit vor dem mittelbaren Preisvergleich (zweite oder dritte Ebene) zu präferieren.

Die **barwertorientierten Verfahren** als Ausprägungen des **Income Approach** sind ebenfalls auf der zweiten oder dritten Ebene einzuordnen, wenngleich eine Einstufung auf der zweiten Ebene vergleichsweise schwieriger als beim marktorientierten Ansatz sein dürfte. Dies wäre nur sachgerecht, wenn sämtliche Inputfaktoren mit Parametern der zweiten Stufe, also am Markt beobachtbaren Parametern, ermittelt würden. Nicht-beobachtbare Parameter der dritten Ebene dürften nicht verwandt werden. Da dies bei barwertorientierten Verfahren regelmäßig nicht der Fall sein dürfte,[243] sind auch nach der Neuregelung der Fair Value-Bewertung, die barwertorientierten Verfahren tendenziell eher als nachrangig im Vergleich zu den vergleichsorientierten Verfahren (unmittelbarer und mittelbarer Preisvergleich) einzustufen.[244]

Die **kostenorientierten Verfahren** als Ausprägungen des **Cost Approach** nehmen eine Sonderstellung ein. Sie sind zwar aufgrund erforderlicher Anpassungen wie der Alterswertminderung grundsätzlich nachrangig zum unmittelbaren Preisvergleich, eine genaue Hierarchisierung im Vergleich zu dem mittelbaren Preisvergleich und den barwertorientierten Verfahren ist indes nicht pauschal möglich. Sie sind somit je nach Herkunft der verwandten Inputparameter auf der zweiten oder dritten Ebene einzuordnen.[245] In den „alten" Regelungen des IAS 40 ist ein kostenorientierter Ansatz nicht vorgesehen.

---

[240] Vgl. für Überlegungen zur Hierarchisierung auf der zweiten Ebene auch LÜDENBACH, N./FREIBERG, J., Objektivierungsbeitrag, S. 441.

[241] Ähnlich CASTEDELLO, M., Fair Value Measurement, S. 917.

[242] So auch der Hinweis in ED FVM.52 und implizit in IFRS 13.84. A. A. LÖW, E./ANTONAKOPOULOS, N./WEILAND, T., Fair Value Measurements, S. 733 f.

[243] Vgl. CASTEDELLO, M., Fair Value Measurement, S. 917; DIETRICH, A./RANKER, D., Investment Properties, S. 117.

[244] Die sich häufig ergebende Bevorzugung des mittelbaren Preisvergleichs vor den barwertorientierten Verfahren ergibt sich, wie in Kap. 223.223.1 bereits ausgeführt, nicht explizit aus IAS 40.46 a.F. Vgl. bspw. ZÜLCH/HENDLER, die beide Verfahren auf der dritten Stufe einordnen. Vgl. ZÜLCH, H./HENDLER, M., Bilanzierung nach IFRS, S. 287; ZÜLCH, H., Bilanzierung von Investment Properties, S. 187. Für Vertreter einer Unterordnung der barwertorientierten Verfahren vgl. BAUMUNK, H., IAS 40, S. 86; HACHMEISTER, D., Investment Properties (IAS 40), S. 426. Letztlich kann eine Einordnung sowohl nach IAS 40 als auch nach IFRS 13 nur individuell für den vorliegenden Sachverhalt vorgenommen werden.

[245] So auch LÖW, E./ANTONAKOPOULOS, N./WEILAND, T., Fair Value Measurements, S. 734.

In der folgenden Übersicht ist für die verschiedenen Bewertungsansätze noch einmal dargestellt, auf welcher Hierarchieebene des IFRS 13 die mit ihnen ermittelten Fair Values eingeordnet werden können.

Bewertungsansatz / Einstufung des Fair Value in die Hierarchie	Market Approach	Income Approach	Cost Approach
Ebene 1	originärer Marktwert; 1. Stufe nach IAS 40	–	–
Ebene 2	unmittelbarer Preisvergleich; 2. Stufe nach IAS 40	–	–
	mittelbarer Preisvergleich; 3. Stufe nach IAS 40	barwertorientierte Verfahren; 3. Stufe nach IAS 40	kostenorientierte Verfahren; in IAS 40 nicht vorgesehen
Ebene 3	mittelbarer Preisvergleich; 3. Stufe nach IAS 40	barwertorientierte Verfahren; 3. Stufe nach IAS 40	kostenorientierte Verfahren; in IAS 40 nicht vorgesehen

Abbildung 3: Bewertungsansätze und Hierarchie nach IFRS 13[246]

223.3 Ausweis- und Angabepflichten für Renditeimmobilien

223.31 Ausweis- und Angabepflichten für Renditeimmobilien nach IAS 40

Renditeimmobilien sind gemäß IAS 1.54 (b) in einer gesonderten **Bilanzposition** unter den langfristigen Vermögenswerten auf der Aktivseite in der Bilanz auszuweisen.[247] Erträge und Aufwendungen, die sich durch die Immobilien ergeben, sind in der Regel im Finanzergebnis zu berücksichtigen.[248] Lediglich bei solchen Unternehmen, bei denen Immobilien ein wesentliches Geschäftsfeld darstellen, sind die Erfolgswirkungen im operativen Ergebnis auszuweisen.[249]

Bei den Angabepflichten im Anhang ist zwischen den allgemeinen Angabepflichten und denen, die sich bei Anwendung des Cost oder des Fair Value-Models ergeben, zu differenzieren.[250] **Allgemeine Angabepflichten** sind gemäß IAS 40.75 u. a.:

- Angabe, ob das Cost Model oder das Fair Value-Model angewandt wird,
- Angabe der Methoden und wesentlichen Annahmen zur Bestimmung des Fair Value und Angabe, ob hierfür eher Marktdaten oder eher vom Unternehmen anzugebende Daten verwandt wurden,[251]

[246] Vgl. IFRS 13.72-90; ähnlich LÖW, E./ANTONAKOPOULOS, N./WEILAND, T., Fair Value Measurements, S. 733.
[247] Teilweise werden die Renditeimmobilien in der Praxis entgegen der Vorschrift mit Hinweis auf eine untergeordnete Wesentlichkeit auch dem Sach- oder dem Finanzanlagevermögen zugeordnet. Überwiegend erfolgt indes ein getrennter Ausweis. Vgl. dazu die Untersuchung von PETERSEN/ZWIRNER, die die Geschäftsberichte von 2006 der Marktsegmente DAX, MDAX, SDAX und TecDAX untersucht haben. Vgl. PETERSEN, K./ZWIRNER, C., Fair value-Bewertung, S. 222.
[248] Vgl. u. a. ZÜLCH, H., Investment Properties, S. 72.
[249] Vgl. BÖCKEM, H./SCHURBOHM-EBNETH, A., Implementierung von IAS 40, S. 342; ZÜLCH, H./HENDLER, M., Bilanzierung nach IFRS, S. 295.
[250] Zusätzliche Angabepflichten ergeben sich durch IAS 17 bei Leasingverhältnissen (IAS 40.74).
[251] Diese Anforderung in IAS 40.75 (d) a.F. wird mit Inkrafttreten von IFRS 13 gestrichen.

- Angabe, ob und in welchem Umfang ein externer Bewerter an der Fair Value-Ermittlung beteiligt wurde.

Bei **im Bau befindlichen Immobilien** muss ein Unternehmen ggf. separate Angaben zu den verwandten Methoden und den wesentlichen Annahmen veröffentlichen, da diese von denen fertig gestellter Renditeimmobilien abweichen können.[252]

Unternehmen, die das **Fair Value-Model** anwenden, haben zusätzlich noch eine Überleitungsrechnung vom Buchwert der Renditeimmobilie zu Beginn des Geschäftsjahrs auf den Buchwert zum Ende des Geschäftsjahrs zu erstellen (IAS 40.76).[253] Innerhalb dieser Überleitungsrechnung sind Renditeimmobilien im Bau als „Davon-Vermerk" anzugeben oder es ist eine gesonderte Überleitungsrechnung zu veröffentlichen.[254] Für Renditeimmobilien, die abweichend zum Cost Model bewertet werden, weil eine verlässliche Fair Value-Bewertung nicht möglich ist, ist u. a. anzugeben, warum der Fair Value nicht verlässlich ermittelt werden kann und, wenn möglich, in welcher Bandbreite er höchstwahrscheinlich liegt (IAS 40.78).

Bei Anwendung des **Cost Models** sind gemäß IAS 40.79 für Renditeimmobilien u. a. die verwandten Abschreibungsmethoden und die Nutzungsdauern oder prozentualen Abschreibungssätze zu nennen. Hinzu kommen für außerplanmäßige Abschreibungen die entsprechenden Anhangangabepflichten gemäß IAS 36.126-133. Obwohl für die Bilanz bei Wahl des Cost Models keine Fair Values erforderlich sind, sind diese dennoch zu ermitteln und im **Anhang** anzugeben (IAS 40.79 (e)).[255] Sofern dies nicht verlässlich möglich ist, ist die Renditeimmobilie zu beschreiben und es ist zu erklären, warum der Fair Value nicht verlässlich ermittelt werden kann. Wenn möglich, ist auch hier die Bandbreite der Schätzungen anzugeben. Somit muss ein Unternehmen grundsätzlich für alle Renditeimmobilien Fair Values ermitteln.

223.32 Anhangangabepflichten für Renditeimmobilien nach IFRS 13

Durch die Verabschiedung von IFRS 13 ergeben sich einige Änderungen bei den Anhangangaben zum Fair Value.[256] Zusätzlich zu den oben genannten Angaben sind weitere Angaben erforderlich.[257] Das Ausmaß richtet sich nach der Einordnung der Parameter und somit des Fair Value insgesamt in die Inputhierarchie, da die **Anhangangaben** beim Einsatz von Parametern der dritten

[252] Vgl. DIETRICH, A./RANKER, D., Investment Properties, S. 117.

[253] So sind etwa die Nettogewinne und -verluste zu nennen, die sich durch Fair Value-Änderungen ergeben haben (IAS 40.76 (d)). Änderungen, die sich durch Währungsumrechnungen ergeben, sind ebenfalls zu veröffentlichen (IAS 40.76 (e). Für eine Auflistung aller anzugebenden Positionen vgl. IAS 40.76 (a)-(g).

[254] Vgl. DIETRICH, A./RANKER, D., Investment Properties, S. 117.

[255] Die Unternehmen kommen dieser Vorschrift grundsätzlich nach. Teilweise wird indes auf die Unwesentlichkeit der Renditeimmobilien verwiesen oder darauf, dass sich die fortgeführten Anschaffungs- und Herstellungskosten nur unwesentlich vom Fair Value unterscheiden. Vgl. dazu empirisch MÜLLER, S./WOBBE, C./REINKE, J., Investment Properties, S. 154 f.

[256] Bei der erstmaligen Anwendung dieses Standards dürfen die Vergleichsdaten der Vorperiode unterbleiben (IFRS 13.C3).

[257] Die Anhangangaben in IAS 40 werden durch die Regelungen in IFRS 13 nicht ersetzt. Lediglich IAS 40.75 (d) a.F. wird gestrichen, da die dort geregelten Anhangsanforderungen ausführlich durch den neuen Standard abgedeckt werden.

Ebene umfangreicher sind.[258] Zudem ist zwischen einmaligen und sich periodisch wiederholenden Fair Value-Bewertungen zu differenzieren, da die Anhangangaben für periodisch wiederkehrende Fair Value-Bewertungen ebenfalls umfangreicher sind.[259] Da bei Renditeimmobilien gemäß IAS 40 immer periodisch wiederkehrende Fair Value-Bewertungen erforderlich sind, werden im Folgenden nur diese Regelungen dargestellt. Alle Angaben sind jeweils für die einzelnen Klassen von Vermögenswerten und Schulden getrennt anzugeben (IFRS 13.93), wobei sich die Zahl der Klassen beispielsweise nach den Charakteristiken und Risiken der Vermögenswerte und Schulden und nach der Bewertungsebene richten kann (IFRS 13.94). Bei Level-3-Bewertungen wären entsprechend mehr Klassen zu verwenden. Die Zahl der Klassen ist explizit auch nicht auf die einzelnen Bilanzpositionen beschränkt (IFRS 13.94).

Grundsätzlich ist gemäß IFRS 13.93 (a) der Fair Value am Ende der Berichtsperiode und gemäß IFRS 13.93 (b) explizit die Ebene der Hierarchie anzugeben, in die die Bewertungsmethode als Ganzes einzuordnen ist. Außerdem müssen Wechsel zwischen den Ebenen angegeben und begründet sowie die Unternehmenspolitik, wann ein solcher Wechsel erfasst wird (etwa zum Zeitpunkt des Ereignisses, das einen Wechsel begründet hat, oder zu Beginn bzw. zum Ende der Berichtsperiode), erläutert werden (IFRS 13.93 (c) und (e) lit. iv i. V. m. IFRS 13.95). Ferner ist für Bewertungen auf der zweiten und dritten Ebene eine Beschreibung der Bewertungsmethode und der genutzten Inputparameter erforderlich (IFRS 13.93 (d)). Auch Änderungen der Bewertungsmethode sowie die jeweiligen Auswirkungen auf die Fair Value-Bewertung sind gemäß IFRS 13.93 (d) darzulegen und zu erläutern. Sofern die aktuelle Nutzung eines nicht-finanziellen Vermögenswerts im Unternehmen nicht dem Highest and Best Use entspricht, ist dies zusammen mit einer Begründung dafür ebenfalls anzugeben (IFRS 13.93 (i)).

Zusätzlich sind bei **Bewertungen der dritten Ebene** für signifikante, nicht-beobachtbare Inputparameter quantitative Informationen darzulegen. Werden Preisinformationen etwa unverändert von Dritten übernommen, müssen die quantitativen Angaben indes nicht extra erstellt werden. Die Angabe kann dann unterbleiben (IFRS 13.93 (d)). Darüber hinaus sind bei Level-3-Bewertungen unter anderem die Gewinne und Verluste aus der Fair Value-Bewertung zu nennen sowie umfangreiche Überleitungsrechnungen vom Periodenbeginn zum Periodenende, die z. B. Angaben zu Käufen und Verkäufen enthalten, zu erstellen (IFRS 13.93 (e) f.). Zudem ist der Bewertungsprozess gemäß IFRS 13.93 (g) zu beschreiben. Hierzu könnte ein Unternehmen beispielsweise die Unternehmensabteilung nennen und beschreiben, die die Bewertungspolitik und den Arbeitsablauf bei einer Bewertung im Unternehmen festlegt, sowie die Methoden nennen, mit denen nicht-beobachtbare Inputparameter ermittelt und belegt werden (IFRS 13.IE65). Auch eine Angabe, wie der Prozess zur Analyse von Wertänderungen charakterisiert ist, wie die IFRS-Konformität der Daten von Drittanbietern verifiziert wird und wie die Testmethoden beispielsweise im Hinblick auf Rückvergleiche

[258] Vgl. JUNGIUS, T./RÜTHERS, T., Entwicklungen in der IFRS-Rechnungslegung, S. 102. Teilweise wird kritisiert, dass hierdurch in einem Bewertungsstandard Offenlegungspflichten geregelt werden. Vgl. LÖW, E./ANTONAKOPOULOS, N./WEILAND, T., Fair Value Measurements, S. 736.

[259] Zu den einmaligen Fair Value-Bewertungen gehören etwa Fair Value less Costs to Sell-Bewertungen im Rahmen von IFRS 5 (IFRS 13.93 (a)).

gestaltet sind, wird gemäß IFRS13.IE65 empfohlen. Eine weitere Anhangangabepflicht für Bewertungen der dritten Ebene ist die in IFRS 13.93 (h) lit. i geforderte deskriptive Beschreibung (narrative description) der **Sensitivität der Fair Value-Bewertung auf Änderungen der nicht-beobachtbaren Inputparameter**, wenn solche Änderungen zu signifikant höheren oder niedrigeren Fair Values führen würden. Hierbei sind auch Zusammenhänge zwischen nicht-beobachtbaren Inputparametern zu beschreiben und es ist anzugeben, ob durch diese Zusammenhänge Fair Value-Änderungen verstärkt oder gemindert werden. Die Sensitivität ist mindestens für solche nicht-beobachtbaren Inputparameter zu beschreiben, die bereits gemäß IFRS 13.93 (d) quantitativ erläutert werden.[260]

Wählt ein Unternehmen hingegen das **Cost Model** in IAS 40, wodurch der Fair Value nur im Anhang anzugeben ist, reduzieren sich die Anhangangaben deutlich. In diesem Fall ist lediglich die Hierarchieebene der Bewertungsmethode, eine Beschreibung der Bewertungsmethode und der Inputparameter sowie ggf. das Vorliegen und die Gründe für eine Abweichung der aktuellen Nutzung vom Highest and Best Use für die jeweilige Kategorie von Vermögenswerten zu nennen (IFRS 13.97).

23 Allgemeine Grundlagen der Bewertung von Immobilien

231. Allgemeine Bewertungskonzeption

Der Wert einer Immobilie ist wie bei der Unternehmensbewertung abhängig vom Bewertungszweck.[261] In der Regel wird abhängig vom Zweck, der sich aus dem Bewertungsanlass ergibt, zwischen der objektivierten und der subjektiven Wertermittlung differenziert.[262] Der objektivierte Wert soll analog zu IDW S1 unabhängig von den individuellen Wertvorstellungen durch den Bewerter in der Funktion eines neutralen Gutachters ermittelt werden,[263] während der subjektive Wert auch konkrete, individuelle Aspekte berücksichtigt.[264] Für Rechnungslegungszwecke im Sinne der IFRS wird für den Fair Value ein **objektivierter Wert** benötigt.[265] Erforderliche Bewertungsannahmen sind passend zu diesem Bewertungszweck festzulegen. Da der Immobilienwert zum Wertermittlungsstichtag zu ermitteln ist, dürfen prinzipiell nur bereits eingeleitete Maßnahmen oder hinreichend konkretisierte Maßnahmen bei der Ermittlung des objektivierten Werts berücksichtigt werden.[266] Außerdem müssten diese Maßnahmen auch aus Marktsicht durch einen hypothetischen Käu-

[260] Die in IFRS 13.93 (h) lit. ii geforderte quantitative Sensitivitätsanalyse, wie sie bereits vorher in IFRS 7 vorgesehen war, ist nur für finanzielle Vermögenswerte und Verbindlichkeiten einschlägig und wird hier daher auch nicht näher betrachtet. Vgl. zu dieser Regelung auch die Ausführungen in IFRS 13.BC208.

[261] Vgl. IVSC, ED IVS 2011, IVS 103, Tz. 2 und IVS 104, Tz. 2 (c); IVSC, Staff Draft IVS 2011, IVS Framework, Tz. 27 und IVS 101, Tz. 2 (c); VOGELS, M., Ertragswert-Berechnungen S. 926; KLEIBER, W., Verkehrswertermittlung, S. 123 f.

[262] Vgl. VOGELS, M., Ertragswert-Berechnungen S. 925 f.; PAUL, E., Bewertung von Unternehmensimmobilien, S. 549; KLEIBER, W., Verkehrswertermittlung, S. 123 f.; FISCHER, K., Liegenschaftszins (Teil 1), S. 164.

[263] Vgl. IDW (Hrsg.), IDW S 1 i. d. F. 2008, Tz. 12; BAUMUNK, H., Immobilien und Immobilienbewertung, S. 214.

[264] Vgl. für den Unterschied zwischen objektivierten und subjektiven Immobilienwerten auch VOGELS, M., Ertragswert-Berechnungen, S. 925 f.

[265] Vgl. JUNG, H., § 6, Tz. 55.

[266] Vgl. IDW (Hrsg.), IDW S 1 i. d. F. 2008, Tz. 32.

fer durchgeführt bzw. bei der Preisfindung annahmegemäß berücksichtigt werden. Sie müssen mithin marktüblich sein.[267]

Bei Immobilienwerten ist zwischen Brutto- und Nettowerten zu unterscheiden. Während Bruttowerte noch die vom Käufer zu entrichtenden Erwerbsnebenkosten enthalten, sind diese beim Nettowert bereits abgezogen. Der Nettowert entspricht somit dem Wert, den ein Unternehmen beim Verkauf seiner Immobilien erwarten kann. Der Bruttowert hingegen kennzeichnet lediglich die maximale Zahlungsbereitschaft des Käufers für die Immobilie inklusive der Nebenkosten. Im Rahmen der externen Rechnungslegung sind mithin **Nettowerte** zu ermitteln.[268] Wird ein Bruttowert ermittelt, sind im Anschluss noch die Erwerbsnebenkosten eines potentiellen Käufers abzuziehen, da sich dessen Zahlungsbereitschaft um diesen Betrag vermindert.[269] Sofern die Wertermittlung auf Nettowerten beruht, sind keine Anpassungen des Werts erforderlich. Eigene Veräußerungskosten sind grundsätzlich nicht zu berücksichtigen.[270] Erwerbsnebenkosten sind zwar abhängig vom Land, können in der Regel aber vergleichsweise gut für die einzelnen Länder prozentual quantifiziert und marktobjektiviert werden.[271]

Da für barwertorientierte Wertermittlungsverfahren weitere konzeptionelle Grundlagen von besonderer Bedeutung sind, werden sie im folgenden Abschnitt gesondert erläutert.

232. Bewertungskonzeption für barwertorientierte Verfahren

232.1 Äquivalenzprinzipien

Barwertorientierte Verfahren sind dadurch gekennzeichnet, dass bei der Wertermittlung die erwarteten Cashflows mit einem Diskontierungszinssatz auf den Wertermittlungsstichtag diskontiert

[267] Vgl. dazu auch IFRS 13.2 f. und 13.22.

[268] Vgl. PÖRSCHKE, A., Transaktionskosten, S. 153.

[269] Vgl. in diesem Zusammenhang auch PÖRSCHKE, A., Transaktionskosten, S. 150; HINRICHS, K./SCHULTZ, E., DCF in der Praxis, S. 268; SCARRETT, D., Property Valuation, S. 86; BAUM, A./MACKMIN, D./NUNNINGTON, N., Income Approach, S. 253 f.; KORMAIER, B., Income Capitalisation Model, S. 383. In der Praxis werden teilweise die Erwerbsnebenkosten des Käufers bei der Ermittlung des Fair Value nicht berücksichtigt. Es wird der Brutto-Marktwert bilanziert. (Vgl. zum Begriff des Marktwerts auch Kap. 31.) Dies ist in Europa insbesondere in der Schweiz der Fall. Überwiegend wird indes der Netto-Marktwert bilanziert. Vgl. ZAUGG, D./KRÄMER, C., IFRS-Jahresabschlüsse von Immobiliengesellschaften, S. 72-76. Durch die unterschiedliche Handhabung in der Praxis, verbunden mit teilweise fehlenden Anhangangaben zur Vorgehensweise, wird die Vergleichbarkeit der Fair Values deutlich eingeschränkt. Vgl. KAUL, T./SCHEFER, B., Einfluss der Rechnungslegung, S. 354.

[270] Vgl. hierfür die Regelungen des IASB für die Rechnungslegung (IAS 40.37 a.F. und IFRS 13.25) sowie die der TEGoVA und des IVSC für die Bewertung. Vgl. TEGoVA, EVS 2009, EVS 1, Tz. 5.10.3; IVSC, IVS 2007, IVS 1, Tz. 3.3. (Vgl. für die TEGoVA und das IVSC ausführlich Kap. 331.4 und 331.5.) Davon unabhängig berücksichtigen dennoch einige europäische Immobiliengesellschaften nicht nur die Transaktionskosten des Käufers sondern auch die des Verkäufers. Vgl. ZAUGG, D./KRÄMER, C., IFRS-Jahresabschlüsse von Immobiliengesellschaften, S. 72. Diese Auslegung entspricht nicht der Intention in IAS 40 bzw. IFRS 13. So auch PÖRSCHKE, A., Transaktionskosten, S. 153; HEINTGES, S./BOGGEL, A./WULBRAND, H., Immobilienvermögen, S. 2040. Transaktionskosten des Verkäufers sollten lediglich bei einer Bewertung im Rahmen von IFRS 5 berücksichtigt werden. Diese ist bei Renditeimmobilien indes nur bei Anwendung des Cost Models möglich.

[271] In Großbritannien betragen sie etwa zwischen 5,75 und 6 % des Kaufpreises und in Deutschland, wenn ein Makler eingeschaltet wird, ca. 12 %. Vgl. SCARRETT, D., Property Valuation, S. 86 bzw. KLEIBER, W., Verkehrswertermittlung, S. 427.

werden.[272] Hierbei sind grundsätzlich die aus der Unternehmensbewertung stammenden **Äquivalenzprinzipien** zu beachten, denn „Bewerten heißt vergleichen"[273]. Verglichen werden die erwarteten Cashflows aus einer Alternativinvestition mit denen aus dem Bewertungsobjekt,[274] wobei die Cashflows der Alternativinvestition regelmäßig im Nenner berücksichtigt werden. Sie bilden mithin den Kapitalisierungszinssatz.[275] Damit die Alternativinvestition für die Bewertung genutzt werden kann, muss sie hinreichend mit dem Bewertungsobjekt übereinstimmen. Sie muss vergleichbar sein.[276] Äquivalenzprinzipien ermöglichen eine derartige Vergleichbarkeit, indem sie sicherstellen, dass das Bewertungsobjekt in hinreichend vielen Dimensionen mit dem Vergleichsobjekt übereinstimmt.[277] Diese betreffen vor allem die Laufzeit, den Arbeitseinsatz, die Verfügbarkeit, die Kaufkraft und das Risiko.[278]

Laufzeitäquivalenz bedeutet, dass der Zeitraum für den das Kapital in dem Bewertungsobjekt gebunden ist und Cashflows generiert werden, mit dem Zeitraum der Kapitalbindung bei der Alternativanlage übereinstimmen muss.[279] Bei Immobilien könnte dieser Zeitraum der Restnutzungsdauer entsprechen.[280] **Arbeitseinsatzäquivalenz** liegt vor, wenn für beide Cashflowströme der gleiche Arbeitseinsatz erforderlich ist. So sind die Cashflowströme des Bewertungsobjekts ggf. um kalkulatorischen Unternehmerlohn anzupassen, wenn beim Vergleichsobjekt ein Unternehmerlohn berücksichtigt wurde.[281] Die Forderung nach **Verfügbarkeitsäquivalenz** verlangt, dass die Cashflows des Bewertungsobjekts die gleiche Verfügbarkeitsebene wie das Vergleichsobjekt aufweisen. So ist etwa einheitlich von Vor- oder Nachsteuermodellen auszugehen.[282] Das Kriterium der **Kaufkraftäquivalenz** verlangt, dass beim Bewertungs- und beim Vergleichsobjekt einheitlich reale oder nominale Cashflows betrachtet werden.[283] **Risikoäquivalenz** erfordert, dass das Alternativobjekt den gleichen Risikogehalt aufweist wie das zu bewertende Objekt.[284] Dafür müssen die Cashflows der betrachteten Objekte hinsichtlich ihrer Unsicherheit über die künftige Entwicklung übereinstimmen.[285] Hierfür kann zur Herstellung von Risikoäquivalenz zwischen der Sicherheitsäquivalenzmethode und der Risikozuschlagsmethode unterschieden werden.[286] Da grundsätzlich von einem risi-

---

272 Vgl. MANDL, G./RABEL, K., Unternehmensbewertung, S. 31.
273 MOXTER, A., Grundsätze ordnungsmäßiger Unternehmensbewertung, S. 123.
274 Vgl. KUHNER, C./MALTRY, H., Unternehmensbewertung, S. 80; so auch METZ, V., Kapitalisierungszinssatz, S. 20.
275 Vgl. IDW (Hrsg.), WP Handbuch 2008, Tz. 284; MOXTER, A., Grundsätze ordnungsmäßiger Unternehmensbewertung, S. 203.
276 Vgl. LAUX, H., Unternehmensbewertung, S. 525 f.; MANDL, G./RABEL, K., Unternehmensbewertung, S. 75.
277 Vgl. hierzu MOXTER, A., Grundsätze ordnungsmäßiger Unternehmensbewertung, S. 155-202.
278 Vgl. KUHNER, C./MALTRY, H., Unternehmensbewertung, S. 86-91; MANDL, G./RABEL, K., Unternehmensbewertung, S. 75-78; METZ, V., Kapitalisierungszinssatz, S. 10.
279 Vgl. MANDL, G./RABEL, K., Unternehmensbewertung, S. 75 f.; KUHNER, C./MALTRY, H., Unternehmensbewertung, S. 86.
280 Vgl. zur begrenzten Nutzungsdauer auch IDW (Hrsg.), WP Handbuch 2008, Tz. 180.
281 Vgl. KUHNER, C./MALTRY, H., Unternehmensbewertung, S. 88; MANDL, G./RABEL, K., Unternehmensbewertung, S. 76; BALLWIESER, W., Unternehmensbewertung, S. 89.
282 Vgl. BALLWIESER, W., Unternehmensbewertung, S. 102; KUHNER, C./MALTRY, H., Unternehmensbewertung, S. 88 f.
283 Vgl. KUHNER, C./MALTRY, H., Unternehmensbewertung, S. 90, MANDL, G./RABEL, K., Unternehmensbewertung, S. 77; BALLWIESER, W., Unternehmensbewertung, S. 89.
284 Vgl. KUHNER, C./MALTRY, H., Unternehmensbewertung, S. 90.
285 Vgl. MANDL, G./RABEL, K., Unternehmensbewertung, S. 77 f.
286 Vgl. KUHNER, C./MALTRY, H., Unternehmensbewertung, S. 91.

koaversen Investor auszugehen ist, ist eine Risikoprämie zu berücksichtigen.[287] Bei der Sicherheitsäquivalenzmethode wird die Unsicherheit über die künftige Entwicklung durch den Abzug einer Risikoprämie von den Cashflows des Bewertungsobjekts im Zähler abgebildet. Bei der Risikozuschlagsmethode wird diese Risikoprämie als Zuschlag im Zinssatz berücksichtigt.[288] Üblicherweise wird für die Immobilienbewertung, wie auch für die Unternehmensbewertung, die **Risikozuschlagsmethode** genutzt.[289]

232.2 Ein- und zweiphasige Bewertungsmodelle

Da die Unsicherheit mit steigendem Prognosezeitraum zunimmt, werden fernere Prognosen zunehmend schwieriger.[290] Diese Prognoseunsicherheit kann in der Immobilienbewertung folgendermaßen berücksichtigt werden. So können zum einen **einphasige Modelle** genutzt werden, bei denen ein aktueller Cashflow, bestehend aus Mieteinnahmen abzüglich etwaiger Bewirtschaftungskosten, ermittelt wird und als nachhaltiger Cashflow für den Zeitraum bis zum Ende der Restnutzungsdauer der Immobilie oder als ewige Rente diskontiert wird.[291] Die erwartete Entwicklung der Cashflow-Größe in der Zukunft wird durch eine Wachstumsrate im Zinssatz abgebildet. Einphasige Modelle sind nur dann geeignet, wenn keine Mietverträge berücksichtigt werden sollen. Sie stellen mithin keine vollständigen Bewertungsmodelle dar, da sie je nach Sachverhalt um eine zweite Phase zu ergänzen sind.

Alternativ zu den einphasigen Modellen berücksichtigen **zweiphasige** Modelle, dass nähere Prognosen mit größerer Sicherheit möglich sind als solche, die weiter in der Zukunft liegen.[292] Daher wird zwischen einer aus der Unternehmensbewertung bekannten Detailplanungsphase und einem Restwert bzw. einer ewigen Rente unterschieden.[293] Beim klassischen DCF-Verfahren aus der Unternehmensbewertung, dass auch für die Immobilienbewertung angewandt wird, ist grundsätzlich eine entsprechende Cashflow-Prognose für die Dauer der Detailplanungsphase, also die erste Phase, zu berücksichtigen. Bei der Immobilienbewertung ist es im Rahmen einer immobilienspezifischen Bewertungskonzeption darüber hinaus möglich, sachverhaltsabhängig auf diese Detailplanungsphase zu verzichten. Eine **Detailplanungsphase** ist bei dieser Konzeption nur dann erforderlich, wenn ein Mietvertrag berücksichtigt werden soll, der von den am Markt üblichen Mieten abweichende Mieten vorsieht. Ansonsten genügt in der Regel ein einphasiges Modell.[294] Für die Dauer des Mietvertrags werden die künftig erwarteten **Cashflows**, die sich aus dem Mietvertrag ergeben (abzüglich der Bewirtschaftungskosten), **explizit** im Zähler **berücksichtigt**. Diese Detailplanungsphase wird als Term bezeichnet.

[287] Vgl. DRUKARCZYK, J./SCHÜLER, A., Unternehmensbewertung, S. 50; MOXTER, A., Grundsätze ordnungsmäßiger Unternehmensbewertung, S. 156. Vgl. zur Risikoaversion auch BERENS, W./DELFMANN, W./SCHMITTING, W., Quantitative Planung, S. 80 f.

[288] Vgl. BALLWIESER, W., Unternehmensbewertung, S. 90; IDW (Hrsg.), WP Handbuch 2008, Tz. 183-185.

[289] Vgl. dazu auch die Darstellung der Verfahren in Kap. 3.

[290] Vgl. IDW (Hrsg.), IDW S 1 i. d. F. 2008, Tz. 76.

[291] Vgl. hierzu ausführlich Kap. 322.3 und 332.4.

[292] So auch IDW (Hrsg.), IDW S 1 i. d. F. 2008, Tz. 76.

[293] Vgl. IDW (Hrsg.), IDW S 1 i. d. F. 2008, Tz. 77 f.

[294] Vgl. auch die Ausführungen in Kap. 322.32 und 332.4.

Die **zweite Phase**, beim klassischen DCF-Verfahren der Restwert, wird bei der immobilienspezifischen Konzeption als Reversion bezeichnet.[295] Hierfür ist wie beim DCF-Verfahren regelmäßig ein repräsentativer Cashflow zugrunde zu legen und zu diskontieren.[296] Je nach Konzeption kann die zweite Phase als endliche oder als unendliche Rente ermittelt werden.

Darüber hinaus besteht neben der Trennung in **Term und Reversion** auch die Möglichkeit den (negativen oder positiven) **Wertbeitrag** eines Mietvertrags separat für die Dauer der Vertragslaufzeit zu berechnen und anschließend zu dem Wert einer Immobilie, der mit Hilfe eines einphasigen Modells zu ermitteln ist, hinzuzurechnen. Dies entspricht ebenfalls einer zweiphasigen Vorgehensweise, da sowohl die Mietvertragsphase als auch die darauf anschließende Phase berücksichtigt wird.[297]

Der **Diskontierungszinssatz** ist jeweils unter Beachtung der **Äquivalenzprinzipien** aus Alternativanlagen am Immobilien- oder Kapitalmarkt abzuleiten. Die Erwartungen über die künftige Entwicklung der Cashflows sind bei der Immobilienbewertung entweder direkt in den Cashflows im Zähler oder indirekt über eine Wachstumsrate im Diskontierungszinssatz im Nenner abzubilden. Dies ist analog zur Unternehmensbewertung. Dort wird das Wachstum in der Detailplanungsphase explizit in den Cashflows und bei der Berechnung ewiger Renten durch Abzug der Wachstumsrate vom Diskontierungszinssatz berücksichtigt.[298] Bei **einphasigen Modellen** und zur Ermittlung des **Restwerts** bzw. der **Reversion** bei zweiphasigen Modellen sind die Erwartungen über die künftige Entwicklung durch einen (impliziten) Wachstumsabschlag im Nenner zu berücksichtigen. Ungewöhnlich hieran ist im Vergleich zur Unternehmensbewertung, dass bei einphasigen Modellen auf eine Prognose der Wachstumserwartungen der Cashflows im Zähler, im Rahmen einer Detailplanungsphase, somit vollständig verzichtet wird. Da bei Immobilienbewertungen der am Immobilienmarkt ermittelte Zinssatz diese Wachstumserwartungen für das Vergleichsobjekt regelmäßig bereits enthält, sind in der Regel, anders als in der Unternehmensbewertung, keine lediglich bedingt objektivierbaren Prognosen des Zählers erforderlich. Der Zinssatz umfasst mithin bereits einen marktobjektivierten **impliziten Wachstumsabschlag**, so dass sich eine Berücksichtigung der Zukunftserwartungen im Nenner im Rahmen der Immobilienbewertung durch die Marktobjektivierbarkeit der Parameter eher als bei einer Unternehmensbewertung anbietet, bei der entsprechende Wachstumsabschläge im Nenner regelmäßig separat ermittelt werden müssten.[299] Zur Herstellung der Risikoäquivalenz sind objektspezifische Anpassungen erforderlich, sofern die Erwartungen hinsichtlich der Entwicklung der Cashflows zwischen Bewertungs- und Vergleichsobjekt differieren. Auf der anderen Seite ist eine Verwendung dieser Zinssätze für die **Detailplanungsphase** (bei einem DCF-Verfahren) oder einen **Term** (bei einer immobilienspezifischen Konzeption) nur bedingt geeignet, da hierdurch in der Regel sowohl im Zähler als auch im Nenner künftiges Wachstum berücksichtigt würde. Mithin kann es erforderlich sein, das Wachstum im Nenner durch einen Wachstumszuschlag auf den Zinssatz oder im Zähler durch einen Wachstumsabschlag zu eliminieren, um Risikoäquiva-

[295] Vgl. hierzu ausführlich Kap. 322.322.3 und 332.423.
[296] Vgl. IDW (Hrsg.), IDW S 1 i. d. F. 2008, Tz. 77.
[297] Vgl. hierzu ausführlich Kap. 322.322.2 und 332.422.
[298] Vgl. IDW (Hrsg.), IDW S 1 i. d. F. 2008, Tz. 98.
[299] Vgl. dazu auch ausführlich Kap. 442. und 443.2.

lenz zu gewährleisten. Alternativ wären **Zinssätze ohne implizites Wachstum**, z. B. am **Kapitalmarkt**, zu ermitteln.[300]

Während bei der Ermittlung der Cashflows für die Unternehmensbewertung grundsätzlich von einer unendlichen Lebensdauer des Unternehmens auszugehen ist,[301] ist dies bei Immobilien prinzipiell nicht der Fall. Zwar hat der Boden, auf dem eine Immobilie steht, grundsätzlich eine unendliche Nutzungsdauer. Die Nutzungsdauer des Gebäudes ist indes in der Regel begrenzt.[302] Die Mieteinnahmen, die durch eine Immobilie generiert werden können, sind mithin nur für einen begrenzten Zeitraum, für die **Restnutzungsdauer der Immobilie**, abzubilden. Wird der Cashflow als ewige Rente diskontiert, so wird die Restnutzungsdauer nicht explizit beachtet. Gemäß dem Laufzeitäquivalenzprinzip ist dann bei der Ermittlung des Zinssatzes die begrenzte Restnutzungsdauer der Immobilie beispielsweise durch die Ermittlung aus Vergleichsimmobilien mit gleicher Restnutzungsdauer zu berücksichtigen.[303]

Wird explizit über eine begrenzte Restnutzungsdauer diskontiert, so ist am Ende der Restnutzungsdauer zu berücksichtigen, dass der Boden dann wieder mit seinem zu dem Zeitpunkt gültigen Wert zur Verfügung steht.[304] Wird auf die explizite Berücksichtigung der Restnutzungsdauer durch den Ansatz einer ewigen Rente verzichtet, so ist der **Bodenwert**, der nach Abschluss der Restnutzungsdauer wieder zur Verfügung steht, implizit im Zinssatz abzubilden. Bei der Ableitung des Zinssatzes müssten daher im Sinne einer Risikoäquivalenz die Vergleichsobjekte neben der gleichen Restnutzungsdauer auch die gleiche Bodenwert-Marktwert-Relation wie das zu bewertende Objekt aufweisen.[305]

[300] Vgl. (kritisch) zu dieser Möglichkeit vor allem Kap. 443.5 und 444.1.

[301] Vgl. IDW (Hrsg.), WP Handbuch 2008, Tz. A157.

[302] Vgl. HARROP, M. J., Bodenwert, S. 7.

[303] Vgl. zur Berücksichtigung der Restnutzungsdauer auch ausführlich Kap. 45.

[304] Die Berücksichtigung des Bodenwerts am Ende der Nutzungsdauer der Immobilie kann ggf. als dritte Phase bezeichnet werden.

[305] Vgl. zur Berücksichtigung des Bodenwerts auch ausführlich Kap. 46.

3 Methoden der Immobilienbewertung und ihre Bedeutung für die Fair Value-Ermittlung

31 Wert einer Immobilie

In IAS 40 ist der **Fair Value** der zentrale (objektivierte) Wertmaßstab für Renditeimmobilien, der entweder für die Bilanz zumindest aber für den Anhang zu ermitteln ist. Um den Fair Value zu ermitteln, ist regelmäßig auf Bewertungsverfahren zurückzugreifen. Der hierdurch ermittelte Wert müsste dem Fair Value entsprechen, damit die Verfahren für Renditeimmobilien des IAS 40 anwendbar wären.[306]

Aufgrund der Bedeutung und der Komplexität der Immobilienbewertung haben sich verschiedene Wertbegriffe von privatrechtlichen Institutionen und in Form von Rechtsnormen zur Bestimmung eines Immobilienwerts etabliert.[307] Für die **objektivierte Wertermittlung** können konform mit dem investitionstheoretischen Immobilienverständnis zwei Wertkonzeptionen für Immobilien verwandt werden. In Deutschland ist als objektivierter Wert der Marktwert, der auch als **Verkehrswert** bezeichnet wird, im Baugesetzbuch (BauGB) normiert.[308] Auf internationaler Ebene wird der objektivierte Wert ebenfalls als Marktwert dargestellt.[309] International übliche **Marktwertdefinitionen** nennen die folgenden privatrechtlichen Institutionen: RICS (Royal Institute of Chartered Surveyors), TEGoVA (The European Group of Valuers' Association) und IVSC (International Valuation Standards Council).[310]

§ 194 BauGB definiert den **Verkehrswert** einer Immobilie folgendermaßen: „Der Verkehrswert (Marktwert) wird durch den Preis bestimmt, der in dem Zeitpunkt, auf den sich die Ermittlung bezieht, im **gewöhnlichen Geschäftsverkehr** nach den rechtlichen Gegebenheiten und tatsächlichen Eigenschaften, der sonstigen Beschaffenheit und der Lage des Grundstücks[311] oder des sonstigen Gegenstands der Wertermittlung ohne Rücksicht auf ungewöhnliche oder persönliche Verhältnisse zu erzielen wäre." Der Wert soll demnach unter Annahme eines „gewöhnlichen Geschäftsverkehrs" ermittelt werden. Dies setzt eine freie Preisbildung am Markt voraus, wobei weder der Käufer noch der Verkäufer zum Abschluss gezwungen sind.[312] Aufgrund seiner Definition entspricht der Verkehrswert somit einem objektivierten Wert, da er einen von den individuellen Wertvorstellungen unabhängigen Wert darstellt.[313]

---

306 Ähnlich BÖCKEM, H./SCHURBOHM, A., Bilanzierung von Immobilien nach IAS, S. 44 f.

307 Vgl. BRÄSICK, A., Ansatz und Bewertung von Immobilien, S. 279.

308 Vgl. PAUL, E., Bewertung von Unternehmensimmobilien, S. 549; KLEIBER, W., Verkehrswertermittlung, S. 122; GONDRING, H., Immobilienwirtschaft, S. 878.

309 Vgl. PAUL, E., Bewertung von Unternehmensimmobilien, S. 549; dazu auch ZÜLCH, H., Immobilienbewertung, S. 105 in Verbindung mit S. 145 f.

310 Vgl. für ausführliche Informationen zu diesen Organisationen Kap. 331.

311 Mit dem Begriff „Grundstück" sind in Anlehnung an § 94 Abs. 1 BGB sowohl bebaute als auch unbebaute Grundstücke gemeint. Es ist mithin ein Synonym für Immobilien. Vgl. ähnlich BONE-WINKEL, S./SCHULTE, K.-W./FOCKE, C., Begriff und Besonderheiten, S. 16.

312 Vgl. GONDRING, H., Immobilienwirtschaft, S. 888; ausführlich KLEIBER, W., Verkehrswertermittlung, S. 123 und 407-409.

313 Vgl. JUNG, H., § 6, Tz. 54 f.; KLEIBER, W., Verkehrswertermittlung, S. 123 f.

Auf internationaler Ebene dominiert der Begriff des **Marktwerts**, der von IVSC, RICS und TEGoVA (nahezu) identisch definiert wird: „Market Value is the estimated amount for which a property should exchange on the date of valuation between **a willing buyer and a willing seller** in an **arm's length transaction** after proper marketing wherein the parties had each acted knowledgeably, prudently, and without compulsion."[314] Der Marktwert soll somit die Einschätzungen und Handlungen der Marktteilnehmer im Rahmen des gewöhnlichen Geschäftsverkehrs widerspiegeln. Ähnlich wie der Verkehrswertbegriff zielt auch diese Definition auf Käufer und Verkäufer ab, die sich ohne Zwang am Markt kontrahieren. Der Wert spiegelt, wie bereits der Verkehrswert, die objektivierten Markterwartungen wieder.[315] Transaktionskosten werden grundsätzlich nicht berücksichtigt.[316]

Trotz der leicht unterschiedlichen Formulierung dürften sich die beiden Wertkonzepte des **Verkehrswerts** und des **Marktwerts** entsprechen,[317] weswegen im Folgenden, sofern keine spezielle Unterscheidung erforderlich ist, einheitlich der Marktwert synonym zum Verkehrswert verwandt wird.[318] Bei beiden Wertkonzeptionen werden die Zustände zum Wertermittlungsstichtag[319] berücksichtigt und transaktionswillige Vertragspartner am Markt betrachtet. Ein Unterschied könnte der explizite Verweis auf die Berücksichtigung von Marketingaktivitäten bei der Ermittlung von Marktwerten sein.[320] Indes sind auch bei der Ermittlung des Verkehrswerts angemessene Marketingaktivitäten zu berücksichtigen.[321] Beide Werte stellen eine Schätzung des zu erzielenden Preises für eine Immobilie dar.[322] Es ist international üblich, dass Schätzwerte für die gleiche Immobilie bei verschiedenen Gutachtern in Höhe von ±10 % voneinander abweichen können.[323] Schätzungen entsprechen auch nicht zwingend dem eigentlichen Preis, der sich erst durch eine Transaktion ergibt und somit immer historischer Natur ist. Der Preis einer Immobilie stellt somit lediglich eine Mo-

---

314 IVSC, IVS 2007, IVS 1, Tz. 3.1 und RICS, RICS Valuation Standards, PS 3.2. Das RICS zitiert hier die Definition des IVSC. Die Definition der TEGoVA unterscheidet sich lediglich bei der Bezeichnung der Immobilie von der o. g. („the property" vs. „a property"). Vgl. TEGoVA, EVS 2009, EVS 1, Tz. 3.1. Dieser Unterschied ist indes unwesentlich. So auch TEGoVA, EVS 2009, EVS 1, Tz. 5.2. In der geplanten Neufassung der IVS wird der Begriff „property" voraussichtlich durch die allgemeinere Formulierung „asset" ersetzt. Vgl. IVSC, ED IVS 2011, IVS 103, Tz. 6; IVSC, Staff Draft IVS 2011, IVS Framework, Tz. 30; IVSC, IVS 2007, IVS 1, Tz. 3.2.

315 Vgl. IVSC, IVS 2007, IVS 1, Tz. 3.2.4 f.; JUNG, H., § 6, Tz. 53 und 55. Das IVSC betont diesen Aspekt, indem es explizit darauf hinweist, dass die zur Bewertung benötigten Daten durch Rückgriff auf den Markt erlangt werden sollen. Vgl. dazu. IVSC, IVS 2007, IVS 1, Tz. 5.1.2.

316 Vgl. IVSC, IVS 2007, IVS 1, Tz. 3.3. Davon unabhängig ist indes die Beeinflussung der Preisbildung durch Transaktionskosten (der Käufer) zu berücksichtigen, was sich wiederum auf den Marktwert auswirkt. Vgl. ausführlich TEGoVA, EVS 2009, EVS 1, Tz. 5.10.3; erläuternd PÖRSCHKE, A., Transaktionskosten, S. 148. Dieser Ansicht soll hier gefolgt werden. A. A. ZAUGG, D./KRÄMER, C., IFRS-Jahresabschlüsse von Immobiliengesellschaften, S. 73.

317 Vgl. KÖNIGSTEIN, M., Internationale Methoden, S. 282; BIENERT, S./REINBERG, M. P., Immobilienmarktgeschehen, S. 439; KLEIBER, W., Verkehrswertermittlung, S. 431 f.; JUNG, H., § 6, Tz. 55. Ähnlich BAUMUNK, H./BÖCKEM, H./SCHURBOHM-EBNETH, A., Bilanzierung von Immobilien, S. 358 f.

318 Vgl. dazu auch HERSBERGER, D., Wertermittlung, S. 51; KÖNIGSTEIN, M., Internationale Methoden, S. 282; BISCHOFF, B., Wertermittlungsrecht, S. 17.

319 Vgl. für ausführlichere Informationen zum Wertermittlungsstichtag KLEIBER, W., Verkehrswertermittlung, S. 417-422; IVSC, IVS 2007, IVS 1, Tz. 3.2.3.

320 Vgl. dazu auch IVSC, IVS 2007, IVS 1, Tz. 3.2.7.

321 Vgl. KLEIBER, W., Verkehrswertermittlung, S. 418-420.

322 Vgl. FRENCH, N., Concepts and definitions, S. 405; BAUM, A./MACGREGOR, B. D., Initial Yield Revealed, S. 714; FRENCH, N., Question of Value, S. 48.

323 Vgl. KÖNIGSTEIN, M., Internationale Methoden, S. 282; GEISEN, B./MOLL, J., Wertminderung, S. 5.

mentaufnahme in einem dynamischen Markt dar[324] und kann von dem vorher ermittelten Wert abweichen, da sich im Einzelfall individuelle Wertvorstellungen von Käufer oder Verkäufer auswirken können.[325]

Marktwert und Verkehrswert einer Immobilie entsprechen dem Konzept des **Highest and Best Use**.[326] So ist der Immobilie, die Nutzung zugrunde zu legen, die von einem rationalen Investor am wahrscheinlichsten verfolgt wird, weil dadurch für die Immobilie am Markt der höchste Wert erzielt werden kann.[327] Dabei sind die physischen, rechtlichen und finanziellen Möglichkeiten der Immobilie zu beachten.[328]

Von diesen objektivierten Wertbegriffen ist der **subjektive Investitions- bzw. Entscheidungswert** (worth) zu trennen.[329] Hierbei wird der Wert ermittelt, der für einen bestimmten Investor der relevante Wert für ein Objekt ist.[330] Dafür werden auch individuelle, nicht durch den Markt objektivierte, wertbeeinflussende Faktoren, wie z. B. spezielle Eigenkapitalforderungen, die sich durch den Investor ergeben, berücksichtigt.[331] Bei Vorliegen eines vollkommenen Markts wären die Begriffe Marktwert und Investitionswert identisch. So ist indes zwischen den beiden Begriffen zu trennen.[332] Während der subjektive Wertbegriff im deutschen Recht nicht normiert ist,[333] wird er in den internationalen Bewertungsstandards explizit definiert. Dieser Wertmaßstab wird vor allem bei individuellen, subjektiven Investitionsentscheidungen zur Ermittlung von Entscheidungswerten bemüht[334] und ist aufgrund seiner Subjektivität regelmäßig nicht für die Marktwertermittlung von Immobilien geeignet.[335]

---

324 Vgl. PETO, R./FRENCH, N./BOWMAN, G., Price and worth, S. 81.

325 Vgl. KLEIBER, W., Verkehrswertermittlung, S. 408. Ähnlich urteilte auch der BGH. Vgl. BGH vom 25.10.1967, VIII ZR 215/66, BGHZ, 48. Band, Köln 1968, S. 348.

326 Vgl. u. a. für den Marktwert: IVSC, IVS 2007, S. 28 f., IVS 1, Tz. 3.4 und GN 1, Tz. 5.8 und 5.24; FERNANDEZ, E., Property Valuation, S. 17; THE APPRAISAL FOUNDATION, USPAP 2010-2011, Standards Rule 1-3 (b). Vgl. für den Verkehrswert u. a. KLEIBER, W., Verkehrswertermittlung, S. 423-425; SIMON, J., Novellierung, S. 134; KLEIBER, W., Wertermittlungsverfahren, S. 17 und 38; SCHLICHT, K./GEHRI, C., Verkehrswertermittlung, S. 78.

327 Vgl. zur Definition des Highest and Best Use auch IVSC, IVS 2007, IVS 1, Tz. 3.4. Vgl. zu diesem Konzept ausführlich APPRAISAL INSTITUTE, Appraisal of Real Estate, S. 139 und 277-296; BIENERT, S./REINBERG, M. P., Highest-and-Best-Use, S. 457 f. Es ist insbesondere in angelsächsischen Gutachten üblich. Vgl. PETERSEN, H., Marktorientierte Immobilienbewertung, S. 15.

328 Vgl. hierzu BAUM, A./MACKMIN, D./NUNNINGTON, N., Income Approach, S. 210-212.

329 Vgl. KLEIBER, W., Verkehrswertermittlung, S. 405 f.; FISCHER, K., Liegenschaftszins (Teil 1), S. 164; GONDRING, H., Immobilienwirtschaft, S. 877.

330 Vgl. auch VOGELS, M., Ertragswert-Berechnungen, S. 925.

331 Vgl. HERSBERGER, D., Wertermittlung, S. 52; PETO, R./FRENCH, N./BOWMAN, G., Price and worth, S. 82; FRENCH, N., Question of Value, S. 48; APPRAISAL INSTITUTE, Appraisal of Real Estate, S. 28 f.

332 Vgl. FRENCH, N., Concepts and definitions, S. 404-406; PETO, R./FRENCH, N./BOWMAN, G., Price and worth, S. 81.

333 Vgl. BAUMUNK, H., Immobilien und Immobilienbewertung, S. 163; kritisch dazu KLEIBER, W., Verkehrswertermittlung, S. 124.

334 Vgl. zur Definition des Investment Value beispielhaft IVSC, IVS 2007, IVS 2, Tz. 3.3. Dabei können auch spezielle, vom Markt abweichende, Renditeforderungen eines Investors berücksichtigt werden. Vgl. dazu RICS, RICS Valuation Standards, PS 3.4. RICS und TEGoVA schließen sich hier der Definition des IVSC an. Vgl. RICS, RICS Valuation Standards, PS 3.4; TEGoVA, EVS 2009, EVS 2, Tz. 5.1. Das IVSC unterscheidet noch weitere subjektive Wertbegriffe wie etwa den Special Value. Vgl. dazu auch IVSC, IVS 2007, IVS 2, Tz. 6.1 und 6.6; IVSC, ED IVS 2011, IVS 103, Tz. 12 f. und 19-23; IVSC, Staff Draft IVS 2011, IVS Framework, Tz. 37 f. und 44-48.

335 Vgl. auch MACKMIN, D./EMARY, R., Assessment of worth, S. 63.

Die Marktwertdefinition ist der Fair Value-Definition in IAS 40.36 a.F. i. V. m. IAS 40.5 a.F. sehr ähnlich. Bei beiden Konzepten wird auf den gewöhnlichen Geschäftsverkehr und ähnliche, u. a. transaktionswillige Marktteilnehmer abgestellt.[336] Ferner soll in beiden Fällen ein **objektivierter Wert** aus Marktsicht ermittelt werden.[337] Diese Konzeption ist, wenn auch etwas anders formuliert,[338] ebenfalls in der neuen Fair Value-Definition in IFRS 13.9 erfasst.[339] Zwischen der Fair Value-Definition in IAS 40 und dem Marktwert besteht insofern ein Unterschied, als in IAS 40 kein Bezug auf das Konzept des **Highest and Best Use** genommen wird. Diesem könnte die Restriktion in IAS 40.51 a.F. entgegenstehen, nach der künftige wertsteigernde Maßnahmen nicht zu berücksichtigen sind. Beim Highest and Best Use wird die Immobilie nämlich unter Berücksichtigung potentieller Entwicklungs- und Verbesserungsmöglichkeiten bewertet. Dieser potentielle Unterschied zwischen den Wertmaßstäben wird nun durch IFRS 13 beseitigt, da das Konzept des Highest and Best Use in IFRS 13.27-30 explizit erwähnt wird und in diesem Zusammenhang auch die Restriktion in IAS 40.51 a.F. gestrichen wird. Damit spricht spätestens mit Inkrafttreten von IFRS 13 nichts mehr dagegen, den Marktwert zur Fair Value-Bewertung heranzuziehen, wenngleich auch derzeit schon beide Wertmaßstäbe als im Wesentlichen gleich betrachtet werden.[340]

Insgesamt kann daher festgestellt werden, dass der **Marktwert einen geeigneten Wertmaßstab** darstellt, um den Fair Value von Renditeimmobilien im Sinne von IAS 40 bzw. gemäß IFRS 13 zu ermitteln.

Für die Immobilienbewertung wurden in der Vergangenheit diverse Modelle entwickelt, die für eine objektivierte Wertermittlung geeignet sind. Hierbei wird versucht, die Geschehnisse der Preisbildung am Immobilienmarkt unter Abstraktion individueller Wertvorstellungen abzubilden.[341] In diesem Kapitel werden die wichtigsten dieser Verfahren vorgestellt, um sie im Anschluss in Kapitel 34 auf ihre Konformität mit den Anforderungen des IAS 40 bzw. des IFRS 13 zu überprüfen und um aufzuzeigen, welche Methoden für eine Fair Value-Bewertung im Rahmen der Fair Value-Hierarchie unter Berücksichtigung der Besonderheiten des Immobilienmarkts vorrangig in Frage kommen. Dafür wird zunächst die gesetzlich normierte Immobilienbewertung in Deutschland, die sich an der ImmoWertV zur Ermittlung von Verkehrs- bzw. Marktwerten orientiert, dargestellt. Im Anschluss daran werden ausgewählte einflussreiche internationale Immobilienverbände und international gebräuchliche Immobilienbewertungsmethoden zur Ermittlung von Marktwerten erläutert.

[336] Vgl. u. a. Kleiber, W., Wertermittlungsverfahren, S. 16 und die Ausführungen in Kap. 223.223.1.

[337] Vgl. Jung, H., § 6, Tz. 55.

[338] So auch IVSC, Staff Draft IVS 2011, IVS 300, Tz. G2; IFRS 13.BCA101.

[339] Vgl. dazu auch IVSC, ED IVS 2011, IVS 201.01, Tz. 5; IVSC, Staff Draft IVS 2011, IVS 300, Tz. G2. So im Wesentlichen auch IFRS 13.BC56.

[340] Vgl. IAS 40.B53; Roth, M. M., Wertbegriffe, S. 47; Baumunk, H., Immobilien und Immobilienbewertung, S. 174; Königstein, M., Internationale Methoden, S. 290; IVSC, IVS 2007, S. 30; Freiberg, J., § 16, Tz. 76; Jung, H., § 6, Tz. 55; Baumunk, H., IAS 40, S. 82 f.; Leinemann, M., Immobilienbewertung nach IAS/IFRS, S. 260; Kleiber, W., Internationale Bewertungsverfahren, S. 193; Ernstberger, J./Kraus, C., Vorschriften des IVSC, S. 389 f.

[341] Vgl. ähnlich Bischoff, B., Bewertungsmethoden, S. 6.

32 Gesetzlich normierte Immobilienbewertung in Deutschland

321. Gesetzliche Normierung durch die ImmoWertV

In Deutschland ist die Immobilienbewertung (sog. Verkehrswertermittlung) in Anlehnung an den Verkehrswertbegriff in § 194 BauGB in der damit zusammenhängenden Rechtsverordnung, der Immobilienwertermittlungsverordnung (**ImmoWertV**), kodifiziert.[342] Die ImmoWertV hat 2010 die bis dahin geltende Wertermittlungsverordnung (WertV) abgelöst. Die WertV wurde erstmals 1961 erlassen, mit dem Ziel die Immobilienbewertung zu objektivieren, zu vereinheitlichen und um sie marktgerechter zu machen.[343] Die letzte große Novellierung der WertV fand 1988 statt.[344] Kleinere Änderungen im Jahr 1998 gaben der bis 2010 aktuellen WertV'98 ihren Namen.[345] Für die ImmoWertV[346] wurde im Frühjahr 2007 ein Sachverständigengremium einberufen, das seinen Bericht zu potentiellen Änderungen der WertV'98 im April 2008 vorgelegt hat.[347] Am 24. März 2010 hat das Bundeskabinett eine darauf aufbauende Version der ImmoWertV verabschiedet, die vom Bundesrat am 7. Mai 2010 akzeptiert und am 27. Mai 2010 im Bundesgesetzblatt verkündet wurde. Dadurch konnte die Verordnung zum 1. Juli 2010 in Kraft treten. Ziel der Reform ist es, den Änderungen auf dem Grundstücksmarkt, die sich seit 1988 durch den demografischen und den wirtschaftlichen Wandel ergeben haben, gerecht zu werden.[348] Explizit sind nun u. a. künftige Entwicklungen bei der Wertermittlung zu beachten und weitere Verfahrensvarianten beim Ertragswertverfahren zulässig.[349]

Ergänzend zur ImmoWertV werden die sogenannten Wertermittlungsrichtlinien (**WertR**) von der Bundesregierung als Verwaltungsanordnung herausgegeben. Sie wurden letztmalig 2006 aktualisiert. Da sie noch auf der WertV beruhen, bedarf es in der nächsten Zeit einer Überarbeitung zur Anpassung an die ImmoWertV.[350]

---

[342] Vgl. SPRENGNETTER, H. O., ImmoWertV, S. 6; ähnlich FISCHER, R., Neufassung der WertV, S. 106. Rechtsgrundlage der Verordnung ist § 199 Abs. 1 BauGB, der die Bundesregierung ermächtigt, „Vorschriften über die Anwendung gleicher Grundsätze bei der Ermittlung der Verkehrswerte und der Ableitung der für die Wertermittlung erforderlichen Daten zu erlassen".

[343] Vgl. u. a. BECK, M., Bewertung nach WertV, S. 217; FISCHER, R., Neufassung der WertV, S. 106; KLEIBER, W., Verkehrswertermittlung, S. 558 f.

[344] Vgl. u. a. KLEIBER, W., Verkehrswertermittlung, S. 559-561.

[345] Vgl. für die Änderungen Art. 3 des Gesetzes zur Änderung des Baugesetzbuchs und zur Neuregelung des Rechts der Raumordnung vom 18.08.1997 in BGBl. I 1997, S. 2081-2112.

[346] Die Namensänderung soll den Fokus der Verordnung auf Immobilien im Vgl. zu bspw. Unternehmensbewertungen verdeutlichen. Vgl. BISCHOFF, B., Wertermittlungsrecht, S. 15.

[347] Vgl. Bundesrat-Drucksache 296/09, S. 1. Vgl. für den Bericht BUNDESMINISTERIUM FÜR VERKEHR, BAU UND STADTENTWICKLUNG, Bericht des Sachverständigengremiums. Darauf aufbauend wurde die neue ImmoWertV entwickelt und zunächst am 1. April 2009 vom Bundeskabinett verabschiedet. Vgl. für die Beschlussvorlage Bundesrat-Drucksache 296/09 vom 03.04.2009. Der Bundesrat hat der ImmoWertV am 15. Mai 2009 nach Maßgabe einiger Änderungen zugestimmt, weshalb die Verordnung zunächst zurück an die Bundesregierung verwiesen wurde. Vgl. Bundesrat-Drucksache 296/09 (Beschluss) vom 15.05.2009. Damit war das geplante Inkrafttreten der Verordnung Anfang September 2009 nicht mehr möglich.

[348] Vgl. Bundesrat-Drucksache 296/09, S. 1.

[349] Vgl. Bundesrat-Drucksache 296/09, S. 1 f. Vgl. zu den Eckpunkten auch KLEIBER, W., Verkehrswertermittlung, S. 562-564; STEMMLER, J., ImmoWertV, S. 194.

[350] Vgl. KLEIBER, W., Marktwertermittlung, S. 94; VON CÖLLN, T./BEHRENDT, R. J., ImmoWertV, S. 1445.

Anzuwenden ist die ImmoWertV insbesondere von **Gutachterausschüssen**[351], die gemäß § 193 BauGB u. a. Verkehrswertgutachten für **Gerichte** (z. B. bei Entschädigungsansprüchen (§ 95 Abs. 1 BauGB)[352]) erstellen und eine Kaufpreissammlung[353] über sämtliche Immobilientransaktionen in Deutschland führen, um zur Wertermittlung benötigte Daten wie beispielsweise Liegenschaftszinssätze abzuleiten und um bei Bedarf Auskunft aus der Kaufpreissammlung zu geben.[354] Hierdurch soll die Transparenz am Grundstücksmarkt, also auf dem Immobilienmarkt,[355] erhöht werden.[356] Gutachterausschüsse, deren Einrichtung weltweit einmalig sein dürfte,[357] sind gemäß § 192 Abs. 1 BauGB unabhängige und selbstständige Behörden,[358] die aus einem Vorsitzenden und ehrenamtlichen weiteren Gutachtern bestehen (§ 192 Abs. 2 BauGB). Sie werden häufig auf der Ebene von kreisfreien Städten und Landkreisen gegründet.[359] Eine einheitliche Regelung existiert hierzu nicht, da die konkrete Ausgestaltung gemäß § 199 Abs. 2 BauGB den Ländern obliegt.[360] In vielen Bundesländern stellen bereits Obere Gutachterausschüsse oder Zentrale Geschäftsstellen[361] die Daten zentral in Form von Grundstücksberichten auf Länderebene bereit. Überdies unterstützen sie überregionale Auswertungen und helfen den örtlichen Ausschüssen bei der Analyse der Daten.[362] Mit der Reform des Erbschaftsteuer- und Bewertungsrechts Ende 2008 sind Obere Gutachterausschüsse oder Zentrale Geschäftsstellen nun gemäß § 198 Abs. 1 BauGB für alle Länder verpflichtend zu implementieren,[363] weswegen mit der Einrichtung in weiteren Bundesländern zu rechnen ist.

---

351 Vgl. zur Institution der Gutachterausschüsse auch GROß, R., Gutachterausschuss.

352 Im Steuerrecht bei Ermittlung des gemeinen Werts für Grundvermögen i. S. d. § 177 BewG ist die ImmoWertV ebenfalls zu berücksichtigen. Vgl. dazu HEGEMANN, J., Erbschaftsteuer- und Bewertungsrecht, S. 62 f.; BOBKA, G., Wertermittlung aktuell, S. 13 f. Der gemeine Wert entspricht dem Verkehrswert. Vgl. KLEIBER, W., Verkehrswertermittlung, S. 341; LEOPOLDSBERGER, G./SAFFRAN, P., Bewertung von Immobilien, S. 432. So auch SPRENGNETTER mit der Angabe diverser Urteile SPRENGNETTER, H. O., ImmoWertV, S. 6.

353 Zur Führung einer Kaufpreissammlung müssen den Gutachterausschüssen gemäß § 195 Abs. 1 BauGB sämtliche Eigentumsübertragungen von Immobilien durch die beurkundenden Stellen gemeldet werden. Dadurch wird ihnen ein „originäres Abbild des Geschehens auf dem Grundstücksmarkt" vermittelt. Vgl. KLEIBER, W., Verkehrswertermittlung, S. 393.

354 Für weitere Aufgaben der Gutachterausschüsse s. KLEIBER, W., Verkehrswertermittlung, S. 351.

355 Im deutschen Recht wird der Begriff des Grundstücksmarkts anstelle des Immobilienmarkts verwandt. Es handelt sich um ein Synonym.

356 Vgl. SCHMALGEMEIER, H., Grundstücksmarkttransparenz, S. 350; SCHMIDT, J., Gutachterausschüsse, S. 351.

357 Vgl. KLEIBER, W., Wertermittlungsverfahren, S. 20; VOGEL, R. R., Blue Book, S. 370; MOLL-AMREIN, M., Liegenschaftszins, S. 111 f.

358 Vgl. zu dieser Einschätzung auch KLEIBER, W., Verkehrswertermittlung, S. 350.

359 Eine Einrichtung von Gutachterausschüssen auf Ebene der kreisfreien Städte und Landkreise wird häufig als Mindestgröße für eine sachkundige Arbeit gefordert. Vgl. u. a. KLEIBER, W., Verkehrswertermittlung, S. 354-356. Daher wird insbesondere Baden-Württemberg regelmäßig kritisiert, da die Gutachterausschüsse hier auf Gemeindeebene gegründet wurden. Vgl. beispielhaft SCHMALGEMEIER, H., Gutachterausschüsse, S. 99; SCHMIDT, J., Gutachterausschüsse in Baden-Württemberg. Das ergibt allein für Baden-Württemberg ca. eine Summe von 950 Gutachterausschüssen. Vgl. SCHMIDT, J., Änderung der Wertermittlungsvorschriften, S. 155. So wird argumentiert, dass ein Gutachterausschuss, der ein Gebiet mit weniger als 100.000 Einwohnern betreut, die erforderlichen Daten häufig kaum ermitteln kann. Vgl. z. B. SCHMIDT, J., Gutachterausschüsse, S. 353; SCHMIDT, J., Änderung der Wertermittlungsvorschriften, S. 155.

360 Für Probleme, die sich aus dieser Regelung ergeben, vgl. u. a. SCHMALGEMEIER, H., Grundstücksmarkttransparenz, S. 351.

361 Vgl. SCHMALGEMEIER, H., Gutachterausschüsse, S. 103 f.; GROßER-MÜNNIG, U., Grundstückswerte in Hessen, S. 104-106.

362 Vgl. SCHMALGEMEIER, H., Gutachterausschüsse, S. 103.

363 Vgl. positiv hierzu SCHMIDT, J., Gutachterausschüsse, S. 353.

Die Anwendung der ImmoWertV (bzw. WertV[364]) wird ferner in diversen **bundes- und landesrechtlichen Verwaltungsanweisungen** nachgeordneter Dienststellen vorgeschrieben.[365] **Private Sachverständige** sind grundsätzlich nicht an die ImmoWertV gebunden.[366] Sie haben die ImmoWertV indes dann zu beachten, wenn sie dies vertraglich vereinbart haben[367] und regelmäßig wenn sie als gerichtlich bestellter Gutachter auftreten,[368] da der BGH die Regelungen der ImmoWertV als allgemein anerkannte Grundsätze der Verkehrswertermittlung gebilligt hat.[369] In Ausnahmefällen darf hiervon abgewichen werden, wenn bei strikter Befolgung der ImmoWertV der Verkehrswert nicht zutreffend ermittelt werden könnte.[370] Durch die über einen langen Zeitraum erworbene Reputation und die weite Verbreitung der Regelungen wird die ImmoWertV indes auch ohne rechtlichen Zwang häufig angewandt.[371]

In der ImmoWertV sind **drei Verfahren** geregelt: das Sachwertverfahren (§§ 21-23 ImmoWertV), das Vergleichswertverfahren (inklusive des Verfahrens zur Bodenwertermittlung: §§ 15-16 ImmoWertV) und das Ertragswertverfahren (§§ 17-20 ImmoWertV). Die ImmoWertV schreibt nicht vor, welches Verfahren anzuwenden ist. Vielmehr soll laut § 8 Abs. 1 ImmoWertV das Verfahren gewählt werden, das für das jeweilige Objekt am ehesten geeignet ist, einen Verkehrswert festzustellen bzw. bei dem für das Objekt entsprechende Daten vorhanden sind. Dabei sind auch die Gepflogenheiten des gewöhnlichen Geschäftsverkehrs zu beachten. Es können auch mehrere Verfahren angewandt werden, wobei die Werte (oder der Wert) am Ende hinsichtlich ihrer Aussagefähigkeit für den Verkehrswert zu würdigen sind (ist).[372] Die Verfahren sind nicht hierarchisch geordnet,[373] wenngleich die Wahl der Methode gemäß § 8 Abs. 1 Satz 2 Halbsatz 2 ImmoWertV zu begründen ist.[374] Darüber hinaus können auch nicht kodifizierte Verfahren angewandt werden, sofern diese den Ansprüchen der ImmoWertV genügen.[375]

---

364 Im Folgenden wird nur noch der Begriff ImmoWertV verwandt, sofern keine Unterschiede bestehen.

365 Vgl. dazu KLEIBER, W., Verkehrswertermittlung, S. 578.

366 Vgl. KLEIBER, W., Verkehrswertermittlung, S. 580; BAUMUNK, H., Immobilien und Immobilienbewertung, S. 158 f.; SPRENGNETTER, H. O., ImmoWertV, S. 6.

367 Vgl. dazu u. a. KLEIBER, W., Verkehrswertermittlung, S. 580.

368 Vgl. BECK, M., Bewertung nach WertV, S. 217. Nach Meinung von ZIMMERMANN genügt hier bereits die Vereinbarung im Werkvertrag, dass ein Verkehrswert zu ermitteln sei. Vgl. ZIMMERMANN, P., WertV 88, S. 29 f.

369 Vgl. KLEIBER, W., Verkehrswertermittlung, S. 580. Dort wird auch auf die entsprechenden Urteile verwiesen.

370 Vgl. SPRENGNETTER, H. O., ImmoWertV, S. 6.

371 Vgl. u. a. BISCHOFF, B., Bewertungsmethoden, S. 6; BAUMUNK, H., Immobilien und Immobilienbewertung, S. 152. Vgl. ausführlich zum Anwendungsbereich der ImmoWertV ZIMMERMANN, P., WertV 88, S. 23-31.

372 Indes soll es zu keiner Mittelwertbildung kommen. Jedes Verfahren steht für sich. Vgl. BISCHOFF, B., Wertermittlungsrecht, S. 68.

373 Vgl. auch BISCHOFF, B., Wertermittlungsrecht, S. 67; LEOPOLDSBERGER, G./SAFFRAN, P., Bewertung von Immobilien, S. 445.

374 Dies führt i. d. R. dazu, dass die marktnäheren Methoden präferiert werden. Vgl. LEOPOLDSBERGER, G./SAFFRAN, P., Bewertung von Immobilien, S. 452.

375 Vgl. KLEIBER, W., Verkehrswertermittlung, S. 23 f.

322. Normierte Bewertungsmethoden nach ImmoWertV

322.1 Sachwertverfahren nach ImmoWertV

Das Sachwertverfahren ist in den §§ 21-23 ImmoWertV geregelt. Hierbei soll der Wert ermittelt werden, den der Neubau eines vergleichbaren Objekts unter Berücksichtigung der wirtschaftlichen Rahmenbedingungen sowie der aktuellen Baumethoden und Materialien am Wertermittlungsstichtag kosten würde.[376] Der Sachwert ergibt sich daher aus dem Bodenwert und dem Wert der nutzbaren[377] baulichen und sonstigen Anlagen unter Berücksichtigung von Marktanpassungsfaktoren und objektspezifischen Besonderheiten (§ 21 Abs. 1 i. V. m. § 8 Abs. 2 ImmoWertV).

Der **Bodenwert** wird nach dem Vergleichswertverfahren berechnet.[378] Der **Gebäudewert** wird gemäß § 21 Abs. 2 ImmoWertV mit Hilfe der Herstellungskosten unter Berücksichtigung der Alterswertminderung ermittelt. Die Herstellungskosten sind die gewöhnlichen Herstellungskosten pro Flächen-, Raum- oder sonstiger Bezugseinheit multipliziert mit der Zahl der entsprechenden Bezugseinheiten (§ 22 Abs. 1 ImmoWertV). Anhaltspunkte für die Herstellungskosten finden sich vor allem in den Normalherstellungskosten 2000 (NHK 2000).[379] Zurzeit ist eine Überarbeitung der Normalherstellungskosten geplant, wozu bereits ein Forschungsbericht vorliegt.[380] Als Bezugsgröße wird in den geplanten NHK 2005[381] auf die Bruttogrundfläche[382] abgestellt.[383] Da die Vorschläge für die NHK 2005 stark kritisiert wurden,[384] sind mittlerweile neue NHK 2010 geplant.[385] Die in den jeweiligen Normalherstellungskosten genannten Kosten sind regelmäßig mit Baupreisindexreihen an die Preisverhältnisse am Wertermittlungsstichtag anzupassen (§ 22 Abs. 3 ImmoWertV). Die Alterswertminderung wird unter Berücksichtigung der Relation von Restnutzungsdauer zur wirtschaftlichen Gesamtnutzungsdauer ermittelt, wobei eine gleichmäßige Wertminderung im Zeitablauf zugrunde zu legen ist (§ 23 ImmoWertV).[386]

376 Vgl. bspw. SCHUBACH, F., Wertermittlung, S. 12.

377 Sofern ein Gebäude nicht nutzbar ist, entspricht es eher einem Liquidationsobjekt, bei dem sich der Wert gemäß § 16 Abs. 3 ImmoWertV durch Abzug der Abbruchkosten vom Bodenwert ergibt. Vgl. BISCHOFF, B., Wertermittlungsrecht, S. 165 f.; BOBKA, G., Novelle der WertV, S. 12.

378 Vgl. für nähere Erläuterungen zum Vergleichswertverfahren Kap. 322.2.

379 Vgl. Anlage 7 der WertR 2006. Zu den Normalherstellungskosten gehören auch die Baunebenkosten (§ 22 Abs. 2 Satz 3 ImmoWertV). Vgl. auch LEOPOLDSBERGER, G./SAFFRAN, P., Bewertung von Immobilien, S. 448 f.; FISCHER, R./LORENZ, H.-J./BIEDERBECK, M./ASTL, B., Verkehrswertermittlung, S. 41.

380 Vgl. für die geplanten Änderungen den Forschungsbericht des BKI, Aktuelle Gebäudesachwerte und für weitere Erläuterungen HOFER, G., Sachwertermittlung; SAUERBORN, C., NHK 2005. Kritisch dazu SPRENGNETTER, H. O., NHK 2005. Die Überarbeitung ist u. a. wegen der Verabschiedung der ImmoWertV erforderlich. Vgl. VON CÖLLN, T./BEHRENDT, R. J., ImmoWertV, S. 1445.

381 Zunächst waren NHK 2007 angekündigt worden, die auf den Daten von 2007 aufbauen sollten. Schlussendlich ist indes ein Vorschlag für die NHK 2005 veröffentlicht worden, bei dem auf die Daten des 1. Quartals 2005 zurückgegriffen wurde bzw. ggf. auf dieses Datum zurückgerechnet wurde. Vgl. HINTZ, A., Neue NHK 2005, S. 25.

382 Vgl. zur Berechnung der Bruttogrundfläche KLEIBER, W., Wertermittlungsverfahren, S. 107-109.

383 Vgl. BKI, Aktuelle Gebäudesachwerte, S. 14. Kritisch dazu SAUERBORN, C., NHK 2005, S. 16; SPRENGNETTER, H. O., NHK 2005 (Anwendbarkeit).

384 Vgl. für einzelne Kritikpunkte KLEIBER, W., Wertermittlungsverfahren, S. 107.

385 Vgl. METZGER, B., Wertermittlung, S. 178.

386 Vgl. dazu ausführlich KLEIBER, W., Wertermittlungsverfahren, S. 113-116.

Bauliche Außenanlagen wie Garagen oder Wegbefestigungen und **sonstige Anlagen** wie Anpflanzungen sind ebenfalls zu berücksichtigen.[387] Ihr Wert ist über die Herstellungskosten oder über Erfahrungssätze zu ermitteln, sofern er nicht bereits im Bodenwert berücksichtigt wird (§ 21 Abs. 3 ImmoWertV).[388] Ausnahmsweise kann auch eine Einzelkostenermittlung in Betracht kommen (§ 21 Abs. 3 i. V. m. § 22 Abs. 2 ImmoWertV). In der Praxis wird indes regelmäßig ein prozentualer Zuschlag auf den Gebäudewert vorgenommen.[389]

Das Ergebnis dieser Berechnungen ist ein vorläufiger Sachwert, der noch keinen Bezug zum aktuellen Immobilienmarkt hat.[390] Daher muss im zweiten Schritt eine sogenannte **Marktanpassung** vorgenommen werden.[391] Die allgemeinen Wertverhältnisse auf dem Grundstücksmarkt sind dafür gemäß § 21 Abs. 1 ImmoWertV mit Hilfe sogenannter **Sachwertfaktoren** zu berücksichtigen. Sachwertfaktoren werden aus dem Verhältnis geeigneter Kaufpreise zu entsprechenden Sachwerten von Gutachterausschüssen gemäß § 193 Abs. 5 Nr. 2 BauGB abgeleitet und können dort bezogen werden (§ 14 Abs. 2 Nr. 1 ImmoWertV).[392] Da die Sachwertfaktoren bereits aus beobachteten Kaufpreisen hergeleitet werden, sind die Erwerbsnebenkosten eines potentiellen Käufers nicht gesondert zu berücksichtigen. Es wird direkt der Netto-Marktwert ermittelt.[393] Gerade bei Renditeobjekten ist die marktorientierte Anpassung des Sachwerts im zweiten Schritt von hoher Relevanz, da sonst keine adäquaten Verkehrswerte ermittelt werden können.[394]

In einem dritten Schritt sind **objektspezifische Besonderheiten**, wie etwa Baumängel und Bauschäden, gemäß § 8 Abs. 2 Nr. 2 und Abs. 3 ImmoWertV durch marktgerechte Zu- oder Abschläge abzubilden, sofern sie noch nicht in den vorherigen Schritten berücksichtigt wurden und sofern dies dem gewöhnlichen Geschäftsverkehr entspricht.[395] Durch die Ermittlung der gewöhnlichen Herstellungskosten im ersten Schritt und der (im Wesentlichen objektunabhängigen) Marktanpassung im zweiten, werden diese Aspekte teilweise erst in diesem Schritt einbezogen. Das Ergebnis ist der **Sachwert**. Er ist gemäß § 8 Abs. 1 Satz 3 ImmoWertV entsprechend seiner Aussagefähigkeit (ggf. im Kontext mit anderen Verfahrensergebnissen) zu würdigen, bevor aus ihm der **Verkehrswert**

387 Vgl. ähnlich BECK, M., Bewertung nach WertV, S. 223; KLEIBER, W., Verkehrswertermittlung, S. 1907 f.

388 Gerade die Anpflanzungen sind regelmäßig bereits im Bodenwert enthalten. Vgl. LEOPOLDSBERGER, G./SAFFRAN, P., Bewertung von Immobilien, S. 451.

389 Vgl. BECK, M., Wertermittlung bei Immobilien, S. 351. Vgl. für übliche Prozentsätze etwa KLEIBER, W., Verkehrswertermittlung, S. 1890 f.

390 Vgl. ähnlich HAACK, B., Sensitivitätsanalyse, S. 15; MÜLLER, M./SCHANNE, C., Praxis der Bilanzierung und Bewertung, S. 34.

391 Diese Forderung wurde durch die ImmoWertV erstmals explizit kodifiziert. Vgl. BISCHOFF, B., Wertermittlungsrecht, S. 68 f.; KLEIBER, W., Marktwertermittlung, S. 95-98; VON CÖLLN, T./BEHRENDT, R. J., ImmoWertV, S. 1445; ausführlich SAUERBORN, C., Marktanpassung.

392 Vgl. zur Berechnung auch ZIMMERMANN, P., Sachwertverfahren, S. 284.

393 Vgl. KLEIBER, W., Wertermittlungsverfahren, S. 124. Vgl. auch Kap. 231.

394 Vgl. KLEIBER, W., Verkehrswertermittlung, S. 989 f.; LEOPOLDSBERGER, G./SAFFRAN, P., Bewertung von Immobilien, S. 451.

395 So sind z. B. Baumängel nur zu beachten, wenn sie von den Marktteilnehmern im Preis berücksichtigt werden. Sie sind marktgerecht mit dem Preisabschlag zu bewerten, den der Markt ihnen beimisst und nicht mit den tatsächlichen Beseitigungskosten. Vgl. BISCHOFF, B., Wertermittlungsrecht, S. 70-72; KLEIBER, W., Marktwertermittlung, S. 95-98. A. A. FISCHER, R., Neufassung der WertV, S. 109.

abgeleitet werden kann, wobei in der ImmoWertV die Vorgehensweise hierfür offen gelassen wird.[396]

Das Sachwertverfahren ist somit ein **substanzorientiertes Verfahren**,[397] das auf Ersatzbeschaffungskosten[398] basiert.[399] Durch die Marktanpassung wird zwar versucht, einen marktorientierten Wert zu ermitteln. Abgesehen von einem dadurch verursachten hohen Ermessensspielraum,[400] hat der Wert indes eher den Charakter eines Entry-Preises.[401] Das Sachwertverfahren wird daher vor allem zur Bewertung von Luxusobjekten und eigengenutzten Objekten (insbesondere Ein- und Zweifamilienhäusern) angewandt, bei denen die Generierung von Erträgen im Hintergrund steht.[402]

322.2 Vergleichswertverfahren nach ImmoWertV

322.21 Vergleichswertverfahren für bebaute Grundstücke

Das Vergleichswertverfahren ist in § 15 ImmoWertV allgemein und in § 16 ImmoWertV zur Ermittlung des Bodenwerts geregelt. Es basiert gemäß § 15 Abs. 1 Satz 1 ImmoWertV auf der Annahme, dass sich der Vergleichswert aus einer ausreichenden Zahl an tatsächlich realisierten Vergleichspreisen ableiten lässt,[403] wobei zwischen bebauten und unbebauten Grundstücken unterschieden wird. Erwerbsnebenkosten eines potentiellen Käufers sind nicht explizit zu berücksichtigen, da sie bereits in marktkonformer Weise die Höhe der Vergleichspreise beeinflusst haben.[404]

Grundsätzlich bestehen für die Wertermittlung von **bebauten Grundstücken** drei Möglichkeiten der Vergleichswertermittlung.[405] Zum einen kann der Vergleichswert gemäß § 15 Abs. 1 Satz 1 und

---

396 Vgl. auch BECK, M., Bewertung nach WertV, S. 224.

397 Vgl. BECK, M., Wertermittlung bei Immobilien, S. 350; GONDRING, H., Immobilienwirtschaft, S. 902; BISCHOFF, B., Bewertungsmethoden, S. 6; KÜHNBERGER, M., Immobilienbewertung, S. 5.

398 Ersatzbeschaffungskosten (replacement cost) sind von den Rekonstruktionskosten (reproduction cost) zu unterscheiden. Bei ersteren sind bspw. entsprechende technische Entwicklungen zu beachten, während bei den Rekonstruktionskosten die zeitlichen Umstände des Objekts berücksichtigt werden. Vgl. dazu KLEIBER, W., Verkehrswertermittlung, S. 1824.

399 Vgl. GONDRING, H., Immobilienwirtschaft, S. 902; ähnlich SOMMER, G., Irrationalität des Sachwertverfahrens, S. 215.

400 Vgl. LEOPOLDSBERGER, G./SAFFRAN, P., Bewertung von Immobilien, S. 451.

401 Vgl. ähnlich KLEIBER, W., Verkehrswertermittlung, S. 1824 f.; LEOPOLDSBERGER, G./THOMAS, M., Wertermittlungsverfahren, S. 14. Vor allem bei der Nutzung der Marktanpassungsfaktoren gilt das Sachwertverfahren als problematisch, u. a. da die zur Verfügung gestellte Datengrundlage durch die Gutachterausschüsse nicht immer optimal ist. Vgl. SCHUBACH, F., Wertermittlung, S. 13. Für Verbesserungsvorschläge vgl. LEUTNER, B./WARTENBERG, J., Sachwertverfahren.

402 Vgl. Nr. 3.1.3 WertR 2006; BECK, M., Bewertung nach WertV, S. 224; KLEIBER, W., Verkehrswertermittlung, S. 964-966; KRANEWITTER, H., Liegenschaftsbewertung, S. 16; BISCHOFF, B., Bewertungsmethoden, S. 6; GEYER, H., Immobilien, S. 73 f.; PETERSEN, H., Marktorientierte Immobilienbewertung, S. 14; SCHUBACH, F., Wertermittlung, S. 13; SIMON, J., Sachwertverfahren, S. 6. Dass die Gutachterausschüsse gemäß § 193 Abs. 5 Nr. 2 BauGB insbesondere für Ein- und Zweifamilienhäuser Sachwertfaktoren ermitteln sollen, passt zu dieser Einschätzung.

403 Der Hinweis auf eine „ausreichende" Zahl wurde mit der ImmoWertV neu aufgenommen.

404 Vgl. KLEIBER, W., Wertermittlungsverfahren, S. 123; PÖRSCHKE, A., Transaktionskosten, S. 149.

405 Vgl. BISCHOFF, B., Wertermittlungsrecht, S. 105.

2 ImmoWertV direkt mit Hilfe von **Vergleichspreisen**[406] ermittelt werden (unmittelbarer Preisvergleich)[407]. Zum anderen können auch gemäß § 15 Abs. 1 Satz 3 und 4 ImmoWertV **(angepasste) Vergleichspreise** (aus vergleichbaren Gebieten) verwandt werden oder es können gemäß § 15 Abs. 2 ImmoWertV sogenannte **Vergleichsfaktoren** genutzt werden (mittelbarer Preisvergleich)[408]. Die **Marktanpassung** ergibt sich regelmäßig bei allen drei Vorgehensweisen implizit durch den Rückgriff auf tatsächliche Transaktionen bei der Berechnung des Vergleichswerts. Ist dies aufgrund von geänderten Marktverhältnissen nicht der Fall, ist gegebenenfalls gemäß § 8 Abs. 2 Nr. 1 ImmoWertV eine zusätzliche Marktanpassung an die allgemeinen Wertverhältnisse auf dem Grundstücksmarkt vorzunehmen. In einem weiteren Schritt sind wie bereits beim Sachwertverfahren regelmäßig **objektspezifische Anpassungen** des marktangepassten vorläufigen Vergleichwerts erforderlich, sofern diese vorher noch nicht berücksichtigt wurden (§ 8 Abs. 2 Nr. 2 ImmoWertV). Der Vergleichswert ist, wie der Sachwert, gemäß § 8 Abs. 1 Satz 3 ImmoWertV zu würdigen, um den **Verkehrswert** abzuleiten.[409]

Bei dem Rückgriff auf Vergleichspreise sind zunächst die wertbeeinflussenden Merkmale der zu bewertenden Immobilie, wie z. B. Lage, Größe, Bauzustand und Alter, zu bestimmen,[410] da § 15 Abs. 1 Satz 1 und 2 ImmoWertV bei der Auswahl der **Vergleichspreise** für den unmittelbaren Preisvergleich, neben einer ausreichenden Zahl an Vergleichsobjekten, eine hinreichende Übereinstimmung der Grundstücksmerkmale fordert.[411] Entsprechende Vergleichspreise können unter anderem in anonymisierter Form vom zuständigen Gutachterausschuss auf Basis der sogenannten Kaufpreissammlung erfragt werden. Der vorläufige Vergleichswert ergibt sich in der Regel als der arithmetische Mittelwert der Vergleichspreise.[412] Der **unmittelbare Preisvergleich** gilt zwar als die idealtypische Ausprägung des Vergleichswerts, indes ist dieser insbesondere wegen der Heterogenität von Immobilien bei bebauten Grundstücken eher theoretischer Natur. Wenige Immobilien stimmen in hinreichend vielen wertrelevanten Ausprägungen überein.[413]

Abweichungen zwischen dem Bewertungs- und dem Vergleichsobjekt hinsichtlich einzelner weniger Grundstücksmerkmale oder Änderungen der allgemeinen Verhältnisse auf dem Grundstücksmarkt sind gemäß § 15 Abs. 1 Satz 4 ImmoWertV durch **Anpassungen** der Preise u. a. mit Hilfe

406 In der WertV'98 wurde der Ausdruck „Kaufpreise" statt „Vergleichspreise" verwandt. Durch die Änderung soll deutlich werden, dass nicht jeder Kaufpreis in einem entsprechenden Gebiet die Anforderungen an einen Vergleichspreis erfüllt. Vgl. BISCHOFF, B., Wertermittlungsrecht, S. 107.

407 Vgl. GONDRING, H., Immobilienwirtschaft, S. 892.

408 Vgl. GONDRING, H., Immobilienwirtschaft, S. 892.

409 Vgl. hierzu auch KLEIBER, W., Wertermittlungsverfahren, S. 29.

410 Vgl. BECK, M., Bewertung nach WertV, S. 220; KLEIBER, W., Wertermittlungsverfahren, S. 33 f.; HOLZNER, P./RENNER, U., Ermittlung des Verkehrswertes, S. 82-84; BISCHOFF, B., Marktwert, S. 6; BECK, M., Wertermittlung bei Immobilien, S. 347 und 349.

411 Vgl. für ein Beispiel dazu SIMON, T./DREIOCKER, S., Vergleichskaufpreise.

412 Vgl. BISCHOFF, B., Marktwert, S. 6.

413 Vgl. SCHUBACH, F., Wertermittlung, S. 11; BECK, M., Bilanzierung nach IAS 40, S. 500; GONDRING, H., Immobilienwirtschaft, S. 892; LEOPOLDSBERGER, G./SAFFRAN, P., Bewertung von Immobilien, S. 435 f.; KLEIBER, W., Verkehrswertermittlung, S. 1237; HAACK, B., Sensitivitätsanalyse, S. 98. Der Gesetzgeber charakterisiert „hinreichend" nicht näher.

von Umrechnungskoeffizienten[414] (§ 12 ImmoWertV) oder Indexreihen (§ 11 ImmoWertV) zu berücksichtigen.[415] Können in dem Gebiet des Bewertungsobjekts nicht genug Vergleichspreise gefunden werden, dürfen gemäß § 15 Abs. 1 Satz 3 ImmoWertV auch **Vergleichspreise aus anderen vergleichbaren Gebieten** genutzt werden. Diese Anpassungen, die aus einem interqualitativen oder intertemporären Abgleich resultieren,[416] entsprechen einem **mittelbaren Preisvergleichs**, da marktorientierte Daten modifiziert werden müssen.[417]

Eine weitere Form des mittelbaren Preisvergleichs für bebaute Grundstücke ist gemäß § 15 Abs. 2 ImmoWertV der Rückgriff auf **Vergleichsfaktoren**.[418] Hierbei ergibt sich der Vergleichswert durch Multiplikation einer Bezugseinheit wie etwa dem jährlichen Ertrag mit einem Vergleichsfaktor. Der Vergleichsfaktor erfüllt demnach die Funktion eines Multiplikators.[419] Auch hier sind die bewertungsrelevanten Merkmale der Immobilie von hoher Bedeutung, da diese mit den Merkmalen des dem Vergleichsfaktor zugrunde gelegten Grundstücks hinreichend übereinstimmen müssen. Vergleichsfaktoren sind gemäß § 193 Abs. 5 Nr. 4 BauGB von Gutachterausschüssen insbesondere im Bezug zu den nachhaltig erzielbaren jährlichen Erträgen (Ertragsfaktoren)[420] und zu Raum- oder Flächeneinheiten (Gebäudefaktoren)[421] zu ermitteln.[422] Bei einer Immobilie, bei der die Ertragsgenerierung Priorität hat, bietet sich grundsätzlich der Einsatz von Ertragsfaktoren an.[423] Diese Methode wird (häufig in vereinfachter Form) auch als Maklermethode bezeichnet.[424] Problematisch an diesem Verfahren ist, dass die den Multiplikatoren zugrundeliegenden Grundstücksmerkmale zumeist nur wenig differenziert vorliegen,[425] weswegen diese Vorgehensweise häufig nur zur Plausibilisierung herangezogen wird.[426] Für eine adäquate Anwendung von Vergleichsfaktoren ist eine sehr differenzierte Erhebung der Faktoren z. B. nach Objekttypen, Restnutzungsdauern und Regionen essentiell.[427]

Die **Anwendung** des Vergleichswertverfahrens erfordert somit eine hohe Vergleichbarkeit der betrachteten Immobilien und eine ausreichende Zahl an Vergleichspreisen. Die Anwendung des Ver-

414 Umrechnungskoeffizienten sind gemäß § 193 Abs. 5 Nr. 3 BauGB von Gutachterausschüssen zu ermitteln. Vgl. für mögliche Vergleichsmaßstäbe bspw. BISCHOFF, B., Vergleichsobjekte, S. 8.

415 Andere Verfahren sind ebenfalls möglich. Vgl. BISCHOFF, B., Wertermittlungsrecht, S. 107.

416 Vgl. KLEIBER, W., Verkehrswertermittlung, S. 1239 f.

417 So auch KLEIBER, W., Verkehrswertermittlung, S. 1236 f. und 1253. A. A. sind LEOPOLDSBERGER/SAFFRAN, die nur die Verwendung von Vergleichspreisen aus vergleichbaren Gebieten als mittelbaren Preisvergleich klassifizieren. Vgl. LEOPOLDSBERGER, G./SAFFRAN, P., Bewertung von Immobilien, S. 435. A. A. auch ENGELBRECHT, der die allgemeinen Anpassungen sowie den Rückgriff auf vergleichbare Gebiete noch als „unmittelbaren Preisvergleich" bezeichnet. Vgl. ENGELBRECHT, B., Ordnungsmäßige Immobilienbewertung, S. 114-117.

418 Vgl. HAACK, B., Sensitivitätsanalyse, S. 83-87.

419 Vgl. KLEIBER, W., Verkehrswertermittlung, S. 1127.

420 Vgl. ausführlich KLEIBER, W., Verkehrswertermittlung, S. 1132-1136.

421 Vgl. erläuternd KLEIBER, W., Verkehrswertermittlung, S. 1136-1140. Vgl. kritisch zu Gebäudefaktoren FREITAG, M., Immobilienbewertung, S. 47.

422 Vgl. auch SCHLICHT, K./GEHRI, C., Verkehrswertermittlung, S. 76 f.

423 Vgl. GONDRING, H., Immobilienwirtschaft, S. 895.

424 Ähnlich KLEIBER, W., Verkehrswertermittlung, S. 1135.

425 Vgl. FISCHER, R./LORENZ, H.-J./BIEDERBECK, M./ASTL, B., Verkehrswertermittlung, S. 33.

426 Vgl. RÜCHARDT, K., Immobilienbewertung in D und GB, S. 309.

427 Vgl. LEOPOLDSBERGER, G./SAFFRAN, P., Bewertung von Immobilien, S. 436; FISCHER, R./LORENZ, H.-J./BIEDERBECK, M./ASTL, B., Verkehrswertermittlung, S. 33.

gleichswertverfahrens ist daher häufig u. a. aufgrund der Heterogenität und der eingeschränkten Fungibilität von Immobilien[428] nicht sinnvoll.[429] Wenn überhaupt, so sind die Vergleichbarkeit und die erforderliche Zahl an Transaktionen tendenziell eher bei standardisierten Reihenhäusern und Doppelhaushälften sowie bei Eigentumswohnungen gegeben, weswegen hier am ehesten das Vergleichswertverfahren angewandt wird.[430] Darüber hinaus ist das Vergleichswertverfahren eine sinnvolle Möglichkeit, um den Wert eines unbebauten Grundstücks (auch für andere Verfahren) zu bestimmen,[431] wie im Folgenden erläutert wird.

322.22 Vergleichswertverfahren für unbebaute Grundstücke

Die Ermittlung des **Bodenwerts**, also des Werts des **(unbebauten) Grundstücks**, ist nunmehr seit der Novellierung der ImmoWertV in einem gesonderten Paragraphen übergreifend für alle Wertermittlungsverfahren geregelt.[432] Sofern ein zu bewertendes Grundstück bebaut ist, bleibt dies grundsätzlich unberücksichtigt (§ 16 Abs. 1 Satz 1 ImmoWertV). Lediglich im Hinblick auf die mögliche baurechtliche Nutzung ist die aktuelle Bebauung zu beachten, da sie z. B. aus Gründen des Bestandschutzes von dem aktuellen Baurecht abweichen kann.[433]

Für die Ermittlung des Bodenwerts gibt es drei Möglichkeiten, den unmittelbaren Preisvergleich, den mittelbaren Preisvergleich durch Anpassungen inkl. des Rückgriffs auf vergleichbare Gebiete und den mittelbaren Preisvergleich mit Bodenrichtwerten. So kann der Bodenwert durch den Rückgriff auf **Vergleichspreise** mit einem unmittelbaren Preisvergleich ermittelt werden (§ 15 Abs. 1 Satz 1 und 2 ImmoWertV). Diese Art der Wertermittlung ist eher selten.[434] Je nachdem inwieweit die Merkmale des Vergleichsgrundstücks mit dem betrachteten übereinstimmen,[435] sind ggf. analog zu den Ausführungen für bebaute Grundstücke **Anpassungen** vorzunehmen (mittelbarer Preisvergleich).[436] Da häufig keine ausreichende Zahl von Vergleichspreisen ermittelt werden kann,[437] sind in diesem Fall, wie bei den bebauten Grundstücken, gemäß § 15 Abs. 1 Satz 3 ImmoWertV auch **Vergleichspreise in vergleichbaren Gebieten** zu nutzen. Der Blick auf vergleichbare Gebiete sowie die sonstigen Anpassungen entsprechen auch hier einem mittelbaren Preisvergleich.[438]

---

428 Vgl. hierzu auch Kap. 212.

429 Vgl. FRANCKE, H.-H., Immobilienbewertung, S. 48; RAU, R., Break-Even-Rendite, S. 14; LEOPOLDSBERGER, G./THOMAS, M., Wertermittlungsverfahren, S. 14; SCHLICHT, K./GEHRI, C., Verkehrswertermittlung, S. 68.

430 Vgl. GRÄULER, M., Fair Value Beurteilung von Immobilien, S. 32; PETERSEN, H., Marktorientierte Immobilienbewertung, S. 15; GONDRING, H., Immobilienwirtschaft, S. 891; LEOPOLDSBERGER, G./SAFFRAN, P., Bewertung von Immobilien, S. 432; MÜLLER, M./SCHANNE, C., Praxis der Bilanzierung und Bewertung, S. 33.

431 Vgl. GEYER, H., Immobilien, S. 74.

432 Vgl. BISCHOFF, B., Wertermittlungsrecht, S. 103.

433 Vgl. BISCHOFF, B., Wertermittlungsrecht, S. 112 f.

434 Vgl. SIMON, J., Sachwertverfahren, S. 6.

435 Für mögliche wertbeeinflussende Merkmale vgl. BISCHOFF, B., Vergleichsobjekte, S. 8.

436 Vgl. dazu auch KEUNECKE, K. P., Immobilienbewertung, S. 57.

437 Vgl. BECK, M., Bewertung nach WertV, S. 220.

438 So auch KLEIBER, W., Verkehrswertermittlung, S. 1236 f. A. A. sind LEOPOLDSBERGER/SAFFRAN, die nur die Verwendung von Vergleichspreisen aus vergleichbaren Gebieten als mittelbaren Preisvergleich klassifizieren. Vgl. LEOPOLDSBERGER, G./SAFFRAN, P., Bewertung von Immobilien, S. 435. A. A. auch ENGELBRECHT, der die allgemeinen Anpassungen sowie den Rückgriff auf vergleichbare Gebiete noch als „unmittelbaren Preisvergleich“ be-

Eine weitere Möglichkeit des mittelbaren Preisvergleichs ist die Verwendung von **Bodenrichtwerten**,[439] die von den Gutachterausschüssen als Durchschnittswerte ermittelt werden (§ 16 Abs. 1 Satz 1 und § 9 Abs. 1 Satz 1 ImmoWertV i. V. m. § 193 Abs. 5 Satz 1 und § 196 BauGB). Bodenrichtwerte sollen gemäß § 10 Abs. 1 Satz 1 und 2 ImmoWertV vorrangig im Rahmen eines Vergleichswertverfahrens und nachrangig mit deduktiven Verfahren oder anderen geeigneten Methoden ermittelt werden.[440] Sie werden in Euro pro Quadratmeter Grundstücksfläche (§ 10 Abs. 1 Satz 3 ImmoWertV) für entsprechende Bodenrichtwertzonen, u. a. abhängig von der Nutzungsart des Grundstücks, in Bodenrichtwertkarten[441] veröffentlicht (§ 10 Abs. 2 Satz 1 ImmoWertV).[442] Seit Inkrafttreten der ImmoWertV ist die Angabe von Bandbreiten nicht mehr zulässig.[443] Der so ermittelte Bodenwert ist ggf. den aktuellen Marktentwicklungen anzupassen bzw. bei abweichenden Merkmalen des zu bewertenden Grundstücks sind objektspezifische Zu- oder Abschläge vorzunehmen.[444]

Bodenwerte können in einem **Sonderfall** für Immobilien relevant werden, wenn mit einem **Abriss** zu rechnen ist. Davon ist auszugehen, wenn die baulichen Anlagen nicht mehr nutzbar sind oder wenn der Bodenwert den im Ertragswertverfahren ermittelten Wert übersteigt.[445] In diesen Fällen ist der Wert der Immobilie der Bodenwert abzüglich der Freilegungskosten, sofern diese im gewöhnlichen Geschäftsverkehr wertrelevant sind (§ 16 Abs. 3 ImmoWertV).[446] Gegebenenfalls sind bis zum Abriss zusätzlich noch etwaige Einnahmen aus der Vermietung der Immobilie zu berücksichtigen.[447]

Somit bleibt festzustellen, dass das Vergleichswertverfahren, wenn es anwendbar ist, sowohl für bebaute als auch für unbebaute Grundstücke eine **hohe Marktorientierung** aufweist, was grundsätzlich positiv zu sehen ist. Sofern ausreichend Daten vorhanden sind, ist es daher, trotz der formellen Gleichrangigkeit der Verfahren der ImmoWertV, aus Sicht der Immobilienökonomie das **bevorzugte Verfahren** (primus inter pares).[448] In diesem Fall wird es auch dem im folgenden Abschnitt erläuterten Ertragswertverfahren vorgezogen. Liegen nicht genügend Vergleichsdaten vor,

---

zeichnet. Vgl. ENGELBRECHT, B., Ordnungsmäßige Immobilienbewertung, S. 117 f.; so auch FISCHER, R./LORENZ, H.-J./BIEDERBECK, M./ASTL, B., Verkehrswertermittlung, S. 34 f.

439 Vgl. GONDRING, H., Immobilienwirtschaft, S. 894.

440 Zur Ableitung bei kaufpreisarmen Lagen vgl. auch REUTER, F., Ermittlung von Bodenwerten.

441 Vgl. dazu BECK, M., Bewertung nach WertV, S. 221; HOLZNER, P./RENNER, U., Ermittlung des Verkehrswertes, S. 89 f.

442 Bodenrichtwerte sind auf Basis der amtlichen Geobasisdaten in automatisierter Form von den Gutachterausschüssen bereitzustellen (§ 10 Abs. 3 ImmoWertV). Überwiegend können die Daten mittlerweile digital eingesehen werden. Vgl. KLEIBER, W., Wertermittlungsverfahren, S. 21.

443 Vgl. BOBKA, G., Neue Verordnung, S. 57.

444 Vgl. dazu auch BECK, M., Bewertung nach WertV, S. 221; LEOPOLDSBERGER, G./SAFFRAN, P., Bewertung von Immobilien, S. 435.

445 Vgl. zu dem Kriterium der Nutzbarkeit und der Bedingung, dass der Bodenwert den Ertragswert übersteigen muss, auch BISCHOFF, B., Wertermittlungsrecht, S. 121-123.

446 Im Vergleich zur WertV'98 sind die entsprechenden Regelungen hierzu stark gekürzt worden. Vgl. für die alten Regelungen § 20 WertV. Vgl. im Kontext der ImmoWertV BISCHOFF, B., Wertermittlungsrecht, S. 123.

447 Vgl. BISCHOFF, B., Wertermittlungsrecht, S. 120.

448 Vgl. KLEIBER, W., Wertermittlungsverfahren, S. 27; SCHUBACH, F., Wertermittlung, S. 11; BISCHOFF, B., Bewertungsmethoden, S. 6.

besteht durch die erforderlichen Anpassungen indes die Gefahr der Scheinobjektivität.[449] Dies ist vor allem bei bebauten Grundstücken zu beachten, die im Vergleich zu unbebauten Grundstücken eine höhere Zahl an wertbeeinflussenden Faktoren aufweisen, wodurch die Vergleichbarkeit mit anderen Immobilien erschwert wird.

322.3 Ertragswertverfahren nach ImmoWertV

322.31 Überblick über das Ertragswertverfahren nach ImmoWertV

Das Ertragswertverfahren nach ImmoWertV ist in §§ 17-20 ImmoWertV geregelt. Bei diesem Barwertverfahren wird der Ertragswert grundsätzlich durch Diskontierung der marktüblich erzielbaren Erträge ermittelt (§ 17 Abs. 1 Satz 1 und Abs. 2 ImmoWertV). Hierfür stehen dem Bewerter seit dem Inkrafttreten der ImmoWertV explizit drei verschiedene Rechentechniken zur Verfügung: das allgemeine Ertragswertverfahren (§ 17 Abs. 2 Nr. 1 ImmoWertV), das vereinfachte Ertragswertverfahren (§ 17 Abs. 2 Nr. 2 ImmoWertV) und das Ertragswertverfahren auf der Grundlage periodisch unterschiedlicher Erträge (§ 17 Abs. 1 Satz 2 ImmoWertV). Nach Durchführung einer dieser Berechnungen ist der **vorläufige Ertragswert** analog zu den anderen Verfahren der ImmoWertV auf eine gegebenenfalls vorzunehmende **Marktanpassung** und im Anschluss daran auf **objektspezifische Zu- oder Abschläge** hin zu untersuchen (§ 8 Abs. 2 ImmoWertV).

Der Ertragswert ist, wie der Sach- und der Vergleichswert, gemäß § 8 Abs. 1 Satz 3 ImmoWertV zu würdigen, um den **Verkehrswert** abzuleiten. Hiermit ist eine Art Plausibilisierung des Werts gemeint, die indes nicht näher bestimmt ist und somit im Ermessen des Bewertenden liegt.

322.32 Allgemeines und vereinfachtes Ertragswertverfahren

322.321. Grundmodell des allgemeinen und des vereinfachten Ertragswertverfahrens

Bei dem **allgemeinen Ertragswertverfahren** wird der vorläufige Ertragswert gemäß § 17 Abs. 2 Nr. 1 ImmoWertV als endliche Rente mit konstanten Parametern ermittelt. Hierfür ist ein, um die Bodenwertverzinsung geminderter, Reinertrag über die Restnutzungsdauer mit einem Barwertfaktor zu kapitalisieren. Abschließend wird der Bodenwert addiert. Somit lässt sich der vorläufige Ertragswert in Gebäude- und Bodenwert aufteilen (s. auch Formel 1).[450] Das Verfahren wird daher auch als zweigleisig bezeichnet.[451] Der Bodenwert wird dabei im Rahmen eines Vergleichswertverfahrens gemäß § 16 ImmoWertV ermittelt.[452] Der Reinertrag stellt den Betrag dar, der sich bei Abzug der Bewirtschaftungskosten (nicht durch Umlagen gedeckte jährliche Kosten) von dem jährlichen Rohertrag (Nettokaltmiete)[453] ergibt (§§ 18 und 19 ImmoWertV).[454] Die hiervon abzuziehende Bodenwertverzinsung, die den Teil der Erträge angibt, der auf den Boden entfällt, wird durch Mul-

---

[449] Vgl. ENGEL-CIRIC, D., Als Finanzinvestition gehaltene Immobilien, S. 128.

[450] Diese Vorgehensweise ist etwas komplizierter als die des vereinfachten Ertragswertverfahrens. Indes ist sie in speziellen Fällen wie bspw. bei der Berechnung von Erbbaurechten erforderlich. Vgl. für weitere Fälle KLEIBER, W., Wertermittlungsverfahren, S. 41.

[451] Vgl. u. a. KLEIBER, W., Wertermittlungsverfahren, S. 52.

[452] Siehe dazu auch die Ausführungen zu Kap. 322.22.

[453] Vgl. GRÄULER, M., Fair Value Beurteilung von Immobilien, S. 39.

[454] Vgl. dazu ausführlich Kap. 42 und 43.

tiplikation des Bodenwerts mit dem Liegenschaftszinssatz ermittelt. Das Ergebnis wird mit einem Barwertfaktor kapitalisiert, der wiederum von dem Liegenschaftszins und der Restnutzungsdauer abhängig ist. Liegenschaftszinssätze selbst sind Zinssätze, mit denen Verkehrswerte von Grundstücken in Deutschland marktüblich verzinst werden (§ 14 Abs. 3 ImmoWertV).[455] Der Zusammenhang ist im Folgenden noch einmal dargestellt:

$$\text{Vorläufiger EW} = \underbrace{(RE - \overbrace{p \cdot BW}^{\text{Bodenwertverzinsungsbetrag}}) \cdot RBF}_{\text{Gebäudewert}} + \underbrace{BW}_{\text{Bodenwert}}$$

Legende:

EW = Ertragswert
RE = Reinertrag
p = Liegenschaftszinssatz
BW = Bodenwert
RBF = Barwertfaktor

Formel 1: Allgemeines Ertragswertverfahren nach ImmoWertV[456]

Bei dem **vereinfachten Ertragswertverfahren**[457] wird der jährliche Reinertrag der Immobilie mit einem Barwertfaktor kapitalisiert, der von dem Liegenschaftszinssatz und der Restnutzungsdauer der Immobilie abhängig ist. Dazu wird der mit der gleichen Restnutzungsdauer diskontierte Bodenwert addiert, in der Annahme, dass der Boden erst dann wieder zur Verfügung steht, wenn die bauliche Anlage abgerissen wird. Die Formel für das vereinfachte Ertragswertverfahren lautet somit:

$$\text{Vorläufiger EW} = RE \cdot RBF + \frac{BW}{q^n}$$

Legende:

q = 1 + Liegenschaftszinssatz (= 1 + p)
n = Restnutzungsdauer

Formel 2: Vereinfachtes Ertragswertverfahren nach ImmoWertV[458]

Die hier dargestellte Grundform des Verfahrens ist mithin ein einphasiges Bewertungsmodell mit endlicher Nutzungsdauer. Die einzelnen Parameter werden im allgemeinen und im vereinfachten Ertragswertverfahren identisch ermittelt.[459] Bei beiden Verfahren wird der Bodenwert separat von

455 Vgl. ausführlich Kap. 44.

456 Vgl. KLEIBER, W., Wertermittlungsverfahren, S. 59. Bei dieser Formel, die der ImmoWertV entspricht, werden die Freilegungskosten des Bodens (Abrisskosten) am Ende der Restnutzungsdauer vernachlässigt. Sie sind ab einer Restnutzungsdauer von zehn Jahren i. d. R. nicht wertrelevant. Vgl. KLEIBER, W., Wertermittlungsverfahren, S. 58 f.; SIMON, J., Mietwohngrundstück, S. 109.

457 Das vereinfachte Ertragswertverfahren nach ImmoWertV ist nicht mit dem nicht kodifizierten vereinfachten Ertragswertverfahren identisch. Bei letzterem Verfahren wird der Bodenwert vernachlässigt. Vgl. dazu auch BISCHOFF, B., Wertermittlungsrecht, S. 137.

458 In Anlehnung an KLEIBER, W., Verkehrswertermittlung, S. 1534.

459 So auch BISCHOFF, B., Wertermittlungsrecht, S. 137.

dem Wert der baulichen Anlage berücksichtigt.[460] Es ergibt sich der gleiche vorläufige Ertragswert.[461] Der **Barwertfaktor**, als jährlich nachschüssig gezahlte endliche Rente, ergibt sich für beide Verfahrensvarianten durch folgende Berechnung, wobei der Rückgriff auf nachschüssige Zahlungen als Modellvereinfachung zu sehen ist:

$$RBF = \frac{q^n - 1}{q^n \cdot (q-1)} = \frac{1-(1+p)^{-n}}{p}$$

Formel 3: Berechnung des Barwertfaktors[462]

Für beide Verfahren ist die Ermittlung des **Liegenschaftszinssatzes** als Diskontierungszinssatz von zentraler Bedeutung. Dieser Zins wird insbesondere von den Gutachterausschüssen mit Hilfe der nach dem Liegenschaftszins umgestellten Formel für das Ertragswertverfahren empirisch aus den Kaufpreisen, den Reinerträgen und der Restnutzungsdauer vergleichbarer Objekte ermittelt.[463] Dabei wird der Kaufpreis mit dem Ertragswert gleichgesetzt. Da die Kaufpreise vergleichbarer Objekte bereits durch die Erwerbsnebenkosten der Käufer beeinflusst wurden, sind diese beim Ertragswertverfahren nach ImmoWertV nicht gesondert zu beachten. Sie sind somit implizit im Liegenschaftszinssatz enthalten.[464] Ebenfalls im Liegenschaftszins implizit enthalten sind die Erwartungen der Marktteilnehmer im Hinblick auf das Risiko und die künftige Entwicklung der Reinerträge der Alternativinvestitionen und somit, Risikoäquivalenz vorausgesetzt, auch hinsichtlich des Bewertungsobjekts. Mithin enthält der Liegenschaftszins bereits eine Wachstumsrate.[465] Die folgende Formel zeigt die Berechnung des Liegenschaftszinssatzes:

$$p = \frac{RE}{KP} - \frac{q-1}{q^n - 1} \cdot \frac{KP - BW}{KP}$$

Legende:

KP = Kaufpreis

Formel 4: Berechnung des Liegenschaftszinssatzes[466]

In der obigen Gleichung ist ersichtlich, dass der Liegenschaftszinssatz auf der rechten Seite der Gleichung noch enthalten ist $(q = 1 + p)$, weswegen bei der Berechnung nur ein iteratives Vorge-

460 Vgl. BECK, M., Bilanzierung nach IAS 40, S. 501.

461 Vgl. für eine Überleitung der Formel u. a. HAACK, B., Sensitivitätsanalyse, S. 105.

462 In Anlehnung an KLEIBER, W., Verkehrswertermittlung, S. 1814 f. Es wird regelmäßig mit einer jährlich nachschüssig gezahlten Rente gerechnet, obwohl die Mietzahlungen zumeist monatlich vorschüssig und die Bewirtschaftungskosten in unregelmäßigen Abständen anfallen. Vgl. auch KLEIBER, W., Verkehrswertermittlung, S. 1815-1818; SIMON, T., Rentenzahlungen. Vgl. dazu und für eine detaillierte Erläuterung der potentiellen Auswirkungen dieser Vereinfachung auch MOLL-AMREIN, M., Liegenschaftszins, S. 133 und 167-175.

463 Vgl. GRÄULER, M., Fair Value Beurteilung von Immobilien, S. 38 f.

464 Vgl. KLEIBER, W., Wertermittlungsverfahren, S. 123 f.; PÖRSCHKE, A., Transaktionskosten, S. 150.

465 Vgl. dazu auch ausführlich Kap. 442.

466 Vgl. dazu MÖCKEL, der diese Vorgehensweise 1975 erstmals vorschlug. Vgl. MÖCKEL, R., Ermittlung des Liegenschaftszinssatzes, S. 130.

hen sinnvoll ist.[467] Als Approximation wird daher für p der erste Teil der Gleichung $\left(p = \frac{RE}{KP}\right)$ gesetzt.[468]

Das allgemeine Ertragswertverfahren war bereits in der WertV'98 kodifiziert. Ursprünglich hatte der Sachverständigenrat vorgeschlagen, dieses Verfahren in „erweitertes Ertragswertverfahren" umzubenennen und das vereinfachte Ertragswertverfahren als das Standardverfahren festzulegen.[469] Beide Verfahren führen mathematisch zum gleichen Ergebnis,[470] wenngleich die Systematik des vereinfachten Ertragswertverfahrens international üblich und leichter verständlich ist.[471] Daher wird im Folgenden nicht mehr zwischen diesen beiden Rechenvarianten unterschieden und nur noch das **vereinfachte Ertragswertverfahren** (in den folgenden Kapiteln: **Ertragswertverfahren nach ImmoWertV**) betrachtet.

Das Ergebnis beider Ertragswertverfahren ist ein vorläufiger Ertragswert. Da die **Marktanpassung** in der Regel schon über den Liegenschaftszinssatz erfolgt ist,[472] dürfte eine weitere Marktanpassung nur in Ausnahmefällen erforderlich sein.[473] Grundsätzlich ist bei dem **allgemeinen und dem vereinfachten Ertragswertverfahren** auf marktübliche Erträge und Aufwendungen abzustellen (§ 18 Abs. 2 Satz 1 und § 19 Abs. 1 ImmoWertV). Es ergibt sich im Wesentlichen ein marktangepasster, vorläufiger Ertragswert für ein durchschnittliches Objekt. Im Anschluss an die Marktanpassung ist daher eine **objektspezifische Anpassung** des Werts vorzunehmen. Hierbei sind alle wertbeeinflussenden Grundstücksmerkmale (§§ 4-6 ImmoWertV),[474] die vorher noch nicht berücksichtigt wurden, vor allem vertraglich vereinbarte Mieten, die über oder unter der marktüblichen Miete liegen, einzubeziehen (§ 6 Abs. 2 ImmoWertV).[475] Durch entsprechende Zu- oder Abschläge ergibt sich dann der Ertragswert.[476] Da bestehende Mietverträge grundsätzlich auch von künftigen Käufern beachtet werden müssen, wird im nächsten Abschnitt die objektspezifische Anpassung aufgrund von Vertragsmieten, die regelmäßig zu beachten ist,[477] näher erläutert, bevor das Ertragswertverfahren mit periodisch unterschiedlichen Erträgen vorgestellt wird.

---

467 Vgl. auch ENGELBRECHT, B., Ordnungsmäßige Immobilienbewertung, S. 130.

468 Vgl. MÖCKEL, R., Ermittlung des Liegenschaftszinssatzes, S. 130.

469 Vgl. BUNDESMINISTERIUM FÜR VERKEHR, BAU UND STADTENTWICKLUNG, Bericht des Sachverständigengremiums, S. 45 f.

470 Vgl. KLEIBER, W., Verkehrswertermittlung, S. 1536; SOMMER, G., Ertragswertermittlung, S. 225.

471 Vgl. BISCHOFF, B., Wertermittlungsrecht, S. 128 f.; BOBKA, G., Neue Verordnung, S. 57; BOBKA, G., Novelle der WertV, S. 10; KLEIBER, W., Ertragswertermittlung, S. 6; SOMMER, G., Ertragswertermittlung, S. 228.

472 Vgl. u. a. SIMON, J., Novellierung, S. 139.

473 Vgl. KLEIBER, W., Wertermittlungsverfahren, S. 29.

474 Vgl. zu den Grundstücksmerkmalen auch BISCHOFF, B., Wertermittlungsrecht, S. 33-59.

475 Durch die ImmoWertV wurde erstmals kodifiziert, dass von den marktüblichen Mieten abweichende tatsächliche Mieten explizit bei der Wertermittlung zu berücksichtigen sind. Hiermit soll sichergestellt werden, dass dieser Umstand auch von allen beachtet wird. Vgl. BISCHOFF, B., Wertermittlungsrecht, S. 51 f. Weitere zu berücksichtigende objektspezifische Besonderheiten können bspw. Baumängel, sofern sie noch nicht in den Mietzahlungen berücksichtigt sind, oder dem Mieter zugestandene, mietfreie Monate sein. Vgl. SIMON, J., Novellierung, S. 136 f.; ähnlich LEOPOLDSBERGER, G./SAFFRAN, P., Bewertung von Immobilien, S. 444. Ein Instandhaltungsstau ist ebenfalls zu beachten. Siehe dazu auch Kap. 432.4 (Fn. 999).

476 Vgl. BISCHOFF, B., Wertermittlungsrecht, S. 71 f.

477 Vgl. auch GIF, Qualitätssicherung, S. 8.

Das **Ertragswertverfahren** ist im Vergleich zum Sach- und Vergleichswertverfahren das bedeutendste der drei Verfahren, das in der Praxis am meisten verwandt wird.[478] Es wird wegen der Konzentration auf Erträge insbesondere bei **Renditeobjekten** angewandt.[479] Damit bietet es sich der Natur der Sache nach vor allem für gemischt genutzte Grundstücke, Mietwohn- und Geschäftsgrundstücke und an.[480]

322.322. Berücksichtigung von over- und underrented properties im Ertragswertverfahren nach ImmoWertV

322.322.1 Vorbemerkungen

Eine sogenannte **Über- oder Untervermietung** liegt vor, wenn die vertraglich vereinbarte Miete die marktübliche Miete über- oder untersteigt (over- bzw. underrented). Für die Dauer des Vertragsverhältnisses kann es somit zu Mehr- oder Mindererlösen im Vergleich zu den sonst erzielbaren Erlösen kommen.[481] Diese sind grundsätzlich gemäß § 6 Abs. 2 und § 8 Abs. 3 ImmoWertV bei der Wertermittlung zu berücksichtigen. Mehr- oder Mindererlöse sind vor allem bei Gewerbemietverträgen üblich, da diese häufig langfristig und teilweise zusätzlich in Form von Staffelmietverträgen abgeschlossen werden.[482] Die zwei klassischen Verfahren zur Berücksichtigung dieser Abweichungen sind das Top and Bottom Slicing Model (Auf- und Abschichtungsverfahren)[483] und das Term and Reversion Model (Vervielfältigerdifferenzenverfahren).[484] Abweichend von der Grundform des einphasigen Ertragswertverfahrens wird in diesen Fällen mithin ein zweiphasiges Bewertungsmodell bemüht.

322.322.2 Top and Bottom Slicing Model

Beim **Top and Bottom Slicing Model**, das in der nachfolgenden Abbildung 4 verdeutlicht wird, ist **zunächst** der **vorläufige Ertragswert** nach den oben vorgestellten einphasigen Verfahren auf Basis der marktüblichen Miete bis zum Ende der Restnutzungsdauer zu berechnen. Dieser Wert wird auch als Hardcore bezeichnet.

In einem **zweiten Schritt** werden die **Mehr- oder Mindererlöse** über den jeweiligen Zeitraum, in dem sie anfallen, kapitalisiert und anschließend auf den Wertermittlungsstichtag mit dem (ange-

[478] Vgl. KLEIBER, W., Wertermittlungsverfahren, S. 37; DRÖGE, F., Mietpreisbildende Determinanten, S. 119.

[479] Vgl. GONDRING, H., Immobilienwirtschaft, S. 895; GRÄULER, M., Fair Value Beurteilung von Immobilien, S. 39; BISCHOFF, B., Bewertungsmethoden, S. 6; GEYER, H., Immobilien, S. 73; SCHUBACH, F., Wertermittlung, S. 13.

[480] Vgl. GONDRING, H., Immobilienwirtschaft, S. 895; ähnlich GRÄULER, M., Fair Value Beurteilung von Immobilien, S. 39; BISCHOFF, B., Bewertungsmethoden, S. 6; ähnlich PETERSEN, H., Marktorientierte Immobilienbewertung, S. 14; GEYER, H., Immobilien, S. 73.

[481] Vgl. KLEIBER, W., Wertermittlungsverfahren, S. 77 f. A. A. in Bezug auf Mehrerlöse ist VOGELS, der grundsätzlich eine Miete über der nachhaltigen ortsüblichen negiert. Vgl. VOGELS, M., Staffelmieten, S. 161. Dieser Sichtweise kann nicht gefolgt werden. Gerade in einem Marktumfeld mit sinkenden Mieten kann es zu Mehrerlösen aus bestehenden Mietverträgen kommen.

[482] Vgl. HOLZNER, P./RENNER, U., Ermittlung des Verkehrswertes, S. 541 und 546.

[483] Dieses Modell wird auch als Schichtverfahren bezeichnet. Vgl. SIMON, J., Internationale Bewertungsstandards, S. 271.

[484] Vgl. KLEIBER, W., Wertermittlungsverfahren, S. 78; SIMON, J., Deutsche Verfahren, S. 138-140; SIMON, J., Internationale Bewertungsstandards, S. 271.

passten) Liegenschaftszins diskontiert, um im Anschluss zu dem vorläufigen Ertragswert addiert bzw. saldiert zu werden. Die Mehr- bzw. Mindererlöse ergeben sich als Differenz zwischen den vertraglich vereinbarten und den marktüblichen Mieten.[485]

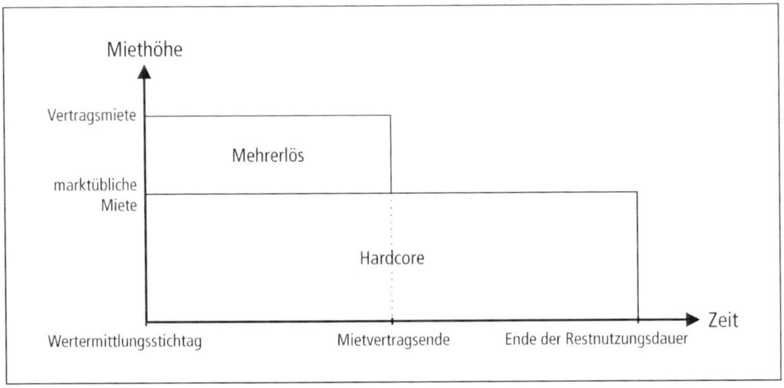

Vermietung über der marktüblichen Miete (overrented)

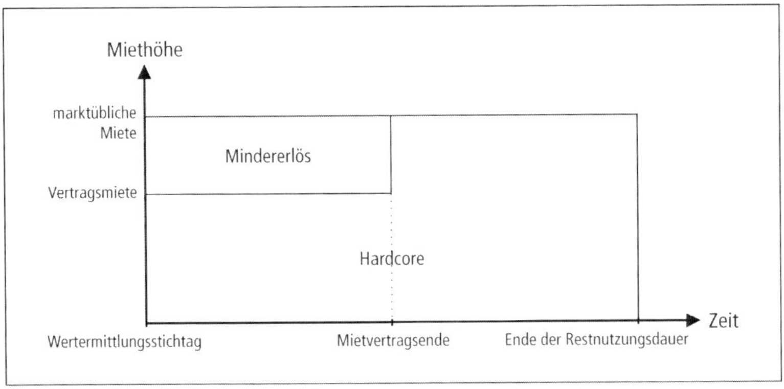

Vermietung unter der marktüblichen Miete (underrented)

Abbildung 4: Top and Bottom Slicing Model nach ImmoWertV[486]

Der Vorteil dieser Vorgehensweise liegt darin, dass der Hardcore, also der vorläufige Ertragswert, der auf Basis der marktüblichen Mieten und Bewirtschaftungskosten berechnet wird, ohne Anpassung mit dem marktkonformen Liegenschaftszinssatz diskontiert werden kann, der für dieses und

[485] Vgl. KLEIBER, W., Wertermittlungsverfahren, S. 79 f.; SIMON, J., Deutsche Verfahren, S. 138 f.; FRIEDRICHS, J.-C., Zinssätze in Wertermittlungen, S. 153.

[486] In Anlehnung an SCHLICHT, K./GEHRI, C., Verkehrswertermittlung, S. 113 und 115.

aus diesem Modell ermittelt wurde.[487] Problematisch dagegen ist der zu wählende Zinssatz für die Kapitalisierung der Mehr- bzw. Mindererlöse. Allgemein wird die Ansicht vertreten, dass ein **Mehrerlös** (bei einem overrented property) einem größeren Risiko als der marktübliche Erlös unterliegt,[488] da u. a. das Risiko eines Mietausfalls hierfür steigt.[489] Außerdem sind die Erwartungen an potentielle Mietsteigerungen geringer, wenn bereits überdurchschnittliche Mieten erzielt werden.[490] Daher wäre es sachgerecht, den marktkonformen Liegenschaftszinssatz für die Diskontierung zu erhöhen.[491] Über die Höhe besteht indes Unklarheit.[492] KLEIBER hält beispielsweise eine Erhöhung von 0,5 % in der Regel für angemessen.[493] Bei einem **Mindererlös** (bei einem underrented property) sollte nach herrschender Meinung der Zinssatz ebenfalls angepasst werden, da u. a. das Risiko, dass der Mieter bei einem für ihn günstigen Mietvertrag kündigt, geringer ist.[494] Zusätzlich würde ein Ausfall des Mieters auch die Chance auf eine Vermietung zur Marktmiete eröffnen.[495] Es kommt deswegen zu einer Erhöhung des Zinssatzes bei gesunkenem Risiko, weil der Mindererlös von dem vorläufigen Ertragswert abgezogen wird.[496] Auch hierfür hält KLEIBER einen Aufschlag von ca. 0,5 % für angemessen, ohne diesen näher zu begründen.[497] Es wird deutlich, dass allein durch die Anpassung des Liegenschaftszinssatzes dieser erheblichen Ermessensspielräumen unterliegt.

322.322.3 Term and Reversion Model

Beim **Term and Reversion Model** werden die Zahlungsströme nicht horizontal sondern vertikal geteilt. Hierfür können jeweils die aufeinanderfolgenden Perioden mit gleichen Mieterlösen zu einer

487 Vgl. KLEIBER, W., Wertermittlungsverfahren, S. 79; SCHLICHT, K./GEHRI, C., Verkehrswertermittlung, S. 112.

488 Vgl. SIMON, J., Deutsche Verfahren, S. 138; SCHLICHT, K./GEHRI, C., Verkehrswertermittlung, S. 112.

489 So könnte der Mieter bspw. seinen Vertrag im Insolvenzfall vorzeitig kündigen und eine Folgevermietung wäre dann möglicherweise nur zum Marktniveau möglich. Vgl. GEPPERT, H./WERLING, U., ImmoWertV im Fokus, S. 20; HOLZNER, P./RENNER, U., Ermittlung des Verkehrswertes, S. 558; FRIEDRICHS, J.-C., Zinssätze in Wertermittlungen, S. 154.

490 Vgl. SIMON, J., Deutsche Verfahren, S. 142.

491 Vgl. KLEIBER, W., Wertermittlungsverfahren, S. 82; differenziert FRIEDRICHS, J.-C., Zinssätze in Wertermittlungen, S. 154; JENYON, B./JANZEN, S., Die Bewertung eines Bürogebäudes, S. 295. Alternativ könnte auch ein höheres Mietausfallwagnis für den die marktübliche Miete übersteigenden Betrag angesetzt werden. Vgl. SIMON, J., Offene Immobilienfonds, S. 141.

492 Die ImmoWertV macht hierzu keine Angaben. Kritisiert wird dieses Modell im Fall von overrented properties insbesondere deswegen, weil die Mehrerlöse in Abhängigkeit von der Entwicklung der marktüblichen Miete, die im Zeitablauf steigen könnte, überwertet werden könnten. Vgl. dazu ausführlich FRIEDRICHS, J.-C., Zinssätze in Wertermittlungen, S. 154 f. und Kap. 442.5.

493 Vgl. KLEIBER, W., Wertermittlungsverfahren, S. 82. HOLZNER/RENNER plädieren für einen Aufschlag von 1 bis 1,5 %. Vgl. HOLZNER, P./RENNER, U., Ermittlung des Verkehrswertes, S. 558.

494 Vgl. KLEIBER, W., Wertermittlungsverfahren, S. 82; SCHLICHT, K./GEHRI, C., Verkehrswertermittlung, S. 112; ähnlich SIMON, J., Deutsche Verfahren, S. 140. Zusätzlich ist das Mietsteigerungspotential im Vergleich zur marktüblichen Miete tendenziell höher. Vgl. GEPPERT, H./WERLING, U., ImmoWertV im Fokus, S. 20. A. A. VOGELS der sich generell bei allen Modellvarianten für die Anwendung nur eines Zinssatzes ausspricht. Vgl. VOGELS, M., Staffelmieten, S. 158 und 162.

495 Vgl. FRIEDRICHS, J.-C., Zinssätze in Wertermittlungen, S. 154.

496 Vgl. KLEIBER, W., Wertermittlungsverfahren, S. 82; SIMON, J., Deutsche Verfahren, S. 140; FRIEDRICHS, J.-C., Zinssätze in Wertermittlungen, S. 154. Vgl. für mögliche Probleme bei dieser Vorgehensweise FRIEDRICHS, J.-C., Zinssätze in Wertermittlungen, S. 156 f.

497 Vgl. KLEIBER, W., Wertermittlungsverfahren, S. 82. A. A. HOLZNER/RENNER, die den unveränderten Liegenschaftszinssatz anwenden. Vgl. HOLZNER, P./RENNER, U., Ermittlung des Verkehrswertes, S. 559.

Phase zusammengefasst werden (Phasenmodell). Für die jeweilige Phase wird der Barwertfaktor zu Beginn der Phase mit dem Barwertfaktor zum Ende der Phase saldiert und mit dem Reinertrag der Phase multipliziert. Alternativ können die Cashflows auch einzeln (mit dem Liegenschaftszinssatz) auf den Wertermittlungsstichtag diskontiert werden.[498] Der Ertragswert ergibt sich demnach als Summe der Barwerte aller Phasen. Die folgende Abbildung 5 verdeutlicht die Vorgehensweise:

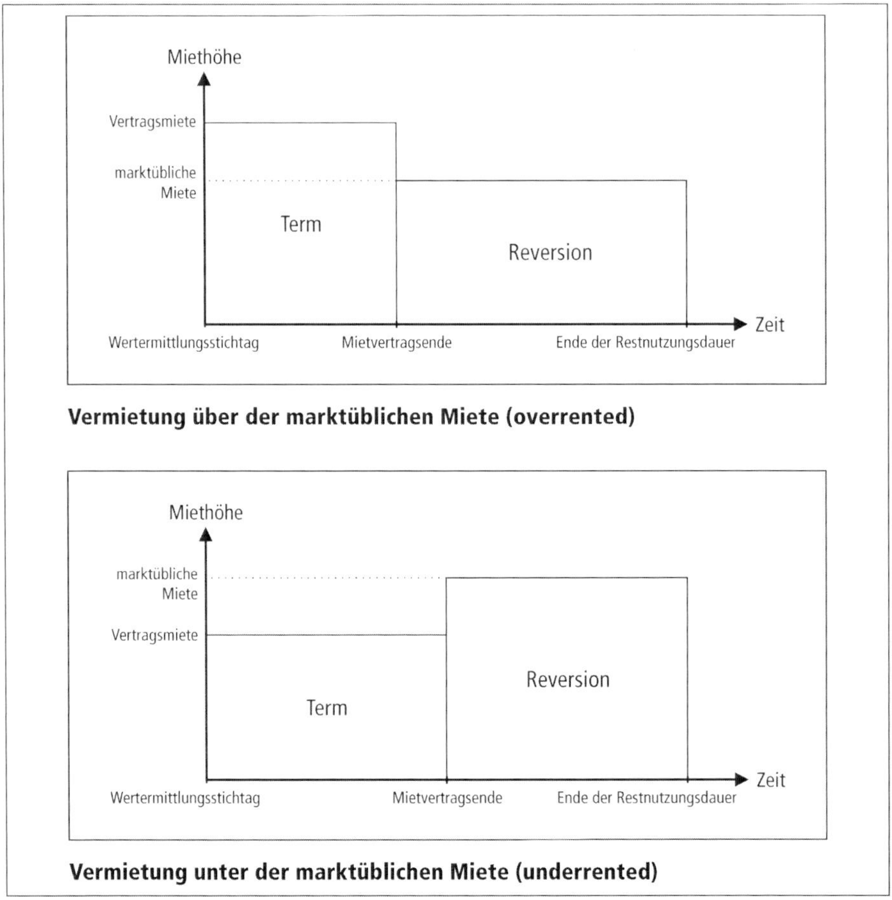

Abbildung 5: Term and Reversion Model nach ImmoWertV[499]

Die Mehr- oder Mindererlöse werden direkt in den jeweiligen Phasen berücksichtigt, weswegen der Ertragswert direkt unter Berücksichtigung der objektspezifischen Anpassungen ermittelt wird.[500]

[498] Vgl. KLEIBER, W., Wertermittlungsverfahren, S. 82 f.; SIMON, J., Staffelmieten, S. 94 f.

[499] In Anlehnung an SCHLICHT, K./GEHRI, C., Verkehrswertermittlung, S. 107 und 110.

Hierbei wird die Phase bei Vorliegen von Mietverträgen und damit verbundenen Mehr- bzw. Mindererlösen als Term und die daran anschließende Phase ohne bereits bestehende Mietverträge bis zum Ende der Nutzungsdauer als Reversion bezeichnet. Auch hier dürfte es problematisch sein, den unveränderten Liegenschaftszinssatz, der sich auf die marktübliche Miete bezieht, zur Kapitalisierung der verschiedenen Phasen mit unterschiedlichen Reinerträgen zu verwenden, da damit das Risiko nicht angemessen berücksichtigt würde. Daher sind auch hier Anpassungen des Liegenschaftszinssatzes für den Term erforderlich. Dies ist tendenziell schwieriger als beim Top and Bottom Slicing Model, da die Einkommensströme pro Phase insgesamt erfasst und diskontiert werden, wenngleich nur die Mehr- oder Mindererlöse einem geänderten Risiko unterliegen und nicht die gesamten Mieterlöse, da nur die Mehr- bzw. Mindererlöse bei einer Neuvermietung zur marktüblichen Miete wegfallen würden.[501] Es müsste eine Art Mischzinssatz ermittelt werden.[502] Auf der anderen Seite werden die Zahlungsströme im Gegensatz zum Top and Bottom Slicing Model durch die vertikale statt der horizontalen Teilung der Cashflows nicht künstlich getrennt.[503]

Sowohl das Top and Bottom Slicing Model als auch das Term and Reversion Model kommen bei gleichen Annahmen zum gleichen Ergebnis.[504] Das Top and Bottom Slicing Model ist dabei bei einfachen Verträgen das üblicherweise angewandte Verfahren.[505] Das Term and Reversion Model eignet sich dagegen insbesondere bei komplizierteren Verträgen. Hierbei kann das Top and Bottom Slicing Model sehr schnell sehr komplex werden.[506]

322.33 Ertragswertverfahren mit periodisch unterschiedlichen Erträgen

Ist im Vorhinein bekannt, dass die tatsächlichen Erträge wesentlichen Veränderungen unterliegen oder wesentlich von den marktüblichen Erträgen abweichen, so kann der Ertragswert auch auf der Basis **periodisch unterschiedlicher Erträge** ermittelt werden (§ 17 Abs. 1 Satz 2 ImmoWertV).[507] Hierbei werden die tatsächlichen, vertraglich vereinbarten künftigen Erträge diskontiert. Voraussetzung hierfür ist, dass die künftigen Erträge auf gesicherten Daten beruhen (§ 17 Abs. 3 i. V. m. § 18 Abs. 2 Satz 2 ImmoWertV).[508] Eine Prognose der Erträge soll weitestgehend unterbleiben.[509] Dies

[500] Vgl. KLEIBER, W., Phasenmodell, S. 223.

[501] Vgl. GEPPERT, H./WERLING, U., ImmoWertV im Fokus, S. 20. A. A. VOGELS, der einen Zinssatz für die gesamte Berechnung befürwortet. Vgl. VOGELS, M., Staffelmieten, S. 159 und 162.

[502] Vgl. für mögliche Zinsanpassungen im Term and Reversion Model auch ausführlich die Ausführungen zum Income Capitalization Approach in Kap. 332.4. SCHLICHT/GEHRI schlagen eine jeweilige Erhöhung der Liegenschaftszinssätze um jeweils 0,5 bis 1 % vor. Vgl. SCHLICHT, K./GEHRI, C., Verkehrswertermittlung, S. 106.

[503] Vgl. ähnlich SCARRETT, D., Property Valuation, S. 90; SHAPIRO, E./DAVIES, K./MACKMIN, D., Methods of Valuation, S. 137.

[504] Vgl. KLEIBER, W., Phasenmodell, S. 224.

[505] Vgl. EVANS, A. H./SEIFERT, U., Staffelmietverträge und Verkehrswert, S. 147; ähnlich FRIEDRICHS, J.-C., Zinssätze in Wertermittlungen, S. 153.

[506] Vgl. KLEIBER, W., Phasenmodell, S. 223.

[507] Dieses Verfahren wurde auch vor der ImmoWertV schon als nicht explizit kodifiziertes Verfahren angewandt. Vgl. BISCHOFF, B., Wertermittlungsrecht, S. 129.

[508] Vgl. auch KLEIBER, W., Wertermittlungsverfahren, S. 85.

[509] Vgl. KLEIBER, W., Wertermittlungsverfahren, S. 85; KATZUNG, N., Novellierung des Bewertungsrechts, S. 3. Damit unterscheidet sich das Verfahren, entgegen der Befürchtung einiger deutscher Sachverständiger, deutlich von dem in Kap. 332.5 vorgestellten DCF-Verfahren, das auch als Prognoseverfahren bezeichnet wird. Vgl. dazu auch BOBKA, G., Neue Verordnung, S. 57.

schließt beispielsweise auch Extrapolationen aus.[510] In diesem Sinne wird die Wertentwicklung des Bodens wiederum über den Liegenschaftszinssatz abgebildet, weswegen lediglich der aktuelle Bodenwert diskontiert wird.[511] Auch bei diesem Verfahren wurden die erforderlichen **Marktanpassungen** durch den Liegenschaftszinssatz in der Regel bereits vorgenommen. Darüber hinaus dürften hier **objektspezifische Anpassungen** weniger relevant sein, da statt der marktüblichen Mieten regelmäßig bereits vertraglich festgelegte Mieten angesetzt werden. Die Formel hierfür könnte auf Basis des vereinfachten Ertragswertverfahrens folgendermaßen aussehen:[512]

$$\text{Vorläufiger EW} = \sum_{t=1}^{n} \frac{RE_t}{q^t} + \frac{BW}{q^n}$$

Legende:

EW = Ertragswert
RE = Reinertrag
q = 1 + Liegenschaftszinssatz
BW = Bodenwert
n = Restnutzungsdauer

Formel 5: Ertragswertverfahren mit periodisch unterschiedlichen Erträgen nach ImmoWertV[513]

Die ImmoWertV regelt nicht die **Länge der einzelnen Phasen**. Gerade bei Staffelmietverträgen wäre es auch möglich, dass eine Phase länger als ein Jahr sein kann bzw. dass ab einem gewissen Jahr ein Restwert angesetzt wird.[514] Letztendlich ist es nur wichtig, dass die gesamte Restnutzungsdauer berücksichtigt wird. Hier wird die Nähe des Verfahrens zu dem Term and Reversion Model ersichtlich, bei dem ähnlich vorgegangen wird.[515] Außerdem ist zu prüfen, inwiefern der **Liegenschaftszinssatz** angewandt werden kann, da er aus einem anderen (einphasigen) Modell hergeleitet wird und somit andere Erwartungen ausdrückt. Hier dürften ähnliche Zu- oder Abschläge, wie auch schon beim Term and Reversion Model, auf den Liegenschaftszinssatz vorzunehmen sein,[516] was die Ermessensspielräume erhöhen würde. Viele **Detailfragen** in Bezug auf das Ertragswertverfahren mit verschiedenen periodischen Erträgen sind mithin **nicht** in der ImmoWertV **geregelt**.

---

[510] Vgl. BISCHOFF, B., Wertermittlungsrecht, S. 143.

[511] Vgl. dazu auch ausführlich Kap. 461.

[512] In Anlehnung an KLEIBER, W., Verkehrswertermittlung, S. 1687. Eine Darstellung auf Basis des allgemeinen Ertragswertverfahrens wäre auch möglich. Vgl. BISCHOFF, B., Wertermittlungsrecht, S. 141 f.; ähnlich BOBKA, G., Novelle der WertV, S. 11.

[513] In Anlehnung an KLEIBER, W., Wertermittlungsverfahren, S. 40.

[514] KLEIBER empfiehlt eine Unterteilung in Detailplanungsphase und Restwert. Vgl. KLEIBER, W., Verkehrswertermittlung, S. 1687 f.

[515] Vgl. dazu auch Kap. 322.322.3.

[516] Vgl. auch BISCHOFF, B., Wertermittlungsrecht, S. 144-147; GEPPERT, H./WERLING, U., ImmoWertV im Fokus, S. 20. Sofern hierfür eigene Datensammlungen erhoben werden, dürfte es noch einige Zeit dauern bis eine entsprechende Datengrundlage vorliegt. Vgl. BISCHOFF, B., Neues Wertermittlungsrecht, S. 225. A. A. KLEIBER, der auch hierfür den Liegenschaftszins als adäquat betrachtet. Vgl. KLEIBER, W., Verkehrswertermittlung, S. 1675 f.; so auch STEMMLER, J., ImmoWertV, S. 201. Dem kann nicht gefolgt werden. Vgl. auch Kap. 442.5.

Unter gleichen Annahmen führen indes alle drei Ertragswertverfahren zum gleichen Ergebnis.[517] Im Vergleich zu allgemeinen und vereinfachten Ertragswertverfahren wird bei diesem Verfahren lediglich die objektspezifische Anpassung teilweise früher vorgenommen und direkt berücksichtigt.[518] Damit ist die Einführung dieser Verfahrensvariante auch keine wirkliche Neuerung durch die ImmoWertV, da ähnliche Vorgehensweisen auch im Rahmen der WertV schon möglich und üblich waren.[519] Es handelt sich also im Wesentlichen um eine alternative Darstellungsweise,[520] wobei die Vorgehensweise prinzipiell dem **Term and Reversion Model** entspricht. Zudem bleiben hier u. a. rack-rented properties unberücksichtigt, da dieses Verfahren gemäß § 17 Abs. 1 Satz 2 ImmoWertV nur angewandt werden darf, wenn die zu erwartenden Erträge deutlich von den marktüblichen abweichen. Daher liegt in dieser Arbeit der Fokus auf dem vereinfachten Ertragswertverfahren (Ertragswertverfahren nach ImmoWertV), das für sämtliche Mietvertragskonstellationen (ein- und zweiphasige) Bewertungsmodelle bereitstellt. Das Ertragswertverfahren mit periodisch unterschiedlichen Erträgen wird systematisch bei der Beurteilung des Term and Reversion Models als Spezialfall des vereinfachten Ertragswertverfahrens berücksichtigt.

Neben den gesetzlich normierten Methoden, die die ImmoWertV vorgibt, können in Deutschland, sofern die ImmoWertV nicht verpflichtend anzuwenden ist,[521] auch diverse andere Verfahren zur Immobilienbewertung herangezogen werden. Hier kommen aufgrund der Globalisierung der Immobilienmärkte insbesondere die international gebräuchlichen Bewertungsverfahren in Betracht. Daher werden diese im folgenden Abschnitt im Anschluss an die Darstellung der international einflussreichsten Institutionen erörtert.

33 Immobilienbewertung im internationalen Kontext

331. Immobilienverbände, Standardsetter und ihre Standards mit internationaler Bedeutung

331.1 Vorbemerkungen

Aufgrund der Kodifizierung der Bewertungsregeln durch die ImmoWertV spielen die in Deutschland ansässigen Immobilienverbände, die darüber hinaus auch noch stark fragmentiert sind, nur eine eher untergeordnete Rolle.[522] Abgesehen davon, dass sie international kaum vertreten sind, mangelt es ihnen im internationalen Vergleich an Geschlossenheit und personeller Stärke.[523] Dies ist insbesondere in den angelsächsischen Ländern anders.[524] Statt gesetzlicher Regelungen entwickeln hier vielfach die Immobilienverbände selbst entsprechende Bewertungsregelungen und treten mithin als Standardsetter auf. Durch ihren internationalen Einfluss prägen sie dadurch zudem die international

517 Vgl. KLEIBER, W., Wertermittlungsverfahren, S. 86.
518 Vgl. ähnlich BOBKA, G., Novelle der WertV, S. 11.
519 Vgl. BISCHOFF, B., Wertermittlungsrecht, S. 132.
520 Vgl. Bundesrat-Drucksache 171/10, S. 60.
521 Vgl. dazu Kap. 321.
522 Vgl. ähnlich THOMAS, M., Income Approach (2. Teil), S. 90; BAUMUNK, H., Immobilien und Immobilienbewertung, S. 219. KLEIBER, W., Internationale Bewertungsverfahren, S. 194 (Fn. 11). Deutsche Gutachter sind häufig „Einzelkämpfer". Vgl. VOGEL, R. R., Angelsächsische Investitionsverfahren, S. 207.
523 Vgl. BAUMUNK, H., Immobilien und Immobilienbewertung, S. 220.
524 Vgl. THOMAS, M., Income Approach (2. Teil), S. 90.

übliche Immobilienwertermittlung und somit auch die Immobilienbewertung in Deutschland abseits der ImmoWertV.[525] Daher werden zunächst das aus Großbritannien stammenden Royal Institute of Chartered Surveyors (RICS) und die US-amerikanischen Verbände, das Appraisal Institute und die Appraisal Foundation, mit ihren jeweiligen, international beachteten Veröffentlichungen dargestellt. Im Anschluss werden The European Group of Valuers' Associations (TEGoVA) und das International Valuation Standards Council (IVSC) mit den von ihnen veröffentlichten Standards vorgestellt, da diese Verbände eine Harmonisierung der Immobilienbewertung auf europäischer bzw. auf internationaler Ebene anstreben. Da im Rahmen dieser Arbeit vor allem Bewertungsmethodologien vorgestellt und beurteilt werden sollen, wird bei den dargestellten Institutionen entsprechend erläutert, welchen Beitrag sie hierzu leisten können. Anschließend werden die international üblichen Verfahren im Detail erläutert. Sofern hierfür Hinweise von einzelnen Standardsettern vorliegen, werden diese entsprechend berücksichtigt. Weltweit normierte Bewertungsmethodologien existieren indes nicht.[526]

331.2 Royal Institute of Chartered Surveyors (RICS)

Das Royal Institute of Chartered Surveyors (**RICS**) wurde 1868 in **Großbritannien** gegründet. Ziel des Instituts ist u. a. die Regulierung und Förderung des Berufsstands, die Aufrechterhaltung hoher Standards in der Ausbildung und der Berufsausübung von Gutachtern und der Schutz der Kunden und Verbraucher durch einen hohen Verhaltenskodex.[527] Es gibt indes nicht nur in Großbritannien Vertretungen des RICS, vielmehr ist die Organisation weltweit vertreten, um sich vor Ort für die Interessen ihrer Mitglieder einzusetzen. Der Verband hat mittlerweile 91.000 Mitglieder in mehr als 146 Ländern.[528] Auf europäischer Ebene dominieren die RICS die dortige Immobilienbewertung, und auch auf die weltweit verbreiteten International Valuation Standards, die vom IVSC herausgegeben werden,[529] haben sie als dessen Gründungsmitglied einen bedeutenden Einfluss.[530]

Anders als in Deutschland gibt es in Großbritannien keine gesetzlichen Regelungen zur Immobilienbewertung.[531] Die Entwicklung und Durchsetzung der Regelungen obliegt allein den Berufsverbänden,[532] von denen das RICS maßgeblichen Einfluss besitzt.[533] So möchte man flexibel auf Änderungen am Markt reagieren können.[534] Infolgedessen gibt das RICS seit 1974 die bereits mehrfach

[525] Vgl. zu dieser Einschätzung bezüglich der nachfolgend genannten britischen, US-amerikanischen, europäischen und internationalen Institutionen auch BIENERT, S./REINBERG, M. P., Internationale Standards, S. 441 f. und 448-450; SCHULTE, K.-W., Internationalisierung der Immobilienbewertung, S. 50 f.; SCHULTE, K.-W./LEOPOLDSBERGER, G., Bewertung von Immobilien, S. 507 f.

[526] Vgl. BIIS, DCF-Verfahren, S. 5.

[527] Siehe für mehr Informationen die Webseite des RICS unter www.rics.org.

[528] Vgl. dazu auch die Informationen auf www.joinricsineurope.eu.

[529] Vgl. zum IVSC Kap. 331.5.

[530] Vgl. ARCHNER, G., Forward valuation, S. 19; BAUMUNK, H., Immobilien und Immobilienbewertung, S. 133; HUSCHKE, C., Immobilienbewertung, S. 105; ähnlich BIENERT, S./REINBERG, M. P., Internationale Standards, S. 446 f.; SCHILLER, J., Wertermittlung in Europa, S. 39 f.

[531] Vgl. KÖNIGSTEIN, M., Internationale Methoden, S. 284.

[532] Vgl. THOMAS, M., Income Approach (1. Teil), S. 36.

[533] Vgl. ZÜLCH, H., Immobilienbewertung, S. 218 f.

[534] Vgl. ENGELBRECHT, B., Ordnungsmäßige Immobilienbewertung, S. 248; BAUMUNK, H., Immobilien und Immobilienbewertung, S. 153.

aktualisierten **„RICS Valuation Standards“** im sogenannten **Red Book** als Loseblattwerk heraus.[535] Das Red Book regelt u. a., welche Anforderungen an die Qualifikation der Gutachter gestellt werden, welche Wertmaßstäbe anzuwenden sind und welche Mindestanforderungen an ein Wertgutachten bestehen.[536] Der ausgewählte Wertmaßstab bestimmt hierbei, ob eine objektivierte oder eine subjektive Immobilienbewertung realisiert wird. Er ist entsprechend des Bewertungszwecks und des Bewertungsanlasses zu wählen. Im Rahmen dieser Arbeit ist allein der Marktwert aufgrund seiner inhaltlichen Nähe zum Fair Value maßgeblich. Insgesamt möchte das RICS hohe Standards in Bezug auf die Integrität, Klarheit und Objektivität von Bewertungen aufstellen.[537] Die Regelungen sind für RICS-Mitglieder verbindlich anzuwenden.[538] Eine Missachtung der Regelungen durch RICS-Mitglieder kann Haftungsansprüche nach sich ziehen.[539] Das Red Book ist in sechs bindende Practice Statements (PS) und sieben erläuternde Guidance Notes (GN), die Empfehlungscharakter haben, unterteilt. Zudem gibt es weitere spezielle Regelungen, die nur für Großbritannien gelten.[540] Zusätzliche Informationen, die nicht direkt in den Anwendungsbereich des Red Book fallen, werden in Form von Valuation Information Papers veröffentlicht.[541]

Für die Fair Value-Bewertung im Rahmen der Rechnungslegung könnten vor allem PS 3, PS 4.1 und GN 5 von besonderem Interesse sein. Daher werden diese im Folgenden knapp dargestellt. **PS 3 (Basis of value)** definiert die in der Wertermittlung vorkommenden Bewertungsmaßstäbe wie beispielsweise den Marktwert und den Investment Value und erläutert Unterschiede und Gemeinsamkeiten.[542] **PS 4.1 (Valuations for financial reporting prepared under IFRS)** verweist auf die International Valuation Application 1 (IVA 1) der International Valuation Standards (IVS) und fasst die wichtigsten Aussagen dazu zusammen. Hierauf wird später im Rahmen der IVS näher eingegangen.[543] Grundsätzlich unterstützt das RICS die IVS und verweist an vielen Stellen darauf.[544] Eine mit dem Red Book konforme Immobilienbewertung ist demnach auch mit den IVS konform.[545]

GN 5 (Valuation uncertainty)[546] erläutert, wie der Bewerter mit Bewertungsunsicherheit umgehen soll. Beispielsweise soll er auf die immanente Unsicherheit und ihre Ursachen aufmerksam machen,

---

535 Vgl. RICS, RICS Valuation Standards, S. 1. Die Standards werden in Gemeinschaft mit dem Institute of Revenues Rating & Valuation (IRRV) veröffentlicht. Vgl. RICS, RICS Valuation Standards, S. VI.

536 Vgl. dazu detailliert RICS, RICS Valuation Standards, S. 1.

537 Vgl. RICS, RICS Valuation Standards, S. 1.

538 Vgl. RICS, RICS Valuation Standards, S. 1; LEOPOLDSBERGER, G., Britische Gutachter, S. 6.

539 Vgl. VDP, Europäische Immobilienmärkte, S. 20.

540 Es gibt aktuell fünf UK-PS und fünf UK-GN. Vgl. RICS, RICS Valuation Standards.

541 Vgl. VDP, Europäische Immobilienmärkte, S. 18.

542 Die Definitionen für die einzelnen Wertmaßstäbe sind aus den IVS übernommen. Vgl. hierfür und für weitere Erläuterungen Kap. 31 und RICS, RICS Valuation Standards, PS 3.

543 Vgl. dazu Kap. 331.5.

544 Vgl. auch FRENCH, N., RICS valuation, S. 495.

545 Vgl. RICS, RICS Valuation Standards, S. 1 f.

546 Die sog. Mallinson-Arbeitsgruppe hatte sich bereits 1994 für eine Aufnahme von Guidelines in das Red Book zur Verbesserung der Darstellung von Bewertungsunsicherheit ausgesprochen. Damals hat das RICS dies indes noch abgelehnt. Nachdem dieser Vorschlag auch 2002 im Carsberg Report wieder aufgegriffen wurde, wurde er 2003 in das Red Book aufgenommen. Vgl. FRENCH, N./GABRIELLI, L., Uncertainty of valuation, S. 487 f.; CARSBERG, B., The Carsberg Report. In einer Bekanntmachung Ende 2008 hat das RICS explizit darauf hingewiesen, dass auch

wenn sie eine materielle Auswirkung haben könnte.[547] Außerdem sind laut GN 5 Angaben sinnvoll, inwiefern vergleichbare Marktdaten für die Bewertung zur Verfügung standen und relevant waren oder auch die Angabe von Sensitivitätsanalysen in Bezug auf kritische Parameter.[548]

Indes schreibt der Standard **keine konkreten Bewertungsverfahren** vor, vielmehr richten sich die Gutachter nach den Marktgepflogenheiten.[549] Dadurch soll auf die Veränderungen am Markt und die daraus resultierenden Anpassungsnotwendigkeiten leichter reagiert werden können.[550] Gebräuchliche Verfahren in der britischen Bewertungspraxis sind u. a. der Sales Comparison Approach, der Cost Approach, der Income Capitalization Approach und der Discounted Cashflow-Approach.[551]

Insgesamt lässt sich feststellen, dass das RICS Ausdruck eines stark zentralisierten Gutachterwesens in Großbritannien ist und als Immobilienverband einen bedeutenden Einfluss auf die dortige Immobilienbewertungspraxis hat.[552] Durch die weltweite Interessenvertretung ist auch der internationale Einfluss enorm. Das weltweit beachtete Red Book gibt indes, durch die Ausgrenzung von Bewertungsmethodologien,[553] nur wenig konkrete Hinweise für die Immobilienbewertung im Rahmen von IAS 40 und IFRS 13.

331.3 Appraisal Institute und Appraisal Foundation

Das **Appraisal Institute** ist einer der größten Immobilienverbände in den **USA**. Es wurde 1932 gegründet und umfasst derzeit 25.000 Mitglieder.[554] Der Verband ist Mitglied in der TEGoVA und dem International Valuation Standards Council (IVSC).[555] Das Appraisal Institute veröffentlicht regelmäßig aktualisierte Auflagen des Buchs „**The Appraisal of Real Estate**". Dies ist das Standardwerk für die Immobilienbewertung in den USA.[556] Aufgrund der Internationalisierung der Immobilienmärkte wird es auch zunehmend für deutsche (und europäische) Bewerter relevant,[557] wenngleich die Ausführungen nicht verbindlich anzuwenden sind. In dem Werk wird ebenfalls zwischen einem objektivierten Immobilienwert und subjektiven Wertmaßstäben je nach Bewertungsanlass unterschieden und Hinweise gegeben, wie die Bewertungen zweckgerecht zu gestalten sind. Im

---

bei der Bewertung von Immobilien in volatilen Märkten kein Ausschluss der Haftung für Bewerter aufgrund der Unsicherheit möglich ist. Vgl. dazu RICS, Valuation Uncertainty and Market Instability; erläuternd TRAPPMANN, H./RANKER, D., Fair Value von Immobilien, S. 193.

547 Vgl. RICS, RICS Valuation Standards, GN 5, Tz. 3.1.

548 Vgl. RICS, RICS Valuation Standards, GN 5, Tz. 3.2 und 3.4. Vgl. hierzu auch in Kap. 223.223.2 die Regelungen in IFRS 13, die mit der Beschreibung von Sensitivitäten bei den Anhangangaben in eine ähnliche Richtung zielen.

549 Vgl. RICS, RICS Valuation Standards, S. 1; VDP, Europäische Immobilienmärkte, S. 18; KÖNIGSTEIN, M., Internationale Methoden, S. 285.

550 Vgl. LEOPOLDSBERGER, G., Britische Gutachter, S. 6.

551 Diese Verfahren werden in Abschnitt 332. dargestellt. Vgl. zum Teil mit anderer Bezeichnung LEOPOLDSBERGER, G./THOMAS, M./NAUBEREIT, P., Immobilienbewertung, S. 499-520.

552 Vgl. THOMAS, M., Income Approach (2. Teil), S. 90.

553 Vgl. RICS, RICS Valuation Standards, S. 1.

554 Vgl. www.appraisalinstitute.org/about/ (Stand: 08.10.2010).

555 Vgl. für diese Verbände ausführlich Kap. 331.4 und 331.5.

556 Vgl. KLEIBER, W., Wertermittlungsverfahren, S. 53. Das Appraisal Institute veröffentlicht ferner einen Großteil der englischen Bewertungsliteratur. Vgl. BIENERT, S./REINBERG, M. P., Internationale Standards, S. 449.

557 Vgl. SCHULTE, K.-W., Internationalisierung der Immobilienbewertung, S. 50.

Rahmen dieser Arbeit sind, wie bereits erläutert, allein die Ausführungen zur Marktwertermittlung relevant.[558] Das Buch enthält zudem ausführliche Hinweise zu Bewertungsmethodologien. So werden insbesondere der Cost Approach, der Sales Comparison Approach, der Income Capitalization Approach und der Discounted Cashflow-Approach als Immobilienbewertungsverfahren detailliert beschrieben.[559]

Zudem ist in den USA die **Appraisal Foundation** aktiv, deren Sponsor u. a. das Appraisal Institute ist. Sie veröffentlicht seit 1987, mittlerweile alle zwei Jahre, die aktuellen Uniform Standards of Professional Appraisal Practice (**USPAP**).[560] Diese sind in den USA verbindlich anzuwenden, wenn die Gutachten US-Bundeseinrichtungen wie etwa US-Gerichten vorgelegt werden sollen.[561] Eine Anwendung kann darüber hinaus auch vertraglich vereinbart werden.[562] Aufgrund dieser Autorisierung durch den US-Kongress ist die Appraisal Foundation halbstaatlich.[563] Abgesehen von der Bedeutung, die die Regelungen durch die Anwendung in den USA auch international erfahren,[564] sind sie zudem relevant, da das IVSC mit der Appraisal Foundation im Rahmen des sogenannten Madison Agreement 2006 eine bilaterale Übereinkunft zur Harmonisierung der Bewertung getroffen hat.[565] Die USPAP sind in zehn Standards und fünf Statements unterteilt.[566] Es werden keine Bewertungsmethoden explizit vorgeschrieben,[567] wenngleich sowohl der Cost Approach, als auch der Sales Comparison Approach und der Income Approach erwähnt werden. Sie sind entsprechend des angestrebten Wertmaßstabs wie beispielsweise dem Marktwert auszulegen.[568] Der Income Approach dient als Oberbegriff für den Income Capitalization Approach und den Discounted Cashflow-Approach.[569] Für den DCF-Approach gibt es ferner eine eigene Guidance in Form des Statement on Appraisal Standards 2 (SMT-2). Hierin wird beispielsweise darauf hingewiesen, dass die eingehenden Parameter durch Hinweise des Markts belegt werden sollen und dass die getroffenen Annahmen offenzulegen sind.[570] Ferner werden Hinweise gegeben, wie der Diskontierungszinssatz für die DCF-Bewertung ermittelt werden kann.[571]

---

558 Vgl. dazu auch die Ausführungen in Kap. 31.

559 Vgl. APPRAISAL INSTITUTE, Appraisal of Real Estate.

560 Zurzeit sind die USPAP 2010/2011 anzuwenden, die seit dem 01.01.2010 in Kraft und bis zum 31.12.2011 gültig sind.

561 Vgl. LEOPOLDSBERGER, G., US-Gutachten, S. 7.

562 Vgl. APPRAISAL INSTITUTE, Appraisal of Real Estate, S. 648.

563 Vgl. BIENERT, S./REINBERG, M. P., Internationale Standards, S. 448.

564 So sind etwa für alle Mitglieder des Appraisal Institutes die USPAP oder alternativ die IVS verbindlich anzuwenden. Vgl. APPRAISAL INSTITUTE, Appraisal of Real Estate, S. 651.

565 Vgl. IVSC/APPRAISAL FOUNDATION, Memorandum of Understanding.

566 Zudem liegen 27 Advisory Opinions vor. Vgl. www.uspap.org/2010USPAP/USPAP/frwrd/uspap_toc.htm (Stand: 08.04.2010).

567 Vgl. LEOPOLDSBERGER, G., US-Gutachten, S. 7.

568 Vgl. auch THE APPRAISAL FOUNDATION, USPAP 2010-2011, Definitions, Value.

569 Vgl. THE APPRAISAL FOUNDATION, USPAP 2010-2011, Standards Rule 1-4.

570 Vgl. THE APPRAISAL FOUNDATION, USPAP 2010-2011, SMT-2.

571 Vgl. dazu auch Kap. 444.

Bei der Darstellung und Analyse der internationalen Verfahren werden die Hinweise des Appraisal Institutes bzw. der USPAP berücksichtigt, da die internationale Immobilienbewertung deutlich durch die US-amerikanische Bewertung beeinflusst wurde und wird.[572]

331.4 The European Group of Valuers' Associations (TEGoVA)

Auf **europäischer Ebene** wurde 1997 The European Group of Valuers' Associations (**TEGoVA**) mit dem Ziel der Harmonisierung der europäischen Bewertungspraxis gegründet.[573] Sie entstand als Zusammenschluss der (The) European Group of Valuers of Fixed Assets (TEGoVoFA)[574] und der European Property Valuers Association (EUROVAL)[575] und vertritt als Dachverband die Interessen der europäischen Immobilienbewerter.[576] Zurzeit sind 40 Immobilienverbände aus 24 Ländern, davon fünf aus Deutschland,[577] Mitglied der TEGoVA.[578] Da die Mitgliedschaft nicht auf EU-Mitgliedsstaaten beschränkt ist, wirken auch die Interessenvertretungen von Nicht-EU-Ländern, wie das Appraisal Institute für die USA, bei der TEGoVA mit.[579]

Zur Harmonisierung der Bewertung in Europa und den angrenzenden Ländern hat die TEGoVA die **European Valuation Standards (EVS)**, das sogenannte **Blue Book**, entwickelt und veröffentlicht.[580] Die Standards haben in Deutschland Empfehlungscharakter und sind nicht verbindlich anzuwenden.[581] Ähnlich wie das Red Book bezieht sich auch das Blue Book an vielen Stellen auf die IVS[582] und lässt ferner eine deutliche Nähe zum Red Book erkennen.[583]

Das Blue Book besteht aktuell aus fünf European Valuation Standards (EVS) und fünf European Valuation Applications (EVA). Für die Rechnungslegung dürften insbesondere EVS 1, EVS 2 und EVA 1 relevant sein. **EVS 1 (Market Value)** definiert und erläutert den Begriff des Marktwerts analog zu den Ausführungen von RICS und IVSC.[584] **EVS 2 (Valuation Bases other than Market**

572 So werden amerikanische Bewertungsmethoden, ebenso wie britische, auch als internationale Methoden bezeichnet. Vgl. LEOPOLDSBERGER, G., US-Gutachten, S. 7.

573 Vgl. TEGoVA, EVS 2009, S. 9.

574 Dieser Verband wurde bereits 1977 von Vertretern aus Deutschland, Frankreich, Belgien, Großbritannien und Irland gegründet. Vgl. LEOPOLDSBERGER, G./THOMAS, M./NAUBEREIT, P., Immobilienbewertung, S. 523; ZÜLCH, H., Immobilienbewertung, S. 214.

575 Dieser Verband wurde 1992 gegründet. Vgl. LEOPOLDSBERGER, G./THOMAS, M./NAUBEREIT, P., Immobilienbewertung, S. 523.

576 Vgl. zur Geschichte der TEGoVA auch EINGANG-ALBERER, B., TEGoVA, S. 60.

577 Deutsche Immobilienverbände in der TEGoVA sind der BDVI (Bund der öffentlich bestellten Vermessungsingenieure e.V.), der BVS (Bund der öffentlich bestellten und vereidigten Sachverständigen e.V.), der IVD (Immobilienverband Deutschland IVD Bundesverband der Immobilienberater, Makler, Verwalter und Sachverständigen e.V.), der vdp (Verband Deutscher Pfandbriefbanken e.V.) und der VÖB (Bundesverband öffentlicher Banken Deutschlands e.V.). Vgl. für eine aktuelle Mitgliederliste www.tegova.org/en/p4912ab00f1da3 (Stand: 08.04.2010).

578 Vgl. www.tegova.org/en/p48e32a519bec9 (Stand: 08.04.2010).

579 Kritisch dazu HÖK, G.-S., Immobilienwertermittlung auf europäischer Rechtsgrundlage, S. 65.

580 Vgl. LEOPOLDSBERGER, G./THOMAS, M./NAUBEREIT, P., Immobilienbewertung, S. 523.

581 Vgl. KLEIBER, W., Blaues Buch, S. 321; EINGANG-ALBERER, B., TEGoVA, S. 61.

582 Vgl. GONDRING, H., Immobilienwirtschaft, S. 884.

583 Vgl. LEOPOLDSBERGER, G./THOMAS, M./NAUBEREIT, P., Immobilienbewertung, S. 523; ähnlich EDGE, J. A., Global Standards, S. 7. Grundsätzlich ist eine Zusammenarbeit mit IVSC und RICS vorgesehen. HORN, H.-J., TEGoVA, S. 457 f.

584 Vgl. dazu auch die Ausführungen in Kap. 31.

Value) erläutert in Absatz 3 den Fair Value in Anlehnung an die IFRS und betrachtet ihn im Kontext zum Marktwert.[585] **EVA 1 (Valuation for the Purpose of Financial Reporting)** skizziert im Wesentlichen komprimiert die Abschnitte der IFRS, die für die Immobilienbewertung relevant sind. Letztendlich lässt sich feststellen, dass auch das Blue Book, wie das Red Book, **keine Hinweise auf anzuwendende Bewertungsverfahren** und daher auch keine Hinweise zur Ermittlung einzelner Parameter zur Fair Value-Ermittlung von Immobilien gemäß IAS 40 bzw. IFRS 13 gibt.[586]

331.5 International Valuation Standards Council (IVSC)

Das International Valuation Standards Council (**IVSC**) wurde 1981 gegründet und hat seinen Sitz in London.[587] Derzeit sind der privatrechtlichen Organisation 50 Bewertungsverbände angeschlossen, die aus 43 Ländern kommen. Seit dem Austritt des BIIS, der vdp und des BVS gibt es keine deutschen Vertreter mehr.[588]

Das IVSC strebt auf **internationaler Ebene** eine Harmonisierung der Bewertung und die Implementierung weltweiter Bewertungsstandards, explizit auch für die externe Rechnungslegung, an.[589] Dabei arbeitet die Organisation eng mit dem IASB zusammen.[590] So verweist der IASB auch in seiner Basis for Conclusions zu IAS 40 für die Fair Value-Bewertung auf das IVSC (IAS 40.B52 f.).[591] Gegründet wurde die Organisation mit dem Ziel, die Immobilienbewertung zu vereinheitlichen. Mittlerweile hat sich dieses Ziel u. a. auf die Bewertung von immateriellen Vermögenswerten und Unternehmen erweitert.[592] Im Laufe der Jahre hat sich das IVSC dabei als internationales Standardsetzungsgremium etabliert.[593] Es wird mithin auch als Schwesterorganisation

585 Vgl. dazu Kap. 31.

586 Für die Überarbeitung in 2009 hatten bspw. deutsche Vertreter erfolglos auf die Möglichkeit einer einheitlichen Mietflächen- und Bewirtschaftungskostendefinition hingewiesen. Vgl. SCHULZ-KLEEßEN, W.-E., Herbsttagung TEGoVA, S. 362.

587 Vgl. IVSC, IVS 2007, S. 3 und 6. Zunächst hieß die Organisation noch The International Assets Valuation Standards Committee (TIAVSC), bevor sie sich 1994 in International Valuation Standards Committee und 2007 in International Valuation Standards Council umbenannte. Vgl. dazu auch IVSC, ED IVS 2011, S. 6; FERNANDEZ, E., Property Valuation, S. 13.

588 BVS (Bund der öffentlich bestellten und vereidigten Sachverständigen e.V.), vdp (Verband Deutscher Pfandbriefbanken e.V.) und BIIS (Bundesverband der Immobilien-Investment-Sachverständigen e.V.) sind in der Vergangenheit Mitglieder im IVSC gewesen. Vgl. für die aktuelle Mitgliederliste www.ivsc.org/members/index.html (Stand: 22.09.2010). BIIS und vdp haben ihre Mitgliedschaft Ende 2009 gekündigt, u. a. da sie sich in den Gremien, die vom RICS dominiert werden, nicht mehr angemessen vertreten sahen. Vgl. ARCHNER, G., Forward valuation, S. 19; BIIS, Bewerterstreit, S. 805.

589 Vgl. IVSC, IVS 2007, S. 8.

590 Vgl. BIENERT, S./REINBERG, M. P., Internationale Standards, S. 443 f.

591 Im Rahmen der Einführung von IFRS 13 wird in den Basis for Conclusions von IAS 40 neben den Hinweis auf das IVSC nun explizit auf IFRS 13 zur Fair Value-Bewertung verwiesen. Während IFRS 13 künftig primär anzuwenden ist, dürften im Fall von Regelungslücken und Ermessensspielräumen indes wohl weiterhin auch die IVS zur Hilfestellung herangezogen werden.

592 Vgl. www.ivsc.org/standards/index.html (Stand: 22.09.2010).

593 Vgl. DORCHESTER, J. D./VELLA, J. J., Valuation and the Appraisal Institute, S. 79-82; BIENERT, S./REINBERG, M. P., Internationale Standards, S. 443.

des IASB betrachtet, da es die Verbindung zwischen den Standardsettern und Berufsverbänden der Immobilienbewertung und die Verbindung mit der externen Rechnungslegung herstellt.[594]

Zur Harmonisierung der Bewertung entwickelt und veröffentlicht das IVSC die **International Valuation Standards (IVS)** im sog. White Book. Das **White Book** besteht aus drei International Valuation Standards (IVS), drei International Valuation Applications (IVA), die näher auf Bewertungsanlässe eingehen, und 15 Guidance Notes (GN), die spezielle Bewertungssachverhalte behandeln.[595] Die Standards sind grundsätzlich nicht verbindlich.[596] Für 2011 plant das IVSC eine überarbeitete Fassung der IVS zu veröffentlichen. In dieser Fassung, für die bereits ein Exposure Draft (Juni 2010) und ein Staff Draft (Februar 2011) vorliegen, strukturiert und benennt das IVSC die einzelnen Standards neu.[597] So sollen künftig allgemeine Standards, Application Standards und Asset Standards unterschieden werden. In der Version des Staff Drafts ist zudem ein Framework geplant, in dem einige der allgemeinen Standards aus dem Exposure Draft zusammengefasst werden. Zudem möchte der Standardsetter künftig u. a. auf umfangreiche Erläuterungen zu einzelnen Bewertungsmethoden verzichten, was im Sinne einer angestrebten international einheitlichen Bewertung zumindest kritisch zu sehen ist.[598] Möglicherweise könnten hier die geplanten Technical Information Paper, die Hilfestellungen insbesondere hinsichtlich der Methodologien der einzelnen Bewertungsverfahren geben sollen, nützlich sein.[599]

Für die Fair Value-Bewertung sind vor allem IVS 1, IVS 2, IVA 1, GN 1, GN 2, GN 8 und GN 9 relevant. **IVS 1 (Market Value Basis of Valuation)** definiert den Marktwert und IVS 2 (Bases Other Than Market Value) davon abgrenzend, weitere Wertmaßstäbe wie etwa den Investment Value.[600] Die Definitionen sind hierbei sehr ähnlich bzw. identisch zu denen in EVS 1, EVS 2 und PS 1 (RICS). Das White Book sieht genau wie Red Book, Blue Book, Appraisal Institute und ImmoWertV bei einer objektivierten Bewertung für Anlässe wie die Fair Value-Bewertung die Ermittlung eines Marktwerts vor.[601] Dafür werden der Cost Approach, der Sales Comparison Approach, der Income Capitalization Approach und der Discounted Cashflow-Approach als **Methoden zur**

594 Vgl. ZÜLCH, H., Bilanzierung von Investment Properties, S. 135.

595 Vgl. IVSC, IVS 2007, S. 12.

596 Es sei denn, sie werden von einem entsprechenden Gesetzesorgan für verbindlich erklärt. Vgl. IVSC, IVS 2007, S. 8 f.; FERNANDEZ, E., Property Valuation, S. 22.

597 Vgl. IVSC, ED IVS 2011 und IVSC, Staff Draft IVS 2011.

598 Vgl. IVSC, ED IVS 2011, S. 6-8; IVSC, Staff Draft IVS 2011, S. 5 f. Die klarere Strukturierung und die Vermeidung von doppelten Erläuterungen sind indes positiv hervorzuheben. Auf geplante, relevante Änderungen wird an den entsprechenden Stellen im weiteren Verlauf der Arbeit hingewiesen.

599 Vgl. hierzu vom IVSC etwa den Exposure Draft zum DCF-Verfahren (ED Technical Information Paper 1) und den zum Cost Approach (ED Technical Information Paper 2).

600 Diese beiden Standards werden künftig voraussichtlich im IVS Framework enthalten sein. Vgl. IVSC, Staff Draft IVS 2011, IVS Framework. Im ED waren sie noch in IVS 103 „Bases of Value" zusammengefasst. Vgl. IVSC, ED IVS 2011, IVS 103.

601 Vgl. LEOPOLDSBERGER, G., Britische Gutachter, S. 6.

Marktwertermittlung genannt und kurz skizziert.[602] Es wird in IVS 1 Abs. 1.4 explizit darauf hingewiesen, dass für alle Methoden auf aus dem Markt abgeleitete Daten zurückgegriffen werden soll.

IVA 1 (Valuation for Financial Reporting) verknüpft Aspekte der Bewertung mit den Anforderungen an Jahresabschlüsse, die in den IFRS genannt werden.[603] Es werden explizit die IFRS zitiert, für die eine Bewertung nach IVS wichtig sein könnte. In Bezug auf Renditeimmobilien werden hier die relevanten Passagen des IAS 40 zitiert und die Übereinstimmung von Marktwert und Fair Value im Sinne des IAS 40 festgestellt.[604] Während im Exposure Draft für die neuen IVS noch mehrere Standards mit direktem Bezug zu den IFRS vorgesehen waren,[605] ist im aktuellen Staff Draft wiederum nur ein Standard (IVS 300: Valuation for Financial Reporting) mit direktem IFRS-Bezug geplant. Hierin wird zur Fair Value-Bewertung auf IFRS 13 verwiesen, wodurch die aktuellen Entwicklungen beim IASB bereits berücksichtigt werden.[606]

In **GN 1 (Real Property Valuation)** setzt sich das IVSC, unabhängig von der Rechnungslegung, umfassend mit der Bewertung von Immobilien auseinander. In diesem Kontext werden auch ausführlich die für eine Immobilie wertbeeinflussenden Merkmale erläutert.[607] Zudem werden die oben bereits genannten Bewertungsverfahren in Bezug auf die Immobilienbewertung näher charakterisiert.[608] Insgesamt lässt sich feststellen, dass der Standardsetter hier zwar den Sales Comparison Approach bei Vorliegen entsprechender Vergleichsdaten präferiert, letztendlich aber keine Methode grundsätzlich als ungeeignet von der Bewertung ausschließt.[609] Wenngleich es wohl mit IVS 230 „Real Property Interests" weiterhin einen Standard für die klassische Immobilienbewertung geben soll, so wird in diesem voraussichtlich auf einen Großteil der Erläuterungen zu Bewertungsdetails verzichtet.[610]

GN 2 (Valuation of Lease Interests) erläutert u. a. den Unterschied zwischen Immobilien, die ohne bestehenden Mietvertrag und solchen die mit einem Mietvertrag bewertet werden. Sofern ein Mietvertrag vorliegt, kann der Besitzer nicht uneingeschränkt über die Immobilie verfügen, was

602 Vgl. IVSC, IVS 2007, S. 32 f. und 70 sowie IVS 1, Tz. 1.3. In dem ED für die überarbeitete Fassung der IVS wird der Sales Comparison Approach als Direct Market Comparison Approach und im Staff Draft als Market Approach bezeichnet. Vgl. IVSC, ED IVS 2011, IVS 102, Tz. 2; IVSC, Staff Draft IVS 2011, IVS Framework, Tz. 57 f.

603 Vgl. IVSC, IVS 2007, IVA 1, Tz. 1.0, 2.0 und 4.0.

604 Vgl. für die Übereinstimmung von Marktwert und Fair Value i. S. d. IAS 40 IVSC, IVS 2007, IVA 1, Tz. 5.5 und 6.7.2.1. Die Bedeutung der IVS für die Rechnungslegung wird auch vice versa durch den Hinweis in IAS 40.B52 f. deutlich.

605 So ist dort neben z. B. separaten Standards für die Leasing-Bilanzierung und für Impairments auch ein Standard für „Fair Value under International Financial Reporting Standards" (IVS 201.01) vorgesehen, der sich auf IFRS 13 in der Fassung des ED FVM bezieht. Vgl. IVSC, ED IVS 2011, IVS 200 Series.

606 Vgl. IVSC, Staff Draft IVS 2011, IVS 300.

607 Vgl. IVSC, IVS 2007, GN 1, Tz. 5.20-5.22.

608 Diese Verfahren werden im Rahmen dieser Arbeit in Abschnitt 332. näher erläutert.

609 Vgl. IVSC, IVS 2007, GN 1, Tz. 5.11.

610 Vgl. IVSC, Staff Draft IVS 2011, IVS 230. Im ED noch als IVS 303.01 „Valuations of Property Interests" bezeichnet. Vgl. IVSC, ED IVS 2011, IVS 303.01.

sich je nach Sachlage positiv oder negativ auf den Wert auswirken kann. Diese Guidance Note soll künftig in gestraffter Form zusammen mit GN 1 in IVS 230 enthalten sein.[611]

GN 8 (The Cost Approach for Financial Reporting) wird angewandt, wenn die Depreciated Replacement Costs im Rahmen der externen Rechnungslegung ermittelt werden müssen. Es wird erläutert, wie der Cost Approach anzuwenden ist. In der Guidance Note gibt es einen expliziten Hinweis auf IAS 16.33 a.F.[612], im Rahmen dessen der Wertansatz beim Revaluation Model relevant sein kann.[613] Durch das Fair Value Measurement-Projekt (IFRS 13) gewinnt die Guidance Note auch für Renditeimmobilien an Bedeutung. Dennoch soll es hierzu in den überarbeiteten IVS voraussichtlich keinen eigenen Standard mehr geben. Vielmehr werden die Informationen zum Cost Approach für Renditeimmobilien lediglich allgemein im IVS Framework und immobilienspezifisch in IVS 230 „Real Property Interests" erläutert.[614] Der Verzicht auf Detailinformationen entspricht zwar der geplanten Neukonzeption der IVS, wenngleich dies im Kontext der angestrebten Harmonisierung der internationalen Bewertung zunächst nicht unbedingt zu überzeugen vermag.[615] Allerdings könnte hier das geplante Technical Information Paper 2 zum Depreciated Replacement Approach diesbezüglich möglicherweise künftig Hilfestellung geben.[616]

GN 9 (Discounted Cash Flow Analysis for Market Valuations and Investment Analyses) erläutert umfassend, wie der Discounted Cashflow-Approach anzuwenden ist.[617] Diese Leitlinie ist nicht ausschließlich zur Bestimmung des Marktwerts entwickelt worden, sondern ist auch zur Ermittlung anderer Wertmaßstäbe anwendbar. Daher wird in der Guidance Note auf die Unterschiede verwiesen, die sich für das DCF-Verfahren in Abhängigkeit von der Zielgröße ergeben können.[618] Damit der ermittelte Wert ein Marktwert ist, sollten, sofern dies möglich ist,[619] grundsätzlich alle Parameter marktgestützt ermittelt werden.[620] Diese Anwendungshilfe ist im Rahmen der geplanten Überarbeitung der IVS nicht mehr vorgesehen, soll aber künftig durch ein Technical Information Paper ersetzt werden.[621]

---

[611] Vgl. IVSC, Staff Draft IVS 2011, IVS 230. Im ED noch als IVS 303.01 bezeichnet. Vgl. IVSC, ED IVS 2011, IVS 303.01.

[612] IAS 16 wird durch IFRS 13 an einigen Stellen modifiziert. Durch a.F. gekennzeichnete Textziffern von IAS 16 sind solche, die nur bis zum Inkrafttreten von IFRS 13 gültig sind.

[613] Vgl. IVSC, IVS 2007, GN 8, Tz. 4.1.

[614] Im Exposure Draft entspricht dies den Standards IVS 102 „Valuation Approaches" und IVS 303.01 „Valuation of Property Interests".

[615] Vgl. kritisch hierzu auch ERNST & YOUNG, CL19, S. 13; KPMG, CL47, S. 2.

[616] Vgl. für einen aktuellen Vorschlag hierzu IVSC, ED Technical Information Paper 2. Die Veröffentlichung des finalen Papers ist noch für 2011 geplant.

[617] Die einzelnen Regelungen der GN 9 werden bei der Darstellung des DCF-Verfahrens und bei der späteren Würdigung der einzelnen Inputparameter näher erläutert und entsprechend beurteilt.

[618] Vgl. u. a. IVSC, IVS 2007, GN 9, Tz. 5.4. Vgl. dazu auch FERNANDEZ, E., Property Valuation, S. 19-21.

[619] So sind z. B. abgeschlossene Mietverträge, die sich auf das spezifische Objekt beziehen, nicht marktgestützt ermittelbar. Vgl. IVSC, IVS 2007, GN 9, Tz. 5.1.

[620] Vgl. IVSC, IVS 2007, GN 9, Tz. 5.1.

[621] Vgl. für einen aktuellen Vorschlag hierzu IVSC, ED Technical Information Paper 1. Die Veröffentlichung des finalen Papers ist noch für 2011 geplant.

Abschließend lässt sich feststellen, dass die IVS international etablierte und vom IASB anerkannte Bewertungsstandards für Immobilien darstellen. Auch wenn die IVS in vielen Ländern noch nicht verbindlich anzuwenden sind, gewinnen sie zunehmend an Bedeutung.[622] Da der Marktwert geeignet ist, den Fair Value abzubilden, kämen somit zunächst theoretisch alle in den Standards genannten Bewertungsmethoden für eine Fair Value-Ermittlung nach IAS 40 bzw. IFRS 13 in Frage, da die IVS kein Verfahren explizit vorschreiben. Demzufolge werden diese international gebräuchlichen Methoden in den folgenden Abschnitten zunächst erläutert, um anschließend, gemeinsam mit den in Deutschland kodifizierten Methoden der ImmoWertV, im Hinblick auf ihre Eignung für die Fair Value-Ermittlung untersucht zu werden.

332. International gebräuchliche Bewertungsmethoden für Immobilien

332.1 Vorbemerkungen

International haben sich, wie bereits im vorangegangenen Kapitel angedeutet, insbesondere vier Bewertungsverfahren für Immobilien etabliert.[623] Diese sind in besonderem Maße durch die angelsächsischen Bewertungsvorstellungen geprägt. Im Einzelnen sind dies der Cost Approach, der Sales Comparison Approach, der Income Capitalization Approach und der Discounted Cashflow-Approach,[624] die u. a. auch in den IVS genannt werden.[625] Weitere Methoden wie der **Residual Approach**[626] und der **Profits Approach**[627] werden eher in **Spezialbereichen** angewandt und daher

[622] So sind die IVS bereits vom Appraisal Institute of Canada in deren Standards übernommen worden und somit für deren Mitglieder verpflichtend anzuwenden. Gleiches gilt für die Australian and New Zealand Valuation and Property Standards und die Philippine Valuation Standards. Vgl. dazu IVSC, Annual Report 2008/2009, S. 9. Zudem müssen die Mitglieder des Appraisal Institutes verbindlich entweder die IVS oder die USPAP anwenden. Vgl. APPRAISAL INSTITUTE, Appraisal of Real Estate, S. 651. Darüber hinaus hat auch das RICS große Teile der IVS in das für die Mitglieder verbindliche Red Book integriert. Vgl. RICS, RICS Valuation Standards, S. 1 f.

[623] Teilweise wird der Begriff der internationalen Bewertungsmethoden kritisiert, weil sie im Vergleich mit den deutschen Methoden nicht unbedingt eigene Verfahren darstellen. Vgl. SIMON, J., Internationale Bewertungsstandards, S. 270 f.

[624] Vgl. ZÜLCH, H., Immobilienbewertung, S. 219; ENGELBRECHT, B., Ordnungsmäßige Immobilienbewertung, S. 234 f. und 247; VDP, Europäische Immobilienmärkte, S. 41; SIMON, J., Angelsächsisches Verfahren, S. 38 f.

[625] Vgl. Kap. 331.5. Vgl. auch VDP, Europäische Immobilienmärkte, S. 42.

[626] Der Residual Approach, auch Residualwertverfahren genannt, ist neben dem Sales Comparison Approach eine weitere Möglichkeit, den Wert von Grundstücken (Residuum) zu bestimmen. Hierbei wird die maximale Preisbereitschaft eines Investors ermittelt. Dafür werden von dem mit einem barwertorientierten Verfahren ermittelten potentiellen Kaufpreis die Entwicklungskosten für die Immobilie abgezogen. Das verbleibende Residuum ist der Grundstückswert. Diese Methode wird auch für die Bewertung von Immobilien im Bau angewandt. Sie enthält viele subjektiv zu bestimmende Einflussgrößen und lässt sich nur schwer objektivieren, weswegen die Methode in der Literatur sehr umstritten ist. Vgl. allgemein zur Methode LEOPOLDSBERGER, G./SAFFRAN, P., Bewertung von Immobilien, S. 452; WHITE, D./TURNER, J./JENYON, B./LINCOLN, N., Internationale Bewertungsverfahren, S. 121-127. Vgl. kritisch u. a. SOTELO, R., WertV, S. 92; EHRENBERG, B., Residualwert, S. 7; GONDRING, H., Immobilienwirtschaft, S. 925-927; LEOPOLDSBERGER, G./SAFFRAN, P., Bewertung von Immobilien, S. 454-456; HOLZNER, P./RENNER, U., Ermittlung des Verkehrswertes, S. 492; KLEIBER, W., Residualpreis. Nach Meinung LEOPOLDSBERGERS überwiegen die Nachteile des Verfahrens so deutlich, dass keine objektivierte Wertermittlung möglich ist. Vgl. LEOPOLDSBERGER, G., Immobilienbewertung (Immobilienzyklen), S. 190-193.

[627] Der Profits Approach, auch Gewinnmethode genannt, wird insbesondere bei Spezialimmobilien angewandt, die in der Immobilie einen eigenen Gewerbebetrieb wie etwa ein Hotel beherbergen. Oft ist es für diese speziellen Immobilien schwierig, die entsprechende Marktmiete zu ermitteln. Daher werden die prognostizierten Einnahmen aus dem Gewerbebetrieb um sämtliche Ausgaben mit Ausnahme der tatsächlichen Miete gekürzt. Von dieser sogenannten „divisible balance" wird im Anschluss ein branchenüblicher Unternehmergewinn abgezogen. Das Ergebnis ist die potentielle Miete, die mit einem adäquaten Zinssatz diskontiert wird, um den Wert der Immobilie zu ermitteln.

im Rahmen dieser Arbeit nicht näher betrachtet. Im Folgenden werden nun die vier international gebräuchlichen Methoden, die im Wesentlichen ähnlich der auch in Deutschland angewandten Verfahren sind, sofern möglich mit Bezug auf die nationalen und internationalen Bewertungsstandards näher erläutert.[628]

332.2 Cost Approach

Der **Cost Approach** wird auch Cost of Replacement Approach, Depreciated Replacement Cost Method oder Contractors Method genannt.[629] Sofern der Cost Approach für Bilanzierungszwecke, etwa gemäß IAS 16.33 a.F. beim Revaluation Model,[630] angewandt wird, werden in der Regel die **Depreciated Replacement Costs**, die abgeschriebenen Wiederbeschaffungskosten, als Marktwert ermittelt.[631] Hierfür wird der Gebäudewert zu dem des Grundstücks addiert.[632] Für den **Gebäudewert** werden die Wiederbeschaffungskosten, d. h. die Normalherstellungskosten,[633] der Immobilie ermittelt, die benötigt werden, um eine Immobilie mit der gleichen Nutzungsleistung zu erstellen.[634] Dabei wird eine Wiederherstellung unter Berücksichtigung der neuesten technischen Entwicklung zugrunde gelegt.[635] Zudem wird eine entsprechende Alterswertminderung abgezogen.[636] Diese berücksichtigt die altersbedingte Abnutzung sowie die funktionale und die wirtschaftliche Überalte-

---

Dies ist ein spezielles, der Unternehmensbewertung sehr nahes, Verfahren, das nur für wenige Immobilien angewandt werden kann. Vgl. GONDRING, H., Immobilienwirtschaft, S. 941-943; WHITE, D./TURNER, J./JENYON, B./LINCOLN, N., Internationale Bewertungsverfahren, S. 135-143; BAUM, A./MACKMIN, D./NUNNINGTON, N., Income Approach, S. 231-235.

628 Möglicherweise werden in der geplanten aktualisierten Fassung der IVS einzelne Hinweise zu Bewertungsdetails in Zukunft nicht mehr enthalten sein, da sie konzeptionell nicht mehr vorgesehen sind. Nichtsdestotrotz können diese Erläuterungen wichtige Informationen zur Anwendung einzelner Verfahren bereithalten, weswegen sie auch nach einer Verabschiedung des Exposure Drafts nicht gänzlich ignoriert werden sollten. In diesem Zusammenhang sind daher die geplanten Technical Information Paper zu begrüßen.

629 Vgl. ZÜLCH, H., Immobilienbewertung, S. 219; ENGELBRECHT, B., Ordnungsmäßige Immobilienbewertung, S. 242; ähnlich BIENERT, S./REINBERG, M. P., Bewertungsverfahren, S. 475.

630 Der Cost Approach entspricht nicht dem Cost Model, bei dem die fortgeführten Anschaffungs- und Herstellungskosten ermittelt werden.

631 Vgl. IVSC, IVS 2007, GN 8, Tz. 1.0 und 3.1. Die TEGoVA hat die Definition aus den IVS übernommen. Vgl. TEGoVA, EVS 2009, EVS 2, Tz. 10.2. Der Begriff der replacement costs ist von den reproduction costs zu trennen, bei denen eine exakte Nachbildung der Immobilie, ggf. auf Basis veralteter Techniken, angestrebt wird. Vgl. für den Unterschied AICPA (Hrsg.), Real Estate Accounting, S. 11-4; APPRAISAL INSTITUTE, Appraisal of Real Estate, S. 385 f.

632 Vgl. zur Vorgehensweise auch IVSC, IVS 2007, GN 8, Tz. 3.1; ähnlich THE APPRAISAL FOUNDATION, USPAP 2010-2011, Standards Rule 1-4 (b); HELM, F. M., Investment Properties, S. 56.

633 Vgl. GONDRING, H., Immobilienwirtschaft, S. 929. Hier wird ähnlich dem deutschen Sachwertverfahren eine Umrechnung bspw. auf Kosten je Quadratmeter (Unit-in-Place Method) oder Kosten je Gewerk (Comparative-Unit Method) vorgenommen. Vgl. dazu auch BIENERT, S./REINBERG, M. P., Bewertungsverfahren, S. 477.

634 Vgl. dazu u. a. APPRAISAL INSTITUTE, Appraisal of Real Estate, S. 386-391. In der Regel werden drei verschiedene Möglichkeiten zur Kostenermittlung unterschieden: die Comparative Unit Method, die Unit in Place Method und die Quantity Survey Method. Vgl. dazu ausführlich ENGELBRECHT, B., Ordnungsmäßige Immobilienbewertung, S. 266-268; APPRAISAL INSTITUTE, Appraisal of Real Estate, S. 397-408.

635 Vgl. u. a. IVSC, IVS 2007, GN 8, Tz. 3.3 und 5.3.

636 Vgl. IVSC, IVS 2007, GN 8, Tz. 5.4; WHITE, D./TURNER, J./JENYON, B./LINCOLN, N., Internationale Bewertungsverfahren, S. 155 f. Vgl. für Möglichkeiten zur Berücksichtigung der Alterswertminderung ausführlich ENGELBRECHT, B., Ordnungsmäßige Immobilienbewertung, S. 268 f.; APPRAISAL INSTITUTE, Appraisal of Real Estate, S. 391-393 und 409-444.

rung der Immobilie.[637] Anders als beim deutschen Sachwertverfahren nach ImmoWertV ist neben dem beschriebenen Replacement Cost Approach indes auch die Anwendung des Simple Substitute Building Approach möglich, bei dem statt auf eine Rekonstruktion auf die Kosten eines funktionell vergleichbaren Gebäudes abgestellt wird.[638] Der **Bodenwert** ist in der Regel im Rahmen eines Vergleichswertverfahrens zu ermitteln.[639] Da es international grundsätzlich keine Gutachterausschüsse oder NHK-Sammlungen gibt, kann nicht auf Daten wie Bodenrichtwerte oder Normalherstellungskosten zurückgegriffen werden. Daher werden u. a. statistische Daten von Verbänden genutzt.[640] Eine Marktanpassung mit Sachwertfaktoren ist international nicht explizit vorgesehen,[641] wenngleich bei der Berechnung der Wertminderungen regelmäßig Marktgegebenheiten berücksichtigt werden können.[642]

Der **Cost Approach** ist somit ähnlich dem deutschen **Sachwertverfahren**, wird auf internationaler Ebene für Anlässe, die eine Marktwertermittlung bedingen, indes deutlich weniger genutzt als in Deutschland.[643] So wird der Sachwert mit der Begründung, dass er nicht auf marktgestützten Daten basieren würde, teilweise nicht als Marktwert betrachtet.[644] Die Methode wird aufgrund der Kostenorientierung zur Ermittlung eines Marktwerts auch als „method of last resort“[645] bezeichnet.[646] Demgegenüber wird argumentiert, dass die Marktteilnehmer nicht mehr für eine Immobilie zahlen würden, als ein entsprechender Nachbau kosten würde[647] und somit der Cost Approach doch Marktüberlegungen zu reflektieren vermag.[648]

Im Wesentlichen kommt der Cost Approach bei **Spezialimmobilien** in Betracht, bei denen weder Erträge noch Transaktionspreise vergleichbarer Immobilien ermittelt werden können.[649] Dies ist

637 Vgl. ausführlich BIENERT, S./REINBERG, M. P., Bewertungsverfahren, S. 476. Die wirtschaftliche Überalterung ist gemäß § 8 Abs. 3 ImmoWertV als objektspezifische Anpassung zu beachten und somit auch beim Sachwertverfahren zu berücksichtigen.

638 Vgl. u. a. SCARRETT, D., Property Valuation, S. 162; LEOPOLDSBERGER, G./THOMAS, M./NAUBEREIT, P., Immobilienbewertung, S. 520; GONDRING, H., Immobilienwirtschaft, S. 930; BIENERT, S./REINBERG, M. P., Bewertungsverfahren, S. 478. Diese Methode ist insbesondere bei älteren Gebäuden üblich. Vgl. ENGELBRECHT, B., Ordnungsmäßige Immobilienbewertung, S. 243.

639 Vgl. ENGELBRECHT, B., Ordnungsmäßige Immobilienbewertung, S. 243.

640 Vgl. GONDRING, H., Immobilienwirtschaft, S. 930; APPRAISAL INSTITUTE, Appraisal of Real Estate, S. 396 f.

641 Vgl. MEYER, J., Europäische Immobilienbewertungsstandards, S. 142.

642 Vgl. detailliert APPRAISAL INSTITUTE, Appraisal of Real Estate, S. 416-420; ähnlich MAYRZEDT, H./GEIGER, N./KLETT, E./BEYERLE, T., Internationales Immobilienmanagement, S. 450.

643 Vgl. ENGELBRECHT, B., Ordnungsmäßige Immobilienbewertung, S. 242; WHITE, D./TURNER, J./JENYON, B./LINCOLN, N., Internationale Bewertungsverfahren, S. 155; BIENERT, S./REINBERG, M. P., Bewertungsverfahren, S. 475.

644 Vgl. GONDRING, H., Immobilienwirtschaft, S. 929; MORGAN, J. F. W., Internationale Immobilienbewertung, S. 383.

645 SCARRETT, D., Property Valuation, S. 167.

646 Ähnlich TEGoVA, EVS 2009, EVS 2, Tz. 10.3.2. Für ein Plädoyer zur Abschaffung des Cost Approach vgl. MARCHITELLI, R., Rethinking the Cost Approach, S. 426.

647 Vgl. BIENERT, S./REINBERG, M. P., Bewertungsverfahren, S. 475.

648 Vgl. APPRAISAL INSTITUTE, Appraisal of Real Estate, S. 377 f. Es wird empfohlen, den Cost Approach vor allem bei relativ neuen Gebäuden anzuwenden, da hier Kosten und Marktwert noch relativ nahe beieinander liegen. Vgl. APPRAISAL INSTITUTE, Appraisal of Real Estate, S. 382; ähnlich LEOPOLDSBERGER, G., US-Gutachten, S. 7; COGGIN, D. T., Cost Approach, S. 144 f.

649 Vgl. ENGELBRECHT, B., Ordnungsmäßige Immobilienbewertung, S. 242; GONDRING, H., Immobilienwirtschaft, S. 929; IVSC, IVS 2007, GN 8, Tz. 5.2; ähnlich TEGoVA, EVS 2009, EVS 2, Tz. 10.1 und 10.3.1.

beispielsweise bei Ölraffinerien oder Kirchen der Fall.[650] Eine Anwendung ist aber auch in Ausnahmefällen bei Ein- oder Zweifamilienhäusern möglich,[651] wenn beispielsweise keine ausreichende Zahl an Vergleichsdaten für eine Anwendung des Sales Comparison Approach vorliegt.[652] Insgesamt lässt sich feststellen, dass der **methodische Unterschied** zwischen Cost Approach und deutschem Sachwertverfahren nach ImmoWertV zwar **eher gering** ist, der Cost Approach indes trotzdem seltener angewandt wird.[653]

332.3 Sales Comparison Approach

Der **Sales Comparison Approach**, u. a. auch Comparable Sales Approach[654], Value Comparison Approach[655], Direct Value Comparison Approach oder Direct Capital Comparison[656] genannt, ist vergleichbar mit dem deutschen Vergleichswertverfahren nach ImmoWertV.[657] Auch bei diesem Verfahren wird versucht, den Marktwert einer Immobilie durch den Rückgriff auf eine hinreichend große Zahl an Vergleichspreisen kürzlich erfolgter Transaktionen vergleichbarer Immobilien zu ermitteln.[658] Damit Immobilien vergleichbar sind, müssen sie hinsichtlich der wertbeeinflussenden, objektspezifischen Merkmale, wie beispielsweise Lage oder Zustand,[659] übereinstimmen.[660] Kleinere Abweichungen hinsichtlich der objektspezifischen Merkmale oder der Nähe zum Wertermittlungsstichtag können durch Zu- oder Abschläge berücksichtigt werden.[661] Der Vergleich wird auf Quadratmeter-Basis oder auf Basis sonstiger Einheiten durchgeführt.[662] Der Vergleichswert ergibt sich im Allgemeinen als (gewogenes) arithmetisches Mittel der betrachteten Vergleichspreise.[663]

---

650 Vgl. WHITE, D./TURNER, J./JENYON, B./LINCOLN, N., Internationale Bewertungsverfahren, S. 156; GONDRING, H., Immobilienwirtschaft, S. 929.

651 Vgl. KÖNIGSTEIN, M., Internationale Methoden, S. 283.

652 Vgl. APPRAISAL INSTITUTE, Appraisal of Real Estate, S. 382.

653 Vgl. LEOPOLDSBERGER, G./THOMAS, M./NAUBEREIT, P., Immobilienbewertung, S. 520.

654 Vgl. AICPA (Hrsg.), Real Estate Accounting, S. 11-5.

655 Vgl. BECK, M., Bilanzierung nach IAS 40, S. 500.

656 Vgl. ENGELBRECHT, B., Ordnungsmäßige Immobilienbewertung, S. 231; BIENERT, S./REINBERG, M. P., Bewertungsverfahren, S. 471.

657 Vgl. ZÜLCH, H., Immobilienbewertung, S. 219. Vgl. zur Vorgehensweise auch IVSC, IVS 2007, GN 1, Tz. 5.23; APPRAISAL INSTITUTE, Appraisal of Real Estate, S. 301 f.

658 Vgl. HELM, F. M., Investment Properties, S. 57; IVSC, IVS 2007, S. 32 und 70 sowie IVS 1, Tz. 1.3 f. Durch den Rückgriff auf Vergleichspreise wird hier, wie auch schon beim Vergleichswertverfahren nach ImmoWertV, auf eine explizite Berücksichtigung der Erwerbsnebenkosten potentieller Käufer verzichtet. So auch PÖRSCHKE, A., Transaktionskosten, S. 149.

659 Vgl. SHAPIRO, E./DAVIES, K./MACKMIN, D., Methods of Valuation, S. 49 f.; WHITE, D./TURNER, J./JENYON, B./LINCOLN, N., Internationale Bewertungsverfahren, S. 86; APPRAISAL INSTITUTE, Appraisal of Real Estate, S. 141.

660 Für eine Übersicht über mögliche wertbeeinflussende Merkmale vgl. ausführlich IVSC, IVS 2007, GN 1, Tz. 3.3, 5.20.1 und 5.22; APPRAISAL INSTITUTE, Appraisal of Real Estate, S. 309-311 und 322-343.

661 Vgl. LEOPOLDSBERGER, G., US-Gutachten, S. 7; GONDRING, H., Immobilienwirtschaft, S. 928; KÖNIGSTEIN, M., Internationale Methoden, S. 283. Hier sind etwa prozentuale oder auch absolute Wertanpassungen der Vergleichspreise möglich. Vgl. APPRAISAL INSTITUTE, Appraisal of Real Estate, S. 307; IVSC, IVS 2007, GN 1, Tz. 5.11.5.

662 Vgl. WHITE, D./TURNER, J./JENYON, B./LINCOLN, N., Internationale Bewertungsverfahren, S. 85; APPRAISAL INSTITUTE, Appraisal of Real Estate, S. 305 f.; IVSC, IVS 2007, GN 1, Tz. 5.11.3. Möglich sind hier, wie beim Vergleichswertverfahren nach ImmoWertV, auch Ertragswertmultiplikatoren. Vgl. IVSC, IVS 2007, GN 1, Tz. 5.23.3. A. A. ist das Appraisal Institute, das diese Vorgehensweise bereits dem Income Capitalization Approach zuordnet. Vgl. APPRAISAL INSTITUTE, Appraisal of Real Estate, S. 142.

663 Vgl. APPRAISAL INSTITUTE, Appraisal of Real Estate, S. 312 f.

Informationen über vergleichbare Immobilien können auf internationaler Ebene nicht über Gutachterausschüsse bezogen werden, sondern müssen aus Marktdaten, eigenen Auswertungen und Veröffentlichungen von Verbänden gewonnen werden.[664] Beim Sales Comparison Approach besteht ebenso wie für das Vergleichswertverfahren nach ImmoWertV das Problem, dass es nur selten Vergleichsobjekte gibt, die in allen wertbeeinflussenden, objektspezifischen Merkmalen mit der zu bewertenden Immobilie übereinstimmen werden. Aus diesem Grund wird auch hier in der Regel kein unmittelbarer sondern nur ein **mittelbarer Preisvergleich** möglich sein.[665]

Ebenso wie das deutsche Vergleichswertverfahren ist der Sales Comparison Approach das bevorzugte Verfahren zur Wertermittlung **unbebauter Grundstücke**.[666] Aufgrund der Vielzahl wertbeeinflussender Eigenschaften dürfte auch hier regelmäßig der mittelbare Preisvergleich angewandt werden, wenngleich international keine mit den deutschen Bodenrichtwertkarten vergleichbare Informationsbasis existiert.

Der Sales Comparison Approach eignet sich aufgrund der Anforderungen am ehesten für möglichst aktive Märkte mit möglichst homogenen Immobilien,[667] da dann die Vergleichswerte relativ objektiv aus dem Markt abgeleitet werden können und sich die (subjektive) Anpassung in Grenzen hält. Je mehr Anpassungen erforderlich sind, umso weniger glaubwürdig ist der ermittelte Wert.[668] Daher wird diese Methode, wie das Vergleichswertverfahren, am häufigsten für Wohnungen und unbebaute Grundstücke angewandt.[669] Der Sales Comparison Approach wird besonders in der angelsächsischen Bewertungspraxis **deutlich häufiger** als in Deutschland das Vergleichswertverfahren **angewandt**.[670] Beispielsweise ist in den USA der Immobilienmarkt oft transparenter, was eine Anwendung des Verfahrens erleichtert.[671] Transaktionsdaten werden hier häufig nicht anonymisiert sondern mit Angabe von Käufer, Verkäufer und Adresse des Objekts veröffentlicht.[672] Ansonsten eignet sich der Sales Comparison Approach indes auch insbesondere zur Plausibilisierung von Ertragswerten, die im Rahmen eines Barwertkalküls ermittelt wurden.[673]

664 Vgl. VOGEL, R. R., Angelsächsische Investitionsverfahren, S. 203; GONDRING, H., Immobilienwirtschaft, S. 928; APPRAISAL INSTITUTE, Appraisal of Real Estate, S. 302-304.

665 Vgl. auch KÖNIGSTEIN, M., Internationale Methoden, S. 283.

666 Vgl. APPRAISAL INSTITUTE, Appraisal of Real Estate, S. 362.

667 Vgl. ähnlich APPRAISAL INSTITUTE, Appraisal of Real Estate, S. 300.

668 Vgl. ähnlich SHAPIRO, E./DAVIES, K./MACKMIN, D., Methods of Valuation, S. 49.

669 Vgl. GONDRING, H., Immobilienwirtschaft, S. 927; SHAPIRO, E./DAVIES, K./MACKMIN, D., Methods of Valuation, S. 51; LEOPOLDSBERGER, G./THOMAS, M./NAUBEREIT, P., Immobilienbewertung, S. 500; für bebaute Grundstücke auch IVSC. Vgl. IVSC, IVS 2007, GN 1, Tz. 5.25.1.

670 Vgl. auch LEOPOLDSBERGER, G./THOMAS, M./NAUBEREIT, P., Immobilienbewertung, S. 500.

671 Dies trifft im Wesentlichen auch für den britischen Immobilienmarkt zu, wobei ein Grund für die häufigere Nutzung des Vergleichswertverfahrens auch in der größeren Uniformität der Immobilien in Großbritannien liegt. Vgl. RÜCHARDT, K., Immobilienbewertung in D und GB, S. 310; ENGELBRECHT, B., Ordnungsmäßige Immobilienbewertung, S. 231 f. Ferner gibt es dort diverse Institutionen, die entsprechende Vergleichsdaten veröffentlichen. Vgl. dazu BIENERT, S./REINBERG, M. P., Bewertungsverfahren, S. 472.

672 Vgl. LEOPOLDSBERGER, G., US-Gutachten, S. 7; KÖNIGSTEIN, M., Internationale Methoden, S. 283.

673 Vgl. WHITE, D./TURNER, J./JENYON, B./LINCOLN, N., Internationale Bewertungsverfahren, S. 94; KÖNIGSTEIN, M., Internationale Methoden, S. 283. Vgl. zu Ertragswerten Kap. 332.4 und 332.5.

Insgesamt kann festgestellt werden, dass die Vorgehensweise des **Sales Comparison Approach** mit der des **Vergleichswertverfahrens** nach ImmoWertV grundsätzlich übereinstimmt.[674] Beide Verfahren weisen eine hohe Marktorientierung auf[675] und sind daher bei Vorhandensein entsprechender Vergleichspreise die bevorzugte Bewertungsmethode.[676] Die Anwendbarkeit des Verfahrens ist daher im Wesentlichen von dem Transaktionsvolumen und der Transparenz des Immobilienmarkts abhängig.

332.4 Income Capitalization Approach

332.41 Grundmodell des Income Capitalization Approach

Eine weitere Methode zur Immobilienbewertung ist der **Income Capitalization Approach**, der auch als Direct Capitalization Approach[677], als Investment Method[678] oder als Growth Implicit Model[679] bezeichnet wird.[680] Diese international gebräuchliche Methode ähnelt dem deutschen Ertragswertverfahren nach ImmoWertV,[681] wenngleich es sich in einigen Aspekten von dieser Methode unterscheidet.

Bei dem Income Capitalization Approach werden die gegenwärtig erzielbaren Überschüsse (Net Operating Income) mit Hilfe eines Diskontierungsfaktors zum **Barwert einer ewigen Rente** diskontiert.[682] Das Net Operating Income (Reinertrag)[683] ergibt sich durch Abzug der nichtumlagefähigen Outgoings (Bewirtschaftungskosten) von der jährlich gezahlten Marktmiete (Jahresrohertrag).[684] Der Diskontierungsfaktor, der auch als All Risk Yield[685] bezeichnet wird,[686] soll dabei implizit u. a. die Erwartungen an potentielle, künftige Mietwertsteigerungen, also eine Wachstumsrate, enthalten.[687] Explizite Prognosen künftiger erwarteter Mietsteigerungen können dadurch unterbleiben.[688] Darauf ist auch die Bezeichnung Growth Implicit Model zurückzuführen.[689] Der All

[674] Vgl. GONDRING, H., Immobilienwirtschaft, S. 928; LEOPOLDSBERGER, G./THOMAS, M./NAUBEREIT, P., Immobilienbewertung, S. 500; LEOPOLDSBERGER, G., Kontinuierliche Wertermittlung, S. 94; BIENERT, S./REINBERG, M. P., Bewertungsverfahren, S. 471.

[675] Vgl. APPRAISAL INSTITUTE, Appraisal of Real Estate, S. 297; IVSC, IVS 2007, GN 1, Tz. 5.11.

[676] Vgl. APPRAISAL INSTITUTE, Appraisal of Real Estate, S. 300; IVSC, IVS 2007, GN 1, Tz. 5.11.1.

[677] Vgl. AICPA (Hrsg.), Real Estate Accounting, S. 11-6; BIENERT, S./REINBERG, M. P., Bewertungsverfahren, S. 479.

[678] Vgl. THOMAS, M., Income Approach (1. Teil), S. 37.

[679] Vgl. KÖNIGSTEIN, M., Internationale Methoden, S. 284.

[680] Vgl. BECK, M., Bilanzierung nach IAS 40, S. 500.

[681] Vgl. BECK, M., Wertermittlung bei Immobilien, S. 353; LEOPOLDSBERGER, G., Kontinuierliche Wertermittlung, S. 95.

[682] Vgl. IVSC, IVS 2007, GN 1, Tz. 5.12.4 f.; THOMAS, M., Income Approach (2. Teil), S. 82; APPRAISAL INSTITUTE, Appraisal of Real Estate, S. 465 f.; LEOPOLDSBERGER, G./THOMAS, M./NAUBEREIT, P., Immobilienbewertung, S. 503. Es wird von einer jährlich nachschüssigen Mietzahlung ausgegangen. Vgl. GONDRING, H., Immobilienwirtschaft, S. 932.

[683] Vgl. ENGELBRECHT, B., Ordnungsmäßige Immobilienbewertung, S. 255.

[684] Vgl. GONDRING, H., Immobilienwirtschaft, S. 932; LEOPOLDSBERGER, G./THOMAS, M./NAUBEREIT, P., Immobilienbewertung, S. 500; APPRAISAL INSTITUTE, Appraisal of Real Estate, S. 457. Vgl. zur Abgrenzung der Bewirtschaftungskosten ausführlich Kap. 433.

[685] Der All Risk Yield soll sämtliche wertbestimmenden Determinanten reflektieren Vgl. SOTELO, R., WertV, S. 93.

[686] Vgl. GONDRING, H., Immobilienwirtschaft, S. 931.

[687] Vgl. SCARRETT, D., Property Valuation, S. 83 f.; FRIEDRICHS, J.-C., Zinssätze in Wertermittlungen, S. 129. Vgl. auch ausführlich Kap. 443.

[688] Vgl. SCARRETT, D., Property Valuation S. 83.

Risk Yield kann u. a. ähnlich wie der Liegenschaftszins mit Hilfe von vergleichbaren Transaktionen als Verhältnis von aktuellem Net Operating Income des ersten Jahres zum Kaufpreis des Objekts ermittelt werden.[690] Die Berechnung des gesamten Marktwerts sei noch einmal an folgender Formel verdeutlicht:[691]

$$\text{Marktwert} = \frac{\text{Net Operating Income}}{\text{All Risk Yield}}$$

Formel 6: Income Capitalization Approach

Anders als beim Liegenschaftszinssatz werden regelmäßig weder die **Restnutzungsdauer** noch der **Bodenwert** explizit bei der Zinsermittlung berücksichtigt.[692] Gleiches gilt auch für die Wertermittlung selbst.[693] Die Erwerbsnebenkosten eines potentiellen Käufers werden abhängig von den verwandten Parametern implizit im Zinssatz oder explizit durch Abzug der Kosten vom Brutto-Marktwert abgebildet.[694]

Der Income Capitalization Approach wird vornehmlich für die Bewertung von **renditeorientierten Immobilien** verwandt,[695] was der **Anwendung** des Ertragswertverfahrens nach der ImmoWertV entspricht. Wird eine Immobilie zur Marktmiete vermietet, was als **rack-rented** bezeichnet wird, so kann prinzipiell direkt das oben in Formel 6 vorgestellte Konzept angewandt werden.[696] Wie auch bei dem deutschen Verfahren werden von der Marktmiete abweichende Vertragsmieten durch objektspezifische Anpassungen explizit berücksichtigt, wenngleich sich die methodische Vorgehensweise in Teilen unterscheidet.[697] Im folgenden Abschnitt wird daher die Vorgehensweise für den Income Capitalization Approach dargestellt.

---

689 Vgl. LEOPOLDSBERGER, G., Kontinuierliche Wertermittlung, S. 99. Teilweise wird der Income Capitalization Approach auch als statisches Verfahren bezeichnet, weil der Cashflow im Zähler im Vergleich zum DCF-Verfahren, als dynamisches Verfahren, im Zeitablauf konstant bleibt. Vgl. LEOPOLDSBERGER, G., Kontinuierliche Wertermittlung, S. 99 und 105.

690 Vgl. APPRAISAL INSTITUTE, Appraisal of Real Estate, S. 462 und 501. Der All Risk Yield wird in den USA typischerweise als Overall Capitalization Rate bezeichnet.

691 Vgl. ähnlich BAUM, A./MACKMIN, D./NUNNINGTON, N., Income Approach, S. 92 f.; FRIEDRICHS, J.-C., Zinssätze in Wertermittlungen, S. 129. Teilweise wird das Net Operating Income statt durch den All Risk Yield dividiert zu werden, auch mit dessen Kehrwert, dem sogenannten Year's Purchase multipliziert. Vgl. APPRAISAL INSTITUTE, Appraisal of Real Estate, S. 500.

692 Vgl. ausführlich zu den Ermittlungsmöglichkeiten des All Risk Yield Kap. 443.

693 Vgl. VDP, Europäische Immobilienmärkte, S. 47; LEOPOLDSBERGER, G./THOMAS, M./NAUBEREIT, P., Immobilienbewertung, S. 517; BIENERT, S./REINBERG, M. P., Bewertungsverfahren, S. 480. Deswegen wird das Verfahren von KLEIBER als „Magerform" des Ertragswertverfahrens bezeichnet. Vgl. KLEIBER, W., Internationale Bewertungsverfahren, S. 204.

694 Vgl. dazu ausführlich Kap. 231. und 443.

695 Vgl. IVSC, IVS 2007, GN 1, Tz. 5.12.2.; GONDRING, H., Immobilienwirtschaft, S. 930; SHAPIRO, E./DAVIES, K./MACKMIN, D., Methods of Valuation, S. 14 f.; ENGELBRECHT, B., Ordnungsmäßige Immobilienbewertung, S. 234.

696 Vgl. THOMAS, M., Income Approach (2. Teil), S. 82; KORMAIER, B., Income Capitalisation Model, S. 380; GONDRING, H., Immobilienwirtschaft, S. 932.

697 Vgl. GONDRING, H., Immobilienwirtschaft, S. 941.

332.42 Berücksichtigung von over- und underrented properties beim Income Capitalization Approach

332.421. Vorbemerkungen

Wenn die aktuelle Marktmiete die vertraglich vereinbarte Miete übersteigt, ist eine Immobilie **underrented**. Dies ist etwa möglich, wenn die Marktmiete seit Abschluss des Mietvertrags gestiegen ist.[698] Im konträren Fall handelt es sich um ein **overrented** property.[699] Diese Situation ist beispielsweise auf konjunkturelle Schwankungen der Marktmieten zurückzuführen.[700] In beiden Fällen ist zwischen der Miete bis zur Anpassung an das Marktniveau und der Miete für den Anschlusszeitraum zu unterscheiden.[701] Hierfür kommen das Hardcore Model und das Term and Reversion Model in Betracht.[702] Während das Term and Reversion Model im Wesentlichen mit dem gleichnamigen Modell des Ertragswertverfahrens nach ImmoWertV übereinstimmt, können sich für das Hardcore Model im Vergleich zum Top and Bottom Slicing Model geringe Unterschiede ergeben, die im Folgenden erläutert werden.[703] Grundsätzlicher Unterschied beider Verfahren im Vergleich zum Ertragswertverfahren ist, dass die Cashflows in die Unendlichkeit betrachtet werden und mithin nicht durch die Restnutzungsdauer der Immobilie begrenzt werden.[704]

332.422. Hardcore Model

Beim **Hardcore Model** werden die beiden Zahlungsströme (Vertragsmiete und Marktmiete) horizontal unterteilt, wobei als Core immer die Miete angesetzt wird, die niedriger ist. Ist die Immobilie underrented, wäre dies die Vertragsmiete, ist sie overrented, handelt es sich um die aktuelle Marktmiete. Der Core wird jeweils als ewige Rente diskontiert und der den Core übersteigenden Betrag (Top Slice) wird je nach Vertragssituation für einen bestimmten Zeitraum oder als ewige Rente diskontiert. Der Barwert hiervon wird zu dem Barwert des Core addiert. Ist die Vertragsmiete höher als die aktuelle Marktmiete (**overrent**), wird die Differenz für die Dauer der Vertragsbindung berücksichtigt und entsprechend diskontiert.[705] Ist die Marktmiete höher als die Vertragsmiete (**underrent**), wird die Differenz zwischen Markt- und Vertragsmiete ab Auslaufen des Mietvertrags als ewige Rente kapitalisiert und auf den Wertermittlungsstichtag mit dem (angepassten) All Risk Yield diskontiert.[706] Eine grafische Darstellung dieser Methode findet sich in der folgenden Abbildung 6.

---

698 Vgl. SHAPIRO, E./DAVIES, K./MACKMIN, D., Methods of Valuation, S. 132.

699 Vgl. KÖNIGSTEIN, M., Internationale Methoden, S. 285.

700 Vgl. CROSBY, N./FRENCH, N./WARD, C., UK market valuation methods, S. 102; WHITE, D./TURNER, J./JENYON, B./LINCOLN, N., Internationale Bewertungsverfahren, S. 103.

701 Vgl. KÖNIGSTEIN, M., Internationale Methoden, S. 285.

702 Vgl. SHAPIRO, E./DAVIES, K./MACKMIN, D., Methods of Valuation, S. 137 und 213; SCARRETT, D., Property Valuation, S. 87.

703 Vgl. für eine Erläuterung des Top and Bottom Slicing Model und des Term and Reversion Model im Ertragswertverfahren nach ImmoWertV ausführlich Kap. 322.322.

704 Vgl. zur Berücksichtigung der Restnutzungsdauer auch ausführlich Kap. 45.

705 Vgl. GONDRING, H., Immobilienwirtschaft, S. 938.

706 Vgl. auch ENGELBRECHT, B., Ordnungsmäßige Immobilienbewertung, S. 237; GONDRING, H., Immobilienwirtschaft, S. 936.

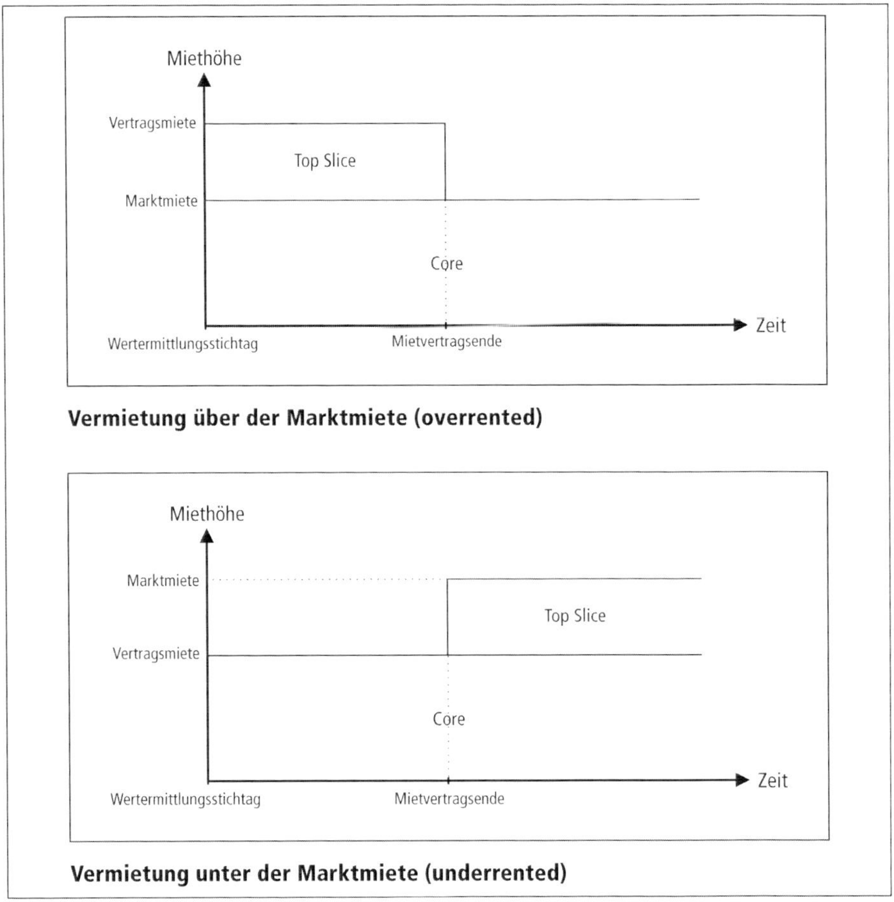

Abbildung 6: Hardcore Model beim Income Capitalization Approach[707]

Dieses Modell unterscheidet sich von dem üblichen Verfahren im Rahmen des Ertragswertverfahrens nach ImmoWertV dadurch, dass die Zahlungsströme an unterschiedlichen Stellen horizontal getrennt werden. Beim Ertragswertverfahren wird anders als beim Income Capitalization Approach grundsätzlich die marktübliche Miete als ewige Rente berechnet und davon dann entsprechend Zu- oder auch Abschläge durch die Differenz zwischen marktüblicher Miete und Vertragsmiete vorgenommen. Diese Methodik ist indes auch im Rahmen des Income Capitalization Approach möglich und wird alternativ auch angewandt.[708]

[707] In Anlehnung an GONDRING, H., Immobilienwirtschaft, S. 935 und 939.

[708] Vgl. SCARRETT, D., Property Valuation, S. 89 f.

Bei Anwendung des Hardcore Models sind die **Diskontierungszinssätze**, im Vergleich zur Wertermittlung bei rack-rented Immobilien, in der Regel entsprechend zu modifizieren, da unterschiedliche Risiken berücksichtigt werden.[709] Dies kann unter Umständen mit Problemen und Ermessensspielräumen verbunden sein.[710] Ist die Immobilie **overrented**, so ist der Core (Marktmiete) mit dem All Risk Yield zu diskontieren. Der Top Slice, der nur für die Dauer des Mietvertrags anfällt, wird mit einem All Risk Yield diskontiert, der wie beim Ertragswertverfahren der Liegenschaftszinssatz um einen Zuschlag erhöht wird.[711] Der Zinssatz für den Core kann somit prinzipiell dann glaubwürdig ermittelt werden, wenn der All Risk Yield objektivierbar ist. Die Diskontierung des Top Slice enthält indes subjektive Aspekte. Die Argumentation ist an dieser Stelle analog zu der für das Ertragswertverfahren nach ImmoWertV.[712]

Im Fall der **underrented** properties ist die Argumentation meist leicht verändert im Vergleich zu dem in Deutschland üblichen Verfahren.[713] Der Core wird hier durch die Höhe der Vertragsmiete bestimmt und liegt somit unter der Marktmiete. Daher wird in der Regel ein niedrigerer Zinssatz im Vergleich zum All Risk Yield als adäquat betrachtet. Für die Diskontierung des Top Slice wird häufig ein höherer Zinssatz als der All Risk Yield angesetzt, weil der Core bereits mit einem niedrigeren Zinssatz diskontiert wurde. Insgesamt kann sich so für die Phase der ewigen Rente der All Risk Yield zur Diskontierung der gesamten Cashflows ergeben.[714] In der Praxis wird häufig ein Aufschlag von 2 % verwandt.[715] Sofern zwei getrennte Zinssätze angewandt werden, die beide nicht

709 Vgl. KORMAIER, B., Income Capitalisation Model, S. 383.

710 Vgl. THOMAS, M., Income Approach (2. Teil), S. 84; GONDRING, H., Immobilienwirtschaft, S. 938.

711 Vgl. KORMAIER, B., Income Capitalisation Model, S. 384; THOMAS, M., Income Approach (2. Teil), S. 84; BAUM, A./CROSBY, N., Property Investment Appraisal, S. 119; BIENERT, S./REINBERG, M. P., Bewertungsverfahren, S. 489. Der Aufschlag wird weitestgehend intuitiv bestimmt. Vgl. CROSBY, N./GOODCHILD, R., Reversionary Freeholds, S. 75 f. und 78.

712 Vgl. Kap. 322.322. Teilweise wird dieser Ansatz bei overrented properties kritisiert, weil der Top Slice überbewertet werden könnte, da dieser über die gesamte Vertragslaufzeit angesetzt wird. Da auch die Marktmiete im Zeitablauf dynamisch ist und steigt, ist es möglich, dass die nächste vertragliche Mieterhöhung erst dann ansteht, wenn die Marktmiete die Vertragsmiete zwischenzeitlich bereits überschritten hat. In dem Fall wird der Top Slice zu hoch bewertet. Vgl. dazu ausführlich Kap. 443.7 sowie BAUM, A./CROSBY, N., Property Investment Appraisal, S. 120 f.; THOMAS, M., Income Approach (2. Teil), S. 85 f.; KÖNIGSTEIN, M., Internationale Methoden, S. 287; LEOPOLDSBERGER, G./THOMAS, M./NAUBEREIT, P., Immobilienbewertung, S. 510; VDP, Europäische Immobilienmärkte, S. 45; BIENERT, S./REINBERG, M. P., Bewertungsverfahren, S. 491; CROSBY, N./GOODCHILD, R., Reversionary Freeholds, S. 69.

713 Allerdings ist auch die in Deutschland gebräuchliche Vorgehensweise mit dem Abzug von Mindererlösen möglich. Vgl. SCARRETT, D., Property Valuation, S. 89 f.

714 Vgl. KORMAIER, B., Income Capitalisation Model, S. 384; ähnlich SCARRETT, D., Property Valuation, S. 91; KÖNIGSTEIN, M., Internationale Methoden, S. 287; GONDRING, H., Immobilienwirtschaft, S. 935. A. A. in Bezug auf die Diskontierung des Top Slice WHITE, D./TURNER, J./JENYON, B./LINCOLN, N., Internationale Bewertungsverfahren, S. 102. Sie mindern zwar den Zinssatz des Core, lassen den Zinssatz für den Top Slice indes auf Höhe des vorher festgelegten All Risk Yield.

715 Vgl. BAUM, A./CROSBY, N., Property Investment Appraisal, S. 109. Vereinfachend ist auch der Ansatz des All Risk Yield für beide Layer möglich, da der Wert von beiden als ewige Rente ermittelt wird und ab Auslaufen des Mietvertrags in der Summe nur die Marktmiete diskontiert wird. Vgl. KORMAIER, B., Income Capitalisation Model, S. 384; GONDRING, H., Immobilienwirtschaft, S. 935; LEOPOLDSBERGER, G./THOMAS, M./NAUBEREIT, P., Immobilienbewertung, S. 509. Hierbei werden indes Verzerrungen des Core-Werts für die Dauer der Vertragslaufzeit akzeptiert.

dem All Risk Yield entsprechen, erhöht sich der Ermessensspielraum im Vergleich zum Top and Bottom Slicing Model des Ertragswertverfahrens nach ImmoWertV.

332.423. Term and Reversion Model

Beim **Term and Reversion Model** werden die Zahlungsströme nicht horizontal sondern vertikal geteilt. Die folgende Abbildung 7 veranschaulicht das Modell:

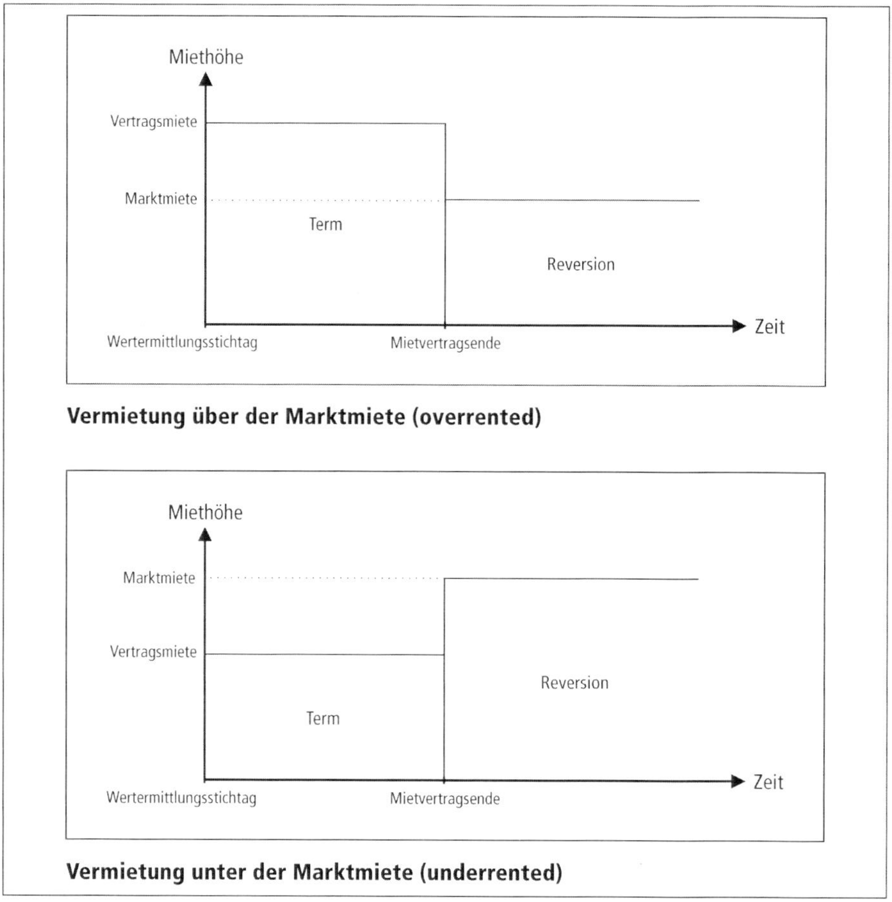

Abbildung 7: Term and Reversion Model beim Income Capitalization Approach[716]

Es werden, wie beim Ertragswertverfahren nach ImmoWertV, jeweils die aufeinanderfolgenden Perioden mit gleichen Mieterlösen zu einer Phase zusammengefasst (Phasenmodell) und der Wert

716 In Anlehnung an GONDRING, H., Immobilienwirtschaft, S. 933 und 937.

der einzelnen Phase zu Phasenbeginn durch Kapitalisierung ermittelt. Anschließend werden diese Werte, sofern erforderlich, auf den Wertermittlungsstichtag diskontiert.[717] Die Barwerte der einzelnen Phasen am Wertermittlungsstichtag werden anschließend addiert.[718] Der Zeitraum bis zum Auslaufen des Mietvertrags wird wiederum als Term und der Zeitraum danach als Reversion bezeichnet.[719]

Auch hier ist es theoretisch und praktisch nur schwer möglich, einen adäquaten **Diskontierungszinssatz** zu ermitteln. Bei **overrented** properties wird die Marktmiete in der Reversion mit dem All Risk Yield diskontiert. Die Vertragsmiete (Term), die die Marktmiete übersteigt, wird wie auch beim Ertragswertverfahren mit einem im Vergleich zum All Risk Yield erhöhten Zinssatz diskontiert, um das erhöhte Ausfallrisiko der Mieter zu berücksichtigen.[720] Indes gibt es derzeit, wie auch schon für die Zu- und Abschläge bei den anderen Verfahrensvarianten des Ertragswertverfahrens und des Income Capitalization Approach, keine theoretischen Konzepte, die diese Auswirkungen auf den Zinssatz genau zu bewerten vermögen.[721] Mithin könnte der Zinssatz nur beim Vorliegen aktueller Kaufpreise einer exakt gleichen Immobilie mit gleichen Mietverträgen bestimmt werden, was regelmäßig nicht der Fall sein dürfte. KORMAIER plädiert, ohne dies näher zu begründen, für eine Erhöhung des Zinssatzes um ca. 0,25 %.[722] Die Erhöhung sollte niedriger ausfallen als für den Top Slice beim Hardcore Model, da das höhere Risiko nicht für die gesamte Vertragsmiete besteht, sondern nur für den Teil, der die Marktmiete übersteigt, also für den Top Slice.[723] Effektiv wird demnach mit einer Art Durchschnittszinssatz gerechnet, der die verschiedenen Risikoausprägungen des Terms berücksichtigt.[724]

Während die Marktmiete in der Reversion wiederum mit dem All Risk Yield diskontiert wird, wird der Zinssatz für die Diskontierung der Vertragsmiete (Term) bei **underrented** properties in der Regel leicht nach unten korrigiert (ca. 0,5 bis 1 %), um die größere Sicherheit der Zahlungen zu reflektieren.[725] Es wird deutlich, dass die Ermittlung des Diskontierungszinssatzes ähnlich wie beim Ertragswertverfahren nach ImmoWertV erheblichen Ermessensspielräumen unterliegt.

---

717 Vgl. GONDRING, H., Immobilienwirtschaft, S. 938; BIENERT, S./REINBERG, M. P., Bewertungsverfahren, S. 485.

718 Vgl. KÖNIGSTEIN, M., Internationale Methoden, S. 286.

719 Vgl. SHAPIRO, E./DAVIES, K./MACKMIN, D., Methods of Valuation, S. 133 und 135; KÖNIGSTEIN, M., Internationale Methoden, S. 285 f.; WHITE, D./TURNER, J./JENYON, B./LINCOLN, N., Internationale Bewertungsverfahren, S. 98.

720 Vgl. GONDRING, H., Immobilienwirtschaft, S. 937; SEVELKA, T., Valuation of leased income-producing properties, S. 23 und 25.

721 Vgl. auch CROSBY/GOODCHILD, die darauf hinweisen, dass diese Anpassungen daher weitestgehend intuitiv vorgenommen werden. Vgl. CROSBY, N./GOODCHILD, R., Reversionary Freeholds, S. 75 f. und 78.

722 Vgl. KORMAIER, B., Income Capitalisation Model, S. 384.

723 Vgl. GONDRING, H., Immobilienwirtschaft, S. 937.

724 Vgl. kritisch zur Anwendung des Term and Reversion Model bei overrented properties, weil u. U. Wachstumseffekte doppelt berücksichtigt werden, ausführlich Kap. 442.5 und 443.7 und GONDRING, H., Immobilienwirtschaft, S. 937; WHITE, D./TURNER, J./JENYON, B./LINCOLN, N., Internationale Bewertungsverfahren, S. 104.

725 Vgl. KORMAIER, B., Income Capitalisation Model, S. 384; GONDRING, H., Immobilienwirtschaft, S. 933; SCARRETT, D., Property Valuation, S. 87; LEOPOLDSBERGER, G./THOMAS, M./NAUBEREIT, P., Immobilienbewertung, S. 506; KÖNIGSTEIN, M., Internationale Methoden, S. 286; BIENERT, S./REINBERG, M. P., Bewertungsverfahren, S. 485 f.; WHITE, D./TURNER, J./JENYON, B./LINCOLN, N., Internationale Bewertungsverfahren, S. 100. Die Mieteinnahmen sind durch die vertragliche Vereinbarung abgesichert und außerdem ist die Miete unterhalb der ak-

Insgesamt lässt sich feststellen, dass sich der Income Capitalization Approach und das **Ertragswertverfahren nach ImmoWertV** hinsichtlich ihres Anwendungsbereichs weitestgehend entsprechen.[726] Methodisch unterscheidet sich der Income Capitalization Approach von dem deutschen Verfahren, abgesehen von verschiedenen Interpretationen hinsichtlich der eingehenden Parameter,[727] insbesondere durch die fehlende explizite Berücksichtigung von Bodenwert und Restnutzungsdauer.

332.5 Discounted Cashflow Approach (DCF-Verfahren)

Ein weiteres barwertorientiertes Verfahren zur Marktwertermittlung von Immobilien ist der Discounted Cashflow-Approach (**DCF-Verfahren**), der auch als Yield Capitalization[728] oder Prognoseverfahren[729] bezeichnet wird. Dieses Verfahren, das ursprünglich aus dem Bereich der Investitionsrechnung und der Unternehmensbewertung stammt,[730] hat in den vergangenen Jahren vermehrt Eingang in die Marktwertermittlung von Immobilien gefunden.[731]

Ähnlich wie beim Income Capitalization Approach werden Netto-Cashflows diskontiert. Indes werden beim DCF-Verfahren die erwarteten künftigen Cashflows unter Berücksichtigung erwarteter **Mietsteigerungen explizit prognostiziert** und anschließend (in der Regel) jahrweise auf den Wertermittlungsstichtag diskontiert, bevor sie addiert den Marktwert[732] ergeben.[733] Der dafür erforderliche Diskontierungszinssatz kann auf verschiedene Arten ermittelt werden, die im weiteren Verlauf der Arbeit noch ausführlich diskutiert werden.[734] Aufgrund der expliziten Berücksichtigung von Prognosen wird dieses Verfahren häufig auch als dynamisches Verfahren oder als Growth Explicit Model bezeichnet,[735] wenngleich die dynamische Komponente implizit beim Income Capitalization Approach auch berücksichtigt wird. Wie auch schon beim Income Capitalization Approach werden

---

tuellen Marktmiete. Vgl. THOMAS, M., Income Approach (2. Teil), S. 83. Vgl. ähnlich für das Ertragswertverfahren nach ImmoWertV Kap. 322.322.

726 Vgl. GONDRING, H., Immobilienwirtschaft, S. 940.

727 Vgl. dafür ausführlich Kap. 4.

728 Vgl. APPRAISAL INSTITUTE, Appraisal of Real Estate, S. 465 f.; IVSC, IVS 2007, GN 1, Tz. 5.12.5. Unter die Yield Capitalization wird auch die interne Zinsfußmethode subsumiert, die indes eher für Investitionsentscheidungen denn für Marktwertermittlungen i. S. eines Net Present Value geeignet ist. Vgl. ENGELBRECHT, B., Ordnungsmäßige Immobilienbewertung, S. 261; ähnlich SCARRETT, D., Property Valuation, S. 104.

729 Vgl. KLEIBER, W., Wertermittlungsverfahren, S. 53.

730 Vgl. FRIEDRICHS, J.-C., Zinssätze in Wertermittlungen, S. 131; GONDRING, H., Immobilienwirtschaft, S. 623; SHAPIRO, E./DAVIES, K./MACKMIN, D., Methods of Valuation, S. 173; BIENERT, S./REINBERG, M. P., Bewertungsverfahren, S. 495.

731 Vgl. SCARRETT, D., Property Valuation, S. 103; SHAPIRO, E./DAVIES, K./MACKMIN, D., Methods of Valuation, S. 173; HERSBERGER, D., Wertermittlung, S. 44; BECK, M., Bewertung nach WertV, S. 225; BIENERT, S./REINBERG, M. P., Bewertungsverfahren, S. 495.

732 In der angelsächsischen Literatur wird das Ergebnis auch als Net Present Value bezeichnet. Vgl. u. a. BAUM, A./CROSBY, N., Property Investment Appraisal, S. 63; PHYRR, S. A./COOPER, J./WOFFORD, L. E./KAPPLIN, S. D./LAPIDES, P. D., Real Estate Investment, S. 72.

733 Vgl. SHAPIRO, E./DAVIES, K./MACKMIN, D., Methods of Valuation, S. 173 f.; BAUM, A./CROSBY, N., Property Investment Appraisal, S. 63; FRIEDRICHS, J.-C., Zinssätze in Wertermittlungen, S. 131; ähnlich SCARRETT, D., Property Valuation, S. 103 f.; APPRAISAL INSTITUTE, Appraisal of Real Estate, S. 466 f.; IVSC, IVS 2007, GN 9, Tz. 1.1.

734 Vgl. dazu ausführlich Kap. 444.

735 Vgl. KÖNIGSTEIN, M., Internationale Methoden, S. 288; FRIEDRICHS, J.-C., Zinssätze in Wertermittlungen, S. 131; LEOPOLDSBERGER, G., Kontinuierliche Wertermittlung, S. 105.

beim DCF-Verfahren regelmäßig weder Bodenwerte noch Restnutzungsdauern explizit berücksichtigt. Ihr Werteinfluss wird implizit im Diskontierungszinssatz berücksichtigt.[736]

Je länger die Nutzungsdauer der Immobilie ist, umso schwieriger wird die Cashflow-Prognose. Aus diesem Grund wird das DCF-Verfahren meist vereinfachend in **zwei Phasen** unterteilt.[737] In der ersten Phase werden die künftigen Cashflows explizit prognostiziert und in der zweiten ein sogenannter (fiktiver) Restwert ermittelt, der sich etwa durch Diskontierung eines konstanten Cashflows mit einem entsprechenden Zinssatz (ggf. inklusive einer Wachstumsrate) ergibt.[738] Diesen Zusammenhang von Detailplanungsphase und ewiger Rente zeigt auch die folgende Formel:[739]

$$MW = \underbrace{\sum_{t=1}^{m} \frac{\text{Netto-Cashflows}_t}{(1+i)^t}}_{\text{Detailplanungsphase}} + \underbrace{\frac{\text{Netto-Cashflows}_{m+1}}{(1+i)^m \cdot i}}_{\text{ewige Rente}}$$

Legende:

MW = Marktwert
i = Diskontierungszinssatz
m = Anzahl der Perioden der Detailplanungsphase

Formel 7: DCF-Verfahren[740]

Die erwarteten Nettomieterträge bemessen sich nach den erwarteten Nettokaltmieten abzüglich der nicht-umlagefähigen Bewirtschaftungskosten.[741] Der Diskontierungszinssatz, der grundsätzlich über den Kapital- oder den Immobilienmarkt ermittelt wird,[742] kann hierbei für die Detailplanungphase (und für jede Periode innerhalb dieser Phase) und für die ewige Rente getrennt oder gemeinsam ermittelt werden,[743] wenngleich aus konzeptionellen Gründen zumindest zwei separate Zinssätze für Detailplanungsphase und Restwert geboten sind. Dies ist auf die unterschiedliche Berücksichtigung von Wachstum in diesen beiden Phasen zurückzuführen. In der Detailplanungsphase werden die erwarteten Mietsteigerungen bereits im Zähler berücksichtigt, während in der ewigen Rente diese Erwartungen wie bereits beim Income Capitalization Approach meist implizit im Nenner berücksichtigt werden.[744] Die Erwerbsnebenkosten eines potentiellen Käufers werden abhängig von den

[736] Vgl. dazu auch ausführlich Kap. 452. und 462.

[737] Vgl. FRIEDRICHS, J.-C., Zinssätze in Wertermittlungen, S. 132; HERSBERGER, D., Wertermittlung, S. 45; HOLZNER, P./RENNER, U., Ermittlung des Verkehrswertes, S. 483; FRANK, T., Bilanzierung von Anlageimmobilien, S. 58; BIENERT, S./REINBERG, M. P., Bewertungsverfahren, S. 493.

[738] Vgl. auch FRANK, T., Bilanzierung von Anlageimmobilien, S. 59; BIENERT, S./REINBERG, M. P., Bewertungsverfahren, S. 493.

[739] In Anlehnung an ENGELBRECHT, B., Ordnungsmäßige Immobilienbewertung, S. 241; HERSBERGER, D., Wertermittlung, S. 46.

[740] In Anlehnung an HUSCHKE, C., Immobilienportfolios und Immobilienunternehmen, S. 339.

[741] Vgl. ähnlich WHITE, D./TURNER, J./JENYON, B./LINCOLN, N., Internationale Bewertungsverfahren, S. 115.

[742] Vgl. zur gewünschten Marktorientierung des Diskontierungszinssatzes THE APPRAISAL FOUNDATION, USPAP 2010-2011, STM-2; IVSC, IVS 2007, GN 9, Tz. 5.1.

[743] Vgl. ENGELBRECHT, B., Ordnungsmäßige Immobilienbewertung, S. 261; LEOPOLDSBERGER, G., US-Gutachten, S. 7; IVSC, IVS 2007, GN 9, Tz. 5.1.1.

[744] Vgl. ähnlich WHITE, D./TURNER, J./JENYON, B./LINCOLN, N., Internationale Bewertungsverfahren, S. 108.

verwandten Parametern implizit im Zinssatz oder explizit durch Abzug der Kosten vom Brutto-Marktwert abgebildet.[745]

Bei der Anwendung eines DCF-Verfahrens für die Ermittlung eines **objektivierten Marktwerts** dürfen keine subjektiven, investorbezogenen Aspekte in die Bewertung eingehen. Es ist auf den gewöhnlichen Geschäftsverkehr abzustellen,[746] da sonst ein subjektiver Wert ermittelt würde.[747] Da dieses Verfahren nicht normiert ist, hängt es somit allein von den Inputfaktoren ab, in welchem Maße ein subjektiver oder ein objektivierter Wert ermittelt wird.[748] Daher gibt es immer wieder Bemühungen, dieses Verfahren für die Marktwertermittlung weiter einzugrenzen. In diesem Sinne hat die Gesellschaft für immobilienwirtschaftliche Forschung e.V. (gif)[749] in 2006 einen Leitfaden zur Standardisierung des DCF-Verfahrens veröffentlicht.[750] Auch das IVSC möchte mit GN 9 „Discounted Cash Flow Analysis for Market Valuations and Investment Analyses" Hinweise zur einheitlichen Anwendung geben.[751] Gleiches gilt für STM-2 „Discounted Cash Flow Analysis" der USPAP.

Das DCF-Verfahren hat im Wesentlichen den gleichen **Anwendungsbereich** wie der Income Capitalization Approach, wenngleich es sich vor allem bei variierenden Mieteinnahmen und komplexen Mietvertragsgestaltungen anbietet.[752] Ferner eignet es sich neben der objektivierten Marktwertermittlung ausdrücklich auch für die subjektive Wertermittlung (worth) wie z. B. für Investitionsentscheidungen.[753] Bei gleichen Annahmen sollten Income Capitalization Approach und DCF-Verfahren indes zu gleichen Ergebnissen kommen.[754]

---

745 Vgl. dazu ausführlich Kap. 231. und 444.1.

746 Vgl. Kleiber, W., Wertermittlungsverfahren, S. 56 f.

747 Vgl. Beck, M., Wertermittlung bei Immobilien, S. 352.

748 Vgl. Leopoldsberger, G./Thomas, M., Wertermittlungsverfahren, S. 14; Bienert, S./Reinberg, M. P., Bewertungsverfahren, S. 500; ähnlich u. a. IVSC, IVS 2007, GN 9, Tz. 1.3.

749 Ziel der gif ist es, den Austausch zwischen Theorie und Praxis zu fördern und einheitliche Standards für die Analyse und Bewertung von Märkten und Objekten zu fördern. In diesem Zusammenhang sollen auch Richtlinien und Definitionen zu immobilienwirtschaftlichen Themen erarbeitet werden. Die Standards sind indes nicht verbindlich. Die gif wurde 1993 in Deutschland gegründet und hat mittlerweile mehr als 1.200 Mitglieder. Sie ist hauptsächlich in Deutschland tätig, zudem aber auch auf europäischer und internationaler Ebene in entsprechende Netzwerke eingebunden. Vgl. für mehr Informationen auch www.gif-ev.de.

750 Vgl. gif, Standardisierung des DCF-Verfahrens. Positiv hierzu Altmeppen, H., DCF-Verfahren. Auf einzelne Bestimmungen wird im weiteren Verlauf der Arbeit näher eingegangen.

751 Vgl. IVSC, IVS 2007, GN 9. Diese Leitlinie wird es aus konzeptionellen Gründen voraussichtlich in der geplanten aktualisierten Fassung der IVS nicht mehr geben. Einzelne Aspekte hiervon sollen in andere Standards, wie z. B. in IVS 230 (Staff Draft) bzw. IVS 303.01 (ED), übernommen werden. Vgl. IVSC, ED IVS 2011, IVS 303.01; IVSC, Staff Draft IVS 2011, IVS 230. Zusätzlich ist ein Technical Information Paper zum DCF-Verfahren geplant. Vgl. IVSC, ED Technical Information Paper 1. Auch wenn das IVSC in Zukunft in den IVS auf genauere Vorgaben zum DCF-Verfahren verzichten sollte, können die aktuellen Hinweise dennoch ein entsprechendes Bild des IVSC bezüglich des DCF-Verfahrens vermitteln und somit auch künftig (zumindest bis zur Verabschiedung des Technical Information Paper 1) zur Hilfestellung bei der Anwendung des Verfahrens geeignet sein.

752 Vgl. Gondring, H., Immobilienwirtschaft, S. 931; Leopoldsberger, G., US-Gutachten, S. 7; Baumunk, H., Immobilien und Immobilienbewertung, S. 194; Bienert, S./Reinberg, M. P., Bewertungsverfahren, S. 479; Shapiro, E./Davies, K./Mackmin, D., Methods of Valuation, S. 178 f.; Königstein, M., Internationale Methoden, S. 288; Friedrichs, J.-C., Zinssätze in Wertermittlungen, S. 132.

753 Vgl. Shapiro, E./Davies, K./Mackmin, D., Methods of Valuation, S. 179; Beck, M., Bewertung nach WertV, S. 225; The Appraisal Foundation, USPAP 2010-2011, STM-2. Investitionsentscheidungen im Immobilienbe-

34 Die Bedeutung der vorgestellten Immobilienbewertungsverfahren für die Fair Value-Ermittlung nach IFRS

341. Die Bedeutung vergleichsorientierter Verfahren

Da sowohl nach den derzeit geltenden Regelungen in IAS 40 als auch nach den künftigen Bestimmungen in IFRS 13 eine Hierarchie der Verfahren bzw. der Inputparameter vorgesehen ist, soll im Folgenden diskutiert werden, welche Bedeutung die dargestellten Verfahren für die Fair Value-Ermittlung nach IFRS haben. Der Schwerpunkt der Analyse liegt auf den Regelungen des IFRS 13.

Nach IAS 40 und IFRS 13 sind Immobilien vorrangig mit ihrem originären Marktwert zu bewerten.[755] Problematisch an dieser Ausprägung des marktorientierten Ansatzes (Market Approach) ist es, dass für Immobilien, anders als für Wertpapiere, kein entsprechender aktiver Markt existiert, an dem der Marktwert abgelesen werden kann.[756] Aus diesem Grund kommt eine Bewertung von Immobilien auf der **ersten Ebene**, ohne Anwendung eines speziellen Bewertungsverfahrens, regelmäßig nicht in Betracht, wenngleich diese Vorgehensweise die marktgerechteste und aus Gründen der weitgehenden Wertobjektivierung die idealste wäre.[757] Daher könnten **vergleichswertorientierte Bewertungsmethoden** möglicherweise eine geeignete Möglichkeit zur Ermittlung des Fair Value darstellen.

Auf der **zweiten Ebene** des IFRS 13 ist die Immobilie vorrangig im Sinne eines Market Approach mit Hilfe eines **unmittelbaren Preisvergleichs** zu ermitteln, da hierfür alle Inputparameter marktorientiert ermittelt werden können (zweite Ebene des IAS 40).[758] Auch wenn diese Vorgehensweise teilweise nicht als Bewertungsverfahren sondern nur als verfahrensähnlicher Vorgang bezeichnet wird,[759] so ist sie sowohl beim Vergleichswertverfahren als auch beim Sales Comparison Approach als eine mögliche Ausprägung vorgesehen.[760] Indes ergibt sich auch hier das Problem, dass sich aufgrund der Einzigartigkeit von Immobilien regelmäßig keine Immobilien finden lassen, die in dem erforderlichen Ausmaß mit der zu bewertenden Immobilie bezüglich ihrer wertbeeinflussenden Eigenschaften übereinstimmen und für die entsprechende aktuelle Transaktionswerte zum Bewer-

reich könnten indes auch detailliert mit einem Vollständigen Finanzplan (VOFI) dargestellt werden. Vgl. dazu BERENS, W./HOFFJAN, A., Wertermittlung von Immobilien, S. 385-394. Vgl. ausführlich zum Konzept des VOFIs auch GROB, H. L., Investitionsrechnung, S. 217-284.

754 Vgl. APPRAISAL INSTITUTE, Appraisal of Real Estate, S. 467.

755 Vgl. hierzu und zu den folgenden Regelungen des IAS 40 bzw. des IFRS 13 ausführlich Kap. 223.223.1 und 223.223.2.

756 Vgl. ZÜLCH, H., Bilanzierung von Investment Properties, S. 181; FREIBERG, J., § 16, Tz. 79; BECK, M., Bilanzierung von Immobilien, S. 161; FRANK, T., Bilanzierung von Anlageimmobilien, S. 48; BECK, M., Wertermittlung bei Immobilien, S. 346. Dies ist insbesondere auf die Heterogenität von Immobilien zurückzuführen. Vgl. FOLIAN, D., Fair Value-Bilanzierung, S. 180.

757 Vgl. LÜDENBACH, N./FREIBERG, J., Objektivierungsbeitrag, S. 441; DOHRN, M., Entscheidungsrelevanz, S. 177 f.; KÜMPEL, T., Finanzinvestitionen, S. 22; HUSCHKE, C., Immobilienbewertung, S. 99; ähnlich KEUNECKE, K. P., Immobilienbewertung, S. 57; IVSC, ED IVS 2011, IVS 201.01, Tz. 9.

758 Vgl. auch ausführlich zur Hierarchisierung Kap. 223.223.2.

759 Vgl. ZÜLCH, H., Bilanzierung von Investment Properties, S. 181 und 185. A. A. KLINGER, F./MÜLLER, M., IFRS & Immobilien, S. 89.

760 Vgl. dazu auch die Ausführungen in Kap. 322.21 und 332.3. Vgl. auch zur Zulässigkeit der Verfahren BAUMUNK, H., IAS 40, S. 87; BURKHARDT, K./HACHMEISTER, D., Bilanzierung von Investment Properties, S. 357.

tungsstichtag vorliegen.[761] Für die Bewertung hilfreiche Daten werden zwar möglicherweise von Gutachterausschüssen in Deutschland erhoben, allerdings erhalten die bilanzierenden Unternehmen nur auf Antrag und nur einen eingeschränkten Einblick in diese Daten.[762] Aus diesen Gründen bleibt auch der unmittelbare Preisvergleich mit einem Vergleichswertverfahren regelmäßig eine Idealvorstellung.[763]

Auf der **zweiten (und dritten) Ebene** können Immobilien nach IFRS 13 indes auch mit einem mittelbaren Preisvergleich oder mit barwertorientierten Verfahren bewertet werden. Diese beiden Vorgehensweisen entsprechen der dritten Stufe der Regelungen des IAS 40.[764] Für den **mittelbaren Preisvergleich** bieten sich als Ausprägungen des Market Approach sowohl das Vergleichswertverfahren nach ImmoWertV[765] als auch der international gebräuchliche Sales Comparison Approach[766] als Ausprägungen des Market Approach an. In diesem Zusammenhang sind auch Ertragsmultiplikatoren wie beim Vergleichswertverfahren nach ImmoWertV möglich, da in IFRS 13.B6 explizit auf Multiplikatoren zur marktorientierten Fair Value-Ermittlung verwiesen wird.[767] Aufgrund der Anforderungen an die Vergleichbarkeit der betrachteten Immobilien zur Durchführung des normierten Vergleichswertverfahrens bzw. des Sales Comparison Approach kommen diese Verfahren indes nur für wenige Renditeimmobilien in Betracht.[768] Gerade wegen der Heterogenität von Immobilien[769] und der fehlenden Markttransparenz liegt häufig kein aktiver Markt, also kein Markt mit hinrei-

---

[761] Vgl. ZÜLCH, H., Bilanzierung von Investment Properties, S. 182; REHKUGLER, H., Fair Value-Bewertung, S. 272; FOLIAN, D., Fair Value-Bilanzierung, S. 180. Dieses Verfahren eignet sich, wenn überhaupt, eher für unbebaute Grundstücke, da in diesem Fall die Zahl der wertbeeinflussenden Merkmale, die übereinstimmen müssen, geringer ist. Vgl. u. a. RANKER, D., Immobilienbewertung, S. 323 f.; KÜMPEL, T., Finanzinvestitionen, S. 23.

[762] Gerade für größere Unternehmen ist es zeitlich und finanziell sehr aufwendig, wenn sie bei den einzelnen Gutachterausschüssen für eine Vielzahl von Immobilien anfragen müssen. Vgl. BAUMUNK, H., IAS 40, S. 88 f.

[763] Vgl. BAETGE, J./ZÜLCH, H./MATENA, S., Fair Value-Accounting (Teil B), S. 419; KLEIBER, W., Verkehrswertermittlung, S. 1237; BECK, M., Bilanzierung von Immobilien, S. 161; BAUMUNK, H., IAS 40, S. 89 f.; FRANK, T., Bilanzierung von Anlageimmobilien, S. 49; BAETGE, J./ZÜLCH, H., Fair Value-Accounting, S. 556; HOLZNER, P./RENNER, U., Ermittlung des Verkehrswertes, S. 455; ZÜLCH, H., Bilanzierung von Investment Properties, S. 185; REHKUGLER, H./SCHINDLER, F., Investment Property, S. 6.

[764] Vgl. Kap. 223.223.2.

[765] Vgl. BAUMUNK, H., IAS 40, S. 90; KLINGER, F./MÜLLER, M., IFRS & Immobilien, S. 89 f.

[766] Vgl. FOLIAN, D., Fair Value-Bilanzierung, S. 180; BECK, M., Bilanzierung nach IAS 40, S. 500; ZÜLCH, H., Investment Properties, S. 70.

[767] Ertragsmultiplikatoren werden zwar regelmäßig den Vergleichswertverfahren zugeordnet, wenngleich aufgrund der inhaltlichen Nähe von Zinssätzen und Kehrwerten von Ertragsmultiplikatoren auch eine inhaltliche Nähe zu den Barwertverfahren besteht. Die Übergänge sind hier fließend. Vgl. ähnlich FRIEDRICHS, J.-C., Zinssätze in Wertermittlungen, S. 149; BAUMUNK, H., IAS 40, S. 91 f. Damit mit Ertragsfaktoren über Plausibilisierungen hinaus geeignete Fair Values ermittelt werden können, sind die wertbeeinflussenden Faktoren wie etwa Lage und Objektzustand auf Übereinstimmung zu überprüfen. Vgl. KLEIBER, W., Verkehrswertermittlung, S. 1136. Kritisch zu dem Verfahren u. a. KÜHNBERGER, M., Bilanzierung und Bewertung von Immobilien nach IFRS, S. 155 f.; HOLZNER, P./RENNER, U., Ermittlung des Verkehrswertes, S. 459.

[768] Vgl. FREIBERG, J., § 16, Tz. 84 f.; KLEIBER, W., Verkehrswertermittlung, S. 1233; HOLZNER, P./RENNER, U., Ermittlung des Verkehrswertes, S. 65; ähnlich BECK, M., Bewertung nach WertV, S. 219; REHKUGLER, H., Fair Value-Bewertung, S. 273 f.; BAUMUNK, H., IAS 40, S. 91 f. KLEIBER hält die vergleichsorientierten Verfahren maximal für die Bewertung von Eigentumswohnungen angemessen. Vgl. KLEIBER, W., Wertermittlungsverfahren, S. 28; ähnlich ZÜLCH, H., Investment Properties, S. 71.

[769] Immobilien sind grundsätzlich Unikate. Vgl. BAETGE, J./ZÜLCH, H., Fair Value-Accounting, S. 556.

chender Transaktionshäufigkeit und hinreichendem Transaktionsvolumen,[770] vor bzw. ist die Vergleichbarkeit von Immobilien nicht gegeben.[771] Dies kann dazu führen, dass ein vergleichswertorientiertes Verfahren nur dann angewandt werden kann, wenn erhebliche Anpassungen an den beobachteten Daten vorgenommen werden. Diese Anpassungen sind weitestgehend subjektiver Natur und somit nur bedingt intersubjektiv nachprüfbar.[772] Zur Fair Value-Ermittlung kann es in diesem Fall möglicherweise sinnvoller sein, auf ein barwertorientiertes Verfahren zurückzugreifen.[773]

342. Die Bedeutung barwertorientierter Verfahren

Barwertorientierte Verfahren als Ausprägungen des Income Approach bieten neben dem mittelbaren Preisvergleich eine weitere Möglichkeit zur Fair Value-Bewertung von Renditeimmobilien auf der **zweiten oder dritten Stufe** des IFRS 13 bzw. der dritten Stufe von IAS 40. Sie werden explizit in IFRS 13.B11 (a) erwähnt (present value techniques). Hierunter könnten das Ertragswertverfahren nach ImmoWertV,[774] der Income Capitalization Approach[775] und das DCF-Verfahren[776] subsumiert werden.[777] Dies deckt sich auch mit IAS 40. In der Basis for Conclusions wird explizit auf die IVS verwiesen, die wiederum sowohl den Income Capitalization Approach als auch das DCF-Verfahren nennen. Das Ertragswertverfahren nach ImmoWertV als nationales Normengerüst ist aufgrund der inhaltlichen Nähe als Variante des nicht normierten Income Capitalization Approach

770 Vgl. zur Definition eines aktiven Markts IFRS 13.Appendix A (active market). Diese Definition eines aktiven Markts ist mit der vorherigen Definition u. a. in IAS 36 konform (IFRS 13.BC169). In IAS 40 gab und gibt es keine eigene Definition eines aktiven Markts, weswegen bis zum Inkrafttreten von IFRS 13 auf andere Definitionen zurückgegriffen werden kann. Vgl. etwa KÜTING, K., Grundlagen der fair value-Bewertung, S. 829.

771 Vgl. LEINEMANN, M., Immobilienbewertung nach IAS/IFRS, S. 261; KÜMPEL, T., Finanzinvestitionen, S. 23; ENGEL-CIRIC, D., Als Finanzinvestition gehaltene Immobilien, S. 163; KLEIBER, W., Prophetische Gaben, S. 8; BECK, M., Wertermittlung bei Immobilien, S. 346. Bei Immobilienmärkten, die weder transparent noch liquide sind, ist das Vergleichswertverfahren nicht anzuwenden. Vgl. REESE, V./WIEGELMANN, T., Prüfungsstandard 545, S. 337. Siehe zur Charakterisierung des Immobilienmarkts auch die Ausführungen in Kap. 212.

772 Vgl. ENGEL-CIRIC, D., Aussagekraft des Jahresabschlusses, S. 783; OLBRICH, M., Bilanzierung nach IAS 40, S. 348; ZÜLCH, H., Bilanzierung von Investment Properties, S. 185; SCHULTE, K.-W., Immobilienbewertung und Immobilien-Portfoliobewertung, S. 571 f.

773 Vgl. ähnlich ZIMMERMANN, P./HELLER, R. E., Verkehrswert von Grundstücken, S. 54; RÖSSLER, R./LANGNER, J./SIMON, J./KLEIBER, W./JOERIS, D./SIMON, T., Grundstückswerte, S. 43; LEOPOLDSBERGER, G./SAFFRAN, P., Bewertung von Immobilien, S. 438.

774 Vgl. ZÜLCH, H., Investment Properties, S. 71; REHKUGLER, H., Fair Value-Bewertung, S. 274 f.; BAUMUNK, H., IAS 40, S. 86; GEISEN, B./MOLL, J., Wertminderung, S. 5; KLINGER, F./MÜLLER, M., IFRS & Immobilien, S. 91. A. A. FRIEß, R./KORMAIER, B., Fair-Value-Ermittlung, S. 2027 f.; BURKHARDT, K./HACHMEISTER, D., Bilanzierung von Investment Properties, S. 357 f.

775 Vgl. BECK, M., Bilanzierung von Immobilien, S. 161; KORMAIER, B., Income Capitalisation Model, S. 385. A. A. BURKHARDT, K./HACHMEISTER, D., Bilanzierung von Investment Properties, S. 357 f.

776 Vgl. u. a. REHKUGLER, H., Fair Value-Bewertung, S. 274; BECK, M., Bilanzierung von Immobilien, S. 161; BAUMUNK, H., IAS 40, S. 86. Kritisch zur Anwendung des DCF-Verfahrens im Hinblick auf die alten Regelungen in IAS 40 KLEIBER, W., Wertermittlungsverfahren, S. 55.

777 Die Literatur bezieht sich bei der Diskussion der Zulässigkeit der Verfahren i. d. R. noch auf die Regelungen in IAS 40. Indes ist die Formulierung in IFRS 13.B10 f. sowie 13.B12-B30 eher weiter gefasst als IAS 40.46 (c) a.F., weswegen es sachgerecht erscheint, auch nach IFRS 13 von einer Zulässigkeit aller drei barwertorientierten Methoden auszugehen. Zusätzlich wird in IFRS 13.B11 (b) und (c) noch auf weitere Ausprägungen des Income Approach hingewiesen. Hierzu gehören Optionspreismodelle und Binomialmodelle, die indes eher bei der Bewertung von Finanzinstrumenten Anwendung finden, sowie die Multi-period excess earnings method für immaterielle Vermögenswerte.

zu interpretieren.[778] Alle drei Verfahren sind mithin grundsätzlich zur Fair Value-Ermittlung geeignet,[779] wenngleich das Verfahren gewählt werden sollte, das den Einsatz am Markt beobachtbarer Inputparameter maximiert und den nicht-beobachtbarer (der dritten Ebene) minimiert.[780] Somit wären auch bei barwertorientierten Verfahren Marktparameter, sofern sie sachgerecht sind, internen Planungsrechnungen vorzuziehen. Es ist mithin primär auf die Marktsicht abzustellen (IFRS 13.3 und 13.11). Um diesbezüglich ein Verfahren auswählen zu können, ist zunächst eine ausführliche Analyse der Verfahren erforderlich, die in Kapitel 4 folgt. Barwertorientierte Verfahren werden vielfach zur Bewertung von Renditeimmobilien ausgewählt, da Vergleichswertverfahren häufig aufgrund der Datenlage nicht sinnvoll anwendbar sind. Zudem wird hiermit eine Ermittlung des Fair Value i. S. d. investitionstheoretischen Immobilienbegriffs ermöglicht.[781]

343. Die Bedeutung kostenorientierter Verfahren

Der kostenorientierte Ansatz, im Rahmen dessen sich das deutsche Sachwertverfahren nach ImmoWertV und der international übliche Cost Approach als **kostenorientierte Verfahren** anbieten, stellt eine weitere Möglichkeit zur Fair Value-Ermittlung dar. Fraglich ist indes, wie diese Verfahren zu beurteilen sind. In IAS 40 ist ein kostenorientierter Ansatz zur Fair Value-Ermittlung anders als in IAS 16.33 a.F. nicht vorgesehen. In IAS 16 ist dieser Ansatz zur Fair Value-Ermittlung im Revaluation Model gleichrangig mit barwertorientierten Verfahren zulässig.[782] Auch in der Immobilienbewertung für nicht-bilanzielle Anlässe werden kostenorientierte Verfahren regelmäßig nur für eigengenutzte und nicht für renditeorientierte Immobilien angewandt.[783] Dies spiegelt sich auch darin wieder, dass die für das Sachwertverfahren benötigten Marktanpassungsfaktoren in der Regel nicht für Ertragsobjekte ermittelt werden.[784]

Mit IFRS 13 sind kostenorientierte Verfahren als Ausprägungen des Cost Approach nun explizit für alle Fair Value-Bewertungen (der **zweiten bzw. dritten Ebene**) zulässig. Einziges Kriterium für die Anwendung scheint hier die Herkunft der Inputparameter der aktuellen Wiederbeschaffungskosten (current replacement cost) zu sein, wenn das Verfahren in Relation zum Market und zum Income Approach beurteilt werden soll. Ein Vorteil der kostenorientierten Verfahren könnte in der vergleichsweise gut objektivierbaren Bestimmung der Kosten liegen. Hierdurch könnte möglicherweise eine Situation vorliegen, in der der Fair Value mittels kostenorientierter Verfahren auf der zweiten Ebene ermittelt werden kann, wenngleich die Verwendung barwertorientierter Verfahren mit Parametern der dritten Ebene den Fair Value genauer abbilden und somit tendenziell entscheidungsnützlichere Informationen liefern würde.[785] Hier müsste eventuell gemäß IFRS 13.74 der häu-

---

[778] Für das gleiche Ergebnis vgl. auch LENZ, T., Bilanzierung von Immobilien, S. 292 f.

[779] Vgl. auch KÖNIGSTEIN, M., Internationale Methoden, S. 290.

[780] Ähnlich äußert sich auch das Appraisal Institute in Bezug auf die Genauigkeit von Immobilienbewertungen. Vgl. APPRAISAL INSTITUTE, Appraisal of Real Estate, S. 563.

[781] Vgl. Kap. 211.

[782] Vgl. ähnlich CASTEDELLO, M./KLINGBEIL, C./SCHRÖDER, J., IDW RS HFA 16, S. 1030.

[783] Vgl. auch Kap. 322.1 und 332.2. LEOPOLDSBERGER präferiert zur objektivierten Wertermittlung ebenfalls die Vergleichswert- und die Barwertmethoden aufgrund der höheren Marktorientierung. Vgl. LEOPOLDSBERGER, G., Immobilienbewertung (Immobilienzyklen), S. 181 und 189.

[784] Vgl. KRÖLL, R., Nachbesserungsbedarf bei NHK 2005, S. 67.

[785] Vgl. zu dieser Möglichkeit ähnlich auch KÜHNBERGER, M., Immobilienbewertung, S. 5.

fig kritisierte kostenorientierte Ansatz angewandt werden.[786] So wird kritisiert, dass durch eine kostenorientierte Bewertung der Wert für die Substitution einer Immobilie ermittelt würde, die von den Marktteilnehmern, aufgrund divergierender Bedürfnisse, gar nicht identisch nachgebaut würde.[787]

Zudem wird deutlich, dass es sich bei einem solchen Sachwert entgegen der Festlegung des IASB bei der Fair Value-Definition eher um einen Entry-Preis denn um einen Exit-Preis handelt.[788] Diese Kritik bezüglich der Natur des kostenorientierten Werts hat der IASB zur Kenntnis genommen, hält indes den Entry-Preis mit dem Exit-Preis insbesondere dann für identisch, wenn ein Vermögenswert am gleichen Markt gekauft und verkauft wird (IFRS 13.BC141). Die Wertrelevanz des kostenorientierten Werts erklärt der IASB dadurch, dass ein potentieller Käufer nur so viel für einen Vermögenswert zu zahlen bereit ist, wie ihn die Ersatzbeschaffung kosten würde (IFRS 13.B9).[789] Insbesondere bei Renditeimmobilien stellt sich hier indes die Frage nach der Bewertungsnützlichkeit eines solchen kostenorientierten Werts für die Bilanzadressaten, da der Schwerpunkt des Interesses vielmehr auf den mit der Immobilie verbundenen Zahlungsströmen liegt, denn auf der Höhe eines fiktiven, substanzorientierten Wiederbeschaffungswerts.[790] Ferner besteht gerade in sehr dicht besiedelten Innenstädten häufig gar nicht die Möglichkeit, eine Immobilie durch den Nachbau einer gleichwertigen Immobilie zu substituieren. Auch in eher ländlichen Gebieten ist aufgrund der Standortgebundenheit von Immobilien regelmäßig keine exakte Nachbildung möglich. Ein fiktiver kostenorientierter Wert wäre hier aufgrund der Einzigartigkeit und Immobilität von Immobilien nur begrenzt zur Fair Value-Ermittlung geeignet, da ein entsprechendes Grundstück unter Umständen gar nicht zur Verfügung stünde. Zur Auslegung könnte eventuell das Illustrative Example 5 beitragen, in dem zumindest bei der Bewertung von Software der kostenorientierte Ansatz dann nicht für geeignet erachtet wird, wenn die Software nicht identisch nachgebaut werden könnte (IFRS 13.IE15-IE17). Demnach könnte der kostenorientierte Ansatz ebenso für Immobilien häufig nicht anwendbar sein. Auch in der Literatur wird der Cost Approach neben den oben bereits genannten Gründen auch deswegen als eher ungeeignet für die Marktwertermittlung und somit zur Bestimmung des Fair Value für Immobilien betrachtet.[791] Für Renditeimmobilien dürfte dies regelmäßig bedeuten, dass weder das deutsche Sachwertverfahren noch der international angewandte

786 Vgl. hierzu auch LÖW, E./ANTONAKOPOULOS, N./WEILAND, T., Fair Value Measurements, S. 733.

787 Vgl. KÜHNBERGER, M., Immobilienbewertung, S. 5.

788 Vgl. ERNSTBERGER, J./KRAUS, C., Vorschriften des IVSC, S. 391; ähnlich KLINGER, F./MÜLLER, M., IFRS & Immobilien, S. 91. Auch ZÜLCH kritisiert die Marktferne dieses Werts. Vgl. ZÜLCH, H., Bilanzierung von Investment Properties, S. 183.

789 Vgl. ähnlich ZYLA, M. L., Fair Value Measurements, S. 115.

790 Ähnlich SCHULZ-WULKOW, C., Methoden der Immobilienbewertung, S. 95; ERNSTBERGER, J./KRAUS, C., Vorschriften des IVSC, S. 392; BECK, M., Bilanzierung nach IAS 40, S. 500; HELM, F. M., Investment Properties, S. 57; ZYLA, M. L., Fair Value Measurements, S. 127 und 133.

791 Vgl. LEOPOLDSBERGER, G., Britische Gutachter, S. 6. SHAPIRO/DAVIES/MACKMIN kritisieren ferner, dass bei Anwendung des Verfahrens kein Marktwert ermittelt würde. Vgl. SHAPIRO, E./DAVIES, K./MACKMIN, D., Methods of Valuation, S. 18 f. Auch DOTZOUR/FREITAG merken an, dass der Cost Approach im Vergleich zu den anderen Verfahren bei der Marktwertermittlung regelmäßig unterlegen ist. Vgl. DOTZOUR, M. G./FREITAG, M. R., Cost Approach, S. 185.

Cost Approach primär zur Fair Value-Bewertung herangezogen werden sollten,[792] weswegen diese Verfahren auch im Weiteren nicht näher betrachtet werden.

344. Zwischenfazit

Zwar sind alle drei Verfahrensarten, die vergleichsorientierten, die barwertorientierten und die kostenorientierten Verfahren, für die Fair Value-Ermittlung von Renditeimmobilien nach IFRS 13 zulässig. Indes zeigt sich in den Regelungen des IFRS 13 aufgrund der geforderten Marktorientierung der Parameter tendenziell eine Präferenz für ein Vergleichswertverfahren ähnlich der Vorgehensweise der ImmoWertV bzw. des Sales Comparison Approach.[793] Allerdings fehlen für den unmittelbaren Preisvergleich regelmäßig und für den mittelbaren Preisvergleich sehr häufig die entsprechenden Vergleichsimmobilien, weswegen diese Verfahren in der Regel die Ausnahme darstellen.[794] Für den Cost Approach und das Sachwertverfahren nach ImmoWertV als mögliche Ausprägungen des kostenorientierten Ansatzes dürften zwar häufig entsprechende Daten vorliegen, indes vermag u. a. der resultierende Entry-Preis im Hinblick auf die Renditeorientierung der Immobilien im IAS 40 nicht zu überzeugen. Die Entscheidungsnützlichkeit eines derartigen Fair Value ist zumindest fraglich. Somit verbleiben nur noch die drei **barwertorientierten Verfahren** als Ausprägungen des Income Approach. Sie werden bei der Fair Value-Bewertung von Renditeimmobilien regelmäßig eingesetzt.[795] Im folgenden Kapitel werden nun die einzelnen Parameter des **Ertragswertverfahrens nach ImmoWertV**, des **Income Capitalization Approach** und des **Discounted Cashflow-Approach** im Detail analysiert und im Hinblick auf ihr Potential, entscheidungsnützliche Informationen im Sinne der Ziele der IFRS-Rechnungslegung zu liefern, (vergleichend) gewürdigt und ggf. konkretisiert. Im Anschluss werden die Vor- und Nachteile der einzelnen Verfahren, die sich durch die Beurteilung der Parameter ergeben, zu einem Gesamtbild zusammengefasst und übergreifend gewürdigt, um im fünften Kapitel Empfehlungen für ein modifiziertes Bewertungskalkül abzuleiten.

Bedeutend für die Würdigung sind die Anforderungen, die sich durch die **Inputhierarchie** in IFRS 13 ergeben. Während im Conceptual Framework auf Abbildungsebene die Glaubwürdigkeit der Information im Vordergrund steht, die u. a. aber nicht ausschließlich durch Objektivierungen gewährleistet werden kann, werden **Marktobjektivierungen** in IFRS 13 explizit gefordert. Die dort kodifizierte Inputhierarchie sieht für Barwertmodelle eine Maximierung von am Markt beobachtbaren Inputparametern (zweite Ebene) und eine Minimierung von nicht-beobachtbaren Parametern

792 Auch BECK hält diese Methoden aufgrund der Renditeorientierung von Immobilien gemäß IAS 40 für nicht zielführend. Vgl. BECK, M., Bilanzierung von Immobilien, S. 161 f.

793 Auch in der Immobilienökonomie wird das Vergleichswertverfahren dem Ertragswertverfahren bei Vorliegen entsprechender Vergleichswerte vorgezogen. Vgl. KLEIBER, W., Verkehrswertermittlung, S. 1232; IVSC, ED IVS 2011, IVS 102, Tz. 6. Auf diesen Hinweis wird im aktuellen Staff Draft der IVS 2011 verzichtet, da er insbesondere aus Haftungsgründen bei Rechtsstreitigkeiten von den Adressaten der IVS abgelehnt wurde. Vgl. IVSC, Round Table discussions, S. 8 f.

794 So auch KÖNIGSTEIN, M., Internationale Methoden, S. 290; LEOPOLDSBERGER, G., Immobilienbewertung (Immobilienzyklen), S. 179.

795 Vgl. BAETGE, J., DCF-Kalküle, S. 17; HUSCHKE, C., Immobilienbewertung, S. 46; PELLENS, B./FÜLBIER, R. U./GASSEN, J./SELLHORN, T., Internationale Rechnungslegung, S. 346 f.; MÜLLER, M./SCHANNE, C., Praxis der Bilanzierung und Bewertung, S. 35.

wie etwa internen Unternehmensdaten (dritte Ebene) vor. Im Rahmen der Würdigung wird daher primär auf eine Marktobjektivierung der Methoden und ihrer Parameter durch die Nutzung von am Markt beobachtbaren Inputparametern Wert gelegt. Darüber hinaus sollen weitere Objektivierungen und Normierungen angestrebt werden, um durch die weitere Minderung der Manipulationsmöglichkeiten zur Glaubwürdigkeit der dargestellten Informationen beizutragen. Wenn keine beobachtbaren Marktdaten vorliegen, soll zusätzlich durch Anwendung des Management Approach versucht werden, die Anreize zur Manipulation zu senken. So könnte im Sinne von HARTLE zumindest die Glaubwürdigkeit der Information weiterhin gewährleistet bzw. verbessert werden, wenn eine Marktobjektivierung nur bedingt möglich ist.[796]

[796] Vgl. für das Konzept von HARTLE ausführlich Kap. 221.2.

4 Eignung der barwertorientierten Immobilienbewertungsverfahren im Rahmen der IFRS

41 Überblick

Da IFRS 13 nicht mehr auf Bewertungsverfahren insgesamt, sondern auf einzelne Parameter abstellt, werden im Folgenden die einzelnen Parameter des Ertragswertverfahrens nach ImmoWertV, des Income Capitalization Approach und des Discounted Cashflow Approach im Detail dargestellt und zum einen aus konzeptioneller Bewertungssicht und zum anderen aus Sicht der IFRS beurteilt und ggf. konkretisiert. Konzeptionell sehr ähnlich sind sich das Ertragswertverfahren nach ImmoWertV und der Income Capitalization Approach. Beide Verfahren sind in ihrer Grundform einphasige Modelle, bei denen die erwartete Entwicklung der Cashflows statt einer expliziten Prognose im Zähler durch eine (implizite) Wachstumsrate im Nenner abgebildet wird. Hierfür sind dementsprechend lediglich für eine Phase entsprechende Mieten und Bewirtschaftungskosten zu ermitteln. Diese müssen wiederum mit einem Zinssatz diskontiert werden, der die Zukunftserwartungen in Form einer entsprechenden Wachstumsrate enthält. Sofern Mietverträge berücksichtigt werden sollen, deren Mieten von den am Markt üblichen abweichen, sind immobilienspezifische zweiphasige Modelle des Ertragswertverfahrens und des Income Capitalization Approach anzuwenden.[797] Beim DCF-Verfahren sind demgegenüber grundsätzlich zwei Phasen vorgesehen. Für alle zweiphasigen Modelle gilt, dass bei einer Prognose der Cashflows im Zähler entsprechend mit einem Zinssatz ohne Wachstum zu diskontieren ist. Im Rahmen der ewigen Rente beim DCF-Verfahren wäre demnach wiederum eine Wachstumsrate zu berücksichtigen.

In den folgenden Abschnitten wird nun zunächst die Ermittlung der Mieteinnahmen und dann die der Bewirtschaftungskosten als Outflows für die einzelnen Verfahren dargestellt, beurteilt und bei mehreren möglichen Vorgehensweisen aus Sicht der IFRS konkretisiert. Bewirtschaftungskosten lassen sich dabei in nicht-umlagefähige Betriebskosten, Verwaltungskosten, Instandhaltungs- und Modernisierungskosten, das Mietausfallwagnis und Kosten für dauerhaften, strukturellen Leerstand differenzieren. Wenngleich einzelne dieser Bestandteile teilweise eher Mindererträge als Outflows im eigentlichen Sinne darstellen, werden alle Parameter, die die potentiellen Mieteinnahmen mindern, im Rahmen dieser Arbeit aus Gründen der einheitlichen Vorgehensweise unter den Bewirtschaftungskosten diskutiert.[798] Im Anschluss an die Beurteilung der Parameter des Zählers folgt die Würdigung und ggf. Konkretisierung möglicher Zinssätze im Nenner. Hierauf folgend wird darauf eingegangen, wie bei den einzelnen Verfahren die endliche Restnutzungsdauer und in diesem Zusammenhang der am Ende der Restnutzungsdauer wieder zur Verfügung stehende Bodenwert berücksichtigt werden. Für alle Parameter werden zunächst immer das Ertragswertverfahren nach ImmoWertV, gefolgt vom Income Capitalization Approach und dann das DCF-Verfahren erläutert. Abschließend werden die Verfahren zusammenfassend gewürdigt, bevor im Rahmen des fünften Kapitels ein modifiziertes Bewertungskalkül vorgestellt wird.

[797] Vgl. dazu und für die nachfolgenden Ausführungen auch ausführlich Kap. 232.2.

[798] Vgl. dazu auch Kap. 432.6.

42 Inflows: Mieten

421. Vorbemerkungen

Um den Jahresreinertrag, also den Netto-Cashflow, einer Immobilie zu bestimmen, sind von den Inflows die jährlichen Outflows (nicht-umlagefähigen Bewirtschaftungskosten) abzuziehen.[799] Die Inflows, auch als Roherträge bezeichnet,[800] die in diesem Abschnitt näher erläutert werden, sind im Wesentlichen die Mieteinnahmen. Die Outflows werden in Abschnitt 43 näher erläutert.

Die Miete ist eine der wichtigsten Einflussgrößen bei allen drei barwertorientierten Bewertungsverfahren.[801] Begrifflich wird zwischen der ortsüblichen sowie der Markt- und der Vertragsmiete unterschieden. Als **Marktmiete** wird die aktuelle Nettokaltmiete bezeichnet, die sich durchschnittlich zum Wertermittlungsstichtag bei Neuabschlüssen (Neu- oder Erstvermietung) für vergleichbaren Wohn- bzw. Gewerberaum ergibt.[802] Die analoge Formulierung hierzu in den IVS für „Market Rent" lautet: „The estimated amount for which a property [...] should lease on the date of valuation [...]"[803]. Sie wurde so auch in das Red Book übernommen.[804] Hierbei ist zu bedenken, dass die Höhe der Miete bei neuen Mietverträgen gesetzlich beschränkt sein kann. So gilt etwa für Wohnimmobilien in Deutschland gemäß § 5 WiStG die sogenannte Wesentlichkeitsgrenze. Diese begrenzt die Marktmiete in der Regel auf 120 % der ortsüblichen Vergleichsmiete.[805] Bei Gewerbeimmobilien sind die Wuchervorschriften des § 138 BGB einschlägig,[806] nach deren Auslegung die neu zu bestimmende Miete bei Vertragsabschluss auf 200 % der bisherigen Marktmiete begrenzt ist.[807] Da die Marktmiete nur Neuabschlüsse berücksichtigt, unterliegt sie tendenziell deutlich stärkeren Schwankungen als die im Nachfolgenden beschriebene ortsübliche Vergleichsmiete.[808]

Die **ortsübliche Vergleichsmiete** ist in § 558 Abs. 2 BGB definiert als das übliche Entgelt, das „in der Gemeinde oder einer vergleichbaren Gemeinde für Wohnraum vergleichbarer Art, Größe, Ausstattung, Beschaffenheit und Lage in den letzten vier Jahren vereinbart oder [...] geändert worden" ist. Damit stellt die ortsübliche Vergleichsmiete, die ebenfalls einer Nettokaltmiete entspricht,[809] eine Mischung aus neu vereinbarten Mieten und angepassten Bestandsmieten dar. Hierbei ist auf

799 Vgl. u. a. BIENERT, S., Ertragswertverfahren, S. 335; § 18 Abs. 1 ImmoWertV.

800 Vgl. § 18 Abs. 2 ImmoWertV.

801 Vgl. für das Ertragswertverfahren beispielhaft MOLL-AMREIN, M., Liegenschaftszins, S. 142 f. Vgl. für den Income Capitalization Approach und das DCF-Verfahren ähnlich BAUM, A./MACKMIN, D./NUNNINGTON, N., Income Approach, S. 67 und 77.

802 Vgl. SPRENGNETTER, H. O., Aus „nachhaltige" werden „marktübliche" Erträge, S. 52; BIENERT, S., Ertragswertverfahren, S. 337; GOTTSCHALK, G.-J., Immobilienwertermittlung, S. 338; SPRENGNETTER, H. O., Nachhaltig erzielbare Miete, S. 127; ähnlich APPRAISAL INSTITUTE, Appraisal of Real Estate, S. 453 f.

803 IVSC, IVS 2007, GN 2, Tz. 3.1.10.1.

804 Vgl. RICS, RICS Valuation Standards, PS 3.3.

805 Vgl. erläuternd SPRENGNETTER, H. O., Aus „nachhaltige" werden „marktübliche" Erträge, S. 52; GOTTSCHALK, G.-J., Immobilienwertermittlung, S. 337 f. Für Bewertungen von Immobilien in anderen Ländern sind entsprechend die dortigen Gesetze für Mietverträge zu beachten.

806 Vgl. auch SPIES, F. F., Prognose von Büromieten, S. 19 f.

807 Vgl. SPRENGNETTER, H. O., Aus „nachhaltige" werden „marktübliche" Erträge, S. 52.

808 Vgl. STELTER, M., Mietwertermittlung, S. 10; ähnlich SPRENGNETTER, H. O., Aus „nachhaltige" werden „marktübliche" Erträge, S. 53.

809 Vgl. BIENERT, S., Ertragswertverfahren, S. 337.

Seiten des Erstellers, wie z. B. den Gemeinden, auf ein ausgewogenes Verhältnis von Neu- und Bestandsmieten zu achten.[810] Durch den Betrachtungszeitraum von vier Jahren ist sie „kurzperiodisch vergangenheitsorientiert"[811]. Für Städte in Deutschland mit mehr als 50.000 Einwohnern kann die ortsübliche Miete für Wohnimmobilien in der Regel dem dortigen Mietspiegel entnommen werden.[812] Bei Gewerbeimmobilien ist dies ungleich schwieriger, da die Mieten in diesem Bereich häufig nur in großen Spannbreiten veröffentlicht werden.[813]

Ortsübliche Vergleichsmieten und Marktmieten werden in der Regel in Preis pro Quadratmeter angegeben. Damit hieraus die entsprechende Miete für das zu bewertende Objekt ermittelt werden kann, ist der Quadratmeterpreis mit der **Fläche** der Immobilie zu multiplizieren.[814] Indes gibt es hier eine Vielzahl an möglichen Berechnungsmethoden.[815] Entscheidend ist, dass die Flächendefinition, die zur Berechnung der Miete verwandt wird, die gleiche ist, die auch bei der Ermittlung der Vergleichsmieten und der Berechnung des Diskontierungszinssatzes zugrunde gelegt wurde, sofern in diese Berechnungen die Fläche Eingang findet.[816] Ansonsten könnten fehlerhafte Wertermittlungen die Folge sein.[817]

Von den Mietwertbegriffen der ortsüblichen Miete und der Marktmiete ist die **Vertragsmiete** der Immobilie zu unterscheiden. Das ist die Miete, die zum Bewertungsstichtag vertraglich vereinbart ist.[818] Angaben hierzu können dem Mietvertrag entnommen werden, der zwischen Mieter und Vermieter vereinbart wurde.[819] Da Mietverträge auch bei dem Verkauf einer Immobilie regelmäßig weiterhin gelten, sind sie regelmäßig wertrelevant.

---

[810] Vgl. KLEIBER, W., Einnahmen und Ausgaben, S. 26.

[811] . SPRENGNETTER, H. O., Nachhaltig erzielbare Miete, S. 128.

[812] Vgl. SCHWIRLEY, P., Bewertung von Mieten, S. 898. Die Aktualität der Mietspiegel ist indes nicht immer gegeben. Während über 80 % der Großstädte mit mehr als 500.000 Einwohnern regelmäßig aktualisierte Mietspiegel zur Verfügung stellen, ist die Zahl bei kleineren Städten deutlich niedriger. Vgl. STELTER, M., Mietwertermittlung, S. 10.

[813] Vgl. SCHWIRLEY, P., Bewertung von Mieten, S. 898.

[814] Vgl. etwa SCHWIRLEY, P., Bewertung von Mieten, S. 899; STELTER, M., Mietwertermittlung, S. 10; APPRAISAL INSTITUTE, Appraisal of Real Estate, S. 473 f.

[815] Vgl. etwa GOTTSCHALK, G.-J., Immobilienwertermittlung, S. 227-246; BULWIEN, H./DENK, U./SCHEFFLER, R., Büroflächenbestandserhebungen, S. 85 f. Besonders verbreitet in Deutschland ist für Gewerbeflächen die Mietflächendefinition nach GIF. Vgl. GIF, MF-G; erläuternd HOLZNER, P./RENNER, U., Ermittlung des Verkehrswertes, S. 163-169. Auch international gibt es eine Vielzahl von Flächendefinitionen. Vgl. HEYSER, H., Büromietzins, S. 64-66; VDP, Europäische Immobilienmärkte, S. 39-41; WHITE, D./TURNER, J./JENYON, B./LINCOLN, N., Internationale Bewertungsverfahren, S. 25-29.

[816] Vgl. SCHWIRLEY, P., Bewertung von Mieten, S. 802; STELTER, M., Mietwertermittlung, S. 10; ZÜLCH, H., Bilanzierung von Investment Properties, S. 121-123.

[817] Vgl. HARTERMANN, W., Flächen, S. 215; APPRAISAL INSTITUTE, Appraisal of Real Estate, S. 236.

[818] Vgl. BIENERT, S., Ertragswertverfahren, S. 337; SCHWIRLEY, P., Bewertung von Mieten, S. 829.

[819] Vgl. APPRAISAL INSTITUTE, Appraisal of Real Estate, S. 450 und 454.

422. Inflows beim Ertragswertverfahren nach ImmoWertV

422.1 Rack-rented properties

Die jährlichen Mieten (und Pachten[820]), die beim Ertragswertverfahren nach ImmoWertV bei rack-rented properties als Cashflow im Zähler für die Nutzungsdauer der Immobilie angesetzt werden, werden auch als sogenannter **Rohertrag** bezeichnet.[821] Dieser ergibt sich gemäß § 18 Abs. 2 Satz 1 ImmoWertV „aus den bei ordnungsgemäßer Bewirtschaftung und zulässiger Nutzung **marktüblich** erzielbaren Erträgen". Zu diesen Erträgen gehören indes nicht die auf den Mieter umlagefähigen Bewirtschaftungskosten, da diese einen durchlaufenden Posten darstellen.[822] Grundsätzlich kann dieser Begriff der marktüblichen Miete mit der Nettokaltmiete gleichgesetzt werden.[823] Zur Ermittlung der marktüblichen Miete wird regelmäßig die **ortsübliche Vergleichsmiete**, insbesondere mit Hilfe von Mietspiegeln[824] (§ 558c BGB), herangezogen,[825] da vermutet wird, dass diese auf Vergangenheitsdaten beruhende Miethöhe eine Einschätzung der künftigen Entwicklung darstellen könnte.[826] Vor der Reform der WertV wurde in § 17 Abs. 1 WertV statt der marktüblichen noch die nachhaltige Miete als die zu diskontierende Miete definiert. Auch hier wurde bereits zur Ermittlung auf die ortsübliche Vergleichsmiete abgestellt.[827] Gemäß Regierungsbegründung zur ImmoWertV sowie der allgemeinen Literaturmeinung soll sich durch die begriffliche Änderung inhaltlich nichts ändern.[828] Möglicherweise könnten indes nun auch Marktmieten zulässig sein.[829] Die Roherträge

---

820 Pachten werden hier nicht näher behandelt. Vgl. für nähere Informationen zu Pachten etwa HOLZNER, P./RENNER, U., Ermittlung des Verkehrswertes, S. 639.

821 Vgl. KLEIBER, W., Wertermittlungsverfahren, S. 65; BIENERT, S., Ertragswertverfahren, S. 335.

822 Vgl. Nr. 3.5.1 WertR 2006; BIENERT, S., Ertragswertverfahren, S. 335; GEYER, H., Immobilien, S. 80.

823 Vgl. BIENERT, S., Ertragswertverfahren, S. 335 f.; ähnlich PETERSEN, H., Marktorientierte Immobilienbewertung, S. 17; GEYER, H., Immobilien, S. 80. Wenn die Miete des zu bewertenden Objekts nicht als Nettokaltmiete vorliegt, weil etwa Schönheitsreparaturen vom Vermieter zu tragen sind, so ist die Miete entsprechend anzupassen. Vgl. STELTER, M., Mietwertermittlung, S. 10.

824 In Mietspiegeln wird die Miete häufig zumindest nach dem Baujahr der eingehenden Immobilien differenziert. Vgl. KIERIG, J., Modifizierte Punktrastermethode, S. 59. Bei aufwendigeren Mietspiegeln sind deutlich mehr Differenzierungen geläufig. Vgl. dazu etwa den Mietspiegel der Stadt Münster.

825 Vgl. für weitere Möglichkeiten u. a. HOLZNER, P./RENNER, U., Ermittlung des Verkehrswertes, S. 422; BIENERT, S., Ertragswertverfahren, S. 338 f.; METZGER, B., Wertermittlung, S. 24 f.; SCHULTE, K.-W./LEOPOLDSBERGER, G., Bewertung von Immobilien, S. 519 f. Bei Gewerbeimmobilien kann es vergleichsweise schwieriger sein als bei Wohnimmobilien adäquate marktübliche Gewerbemieten/gewerbliche Vergleichsmieten zu ermitteln. Vgl. dazu SPRENGNETTER, H. O., Aus „nachhaltige" werden „marktübliche" Erträge, S. 54 f.; STELTER, M., Mietwertermittlung, S. 10.

826 Vgl. Nr. 3.5.1 WertR 2006; STEMMLER, J., ImmoWertV, S. 200; KLEIBER, W., Wertermittlungsverfahren, S. 66; SPRENGNETTER, H. O., Aus „nachhaltige" werden „marktübliche" Erträge, S. 54; AGVGA-NRW, Modell zur Ableitung von Liegenschaftszinssätzen, S. 22. Vgl. im Ergebnis FREITAG, M., Immobilienbewertung, S. 57; SCHLICHT, K./GEHRI, C., Verkehrswertermittlung, S. 83. Zusätzlich zur Veröffentlichung der Mietspiegel besteht die Forderung des RICS, Mietpreissammlungen zu führen, die weitreichendere Informationen zu den Mietkonditionen enthalten. Vgl. JACKE, U./SCHWAGENSCHEIDT, J., Politische Forderungen, S. 16.

827 Vgl. FREITAG, M., Immobilienbewertung, S. 57; METZGER, B., Wertermittlung von Immobilien, S. 75 f.; STELTER, M., Mietwertermittlung, S. 10; KLEIBER, W./SIMON, J., Verkehrswertermittlung von Grundstücken, S. 1461. A. A. HOLZNER/RENNER, die keine direkte Gleichwertigkeit sehen, wenngleich auch sie der Meinung sind, dass eine nachhaltige Miete nicht erheblich von der ortsüblichen Vergleichsmiete abweichen dürfte. Vgl. HOLZNER, P./RENNER, U., Ermittlung des Verkehrswertes, S. 416 f. GONDRING dagegen, geht davon aus, dass die Marktmiete zur Bestimmung der nachhaltigen Miete herangezogen wird. Vgl. GONDRING, H., Immobilienwirtschaft, S. 940.

828 Durch die geänderte Formulierung soll lediglich der Marktbezug verdeutlicht werden. Vgl. Bundesrat-Drucksache 171/10, S. 58; BISCHOFF, B., Wertermittlungsrecht, S. 133; METZGER, B., Wertermittlung, S. 81. A. A. ist SPRENGNETTER, der eine Anwendung der ortsüblichen Vergleichsmiete als marktübliche Miete nun für die An-

werden mithin mit Hilfe von Vergleichswerten bestimmt.[830] Es stellt sich die Frage, ob die marktübliche Miete den Sachverhalt auch adäquat abzubilden vermag. Beim Ertragswertverfahren nach ImmoWertV wird in seiner einphasigen Grundform nur die zum Bewertungszeitpunkt ermittelte marktübliche Miete für die gesamte Restnutzungsdauer angesetzt.[831] Im Zähler werden demnach weder inflationäre Tendenzen noch sonstige Mietwertsteigerungen berücksichtigt. So wird von Kritikern dieses Verfahrens darauf verwiesen, dass die vergangenheitsorientierten Daten keine adäquate Basis für die Einschätzung der künftigen Entwicklung darstellen.[832] Die Kritik vernachlässigt indes, dass diese Faktoren bei diesem Modell konzeptionell im Nenner, im Liegenschaftszins, berücksichtigt werden.[833] Somit könnten die marktüblichen Mieten bzw. der ermittelte Ertragswert grundsätzlich doch die in IFRS 13.B10 geforderten **aktuellen Markterwartungen** über die künftig zu erwartenden Cashflows abbilden. Dies gilt indes nur unter dem Vorbehalt, dass entsprechende Mietsteigerungserwartungen etc. (implizit) im Zinssatz berücksichtigt werden.[834] Auf diese Weise sollen konkrete Prognosen, die immer die Gefahr der Ungenauigkeit und Manipulationsanfälligkeit bergen, weitestgehend vermieden werden.[835] Durch die Verwendung von Marktdaten kann ferner ein beobachtbarer Wert gemäß der **zweiten Ebene** der Inputhierarchie des IFRS 13 in die Fair Value-Wertermittlung eingehen.[836] Auch aus Sicht von IAS 40.46 (c) a.F. ist der Blick auf Vergleichsmieten zu begrüßen, da hier explizit auf „current market rents“ als mögliche externe Hinweise verwiesen wird.

Problematisch könnte indes die **Zeitnähe** der verwandten Daten sein, da die Mieten, die in die Mietspiegel eingehen, gemäß BGB bis zu vier Jahre alt sein können. Demgegenüber könnte die Verwendung einer durchschnittlichen Miete über einen längeren Zeitraum möglicherweise als Ausgangspunkt für die Prognose der gesamten, häufig sehr langen, Restnutzungsdauer der Immobilie geeigneter sein, als ein Stichtagswert, der möglicherweise kurzfristigen Verzerrungen unterliegen könnte.[837] Der normierte, längere Beobachtungszeitraum für die Ermittlung der ortsüblichen Mieten

wendung der ImmoWertV empfiehlt, unter dem Begriff der nachhaltigen Miete indes eine davon zu differenzierende Miete verstanden hat. Vgl. SPRENGNETTER, H. O., Aus „nachhaltige“ werden „marktübliche“ Erträge, S. 52-54; SPRENGNETTER, H. O., Nachhaltig erzielbare Miete, S. 130.

829 Dies ist insbesondere auf die Terminusänderung der „nachhaltigen Mieten“ in die „marktüblichen Mieten“ zurückzuführen. Vgl. SPRENGNETTER, H. O., Aus „nachhaltige“ werden „marktübliche“ Erträge, S. 53. Zudem ist KLEIBER der Meinung, dass bei zur Vermietung anstehenden Immobilien durchaus auch die Marktmiete in Betracht kommen sollte. Vgl. KLEIBER, W., Verkehrswertermittlung, S. 1584 und 1701 f. Vgl. zur Würdigung der ortsüblichen Miete im Vergleich zur Marktmiete ausführlich Kap. 423.2.

830 Vgl. BAUMUNK, H., Immobilien und Immobilienbewertung, S. 180.

831 Bei festen Mietverträgen, durch die over- oder underrents vorliegen, wird in der Regel von einem einphasigen Modell abgesehen. Siehe dazu auch die Ausführungen in Kap. 422.2.

832 Vgl. SCHUBACH, F., Wertermittlung, S. 14.

833 Vgl. KLEIBER, W., Wertermittlungsverfahren, S. 66 f.; ENGEL, R., DCF-Methode, S. 329 f.

834 Vgl. dazu die Ausführungen zum Liegenschaftszinssatz in Kap. 442.

835 Vgl. FISCHER, R., Neufassung der WertV, S. 107 f.

836 Nicht näher betrachtet wird hier die Möglichkeit, dass die ortsübliche Vergleichsmiete verzerrt sein könnte, weil sie Mieten enthält, die so von den Mietern aufgrund mietfreier Zeiten oder sonstiger Incentives gar nicht in dem Umfang gezahlt werden. Gerade bei Gewerbeimmobilien nutzen Vermieter teilweise diese Möglichkeiten der Vertragsgestaltung, um gezielt Intransparenz zu schaffen. Vgl. HOLZNER, P./RENNER, U., Ermittlung des Verkehrswertes, S. 551.

837 Vgl. etwa BISCHOFF, B., Wertermittlungsrecht, S. 133; METZGER, B., Wertermittlung, S. 82; ähnlich ENGEL, R., DCF-Methode, S. 329.

garantiert eine höhere Stabilität der Werte und senkt so das Risiko, dass sich durch eine verzerrte Ausgangsbasis wesentliche Fehler in die Fair Value-Ermittlung einschleichen. Letztendlich ist festzustellen, dass die marktübliche Miete die künftige Miete umso besser darstellt, je weniger volatil der Immobilienmarkt für die jeweilige Nutzungsart und Region ist.[838] Hierauf hat der Bewerter indes keinen Einfluss.

Eine u. a. über Mietspiegel ermittelte marktübliche Miete hat zudem das Potential neutral und frei von (wesentlichen) Fehlern ermittelt zu werden. Indes eröffnen sich dem Bilanzierenden Ermessensspielräume, wenn er eigene **Anpassungen** an den ermittelten Mieten vornehmen sollte, die nicht marktobjektivierbar sind. Eigene Anpassungen sind regelmäßig notwendig, da das zu bewertende Objekt in den seltensten Fällen in allen wertbeeinflussenden, **objektspezifischen** Faktoren mit der „durchschnittlichen" Immobilie des Mietspiegels übereinstimmen dürfte.[839] Diese Ermessensspielräume sind indes im Vergleich zur vollständigen Prognose der künftigen Mieten als eher gering einzuschätzen, da ortsübliche Mieten aufgrund ihrer Transparenz eine vergleichsweise hohe intersubjektive Nachprüfbarkeit bieten und entsprechende objektspezifische Anpassungen dann von diesem Ausgangspunkt nachvollzogen werden könnten. Die Ermessensspielräume würden sich dadurch im Wesentlichen auf die objektspezifischen Anpassungen beschränken. Grundsätzlich dürfte daher ein Mindestmaß an Glaubwürdigkeit im Sinne der IFRS gewährleistet sein.

Wenn es sich bei der Renditeimmobilie um eine sehr spezielle Immobilie handelt oder wenn sie in einer eher ländlicheren Gegend steht, ist es möglich, dass die marktübliche Miete **nicht** über die **ortsübliche Miete** ermittelt werden kann oder dass lediglich eine (größere) Bandbreite bestimmbar ist.[840] In diesem Fall sind Mietspiegel anderer Regionen häufig nur mit erheblichen Anpassungen übertragbar. Möglicherweise sind sogar ganz eigene Überlegungen des Bilanzierenden in Bezug auf Angebot und Nachfrage erforderlich, um die marktübliche Miete zu bestimmen.[841] Die Miete ergibt sich dann häufig aus nicht-beobachtbaren Inputparametern und ist somit der **dritten Ebene** der Inputhierarchie des IFRS 13 zuzuordnen. Im Vergleich zu der Situation, in der der Bilanzierende auf Mietspiegel zurückgreifen kann, sinkt tendenziell vor allem die Glaubwürdigkeit der Information, da die Möglichkeiten zur Manipulation steigen. Gerade bei sehr großen Anpassungen von Mieten aus anderen Gebieten und somit großen Bandbreiten möglicher Werte dürfte eine Objektivierung der Werte, also eine intersubjektive Nachprüfbarkeit, nur bedingt gegeben sein.[842] IFRS 13.89 empfiehlt daher den Rückgriff auf eigene Daten, wenn keine am Markt beobachtbaren Daten vorliegen. Demnach wäre primär die vertraglich vereinbarte Miete für die zu bewertende Immobilie als marktübliche Miete heranzuziehen und gegebenenfalls anzupassen, wenn das Unternehmen diese Miete

---

838 Vgl. SIMON, J., Internationale Bewertungsstandards, S. 274 f.; gleiches gilt für den gesamten Fair Value KILEY, J. J./MACCRATE, J. R., What Does Mark to Market Mean Today?, S. 94 f.

839 So können schon Aspekte wie die Verkehrsanbindung oder das Vorhandensein einer Garage die erzielbare Miete verändern. Vgl. SIRMANS, G. S./SIRMANS, C. F./BENJAMIN, J. D., Apartment Rent, Concessions and Occupancy Rates, S. 1989 f. Vgl. für ähnliche Studien SIRMANS, G. S./SIRMANS, C. F./BENJAMIN, J. D., Apartment Rent.

840 Vgl. STELTER, M., Mietwertermittlung, S. 10.

841 Vgl. für Angebot und Nachfrage determinierende Faktoren für Wohn- und Gewerbeimmobilien und Hinweise zu deren Ermittlung BRAUER, K.-U., Immobilienwirtschaft, S. 6 f.

842 Vgl. BAETGE, J., DCF-Kalküle, S. 18.

in seinen Planungen nicht für langfristig erzielbar hält oder wenn diese Miete aus Marktsicht so nicht zu erzielen wäre. Durch den Rückgriff auf die Vertragsmiete sind die Möglichkeiten zur Manipulation vergleichsweise geringer, als wenn lediglich versucht wird, nicht vergleichbare Mieten vergleichbar zu machen. Außerdem dürften hierdurch die Anreize zur Manipulation durch Nutzung interner Plandaten für externe Berichtszwecke im Sinne des Management Approach gesenkt werden können. Nichtsdestotrotz verbleibt, insbesondere wenn Anpassungen aus Marktsicht vorgenommen werden, ein subjektiver Ermessensspielraum. Eine derartig ermittelte marktübliche Miete ist daher tendenziell weniger glaubwürdig und schlechter nachprüfbar als eine auf einer ortsüblichen Vergleichsmiete basierende Miete, weswegen der Grad der Entscheidungsnützlichkeit im Sinne der IFRS im Vergleich regelmäßig niedriger sein dürfte.

Die Berücksichtigung der marktüblichen Miete alleine (einphasiges Modell) ist insbesondere für zur Vermietung anstehende und für **zur marktüblichen Miete vermietete Immobilien** (rack-rented) vorgesehen.[843] Im Fall differierender Vertragsmieten sind diese gemäß § 8 Abs. 3 ImmoWertV mit zusätzlichen Zu- bzw. Abschläge oder auf andere geeignete Art zu berücksichtigen (zweiphasige Modelle). Diese Möglichkeiten sollen im nächsten Abschnitt analysiert werden.

422.2 Over- und underrented properties

Im Rahmen des Ertragswertverfahrens der ImmoWertV sind marktübliche Mieten zur Ermittlung des vorläufigen Ertragswerts zu berücksichtigen. Zusätzlich ist zu überprüfen, inwiefern die derzeitigen vertraglich vereinbarten Mieten von den marktüblichen abweichen.[844] Sofern keine Abweichungen vorliegen, liegt der einfachste Fall, der rack-rented properties, vor und es sind keine weiteren Anpassungen vorzunehmen.[845] Weicht die **Vertragsmiete** indes signifikant von der marktüblichen Miete ab, so sind die (diskontierten) positiven oder negativen Abweichungen als objektspezifisches Merkmal in der Wertermittlung etwa als Zu- oder Abschläge auf den vorläufigen Ertragswert zu berücksichtigen (§ 8 Abs. 3 ImmoWertV).[846] Im Folgenden wird daher erläutert, wie die Höhe und die Dauer der Abweichungen bestimmt werden können, um die Regelungen daraufhin zu beurteilen. Der Diskontierungszinssatz wird bei der Beurteilung des Liegenschaftszinssatzes in Kapitel 442. näher betrachtet.

Sofern der **Mietvertrag** für einen **bestimmten Zeitraum** abgeschlossen wurde, sind die Mehr- oder Mindererlöse, die sich bei dem Vergleich der vertraglich vereinbarten mit der marktüblichen Miete ergeben, grundsätzlich für diesen Zeitraum zu berücksichtigen und entsprechend zu kapitalisie-

---

[843] Vgl., BIENERT, S., Ertragswertverfahren, S. 340; ähnlich PETERSEN, H., Marktorientierte Immobilienbewertung, S. 18.

[844] Vgl. Nr. 3.5.1 WertR 2006.

[845] Vgl. SCHWIRLEY, P., Bewertung von Mieten, S. 847 f.

[846] Vgl. auch Nr. 3.5.8 WertR 2006; SIMON, J., Europäische Standards, S. 136; BECK, M., Bewertung nach WertV, S. 226; BIENERT, S., Ertragswertverfahren, S. 338 f. Dieser Abschnitt befasst sich primär damit, wie die Vertragsmiete ermittelt werden kann und wie sie zu berücksichtigen ist. Daher ist keine Unterscheidung in Top and Bottom Slicing Model und Term and Reversion Model erforderlich. Die sich daraus ergebenden Differenzen beschränken sich im Wesentlichen auf den Zinssatz im Nenner.

ren.[847] Feste Mietlaufzeiten werden häufig bei Gewerbeimmobilien vereinbart.[848] In diesem Zusammenhang werden bei Gewerbeimmobilien regelmäßig auch Mietverlängerungsoptionen der Mieter für vorher definierte Zeiträume vereinbart. Es wird empfohlen, von einer Mietverlängerung nur dann auszugehen, wenn die Immobilie zum Bewertungsstichtag underrented ist, es also derzeit für den Mieter günstig wäre, einer Verlängerung zuzustimmen.[849] Dem ist aus bilanzieller Sicht zuzustimmen, da so eine rationale Beurteilung der Situation vorgenommen wird, die zu einer glaubwürdigen Darstellung beiträgt.

Bei **underrented properties** kann es erforderlich sein, Wertminderungen zu berücksichtigen, da die niedrigere vertraglich vereinbarte Miete möglicherweise nicht sofort an die marktübliche angepasst werden kann.[850] Hier muss sich das Unternehmen genau wie ein möglicher externer Dritter, der die Immobilie kauft, an die entsprechenden **gesetzlichen Mieterhöhungsregeln** halten.[851] Beispielsweise sei hier auf die Kappungsgrenze in § 558 Abs. 3 BGB verwiesen, gemäß der Mieten für Wohnimmobilien in Deutschland in der Regel innerhalb von drei Jahren nur um maximal 20 % erhöht werden dürfen.[852] Im schlechtesten Fall muss der (neue) Vermieter mehrere Mieterhöhungsverlangen bemühen, um die vertraglich vereinbarte Miete der marktüblichen anzupassen. Die Zeit hierfür ist bei der Wertermittlung aus Marktsicht zu berücksichtigen.[853]

Sofern indes keine Staffelmietverträge vereinbart wurden,[854] bei denen der vertraglich vereinbarte Mietzins über die Vertragsdauer steigt, ist bei festen Verträgen ohne Mieterhöhungsmöglichkeit zu prüfen, ob die Differenz zwischen marktüblicher und vertraglich vereinbarter Miete über die Vertragsdauer im Wesentlichen erhalten bleibt.[855] Dies ist schwierig, da die im Liegenschaftszinssatz enthaltenen impliziten Wachstumserwartungen der marktüblichen Miete nicht explizit ermittelt werden.[856] In der Annahme, dass die marktübliche Miete tendenziell steigt, wird bei festen Mietverträgen bei overrented properties eine Überbewertung der Mehrerlöse und bei underrented properties eine Unterbewertung der Mindererlöse riskiert. Tendenziell könnte die Immobilie demnach bei erwarteten Mietsteigerungen zu hoch und bei sinkenden marktüblichen Mieten zu niedrig bewertet

---

847 Vgl. implizit BECK, M., Bewertung nach WertV, S. 226; ähnlich HETTRICH, S./RITSCH, S., DCF-Methode, S. 326. Vgl. zur Kapitalisierung von over- und underrented properties auch die Ausführungen in Kap. 322.322 und 442.5.

848 Vgl. SCHWIRLEY, P., Bewertung von Mieten, S. 943. Vgl. für die Gestaltung von britischen Gewerbemietverträgen ausführlich VDP, Europäische Immobilienmärkte, S. 37-39. Der Trend geht hier in Richtung deutlich kürzerer Mietverträge. Seit 2000 sind die durchschnittlichen Mietvertragsdauern in Deutschland und in Großbritannien für Büroimmobilien von sieben bzw. zwölf Jahren auf fünf Jahre in 2009 gesunken. Vgl. IPD, Kürzere Mietvertragslaufzeiten.

849 Vgl. SCHWIRLEY, P., Bewertung von Mieten, S. 945-947.

850 Vgl. SCHLICHT, K./GEHRI, C., Verkehrswertermittlung, S. 82; SCHWIRLEY, P., Bewertung von Mieten, S. 848; PETERSEN, H., Marktorientierte Immobilienbewertung, S. 19; KLEIBER, W., Verkehrswertermittlung, S. 1025.

851 Vgl. PETERSEN, H., Marktorientierte Immobilienbewertung, S. 19; BECK, M., Bewertung nach WertV, S. 226; KLEIBER, W., Wertermittlungsverfahren, S. 66; STELTER, M., Mietwertermittlung, S. 10.

852 Für Gewerbeimmobilien gilt mit Ausnahme von Wucher und Sittenwidrigkeit (§ 138 BGB) Vertragsfreiheit. Vgl. HOLZNER, P./RENNER, U., Ermittlung des Verkehrswertes, S. 639.

853 Vgl. SCHWIRLEY, P., Bewertung von Mieten, S. 888.

854 Vgl. zu Staffelmietverträgen HOLZNER, P./RENNER, U., Ermittlung des Verkehrswertes, S. 641.

855 Diese Überprüfung ist auch bei Staffelmietverträgen sinnvoll, indes ist das Fehlerpotential bei sich nicht ändernden vertraglichen Mieten größer.

856 Sie werden nur im Zinssatz berücksichtigt. Vgl. auch Kap. 322.31.

werden.[857] Trotzdem werden die Abweichungen u. a. aus Objektivierungsgesichtspunkten regelmäßig über die **Mietvertragsdauer** diskontiert.[858] Dieser Vorgehensweise kann auch aus IFRS-Sicht gefolgt werden.

Wird **keine feste Vertragslaufzeit** vereinbart (unbefristete Mietverträge), wie dies häufig bei Wohnimmobilien der Fall ist, ist es fraglich, ob die Mehr- oder Mindererlöse überhaupt zu berücksichtigen sind. So darf die höhere bzw. niedrigere Vertragsmiete aufgrund ihrer Unsicherheit wohl nicht berücksichtigt werden. Darauf deutet die Formulierung in Nr. 3.5.1 der WertR 2006 hin, nach der Abweichungen nur dann gesondert zu berücksichtigen sind, wenn sie „auf einer nicht nur kurzfristigen rechtlichen Bindung" beruhen.[859] Hierfür spricht auch die Formulierung in § 2 ImmoWertV, nach der künftige Entwicklungen nur dann zu berücksichtigen sind, wenn sie „mit hinreichender Sicherheit auf Grund konkreter Tatsachen zu erwarten sind". Demnach wären mietvertragliche Regelungen, die aufgrund der relativ kurzen normalen Kündigungsfrist jederzeit kurzfristig durch den Mieter gekündigt werden könnten, tendenziell nicht zu berücksichtigen.[860] Es wäre das einphasige Modell für rack-rented properties anzuwenden.[861] KLEIBER befürwortet ebenfalls im Rahmen der ImmoWertV nur die Berücksichtigung von festen mietvertraglichen Regelungen.[862] Indes würde eine Nichtbeachtung bei der Bewertung von **overrented properties** nicht unbedingt den realen Sachverhalt widerspiegeln, da es für den Vermieter regelmäßig vorteilhaft sein dürfte, den Vertrag fortzuführen und der Mieter wohl u. a. aufgrund von Umzugskosten oder emotionalen Bindungen ebenfalls nicht zwangsläufig sofort kündigen würde. Darüber hinaus wird auch in IAS 40.40 darauf hingewiesen, dass der Fair Value Mieteinnahmen aus aktuellen Mietverträgen reflektieren soll. Im Rahmen der Fair Value-Bewertung sollte daher nicht grundsätzlich auf eine Berücksichtigung unbefristeter Mietverträge verzichtet werden. Sollte die ImmoWertV daher so ausgelegt werden, dass unbefristete Mietverträge nicht berücksichtigt werden dürfen, so ist dies zu kritisieren. Für **underrented properties** hingegen erscheint es zumindest für Gewerbeimmobilien sachgerecht, Mindererlöse nicht zu berücksichtigen, da ein unbefristeter Mietvertrag unter Einhaltung der Kündigungsfrist prinzipiell jederzeit durch den (potentiell neuen) rational handelnden Vermieter gekündigt und die Immobilie dann zur höheren marktüblichen Miete neu vermietet werden könnte. Diese Einschätzung deckt sich mit IFRS 13.22, gemäß dem Marktteilnehmer zugrunde zu legen sind, die in ihrem wirtschaftlich besten Interesse handeln. Bei Wohnimmobilien kann eine Kündigung gemäß § 573 BGB durch den Vermieter nur aus berechtigtem Interesse vorgenommen

---

857 Es wäre indes falsch, grundsätzlich von steigenden Mieten auszugehen. Beispielhaft lässt sich für die Stadt Berlin zeigen, dass dort im Vergleich von 2008 zu 2009 abhängig vom Stadtteil sowohl steigende, als auch sinkende und stagnierende Mieten auftraten. Vgl. IVD, IVD-Marktmietspiegel, S. 53. Für ähnliche Ergebnisse vgl. auch VAN SUNTUM, U./WESTERMEIER, A., WOHNUNGSBAU IN DEUTSCHLAND, S. 4 und 7.

858 Vgl. ähnlich HOLZNER, P./RENNER, U., Ermittlung des Verkehrswertes, S. 422; KLEIBER, W., Verkehrswertermittlung, S. 1032 f. A. A. SCHWIRLEY, P., Bewertung von Mieten, S. 846 f.

859 Ähnlich auch BECK, der die Dauer der Zu- und Abschläge bei Anwendung des Ertragswertverfahrens allein über vertragliche Vereinbarungen oder mietrechtliche Bestimmungen ermittelt. Vgl. BECK, M., Bewertung nach WertV, S. 226; ähnlich KLEIBER, W., Verkehrswertermittlung, S. 1024-1040; SCHLICHT, K./GEHRI, C., Verkehrswertermittlung, S. 104 f.; GEPPERT, H./WERLING, U., ImmoWertV im Fokus, S. 18 f.

860 So auch SCHWIRLEY, P., Bewertung von Mieten, S. 943.

861 Vgl. zu diesem Modell für die Ermittlung der Cashflows auch die Ausführungen in Kap. 422.1.

862 Vgl. KLEIBER, W., Verkehrswertermittlung, S. 1024-1027.

werden, an das grundsätzlich hohe Anforderungen gestellt werden. Ein reines Mieterhöhungsinteresse berechtigt nicht zur Kündigung (§ 573 Abs. 2 Nr. 3 BGB). Daher sollte hier grundsätzlich wie bei overrented properties (und anders als laut Auslegung der ImmoWertV vorgesehen) bei der Fair Value-Bewertung von einer Fortführung des für den Mieter günstigen Mietvertrags ausgegangen werden.[863]

Grundsätzlich ist die Berücksichtigung der **Mehr- bzw. Mindererlöse** bei nicht marktüblichen Vereinbarungen zu begrüßen. Auch IAS 40.40 und IAS 40.46 (c) a.F. weisen darauf hin, dass vertragliche Vereinbarungen, sofern vorhanden, bei der Bewertung unterstützend herangezogen werden sollten. Je nach Dauer der Vertragslaufzeit können sich wesentliche Wertminderungen oder -erhöhungen ergeben, deren Berücksichtigung für eine relevante Wertermittlung erforderlich ist. Indes können vertragliche Details gerade nicht am Markt beobachtet werden, da sie individuell für die jeweilige Immobilie abgeschlossen werden. Da somit eine Objektivierung über den Markt nicht möglich ist, entspricht die dem Vertragswerk entnommene Miete einem Inputparameter der **dritten Ebene** des IFRS 13. Trotz der fehlenden Marktobjektivierbarkeit erreicht dieser Parameter indes ein hohes Maß an Glaubwürdigkeit. Die Ermessensspielräume dürften sehr gering sein, da die vereinbarten Mieten unmittelbar dem aktuellen Vertrag entnommen werden. Somit könnten die Werte durch sachverständige Dritte verifiziert werden und wären somit intersubjektiv nachprüfbar, wobei hierbei vor allem den Abschlussprüfern eine besondere Verantwortung zukommen dürfte.[864]

Als Fazit kann festgestellt werden, dass gemäß der ImmoWertV nur bei befristeten Mietverträgen Mehr- oder Mindererlöse für von marktüblichen Mieten abweichende Vertragsmieten berücksichtigt werden. Hierbei sind neben den mietvertraglichen Vereinbarungen auch mietrechtliche Regelungen zu berücksichtigen. Bei unbefristeten Mietverträgen werden potentielle Mehr- bzw. Mindererlöse nicht beachtet, wenngleich dies zumindest für overrented properties und für Wohnimmobilien bei underrented properties erforderlich wäre. Somit bestehen zwar hinsichtlich dieses Aspekts keine Ermessensspielräume, teilweise ist es indes zweifelhaft, ob der Sachverhalt angemessen abgebildet wird.

423. Inflows beim Income Capitalization Approach

423.1 Grundsätzliche Unterschiede und Gemeinsamkeiten im Vergleich zum Ertragswertverfahren nach ImmoWertV

Beim Income Capitalization Approach bilden die Mieteinnahmen ebenfalls den Brutto-Cashflow. Von ihm werden die Outflows, also die nicht-umlagefähigen Bewirtschaftungskosten abgezogen, um das Net Operating Income, also den Reinertrag, zu erhalten.[865] Ähnlich wie beim Ertragswert-

[863] Je nach Mietrecht mag diese Beurteilung in anderen Ländern anders ausfallen.
[864] Vgl. ähnlich RANKER, D., Immobilienbewertung, S. 133.
[865] Vgl. THÖNE, C., Britische Bewertungsverfahren, S. 587; KORMAIER, B., Income Capitalisation Model, S. 382; SCARRETT, D., Property Valuation, S. 48; GONDRING, H., Immobilienwirtschaft, S. 930; APPRAISAL INSTITUTE, Appraisal of Real Estate, S. 457; WINCOTT, R., Three Independent Approaches, S. 18. Zu den Bewirtschaftungskosten wird hier auch das Mietausfallwagnis hinzugerechnet, das in der internationalen Bewertungslehre i. d. R. eine negative Mieteinnahme darstellt. Vgl. dazu ausführlich Kap. 433.1.

verfahren nach ImmoWertV werden auch beim Income Capitalization Approach in der Grundform des Modells die Markterwartungen bezüglich der künftigen Entwicklung der Mieten nicht explizit in den Mieten sondern implizit im Diskontierungszinssatz berücksichtigt.[866] Auch bei dieser Methode ist sowohl die vereinbarte Vertragsmiete als auch die aktuelle Marktmiete relevant,[867] wenngleich statt der marktüblichen Miete im Sinne einer ortsüblichen Miete auf die Marktmiete abgestellt wird, was im folgenden Abschnitt diskutiert wird.

Sofern die Marktmiete der Vertragsmiete entspricht, liegt ein rack-rented property vor, bei dem die Vertragsmiete, also die Marktmiete, mit dem All Risk Yield diskontiert werden muss.[868] Bei zur Vermietung anstehenden Immobilien ist grundsätzlich ebenfalls die Marktmiete im Rahmen eines einphasigen Modells anzusetzen.[869] Entsprechen sich Vertrags- und Marktmiete nicht, was häufig der Fall sein dürfte,[870] werden sie beide im Rahmen des Hardcore Models oder des Term and Reversion Models bei der Bewertung der Immobilie berücksichtigt. Es wird wie beim Ertragswertverfahren nach ImmoWertV ein zweiphasiges Verfahren angewandt. Bei Existenz eines Mietvertrags ist die Marktmiete nach Ablauf der Vertragslaufzeit, wie beim Ertragswertverfahren die marktübliche Miete, als die zu erwartende Miete zu betrachten.[871] Bezüglich des Potentials der **Vertragsmiete** glaubwürdige Informationen bereitzustellen, sei auf die Diskussion im vorherigen Kapital zum Ertragswertverfahren nach ImmoWertV verwiesen. Auch die Berücksichtigung von Unter- oder Übervermietungen dürfte im Wesentlichen gleich beurteilt werden.[872] Damit verbleibt als Kritikpunkt, dass die Mehr- bzw. Mindererlöse bei unbefristeten Mietverträgen auch bei diesem Verfahren wohl in der Regel nicht über die prognostizierte Vertragsdauer berücksichtigt werden. Bei unbefristeten Mietverträgen werden regelmäßig lediglich die jeweiligen Zahlungsperioden als Mietvertragsdauern betrachtet.[873] Aufgrund der gesetzlichen Kündigungsfrist in Deutschland würde dies beispielsweise für Wohnimmobilien bedeuten, dass Mehrerlöse regelmäßig nur für drei Monate statt für eine prognostizierte Mietvertragsdauer angesetzt werden dürfen.[874] Dies ist aus IFRS-Sicht aufgrund der potentiellen Wertrelevanz des Mietvertrags kritisch zu sehen.

---

866 Vgl. BAUM, A./MACKMIN, D./NUNNINGTON, N., Income Approach, S. 78; LEOPOLDSBERGER, G./THOMAS, M./NAUBEREIT, P., Immobilienbewertung, S. 503; APPRAISAL INSTITUTE, Appraisal of Real Estate, S. 499 f.

867 Vgl. SHAPIRO, E./DAVIES, K./MACKMIN, D., Methods of Valuation, S. 65; LEOPOLDSBERGER, G./THOMAS, M./NAUBEREIT, P., Immobilienbewertung, S. 501; ähnlich THE APPRAISAL FOUNDATION, USPAP 2010-2011, Standards-Rule 1-4 (c) (I).

868 Vgl. LEOPOLDSBERGER, G./THOMAS, M./NAUBEREIT, P., Immobilienbewertung, S. 503. Hier wird davon ausgegangen, dass die vertragliche Miete im gleichen Maße wie die Marktmiete angepasst wird. Vgl. u. a. KORMAIER, B., Income Capitalisation Model, S. 380.

869 Vgl. RICS, RICS Valuation Standards, PS 3.3, Tz. 1.2; SHAPIRO, E./DAVIES, K./MACKMIN, D., Methods of Valuation, S. 68 f.

870 Vgl. GONDRING, H., Immobilienwirtschaft, S. 933; ähnlich IVSC, IVS 2007, GN 2, Tz. 3.1.10.2.

871 Vgl. RICS, RICS Valuation Standards, PS 3.3, Tz. 1.2.

872 Vgl. etwa KORMAIER, B., Income Capitalisation Model, S. 381.

873 Vgl. VENTOLO, W. L./WILLIAMS, M. R., Real Estate Appraisal, S. 63.

874 Die Kündigungsfrist für Gewerbeimmobilien kann in Deutschland hingegen frei vereinbart werden. Sofern keine Regelungen getroffen werden, ist indes § 580a Abs. 2 BGB einschlägig (Kündigungsfrist ca. sechs Monate).

423.2 Beurteilung der Marktmiete im Vergleich zur ortsüblichen Vergleichsmiete

Der Income Capitalization Approach unterscheidet sich, wie schon erwähnt, indes vom Ertragswertverfahren nach ImmoWertV durch die Berücksichtigung der aktuellen **Marktmiete** statt der marktüblichen Miete im Sinne einer ortsüblichen Miete.[875] Während gemäß dem Ertragswertverfahren nach ImmoWertV in der Regel davon ausgegangen wird, dass die zu erzielende, marktübliche Miete einer Renditeimmobilie ihre ortsübliche Miete ist,[876] so beruht der Income Capitalization Approach auf der Annahme, dass eine Immobilie zur aktuellen Marktmiete vermietet werden kann bzw. dass dies die beste Ausgangsbasis für die Prognose der künftigen Entwicklung ist.[877] Davon unbenommen sind potentielle Wachstumsmöglichkeiten und Risiken, die bei beiden Methoden durch den Zinssatz abgebildet werden. Das deutsche Verfahren stellt somit prinzipiell auf eine Mischmiete aus Bestands- und Neuvermietungsmiete ab, während das internationale Verfahren die Neuvermietungsmiete im Sinne einer Stichtagsmiete als Benchmark betrachtet.[878]

Die **Marktmiete** kann nicht über die örtlichen Mietspiegel ermittelt werden, was potentiell ein Nachteil sein könnte. Indes wird diese Information häufig mit Hilfe vergleichbarer Immobilien[879] etwa von Marktforschungsunternehmen bereitgestellt.[880] Die BulwienGesa AG[881] ermittelt beispielsweise die Mieten für Neubauten bzw. für komplett modernisierte Immobilien (Erstvermietung) und die für Neuvermietungen bereits bestehender, nicht modernisierter Wohnungen (Neuvermietung) für viele Städte.[882] Bei der **Datenbeschaffung** muss es demnach vergleichsweise kein Nachteil sein, Marktmieten statt ortsüblicher Mieten zu nutzen. Zudem dürften beide Vorgehensweisen grundsätzlich im Rahmen der Fair Value-Bewertung zulässig sein. Indes stellt sich die Frage, welche Miete den Sachverhalt zutreffender abbildet und dadurch genauere und somit auch entscheidungsnützlichere Informationen im Sinne der IFRS vermittelt.[883] Hierfür muss zwischen zur Vermietung anstehenden Immobilien sowie over-, under- und rack-rented properties differenziert werden.

---

875 Vgl. ähnlich SIMON, J., Internationale Bewertungsstandards, S. 273.

876 Seit Inkrafttreten der ImmoWertV wird z. B. von SPRENGNETTER auch die Marktmiete als zulässige Miete für das Ertragswertverfahren angesehen. Vgl. SPRENGNETTER, H. O., Aus „nachhaltige" werden „marktübliche" Erträge, S. 53.

877 Vgl. WHITE, D./TURNER, J./JENYON, B./LINCOLN, N., Internationale Bewertungsverfahren, S. 97.

878 Nichtsdestotrotz verlangen die USPAP generell bei Marktbewertungen eine Analyse aller relevanten Transaktionen der letzten drei Jahre. Vgl. THE APPRAISAL FOUNDATION, USPAP 2010-2011, Standards-Rule 1-5 (b). Auch das IVSC weist darauf hin, dass eine historische Betrachtung für die Prognose einer einzelnen Miete (Income Capitalization Approach) oder einer Reihe von Mieten (DCF-Verfahren) unerlässlich ist. Vgl. IVSC, IVS 2007, GN 1, Tz. 5.12.4.

879 Vgl. APPRAISAL INSTITUTE, Appraisal of Real Estate, S. 453.

880 Vgl. für eine Übersicht über periodische Publikationen der öffentlichen Hand und von Verbänden GIF, Erhöhung der Transparenz, S. 12 f. Vgl. zur Datenerhebung auch umfassend APPRAISAL INSTITUTE, Appraisal of Real Estate, S. 145-172.

881 Die Bulwien Gesa AG ist in Deutschland eines der größten Marktforschungs- und Beratungsunternehmen im Immobilienbereich.

882 Vgl. hierzu deren Regionales Immobilien-Wirtschaftliches Informations System (RIWIS) unter www.riwis.de. (Es werden neben Deutschland weitere Länder wie etwa Ungarn betrachtet.)

883 Auch das Appraisal Institute weist darauf hin, dass die Angemessenheit und die Genauigkeit der Information die Relevanz und die Qualität der Bewertung determinieren. Vgl. APPRAISAL INSTITUTE, Appraisal of Real Estate, S. 606.

Da bei **over- und underrented properties** die Höhe der Markt- bzw. ortsüblichen Miete erst nach Beendigung des Mietvertrags relevant ist, könnte es hierfür, ebenso wie für **zur Vermietung anstehende Immobilien**, sinnvoll sein, die Marktmiete zu nutzen,[884] da die Immobilien, Vermietbarkeit vorausgesetzt, vermutlich zu diesen Mietpreisen wiedervermietet bzw. erstmals vermietet werden.[885] Demnach wäre die Vorgehensweise beim Income Capitalization Approach hierfür vergleichsweise geeigneter als die des kodifizierten Ertragswertverfahrens. Möglicherweise wäre indes auch durch die Reform der WertV eine Berücksichtigung von Marktmieten möglich,[886] was grundsätzlich zu befürworten wäre.[887] Der Gebrauch von Marktmieten wird teilweise kritisiert, weil aufgrund der Volatilität der Immobilienmärkte jeweils nur ein stichtagsbezogener Wert abgebildet werden kann, der die langfristige Entwicklung der Mieten nur unzureichend widerspiegelt und nicht mit den eigentlichen Kaufpreisen korrelieren würde, die wesentlich weniger stark schwanken.[888] Der Vorteil von ortsüblichen Mieten wird demnach auch mit der geringeren Schwankungsbreite der Mieten begründet. Dennoch erscheint es für zur Vermietung anstehende Immobilien ebenso wie für over- und underrented properties sachgerecht, eher auf Marktmieten denn auf ortsübliche Mieten zurückzugreifen, da eine Vermietung zur Marktmiete den Sachverhalt bei (Neu)Abschluss eines Mietvertrags besser abbilden würde. Diese Vorgehensweise ist daher auch im Sinne einer entscheidungsnützlichen Informationsvermittlung im Rahmen der IFRS zu bevorzugen.

Bei der Bewertung von zur Vermietung anstehenden Immobilien auf Basis der Marktmiete im Rahmen der IFRS wird dem Management tendenziell zwar eine höhere Bewertung der Immobilie als bei einer Berücksichtigung der ortsüblichen Vergleichsmiete ermöglicht; das Management riskiert indes aber auch einen bilanziellen Verlust, wenn die Immobilie im Anschluss unter der Marktmiete vermietet wird.[889] Umgekehrt könnte das Unternehmen nachgelagert einen Gewinn erfassen, wenn es eine Immobilie zu einem höheren Preis vermietet als in die Berechnung eingegangen ist. Diese Möglichkeit der Legung von stillen Reserven ist noch eher auf Basis der ortsüblichen Vergleichsmiete gegeben. Auch im Sinne einer neutralen und somit unverzerrten Berichterstattung über Immobilien erscheint es daher tendenziell sinnvoll, bei zur Vermietung anstehenden

---

884 Vgl. KLEIBER, W., Einnahmen und Ausgaben, S. 26; RICS, RICS Valuation Standards, PS 3.3, Tz. 1.2; APPRAISAL INSTITUTE, Appraisal of Real Estate, S. 453.

885 Sofern der Mietvertrag erst in einer späteren Periode ausläuft werden evtl. Wachstumserwartungen bei beiden Mietarten durch die Diskontierung mit dem Liegenschaftszins bzw. dem All Risk Yield berücksichtigt. Um zu ermitteln, ob eine Neuvermietung zur Marktmiete realistisch erscheint, empfehlen SHAPIRO/DAVIES/MACKMIN generell auf die Charakteristika der Immobilie und das Verhältnis von Angebot und Nachfrage zu achten. Vgl. SHAPIRO, E./DAVIES, K./MACKMIN, D., Methods of Valuation, S. 56 f.

886 Dies ist insbesondere auf die Terminusänderung der „nachhaltigen Mieten" in die „marktüblichen Mieten" zurückzuführen. Vgl. SPRENGNETTER, H. O., Aus „nachhaltige" werden „marktübliche" Erträge, S. 53. Zudem ist KLEIBER der Meinung, dass bei zur Vermietung anstehenden Immobilien durchaus auch die Marktmiete in Betracht kommen sollte. Vgl. KLEIBER, W., Verkehrswertermittlung, S. 1584 und 1701 f.

887 Zur Problematik, dass diese Vorgehensweise dann auch bei der Ermittlung der Liegenschaftszinssätze zu verfolgen wäre, vgl. ausführlich Kap. 442.4.

888 Vgl. SPRENGNETTER, H. O., Aus „nachhaltige" werden „marktübliche" Erträge, S. 53 f.

889 Vgl. ähnlich KAUL, T./SCHEFER, B., Einfluss der Rechnungslegung, S. 352 f.

Immobilien im Rahmen der IFRS (verpflichtend) auf die Marktmiete abzustellen, was bei Anwendung des Income Capitalization Approach gewährleistet wäre.[890]

Ist eine Immobilie bereits zur ortsüblichen Miete, also **rack-rented** im Sinne des Ertragswertverfahrens, vermietet, wird häufig (in Deutschland) der Ansatz der ortsüblichen Miete präferiert.[891] Indes wird hierbei übersehen, dass auch der aktuell laufende Mietvertrag auslaufen wird und die Immobilie spätestens dann voraussichtlich zur Marktmiete neu vermietet würde. Daher erscheint es sachgerecht, von Anfang an nur dann von einem rack-rented property auszugehen, wenn dieses auch bereits zur Marktmiete vermietet ist. Das Konzept der ortsüblichen Miete vermag auch in diesem Kontext nicht zu überzeugen, weswegen im Rahmen der Fair Value-Bewertung die Marktmieten auch für rack-rented properties grundsätzlich entscheidungsnützlichere Informationen bereitzustellen vermögen.

Insgesamt lässt sich feststellen, dass die Ermittlung der Mieteinnahmen im Rahmen des Income Capitalization Approach ähnlich zu würdigen ist wie beim Ertragswertverfahren nach ImmoWertV. Während Vertragsmieten und auch Marktmieten vergleichsweise glaubwürdig durch den Management Approach auf der dritten Ebene bzw. am Markt auf der zweiten Ebene des IFRS 13 ermittelt werden können, dürfte auch hier zu kritisieren sein, dass overrents bei unbefristeten Mietverträgen regelmäßig bei der Wertermittlung nicht berücksichtigt werden. Für eine adäquate Abbildung der künftig zu erzielenden Miete scheint es ferner geboten, neben den Vertragsmieten **Marktmieten** anstelle von ortsüblichen Mieten anzusetzen, da diese den Sachverhalt grundsätzlich sachgerechter abzubilden vermögen. Wenngleich grundsätzlich beide Vorgehensweisen innerhalb der IFRS zulässig sein dürften, wären mit einer Bewertung auf Basis von Marktmieten regelmäßig entscheidungsnützlichere Informationen aufgrund der höheren Abbildungsgenauigkeit möglich. Daher ist es positiv zu beurteilen, dass beim Ertragswertverfahren seit Inkrafttreten der ImmoWertV möglicherweise auch der Ansatz von Marktmieten erlaubt ist.[892] Nachdem die Ermittlung der Mieteinnahmen für die beiden impliziten Wachstumsmodelle, die die Zukunftserwartungen im Zinssatz berücksichtigen, umfassend gewürdigt wurde, wird im folgenden Abschnitt die Ermittlung der Mietgrößen für das DCF-Verfahren genauer analysiert.

424. Inflows beim DCF-Verfahren

424.1 Prognose der Mieten für die Detailplanungsphase

Um die Ermittlung der Cash-Inflows für das DCF-Verfahren näher zu analysieren, wird neben den üblichen Standardsettern wie dem IVSC auch auf den nicht-verbindlichen (deutschen) Vorschlag zur Standardisierung des DCF-Verfahrens der Gesellschaft für immobilienwirtschaftliche Forschung e.V. (gif)[893] zurückgegriffen, da auch dieser mögliche Vorschläge zur einheitlichen Anwen-

[890] Für den allgemeinen Umgang mit Leerstandsrisiken bei der Bewertung nach ImmoWertV und den daraus entstehenden Kosten siehe auch Kap. 432.5 und 432.6.
[891] Vgl. KLEIBER, W., Einnahmen und Ausgaben, S. 26.
[892] Vgl. hierzu SPRENGNETTER, H. O., Aus „nachhaltige“ werden „marktübliche“ Erträge, S. 53.
[893] Vgl. zur gif auch die Erläuterungen in Kap. 332.5 (Fn. 749).

dung enthält.[894] Anders als bei den Grundmodellen des Ertragswertverfahrens nach ImmoWertV und des Income Capitalization Approach werden beim **DCF-Verfahren** regelmäßig **zwei Phasen**, die Detailplanungsphase und der Restwert, unterschieden.[895] Die Netto-Cashflows hierfür werden ermittelt, indem die Bewirtschaftungskosten, wie auch bei den anderen Verfahren, von den Mieteinnahmen abgezogen werden.[896] Anders als bei den zuvor genannten Verfahren werden die künftigen nominalen[897] Mieteinnahmen indes zumindest für die **Detailplanungsphase explizit prognostiziert**.[898] Der Vorteil hieran wird in der angeblich größeren Realitätsnähe gesehen, die im Vergleich zu anderen Verfahren gerade auch bei komplexen Vertragsstrukturen erzielt würde.[899] So wären keine zusätzlichen Zu- oder Abschläge wie beim Ertragswertverfahren und beim Income Capitalization Approach erforderlich.[900] Wachstumserwartungen der Mieten werden mithin in der Detailplanungsphase im Cashflow und nicht im Diskontierungszinssatz berücksichtigt. Dadurch könnten die Cashflows auch bei wechselnden Cashflow-Strömen adäquat abgebildet werden.[901] Befürworter des DCF-Verfahrens argumentieren, dass dies bei den klassischen Methoden nicht möglich sei, weswegen diese nur dann angewandt werden sollten, wenn die prognostizierten Cashflows wahrscheinlich konstant sein werden.[902] Da auch bei den Growth Implicit Models, etwa durch das Term and Reversion Model, over- und underrents berücksichtigt werden, ist dieser Kritik nur bedingt zuzustimmen.

Die Detailplanungsphase kann indes nur auf einige Jahre begrenzt sein, da die Genauigkeit der Prognosen im Zeitablauf aufgrund der steigenden Unsicherheit abnimmt.[903] In der Regel werden Zeiträume von **fünf bis zehn Jahren** empfohlen.[904] Damit ist die Detailplanungsphase bei der Im-

---

[894] Eine einheitliche Standardisierung gibt es für das DCF-Verfahren nicht. Vgl. BAUM, A./CROSBY, N., Property Investment Appraisal, S. 64.

[895] Vgl. BRÄSICK, A., Ansatz und Bewertung von Immobilien, S. 280. Siehe dazu auch die analogen Ausführungen zum DCF-Verfahren im Bereich der Unternehmensbewertung. Vgl. MANDL, G./RABEL, K., Unternehmensbewertung, S. 153.

[896] Vgl. BIENERT, S./REINBERG, M. P., Bewertungsverfahren, S. 496; APPRAISAL INSTITUTE, Appraisal of Real Estate, S. 457.

[897] Es wäre auch eine Prognose der realen Mieten möglich. Das IVSC stellt die Entscheidung frei. Vgl. IVSC, IVS 2007, GN 9, Tz. 5.1.3; so auch HERSBERGER, D., Wertermittlung, S. 43 f.

[898] Vgl. IVSC, IVS 2007, GN 9, Tz. 1.1 und 3.2; SHAPIRO, E./DAVIES, K./MACKMIN, D., Methods of Valuation, S. 176. Hierbei sollte dem Bewerter bewusst sein, dass stetig steigende Mieten keiner ökonomischen Gewissheit unterliegen. Vgl. SHAPIRO, E./DAVIES, K./MACKMIN, D., Methods of Valuation, S. 56. so auch RÜCHARDT, K., Immobilienbewertung in D und GB, S. 308. FREITAG indes berücksichtigt nur Mietwertsteigerungen, da er Mietwertsenkungen als unwahrscheinlich erachtet. Vgl. FREITAG, M., Immobilienbewertung, S. 59. Dem kann nicht gefolgt werden.

[899] Ähnlich ZÜLCH, H., Immobilienbewertung, S. 219.

[900] Vgl. KLEIBER, W., Verkehrswertermittlung, S. 1656.

[901] Vgl. BIENERT, S./REINBERG, M. P., Bewertungsverfahren, S. 497; VATER, H., Bilanzierung von Immobilien nach IAS 40, S. 537.

[902] Vgl. BAUM, A./MACKMIN, D./NUNNINGTON, N., Income Approach, S. 78; KISHORE, R., Discounted cash flow analysis, S. 64; GONDRING, H., Immobilienwirtschaft, S. 930 f. A. A. FRENCH/GABRIELLI, die bei einer adäquaten Ableitung des Diskontierungszinssatzes die impliziten und die expliziten Modelle als gleichwertig einschätzen. Vgl. FRENCH, N./GABRIELLI, L., Accounting for uncertainty, S. 79.

[903] Vgl. KIRSCH, H.-J., Objektivierung künftiger Zahlungsströme, S. 369; BYRNE, P., Fuzzy analysis, S. 23.

[904] Vgl. IVSC, IVS 2007, GN 9, Tz. 5.1; SCHUBACH, F., Wertermittlung, S. 14; BRAND, E., Verfahrenskritik, S. 211; KÜMPEL, T., Finanzinvestitionen, S. 24. LEOPOLDSBERGER empfiehlt acht bis zwölf Jahre. Vgl. LEOPOLDSBERGER, G., Immobilienbewertung (Immobilienzyklen), S. 197. BIENERT/FUNK sehen die Detailplanungsphase regelmäßig

mobilienbewertung in der Regel länger als in der klassischen Unternehmensbewertung.[905] Dies wird mit den längeren Nutzungs- und Entwicklungszyklen von Immobilien und den damit verbundenen längerfristigen Geschäftsmodellen, die sich beispielsweise in längerfristigen Mietverträgen äußern, begründet.[906] Eine detaillierte Prognose von Cashflows über den Zeitraum von zehn Jahren hinaus, dürfte indes, sofern keine Mietverträge vorliegen, regelmäßig aufgrund der Unsicherheiten nicht glaubwürdig möglich sein.[907] Bei der Bestimmung der Länge der Detailplanungsphase einer speziellen Immobilie sollte somit ein Zeitraum zwischen fünf und zehn Jahren abgebildet werden, innerhalb dessen die wesentlichen Diskontinuitäten der künftigen Cashflows berücksichtigt werden können.[908] Nichtsdestotrotz sollte nicht außer Acht gelassen werden, dass auch bereits bei einer Detailplanungsphase von zehn Jahren erhebliche Planungsunsicherheiten bestehen können.[909] Diese sind in ihrer Höhe im Wesentlichen davon abhängig, ob vertragsdeterminierte Mieten vorliegen oder nicht.[910]

Bei **Vorliegen von befristeten Mietverträgen** sollten die Vertragsmieten angesetzt werden. Dabei werden auch Optionsgestaltungen, Staffelmieten etc. bis zum Ende der jeweiligen Vertragsdauer explizit im Zähler berücksichtigt.[911] Die entsprechenden Mietvertragsdaten können direkt der internen Mietbuchhaltung entnommen werden.[912] Sofern die vertraglich vereinbarte Miete an die Preisentwicklung gekoppelt ist, ist zusätzlich die erwartete Inflation zu prognostizieren.[913] Für die Dauer des befristeten Mietvertrags mit geplanten, determinierten Mieterhöhungen dürften die entsprechenden Vertragsmieten im DCF-Verfahren denen beim Income Capitalization Approach und beim Ertragswertverfahren entsprechen. Sollte die Detailplanungsphase länger sein als die vorliegende Restvertragslaufzeit, so sind die Mieten ab dem Zeitpunkt des Auslaufens des Mietvertrags mit Hil-

---

zwischen zehn und 15 Jahren. Vgl. BIENERT, S./REINBERG, M. P., Bewertungsverfahren, S. 498. So auch GIF, Standardisierung des DCF-Verfahrens, S. A1. BAUM/CROSBY bezeichnen Zeiträume von fünf bis 20 Jahren als typisch für DCF-Bewertungen in Großbritannien. Vgl. BAUM, A./CROSBY, N., Property Investment Appraisal, S. 66. Bei einer empirischen Untersuchung der Geschäftsberichte der DAX-, MDAX- und SDAX-Unternehmen von 2007 betrug der Zeitraum, sofern er angegeben wurde, zehn Jahre. Vgl. MÜLLER, S./WOBBE, C./REINKE, J., Investment Properties, S. 254.

905 Vgl. IDW (Hrsg.), IDW S 1 i. d. F. 2008, Tz. 77. Dort werden drei bis fünf Jahre vorgeschlagen.

906 Vgl. GRAßL, A./BECK, M., Bewertung von Immobilienunternehmen, S. 328.

907 Vgl. ERNSTBERGER, J./KRAUS, C., Vorschriften des IVSC, S. 397; KLEIBER, W., Prophetische Gaben, S. 8; BECK, M., Bilanzierung nach IAS 40, S. 501. A. A. FIERZ, der statt des Restwerts eine Detailplanungsphase von 75 Jahren favorisiert, was indes sehr unrealistisch sein dürfte. Vgl. FIERZ, K., Wert und Zins bei Immobilien, S. 23-25. Demgegenüber sieht BRAND bereits nach fünf Jahren erhebliche Unsicherheiten bei der Prognose. Vgl. BRAND, E., Verfahrenskritik, S. 213.

908 Vgl. LEOPOLDSBERGER, G., Immobilienbewertung (Immobilienzyklen), S. 197; ähnlich BECK, M., Bilanzierung nach IAS 40, S. 501.

909 Vgl. KORMAIER, B., Income Capitalisation Model, S. 384.

910 Vgl. in allgemeiner Form hierzu STARBATTY, N., Fair Value Accounting, S. 546.

911 Vgl. ALTMEPPEN, H., DCF-Verfahren, S. 499; SIMON, J., Europäische Standards, S. 136 f.; BIENERT, S./REINBERG, M. P., Bewertungsverfahren, S. 496 f.; FREITAG, M., Immobilienbewertung, S. 247 f.; HERSBERGER, D., Wertermittlung, S. 45-47; APPRAISAL INSTITUTE, Appraisal of Real Estate, S. 466 f.; IVSC, IVS 2007, GN 9, Tz. 5.6.1; BECK, M., Bilanzierung nach IAS 40, S. 501; HERSBERGER, D., Wertermittlung, S. 45-47; GIF, Standardisierung des DCF-Verfahrens, S. 7; THE APPRAISAL FOUNDATION, USPAP 2010-2011, SMT-2.

912 Vgl. HINRICHS, K./SCHULTZ, E., DCF in der Praxis, S. 267.

913 Vgl. WERLING, U., Berücksichtigung der Inflation, S. 158.

fe von Marktmieten zu prognostizieren.[914] Prognosen sind regelmäßig aus Marktsicht und auf Basis der gegenwärtigen Erkenntnisse zu erstellen, damit sie die Erwartungen der Marktteilnehmer und nicht die des spezifischen Unternehmens reflektieren (IAS 40.40[915] und IFRS 13.87 und 13.89).[916] Hierfür ist auch auf Informationen über vergleichbare Immobilien zurückzugreifen.[917] Sofern die Mieteinnahmen mit Hilfe von intern vorliegenden **Mietverträgen** ermittelt werden können, sind sie nicht nur relevant sondern auch glaubwürdig, weswegen entscheidungsnützliche Informationen im Sinne der IFRS vermittelt werden können.

Liegt ein **unbefristeter Mietvertrag** vor, so sind die voraussichtlichen Mieteinnahmen bis zum Ende der Detailplanungsphase unter anderem mit dessen Hilfe zu prognostizieren, wobei gegebenenfalls prognostizierte Mietvertragsdauern sowie erwartete Mietanpassungen zu berücksichtigen sind.[918] Nach erwarteter Beendigung des Mietvertrags sind wieder die Marktmieten bis zum Ende der Detailplanungsphase zu prognostizieren.[919] Damit ermöglicht das DCF-Verfahren, anders als die anderen beiden Verfahren, auch bei unbefristeten Verträgen die entsprechenden Mietzahlungen im Sinne von IAS 40.40 über die voraussichtliche Mietdauer zu berücksichtigen. Indes verbleibt die Frage, wie die voraussichtliche Mietvertragsdauer adäquat bestimmt werden kann.

Sofern die Immobilie **zur Vermietung angedacht** ist, aber noch **kein Mietvertrag** abgeschlossen wurde, ist die am Markt erzielbare Marktmiete für das erste Jahr anzusetzen und dann entsprechend der rechtlichen und wirtschaftlichen Möglichkeiten dessen Entwicklung für den restlichen Detailplanungszeitraum periodengenau zu prognostizieren.[920]

Es wird deutlich, dass vor allem bei fehlenden und bei auslaufenden Mietverträgen die Mieteinnahmen (unter Unsicherheit) geschätzt werden müssen, was grundsätzlich problematisch sein kann.[921] Zwar sind etwa BAUM/MACGREGOR der Meinung, dass **Mietprognosen** für fünf Jahre möglich sind.[922] Obwohl qualitative Analysen und Statistiken, beispielsweise zur Entwicklung der

---

[914] Vgl. GIF, Standardisierung des DCF-Verfahrens, S. 7; im Ergebnis APPRAISAL INSTITUTE, Appraisal of Real Estate, S. 553; ZÜLCH, H., Bilanzierung von Investment Properties, S. 244; HINRICHS, K./SCHULTZ, E., DCF in der Praxis, S. 267.

[915] IAS 40.40 bezieht sich, sofern die Textziffer nicht durch „a.F." gekennzeichnet ist, auf die modifizierte Version, die zusammen mit IFRS 13 verabschiedet wurde.

[916] Vgl. IVSC, IVS 2007, IVS 1, Tz. 1.4 und GN 9, Tz. 5.3; so auch BECK, M., Wertermittlung bei Immobilien, S. 359 f.; LEOPOLDSBERGER, G., Immobilienbewertung (Immobilienzyklen), S. 195; APPRAISAL INSTITUTE, Appraisal of Real Estate, S. 470; THE APPRAISAL FOUNDATION, USPAP 2010-2011, SMT-2. Vgl. für eine Übersicht über periodische Publikationen der öffentlichen Hand und von Verbänden zum Immobilienmarkt GIF, Erhöhung der Transparenz, S. 12 f.

[917] Vgl. APPRAISAL INSTITUTE, Appraisal of Real Estate, S. 471 f.

[918] Vgl. ähnlich SIMON, J., Europäische Standards, S. 136 f.; FREITAG, M., Immobilienbewertung, S. 241 f.; GIF, Standardisierung des DCF-Verfahrens, S. 7.

[919] Vgl. GIF, Standardisierung des DCF-Verfahrens, S. 7.

[920] Vgl. GIF, Standardisierung des DCF-Verfahrens, S. 7; ALTMEPPEN, H., DCF-Verfahren, S. 499; APPRAISAL INSTITUTE, Appraisal of Real Estate, S. 453 und 519; HINRICHS, K./SCHULTZ, E., DCF in der Praxis, S. 267; ähnlich ZÜLCH, H., Bilanzierung von Investment Properties, S. 248.

[921] Vgl. KLEIBER, W., Verkehrswertermittlung, S. 1640 f.; HUSCHKE, C., Immobilienbewertung, S. 61; BECK, M., Bilanzierung nach IAS 40, S. 502. Auch die USPAP weisen in SMT-2 auf die Manipulationsanfälligkeit von DCF-Verfahren hin. Vgl. THE APPRAISAL FOUNDATION, USPAP 2010-2011, SMT-2.

[922] Vgl. BAUM, A./MACGREGOR, B. D., Initial Yield Revealed, S. 719 f.

regionalen Bevölkerung und der Entwicklung der Einkommen, für quantitativ-statistische Analysen herangezogen werden können,[923] verbleibt letztendlich trotzdem subjektiver Spielraum.[924] Dieser ist im Vergleich zum Ertragswertverfahren und zum Income Capitalization Approach insbesondere deswegen höher, da auch bei fehlenden oder auslaufenden Mietverträgen die Mietentwicklungen, in der Regel mit den prognostizierten Marktmieten, explizit bestimmt werden. Vor allem die individuell zu bestimmenden Wachstumsraten dürften hier einen hohen Ermessensspielraum seitens des Bilanzierenden ermöglichen.[925] Diese Wachstumsraten, die die Mietentwicklung widerspiegeln sollen, können zum Teil durch Inflation erklärt werden, umfassen aber auch Mietsteigerungen aus anderen Gründen, weswegen eine Plausibilisierung erschwert wird.[926] Eine genaue Prognose dürfte mithin schwierig sein. Die durch die explizite Cashflowbestimmung in der Detailplanungsphase vermittelte Sicherheit ist somit eher trügerisch.[927] Es liegt eine Scheingenauigkeit vor. Insgesamt verbleiben deutliche Möglichkeiten zur Manipulation.[928]

Da die Möglichkeiten zur Manipulation vor allem bei fehlenden und bei auslaufenden Mietverträgen nicht wirksam eingeschränkt werden können, erscheint es sachgerecht, im Sinne des **Management Approach** die prognostizierten Cashflows aus dem internen Rechnungswesen als Basis zu übernehmen, um zumindest die Manipulationsanreize zu senken.[929] Damit würde die Glaubwürdigkeit des Fair Value auf Kosten der Nachprüfbarkeit erhöht. Dies entspräche IFRS 13, der eine Anwendung von internen Daten auf der dritten Ebene postuliert, sofern eine marktobjektivierte Sichtweise (zweite Ebene) nicht möglich ist. Interne Daten sind ggf. an die Marktsicht anzupassen, sofern Hinweise vorliegen, dass Marktteilnehmer andere Daten verwenden würden. Gemäß IFRS 13.89 spiegeln interne Daten allerdings bereits dann die externe Marktsicht wider, sofern keine gegenteiligen Hinweise vorliegen.

---

923 So sind bspw. Trendexpolationen üblich. Vgl. ENGELBRECHT, B., Ordnungsmäßige Immobilienbewertung, S. 262. Vgl. zu den Prognosemöglichkeiten von Cashflows auch ausführlich FREITAG, M., Immobilienbewertung, S. 240-253; SPIES, F. F., Prognose von Büromieten, S. 115-173; STEININGER, M., Ökonometrisches Prognosemodell, S. 44-46. Vgl. zur quantitativen und qualitativen Marktanalyse auch ZÜLCH, H., Bilanzierung von Investment Properties, S. 250-253; ähnlich IVSC, IVS 2007, GN 9, Tz. 1.2; APPRAISAL INSTITUTE, Appraisal of Real Estate, S. 307-309. Auch die USPAP erachten eine Mischung aus historischer Betrachtung, Trendexpolation und Berücksichtigung künftiger Events für unerlässlich. Vgl. THE APPRAISAL FOUNDATION, USPAP 2010-2011, Standards-Rule 1-4.

924 Vgl. VATER, H., Bilanzierung von Immobilien nach IAS 40, S. 537; ähnlich KÜMMEL, J., Fair Value-Ermittlung mit Barwertkalkülen, S. 169 f.; ZÜLCH, H., Bilanzierung von Investment Properties, S. 248. Selbst die Schätzung der Entwicklung der Einwohnerzahlen in Deutschland ist bereits mit beträchtlichem Ermessen verbunden. Vgl. dazu detailliert JUST, T., Langfristige Trends.

925 Vgl. auch REHKUGLER, H., Wertansätze, S. 31.

926 Vgl. SIMON, J., Internationale Bewertungsstandards, S. 277. Die GIF empfiehlt zur Prognose der Marktmieten die Berücksichtigung von Mietanpassungsfaktoren, die vom örtlichen Immobilienmarkt abgeleitet werden müssen, erklärt diese aber nicht näher. Vgl. GIF, Standardisierung des DCF-Verfahrens, S. 7. Auch die USPAP verweisen zur Berechnung der positiven oder negativen Mietwachstumsraten auf die örtlichen Angebots- und Nachfragetrends sowie sonstige wirtschaftliche Bedingungen. Vgl. THE APPRAISAL FOUNDATION, USPAP 2010-2011, SMT-2.

927 Vgl. BAUMUNK, H., Immobilien und Immobilienbewertung, S. 195. Auch KLEIBER weist darauf hin, dass für die Prognosen keine hinreichende Vertrauenswürdigkeit gewährleistet werden kann. Vgl. KLEIBER, W., Verkehrswertermittlung, S. 1657 f.

928 Zur Manipulierbarkeit des Verfahrens vgl. auch KLEIBER, W., Verkehrswertermittlung, S. 1656.

929 Ähnlich BALLWIESER, W./KÜTING, K./SCHILDBACH, T., Fair value, S. 537; KÜTING, K./DAWO, S., Bilanzpolitische Gestaltungspotenziale, S. 1212; LENZ, T., Bilanzierung von Immobilien, S. 371; KIRSCH, H.-J./KOELEN, P., IFRS-Rechnungslegung, S. 295 f.

Abschließend bleibt festzustellen, dass eine Objektivierung der Mietprognosen insbesondere bei fehlenden oder auslaufenden Mietverträgen aufgrund der Subjektivität der Prognosen schwierig ist.[930] Letztendlich verbleibt anders als bei den anderen beiden Verfahren deutlich mehr Ermessensspielraum, weswegen die Glaubwürdigkeit der Informationen hinsichtlich der Höhe der Mieten nicht per se gewährleistet ist. Um die Zulässigkeit der Methode für die IFRS zu gewährleisten, sollte ein Mindestmaß an Glaubwürdigkeit durch die Marktobjektivierung der in die Berechnung eingehenden Daten oder durch die Nutzung von internen Daten angestrebt werden.

424.2 Prognose der Mieten zur Ermittlung des Restwerts

In der zweiten Phase soll der **Restwert**, auch Reversion, Terminal Value oder Exit Value genannt,[931] bestimmt werden. Seine Ermittlung ist insbesondere daher relevant, da er circa die Hälfte des gesamten Marktwerts betragen kann.[932] Für die Bestimmung des Restwerts, der eine Art erwarteter Verkaufserlös zum Ende der Detailplanungsphase darstellt,[933] bestehen **verschiedene Möglichkeiten**. So kann der Restwert als **wahrscheinlicher Verkaufspreis** über die Verkaufspreise ähnlicher Immobilien am Markt abgeleitet[934] oder über einen **Multiplikator** ermittelt werden. Vergleichbare Transaktionspreise dürften, abgesehen von der Tatsache, dass sonst möglicherweise ein Vergleichswertverfahren anzuwenden wäre, aufgrund der Heterogenität von Immobilien regelmäßig nicht vorliegen. Daher schlägt die GIF vor, dass Rohertragsfaktoren (Multiplikatoren) verwandt werden sollen. Diese sollen multipliziert mit dem Rohertrag zum Ende des Detailplanungszeitraums den Restwert ergeben.[935] Hierbei wird indes vernachlässigt, dass es entsprechend detaillierte Rohertragsfaktoren vergleichbarer Objekte, die mit dem zu bewertenden Objekt etwa bezüglich der Restnutzungsdauer, dem Verhältnis von Roherträgen zu Bewirtschaftungskosten und den Bodenwerten hinreichend übereinstimmen, regelmäßig nicht geben dürfte. Dem Bilanzierenden eröffnet sich hierdurch weitreichender zusätzlicher Ermessensspielraum, der die Glaubwürdigkeit des Fair Value wesentlich vermindert.[936] Eine derartige Vorgehensweise wäre mithin im Rahmen der IFRS höchstens zur Plausibilisierung geeignet.

Daher sollte der Restwert als diskontierter Cashflow ermittelt werden, bei dem ein konstanter Cashflow zum Ende der Detailplanungsphase prognostiziert und als **ewige Rente** kapitalisiert wird.[937] Entsprechende Wachstumserwartungen für diese zweite Phase werden, ähnlich dem Income Capit-

930 So auch LEFFSON, U., GoB, S. 472.
931 Vgl. IVSC, IVS 2007, GN 9, Tz. 5.1.
932 Vgl. NAUBEREIT, P., Harmonisierung, S. 123; SIMON, J., Internationale Bewertungsstandards, S. 277. ENGEL hält sogar über 60 % bei langen Restnutzungsdauern für möglich. Vgl. ENGEL, R., DCF-Methode, S. 330; ähnlich KLEIBER, W., Verkehrswertermittlung, S. 1657.
933 Vgl. BAUM, A./CROSBY, N., Property Investment Appraisal, S. 68.
934 Vgl. BÖCKEM, H./SCHURBOHM, A., Bilanzierung von Immobilien nach IAS, S. 47 f.; SCHUBACH, F., Wertermittlung, S. 15.
935 Vgl. GIF, Standardisierung des DCF-Verfahrens, S. 13.
936 Im Ergebnis so auch NAUBEREIT, P., Harmonisierung, S. 218.
937 Vgl. WÖHLE, C. B., Moderne Immobilienbewertung, S. 218; APPRAISAL INSTITUTE, Appraisal of Real Estate, S. 527; BAUM, A./CROSBY, N., Property Investment Appraisal, S. 69 f.; SCHUBACH, F., Wertermittlung, S. 15; KLEIBER, W., Verkehrswertermittlung, S. 1656; ähnlich BÖCKEM, H./SCHURBOHM, A., Bilanzierung von Immobilien nach IAS, S. 47 f.

alization Approach, im Diskontierungszinssatz berücksichtigt.[938] Die anzusetzende Wachstumsrate wird vom Standardsetter nicht eingeschränkt, was grundsätzlich problematisch sein könnte.[939] Für den Cashflow im Zähler ist die in der ersten Periode des Restwertzeitraums zu erwartende Miete zu bestimmen.[940] Dafür können Extrapolationen, die direkte Analyse kausaler Zusammenhänge oder beides genutzt werden.[941] Die anzusetzende Miete für den Restwert dürfte regelmäßig der dann geltenden Marktmiete entsprechen,[942] da zum Beginn der Restwertphase in der Regel mit einem Auslaufen des Vertrags bzw. einer Vertragsanpassung gerechnet werden kann.[943] Wie bereits für den Income Capitalization Approach analysiert, ist der Ansatz der Marktmiete einer ortsüblichen Vergleichsmiete vorzuziehen.

Prinzipiell gilt, dass die **Ermessensspielräume** für Prognosen **im Zeitablauf zunehmen** und der Genauigkeitsgrad abnimmt,[944] weswegen die Mietprognose für den Restwert besonders unsicher ist. Die Genauigkeit, mit der die Cashflows in der ersten Phase geschätzt werden, wird daher durch die Ermittlung des Restwerts teilweise konterkariert.[945] Häufig kann aufgrund der Unsicherheit eine Vielzahl von Zukunftsszenarien plausibel dargestellt werden.[946] Daher wird neben den Prognosen für die Detailplanungsphase insbesondere die **Mietschätzung** für die zweite Phase aufgrund ihrer Unsicherheit und der damit verbundenen hohen Subjektivität wiederholt deutlich kritisiert.[947] Gerade wenn die Cashflow-Prognose für die zweite Phase auf den vorherigen Schätzungen aufbaut, können sich Prognosefehler im Zeitablauf verstärken (Leitereffekt).[948] Für den Restwert könnten die Ermessensspielräume daher gesenkt werden, indem statt einer expliziten Prognose der Miete zum Ende des Detailplanungszeitraums die derzeitig **aktuelle**, am Markt beobachtbare **Miete** im Sinne der Inputhierarchie des IFRS 13 vereinfachend und objektivierend angesetzt würde.[949] Der Zukunftsbezug könnte wie beim Ertragswertverfahren und beim Income Capitalization Approach implizit durch die Diskontierung mit dem Liegenschaftszins bzw. dem All Risk Yield abgebildet werden.[950] Diese Vorgehensweise ist indes in der Regel nicht vorgesehen.[951]

---

938 Vgl. ähnlich HERSBERGER, D., Wertermittlung, S. 124.

939 Daher sollte möglicherweise über eine Begrenzung der Wachstumsrate nachgedacht werden. Vgl. ähnlich KOELEN, P., Bewertungskalküle, S. 160-165; LENZ, T., Bilanzierung von Immobilien, S. 299.

940 Vgl. BIENERT, S./REINBERG, M. P., Bewertungsverfahren, S. 497; FRANK, T., Bilanzierung von Anlageimmobilien, S. 60; WÖHLE, C. B., Moderne Immobilienbewertung, S. 218; IVSC, IVS 2007, GN 9, Tz. 5.1.

941 Vgl. BAUM, A./CROSBY, N., Property Investment Appraisal, S. 69 f.

942 Vgl. auch WHITE, D./TURNER, J./JENYON, B./LINCOLN, N., Internationale Bewertungsverfahren, S. 108 und 115 f.

943 Vgl. BAUM, A./CROSBY, N., Property Investment Appraisal, S. 69.

944 Vgl. FREITAG, M., Immobilienbewertung, S. 246.

945 Vgl. ENGEL, R., DCF-Methode, S. 330; SIMON, J., Offene Immobilienfonds, S. 136.

946 Vgl. dazu auch LABUSCH, D., Das Feature, S. 36 f. Das Appraisal Institute weist explizit darauf hin, dass sowohl steigende als auch sinkende und stagnierende Mieten möglich sind, wobei die Entwicklung systematisch oder unsystematisch sein kann. Vgl. APPRAISAL INSTITUTE, Appraisal of Real Estate, S. 524-526.

947 Vgl. RÜCHARDT, K., Immobilienbewertung in D und GB, S. 311. Zu großer Vorsicht mahnt auch GOTTSCHALK. Vgl. GOTTSCHALK, G.-J., Immobilienwertermittlung, S. 518.

948 Vgl. KLEIBER, W., Verkehrswertermittlung, S. 1638 und 1657.

949 Vgl. GEPPERT, H./WERLING, U., ImmoWertV im Fokus, S. 18.

950 Vgl. dazu SCHLICHT, K./GEHRI, C., Verkehrswertermittlung, S. 113.

951 Vgl. beispielhaft BAUM, A./CROSBY, N., Property Investment Appraisal, S. 68-70.

Möglich wäre neben der expliziten Prognose der Marktmieten auch eine einfache **Indexierung** der derzeitigen Marktmiete auf das erste Jahr der zweiten Phase in Höhe der erwarteten Inflation.[952] Dies wäre allein aus Objektivierungsgründen einer expliziten Prognose vorzuziehen, wenngleich darauf hinzuweisen ist, dass die GIF dies bei der Standardisierung des DCF-Verfahrens als nicht sachgerecht ablehnt.[953] Da sich die Marktmieten nicht zwingend gemäß der Inflationsrate entwickeln,[954] erscheint dieser Einwand berechtigt.

Somit bleibt festzuhalten, dass die für den Restwert zu ermittelnde Marktmiete durch das Prognoseerfordernis genau wie die Cashflows der Detailplanungsphase im Vergleich zu den anderen beiden Verfahren regelmäßig mehr Ermessensspielräume und weniger Objektivierungsmöglichkeiten bietet, ohne dass es grundsätzlich zu einer zutreffenderen Abbildung der Mieterwartungen kommen würde.[955]

43 Outflows: Bewirtschaftungskosten

431. Überblick

Bewirtschaftungskosten sind die nicht-umlagefähigen Outflows, die beim Vermieter laufend entstehen, um die Immobilie vermieten zu können und um sie in einem betriebsbereiten Zustand zu erhalten.[956] Bewirtschaftungskosten müssen daher von den erzielten Nettokaltmieten abgezogen werden. Sie lassen sich im Wesentlichen in nicht-umlagefähige Betriebskosten, Verwaltungskosten, Instandhaltungs- und Modernisierungskosten, das Mietausfallwagnis und Kosten für dauerhaften, strukturellen Leerstand differenzieren. Möglich wäre an dieser Stelle auch eine Berücksichtigung der Fremdkapitalkosten und der Unternehmenssteuern.[957] Unter Berücksichtigung von Steuern könnten Fremdkapitalkosten aufgrund der Abzugsfähigkeit der Fremdkapitalkosten von der Steuerbemessungsgrundlage zu einem Wertbeitrag des Fremdkapitals führen.[958] Da Fremdkapitalkosten indes gemäß Nr. 3.5.2 WertR 2006 explizit nicht berücksichtigt werden dürfen und darüber hinaus häufig für die objektivierte Marktwertermittlung von Immobilien aufgrund ihrer subjektiven Komponente abgelehnt werden,[959] sollen diese bei der Wertermittlung nicht einbezogen werden. Übereinstimmend mit der allgemeinen Vorgehensweise im Schrifttum ist daher eine Bewertung ohne Fremdkapitalkosten und ohne Steuern vorgesehen.[960] Je nachdem welches barwertorientierte Ver-

952 Vgl. WINDORFER, C., Bewertung, S. 316.

953 Sie fordert eine explizite Beachtung des örtlichen Mietmarkts. Vgl. GIF, Standardisierung des DCF-Verfahrens, S. 7.

954 Vgl. etwa SCHWIRLEY, P., Bewertung von Mieten, S. 806; KLEIBER, W., Verkehrswertermittlung, S. 1644.

955 Etwaige Prognosen werden bei den anderen Verfahren ebenfalls, wenn auch implizit, berücksichtigt. Grundsätzlich kann mit allen Verfahren bei sachgerechter Anwendung ein zutreffender Fair Value ermittelt werden. Vgl. BECK, M., Wertermittlung bei Immobilien, S. 346.

956 Vgl. ZÜLCH, H., Bilanzierung von Investment Properties, S. 124; DRÖGE, F., Bewirtschaftungskosten, S. 153 f.

957 So erwähnt GN 9, Tz. 5.1.3 der IVS die Beachtung von Fremdkapitalkosten als Option. Darüber hinaus besteht gemäß IFRS 13.B14 (d) explizit die Wahl der Vor- oder Nachsteuerbewertung.

958 Vgl. etwa MANDL, G./RABEL, K., Unternehmensbewertung, S: 161; BEYHS, O., Impairment of Assets, S. 207.

959 Vgl. dazu ZÜLCH, H., Bilanzierung von Investment Properties, S. 245; HOLZNER, P./RENNER, U., Ermittlung des Verkehrswertes, S. 486; ähnlich KÖNIGSTEIN, M., Internationale Methoden, S. 289.

960 Vgl. ZÜLCH, H., Bilanzierung von Investment Properties, S. 245; ERNSTBERGER, J./KRAUS, C., Vorschriften des IVSC, S. 397; BIENERT, S., Ertragswertverfahren, S. 342 und 346 f.; RÜCHARDT, K., Immobilienbewertung in D und GB, S. 309; LEOPOLDSBERGER, G., US-Gutachten, S. 7; ZUNFT, Ertragswert, S. 551; SHAPIRO, E./DAVIES,

fahren angewandt wird, kann sich die Berücksichtigung der Bewirtschaftungskosten bzw. ihre Ermittlung unterscheiden. Daher wird in den folgenden Abschnitten detailliert die Vorgehensweise der einzelnen Verfahren erläutert und beurteilt.

432. Outflows beim Ertragswertverfahren nach ImmoWertV

432.1 Vorbemerkungen

Die Bewirtschaftungskosten beim Ertragswertverfahren sind gemäß § 19 Abs. 1 ImmoWertV die „für eine ordnungsgemäße Bewirtschaftung und zulässige Nutzung marktüblich entstehenden jährlichen Aufwendungen [...], die nicht durch Umlagen oder sonstige Kostenübernahmen gedeckt sind". Grundsätzlich wird beim Ertragswertverfahren wie auch schon bei den Cash-Inflows nur eine Kostengröße für den gesamten Zeitraum der Nutzungsdauer angesetzt.[961] Mögliche zeitliche Entwicklungen werden durch den Liegenschaftszinssatz berücksichtigt.[962]

Zu den berücksichtigungsfähigen Bewirtschaftungskosten gehören explizit gemäß § 19 Abs. 2 ImmoWertV die Betriebs-, Verwaltungs- und Instandhaltungskosten sowie das Mietausfallwagnis. Hierzu kommen noch die Modernisierungskosten und die Kosten für dauerhaften, strukturellen Leerstand. Die einzelnen Posten sollten separat ermittelt und angesetzt werden,[963] was eine bessere Plausibilisierung ermöglicht. Die Betriebskosten werden in der Betriebskostenverordnung (**BetrKV**)[964] und die anderen in der ImmoWertV genannten Kosten in der Verordnung über wohnungswirtschaftliche Berechnungen nach dem Zweiten Wohnungsbaugesetz (Zweite Berechnungsverordnung (**II. BV**)) ergänzend zu den Bestimmungen in der ImmoWertV näher definiert. Die II. BV ist zwar im Wesentlichen für sozialen und steuerbegünstigten Wohnraum anzuwenden, wird darüber hinaus zur Definition der Kostenbegriffe weitestgehend auch bei freifinanziertem Wohnraum verwandt.[965] Auch in der Gesetzesbegründung und in der WertR 2006 wird auf diese Verordnungen verwiesen.[966] Obwohl die II. BV die nachfolgend erläuterten Bewirtschaftungskosten auch quantifiziert, sollten diese Werte bei der Wertermittlung von freifinanzierten Immobilien aufgrund ihrer divergierenden Ausrichtung (sozialer und steuerbegünstigter vs. freifinanzierter Wohnraum) nur mit Vorsicht berücksichtigt werden.[967] Trotzdem wurden die dort genannten pauschalen Werte für die Verwaltungs- und Instandhaltungskosten sowie das Mietausfallwagnis in die WertR 2006 in

---

K./MACKMIN, D., Methods of Valuation, S. 82. Demgegenüber sind für eine Investitionsrechnung statt einer Marktwertermittlung explizit die Steuern und Finanzierungskosten im Cashflow zu berücksichtigen. Dies ist insbesondere im Rahmen eines DCF-Modells möglich. Vgl. BRAND, E., Verfahrenskritik, S. 211. Grundsätzlich ist gemäß der Verfügbarkeitsäquivalenz einheitlich in Zähler und Nenner vorzugehen.

961 Vgl. BIENERT, S., Ertragswertverfahren, S. 341.

962 Vgl. KLEIBER, W., Einnahmen und Ausgaben, S. 28.

963 Vgl. Nr. 3.5.2 WertR 2006.

964 § 27 Abs. 1 II. BV verweist für die Ermittlung der Betriebskosten auf die BetrKV.

965 Vgl. STELTER, M., Mietwertermittlung, S. 10; DRÖGE, F., Bewirtschaftungskosten, S. 154 f.; SIMON, J., Europäische Standards, S. 137.

966 Vgl. Bundesrat-Drucksache 171/10, S. 62 f.; Nr. 3.5.2.2 WertR 2006.

967 Vgl. SCHLICHT, K./GEHRI, C., Verkehrswertermittlung, S. 92; PETERSEN, H., Marktorientierte Immobilienbewertung, S. 23.

Anlage 3 übernommen.[968] Somit sind sie grundsätzlich als Anhaltspunkt für die Wertermittlung geeignet.[969] Erfahrungssätze vergleichbarer Immobilien sind gemäß § 19 Abs. 2 Satz 2 i. V. m. § 19 Abs. 1 ImmoWertV indes nur dann anzuwenden, wenn sich die tatsächlichen Kosten nicht ermitteln lassen bzw. wenn diese als Anhaltspunkt für die marktüblichen Kosten nicht geeignet sind.[970] Hinweise auf die möglichen Kosten finden sich regelmäßig durch die Analyse der Mietverträge und die Sichtungen der Abrechnungen und Kostenbelege der letzten Jahre.[971] Letztendlich sind indes immer die marktüblichen Kosten anzusetzen.[972]

Vertraglich bedingte Abweichungen der tatsächlichen Bewirtschaftungskosten von den marktüblichen sind gemäß § 8 Abs. 3 ImmoWertV gemeinsam mit abweichenden Mieten etwa durch Zu- oder Abschläge zu berücksichtigen.[973] Die Analyse der Mietverträge ist hierfür von besonderer Bedeutung, da je nach Vertragsgestaltung möglicherweise per se einzelne Kostengruppen auf die Mieter umgelegt werden und somit nicht mehr bei der Wertermittlung zu berücksichtigen sind.[974] So können die tatsächlichen Kosten etwa dann von den marktüblichen abweichen, wenn mietvertraglich eine Übernahme beispielsweise der Instandhaltungskosten durch den Mieter vereinbart wurde, dies aber nicht marktüblich ist. Instandhaltungskosten wären dann für die Dauer des Mietvertrags nicht anzusetzen.[975]

432.2 Nicht-umlagefähige Betriebskosten

Zu den Betriebskosten gehören gemäß § 1 Abs. 1 BetrKV alle Kosten, die bei dem bestimmungsmäßigen Gebrauch der Immobilie anfallen. In der **Betriebskostenverordnung**, die bei einer Bewertung nach ImmoWertV betrachtet wird, ist explizit aufgeführt, welche Kosten darunter zu subsumieren sind. Dies sind neben den Kosten für Wasserversorgung und Entwässerung beispielsweise auch die Kosten für den Betrieb der Heizungsanlage, für Reinigungsdienste, für Aufzüge und für die Müllbeseitigung (§ 2 BetrKV). Betriebskosten sind indes nur dann bei der Ertragswertermittlung anzusetzen, wenn sie nicht auf die Mieter umgelegt werden können. Da Betriebskosten regel-

---

[968] Die Werte der II. BV werden alle drei Jahre an die aktuellen Preisentwicklungen mit Hilfe der Entwicklungen des Verbraucherpreisindizes angepasst. Für Gewerbeimmobilien kann auf die Empfehlungen der AGVGA-NRW zurückgegriffen werden. Vgl. AGVGA-NRW, Modell zur Ableitung von Liegenschaftszinssätzen, S. 18.

[969] Vgl. Bundesrat-Drucksache 171/10, S. 64; KLEIBER, W., Verkehrswertermittlung, S. 1587 f.

[970] Vgl. dazu auch VON CÖLLN, T./BEHRENDT, R. J., ImmoWertV, S. 1448; HOLZNER, P./RENNER, U., Ermittlung des Verkehrswertes, S. 423. Die tatsächlichen Kosten könnten etwa aufgrund zufälliger Ausschläge am Wertermittlungsstichtag keine gute Schätzgrundlage für die marktüblichen Kosten darstellen. Vgl. BIENERT, S., Ertragswertverfahren, S. 343; BECK, M., Bewertung nach WertV, S. 226.

[971] Vgl. HOLZNER, P./RENNER, U., Ermittlung des Verkehrswertes, S. 423. Zur Eignung der tatsächlichen Kosten zur Ermittlung marktüblicher Kosten vgl. auch ENGELBRECHT, B., Ordnungsmäßige Immobilienbewertung, S. 125.

[972] Vgl. BISCHOFF, B., Wertermittlungsrecht, S. 152; ähnlich DRÖGE, F., Bewirtschaftungskosten, S. 153 f.

[973] Vgl. auch Nr. 3.5.2 WertR 2006; SCHULZ-WULKOW, C., Methoden der Immobilienbewertung, S. 85; HOLZNER, P./RENNER, U., Ermittlung des Verkehrswertes, S. 424; ZEIßLER, M., Bewirtschaftungskosten für Gewerbeimmobilien, S. 200; SIMON, J., Berücksichtigung von Leerständen, S. 281; GIF, Qualitätssicherung, S. 4.

[974] Vgl. SIMON, J., Europäische Standards, S. 137.

[975] Vgl. HOLZNER, P./RENNER, U., Ermittlung des Verkehrswertes, S. 423-425; SIMON, J., Offene Immobilienfonds, S. 140. Derartige Gestaltungen existieren häufig bei Gewerbeimmobilienverträgen. Vgl. Bundesrat-Drucksache 171/10, S. 62; BOBKA, G., Novelle der WertV, S. 12; KLEIBER, W., Verkehrswertermittlung, S. 1042 f. und 1786 f. Im Wohnimmobilienbereich dürfen Verwaltungskosten und große Teile der Instandhaltungskosten nicht auf die Mieter umgelegt werden.

mäßig vom Mieter übernommen werden,[976] dürfte dieser Betrag in seiner Höhe in der Regel für die Wertermittlung eher gering sein,[977] wenngleich dies abhängig vom Sachverhalt und grundsätzlich zu überprüfen ist.

Sofern möglich werden die tatsächlichen Betriebskosten zur Wertermittlung herangezogen.[978] Wenn die tatsächlichen Betriebskosten indes nicht den marktüblichen Kosten, also denen die von allen potentiellen Vermietern gleichermaßen zu tragen wären, entsprechen, sind die marktüblichen Kosten aufgrund von Erfahrungssätzen zu schätzen.[979] Zur genaueren Wertermittlung sollten die verschiedenen Posten der Betriebskosten grundsätzlich separat ermittelt werden.[980] Zur Plausibilisierung der Gesamtkosten oder einzelner Parameter können die Kosten pro Quadratmeter herangezogen werden.[981]

Insgesamt lässt sich feststellen, dass die Betriebskosten regelmäßig ein eher kleiner Posten bei der Ertragswertermittlung sind, die sich vergleichsweise glaubwürdig im Sinne der IFRS durch Sichtung des Vertragswerks bzw. durch Ermittlung der einzelnen Parameter wie z. B. der am Markt beobachtbaren Müllabfuhrkosten bestimmen lassen.

432.3 Verwaltungskosten

Verwaltungskosten sind gemäß § 19 Abs. 2 Nr. 1 ImmoWertV und § 26 Abs. 1 II. BV die Kosten, die für Arbeitskräfte und Einrichtungen zur Verwaltung der Immobilie anfallen. Dazu zählen neben dem Wert der vom Vermieter selbst geleisteten Verwaltungsarbeit gemäß dem Prinzip der Arbeitseinsatzäquivalenz unter anderem auch die Kosten für die gesetzliche oder freiwillige Prüfung des Jahresabschlusses und für die Geschäftsführung.[982] Bei der Ermittlung sollten zunächst die tatsächlichen Kosten berücksichtigt werden, bevor sie u. a. mit Hilfe von Erfahrungssätzen auf Marktüblichkeit überprüft werden. Sollten die tatsächlichen Kosten nicht ermittelbar sein oder deutlich

---

976 Vgl. SCHLICHT, K./GEHRI, C., Verkehrswertermittlung, S. 93; KLEIBER, W., Wertermittlungsverfahren, S. 67; ZÜLCH, H., Bilanzierung von Investment Properties, S. 125. Eine Ausnahme liegt bspw. bei suboptimalen Vertragsgestaltungen vor. Vgl. BIENERT, S., Ertragswertverfahren, S. 346.

977 So auch KÜMPEL, T., Finanzinvestitionen, S. 24; BIENERT, S., Ertragswertverfahren, S. 343. Nichtsdestotrotz ist auch die Gesamtbelastung des Mieters, die sich aus der Kaltmiete und den umlagefähigen Betriebskosten ergibt, zu bedenken, da sie die Belastungsgrenze des Mieters überschreiten und sich so auf die Fungibilität des Objekts auswirken könnte. Vgl. HOLZNER, P./RENNER, U., Ermittlung des Verkehrswertes, S. 428 f.; BIENERT, S., Ertragswertverfahren, S. 346.

978 Vgl. LEOPOLDSBERGER, G./SAFFRAN, P., Bewertung von Immobilien, S. 442; HOLZNER, P./RENNER, U., Ermittlung des Verkehrswertes, S. 428; ähnlich KLEIBER, W., Verkehrswertermittlung, S. 1768.

979 Vgl. HOLZNER, P./RENNER, U., Ermittlung des Verkehrswertes, S. 428; LEOPOLDSBERGER, G./SAFFRAN, P., Bewertung von Immobilien, S. 442. GEYER nennt hier als Anhaltspunkt einen Prozent vom Rohertrag. Vgl. GEYER, H., Immobilien, S. 81.

980 Vgl. PETERSEN, H., Marktorientierte Immobilienbewertung, S. 20.

981 Diese entsprechen den Betriebskosten besser als eine Berechnung auf Basis des Rohertrags. Vgl. PETERSEN, H., Marktorientierte Immobilienbewertung, S. 20.

982 In der ImmoWertV wurde versucht, den Text zu straffen. Daher wird auf die Kosten für die gesetzliche und die freiwillige Prüfung des Jahresabschlusses nicht mehr explizit eingegangen. Vgl. Bundesrat-Drucksache 171/10, S. 63. Vgl. für weitere Beispiele HOLZNER, P./RENNER, U., Ermittlung des Verkehrswertes, S. 429. Trotzdem sind die Kosten für die Prüfung weiterhin Teil der Kosten der Geschäftsführung. So auch BISCHOFF, B., Wertermittlungsrecht, S. 154. A. A. STEMMLER, der diese Kosten dem Unternehmen und nicht der Immobilie beimisst und sie daher als nicht relevant betrachtet. Vgl. STEMMLER, J., ImmoWertV, S. 201.

von den als marktüblich vermuteten Kosten abweichen, so ist gemäß § 19 Abs. 2 Satz 2 ImmoWertV auf Erfahrungssätze zurückzugreifen. Dabei ist zu beachten, dass die Verwaltungskosten in größeren Städten tendenziell höher sind als in kleineren Orten.[983] Die Kosten, die abhängig von Nutzungsart und Größe des Objekts sind, werden in der Regel als Pauschalbeträge pro Wohneinheit, pro Quadratmeter oder prozentual in Abhängigkeit der Roherträge angesetzt.[984] In der Literatur werden hier uneinheitlich Erfahrungssätze zwischen 2-12 % der Roherträge vorgeschlagen.[985] Bei einer Angabe in Euro pro Wohneinheit werden Sätze von 175 bis 250 Euro pro Jahr genannt.[986] Tendenziell ist es schwierig festzustellen, welche der drei Vorgehensweisen die geeignetere ist, wenngleich die Berechnung der Verwaltungskosten in Abhängigkeit von den Quadratmetern eher untypisch erscheint. Wohnungsgröße und Verwaltungskosten dürften nur sehr gering miteinander korreliert sein. Zwischen den verbleibenden Möglichkeiten, der prozentualen Ermittlung der Kosten vom Rohertrag und der Berechnung der Kosten pro Wohnungseinheit sollte abhängig vom Sachverhalt entschieden werden, welcher Wert angewandt wird.[987] Dies hängt auch davon ab, welche Informationen für die entsprechende Region zur Verfügung stehen.[988] Sofern für beide Vorgehensweisen die entsprechenden Daten vorliegen, sollten aufgrund der höheren Abhängigkeit die **Kosten pro Wohneinheit** berücksichtigt werden.[989] Grundsätzlich sollten Verwaltungskosten indes sachgerecht und glaubwürdig im Sinne der IFRS zu ermitteln sein.

432.4 Instandhaltungs- und Modernisierungskosten

Instandhaltungskosten sind gemäß § 19 Abs. 2 Nr. 2 ImmoWertV die Kosten, die infolge von Abnutzung und Alterung aufgewandt werden müssen, um das **Ertragsniveau** der Immobilie während der Restnutzungsdauer zu **erhalten**.[990] Davon zu trennen sind die Modernisierungskosten, die später näher erläutert werden. In der nun abgelösten WertV und auch in § 28 Abs. 1 II. BV werden die Instandhaltungskosten leicht abweichend als die Kosten definiert, die während der Nutzungsdauer der Immobilie anfallen, um den bestimmungsmäßigen Gebrauch der Immobilie zu erhalten. Kosten

---

983 Vgl. HOLZNER, P./RENNER, U., Ermittlung des Verkehrswertes, S. 423; BIENERT, S., Ertragswertverfahren, S. 350.

984 Vgl. Nr. 3.5.2.3 WertR 2006; DRÖGE, F., Bewirtschaftungskosten, S. 154; HOLZNER, P./RENNER, U., Ermittlung des Verkehrswertes, S. 430.

985 Die Spanne der möglichen Werte ist in der Literatur uneinheitlich. KÜMPEL bezeichnet eine Spanne von 2 bis 5 % als üblich. Vgl. KÜMPEL, T., Finanzinvestitionen, S. 24. HOLZNER/RENNER nennen für Geschäftsgrundstücke eine allgemeine Spanne von 2 bis 8 %. Vgl. HOLZNER, P./RENNER, U., Ermittlung des Verkehrswertes, S. 430. BIENERT nennt eine Spanne von 3 bis 5 %. Vgl. BIENERT, S., Ertragswertverfahren, S. 343; so auch LEOPOLDSBERGER, G./SAFFRAN, P., Bewertung von Immobilien, S. 441. GEYER nennt ca. 5 % des Rohertrags. Vgl. GEYER, H., Immobilien, S. 80. PETERSEN bezeichnet 5 bis 8 % als üblich. Vgl. PETERSEN, H., Marktorientierte Immobilienbewertung, S. 20. KLEIBER nennt eine maximale Spanne von 3 bis 12 %. Vgl. KLEIBER, W., Verkehrswertermittlung, S. 1776. SCHLICHT/GEHRI bezeichnen 3 bis 10 % als übliche Verwaltungskosten. Vgl. SCHLICHT, K./GEHRI, C., Verkehrswertermittlung, S. 93.

986 Vgl. BIENERT, S., Ertragswertverfahren, S. 350. GONDRING nennt 240 Euro pro Wohneinheit als Richtwert. Vgl. GONDRING, H., Immobilienwirtschaft, S. 898.

987 So auch PETERSEN, H., Marktorientierte Immobilienbewertung, S. 20 f.

988 Vgl. BISCHOFF, B., Wertermittlungsrecht, S. 154.

989 Vgl. KLEIBER, W., Verkehrswertermittlung, S. 1776.

990 Damit ist nicht gemeint, dass die Miete über die Restnutzungsdauer konstant bleibt. Sie verbleibt lediglich innerhalb der durchschnittlichen Größenordnung. Davon unbenommen sind normale Schwankungen und Entwicklungen. Vgl. auch BISCHOFF, B., Wertermittlungsrecht, S. 155.

fallen etwa durch Abnutzung, Alterung und Witterungsschäden an.[991] Das Hauptaugenmerk auf den Gebrauch statt auf das Ertragsniveau wie in der ImmoWertV dürfte indes lediglich ein begrifflicher Unterschied sein.[992] Durch die Instandhaltung, wie z. B. das Streichen von Fenstern,[993] wird sichergestellt, dass die Gesamtnutzungsdauer der Immobilie erreicht werden kann. Die Gesamtnutzungsdauer wird dadurch nicht verlängert.[994] Da Instandhaltungskosten in der Regel zyklisch anfallen, sind sie für die Wertermittlung im Ertragswertverfahren als langjährige, durchschnittliche Größen zu ermitteln,[995] um die Kosten der gesamten Restnutzungsdauer zu berücksichtigen.[996] Bei der Ermittlung ist auch die Restnutzungsdauer der Immobilie zu beachten, da diese regelmäßig einen bedeutenden Einfluss auf die durchschnittlichen Instandhaltungskosten haben dürfte. Eine ältere Immobilie mit einer geringeren Restnutzungsdauer dürfte in der Regel höhere durchschnittliche Instandhaltungskosten erfordern.[997]

Die langjährigen durchschnittlichen Instandhaltungskosten auf Basis vergangener Daten könnten bei Immobilien, die bereits lange im Unternehmen sind, dem eigenen internen Rechenwerk entnommen werden.[998] Dies ist indes nur dann möglich, wenn sich in den letzten Jahren kein Instandhaltungsstau gebildet hat.[999] Außerdem wird hierbei ungenügend berücksichtigt, dass die Instandhaltungskosten mit abnehmender Restnutzungsdauer steigen.[1000] Die so ermittelten Kosten sind mithin tendenziell zu niedrig.[1001] Daher werden regelmäßig durchschnittliche Instandhaltungskosten vergleichbarer Immobilien angesetzt.[1002] Werden hierfür mangels spezieller Daten allgemeine Erfahrungssätze, wie gemäß der WertR 2006, verwandt, sind häufig objektspezifische, subjektive An-

[991] Der Hinweis auf die Witterungsschäden ist in der ImmoWertV nicht mehr enthalten, da diese implizit in der Abnutzung und Alterung enthalten sind. Vgl. BISCHOFF, B., Wertermittlungsrecht, S. 155.

[992] Inhaltlich hat sich durch die ImmoWertV nichts geändert. Vgl. KLEIBER, W., Verkehrswertermittlung, S. 1789 f. STEMMLER weist daraufhin, dass durch die neue Formulierung neben Reparaturen nun auch begrifflich explizit die Erneuerung einzelner Bauteile durch die Instandhaltungskosten erfasst wird, was marktgerechter ist. Vgl. STEMMLER, J., ImmoWertV, S. 201.

[993] Damit sind nicht die normalen Schönheitsreparaturen wie das Streichen von Wänden gemeint. Diese sind i. d. R. vom Mieter zu tragen. Vgl. Nr. 3.5.2.4 WertR 2006; BIENERT, S., Ertragswertverfahren, S. 348.

[994] Vgl. HOLZNER, P./RENNER, U., Ermittlung des Verkehrswertes, S. 431; BIENERT, S., Ertragswertverfahren, S. 347 f.

[995] Vgl. Nr. 3.5.2.4 WertR 2006; SCHULZ-WULKOW, C., Methoden der Immobilienbewertung, S. 85; HOLZNER, P./RENNER, U., Ermittlung des Verkehrswertes, S. 431.

[996] Vgl. KLEIBER, W., Einnahmen und Ausgaben, S. 27 f.

[997] Vgl. HOLZNER, P./RENNER, U., Ermittlung des Verkehrswertes, S. 423; ähnlich BECK, M., Bewertung nach WertV, S. 227.

[998] Vgl. HOLZNER, P./RENNER, U., Ermittlung des Verkehrswertes, S. 423. Den Ansatz der tatsächlichen Instandhaltungskosten befürwortet etwa GEYER. Vgl. GEYER, H., Immobilien, S. 80.

[999] Ein Instandhaltungsstau erfordert eine objektspezifische Anpassung. Siehe dazu auch Nr. 3.5.8 WertR 2006. (Dort gemäß WertV noch als wertbeeinflussender Umstand bezeichnet.) Die zu bevorzugende Methode hierfür ist, den fiktiven Wert der instandgehaltenen Immobilie mit Hilfe der marktüblichen Mieten zu berechnen und im Anschluss die Kosten für die unterlassenen, dringend erforderlichen Instandhaltungen abzuziehen. Vgl. KLEIBER, W., Wertermittlungsverfahren, S. 87-93. So auch PETERSEN, H., Marktorientierte Immobilienbewertung, S. 31; LEOPOLDSBERGER, G./SAFFRAN, P., Bewertung von Immobilien, S. 442; ENGEL, R., DCF-Methode, S. 329; GIF, Qualitätssicherung, S. 4; HOLZNER, P./RENNER, U., Ermittlung des Verkehrswertes, S. 470 f. Kann ein Instandhaltungsstau nicht behoben werden, etwa weil eine Reparatur nicht (mehr) möglich ist, ist ggf. die Restnutzungsdauer zu korrigieren. Vgl. BIENERT, S., Ertragswertverfahren, S. 348. Vgl. in diesem Sinne auch § 6 Abs. 6 Satz 1 ImmoWertV.

[1000] Vgl. BIENERT, S., Ertragswertverfahren, S. 349; KLEIBER, W., Verkehrswertermittlung, S. 1792.

[1001] Vgl. KLEIBER, W., Verkehrswertermittlung, S. 1790.

[1002] Ähnlich BIENERT, S., Ertragswertverfahren, S. 349.

passungen der Vergleichsgrößen an die zu bewertende Immobilie erforderlich.[1003] Hierdurch eröffnen sich dem Management Ermessensspielräume, da gerade die Nachprüfbarkeit der Instandhaltungskosten durch am Markt beobachtbare Faktoren aufgrund der Heterogenität von Immobilien häufig nicht gegeben ist. Ohne genaues Wissen über den tatsächlichen Zustand der zu bewertenden Immobilie ist die Nachprüfbarkeit gerade für externe Dritte sehr schwierig.[1004] Da interne historische Daten der zu bewertenden Immobilie nur eine bedingte Möglichkeit zur Ermittlung der durchschnittlichen Instandhaltungskosten darstellen und bei marktorientierten Erfahrungssätzen teilweise erhebliche Anpassungen erforderlich sind, könnten zur Anreizkontrolle im Rahmen der IFRS auch die unternehmensintern geplanten Instandhaltungskosten für die Bewertung hinzugezogen werden.[1005] Indes sind derartige Prognosen aufgrund der Unsicherheit wohl nicht im Rahmen der ImmoWertV zulässig.[1006]

Aufgrund der Berechnung des Ertragswertverfahrens in seiner Grundform mittels einer einzigen Periode können auch die Instandhaltungskosten regelmäßig nur mit einer Größe in die Berechnung eingehen.[1007] Demgegenüber entwickeln sich die Instandhaltungskosten aber nicht gleich bleibend. So steigen sie tendenziell im Zeitablauf aufgrund des zunehmenden Alters der Immobilie an.[1008] Die einphasige Berechnung hat zur Folge, dass trotz der **Zyklizität** der Kosten nur ein Durchschnittswert berücksichtigt werden kann. Dadurch kann es zu Verzerrungen des Fair Value kommen. In der Annahme, dass die Instandhaltungskosten tendenziell mit dem Alter der Immobilie steigen,[1009] werden durch die Diskontierung zu Beginn zu hohe Kosten und später möglicherweise zu niedrige Kosten berücksichtigt. Somit könnte der Werteinfluss der ersten Zeit überwiegen und möglicherweise zu einem zu niedrigen Fair Value führen.[1010] Dass Zyklizität nicht angemessen berücksichtigt werden kann, stellt ein verfahrensimmanentes Problem des Ertragswertverfahrens dar, das bei der Beurteilung des Verfahrens zu berücksichtigen ist.

In der Praxis können die Instandhaltungskosten stark variieren. Es ist eine Berechnung der künftigen langjährigen Durchschnittsgrößen als prozentualer Teil der Roherträge oder der Herstellungskosten sowie eine absolute Berechnung in Bezug auf die Fläche möglich.[1011] Der prozentuale Anteil der Instandhaltungskosten kann laut **Erfahrungssätzen** zwischen 7 und 25 % der jährlichen Roher-

---

[1003] Vgl. ähnlich BECK, M., Bewertung nach WertV, S. 227.
[1004] So auch LENZ, T., Bilanzierung von Immobilien, S. 296.
[1005] Sofern zur Ermittlung der einzelnen Cashflow-Größen, wie hier etwa der Instandhaltungskosten, interne Planungsrechnungen zugrunde gelegt werden, müssten diese eigentlich noch um Inflationserwartungen korrigiert werden. Gleiches würde aber auch gelten, wenn weit zurückliegende historische Kosten herangezogen würden. Vgl. hierzu auch SHAPIRO, E./DAVIES, K./MACKMIN, D., Methods of Valuation, S. 77 und 79. Diese potentiellen Ungenauigkeiten werden an dieser Stelle indes nicht näher betrachtet.
[1006] So stellt auch KLEIBER fest, dass die durchschnittlichen Instandhaltungskosten nur auf Basis beobachteter Werte vergleichbarer Objekte ermittelt werden sollten. Vgl. KLEIBER, W., Verkehrswertermittlung, S. 1766 und 1790. Vgl. ebenso ablehnend zu derartigen Prognosen im Rahmen der ImmoWertV BISCHOFF, B., Wertermittlungsrecht, S. 132; DITT, U., Bewertung von Fondsimmobilien, S. 11.
[1007] Davon unbenommen sind erwartete Kostensteigerungen, die über den Zinssatz berücksichtigt werden.
[1008] Vgl. BIENERT, S., Ertragswertverfahren, S. 349.
[1009] Ähnlich HOLZNER, P./RENNER, U., Ermittlung des Verkehrswertes, S. 431.
[1010] So auch FREITAG, M., Immobilienbewertung, S. 64.
[1011] Vgl. BIENERT, S., Ertragswertverfahren, S. 349.

träge betragen,[1012] wobei allerdings eine prozentuale Verknüpfung mit den Roherträgen abzulehnen ist, da die Instandhaltungskosten nicht unmittelbar parallel mit der Miethöhe verbunden sind.[1013] Teilweise wird auch eine Ermittlung in Abhängigkeit von den Herstellungskosten vorgeschlagen. Demnach betrügen die jährlichen Instandhaltungskosten 1-2 % der Herstellungskosten.[1014] Indes sind die Herstellungskosten nicht immer leicht zu bestimmen, weswegen sich die genannte dritte Alternative anbietet, die generell zu bevorzugen ist.[1015] Hiernach können die Instandhaltungskosten abhängig von der Beschaffenheit und der Ausstattung des Objekts in Euro pro Quadratmeter angegeben werden.[1016] Diese Methode wird auch als einzige Vorgehensweise in den WertR 2006 genannt.[1017] Erfahrungssätze liegen hier etwa zwischen 7 und 12 Euro pro Quadratmeter und Jahr für Wohnimmobilien und bei Büro- und Ladenimmobilien bei teilweiser Übernahme der Kosten durch die Mieter bei 6 bis 9 Euro pro Quadratmeter.[1018]

Modernisierungskosten sind, wenn auch nicht ausdrücklich erwähnt, Teil der Bewirtschaftungskosten.[1019] Sie sind den Instandhaltungskosten sehr ähnlich.[1020] Für Modernisierungen werden in § 6 Abs. 6 Satz 2 ImmoWertV Beispiele genannt. Demnach handelt es sich um Maßnahmen, die eine wesentliche Verbesserung der Wohn- oder sonstigen Nutzungsverhältnisse oder wesentliche Einsparungen von Energie oder Wasser bewirken. Hierfür werden Kosten aufgewandt, um eine nachhaltige Erhaltung bzw. Erhöhung des Immobilienwerts und/oder eine höhere Miete zu bewirken.[1021] Bei reiner Instandhaltung ohne Modernisierung würde die Immobilie zwar physisch erhalten, aufgrund der sich wandelnden Anforderungen an Immobilien im Zeitablauf wäre aber ihr Nutzen am Ende der wirtschaftlichen Nutzungsdauer nicht mehr gegeben (Instandhaltungsmodell).[1022] Modernisierungen dienen demnach dazu, den sich ändernden Anforderungen der Mieter gerecht zu werden.[1023] Da sich diese Anforderungen immer schneller ändern, stehen Immobilienbesitzer einem

[1012] Vgl. BIENERT, S., Ertragswertverfahren, S. 349.

[1013] So auch PETERSEN, H., Marktorientierte Immobilienbewertung, S. 21; HOLZNER, P./RENNER, U., Ermittlung des Verkehrswertes, S. 431; SCHULZ-WULKOW, C., Methoden der Immobilienbewertung, S. 85; ZEIßLER, M., Bewirtschaftungskosten für Gewerbeimmobilien, S. 202.

[1014] Vgl. KÜMPEL, T., Finanzinvestitionen, S. 24. BIENERT weist hier auf eine Spanne zwischen 0,5 und 2 % hin. Vgl. BIENERT, S., Ertragswertverfahren, S. 349. NAGEL/ZOBEL nennen eine Spanne von 0,5 bis 1,5 %. Vgl. NAGEL, J./ZOBEL, C., Bewertung von Industrieliegenschaften, S. 320.

[1015] So auch ZEIßLER, M., Bewirtschaftungskosten für Gewerbeimmobilien, S. 202; LEOPOLDSBERGER, G./SAFFRAN, P., Bewertung von Immobilien, S. 442.

[1016] Vgl. BECK, M., Bewertung nach WertV, S. 227; HOLZNER, P./RENNER, U., Ermittlung des Verkehrswertes, S. 431. Positiv zu dieser Vorgehensweise auch SCHULZ-WULKOW, C., Methoden der Immobilienbewertung, S. 85.

[1017] Vgl. Nr. 3.5.2.4 WertR 2006.

[1018] Vgl. HOLZNER, P./RENNER, U., Ermittlung des Verkehrswertes, S. 432. BIENERT nennt eine Spanne für Wohn- und Büroimmobilien von 5 bis 15 Euro pro Quadratmeter. Vgl. BIENERT, S., Ertragswertverfahren, S. 343. SCHULZ-WULKOW nennt eine Spanne von 5 bis 10 Euro pro Quadratmeter. Vgl. SCHULZ-WULKOW, C., Methoden der Immobilienbewertung, S. 85.

[1019] Vgl. KLEIBER, W., Verkehrswertermittlung, S. 1763 f.

[1020] Vgl. BIENERT, S., Ertragswertverfahren, S. 347.

[1021] Vgl. HOLZNER, P./RENNER, U., Ermittlung des Verkehrswertes, S. 431 und 575; SCHLICHT, K./GEHRI, C., Verkehrswertermittlung, S. 97.

[1022] Vgl. KLEIBER, W., Ertragswertermittlung, S. 6; LEOPOLDSBERGER, G., Immobilienbewertung (Immobilienzyklen), S. 188 f.

[1023] Vgl. GRAßL, A./BECK, M., Bewertung von Immobilienunternehmen, S. 328 f.

steigenden Modernisierungsdruck gegenüber.[1024] Durch den Einsatz von Modernisierungskosten kann sich die wirtschaftliche Nutzungsdauer der Immobilie erhöhen.[1025] Im Extremfall kann durch eine kontinuierliche, umfassende Modernisierung sogar eine unendliche Nutzungsdauer erreicht werden.[1026] Bei dieser Vorgehensweise der Wertermittlung würde das Problem der Bestimmung des Bodenwerts und der Restnutzungsdauer (teilweise)[1027] entfallen und gegen das Problem der Bestimmung der entsprechenden Modernisierungskosten getauscht werden (Modernisierungsmodell).[1028] Demgegenüber steht die Forderung bei einer objektivierten Wertermittlung, dass im Sinne von § 2 Satz 2 ImmoWertV nur die Modernisierungskosten berücksichtigt werden dürfen, die mit hinreichender Sicherheit aufgrund konkreter Tatsachen zu erwarten sind und die gemäß § 19 Abs. 1 ImmoWertV marktüblich sind. Individuelle Planungen sollen in die Wertermittlung nicht eingehen.

Dies entspricht auch der geforderten Marktsicht für die eingehenden Parameter gemäß IFRS 13.2 f. Anders als nach IAS 40.51 a.F. ist der Ansatz künftiger Ausgaben zur Verbesserung oder Erweiterung der Renditeimmobilie in IFRS 13 indes nicht mehr explizit verboten.[1029] Daher dürften analog zur Unternehmensbewertung im Rahmen der objektivierten Wertermittlung Outflows für bereits hinreichend konkretisierte, marktübliche Modernisierungen wohl zu berücksichtigen sein.[1030] Die geplanten Modernisierungskosten sind demnach entsprechend zu prognostizieren und auf den Wertermittlungsstichtag zu diskontieren.[1031] Darüber hinausgehende Modernisierungskosten wären bei der Bewertung indes nicht zu beachten. Die Berücksichtigung von willkürlichen Modernisierungen bei der Bewertung zur fiktiven Erhöhung der Restnutzungsdauer wäre demnach ebenfalls nicht sachgerecht.

Abgesehen davon dürften im Sinne einer Bewertung nach dem Konzept des **Highest and Best Use** weitere Modernisierungskosten gemäß ImmoWertV zu berücksichtigen sein, wenn durch die Modernisierung eine andere Nutzung der Immobilie ermöglicht wird und ihr Wert dadurch erhöht werden kann.[1032] Wenn eine Immobilie im Rahmen ihrer derzeitigen Nutzung nicht dem Konzept des Highest and Best Use entspricht, ist die Immobilie daher entsprechend „as improved", also unter

---

1024 Vgl. KORDUAN, R., Modernisierungskosten, S. 27.

1025 Vgl. BISCHOFF, B., Wertermittlungsrecht, S. 58 f. Es wird i. d. R. eine Verlängerung der Nutzungsdauer erreicht. Vgl. LEOPOLDSBERGER, G., Immobilienbewertung (Immobilienzyklen), S. 188 f.; ähnlich KLEIBER, W., Verkehrswertermittlung, S. 1787 f.

1026 Ähnlich KLEIBER, W., Einnahmen und Ausgaben, S. 29.

1027 Wird die Restnutzungsdauer durch die Modernisierung nicht in die Unendlichkeit verlängert, sind nach wie vor eine Restnutzungsdauer und ein Bodenwert zu bestimmen.

1028 Vgl. KLEIBER, W., Wertermittlungsverfahren, S. 46 f.

1029 Vgl. zur alten Rechtslage auch LENZ, T., Bilanzierung von Immobilien

1030 Vgl. IDW (Hrsg.), IDW S 1 i. d. F. 2008, Tz. 32. So auch ENGEL, R./ESSELMANN, D., Modernisierungskosten (Teil 1), S. 324 (Fn. 3).

1031 Vgl. KLEIBER, W., Wertermittlungsverfahren, S. 47; SIMON, J., Offene Immobilienfonds, S. 142. Da diese Kosten gemäß KLEIBER aufgrund der erforderlichen Prognosen selten nachprüfbar ermittelt werden können, zieht er eine reine Berücksichtigung der Instandhaltungskosten vor. Vgl. KLEIBER, W., Einnahmen und Ausgaben, S. 29 f.; KLEIBER, W., Ertragswertermittlung, S. 6.

1032 Vgl. auch KLEIBER, W., Verkehrswertermittlung, S. 423-425, 600 f. und 1554; KLEIBER, W., Wertermittlungsverfahren, S. 48.

Beachtung möglicher Verbesserungsmaßnahmen, zu bewerten.[1033] Dies kann zum Beispiel bei einen baufälligen Miethaus der Fall sein, bei dem sich die Frage nach der Modernisierung zur Ertragssteigerung stellt.[1034] Wenn die optimale Nutzung im Sinne des Highest and Best Use von dem derzeitigen Eigentümer nicht vorgesehen ist, liegen keine Planungsgrößen für die Modernisierungskosten vor. Hierbei würde es weitgehend im Ermessen des Bewerters liegen, in welcher Höhe Modernisierungskosten bei der Bewertung berücksichtigt würden, was grundsätzlich kritisch zu sehen ist. Dieses Konzept dürfte mit der Regelung in IAS 40.51 a.F. nicht konform sein, die explizit bei der Bewertung den Ansatz künftiger Ausgaben zur Verbesserung oder Erweiterung der Renditeimmobilie verbietet.[1035] Nach derzeitig noch geltenden Standards dürften demnach bei der Fair Value-Bewertung keine Modernisierungskosten, die die Immobilie verbessern könnten, angesetzt werden.[1036] Das Konzept des Highest and Best Use könnte wohl nicht angewandt werden. Mit IFRS 13 entfällt indes diese Beschränkung. Durch die Streichung des IAS 40.51 a.F. und den expliziten Hinweis auf die Ermittlung des Fair Value nach dem Konzept des Highest and Best Use dürften wohl spätestens mit Inkrafttreten von IFRS 13 auch vom Eigentümer nicht geplante Modernisierungskosten bei der Fair Value-Ermittlung berücksichtigt werden, sofern diese für eine Nutzung im Rahmen des Highest and Best Use erforderlich wären. Zur Ermittlung des Highest and Best Use sind die physischen und rechtlichen Charakteristika der Immobilie, die Marktteilnehmer berücksichtigen würden, zu beachten (IFRS 13.28). Es sind im Wesentlichen die Netto-Cashflows, also die Mieteinnahmen abzüglich der Bewirtschaftungskosten inklusive der erforderlichen, marktüblichen Modernisierungskosten zu maximieren. Für die Bewertung könnten indes nicht mehr die marktüblichen Mieten, Bewirtschaftungskosten und Zinssätze der aktuellen Nutzung herangezogen werden. Stattdessen sind im Zähler die marktüblichen In- und Outflows unter Berücksichtigung der alternativen Nutzung abzubilden. Gleiches gilt für den Zinssatz im Nenner. Hierdurch steigt die Bedeutung von marktobjektivierten Erfahrungswerten. Grundsätzlich sind die marktüblichen In- und Outflows unter Berücksichtigung der alternativen Nutzung zwar, wie in den jeweiligen Abschnitten für die aktuelle Nutzung dargestellt und gewürdigt, zu ermitteln. Auch können grundsätzlich interne Daten vergleichbarer Immobilien verwandt werden. Allerdings dürften die internen Daten der betrachteten Immobilie regelmäßig aufgrund der dann fehlenden Vergleichbarkeit ausscheiden, so dass Marktdaten wichtiger werden. Sofern indes keine Anhaltspunkte dagegen sprechen, dass die aktuelle Nutzung wohl auch der besten entspricht, kann davon ausgegangen werden, dass die aktuelle Nutzung dem Konzept des Highest and Best Use genügt (IFRS 13.29). Auf eine umfangreiche Bewertung der Immobilie unter Berücksichtigung einer alternativen Nutzung kann dann verzichtet werden.

Insgesamt kann festgestellt werden, dass bei dem Ansatz von Modernisierungskosten zwei Fälle zu unterscheiden sind. Sofern die derzeitige Nutzung der Immobilie dem Konzept des Highest and Best Use entspricht, sind nur solche Modernisierungskosten anzusetzen, die bereits hinreichend

---

1033 Siehe hierfür auch ZÜLCH, H., Bilanzierung von Investment Properties, S. 147 f.; IVSC, IVS 2007, S. 29. Vgl. ausführlich zum „highest and best use as improved" auch APPRAISAL INSTITUTE, Appraisal of Real Estate, S. 287-289.

1034 Vgl. hierzu auch KLEIBER, W., Verkehrswertermittlung, S. 601 und 905.

1035 So auch KÜMPEL, T., Finanzinvestitionen, S. 24; BAUMUNK, H., IAS 40, S. 84.

1036 So auch BAUMUNK, H., IAS 40, S. 92.

konkretisiert und marktüblich sind. Die Glaubwürdigkeit der Informationen sollte im Sinne der IFRS hierbei gewährleistet werden können. Wenn die derzeitige Nutzung indes diesem Konzept nicht entspricht, ist die Immobilie ggf. wohl auch unter Berücksichtigung etwaiger Modernisierungskosten zu bewerten, die häufig nur bedingt am Markt beobachtbar sein dürften und daher für Externe regelmäßig kaum nachprüfbar wären. Die Ermessensspielräume wären entsprechend hoch. Ob durch die Berücksichtigung von Modernisierungskosten dann noch glaubwürdige und entscheidungsnützliche Werte ermittelt werden können, dürfte im Einzelfall zu bestimmen sein.

432.5 Mietausfallwagnis

Das kalkulatorische Mietausfallwagnis umfasst gemäß § 19 Abs. 2 Nr. 3 ImmoWertV und § 29 II. BV das Risiko einer Ertragsminderung aufgrund von **uneinbringlichen Mietrückständen oder vorübergehenden Leerstand**, zum Beispiel aufgrund eines Mieterwechsels.[1037] Hierunter sind auch die Kosten für eine Rechtsverfolgung auf Zahlung oder Räumung zu subsumieren. In den Leerstandskosten sind ferner auch die auf den leerstehenden Raum entfallenden Bewirtschaftungskostenanteile inklusive der (reduzierten) Betriebskosten enthalten.[1038] Das Mietausfallwagnis wird bei der Wertermittlung regelmäßig prozentual zum Rohertrag bestimmt.[1039] Dies ist für die Bestimmung von kalkulatorischen Wagnissen eine übliche Vorgehensweise.[1040] Sie ist insbesondere dann von Vorteil, wenn Erfahrungswerte mit Hilfe vergleichbarer Immobilien bestimmt werden sollen, da absolute Werte hier nur bedingt weiterhelfen würden. Bei Wohnimmobilien beträgt das Mietausfallwagnis erfahrungsgemäß circa 2-4 %, bei Gewerbeimmobilien etwa 4-8 % der jährlichen Mieterträge.[1041] Maßgebliche Einflussgrößen auf das Mietausfallwagnis sind neben der allgemeinen Bonität der durchschnittlichen Mieter[1042] auch die Lage der Immobilie und die marktübliche

---

[1037] Ähnlich auch STEMMLER, J., ImmoWertV, S. 201; BIENERT, S., Ertragswertverfahren, S. 350; GONDRING, H., Immobilienwirtschaft, S. 898; HOLZNER, P./RENNER, U., Ermittlung des Verkehrswertes, S. 565; GIF, Qualitätssicherung, S. 8.

[1038] Vgl. Nr. 3.5.2.5 WertR 2006; HOLZNER, P./RENNER, U., Ermittlung des Verkehrswertes, S. 433; SIMON, J., Berücksichtigung von Leerständen, S. 273.

[1039] Vgl. DRÖGE, F., Bewirtschaftungskosten, S. 155.

[1040] Vgl. GROB, H. L./BENSBERG, F., Kosten- und Leistungsrechnung, S. 120 f.; DÖRRIE, U./PREIBLER, P. R., Kosten- und Leistungsrechnung, S. 112; VÖLKER, L./HEROLD, J., Kosten- und Leistungsrechnung, S. 32 f.; FREIDANK, C.-C., Kostenrechnung, S: 137 f.

[1041] Vgl. KÜMPEL, T., Finanzinvestitionen, S. 23 f. HOLZNER/RENNER nennen 2 bis 3 % des Rohertrags bei Wohnimmobilien und 3 bis 5 % bei Geschäftsgrundstücken. Vgl. HOLZNER, P./RENNER, U., Ermittlung des Verkehrswertes, S. 433. Dies deckt sich mit BIENERT, der insgesamt eine Spanne von 2 bis 5 % des Rohertrags veranschlagt. Vgl. BIENERT, S., Ertragswertverfahren, S. 343. Diese Spanne postuliert SCHULZ-WULKOW für gewerbliche Objekte. Vgl. SCHULZ-WULKOW, C., Methoden der Immobilienbewertung, S. 86. ZEIBLER ermittelt im Rahmen eines Literaturüberblicks eine Spanne von 2,5 bis 8 % für Gewerbeimmobilien. Vgl. ZEIBLER, M., Bewirtschaftungskosten für Gewerbeimmobilien, S. 203. GEYER nennt eine Spanne von 3 bis 5 %. Vgl. GEYER, H., Immobilien, S. 80. BECK bezeichnet 2 % für Wohnimmobilien und 4 % für Gewerbeimmobilien als üblich. Das entspricht auch den Angaben in der WertR 2006 (Anlage 3). Vgl. so auch BECK, M., Bewertung nach WertV, S. 227; KLEIBER, W., Verkehrswertermittlung, S. 1803; ebenso in Bezug auf die Gewerbeimmobilien SIMON, J., Deutsche Verfahren, S. 142.

[1042] Vgl. zur Mieterbonität auch ZÜLCH, H., Bilanzierung von Investment Properties, S. 123 f. Ist bei einem langfristigen Mietvertrag die Bonität der Mieter überdurchschnittlich bzw. liegt eine Vermietung unter der Marktmiete vor, sinkt das Mietausfallwagnis tendenziell für diesen Zeitraum. Vgl. SCHLICHT, K./GEHRI, C., Verkehrswertermittlung, S. 106; KLEIBER, W., Verkehrswertermittlung, S. 1802 f. Diese Besonderheit ist dann möglicherweise als objektspezifische Anpassung für die Dauer des Vertrags z. B. durch Anpassung des Zinssatzes zu berücksichtigen. Vgl. ähnlich KLEIBER, W., Einnahmen und Ausgaben, S. 28.

Mietvertragsgestaltung.[1043] Unter Berücksichtigung der örtlichen Gegebenheiten sollte ein Zinssatz für das Mietausfallwagnis bestimmbar sein, der durch externe Dritte am Markt im Sinne des IFRS 13 verifiziert werden kann.

Bei bereits **im Bewertungszeitpunkt vorübergehend**, aber nicht strukturell **leerstehenden Immobilien**, z. B. aufgrund einer Mietersuche, erscheint eine zusätzliche Berücksichtigung der ausfallenden Mieten (und der damit verbundenen nicht-umlagefähigen Bewirtschaftungskosten) angebracht, da es sich hier um eine objektspezifische Besonderheit handelt. So sollte die Miete in Höhe des Ausfalls zuzüglich etwaiger Bewirtschaftungskosten als objektspezifische Anpassung für die vermutete Dauer des Leerstands kapitalisiert werden und vom vorläufigen Ertragswert abgezogen werden.[1044] Dadurch wird eine Prognose der (künftigen) Leerstandsdauer erforderlich.[1045] Trotz des Versuchs des Gesetzgebers im Rahmen der ImmoWertV möglichst keine prognoseorientierten Größen zur Wertermittlung heranzuziehen, ist somit eine mit Unsicherheit behaftete Schätzung erforderlich. Hier sollte bei der Fair Value-Bewertung im Sinne des IFRS 13 möglichst auf am Markt beobachtbare durchschnittliche Leerstandsdauern der Region und der Immobilienart zurückgegriffen werden, da durch diese Objektivierung die Glaubwürdigkeit der Information erhöht werden kann. Alternativ könnte auch gemäß der dritten Stufe der Inputparameter-Hierarchie des IFRS 13 auf durchschnittliche, unternehmensintern ermittelte Leerstandsdauern vergleichbarer Immobilien zurückgegriffen werden, sofern eine Objektivierung über den Markt auf der zweiten Ebene der Hierarchie des IFRS 13 etwa aufgrund fehlender Vergleichsobjekte nicht oder nur mit großer Unsicherheit möglich ist.

432.6 Kosten für dauerhaften, strukturellen Leerstand

Leerstandskosten sind in Kosten für vorübergehenden Leerstand und Kosten für dauernden, strukturellen Leerstand zu unterscheiden.[1046] Kosten für vorübergehenden Leerstand sind explizit gemäß § 19 Abs. 2 Nr. 3 ImmoWertV im Rahmen des Mietausfallwagnisses zu berücksichtigen,[1047] weswegen an dieser Stelle nicht erneut darauf eingegangen wird. Die Kosten für **dauernden, strukturellen Leerstand** (dazu gehören u. a. auch die Kosten für die dann nicht umgelegten Betriebskosten)[1048] mindern laut Aussage des Gesetzgebers bereits den insgesamt erzielbaren, marktüblichen

---

[1043] Vgl. DRÖGE, F., Bewirtschaftungskosten, S. 155; HOLZNER, P./RENNER, U., Ermittlung des Verkehrswertes, S. 434; SCHULZ-WULKOW, C., Methoden der Immobilienbewertung, S. 86; BIENERT, S., Ertragswertverfahren, S. 351.

[1044] Vgl. so auch PETERSEN, H., Marktorientierte Immobilienbewertung, S. 21; ZEIßLER, M., Bewirtschaftungskosten für Gewerbeimmobilien, S. 203; SIMON, J., Offene Immobilienfonds, S. 141; HOLZNER, P./RENNER, U., Ermittlung des Verkehrswertes, S. 570 f.; ausführlich SIMON, J., Berücksichtigung von Leerständen; ähnlich KLEIBER, W., Einnahmen und Ausgaben, S. 28; SCHLICHT, K./GEHRI, C., Verkehrswertermittlung, S. 117.

[1045] Vgl. HOLZNER, P./RENNER, U., Ermittlung des Verkehrswertes, S. 570. Hierbei ist zu beachten, dass die Leerstandsdauern auf eher illiquideren Märkten tendenziell höher sind. Vgl. MÜNCHEHOFE, M., Liegenschaftszinssatz, S. 37.

[1046] Vgl. SIMON, J., Berücksichtigung von Leerständen, S. 273 f.

[1047] So auch BECK, M., Bewertung nach WertV, S. 226; STEMMLER, J., ImmoWertV, S. 201; SIMON, J., Berücksichtigung von Leerständen, S. 273; HOLZNER, P./RENNER, U., Ermittlung des Verkehrswertes, S. 565; GIF, Qualitätssicherung, S. 8; SCHLICHT, K./GEHRI, C., Verkehrswertermittlung, S. 99.

[1048] Vgl. SCHLICHT, K./GEHRI, C., Verkehrswertermittlung, S. 94; ähnlich KLEIBER, W., Verkehrswertermittlung, S. 1058.

Ertrag, also die Roherträge.[1049] Es wird davon ausgegangen, dass der strukturelle Leerstand in der Regel nicht nur das Objekt selber sondern die gesamte Region bzw. das Gebiet betrifft, weswegen direkt die marktübliche Miete zu mindern ist.[1050] Die Kosten stellen somit, wie auch das Mietausfallwagnis, eine Art „Mischposten" dar, der sowohl aus Kosten im eigentlichen Sinne, etwa den nicht umgelegten Bewirtschaftungskosten, als auch aus Mindererträgen besteht. Da das Mietausfallwagnis in Deutschland den Bewirtschaftungskosten zugerechnet wird, sollen auch die hiermit eng verwandten Kosten für dauerhaften, strukturellen Leerstand aus Gründen der Übersichtlichkeit und der einheitlichen Vorgehensweise hierunter diskutiert werden.[1051] Praktisch mindern beide Leerstandskostengrößen (vorübergehender und dauerhafter Leerstand) die potentiellen Cash-Inflows, so dass sich durch die Einordnung keine Bewertungsunterschiede ergeben.

Entgegen der expliziten Formulierung in der Regierungsbegründung zur ImmoWertV schlägt KLEIBER vor, den strukturellen, dauerhaften Leerstand als **objektspezifische Anpassung** im Anschluss an die Ermittlung des vorläufigen Ertrags durch eine Minderung des Ertragswerts zu berücksichtigen.[1052] Diese Vorgehensweise ist abzulehnen, da dadurch impliziert wird, dass es sich allein um eine objektspezifische Besonderheit handelt. Da der strukturelle Leerstand indes definitionsgemäß Charakteristikum ganzer Gebiete ist, ist eine Anpassung der marktüblichen Erträge, also der Inflows, wie es auch in der ImmoWertV vorgesehen ist, zu präferieren.

Die gemäß ImmoWertV vorgegebene Berücksichtigung des strukturellen Leerstands in den Roherträgen wirkt sich auf die Ermittlung der anderen **Bewirtschaftungskosten** aus, sofern diese prozentual vom marktüblichen Rohertrag ermittelt werden. So sollte auch in den Vergleichsgrößen der strukturell bedingte Leerstand einheitlich in den Roherträgen berücksichtigt werden, damit die Relationen für die Bewirtschaftungskosten korrekt ermittelt werden können. Alternativ könnten die Bewirtschaftungskosten weiterhin auf Basis einer Vollvermietung ermittelt werden, indem prozentuale Berechnungen in Relation zu der bei Vollvermietung erzielbaren marktüblichen Miete ermittelt werden. So können zum einen Verzerrungen verhindert werden und zum anderen bleibt die Vergleichsbasis für alle Immobilien gleich. Dadurch kann die Zahl der vergleichbaren Erfahrungswerte erhöht werden, weswegen diese Vorgehensweise zu bevorzugen ist.

Unabhängig davon wie der strukturelle Leerstand bei der Wertermittlung berücksichtigt wird, sollte eine glaubwürdige Ermittlung regelmäßig möglich sein. Da es sich hierbei um ein regionales und nicht um ein objektspezifisches Phänomen handelt, sollte der prozentuale, strukturelle Leerstand regelmäßig am entsprechenden Markt beobachtbar im Sinne des IFRS 13 und somit auch verifizierbar sein. Die Manipulationsmöglichkeiten dürften mithin begrenzt sein.

[1049] Vgl. auch STEMMLER, J., ImmoWertV, S. 201.

[1050] Vgl. Bundesrat-Drucksache 171/10, S. 63.

[1051] Diese Einordnung entspricht auch der Vorgehensweise der GIF, die die strukturellen Leerstandskosten explizit im Rahmen der Bewirtschaftungskosten erfasst. Vgl. GIF, Qualitätssicherung, S. 8.

[1052] Vgl. KLEIBER, W., Verkehrswertermittlung, S. 1058. So auch BIENERT, S., Ertragswertverfahren, S. 351; SCHLICHT, K./GEHRI, C., Verkehrswertermittlung, S. 117; BECK, M., Wertermittlung bei Immobilien, S. 355 f.

432.7 Abschließende Beurteilung der Bewirtschaftungskosten nach ImmoWertV

In den vorangegangenen Abschnitten wurde gezeigt, dass die marktüblichen Bewirtschaftungskosten für die einzelnen Kostenarten mit Hilfe der tatsächlichen Kosten oder aus Erfahrungswerten vergleichbarer Immobilien bzw. allgemeiner Erfahrungssätze, wie sie zum Beispiel in den WertR 2006 genannt werden, ermittelt werden können. Erfahrungssätze, die gemäß § 19 Abs. 2 Satz 2 ImmoWertV nachrangig anzuwenden sind, sind insbesondere dann wichtig, wenn die tatsächlichen Kosten von den marktüblichen abweichen, da die Immobilien grundsätzlich aus Marktsicht und somit anhand der für alle potentiellen Vermieter geltenden, marktüblichen Kosten bewertet werden sollen.

Optimalerweise im Sinne der ImmoWertV können die Kosten auf Basis der historischen (langfristigen) **tatsächlichen Kosten** ermittelt werden. Dies würde eine objektspezifische Berücksichtigung der Kosten ermöglichen, wie sie mit Erfahrungssätzen teilweise nur mit subjektiven Anpassungen realisiert werden könnte. Derartige (vergangene) Kosten wären, sofern sie nicht angepasst werden, regelmäßig weitestgehend ohne Manipulationsmöglichkeiten dem internen Rechnungswesen zu entnehmen. Eine derartige Vorgehensweise wäre indes für die Ermittlung der durchschnittlichen Instandhaltungskosten, die mit abnehmender Restnutzungsdauer zunehmen, nicht sachgerecht. Daher bietet sich im Rahmen der IFRS auch eine Berücksichtigung der internen Plandaten zur Bestimmung der Bewirtschaftungskosten im Sinne des Management Approach an, wenngleich dies aufgrund des weitgehenden Prognoseverzichts in der ImmoWertV wohl nicht vorgesehen ist. Diese Daten wären zwar für den externen Bilanzleser nicht nachprüfbar, indes wären die Anreize zur Manipulation gemindert, da diese Zahlen, sofern sie nicht wesentlich, etwa zur Anpassung an die Marktsicht, modifiziert werden, Steuerungsgrundlage des Unternehmens sind. Somit dürfte die Glaubwürdigkeit der Information bei auf durchschnittlichen tatsächlichen bzw. geplanten Werten beruhenden Bewirtschaftungskosten tendenziell gegeben sein.

Die einzelnen Bewirtschaftungskosten können alternativ auch mit Hilfe von **vergleichbaren Immobilien** ermittelt werden. Die Marktüblichkeit der internen Daten dürfte vor allem bei Immobiliengesellschaften, also den klassischen IAS 40-Bilanzierern, aufgrund der hohen Zahl an Renditeimmobilien im Unternehmen regelmäßig vorliegen. In einem höheren Maß dürfte diese im Sinne der ImmoWertV darüber hinaus durch den Einsatz von speziellen Immobiliengutachtern gewährleistet werden können. Diese können die entsprechenden marktüblichen Werte durch ihren Erfahrungsschatz und ihre eigenen internen, unternehmensübergreifenden Datensammlungen ermitteln. Diese über vergleichbare Immobilien ermittelten Erfahrungswerte könnten bereits Erfahrungssätze im Sinne von § 19 Abs. 2 Satz 2 ImmoWertV darstellen. Sie sind indes regelmäßig nicht öffentlich verfügbar und somit nicht am Markt beobachtbar im Sinne des IFRS 13.

Bei der Ermittlung der Bewirtschaftungskosten anhand von **Erfahrungssätzen** ist die Genauigkeit der vermittelten Information abhängig von dem Grad der Vergleichbarkeit der Immobilien. Pauschale Werte, wie sie für alle Immobilien gemeinsam in den WertR 2006 publiziert werden, sind zwar in hohem Maße nachprüfbar und somit objektiviert. Wenn die Objektspezifika der Immobilien dabei aber nur unzureichend abgebildet werden, kann die Genauigkeit der Information bezweifelt werden. So könnte die Genauigkeit etwa bei Verwaltungskosten eher gewährleistet sein als bei Instandhaltungskosten, da für letztere die Charakteristika der Immobilie entscheidender sind. Erfahrungssätze könnten dann lediglich zur Plausibilisierung herangezogen werden. Daher sind, abhängig von dem zu bewertenden Objekt, statt pauschaler, undifferenzierter Durchschnittsgrößen für große Gebiete möglichst spezifische Erfahrungssätze externer Dienstleister in Abhängigkeit der vorhandenen Datenbasis zu nutzen.[1053] Für größere Städte mag die verfügbare Datenbasis indes umfangreicher sein als für kleinere Städte. Erfahrungssätze für Bewirtschaftungskosten sind somit nur dann für die Fair Value-Ermittlung von Renditeimmobilien geeignet, wenn die zugrunde liegenden Vergleichsimmobilien eine gewisse Nähe zu dem zu betrachtenden Objekt aufweisen. Ansonsten wären möglicherweise erhebliche subjektive Anpassungen erforderlich, die auf der dritten Ebene der Inputhierarchie des IFRS 13 einzuordnen wären.

Durch die geforderte Objektivierung der Parameter in IFRS 13 unterscheiden sich die Anforderungen der **ImmoWertV** und die der **IFRS** teilweise. Gemäß der ImmoWertV ist zunächst immer von den tatsächlichen Kosten der Immobilie auszugehen.[1054] Nur wenn diese Vorgehensweise zur Approximation der marktüblichen Bewirtschaftungskosten nicht zielführend ist, ist auf Erfahrungssätze zurückzugreifen. Bei der Fair Value-Bewertung indes sollte zunächst festgestellt werden, ob hinreichend konkrete Datensammlungen mit öffentlich verfügbaren Erfahrungssätzen vorliegen (zweite Ebene). Erst im Anschluss ist auf interne Daten zur Immobilie oder zu vergleichbaren Immobilien zurückzugreifen (dritte Ebene). Im Gegensatz zur ImmoWertV können auf der dritten Ebene des IFRS 13 auch Plandaten genutzt werden, die möglicherweise noch nicht „mit hinreichender Sicherheit auf Grund konkreter Tatsachen zu erwarten sind“ (§ 2 Satz 2 ImmoWertV). Wenn externe Daten mit hinreichendem Objektbezug nicht vorliegen und eine Betrachtung der tatsächlichen Kosten erforderlich wäre, so würden ImmoWertV und IFRS 13 hinsichtlich der Berücksichtigung von Bewirtschaftungskosten für die Fair Value-Bewertung trotz der verschiedenen Anforderungen zu gleichen Ergebnissen kommen. Wenn hingegen geeignete externe, öffentliche Daten und interne, marktübliche Daten gleichermaßen vorlägen, so wären gemäß ImmoWertV die internen und gemäß IFRS 13 die externen, am Markt beobachtbaren Daten zu bevorzugen. In diesem Fall könnten sich die Werte widersprechen. Die Ergebnisse wären darüber hinaus wohl auch dann nicht unbedingt gleich, wenn gemäß der dritten Ebene des IFRS 13 interne Planungsrechnungen bei der Fair Value-Bewertung verwandt würden.

433. Outflows beim Income Capitalization Approach

433.1 Vorbemerkungen

Die Outflows werden beim Income Capitalization Approach zum Teil anders kategorisiert, wenngleich durch den Sachverhalt begründet auch die gleichen nicht-umlagefähigen Kosten erfasst werden.[1055] Die Bewirtschaftungskosten werden im Rahmen der derzeit gültigen IVS, wie auch vom

1053 Für ausgewählte Städte veröffentlicht etwa der IVD regionalspezifische Übersichten für die Ermittlung der einzelnen Parameter der Bewirtschaftungskosten. Vgl. beispielhaft für Berlin etwa IVD Berlin-Brandenburg, Bewirtschaftungskosten Berlin (2009/2010). Vgl. u. a. auch die Datenbank von BulwienGesa und die Informationen der Feri EuroRating Services AG.

1054 Vgl. Metzger, B., Wertermittlung, S. 92.

1055 Ähnlich auch Engelbrecht, B., Ordnungsmäßige Immobilienbewertung, S. 255.

Appraisal Institute, lediglich in fixe und variable Kosten sowie in eine sogenannte Replacement Allowance unterschieden.[1056] Explizit zu den Outflows beim Income Capitalization Approach gehören, sofern sie nicht auf die Mieter umgelegt werden, neben den Verwaltungskosten, insbesondere die Instandhaltungskosten, sowie als Betriebskosten, die Versicherungskosten und die sonstigen Betriebskosten.[1057] Teilweise anders als beim Ertragswertverfahren werden das Mietausfallwagnis und die Leerstandskosten als Teil der (negativen) Inflows (Vacancy and Collection Loss) und nicht als Bewirtschaftungskosten (Operating Expense) bezeichnet, wenngleich sie genau wie diese von den Roherträgen abgezogen werden, um die Reinerträge (Net Operating Income) zu erhalten.[1058] Aus Gründen der einheitlichen Systematik werden sie im Rahmen dieser Arbeit in Analogie zum Ertragswertverfahren im Rahmen der Bewirtschaftungskosten analysiert. Häufig werden die Bewirtschaftungskosten im Ausland, so etwa in Großbritannien,[1059] im Rahmen eines Full Reparing and Insuring Lease indes vertraglich so auf den Mieter umgelegt, dass nur die Verwaltungskosten beim Vermieter verbleiben.[1060] Entsprechend sind die auf den Mieter umgelegten Kosten auch nicht bei der Bewertung zu berücksichtigen. Das erleichtert die Wertermittlung deutlich.[1061] Sofern die Kosten nicht umgelegt werden, sind sie wie beim deutschen Ertragswertverfahren zu erfassen.[1062] Dementsprechend sind auch vertraglich bedingte Abweichungen der Bewirtschaftungskosten von den am Markt allgemein üblichen beispielsweise durch entsprechende Zu- oder Abschläge zu berücksichtigen.[1063] Sofern die Beurteilung des Verfahrens im Rahmen der IFRS der des Ertragswertverfahrens entspricht, wird im Folgenden darauf verwiesen. Ansonsten werden die Unterschiede verdeutlicht.

433.2 Nicht-umlagefähige Betriebskosten

Bei den Betriebskosten werden die **Versicherungskosten**, als Teil der fixen Kosten, hervorgehoben, wobei besonders auf die Feuerversicherung verwiesen wird.[1064] Versicherungskosten werden auch beim Ertragswertverfahren gemäß § 2 Nr. 13 BetrKV als Teil der Betriebskosten erfasst. Das gleiche gilt für die sonstigen Betriebskosten, bei denen in der Literatur für den Income Capitalization Approach z. B. auf Heizungs-, Reinigungs- und Beleuchtungskosten sowie eine Art Grundsteuer verwiesen wird.[1065] Auch diese werden über die BetrKV explizit abgedeckt.[1066] Da diese Kosten

[1056] Vgl. IVSC, IVS 2007, GN 9, Tz. 5.2.2.2. So auch APPRAISAL INSTITUTE, Appraisal of Real Estate, S. 484-492. Im Rahmen der geplanten IVS 2011 werden die Bewirtschaftungskosten nicht mehr näher erläutert. Vgl. IVSC, ED IVS 2011, IVS 303.01; IVSC, Staff Draft IVS 2011, IVS 230.

[1057] Vgl. BAUM, A./MACKMIN, D./NUNNINGTON, N., Income Approach, S. 84-87; LEOPOLDSBERGER, G./THOMAS, M./NAUBEREIT, P., Immobilienbewertung, S. 501.

[1058] Vgl. IVSC, IVS 2007, GN 9, Tz. 3.2; APPRAISAL INSTITUTE, Appraisal of Real Estate, S. 457; NAUBEREIT, P., Harmonisierung, S. 200.

[1059] Vgl. NAUBEREIT, P., Harmonisierung, S. 190.

[1060] Vgl. KÖNIGSTEIN, M., Internationale Methoden, S. 285; GONDRING, H., Immobilienwirtschaft, S. 932.

[1061] Vgl. auch LEOPOLDSBERGER, G./THOMAS, M./NAUBEREIT, P., Immobilienbewertung, S. 501.

[1062] Vgl. MEYER, J., Europäische Immobilienbewertungsstandards, S. 147.

[1063] Hierfür sei auf die Diskussion in Kap. 432.1 verwiesen.

[1064] Vgl. BAUM, A./MACKMIN, D./NUNNINGTON, N., Income Approach, S. 84 f.; SHAPIRO, E./DAVIES, K./MACKMIN, D., Methods of Valuation, S. 82 f.; APPRAISAL INSTITUTE, Appraisal of Real Estate, S. 485 f.

[1065] Vgl. BAUM, A./MACKMIN, D./NUNNINGTON, N., Income Approach, S. 85 f.; SHAPIRO, E./DAVIES, K./MACKMIN, D., Methods of Valuation, S. 81 f. und 85 f. Der Großteil dieser Kosten stellt variable Kosten dar. Vgl. ausführlich APPRAISAL INSTITUTE, Appraisal of Real Estate, S. 486-490.

indes regelmäßig auf die Mieter umgelegt werden, dürften sie für die Wertermittlung wie auch schon beim Ertragswertverfahren tendenziell weniger relevant sein.[1067] Ansonsten wird, wie beim Ertragswertverfahren, empfohlen, die Kostenpositionen separat in absoluten Werten mit Blick auf vergangene Kosten bzw. Kosten vergleichbarer Objekte zu schätzen. Von prozentualen Berechnungen wird auch hier abgeraten, da etwa bei zwei verschiedenen Objekten selbst bei gleicher Miete die Versicherungsprämien selten gleich sein dürften.[1068]

433.3 Verwaltungskosten

Unter die **Verwaltungskosten** werden im Rahmen des Income Capitalization Approach ebenfalls die gleichen Parameter wie beim Ertragswertverfahren subsumiert. Hierzu zählen auch die Kosten der Geschäftsführung und die Kosten für die vom Vermieter selbst geleistete Verwaltungsarbeit.[1069] Diese Kosten werden aufgrund der flexiblen arbeitsrechtlichen Regelungen in den USA vom Appraisal Institute insgesamt als variable Kosten bezeichnet,[1070] was aber auch bei einer möglichen anderen Einschätzung auf die Bewertung zunächst keine Auswirkungen hat. In der Literatur wird vorgeschlagen, die Verwaltungskosten prozentual in Abhängigkeit vom Rohertrag zu bestimmen.[1071] Der übliche Wert, der zwischen einem und 15 % des Rohertrags liegt,[1072] entspricht weitestgehend den Erfahrungssätzen für das Ertragswertverfahren. Allerdings ist eine Ermittlung auf Basis des Rohertrags nicht zu empfehlen, da die Abhängigkeit von Rohertrag und Verwaltungskosten häufig nicht sehr groß ist.[1073] Ein Bezug der Kosten auf die Zahl der Wohneinheiten wäre wie auch schon beim deutschen Verfahren wegen der höheren Abhängigkeit zu bevorzugen. Dieser Bezug könnte mit Hilfe vergleichbarer Immobilien, ggf. mit objektspezifischen Anpassungen, und mit Hilfe der internen Aufzeichnungen des Unternehmens für die entsprechenden Immobilien objektspezifisch hergestellt werden.[1074] Damit entsprechen die Ermittlungsmöglichkeiten im Wesentlichen denen des Ertragswertverfahrens.

433.4 Instandhaltungs- und Modernisierungskosten

Die **Instandhaltungskosten** beim Income Capitalization Approach sollen die durchschnittlichen, jährlichen, wahrscheinlich erforderlichen Kosten für die Instandhaltung des Gebäudes berücksichtigen.[1075] Instandhaltungskosten stellen sowohl variable Kosten als auch Kosten für Replacement Allowance dar. Sofern es sich um kleinere Reparaturen, wie die Reparatur eines Dachs, handelt,

---

1066 Vgl. etwa § 2 Nr. 1-6 und 9-11 BetrKV.
1067 Vgl. BAUM, A./MACKMIN, D./NUNNINGTON, N., Income Approach, S. 84 f.
1068 Vgl. so auch SHAPIRO, E./DAVIES, K./MACKMIN, D., Methods of Valuation, S. 83.
1069 Vgl. BAUM, A./MACKMIN, D./NUNNINGTON, N., Income Approach, S. 85; SHAPIRO, E./DAVIES, K./MACKMIN, D., Methods of Valuation, S. 83; SCARRETT, D., Property Valuation, S. 52; APPRAISAL INSTITUTE, Appraisal of Real Estate, S. 486.
1070 Vgl. APPRAISAL INSTITUTE, Appraisal of Real Estate, S. 486.
1071 Vgl. BAUM, A./MACKMIN, D./NUNNINGTON, N., Income Approach, S. 85; SHAPIRO, E./DAVIES, K./MACKMIN, D., Methods of Valuation, S. 84.
1072 Vgl. SHAPIRO, E./DAVIES, K./MACKMIN, D., Methods of Valuation, S. 84.
1073 Vgl. SHAPIRO, E./DAVIES, K./MACKMIN, D., Methods of Valuation, S. 84; SCARRETT, D., Five methods, S. 56.
1074 Vgl. SCARRETT, D., Five methods, S. 56.
1075 Vgl. BAUM, A./MACKMIN, D./NUNNINGTON, N., Income Approach, S. 86; SHAPIRO, E./DAVIES, K./MACKMIN, D., Methods of Valuation, S. 77.

sind diese Bestandteil der variablen Kosten einer Immobilie.[1076] Muss hingegen das Dach komplett ausgetauscht werden, weil seine Nutzungsdauer geringer ist als die des gesamten Gebäudes, so sind die Kosten über die Jahre der durchschnittlichen Nutzung des Dachs zu verteilen. Diese Kosten, die bei größeren Instandhaltungen anfallen, werden als Replacement Allowance bezeichnet.[1077] Da Instandhaltungskosten und hier insbesondere die Replacement Allowance nicht gleichmäßig anfallen, werden vier mögliche Vorgehensweisen zur Ermittlung der durchschnittlichen Kosten vorgeschlagen. Zunächst können, sofern vorhanden, historische Instandhaltungskosten als Grundlage dienen.[1078] Alternativ können die Kosten zum Beispiel auch prozentual vom Rohertrag geschätzt werden, sofern die dafür erforderliche Erfahrung vorhanden ist. Des Weiteren kann auf Instandhaltungskosten vergleichbarer Objekte (z. B. pro Quadratmeter) zurückgegriffen werden oder es können die Kosten einzeln und im Detail geschätzt werden, indem die zu erwartenden Reparaturen mit ihren voraussichtlichen Kosten veranschlagt werden.[1079] Sofern eine detaillierte Schätzung der Kosten zu aufwendig erscheint, ist wie auch bereits beim Ertragswertverfahren der Vergleich mit anderen Objekten sinnvoll. Hierbei ist der Vergleich auf Grundlage der Kosten pro Quadratmeter dem Vergleich in Prozent des Rohertrags vorzuziehen, da hierdurch die Abhängigkeit der Kosten besser abgebildet wird.[1080]

Die Beurteilung der Instandhaltungskosten, die beim Income Capitalization Approach anzusetzen sind, deckt sich im Wesentlichen mit dem Ertragswertverfahren. Durch die Periodisierung der zu erwartenden Erträge, vor allem in der Grundform des Income Capitalization Approach, wird bewertungstechnisch bedingt der eigentlichen Zyklizität der Instandhaltungskosten nicht entsprochen, was zu Fehlbewertungen führen kann.[1081] Allerdings können zur Ermittlung der durchschnittlichen Größen beim Income Capitalization Approach, anders als beim Ertragswertverfahren, auch interne Plandaten genutzt werden,[1082] wie sie auch im Sinne der dritten Stufe des IFRS 13 zulässig sind. Zusammen mit der Tatsache, dass durch die fehlende Hierarchisierung von Vorgehensweisen zur Ermittlung der Parameter auch keine Widersprüche zur Inputhierarchie des IFRS 13 auftreten können, ist der Income Capitalization Approach dem Ertragswertverfahren hier leicht überlegen.

1076 Vgl. APPRAISAL INSTITUTE, Appraisal of Real Estate, S. 486 und 489.

1077 Vgl. APPRAISAL INSTITUTE, Appraisal of Real Estate, S. 489-491.

1078 Dies setzt voraus, dass kein Instandhaltungsstau vorliegt. Ein Instandhaltungsstau wäre analog zum Ertragswertverfahren nach ImmoWertV durch einen entsprechenden Abschlag auf den vorläufigen Marktwert zu berücksichtigen. Vgl. SHAPIRO, E./DAVIES, K./MACKMIN, D., Methods of Valuation, S. 77; BAUM, A./MACKMIN, D./NUNNINGTON, N., Income Approach, S. 86. Außerdem ist hier wiederum zu beachten, dass die durchschnittlichen Instandhaltungskosten auch durch die Restnutzungsdauer beeinflusst werden.

1079 Vgl. SHAPIRO, E./DAVIES, K./MACKMIN, D., Methods of Valuation, S. 77; ähnlich BAUM, A./MACKMIN, D./NUNNINGTON, N., Income Approach, S. 86.

1080 Vgl. SHAPIRO, E./DAVIES, K./MACKMIN, D., Methods of Valuation, S. 77 f.; BAUM, A./MACKMIN, D./NUNNINGTON, N., Income Approach, S. 87.

1081 Vgl. dazu auch Kap. 432.4.

1082 Plandaten sollen auf entsprechend umfangreichen Analysen aufbauen. Vgl. zu den Anforderungen APPRAISAL INSTITUTE, Appraisal of Real Estate, S. 481-483, 486-492 und 494-496; ähnlich IVSC, IVS 2007, GN 1, Tz. 5.12.4. Die Anforderungen, die das IVSC nennt, sind in den künftigen IVS voraussichtlich nicht mehr enthalten. Vgl. IVSC, ED IVS 2011.

Modernisierungskosten, deren Ausgabe eine Verbesserung der Immobilie bewirkt, können beim Income Capitalization Approach als zusätzliche Replacement Allowance berücksichtigt werden.[1083] Diese Ausgaben (und die damit am Markt zu erzielenden zusätzlichen Einnahmen)[1084] können auf unterschiedliche Art und Weise bei der Bewertung berücksichtigt werden. Kosten, die anfallen, um die Immobilie „up-to-date" zu halten, können als durchschnittliche jährliche Kosten ähnlich den Instandhaltungskosten angesetzt werden (Modernisierungsmodell).[1085] Alternativ können die Modernisierungskosten statt im Zähler auch durch Anpassung des All Risk Yield berücksichtigt werden,[1086] wenngleich auch hierdurch grundsätzlich keine höhere Objektivierung erreicht werden kann. Möglich wäre auch der Ansatz konkreter geplanter Ausgaben, wenn sie in absehbarer Zukunft anfallen. SHAPIRO/DAVIES/MACKMIN nennen hier einen Zeitraum von bis zu zehn Jahren. Entsprechende Kosten wären als Barwert anzusetzen und vom vorläufigen Marktwert zu subtrahieren.[1087] Demnach lässt der Income Capitalization Approach dem Bewerter weitreichende Ermessensspielräume. Im Sinne einer objektivierten Bewertung, wie sie durch IFRS 13 für die Ermittlung des Fair Value gefordert wird, sollten indes nur die Modernisierungskosten angesetzt werden, die bereits hinreichend konkretisiert und marktüblich sind. Davon ausgenommen sind lediglich die Modernisierungskosten, die ggf. aufzuwenden sind, wenn die derzeitige Nutzung nicht dem Konzept des Highest and Best Use entspricht. Dies entspricht der für die ImmoWertV vorgestellten Vorgehensweise.[1088]

433.5 Mietausfallwagnis

Das Mietaufwallwagnis wird als **Vacancy and Collection Loss** bezeichnet.[1089] Hierunter sind die Kosten für Leerstand, Mieterwechsel und die Uneinbringlichkeit von Forderungen zu berücksichtigen.[1090] Diese Kosten werden üblicherweise kalkulatorisch berücksichtigt und wie beim Ertragswertverfahren sachgerecht als prozentualer Teil vom Rohertrag bestimmt.[1091]

In **Großbritannien** wird das Mietausfallwagnis regelmäßig nicht explizit im Zähler sondern im All Risk Yield berücksichtigt.[1092] Dieses ist aufgrund der impliziten Vorgehensweise eher weniger transparent und schlechter objektivierbar, was der Inputparameter-Hierarchie des IFRS 13 tendenziell widersprechen würde. Außerdem steht sie auch der in den IVS typischerweise vorgesehenen Berücksichtigung des Mietausfallwagnisses im Zähler entgegen. Aus diesem Grund wird diese Möglichkeit an dieser Stelle nicht näher betrachtet.

1083 Vgl. APPRAISAL INSTITUTE, Appraisal of Real Estate, S. 491 und 493; IVSC, IVS 2007, GN 9, Tz. 5.2.2.2. Diese Erläuterung ist im ED der IVS ebenfalls nicht mehr enthalten. Vgl. IVSC, ED IVS 2011.

1084 Vgl. THE APPRAISAL FOUNDATION, USPAP 2010-2011, Standards-Rule 1-4 (f).

1085 Vgl. SHAPIRO, E./DAVIES, K./MACKMIN, D., Methods of Valuation, S. 80; APPRAISAL INSTITUTE, Appraisal of Real Estate, S. 493; KLEIBER, W., Wertermittlungsverfahren, S. 46-48.

1086 Vgl. APPRAISAL INSTITUTE, Appraisal of Real Estate, S. 460; KORDUAN, R., Modernisierungskosten, S. 16.

1087 Vgl. SHAPIRO, E./DAVIES, K./MACKMIN, D., Methods of Valuation, S. 80.

1088 Vgl. dazu auch die Ausführungen in Kap. 432.4.

1089 Vgl. APPRAISAL INSTITUTE, Appraisal of Real Estate, S. 483; IVSC, IVS 2007, GN 9, Tz. 3.2. Im geplanten ED werden die Bewirtschaftungskosten nicht näher erläutert. Vgl. IVSC, ED IVS 2011.

1090 Vgl. APPRAISAL INSTITUTE, Appraisal of Real Estate, S. 483.

1091 Vgl. APPRAISAL INSTITUTE, Appraisal of Real Estate, S. 484. Vgl. dazu auch Kap. 432.5.

1092 Vgl. GONDRING, H., Immobilienwirtschaft, S. 940; ähnlich KÖNIGSTEIN, M., Internationale Methoden, S. 285.

433.6 Kosten für dauerhaften, strukturellen Leerstand

Sofern ein **struktureller, dauerhafter Leerstand** in einer Region vorliegt, sind wie beim Ertragswertverfahren nach ImmoWertV entsprechend die Roherträge für das zu bewertende Objekt um die dauerhaft ausfallenden Mieten zu mindern.[1093] Das Appraisal Institute unterscheidet nicht zwischen vorübergehendem und dauerhaftem Leerstand.[1094] Die dadurch verursachten Kosten sind alle im Rahmen des Vacancy and Collection Loss zu berücksichtigen, das somit noch etwas mehr umfasst als lediglich das Mietausfallwagnis.[1095] Indes ist auch hierbei zu bedenken, dass die prozentual ermittelten Bewirtschaftungskosten für die Berechnung des vorläufigen Marktwerts in der Regel von den Marktmieten bei Vollvermietung abgeleitet wurden und daher auch diese Mieten für die Berechnung der Bewirtschaftungskosten zugrunde zu legen sind.[1096] Da es sich inhaltlich um zwei getrennte Arten von Leerstand handelt, ist eine getrennte Ermittlung der Kosten für den dauerhaften und den marktüblichen, vorläufigen Leerstand grundsätzlich zu bevorzugen. So könnte der Abschlussadressat nur dann erfahren, ob strukturelle Probleme bei der Vermietung bestehen, wenn etwa ein durchschnittliches, strukturelles Leerstandsrisiko getrennt von dem vorübergehenden im Jahresabschluss angegeben würde.

433.7 Abschließende Beurteilung der Bewirtschaftungskosten nach dem Income Capitalization Approach

Die Bewirtschaftungskosten des Income Capitalization Approach sowie deren Ermittlung sind im Wesentlichen identisch mit denen des Ertragswertverfahrens nach ImmoWertV. Teilweise werden diese Kosten, statt in die in Deutschland typischen Kategorien, in fixe und variable Kosten sowie in Kosten für die Replacement Allowance unterschieden, was indes nur ein begrifflicher Unterschied ist.

Bezüglich der Ermittlung der einzelnen Parameter bieten sich im Wesentlichen die gleichen Möglichkeiten wie für das Ertragswertverfahren an. Anders als beim Ertragswertverfahren können indes auch interne Planungen der Unternehmen berücksichtigt werden. Zudem wird darauf verzichtet, vorzuschreiben, in welcher Reihenfolge die verschiedenen Möglichkeiten anzuwenden sind. Dadurch ist der Income Capitalization Approach diesbezüglich grundsätzlich für die Fair Value-Ermittlung geeignet, da die Präferenzen des IFRS 13 berücksichtigt werden können. Allerdings muss der Income Capitalization Approach ggf. bei der Ermittlung der Modernisierungskosten eingeschränkt werden, damit nur solche marktübliche Kosten berücksichtigt werden, die hinreichend

[1093] Vgl. BAUM, A./MACKMIN, D./NUNNINGTON, N., Income Approach, S. 87; SHAPIRO, E./DAVIES, K./MACKMIN, D., Methods of Valuation, S. 84.

[1094] Vgl. APPRAISAL INSTITUTE, Appraisal of Real Estate, S. 483 f.

[1095] Vgl. so auch implizit NAUBEREIT, P., Harmonisierung, S. 200. A. A. ist LEOPOLDSBERGER, der lediglich die Kosten des vorübergehenden Leerstands unter den Vacancy and Collection Loss subsumiert. Der dauerhafte Leerstand wäre demnach direkt bei der Ermittlung der Roherträge zu berücksichtigen. Vgl. LEOPOLDSBERGER, G., US-Gutachten, S. 7. Somit würden sich Vacancy and Collection Loss und Mietausfallwagnis entsprechen.

[1096] Vgl. auch die Ausführungen in Kap. 432.6. Ähnlich NAUBEREIT, P., Harmonisierung, S. 242.

konkretisiert und somit auch im Sinne des IFRS 13 bei einer objektivierten Bewertung zulässig sind.[1097]

434. Outflows beim DCF-Verfahren

434.1 Vorbemerkungen

Beim DCF-Verfahren gehören zu den Outflows wie beim Income Capitalization Approach primär die Verwaltungskosten, die Instandhaltungskosten und die nicht-umlagefähigen Betriebskosten.[1098] Modernisierungskosten zählen zwar ebenfalls zu den Bewirtschaftungskosten, sind aber nur sachverhaltsabhängig zu berücksichtigen.[1099] Das Mietausfallwagnis inklusive der Kosten für den dauerhaften, strukturellen Leerstand (Vacancy and Collection Loss) wird bereits vorher als separate Größe von den Mieteinnahmen abgezogen.[1100] Aus Gründen der einheitlichen Systematik werden im Folgenden wiederum alle Bestandteile im Rahmen der Bewirtschaftungskosten analysiert. Da die Einteilung der Bewirtschaftungskosten beim DCF-Verfahren der des Income Capitalization Approach entspricht,[1101] liegt hier der Schwerpunkt auf der **Ermittlung** der einzelnen Parameter und nicht auf der Erläuterung und Einordnung in den Kontext der in Deutschland üblichen Systematik.[1102]

Für die Detailplanungsphase und die erste Periode der ewigen Rente werden die künftigen Outflows analog zu den Cash-Inflows explizit auf Basis der gegenwärtigen Erkenntnisse unter Berücksichtigung von Inflationserwartungen geschätzt.[1103] Inflationserwartungen für Bewirtschaftungskosten können durch die Prognose des Lebenshaltungskostenindizes, dessen Warenkorb auch die Bewirtschaftungskosten enthält, approximiert werden.[1104] Bei signifikanten Kosten ist neben der allgemeinen Wertentwicklung allerdings immer auch die spezifische Wertentwicklung zu beachten.[1105]

[1097] Davon unabhängig sind nicht geplante Modernisierungskosten, die sich bei einer anderweitigen Nutzung als der gegenwärtigen durch das Konzept des Highest and Best Use ergeben, ebenfalls zu berücksichtigen. Vgl. dazu auch Kap. 432.4.

[1098] Vgl. KÜMPEL, T., Finanzinvestitionen, S. 24; APPRAISAL INSTITUTE, Appraisal of Real Estate, S. 483-492; BECK, M., Wertermittlung bei Immobilien, S. 359.

[1099] Vgl. APPRAISAL INSTITUTE, Appraisal of Real Estate, S. 493; IVSC, IVS 2007, GN 9, Tz. 5.2.2.2. Die geplanten IVS enthalten diese Erläuterungen nicht mehr, da Bewirtschaftungskosten grundsätzlich nicht näher erläutert werden. Vgl. IVSC, ED IVS 2011.

[1100] Vgl. KÜMPEL, T., Finanzinvestitionen, S. 23; BECK, M., Wertermittlung bei Immobilien, S. 359; FRANK, T., Bilanzierung von Anlageimmobilien, S. 56 f.; GIF, Standardisierung des DCF-Verfahrens, S. 8; IVSC, IVS 2007, GN 9, Tz. 3.2, 5.2.2.1 und 5.2.2.2. Die geplanten IVS enthalten diese Erläuterungen nicht mehr, da Bewirtschaftungskosten grundsätzlich nicht näher erläutert werden. Vgl. IVSC, ED IVS 2011. Indes findet sich ein Hinweis auf diese Vorgehensweise im ED des Technical Information Paper zum DCF-Verfahren. Vgl. IVSC, ED Technical Information Paper 1, Tz. 16 (b).

[1101] Vgl. dazu auch Kap. 433.1.

[1102] Vgl. dazu Kap. 433.

[1103] Vgl. WERLING, U., Berücksichtigung der Inflation, S. 153. Hierbei helfen auch detaillierte Mietvertragsanalysen. Vgl. VÄTH, A./HOBERG, W., Immobilienanalyse, S. 362 und 383. Vgl. etwa für die zu betrachtenden Parameter bei der Mietvertragsanalyse die derzeit noch gültige GN 9, Tz. 5.6.1 der IVS. Auch IAS 40.40 und IAS 40.46 (c) a.F. sehen eine Berücksichtigung der Mietverträge zur Bestimmung der Cashflows vor.

[1104] Vgl. ähnlich ENGELBRECHT, B., Ordnungsmäßige Immobilienbewertung, S. 322.

[1105] Vgl. THE APPRAISAL FOUNDATION, USPAP 2010-2011, SMT-2.

Befürworter dieses Verfahrens erhoffen sich durch die differenzierte Berücksichtigung der einzelnen Parameter realitätsnähere Cashflows, die für Dritte leichter überprüfbar sind.[1106] Indes sind gerade durch die Prognose der einzelnen Parameter Ermessensspielräume gegeben.[1107] Diese werden nach der Erläuterung der einzelnen Bewirtschaftungskosten abschließend in Kap. 434.6 im Vergleich zu den anderen Verfahren im Rahmen der IFRS gewürdigt.

434.2 Nicht-umlagefähige Betriebskosten

Nicht-umlagefähige Betriebskosten sind für die Dauer der Detailplanungphase explizit zu schätzen.[1108] Sie können z. B. objektspezifisch der Nebenbuchhaltung entnommen werden.[1109] Für die ewige Rente bzw. wenn keine tatsächlichen Kosten ermittelt werden können, sind pauschale Werte, etwa mit Hilfe von Erfahrungssätzen, anzusetzen.[1110] Der Vorteil der genauen Prognose der Kosten liegt darin, dass explizit die erwartete Entwicklung der Kosten, unabhängig von der Entwicklung der Mieten, berücksichtigt werden kann.[1111] Gerade bei älteren Objekten steigen die Betriebskosten häufig stärker als die Mieten.[1112] Eine derart differenzierte Trenddarstellung ist weder beim Ertragswertverfahren noch beim Income Capitalization Approach vorgesehen, da hier die Erwartungen implizit durch den Zinssatz berücksichtigt werden.

434.3 Verwaltungskosten

Die Verwaltungskosten können gemäß der Empfehlung der GIF sowohl für die Detailplanungsphase als auch für die ewige Rente mit Hilfe vergleichbarer Objekte ermittelt werden.[1113] Anders als beim Ertragswertverfahren der ImmoWertV werden somit nicht zwingend zunächst die tatsächlichen Kosten betrachtet, wenngleich diese zur Plausibilisierung herangezogen werden sollten. Letztendlich hängt es von den verfügbaren Daten ab, welche Vorgehensweise möglichst genaue und gleichzeitig möglichst objektivierte Kosten abzubilden vermag. Wie auch schon bei den anderen Verfahren festgestellt, sollten die Verwaltungskosten optimalerweise in **Kosten pro Wohneinheit** und nur in Ausnahmefällen als prozentuale Größe des Rohertrags angegeben werden.[1114] Erwartete Kostensteigerungen sind im Rahmen der Detailplanungsphase zu berücksichtigen.[1115] Somit unterscheidet sich die Ermittlung der Verwaltungskosten im Wesentlichen durch die explizite Prognose der Detailplanungsphase von den anderen Verfahren.

1106 Vgl. SCHULZ-WULKOW, C., Methoden der Immobilienbewertung, S. 92 f.

1107 Ähnlich ZÜLCH, H., Bilanzierung von Investment Properties, S. 257 f.

1108 Vgl. GIF, Standardisierung des DCF-Verfahrens, S. 11; BECK, M., Wertermittlung bei Immobilien, S. 360.

1109 So hält es etwa die Bayerische Immobilien AG. Vgl. dazu HINRICHS, K./SCHULTZ, E., DCF in der Praxis, S. 267.

1110 Vgl. BECK, M., Wertermittlung bei Immobilien, S. 360.

1111 Vgl. NAUBEREIT, P., Harmonisierung, S. 122; LEOPOLDSBERGER, G., Immobilienbewertung (Immobilienzyklen), S. 196.

1112 Vgl. LEOPOLDSBERGER, G., Immobilienbewertung (Immobilienzyklen), S. 196.

1113 Vgl. GIF, Standardisierung des DCF-Verfahrens, S. 11.

1114 Vgl. GIF, Standardisierung des DCF-Verfahrens, S. 11. A. A. BECK, der eine prozentuale Berücksichtigung vorsieht. Vgl. BECK, M., Wertermittlung bei Immobilien, S. 360.

1115 Ähnlich ALTMEPPEN, H., DCF-Verfahren, S. 500.

434.4 Instandhaltungs- und Modernisierungskosten

Die anzusetzenden **Instandhaltungskosten** und auch die **Modernisierungskosten** in der Detailplanungsphase des DCF-Verfahrens sind anders als im Rahmen der ewigen Rente und bei den anderen Verfahren keine Durchschnittswerte.[1116] Für die Dauer der ersten Phase sind die zu erwartenden Kosten explizit zu prognostizieren.[1117] Kosten sind insbesondere dann zu erwarten, wenn die Immobilie derzeit leer steht und Modernisierungen oder Instandhaltungen vorgenommen werden, um die Immobilie wieder am Markt platzieren zu können.[1118] Ebenso fallen diese Kosten gehäuft bei Mieterwechseln an, weswegen sie insbesondere dann wesentlich sein können, wenn bei einer vermieteten Immobilie der Mietvertrag in der Detailplanungsphase endet.[1119] Sofern vorhanden, bietet es sich hier zur Anreizkontrolle an, die Kosten aus der Mehrjahres-Instandhaltungsbudgetplanung zu entnehmen.[1120] Diese explizite und periodengenaue Berücksichtigung hat den Vorteil, dass die der Einphasenbewertung immanente Problematik der Abzinsung von Durchschnittswerten zumindest in der Detailplanungsphase entfällt. Für die ewige Rente bleibt die Problematik indes bestehen.

Demgegenüber besteht der Nachteil, dass die geplanten Instandhaltungs- und Modernisierungskosten nur schwer plausibilisiert werden können. Bei den Instandhaltungskosten, die tendenziell eine signifikante Größe bei der Wertermittlung darstellen,[1121] bieten sich dem Management durch Unterlassen konkrete Möglichkeiten zur Manipulation. Wenn das Management bewusst einen Instandhaltungsstau herbeiführt, sind entsprechend erforderliche Instandhaltungen auch nicht in der internen Planungsrechnung enthalten. Die Bewirtschaftungskosten wären in einem solchen Fall nicht marktüblich und zu niedrig. Sofern das Management die Daten (bewusst) nicht an die Marktsicht anpassen würde, wäre der Wert der Immobilie daher zu hoch geschätzt.[1122] Darüber hinaus sollten im Sinne des IFRS 13, wie bei den anderen Verfahren, auch beim DCF-Verfahren Modernisierungskosten grundsätzlich nur dann angesetzt werden, wenn sie hinreichend konkretisiert und marktüblich sind. Eine Ausnahme bilden hier wiederum solche Modernisierungskosten, die für eine anderweitige Nutzung der Immobilie im Sinne des Highest and Best Use aufzuwenden wären.[1123]

1116 Im Rahmen der ewigen Rente sind indes wie bei den anderen Verfahren durchschnittliche Kosten anzusetzen. Vgl. HERSBERGER, D., Wertermittlung, S. 47.

1117 Vgl. SCHUBACH, F., Wertermittlung, S. 15; BIENERT, S./REINBERG, M. P., Bewertungsverfahren, S. 497; HARROP, M. J./MORGAN, J. F. W., Dynamische Bewertungsmethoden, S. 13; KORDUAN, R., Modernisierungskosten, S. 16 f.

1118 Vgl. ALTMEPPEN, H., Leerstandskosten, S. 336.

1119 Vgl. BAUM, A./CROSBY, N., Property Investment Appraisal, S. 74; ähnlich KORDUAN, R., Modernisierungskosten, S. 21.

1120 Vgl. BIENERT, S./REINBERG, M. P., Bewertungsverfahren, S. 497; ähnlich auch HINRICHS, K./SCHULTZ, E., DCF in der Praxis, S. 267.

1121 Vgl. ALTMEPPEN, H., DCF-Verfahren, S. 500.

1122 Vgl. ähnlich REHKUGLER, H., Wertansätze, S. 31; LENZ, T., Bilanzierung von Immobilien, S. 296. Das Problem könnte beim Income Capitalization Approach, bei dem ebenfalls Planungsrechnungen verwandt werden können, ggf. ebenfalls auftreten. Da hierbei indes in der Regel durchschnittliche Werte ermittelt werden, können diese leichter mit Hilfe von Erfahrungssätzen, die ebenfalls durchschnittliche Werte darstellen, plausibilisiert werden.

1123 Vgl. dazu auch Kap. 432.4.

434.5 Mietausfallwagnis sowie Kosten für dauerhaften, strukturellen Leerstand

Für die Detailplanungsphase und auch für die ewige Rente ist wie bereits bei den anderen Verfahren ein entsprechendes prozentuales Mietausfallwagnis aus Erfahrungssätzen anzusetzen.[1124] Zusätzlich sind in der Detailplanungphase bei einem erwarteten Leerstand alle damit zusammenhängenden Kosten wie etwa die Vermarktungskosten explizit zu schätzen und im Cashflow zu berücksichtigen.[1125] Da diese Kosten sonst bereits im prozentualen Mietausfallwagnis enthalten sind, ist dieses in der Detailplanungsphase ggf. um die pauschalen Kosten für vorübergehenden Leerstand zu mindern. Auch mögliche Mindereinnahmen aufgrund eines **strukturellen, dauerhaften Leerstands** sind für die Detailplanungsphase und für die ewige Rente zu prognostizieren.[1126]

Für die Prognose des erwarteten, **vorübergehenden Leerstands** sind vor allem die Mietverträge zu analysieren. Neben den Instandhaltungs- und Modernisierungskosten steigen tendenziell auch die Kosten für vorübergehenden Leerstand (inkl. der Vermarktungskosten)[1127] durch Mieterwechsel.[1128] Ist während der Detailplanungsphase mit einem Auslaufen des Mietvertrags zu rechnen, besteht nämlich das sogenannte Anschlussvermietungsrisiko. Hierdurch kann es zu Perioden des Leerstands kommen.[1129]

Bei der **Prognose** des strukturellen Leerstands ist ebenso wie beim vorübergehenden Leerstand insbesondere die derzeitige wirtschaftliche Konjunktur bzw. ihre Entwicklung zu beachten, da diese einen maßgeblichen Einfluss auf die Entwicklung des Leerstands hat. Die Wahrscheinlichkeit eines Mietausfalls bzw. die Dauer des Leerstands sinkt in Phasen des konjunkturellen Aufschwungs.[1130] Es lässt sich zudem zeigen, dass neben dem Einkommen auch demografische Faktoren die Nachfrage nach Mietimmobilien und somit den Leerstand beeinflussen.[1131] Da sich aufgrund der langen Produktionsdauer von Neubauten auch das zu erwartende Angebot für die nächsten zwei bis drei Jahre relativ gut abschätzen lässt, ist der durchschnittliche Leerstand für diesen Zeitraum regelmä-

[1124] Vgl. ähnlich BECK, M., Wertermittlung bei Immobilien, S. 359 f.; LEOPOLDSBERGER, G., Immobilienbewertung (Immobilienzyklen), S. 195.

[1125] Vgl. BECK, M., Wertermittlung bei Immobilien, S. 360; BAUM, A./CROSBY, N., Property Investment Appraisal, S. 74; GIF, Standardisierung des DCF-Verfahrens, S. 9; HINRICHS, K./SCHULTZ, E., DCF in der Praxis, S. 267. Teilweise werden die Vermarktungskosten neben den Leerstandskosten auch als eigenständige Kostenkategorie betrachtet. Dies ist indes nur eine begriffliche Differenzierung. Vgl. FRANK, T., Bilanzierung von Anlageimmobilien, S. 58; WINDORFER, C., Bewertung, S. 321. Die GIF sehen in ihrer Standardisierung des DCF-Verfahrens vor, die wegen Leerstand ausfallenden Mieten bei Mieterwechseln als fehlende Einnahmen zu charakterisieren und die damit verbundenen Umbau- und Vermarktungskosten als Ausgaben. Vgl. GIF, Standardisierung des DCF-Verfahrens, S. 9.

[1126] Vgl. GIF, Standardisierung des DCF-Verfahrens, S. 9; ähnlich WÖHLE, C. B., Moderne Immobilienbewertung, S. 214 f. und 218.

[1127] Hierunter sind bspw. anfallende Maklerkosten zu subsumieren. Vgl. HINRICHS, K./SCHULTZ, E., DCF in der Praxis, S. 268.

[1128] Vgl. BOTTUM, M. S., Discounted Cash Flow Analyses, S. 142.

[1129] Vgl. LEOPOLDSBERGER, G., Immobilienbewertung (Immobilienzyklen), S. 196.

[1130] Vgl. WÖHLE, C. B., Moderne Immobilienbewertung, S. 215; ALTMEPPEN, H., Leerstandskosten, S. 336 f.

[1131] Vgl. FRANCKE, H.-H., Leerstandsrate, S. 5-7.

ßig gut prognostizierbar. Danach ist beispielsweise auf Zeitreihen-Regressionen zurückzugreifen.[1132]

434.6 Abschließende Beurteilung der Bewirtschaftungskosten nach dem DCF-Verfahren

Die Bewirtschaftungskosten beim DCF-Verfahren entsprechen inhaltlich den Bewirtschaftungskosten des Income Capitalization Approach. Das Verfahren unterscheidet sich vom Income Capitalization Approach insbesondere durch die explizite Prognose der Bewirtschaftungskosten im Detailplanungszeitraum, was eine gewisse Unsicherheit der eingehenden Daten und somit Ermessensspielraum impliziert.[1133] Durch den expliziten Ansatz etwa der Instandhaltungskosten zu dem Zeitpunkt, zu dem sie voraussichtlich anfallen, können die Zahlungen periodengenau abgezinst werden. Anders als beim Ertragswertverfahren und beim Income Capitalization Approach entfallen die dortigen systemimmanenten Verzerrungen, die durch die Durchschnittsbildung entstehen. Bei der Ermittlung des Restwerts treten die diesbezüglichen Kritikpunkte indes wieder auf. Hierfür wird wiederum ähnlich dem Income Capitalization Approach vorgegangen. Die Erwartungen hinsichtlich der Entwicklung der Bewirtschaftungskosten werden bei der ewigen Rente implizit im Diskontierungszinssatz berücksichtigt.

Größter Schwachpunkt bei der Ermittlung der Bewirtschaftungskosten ist mithin die Unsicherheit, die sich durch die Prognose der einzelnen Kosten ergibt, wenngleich diese Vorgehensweise im Rahmen der IFRS grundsätzlich zulässig ist.[1134] Die Ermessensspielräume sind hier besonders hoch, wenn eine marktorientierte Ermittlung der Kosten zur Reduktion der Manipulationsmöglichkeiten auf der zweiten Ebene des IFRS 13 nur sehr allgemein möglich ist und wenn keine internen Daten als Parameter der dritten Ebene des IFRS 13 zur Anreizkontrolle zur Verfügung stehen, wodurch sich ein hoher (subjektiver) Anpassungsbedarf an das zu bewertende Objekt ergeben kann. Hierbei können weder die Anreize noch die Möglichkeiten zur Manipulation wirksam eingeschränkt werden. Insgesamt wäre daher wohl eine durchschnittliche Ermittlung der Größen häufig marktobjektivierter im Sinne der Input-Hierarchie des IFRS 13 möglich und mithin auch mit weniger Ermessensspielräumen verbunden, weswegen diese Vorgehensweise bei der Fair Value-Bewertung zu bevorzugen ist. Dies gilt indes nur, wenn die Entwicklung der Cashflow-Größen, die im Zähler des Income Capitalization Approach und des Ertragswertverfahrens weitgehend nicht abgebildet wird, angemessen im Zinssatz berücksichtigt wird. Ob die Zinssätze diese Anforderung erfüllen, soll im nächsten Abschnitt diskutiert werden.

[1132] Vgl. STEININGER, M., Ökonometrisches Prognosemodell, S. 44-46.

[1133] Vgl. THE APPRAISAL FOUNDATION, USPAP 2010-2011, SMT-2; LEOPOLDSBERGER, G., Immobilienbewertung (Immobilienzyklen), S. 195; ähnlich VATER, H., Bilanzierung von Immobilien nach IAS 40, S. 537.

[1134] Vgl. SCHUBACH, F., Wertermittlung, S. 15.

44 Diskontierungszinssatz

441. Vorbemerkungen

Der Diskontierungszinssatz ist aufgrund seiner zentralen Bedeutung neben der Miete eine der wichtigsten Größen bei barwertorientierten Immobilienbewertungsverfahren.[1135] Kleine Änderungen des Zinssatzes können den Marktwert bereits deutlich beeinflussen. So kann eine Zinsanpassung von 0,5 % bereits 10 % des Werts ausmachen.[1136] Da er indes nicht immer ermessensfrei zu ermitteln ist, stellt er auch den größten Schwachpunkt der barwertorientierten Verfahren dar.[1137] In einer empirischen Analyse der Geschäftsberichte des DAX, MDAX und SDAX zeigte sich etwa für das DCF-Verfahren, dass die Diskontierungszinssätze der Unternehmen in einer Bandbreite zwischen 2,2 und 10 % lagen.[1138] Bei der Ableitung des Zinssatzes sind die Äquivalenzprinzipien zu beachten.[1139] Je nach Verfahren sind unterschiedliche Diskontierungszinssätze (mit und ohne Wachstumsraten) anzuwenden.[1140] In den folgenden Abschnitten werden mögliche Zinssätze für die einzelnen Verfahren erläutert und beurteilt.

442. Zinssatz beim Ertragswertverfahren nach ImmoWertV

442.1 Modell des Liegenschaftszinssatzes

Der typische Zinssatz für das Ertragswertverfahren nach ImmoWertV ist der **Liegenschaftszinssatz**.[1141] Mit ihm werden die Reinerträge anhand des Barwertfaktors kapitalisiert und der zugehörige Bodenwert des Grundstücks diskontiert.[1142] Er ist der Zinssatz, mit dem Verkehrswerte von Grundstücken[1143] je nach Grundstücksart im Durchschnitt marktüblich verzinst werden (§ 14 Abs. 3 Satz 1 ImmoWertV). Damit stellt er den durchschnittlichen Zinssatz dar, der von anderen Marktteilnehmern im gewöhnlichen Geschäftsverkehr im Modell des Ertragswertverfahrens bei ähnlichen Transaktionen gefordert wurde inklusive einer Wachstumsrate, die die impliziten Erwartungen der Marktteilnehmer hinsichtlich der künftigen Entwicklung abbildet. Letzteres ist erforderlich, da in

---

1135 Vgl. GONDRING, H., Immobilienwirtschaft, S. 906 f.; BIENERT, S., Ertragswertverfahren, S. 351; NAGEL, J./ZOBEL, C., Bewertung von Industrieliegenschaften, S. 321; MÜNCHEHOFE, M., Liegenschaftszinssatz, S. 36; SPRENGNETTER, H. O., Liegenschaftszinssatz, S. 8; BAUM, A./MACKMIN, D./NUNNINGTON, N., Income Approach, S. 77; SCHULTE, K.-W., Immobilienbewertung und Immobilien-Portfoliobewertung, S. 576; WALBRÖHL, V., Immobilienanlageentscheidung, S. 110.

1136 Vgl. METZGER, B., Wertermittlung, S. 103; so auch SCHUBACH, F., Wertermittlung, S. 14; KLEIBER, W./SIMON, J., WertV '98, S. 564. BIENERT nennt Auswirkungen von 10 % bei Änderungen des Liegenschaftszinssatzes um 0,25 %. Vgl. BIENERT, S., Ertragswertverfahren, S. 351. FRIEß/KORMAIER weisen auf bis zu 15 % Wertunterschied bei Änderungen um 1 % hin. Vgl. FRIEß, R./KORMAIER, B., Fair-Value-Ermittlung, S. 2027.

1137 Vgl. BEHRENDT, W./BAUMUNK, H., Diskontierungszinssätze, S. 11; SCHULTE, K.-W., Immobilienbewertung und Immobilien-Portfoliobewertung, S. 576; BAUM, A./MACKMIN, D./NUNNINGTON, N., Income Approach, S. 77; LEOPOLDSBERGER, G./THOMAS, M./NAUBEREIT, P., Immobilienbewertung, S. 511.

1138 Vgl. MÜLLER, S./WOBBE, C./REINKE, J., Investment Properties, S. 254.

1139 Vgl. dazu auch Kap. 232.1.

1140 Vgl. die Ausführungen in Kap. 232.2.

1141 Im Englischen könnte man ihn auch als All Risk Net Cap Rate bezeichnen. Vgl. SIMON, J., Internationale Bewertungsstandards, S. 272.

1142 Vgl. zur Diskontierung des Bodenwerts auch die Ausführungen in Kap. 461.

1143 Mit dem Begriff „Grundstück" sind in der ImmoWertV in Anlehnung an § 94 Abs. 1 BGB sowohl bebaute als auch unbebaute Grundstücke gemeint. Es ist hier ein Synonym für Immobilien. Vgl. ähnlich BONE-WINKEL, S./SCHULTE, K.-W./FOCKE, C., Begriff und Besonderheiten, S. 16.

der Grundform des Modells lediglich ein konstanter Cashflow berücksichtigt wird. Es handelt sich somit um einen **dynamischen** Realzinssatz.[1144] Nicht verwechselt werden sollte er mit der Gesamtrendite (bzw. der Internal Rate of Return), die durch die Anlage in eine Immobilie erzielt werden kann. Die Gesamtrendite setzt sich aus der laufenden Rendite durch die (künftigen) Mieterträge und der Rendite, die aufgrund von Wertänderungen der Immobilie bei Verkauf erzielt werden, zusammen.[1145] Der Liegenschaftszins bildet hingegen nur eine Art Anfangsrendite ab, da bei der Ermittlung lediglich die marktüblichen Mieterträge der ersten Periode zugrunde gelegt werden.[1146] Als Rendite eigener Art stimmt der Liegenschaftszinssatz mit keiner geläufigen Renditedefinition exakt überein,[1147] weswegen er auch nicht mit anderen Renditen verglichen werden kann.[1148] Letztlich wird aber eine starke positive Korrelation von Renditen und Liegenschaftszinssätzen bei hinreichend vielen Vergleichsfällen erwartet.[1149]

Der Liegenschaftszins wird aus dem **Immobilienmarkt** mit Hilfe vergleichbarer Immobilientransaktionen nach der in Abschnitt 322.321 genannten Formel 4[1150] abgeleitet, die eine Umkehrung der Formel für das Ertragswertverfahren darstellt.[1151] Durch die **Ableitung** aus dem Immobilienmarkt soll er die Erwartungen des Markts an die künftige Entwicklung, vor allem von Mieterträgen und damit verbunden von Immobilienwerten, abbilden.[1152] Er ist in Abhängigkeit der Grundstücksart sowie optimalerweise weiterer Spezifika wie Lage und Beschaffenheit der Immobilie zu ermit-

1144 Vgl. NITSCH, H., Inflation, S. 49 f.; SCHLICHT, K./GEHRI, C., Verkehrswertermittlung, S. 84; KLEIBER, W., Wertermittlungsverfahren, S. 70 f.; MOLL-AMREIN, M., Liegenschaftszins, S. 191. Auch entsprechende Erwartungen an die Inflation sind bereits implizit im Zinssatz enthalten. Vgl. SCHLICHT, K./GEHRI, C., Verkehrswertermittlung, S. 83; MOLL-AMREIN, M., Liegenschaftszins, S. 31. Sofern zur Ermittlung der einzelnen Cashflow-Größen, wie etwa der Instandhaltungskosten, interne Planungsrechnungen zugrunde gelegt werden, müssten diese optimalerweise noch um Inflationserwartungen korrigiert werden. Gleiches würde aber auch gelten, wenn weit zurückliegende historische Kosten herangezogen würden. Diese potentiellen Ungenauigkeiten sollen hier indes nicht näher betrachtet werden.

1145 Vgl. BIENERT, S., Ertragswertverfahren, S. 354; FRIEDRICHS, J.-C., Zinssätze in Wertermittlungen, S. 109; ähnlich SIMON, J., Europäische Standards, S. 138; SPRENGNETTER, H. O., Liegenschaftszinssatz, S. 8; SCHUBACH, F., Wertermittlung, S. 14; GOTTSCHALK, G.-J., Immobilienwertermittlung, S. 253.

1146 Vgl. dazu REHKUGLER, H., Rendite und Risiko, S. 30; MOLL-AMREIN, M., Liegenschaftszins, S. 189.

1147 Vgl. MOLL-AMREIN, M., Liegenschaftszins, S. 191.

1148 Vgl. FRIEDRICHS, J.-C., Zinssätze in Wertermittlungen, S. 109 f.; SPRENGNETTER, H. O./STROTKAMP, H.-P., Stellungnahme, S. 54.

1149 Vgl. MOLL-AMREIN, M., Liegenschaftszins, S. 189.

1150 Formel 4: $p = \frac{RE}{KP} - \frac{q-1}{q^n - 1} \cdot \frac{KP - BW}{KP}$. Vgl. ausführlich Kap. 322.321.

1151 Vgl. SCHLICHT, K./GEHRI, C., Verkehrswertermittlung, S. 85. Die dort genannte Formel zur Berechnung des Liegenschaftszinssatzes von MÖCKEL wird auch von der Arbeitsgruppe Liegenschaftszinssätze der Arbeitsgemeinschaft der Vorsitzenden der Gutachterausschüsse für Grundstückswerte in Nordrhein-Westfalen (AGVGA-NRW) unterstützt. Vgl. AGVGA-NRW, Modell zur Ableitung von Liegenschaftszinssätzen, S. 4.

1152 Vgl. KLEIBER, W., Wertermittlungsverfahren, S. 70-72; RAU, R., Break-Even-Rendite, S. 14; SIMON, J., Europäische Standards, S. 139. Neben der erwarteten Mietänderung bildet der Liegenschaftszinssatz weitere Erwartungen wie etwa die Entwicklung der Bewirtschaftungskosten oder Wertänderungen der Bodenwerte ab. Vgl. für eine Erläuterung möglicher Erwartungen, die der Liegenschaftszinssatz implizit berücksichtigt, ausführlich FRIEDRICHS, J.-C., Zinssätze in Wertermittlungen, S. 103-109; ähnlich SIMON, J., Mietwohngrundstück, S. 112; KLEIBER, W., Internationale Bewertungsverfahren, S. 202. Der Liegenschaftszinssatz stellt somit eine Art Korrekturfaktor für nicht erfasste bzw. nicht erfassbare Werteinflüsse dar. Vgl. KLEIBER, W./SIMON, J., WertV '98, S. 566.

teln.[1153] Diese Aufgabe wird in Deutschland regelmäßig von Gutachterausschüssen übernommen, da diese aufgrund der von ihnen geführten Kaufpreissammlung am ehesten über die erforderlichen Daten zur Ableitung verfügen. Hierfür werden neben der Restnutzungsdauer[1154] vor allem geeignete (aktuelle)[1155] realisierte Kaufpreise[1156] und den ihnen entsprechende (aktuelle) Reinerträge (d. h. aktuelle marktübliche Mieten und Bewirtschaftungskosten) für gleichartig bebaute und genutzte Grundstücke benötigt (§ 14 Abs. 3 Satz 2 ImmoWertV).[1157] Die zur Ableitung erforderlichen Daten dürfen nicht durch ungewöhnliche oder persönliche Verhältnisse beeinflusst sein. Ansonsten sind die Daten um diese Verzerrungen zu bereinigen (§ 7 ImmoWertV).[1158] In der Regel kann davon ausgegangen werden, dass die Gutachterausschüsse die Daten entsprechend bereinigen.[1159]

Käufer von Immobilien berücksichtigen ihre Erwartungen hinsichtlich künftiger Miet- und somit auch Wertsteigerungen bei der Bestimmung des Kaufpreises. Ein vergleichsweise niedriger Zinssatz aufgrund eines höheren Kaufpreises bedeutet c. p. demnach, dass künftig höhere Ertragssteigerungen in Form höherer Netto-Mieten erwartet werden.[1160] Wird nun eine **hinreichende Zahl** an vergleichbaren Immobilientransaktionen ausgewertet und der durchschnittliche Liegenschaftszinssatz hierfür ermittelt, kann objektiviert die allgemeine Erwartungshaltung am Markt dargestellt werden.[1161] Dies ist unbeachtlich der Tatsache, dass sich die Erwartungen des Markts möglicher-

[1153] Vgl. GONDRING, H., Immobilienwirtschaft, S. 907; ENGEL, R., DCF-Methode, S. 329; KLEIBER, W./SIMON, J., WertV '98, S. 566. Vgl. beispielhaft für Saarbrücken GUTACHTERAUSSCHUSS FÜR GRUNDSTÜCKSWERTE FÜR DIE LANDESHAUPTSTADT SAARBRÜCKEN, Grundstücksmarktbericht 2007, S. 23. Über die Zahl der zu berücksichtigenden Grundstücksarten kann diskutiert werden. Vgl. für einen Vorschlag für eine mögliche Einteilung MÖLLER, K.-W., Liegenschaftszinssätze, S. 347.

[1154] Bei kurzen Restnutzungsdauern haben kleine Ungenauigkeiten aufgrund der Ableitungsformel bereits eine vergleichsweise große Auswirkung auf die Ermittlung der Liegenschaftszinssätze. Vgl. u. a. MÖCKEL, R., Ermittlung des Liegenschaftszinssatzes, S. 131; MOLL-AMREIN, M., Liegenschaftszins, S. 185-188. Daher wird von der AGVGA-NRW empfohlen, sofern möglich, Objekte mit Restnutzungsdauern von weniger als 25 Jahren bei der Ermittlung der Liegenschaftszinssätze nicht zu berücksichtigen. Vgl. AGVGA-NRW, Modell zur Ableitung von Liegenschaftszinssätzen, S. 6.

[1155] So sollten die Werte gemäß AGVGA-NRW nicht älter als zwei Jahre sein. Vgl. AGVGA-NRW, Modell zur Ableitung von Liegenschaftszinssätzen, S. 8.

[1156] Sofern die Kaufpreise durch besondere Umstände wie Over- oder Underrentsituationen geprägt sind, so sind diese Einflüsse, sofern dies möglich ist, entsprechend zu korrigieren. Optimalerweise sollten indes nur solche Kaufpreise berücksichtigt werden, die keiner Bereinigung bedürfen. Vgl. dazu auch AGVGA-NRW, Modell zur Ableitung von Liegenschaftszinssätzen, S. 5; STROTKAMP, H.-P., Ableitung der Liegenschaftszinssätze, S. 57. Vgl. für eine ausführliche Erläuterung geeigneter Kaufpreise auch KLEIBER, W./SIMON, J., WertV '98, S. 585 f.

[1157] Vgl. auch GONDRING, H., Immobilienwirtschaft, S. 906; HAACK, B., Sensitivitätsanalyse, S. 76; ZEIßLER, M., Marktkonforme Liegenschaftszinssätze, S. 270.

[1158] Vgl. dazu auch BISCHOFF, B., Wertermittlungsrecht, S. 59-61. Besser wäre es indes, wenn nur unverzerrte Transaktionen mit schadensfreien Objekten in die Wertermittlung eingehen würden. Vgl. dazu auch ausführlich STROTKAMP, H.-P., Ableitung der Liegenschaftszinssätze, S. 57-59.

[1159] Vgl. ENGELBRECHT, B., Ordnungsmäßige Immobilienbewertung, S. 128. Hierbei und bei Festlegung der anderen Parameter des Liegenschaftszinssatzes verbleibt den Gutachterausschüssen zwangsläufig Gestaltungsspielraum. Vgl. FISCHER, K., Liegenschaftszins (Teil 1), S. 166.

[1160] Vgl. SCHLICHT, K./GEHRI, C., Verkehrswertermittlung, S. 85; PETERSEN, H., Marktorientierte Immobilienbewertung, S. 27. Vgl. für weitere Einflussfaktoren auf den Liegenschaftszinssatz und ihre Auswirkungen auf selbigen SPRENGNETTER, H. O., Liegenschaftszinssatz, S. 8.

[1161] Vgl. SCHLICHT, K./GEHRI, C., Verkehrswertermittlung, S. 85; KLEIBER, W., Wertermittlungsverfahren, S. 72; HAACK, B., Sensitivitätsanalyse, S. 75; KLEIBER, W./SIMON, J., WertV '98, S. 563; FISCHER, K., Liegenschaftszins (Teil 1), S. 165. Kritisch stehen diesem FRIEß/KORMAIER gegenüber, da nach ihrer Meinung die implizite Wachstumsprognose durch die Ermittlung des Durchschnittswerts vergleichbarer Transaktionen zu pauschalisierend sei.

weise nicht erfüllen. Hier sind nur dann Korrekturen des Zinssatzes erforderlich, wenn zum Bewertungszeitpunkt mit hinreichender Sicherheit zu erkennen ist, dass sich Änderungen abzeichnen.[1162] Bei der Ermittlung der einzelnen Parameter können die Hinweise der Arbeitsgruppe Liegenschaftszinssätze der Arbeitsgemeinschaft der Vorsitzenden der Gutachterausschüsse für Grundstückswerte in Nordrhein-Westfalen (AGVGA-NRW) hilfreich sein. Diese enthalten empfohlene Vorgehensweisen zur Ermittlung der eingehenden Variablen wie etwa der Restnutzungsdauer.[1163]

442.2 Ableitung der Liegenschaftszinssätze für die Wertermittlung

Bei der Bewertung von Immobilien nach dem Ertragswertverfahren sind vorrangig die vom **örtlichen Gutachterausschuss** ermittelten Liegenschaftszinssätze zu berücksichtigen[1164] und gegebenenfalls um Zu- oder Abschläge an die objektspezifische Situation anzupassen.[1165] Sofern der Gutachterausschuss die Zinssätze nicht selbst ermittelt sondern nur der Literatur entnimmt,[1166] oder falls ihm nicht genügend Vergleichsfälle zur Verfügung stehen,[1167] so kann auf die **Empfehlungen im Schrifttum** für typische Liegenschaftszinssätze zurückgegriffen werden.[1168] Diese Zinssätze werden regelmäßig nach Grundstücksart und teilweise nach Lage (z. B. ländliche Gemeinde, sonstige Gemeinden) differenziert, sind aber regelmäßig noch deutlicher den aktuellen, objektspezifischen Besonderheiten anzupassen, als dies bereits bei den durch Gutachterausschüsse bereitgestellten Daten der Fall ist.[1169] Problematisch hieran ist auch, dass meistens kein Bezug zur Region gege-

---

Vgl. FRIEß, R./KORMAIER, B., Fair-Value-Ermittlung, S. 2028. Dieser Meinung kann nicht gefolgt werden, da gerade durch die Durchschnittsbildung die allgemeinen Markterwartungen objektiviert abgebildet werden können.

1162 Vgl. KLEIBER, W., Prophetische Gaben, S. 8. Der Liegenschaftszinssatz kann nur die Erwartungen berücksichtigen, die für die Marktteilnehmer innerhalb eines begrenzten Zeitraums überschaubar sind. Vgl. WALCH, S., Nachhaltige Miete, S. 359.

1163 Vgl. dazu ausführlich AGVGA-NRW, Modell zur Ableitung von Liegenschaftszinssätzen.

1164 Vgl. SCHLICHT, K./GEHRI, C., Verkehrswertermittlung, S. 85; METZGER, B., Wertermittlung, S. 105; KLEIBER, W./SIMON, J., WertV '98, S. 568. Der Vergleich der Zinssätze zwischen verschiedenen Städten wird hier indes häufig durch die unterschiedliche Kategorisierung der Grundstücksarten erschwert. Vgl. BAUMUNK, H., Immobilien und Immobilienbewertung, S. 191.

1165 Vgl. KLEIBER, W./SIMON, J., WertV '98, S. 568; KLEIBER, W., Wertermittlungsverfahren, S. 74; MÜNCHEHOFE, M., Liegenschaftszinssatz, S. 36; ENGEL, R., DCF-Methode, S. 329; MÖCKEL, R., Ermittlung des Liegenschaftszinssatzes, S. 131.

1166 Allerdings ist zu beachten, dass nicht jeder Gutachterausschuss die Liegenschaftszinssätze, sofern er sie denn ermittelt, theoretisch korrekt ermittelt. So hat der Gutachterausschuss von Berlin 2007 für seine Berechnungen der Miete tatsächliche Mieten statt ortsüblicher Mieten verwandt. Vgl. für eine detaillierte Kritik am Ableitungsmodell des Berliner Gutachterausschusses HABATH, A., Ableitungsmodell.

1167 Vgl. GONDRING, H., Immobilienwirtschaft, S. 907. Im Rahmen einer Befragung im Jahr 1998 wurde festgestellt, dass anscheinend lediglich 30 % der Gutachterausschüsse ihre Liegenschaftszinssätze selbst ermitteln. In der Regel werden die allgemeinen Werte aus dem Schrifttum übernommen. Vgl. WALTER, M., Liegenschaftszins, S. 6. Gemäß einer Befragung in 2007 hat sich die Zahl der Liegenschaftszinssätze ableitenden Gutachterausschüsse etwas erhöht. Vgl. dazu und zu einem umfassenden empirischen Überblick über die Ableitung von Liegenschaftszinssätzen durch Gutachterausschüsse, sowie die Gründe warum diese unterbleibt, MOLL-AMREIN, M., Liegenschaftszins, S. 193-246. Vgl. kritisch zur Arbeit der Gutachterausschüsse und der damit verbundenen differenzierten Verfügbarkeit von Liegenschaftszinssätzen FISCHER, R., Neufassung der WertV, S. 108; PETERSEN, H., Marktorientierte Immobilienbewertung, S. 13; LEUTNER, B./WARTENBERG, J., Aktuelle Liegenschaftszinssätze, S. 257.

1168 Vgl. SCHLICHT, K./GEHRI, C., Verkehrswertermittlung, S. 85; KLEIBER, W., Wertermittlungsverfahren, S. 72.; GOTTSCHALK, G.-J., Immobilienwertermittlung, S. 257.

1169 Ähnlich SCHLICHT, K./GEHRI, C., Verkehrswertermittlung, S. 85; GOTTSCHALK, G.-J., Immobilienwertermittlung, S. 257. So können bei den Literaturwerten häufig die entsprechenden regionalen Besonderheiten nicht entsprechend berücksichtigt werden. Dies wird vor allem durch den Vergleich der Literatur mit Werten von Gutachterausschüs-

ben wird. Außerdem fehlen regelmäßig die Angabe des Stichprobenumfangs und des Ableitungsjahrs, wodurch der Marktbezug der Werte intransparent ist. Daher sollten Literaturwerte möglichst nur zur Orientierung herangezogen werden.[1170]

Alternativ können Liegenschaftszinssätze auch durch die Unternehmen **selbst ermittelt** werden.[1171] Da diesen häufig die entsprechenden Vergleichsdaten fehlen dürften, sollte diese Möglichkeit für viele Unternehmen ausscheiden. Möglicherweise stellt sie indes eine adäquate Vorgehensweise für größere Immobilien(bewertungs)gesellschaften mit einer vergleichsweise großen Datenbasis dar.[1172]

Grundsätzlich sind alle Vorgehensweisen zur Ermittlung des Liegenschaftszinssatzes im Rahmen der IFRS möglich, wenngleich die Empfehlungen aus dem Schrifttum regelmäßig nicht hinreichend differenziert vorliegen dürften. Eigene Ableitungen sollten im Sinne der IFRS nur dann durchgeführt werden, wenn dadurch genauere Zinssätze ermittelt werden können bzw. wenn dadurch überhaupt erst Zinssätze ermittelt werden können,[1173] da intern ermittelte Zinssätze per se schwieriger am Markt objektiviert werden können, weswegen sie gemäß der Inputhierarchie des IFRS 13 nachrangig zu von Gutachterausschüssen ermittelten Liegenschaftszinssätzen zu verwenden sind.

442.3 Möglichkeiten der Anpassung des Liegenschaftszinssatzes

Während die erforderlichen Liegenschaftszinssätze vergleichsweise objektiv und mit wenigen Ermessensspielräumen dem Grundstücksmarktbericht oder dem Schrifttum entnommen werden können, ist die große Herausforderung die vorzunehmende **objektspezifische Anpassung**. Liegenschaftszinssätze werden prinzipiell für qualitativ durchschnittliche Immobilien ermittelt, was regelmäßig eine Anpassung erforderlich macht,[1174] die entsprechend zu begründen ist.[1175] Je nachdem wie vergleichbar die zur Verfügung stehenden Liegenschaftszinssätze sind, sind mehr oder weniger umfangreiche Anpassungen erforderlich, die regelmäßig eine Bewertung auf der dritten Ebene der Inputhierarchie des IFRS 13 bedingen dürften. Sofern der Zinssatz von den Gutachterausschüssen nur als Intervall angegeben wird, ist außerdem zunächst der Ausgangswert zu bestimmen, der dann um die objektspezifischen Anpassungen korrigiert werden soll. Hilfreich ist es, wenn wie von der

sen deutlich. Vgl. dazu etwa ZEIßLER, M., Marktkonforme Liegenschaftszinssätze, S. 273 f. Vgl. für eine Übersicht über potentielle Liegenschaftszinssätze KLEIBER, W./SIMON, J., WertV '98, S. 568; HOLZNER, P./RENNER, U., Ermittlung des Verkehrswertes, S. 442; METZGER, B., Wertermittlung, S. 105; GEYER, H., Immobilien, S. 79; GOTTSCHALK, G.-J., Immobilienwertermittlung, S. 258 f.

1170 Vgl. so auch FISCHER, K., Liegenschaftszins (Teil 1), S. 168.

1171 Vgl. BECK, M., Bewertung nach WertV, S. 228; KLEIBER, W., Wertermittlungsverfahren, S. 72; BAUMUNK, H., Immobilien und Immobilienbewertung, S. 191.

1172 So haben etwa F+B aus eigenen Daten eine hedonische Regressionsanalyse zur Ermittlung von Liegenschaftszinssätzen auf Basis von Postleitzahlenbereichen durchgeführt und damit nach eigener Aussage gute Ergebnisse erzielt. Vgl. ausführlich LEUTNER, B./WARTENBERG, J., Aktuelle Liegenschaftszinssätze, S. 260-265. F+B (Forschung und Beratung für Wohnen, Immobilien und Umwelt GmbH) ist ein unabhängiges Forschungsinstitut mit Sitz in Hamburg, das 1992 gegründet wurde. Vgl. für mehr Informationen auch www.f-und-b.de. Auch SPRENGNETTER hat aus eigenen Daten regionale Anpassungsfaktoren für bundesdurchschnittliche Liegenschaftszinssätze ermittelt, die das Unternehmen bei der Bewertung nutzt. Vgl. dazu SPRENGNETTER, H. O., Örtliche Marktkompetenz.

1173 Mangels öffentlicher Liegenschaftszinssätze ist dies wohl häufig erforderlich. Vgl. LEUTNER, B./WARTENBERG, J., Aktuelle Liegenschaftszinssätze, S. 257.

1174 Vgl. KLEIBER, W./SIMON, J., WertV '98, S. 574; ähnlich FREITAG, M., Immobilienbewertung, S. 55.

1175 Vgl. GIF, Qualitätssicherung, S. 6.

AGVGA-NRW empfohlen, neben den Liegenschaftszinssätzen auch den diesen zugrundeliegende Kennzahlen wie etwa die durchschnittliche Wohnungsgröße, der durchschnittliche Kaufpreis oder die Größe der Stichprobe von den Gutachterausschüssen im Grundstücksmarktbericht veröffentlicht werden. Zusätzlich wird die Angabe von Standardabweichungen von diesen Mittelwerten empfohlen.[1176] Im Folgenden werden verschiedene Ansätze zur objektspezifischen Anpassung des Liegenschaftszinssatzes dargestellt und beurteilt:

Eine Möglichkeit der Anpassung nennen **KLEIBER/SIMON**.[1177] Sie sehen Zu- und Abschläge in Höhe von 0,5 bis 1 % für lage- und objektbezogene Kriterien vor, bei denen die zu bewertende Immobilie unter- oder überdurchschnittlich ist. So sind bezüglich der Lage z. B. bei sehr guter Lage, städtischem Gebiet und/oder Zentrumsnähe Abzüge (im Sinne von Risikoabschlägen) möglich. Dementsprechend sind bei schlechter Lage, ländlichem Gebiet und/oder Randlagen Zuschläge sinnvoll. Objektbezogene Kriterien beziehen sich etwa auf die Vermietungssituation (außergewöhnlich hoher oder niedriger Leerstand), die Größe der Wohnfläche (besonders klein oder groß) und die Höhe der Nettokaltmiete (besonders hoch oder niedrig). Zudem gibt es noch spezielle, auf die Grundstücksart bezogene Kriterien für Häuser, Eigentumswohnungen, gemischt genutzte Grundstücke und Gewerbe- und Industriegrundstücke. Im Liegenschaftszinssatz dürfen keine Objektspezifika berücksichtigt werden, die bereits bei anderen Größen wie z. B. den Bewirtschaftungskosten berücksichtigt wurden.[1178] Sie würden sonst doppelt erfasst und die Äquivalenz von Zähler und Nenner wäre nicht gegeben. Die Höhe der Anpassungen nach diesen Kriterien ist vom Bewertenden aufgrund seiner Erfahrung wiederum (subjektiv) vorzunehmen. Hier wird deutlich, dass die hierfür erforderliche Erfahrung zwar bei Immobiliengesellschaften oder spezialisierten Immobilienbewertern durchaus vorhanden sein kann. Bei branchenfremden Unternehmen indes vermag eine solche Bewertung durch interne Gutachter nicht wirklich zu überzeugen. Außerdem wird an dem Modell kritisiert, dass der Zinssatz, der immer mindestens um 0,5 % anzupassen ist, aufgrund der weitreichenden Änderungen unter Umständen nur um einen kleineren Mindestsatz wie etwa 0,2 % angepasst werden sollte.[1179] Wenngleich dieses Modell eine konzeptionelle Möglichkeit zur Anpassung des Liegenschaftszinssatzes darstellt, ist insbesondere die fehlende Objektivität der Anpassungen zu kritisieren.

Eine andere Möglichkeit der Berücksichtigung von Anpassungen, die in der Praxis angewandt wird,[1180] erläutert **ZEIßLER**.[1181] Er nimmt als Ausgangspunkt die gruppenspezifischen, mittleren

---

[1176] Vgl. AGVGA-NRW, Modell zur Ableitung von Liegenschaftszinssätzen, S. 8.

[1177] Vgl. hierzu und zu den folgenden Ausführungen KLEIBER, W./SIMON, J., WertV '98, S. 574. KLEIBER ergänzt dieses Anpassungsschema in einer späteren Veröffentlichung noch um mieterbezogene Kriterien (solventer bzw. weniger solventer Mieter) und führt einzelne Kriterien weiter aus. Vgl. dazu KLEIBER, W., Wertermittlungsverfahren, S. 74 f.

[1178] So dürfen etwa nur Risiken im Liegenschaftszinssatz berücksichtigt werden, die nicht bereits durch das Mietausfallwagnis Beachtung finden. Vgl. FRIEDRICHS, J.-C., Zinssätze in Wertermittlungen, S. 104.

[1179] Vgl. FISCHER, K., Liegenschaftszins (Teil 1), S. 166.

[1180] Vgl. MOLL-AMREIN, M., Liegenschaftszins, S. 265.

[1181] Vgl. dazu und zu den folgenden Ausführungen ausführlich ZEIßLER, M., Marktkonforme Liegenschaftszinssätze. Ähnliche Überlegungen gibt es auch von SOMMER, der mit Hilfe von speziellen, generellen und sonstigen Einflussfaktoren versucht, die Bandbreiten plausibler Liegenschaftszinssätze einzuengen. Vgl. dazu auch ausführlich SOMMER, G./HAUSMANN, A., Liegenschaftszinssätze; SOMMER, G./KRÖLL, R., Anzuwendende Liegenschaftszins-

Liegenschaftszinssätze. Für Gewerbeimmobilien, für die ZEIßLER dieses Konzept primär entwickelt hat, bedeutet das eine Einteilung in Büroobjekte, Geschäftshäuser, Gewerbeparks und Geschäftszentren. Sofern hierfür Zinsspannen gegeben werden, nimmt er diese als Grundlage; ansonsten werden Zinsspannen frei festgelegt.[1182] Dabei geht er davon aus, dass die Liegenschaftszinssätze innerhalb dieser Bandbreiten liegen. Für die objektspezifische Anpassung dieser Zinssätze bestimmt er Risikofaktoren wie etwa zur Lage, zur Restnutzungsdauer, zur Marktsituation oder auch zur Objektgröße, denen er entsprechende Noten von 0 bis 2 zuteilt. Ausgehend vom untersten Wert der Spannbreite möglicher Liegenschaftszinssätze bestimmt er nun objektspezifische, individuelle Gewichtungen und schlägt diese auf den Ausgangswert auf. Für Objekte mit besonders positiven oder negativen Eigenschaften sind auch Noten von bis zu -2 und +4 möglich, wodurch die ermittelten Liegenschaftszinssätze auch außerhalb der vorher festgelegten Bandbreiten liegen können. Trotz der angestrebten Genauigkeit wird auch hier wieder die Subjektivität der Anpassung, vor allem durch die subjektive Gewichtung der Risikofaktoren, deutlich. Außerdem wird die subjektive Festlegung der Bandbreiten potentieller Liegenschaftszinssätze kritisiert.[1183] In Bezug auf die betrachteten Risikofaktoren ist zu bemängeln, dass diese häufig auf Objektspezifika verweisen, die oft bereits an anderer Stelle des Ertragswertverfahrens berücksichtigt wurden, was eine Doppelberücksichtigung und somit eine fehlende Äquivalenz von Zähler und Nenner implizieren würde. Beispielhaft sei hier darauf verwiesen, dass regelmäßig bereits durch die Berücksichtigung aktueller Liegenschaftszinssätze die aktuelle Marktsituation berücksichtigt wird.[1184] Insgesamt ist diese Vorgehensweise der Anpassung von Liegenschaftszinssätzen von KLEIBER/SIMON sehr ähnlich und aufgrund der subjektiven Einflussmöglichkeiten ebenfalls eher kritisch zu sehen.

Alternativ schlagen **MÜNCHEHOFE/SPRINGER** statt der Ermittlung des Liegenschaftszinssatzes über den Immobilienmarkt einen kapitalmarktorientierten Zinssatz vor, der aus einem risikolosen Zinssatz vom Kapitalmarkt erhöht um einen objektspezifischen Risikozuschlag besteht.[1185] Der objektspezifische Risikozuschlag bemisst sich aus gewöhnlichen und außergewöhnlichen Risiken, wobei die gewöhnlichen Risiken einen maximalen Zuschlag von 5 % bewirken können. Diese gewöhnlichen Risiken untergliedern sich in zehn objektabhängige und objektunabhängige Risiken, wobei jedes Risiko auf einer Skala von 0 bis 10 bewertet wird. Jeder Punkt bewirkt einen Risikozuschlag auf den risikolosen Zinssatz von 0,05 %. Zusätzlich sind für außergewöhnliche Risiken weitere Zuschläge möglich. An diesem Modell ist vor allem die subjektive Einteilung der Risiken und der Skala zu kritisieren.[1186] Es liegt eine Art Scheingenauigkeit vor. Auch an dieser Methode sind wieder Doppelberücksichtigungen zu bemängeln.[1187] So werden beispielsweise unregelmäßige Miet-

sätze. Auch die Variante von SOMMER wird in der Praxis zum Teil angewandt. Vgl. MOLL-AMREIN, M., Liegenschaftszins, S. 265.

1182 SIMON erachtet Zinsspannen von ± 0,1 bis 0,8 % für plausibel. Vgl. SIMON, J., Europäische Standards, S. 139.

1183 Vgl. FISCHER, K., Liegenschaftszins (Teil 1), S. 168.

1184 Vgl. FISCHER, K., Liegenschaftszins (Teil 1), S. 167 f. Dieser Risikofaktor müsste dann bei der Gewichtung entsprechend rausgenommen werden.

1185 Vgl. hierzu und zu den folgenden Ausführungen ausführlich MÜNCHEHOFE, M./SPRINGER, U., Verkehrswertermittlung ohne Gutachterausschuss, S. 209-211.

1186 So auch REHKUGLER, H., Rendite und Risiko, S. 41 f.

1187 Vgl. FISCHER, K., Liegenschaftszins (Teil 1), S. 169.

zahlungen in der Regel bereits über das Mietausfallwagnis erfasst. Durch die Abkehr vom Immobilienmarkt fehlen zusätzlich aber auch viele Einflussgrößen wie etwa die erwartete Wertsteigerung des Bodens.[1188] Mithin kann festgestellt werden, dass die erforderliche Zähler-Nenner-Äquivalenz nicht konsequent gewährleistet werden kann. Insgesamt ist diese Methode aufgrund des fehlenden Bezugs zum Immobilienmarkt für eine Bewertungsmethode, die sämtliche Markterwartungen im Diskontierungszinssatz berücksichtigen soll, konzeptionell eher ungeeignet. Außerdem sieht § 14 Abs. 3 ImmoWertV explizit eine Ableitung des Liegenschaftszinssatzes aus Kaufpreisen vor. Der Liegenschaftszinssatz sollte somit definitionsgemäß unabhängig vom Kapitalmarkt ermittelt werden.[1189]

FISCHER ermittelt den Liegenschaftszinssatz, sofern er nicht explizit abgeleitet werden kann, mit Hilfe des risikolosen Zinssatzes und einem Risikozuschlag.[1190] Indes bestimmt er den Risikozuschlag mit Hilfe des Vergleichs von Immobilien- und Kapitalmarkt. Hierfür vergleicht FISCHER für das Jahr 1996 die Liegenschaftszinssätze aus der damaligen WertR mit dem risikolosen Zinssatz. Die Differenz bildet den Zuschlag, der auf den risikolosen Zinssatz des Wertermittlungsstichtags zu addieren wäre. Kritisch an diesem Vorschlag ist, dass FISCHER des Nachweises schuldig bleibt, dass sich diese Differenz nicht unter Umständen im Zeitablauf geändert haben könnte. Damit drückt FISCHER implizit aus, dass sich die Markterwartungen an eine Immobilie und somit auch die Erwartungen künftiger Mietsteigerungen im Zeitablauf nicht ändern würden.[1191] Dass sich die Wachstumserwartungen im Zeitablauf und abhängig von der immobilienwirtschaftlichen Entwicklung nicht ändern sollen, erscheint sehr fraglich.[1192] In dem Fall wäre die Risikoäquivalenz von Zähler und Nenner nicht gegeben. Außerdem vergleicht er lediglich bundesweite Liegenschaftszinssätze mit dem risikolosen Zinssatz mit der Begründung, dass alle anderen objektspezifischen Faktoren an anderer Stelle zu berücksichtigen seien. Dies dürfte indes schwierig und wiederum sehr subjektiv sein. Mögliche objektspezifische Charakteristiken der Immobilien könnten unberücksichtigt bleiben, weswegen diese Vorgehensweise ebenso keine adäquate Lösung zur Ermittlung und Anpassung des Liegenschaftszinssatzes darzustellen vermag. Wie auch die Methode von MÜNCHEHOFE/SPRINGER wird diese Vorgehensweise in der Praxis nur selten verwandt.[1193]

Insgesamt ist ersichtlich, dass weder die Methode von MÜNCHEHOFE/SPRINGER noch die von FISCHER aus konzeptioneller Sicht zu überzeugen vermögen. Die Methoden von KLEIBER/SIMON und ZEIẞLER stellen aufgrund der subjektiven Einflussmöglichkeiten zwar ebenfalls keine optimale Lösung dar. Sofern auf die Äquivalenz von Zähler und Nenner geachtet wird und keine Objektspezifika doppelt berücksichtigt werden, kann indes mangels sachgerechter Alternativen eine Anwendung im Rahmen der IFRS unterstützt werden.

1188 Vgl. FISCHER, K., Liegenschaftszins (Teil 1), S. 169.
1189 Vgl. BAUMUNK, H., Immobilien und Immobilienbewertung, S. 196.
1190 Vgl. hierzu und zu den folgenden Ausführungen FISCHER, K., Liegenschaftszins (Teil 1), S. 171 f. Vgl. für die Idee auch LUSHT, K. M., Real Estate Valuation, S. 397; HINRICHS, K./SCHULTZ, E., DCF in der Praxis, S. 269 f.
1191 Vgl. im Ergebnis LOOSE, D., Liegenschaftszinssatz, S. 20 f.
1192 Dies entspräche auch nicht dem Modell des Schweinezyklus. Vgl. dazu die Ausführungen in Kap. 212. und WEINSTOCK, M./SCIBBE, P., Konjunktur und Immobilienmarkt.
1193 Vgl. MOLL-AMREIN, M., Liegenschaftszins, S. 262.

442.4 Zusammenfassende Beurteilung des Liegenschaftszinssatzes beim Ertragswertverfahren nach ImmoWertV

Es lässt sich feststellen, dass der am Markt **objektivierte** Liegenschaftszinssatz bei sachgerechter Ermittlung die künftige Marktentwicklung und die (künftigen) Ertragsverhältnisse einer Immobilie berücksichtigt. Auch wenn ihm vielfach eine Vergangenheitsorientierung unterstellt wird, so ist indes darauf hinzuweisen, dass zwar vergangene Daten genutzt werden, diese aber durch die Relation von Reinerträgen zu Kaufpreisen die **Zukunftserwartungen** der Marktteilnehmer ausdrücken.[1194] Essentiell für eine korrekte Bewertung ist die **Modellkonformität** der in die Berechnung des Liegenschaftszinssatzes eingehenden Größen mit denen der eigentlichen Wertermittlung (Äquivalenzprinzip). Wird der Liegenschaftszinssatz auf Basis ortsüblicher Vergleichsmieten ermittelt, so ist auch zwingend im Zähler beim Cashflow auf ortsübliche Vergleichsmieten abzustellen, da die Vergleichbarkeit des Objekts mit den Vergleichstransaktionen und somit die Äquivalenz sonst nicht gegeben ist.[1195] Dies erschwert die Anwendung einer Marktmiete im Cashflow etwa bei zur Vermietung anstehenden Immobilien, wenn die Gutachterausschüsse zur Ermittlung des Liegenschaftszinssatzes ortsübliche Vergleichsmieten nutzen, da hierbei die Systemkonformität nicht mehr gegeben wäre. Hier wird aber auch deutlich, wie wichtig es ist, dass die Gutachterausschüsse in ihren Grundstücksmarktberichten ihr Ableitungsmodell für Liegenschaftszinssätze erläutern.[1196] Sofern die Gutachterausschüsse relevante Liegenschaftszinssätze ermitteln, ist dies im Sinne einer marktorientierten, objektivierten Wertermittlung im Sinne des IFRS 13 gerade auch im internationalen Vergleich zu begrüßen.[1197] Problematisch bleibt die regelmäßig erforderliche Anpassung des Liegenschaftszinssatzes an die objektspezifischen Gegebenheiten. Aufgrund der Subjektivität der Anpassung kann hier nur mit Erläuterungen zumindest im Bewertungsgutachten, optimalerweise auch im Jahresabschluss,[1198] versucht werden, eine hinreichende Transparenz zu gewährleisten. Durch die Nennung einzelner Kriterien kann möglicherweise auch die Plausibilisierung der Wertermittlung vor allem für Abschlussprüfer verbessert werden, wenngleich sowohl nach dem Modell von KLEIBER/SIMON als auch nach dem von ZEIßLER die Subjektivität der Anpassung erhalten bleibt. In Anbetracht fehlender Alternativen sollten diese Modelle indes zur Erhöhung der Transparenz im Rahmen der IFRS in Betracht gezogen werden.

In der **Praxis** liegen nur in durchschnittlich ein Drittel der Bewertungsfälle adäquate Liegenschaftszinssätze von Gutachterausschüssen vor.[1199] In den anderen Fällen wird auf die **Fachliteratur** oder **eigene Erfahrungen** zurückgegriffen mit den damit verbundenen, bereits skizzierten Proble-

---

[1194] Vgl. SIMON, J., Europäische Standards, S. 139.

[1195] Vgl. PETERSEN, H., Marktorientierte Immobilienbewertung, S. 30; FRIEDRICHS, J.-C., Zinssätze in Wertermittlungen, S. 110. Häufiger Fehler bei der Ableitung von Liegenschaftszinssätzen ist etwa der Einsatz von Marktmieten statt ortsüblicher Vergleichsmieten. Da Marktmieten regelmäßig über den ortsüblichen Vergleichsmieten liegen, kann es so zu überhöhten Liegenschaftszinssätzen kommen. Vgl. STROTKAMP, H.-P., Ableitung der Liegenschaftszinssätze, S. 56.

[1196] Daher auch die Forderung von SPRENGNETTER, diese Information für Gutachterausschüsse verpflichtend zu machen. Vgl. SPRENGNETTER, H. O., ImmoWertV, S. 4.

[1197] So auch KLEIBER, W., Internationale Bewertungsverfahren, S. 197.

[1198] Vgl. in diesem Zusammenhang auch die Vorschläge in Kap. 533.3.

[1199] In der Studie von MOLL-AMREIN wird diese Aussage noch weiter nach Nutzungsarten und Bundesländern differenziert. Vgl. MOLL-AMREIN, M., Liegenschaftszins, S. 257-262.

men.[1200] Darüber hinaus ergibt sich bei der **Anpassung** der Liegenschaftszinssätze an die objektspezifischen Gegebenheiten die Problematik, dass abgesehen davon, dass die vorhandenen Methoden Schwächen aufweisen, in der Praxis die Liegenschaftszinssätze überwiegend in eigenem sachverständigen Ermessen, also höchst subjektiv, angepasst werden.[1201]

Auch wird teilweise die systemimmanente **implizite Berücksichtigung der Erwartungen** bezüglich der künftigen Entwicklung kritisiert. Es wird angemerkt, dass die einzelnen Erwartungen dadurch nicht überprüfbar seien und dass der Liegenschaftszinssatz inhaltlich überfrachtet sei.[1202] Hinzu kommt, dass auch keine Möglichkeit gesehen wird, den Zinssatz zur Plausibilisierung in seine Bestandteile zu zerlegen.[1203] Demgegenüber ist zu beachten, dass anders als beim DCF-Verfahren die Ermessensspielräume deutlich begrenzter sind. Die implizite Berücksichtigung der Wachstumserwartungen im Zinssatz kann nur durch eine Veränderung des marktobjektivierten Zinssatzes erreicht werden, die entsprechend zu erklären wäre. Beim DCF-Verfahren könnten hingegen vergleichsweise einfach die erwarteten Mietsteigerungen im Cashflow zu hoch angesetzt werden, was regelmäßig nur schwer zu widerlegen wäre.[1204] Daher sind die geringeren Ermessensspielräume grundsätzlich ein Vorteil der impliziten Berücksichtigung von Erwartungen und somit des Liegenschaftszinssatzes, weswegen die implizite Betrachtung aus Sicht des IFRS 13 in dieser Hinsicht eher zu überzeugen vermag.

Abgesehen von der Schwierigkeit der Anpassung der Liegenschaftszinssätze an die objektspezifischen Charakteristika ergibt sich das Problem, Liegenschaftszinssätze für **internationale Immobilienbewertungen** zu ermitteln, da außerhalb von Deutschland regelmäßig keine Liegenschaftszinssätze veröffentlicht werden.[1205] Somit kann es sich beim klassischen Ertragswertverfahren nach ImmoWertV nur um eine nationale Lösung zur Immobilienbewertung handeln. Dies ist im Kontext der zunehmenden Globalisierung der Unternehmen und ihrer Rechnungslegung kritisch zu sehen. Daher ist das Ertragswertverfahren nach ImmoWertV für eine Anwendung im Sinne der IFRS trotz der konzeptionellen Eignung nur bedingt geeignet. Es müssten regelmäßig alternative Zinssätze für die Bewertung von Immobilien im Ausland ermittelt werden.[1206] Sofern diese inhaltlich nicht dem Liegenschaftszins entsprächen, wäre das Modell des Ertragswertverfahrens nicht anwendbar.

442.5 Diskontierung bei over- und underrented properties

Der Einsatz des Liegenschaftszinssatzes für die Diskontierung bei over- und underrented properties kann, wie bereits in Kapitel 322.322 erläutert, kritisch sein, da die Vertragsmieten im Vergleich zu den marktüblichen Mieten veränderten Risiken unterliegen. Deswegen ist grundsätzlich bereits eine

[1200] Vgl. MOLL-AMREIN, M., Liegenschaftszins, S. 257-262.
[1201] MOLL-AMREIN stellt fest, dass 86,5 % der Liegenschaftszinssätze in sachverständigem Ermessen (subjektiv) angepasst werden. Vgl. MOLL-AMREIN, M., Liegenschaftszins, S. 265.
[1202] Vgl. RAU, R., Break-Even-Rendite, S. 14.
[1203] Vgl. ENGEL, R., DCF-Methode, S. 331.
[1204] Vgl. so auch REHKUGLER, H., Wertansätze, S. 31.
[1205] Vgl. ENGEL, R., DCF-Methode, S. 332; SCHMALGEMEIER, H., Gutachterausschüsse, S. 104; BECK, M., Wertermittlung bei Immobilien, S. 353.
[1206] Vgl. für international gebräuchliche Zinssätze Kap. 443. und 444.

Anpassung erforderlich, um etwa den höheren **Ausfallrisiken** und dem tendenziell geringeren **Mietsteigerungspotential** bei overrented properties bzw. vice versa bei underrented properties im Vergleich zu rack-rented properties gerecht zu werden.[1207]

Problematisch an dieser Vorgehensweise ist indes, dass hierbei vernachlässigt wird, dass im **Liegenschaftszinssatz** bereits **implizite Wachstumserwartungen** enthalten sind. Wird beispielsweise eine Festmiete vereinbart, würde dies bei overrented properties im Rahmen des **Top and Bottom Slicing Models** bei steigenden marktüblichen Mieten zu einer Überbewertung der Immobilie führen. Durch die Diskontierung des Mehrerlöses mit dem Liegenschaftszinssatz würde der Mehrerlös in Höhe der impliziten Wachstumsrate wachsen, wodurch die Mehrerlöse als steigende Rente kapitalisiert und dadurch überbewertet würden. Außerdem würden sich auch die marktüblichen Mieten, die während der Vertragslaufzeit in den Hardcore eingehen, durch die Diskontierung erhöhen, wodurch die Mehrerlöse geringer als bei einer rein statischen Betrachtung ausfallen würden. Es käme mithin zu einer Überbewertung.[1208]

Bei underrented properties tritt bei Festmieten ebenfalls das Problem der Überbewertung von Immobilien auf. Auch hier steigt die marktübliche Miete bei der Diskontierung mit dem Liegenschaftszinssatz durch die enthaltene Wachstumsrate im Zeitablauf an. Es kommt zu steigenden Mindererträgen, wobei die Wachstumsrate der Mindererträge höher als die implizite Wachstumsrate im Liegenschaftszinssatz ist. Deswegen fallen die Mindererlöse trotz Diskontierung mit dem Liegenschaftszinssatz zu gering aus. Demnach wäre eine Diskontierung mit dem Liegenschaftszinssatz bei underrented properties nur dann plausibel, wenn die erwartete Mietsteigerung der Vertragsmiete der impliziten Wachstumserwartung der marktüblichen Miete im Liegenschaftszinssatz entsprechen würde.[1209]

Beim **Term and Reversion Model** sind ähnliche Probleme festzustellen. So würde bei Festmieten durch die Diskontierung mit dem Liegenschaftszinssatz nicht vorhandenes Wachstum berücksichtigt. Bei Staffelmietverträgen würden neben dem impliziten Wachstum im Diskontierungszinssatz zusätzlich noch im Zähler die wachsenden Vertragsmieten während der Vertragslaufzeit abgebildet.[1210] Mithin würde Wachstum doppelt berücksichtigt. Bei underrented properties gelten die Ausführungen analog. Beim Term and Reversion Model wäre der Liegenschaftszinssatz somit nur dann zur Diskontierung geeignet, wenn im Zähler kein zusätzliches Wachstum berücksichtigt würde und Mieterhöhungen nicht vertraglich ausgeschlossen wären.

[1207] Vgl. hierzu auch die Ausführungen in Kap. 322.322.

[1208] Vgl. FRIEDRICHS, J.-C., Zinssätze in Wertermittlungen, S. 154 f.

[1209] Vgl. auch FRIEDRICHS, J.-C., Zinssätze in Wertermittlungen, S. 156. Diese Problematik beim Top and Bottom Slicing Model lässt sich ebenfalls sowohl bei over- als auch bei underrented properties für andere Mietvertragsgestaltungen darstellen. Hierauf wird an dieser Stelle indes nicht näher eingegangen, um die Komplexität nicht unnötig zu erhöhen.

[1210] Vgl. THOMAS, M., Income Approach (2. Teil), S. 89.

Da der Liegenschaftszinssatz aus genannten Gründen für beide Verfahren häufig nicht sachgerecht sein dürfte, ist eine Diskontierung der Mehr- oder Mindererlöse bzw. der Vertragsmieten mit dem Liegenschaftszinssatz abzulehnen, sofern der Zinssatz nicht korrigiert wird.

Für das **Top and Bottom Slicing Model** bedeutet dies, dass die Mehr- oder Mindererlöse abhängig vom Sachverhalt prinzipiell mit einem um einen Wachstumsfaktor korrigierten Liegenschaftszinssatz zu diskontieren wären. Gleiches würde für den Hardcore während der Vertragslaufzeit gelten, da für diesen Zeitraum eine steigende marktübliche Miete zu einer Überbewertung der Immobilie beitragen würde. Erst der Hardcore nach Ende der Vertragslaufzeit könnte nach wie vor mit der marktüblichen Miete und dem Liegenschaftszinssatz ermittelt werden. Alternativ zu einer zusätzlichen Anpassung des Hardcore könnten unter Umständen auch die Zinsanpassungen für die Mehr- bzw. Mindererlöse entsprechend höher ausfallen.[1211] Da weder eine zusätzliche Trennung der Cashflows im Hardcore noch eine erhöhte Wachstumsanpassung, deren Ermittlung unklar ist, zu überzeugen vermögen, scheint das Top and Bottom Slicing Model insgesamt konzeptionell wenig geeignet.

Beim **Term and Reversion Model** ist die Wachstumsproblematik ähnlich zu lösen. Hier müsste der Zinssatz um die impliziten Wachstumserwartungen, die im Liegenschaftszinssatz enthalten sind, erhöht werden. Dadurch würden sie bei Staffelmietverträgen nicht mehr doppelt (im Zähler durch die Vertragsmieten und im Nenner durch den Zinssatz) berücksichtigt. Auch bei Festmieten wären dann Wachstumserwartungen weder explizit im Zähler noch implizit im Zinssatz enthalten. Zur Ermittlung des Zinsaufschlags müssten die impliziten Wachstumserwartungen im Nenner explizit prognostiziert werden, um sie anschließend auf den Liegenschaftszinssatz aufzuschlagen. Durch diese Wachstumsanpassung kann eine (Doppel)Berücksichtigung von Wachstum vermieden werden.[1212] Es bleibt offen, wie diese Wachstumsanpassung ermittelt werden kann. Letztlich erscheint diese Vorgehensweise indes sachgerechter und weniger komplex als die Anpassungen bei Anwendung des Top and Bottom Slicing Model. Auch in der Literatur wird die Wachstumsproblematik beim Ertragswertverfahren mithin zwar kritisiert,[1213] eine überzeugende Lösung fehlt indes bisher.

Konzeptionell wäre demnach am ehesten das Term and Reversion Model bei over- und underrented properties zu empfehlen, wobei die Liegenschaftszinssätze um die Wachstumserwartungen für die Dauer des Terms entsprechend zu korrigieren wären. Durch diese Anpassung, die ungeregelt ist, ergeben sich Ermessensspielräume, die bei der Beurteilung der Glaubwürdigkeit und somit der Entscheidungsnützlichkeit des Fair Value im Rahmen der IFRS sachverhaltsabhängig zu würdigen sind.

[1211] Vgl. zu dieser Möglichkeit auch FRIEDRICHS, J.-C., Zinssätze in Wertermittlungen, S. 154 f.

[1212] Hierauf weisen auch EVANS/SEIFERT hin. Vgl. EVANS, A. H./SEIFERT, U., Staffelmietverträge und Verkehrswert, S. 148 f. Es fehlt indes der Hinweis, wie der angepasste Zinssatz ermittelt werden soll. Vgl. hierzu ausführlich das in dieser Arbeit vorgeschlagene Bewertungskalkül in Kap. 524.

[1213] Vgl. THOMAS, M., Income Approach (2. Teil), S. 89; FRIEDRICHS, J.-C., Zinssätze in Wertermittlungen, S. 154 f.; EVANS, A. H./SEIFERT, U., Staffelmietverträge und Verkehrswert, S. 148.

443. Zinssatz beim Income Capitalization Approach

443.1 Grundlagen der Ermittlung des Diskontierungszinssatzes

Beim Income Capitalization Approach wird statt des Liegenschaftszinssatzes mit einem **All Risk Yield**, auch Overall Capitalization Rate oder Overall Yield genannt, diskontiert.[1214] Dieser soll ähnlich dem Liegenschaftszinssatz alle Erwartungen der Marktteilnehmer auch im Hinblick auf die Entwicklung der Cashflows berücksichtigen, so dass im Zähler, wie auch schon beim Ertragswertverfahren, lediglich eine Cashflow-Größe zur Wertermittlung erforderlich ist.[1215] Der All Risk Yield kann ermittelt werden, indem das Net Operating Income des Jahres durch den Marktwert der Immobilie zum Bewertungszeitpunkt geteilt wird.[1216] Ähnlich wie beim Ertragswertverfahren lässt sich der All Risk Yield somit rekursiv mit Hilfe des Kaufpreises einer Immobilie bestimmen. Sofern eine Immobilie nicht gerade verkauft wurde, steht dem Bewerter in der Regel der Marktwert einer Immobilie nicht zur Verfügung, da er eben diesen berechnen möchte. Daher wird auf vergangene Transaktionen vergleichbarer Immobilien zurückgegriffen.[1217] Hierbei wird davon ausgegangen, dass diesen die gleichen Markterwartungen zugrunde lagen.[1218] Aus Gründen der Äquivalenz von Zähler und Nenner dürfen wiederum keine Aspekte doppelt (im Zähler und im Nenner) berücksichtigt werden.[1219] Wie auch schon der Liegenschaftszinssatz entspricht der All Risk Yield keiner Gesamtrendite.[1220] Er enthält bereits einen Wachstumsabschlag, der die durchschnittlichen Erwartungen der Marktteilnehmer hinsichtlich der künftigen Entwicklung der Cashflows ausdrückt. Der All Risk Yield ist aufgrund der vom Liegenschaftszinssatz abweichenden Ableitung, vor allem ohne Restnutzungsdauer und Bodenwert, nicht mit diesem identisch. Letztlich sind beide Zinssätze nur in ihrem Modell gültig und daher möglicherweise eher als Rechengrößen denn als eigentliche Renditegrößen zu verstehen.[1221]

In den folgenden Abschnitten werden verschiedene Möglichkeiten zur Ermittlung bzw. zur Approximation des All Risk Yield erläutert und ihre Eignung konzeptionell sowie aus IFRS-Sicht beurteilt, wobei zudem unterschiedliche Märkte betrachtet werden. Die IVS geben nämlich keine Anhaltspunkte, wie der All Risk Yield ermittelt werden könnte.[1222] Zinssätze, die möglicherweise für die Ermittlung des All Risk Yield in Frage kommen könnten, sind der Initial Yield, der Current

---

[1214] Vgl. auch IVSC, IVS 2007, GN 1, Tz. 5.12.5.

[1215] Vgl. BAUM, A./MACKMIN, D./NUNNINGTON, N., Income Approach, S. 70; APPRAISAL INSTITUTE, Appraisal of Real Estate, S. 501-504; THÖNE, C., Britische Bewertungsverfahren, S. 587; FRENCH, N./GABRIELLI, L., Accounting for uncertainty, S. 78; SOTELO, R., WertV, S. 93.

[1216] Vgl. APPRAISAL INSTITUTE, Appraisal of Real Estate, S. 462.

[1217] Vgl. LEOPOLDSBERGER, G./THOMAS, M./NAUBEREIT, P., Immobilienbewertung, S. 502; FRENCH, N./GABRIELLI, L., Accounting for uncertainty, S. 78. COHEN weist hier auf das grundsätzliche Problem hin, eine hinreichende Zahl an Vergleichstransaktionen zu finden. Vgl. COHEN, A. C., Extracting Cap Rates, S. 370.

[1218] Vgl. SIRMANS, C. F./SIRMANS, G. S./BEASLEY, B. T., Income Property Valuation, S. 64. Vgl. kritisch zu dieser Annahme BAUM, A./MACGREGOR, B. D., Initial Yield Revealed, S. 710.

[1219] Vgl. BAUMUNK, H., IAS 40, S. 94.

[1220] Vgl. APPRAISAL INSTITUTE, Appraisal of Real Estate, S. 462.

[1221] Vgl. für diese Überlegung auch MOLL-AMREIN, M., Liegenschaftszins, S. 189.

[1222] Vgl. IVSC, IVS 2007, GN 1, Tz. 5.12.5. In dem ED für die überarbeiteten IVS wird ausgeführt, dass der Zinssatz zur Marktwertermittlung primär über den Immobilienmarkt bestimmt werden soll. Vgl. IVSC, ED IVS 2011, IVS 303.01, Tz. 18; IVSC, Staff Draft IVS 2011, IVS 230, Tz. C19.

Yield und die Internal Rate of Return, die über den Immobilienmarkt ermittelt werden, sowie ein kapitalmarktorientierter Zinssatz.[1223]

443.2 Initial Yield

Mit dem sogenannten **Initial Yield** wird üblicherweise der All Risk Yield berechnet.[1224] Er wird auch als Anfangsrendite oder Going in Capitalization Rate bezeichnet.[1225] Der Initial Yield wird in der Regel durch Division der Netto-Cashflows des ersten Jahres, also der Reinerträge, durch den Brutto-Kaufpreis (Kaufpreis zuzüglich Erwerbsnebenkosten) ermittelt.[1226] Im Initial Yield werden die Erwartungen bezüglich der künftigen Entwicklung bereits implizit durch die Relation der Reinerträge zum Kaufpreis abgebildet.[1227] Ein c. p. höherer Kaufpreis drückt eine höhere Erwartung etwa an die künftige Entwicklung der Mieten aus. Damit ist er abgesehen von der nicht berücksichtigten Restnutzungsdauer und dem fehlenden Bodenwert dem Liegenschaftszinssatz konzeptionell sehr ähnlich,[1228] wenngleich dieser auf Basis eines Netto-Kaufpreises (ohne Erwerbsnebenkosten) berechnet wird.[1229] Diese Möglichkeit, die aufgrund der fehlenden Normierung teilweise auch international angewandt wird,[1230] hat den Vorteil, dass die **Erwerbsnebenkosten** bereits im Zinssatz erfasst sind und nicht gesondert beachtet werden müssen.[1231] Wird der All Risk Yield mit einem Brutto-Kaufpreis ermittelt, sind von dem so ermittelten Brutto-Marktwert im Anschluss noch die Erwerbsnebenkosten eines potentiellen Käufers abzuziehen, da sich dessen Zahlungsbereitschaft um diesen Betrag vermindert.[1232] Erwerbsnebenkosten des Käufers dürften indes vergleichsweise objektiv zu ermitteln sein.[1233] Die Finanzierungsstruktur sowie steuerliche Aspekte bleiben bei der Berechnung wiederum außen vor, da hier, äquivalent zum Zähler, nur die Objektebene betrachtet wird.[1234]

Die **GIF**, die es sich zur Aufgabe gemacht hat, Renditedefinitionen zu vereinheitlichen, definiert den Initial Yield ebenfalls. Abweichend von der hier vorgestellten Definition berücksichtigt die Definition der GIF bei der Berechnung der Bewirtschaftungskosten zur Ermittlung des Reinertrags kein

---

[1223] Vgl. ähnlich LEOPOLDSBERGER, G./THOMAS, M./NAUBEREIT, P., Immobilienbewertung, S. 502 f.
[1224] Vgl. BAUM, A./MACKMIN, D./NUNNINGTON, N., Income Approach, S. 78.
[1225] Vgl. KÜHNBERGER, M., Bilanzierung und Bewertung von Immobilien nach IFRS, S. 157.
[1226] Vgl. KÜHNBERGER, M., Bilanzierung und Bewertung von Immobilien nach IFRS, S. 157; WHITE, D./TURNER, J./JENYON, B./LINCOLN, N., Internationale Bewertungsverfahren, S. 31; VDP, Europäische Immobilienmärkte, S. 47; LEOPOLDSBERGER, G./THOMAS, M./NAUBEREIT, P., Immobilienbewertung, S. 502; ähnlich GIF, Rendite-Definitionen, S. 7; BAUM, A./MACKMIN, D./NUNNINGTON, N., Income Approach, S. 252.
[1227] Vgl. WHITE, D./TURNER, J./JENYON, B./LINCOLN, N., Internationale Bewertungsverfahren, S. 34; BAUM, A./MACGREGOR, B. D., Initial Yield Revealed, S. 709.
[1228] Vgl. THOMAS, M., Income Approach (2. Teil), S. 89.
[1229] Vgl. PÖRSCHKE, A., Transaktionskosten, S. 150.
[1230] Vgl. BEYERLE, T., Renditespektrum, S. 2. Hierauf ist bei der Bewertung entsprechend zu achten, damit konzeptionell einheitlich verfahren wird. Vgl. auch WINDORFER, C., Bewertung, S. 326.
[1231] Vgl. dazu ausführlich Kap. 231.
[1232] Vgl. PÖRSCHKE, A., Transaktionskosten, S. 150; HINRICHS, K./SCHULTZ, E., DCF in der Praxis, S. 268; SCARRETT, D., Property Valuation, S. 86; BAUM, A./MACKMIN, D./NUNNINGTON, N., Income Approach, S. 253 f.; KORMAIER, B., Income Capitalisation Model, S. 383.
[1233] Vgl. dazu auch Kap. 231.
[1234] Vgl. GIF, Rendite-Definitionen, S. 6; BEYERLE, T., Renditespektrum, S. 2.

Mietausfallwagnis.[1235] Gerade in der britischen Immobilienbewertung wird das Mietausfallwagnis häufig nicht explizit im Cashflow, sondern somit nur implizit im Zinssatz berücksichtigt, was die Vorgehensweise der GIF erklären könnte.[1236] Um Systemkonformität herzustellen, kann der Initial Yield im Sinne der GIF daher nur genutzt werden, wenn im Zähler beim Cashflow kein Mietausfallwagnis berücksichtigt wird. Dies würde indes der Vorgehensweise der IVS entgegenstehen, die eine Berücksichtigung des Mietausfallwagnisses im Cashflow vorsehen.[1237]

An dem Initial Yield wird teilweise kritisiert, dass hierbei möglicherweise nicht alle Risiken berücksichtigt würden.[1238] Dem ist entgegenzuhalten, dass der Initial Yield bei korrekter Anwendung, also sofern genügend Vergleichsfälle vorliegen, die ggf. um außergewöhnliche Umstände bereinigt wurden, alle **Markterwartungen** in Bezug auf potentielle Risiken abbildet.[1239] Damit eignet er sich zur Ermittlung eines marktobjektivierten Zinssatzes, der genau die Erwartungen abbildet, die auch der Markt bei seiner Preisbildung berücksichtigt. Darüber hinausgehende Risiken, wie etwa individuelle Finanzierungsrisiken, sollen bei der Bewertung nicht berücksichtigt werden.

Für die Diskontierung im Income Capitalization Approach wird der Zinssatz auf Basis einer zur Marktmiete vermieteten Immobilie (rack-rented property) ermittelt, da in diesem Fall der **Initial Yield** dem **All Risk Yield entspricht**.[1240] Der Zinssatz enthält implizit wie auch der Liegenschaftszinssatz die durchschnittlichen Erwartungen der Marktteilnehmer an künftige Miet- und somit auch Wertsteigerungen der Immobilie.[1241] Ist die Immobilie dagegen over- oder underrented entspricht der Initial Yield nicht dem All Risk Yield, da andere Erwartungen und Risiken abgebildet werden. In diesen Fällen ist der Initial Yield nicht bzw. nur angepasst zur Ableitung des All Risk Yield geeignet.

Trotz der inhaltlichen Nähe kann der **Liegenschaftszinssatz**, anders als ERNSTBERGER/KRAUS und LENZ dies beurteilen,[1242] nicht zur Ableitung des Initial Yield (im Sinne eines All Risk Yield) verwandt werden. Dies wäre nicht systemkonform,[1243] da das Ableitungsmodell u. a. wegen der expli-

[1235] Vgl. GIF, Rendite-Definitionen, S. 12 f.; BRÜBACH, J., gif-Rendite-Definitionen, S. 40.

[1236] Vgl. KÖNIGSTEIN, M., Internationale Methoden, S. 285.

[1237] Vgl. übertragen aus den Bestimmungen für das DCF-Verfahren IVSC, IVS 2007, GN 9, Tz. 5.2.2.1. So auch APPRAISAL INSTITUTE, Appraisal of Real Estate, S. 483 f. Da Bewirtschaftungskosten in den geplanten IVS wohl nicht mehr behandelt werden, könnte dieser Hinweis entfallen. Vgl. IVSC, ED IVS 2011. Allerdings ist auch im geplanten Technical Information Paper zum DCF-Verfahren eine derartige Vorgehensweise vorgesehen. Vgl. IVSC, ED Technical Information Paper 1, Tz. 16 (b).

[1238] Vgl. BYRNE, P., Fuzzy analysis, S. 22.

[1239] Vgl. APPRAISAL INSTITUTE, Appraisal of Real Estate, S. 501-504; ähnlich ISAAC, D., Property Valuation Principles, S. 111; THÖNE, C., Britische Bewertungsverfahren, S. 587.

[1240] Vgl. BAUM, A./MACKMIN, D./NUNNINGTON, N., Income Approach, S. 78; FRENCH, N./GABRIELLI, L., Accounting for uncertainty, S. 78; LEOPOLDSBERGER, G./THOMAS, M./NAUBEREIT, P., Immobilienbewertung, S. 502; WHITE, D./TURNER, J./JENYON, B./LINCOLN, N., Internationale Bewertungsverfahren, S. 31; PETO, R./FRENCH, N./BOWMAN, G., Price and worth, S. 90.

[1241] Vgl. FRIEß, R./KORMAIER, B., Fair-Value-Ermittlung, S. 2027; BAUM, A./MACKMIN, D./NUNNINGTON, N., Income Approach, S. 78; KORMAIER, B., Income Capitalisation Model, S. 384 f.; WHITE, D./TURNER, J./JENYON, B./LINCOLN, N., Internationale Bewertungsverfahren, S. 31.

[1242] Vgl. hierzu ERNSTBERGER, J./KRAUS, C., Vorschriften des IVSC, S. 395; LENZ, T., Bilanzierung von Immobilien, S. 199.

[1243] Vgl. zur Anforderung an die Systemkonformität auch APPRAISAL INSTITUTE, Appraisal of Real Estate, S. 524.

ziten Berücksichtigung des Bodenwerts nicht dem Modell des Income Capitalization Approach entsprechen würde. Zähler und Nenner wären mithin nicht äquivalent. Der Liegenschaftszins, der aus einem anderen Modell abgeleitet wird, könnte daher nicht in dem Modell des Income Capitalization Approach eingesetzt werden.

WHITE ET AL. merken an, dass der Initial Yield den einzig vollständig objektivierbaren Zinssatz für den Income Capitalization Approach darstellt, da nur dieser in der Regel keiner subjektiven Annahmen bedarf.[1244] Abgesehen von dem Current Yield, der im Folgenden noch erläutert wird, ist ihnen im Wesentlichen zuzustimmen. Indes ist darauf hinzuweisen, dass auch ein auf dem Markt ermittelter durchschnittlicher Initial Yield im Sinne eines All Risk Yield regelmäßig noch an spezielle **objektspezifische Merkmale** der Immobilie anzupassen ist, um etwa der entsprechenden Lage der Immobilie oder ihrer Restnutzungsdauer besser gerecht zu werden.[1245] Diese Anpassungen sind eher subjektiver Natur und liegen im Ermessen des Bewerters.[1246] Dadurch ergeben sich wie auch schon bei der Anpassung des Liegenschaftszinssatzes Ermessensspielräume. Diese sind beim All Risk Yield tendenziell größer als beim Liegenschaftszins, da hier auch die Restnutzungsdauer und der Bodenwert implizit berücksichtigt werden müssen. Sofern sich die zu bewertende Immobilie von den Vergleichsimmobilien in diesen Merkmalen unterscheidet,[1247] sind ebenfalls Anpassungen des Zinssatzes erforderlich. Diese können indes im Vergleich zu der konkreten Bewertung mit einer Restnutzungsdauer oder einem Bodenwert aufgrund der größeren Ermessensspielräume schwerer objektiviert und verifiziert werden.[1248] Dies ist aus Sicht des IFRS 13 im Vergleich zum Liegenschaftszins nachteilig.

Der Initial Yield wird von **Makler- und Marktforschungsunternehmen** veröffentlicht bzw. es kann die Information dort käuflich erworben werden.[1249] Teilweise wird hier statt des Zinssatzes für eine durchschnittliche Immobilie auch der Net Initial Yield für eine erstklassige Immobilie in bester Lage (Spitzenrendite) angegeben.[1250] Hierauf ist bei der Anpassung des Zinssatzes zu achten. Sofern für eine Immobilie demnach ein adäquater Initial Yield vorliegt, ist dieser marktobjektiviert im Sinne der zweiten Stufe der Inputhierarchie des **IFRS 13**. Durch die entsprechende Überprüfbarkeit des Zinssatzes werden die Möglichkeiten zur Manipulation wirksam beschränkt, was sich wiederum

[1244] Vgl. WHITE, D./TURNER, J./JENYON, B./LINCOLN, N., Internationale Bewertungsverfahren, S. 34.

[1245] Vgl. LEOPOLDSBERGER, G./THOMAS, M./NAUBEREIT, P., Immobilienbewertung, S. 502; KÖNIGSTEIN, M., Internationale Methoden, S. 285; KORDUAN, R., Modernisierungskosten, S. 16; SIEGESMUND, R., Deutsche Sachverständige, S. 8; empirisch SIRMANS, C. F./SIRMANS, G. S./BEASLEY, B. T., Income Property Valuation. Kritisch hierzu auch SCARRETT, D., Property Valuation, S. 53 und 84.

[1246] Vgl. FRENCH, N./GABRIELLI, L., Accounting for uncertainty, S. 78; BAUMUNK, H., Immobilien und Immobilienbewertung, S. 191; SCARRETT, D., Property Valuation, S. 53 und 84. Die Anpassungen können durchaus 0,25-2 % betragen. Vgl. VDP, Europäische Immobilienmärkte, S. 46.

[1247] Dies setzt voraus, dass u. a. die Restnutzungsdauer für die Vergleichsimmobilie bekannt ist. Sofern der durchschnittliche Zinssatz für eine Reihe von Immobilien gegeben ist, ist im Falle eines Fehlens dieser Information wohl von einer mittleren Restnutzungsdauer auszugehen.

[1248] Vgl. SIEGESMUND, R., Deutsche Sachverständige, S. 8.

[1249] Unternehmen hierfür sind etwa DTZ, Jones Lang LaSalle oder immobilienfinanzierende Banken wie die HypoVereinsbank AG. Vgl. BEHRENDT, W./BAUMUNK, H., Diskontierungszinssätze (Teil 2), S. 10; detailliert PÖRSCHKE, A., Transaktionskosten, S. 150. Vgl. für mögliche Bandbreiten des Initial Yield abhängig von der Nutzungsart auch WERNHART, H., Immobilien-Renditen, S. 101.

[1250] Vgl. VDP, Europäische Immobilienmärkte, S. 46; BEYERLE, T., Renditespektrum, S. 2.

positiv auf die Glaubwürdigkeit der Information auswirkt. Objektspezifische Anpassungen des Zinssatzes und, bei Fehlen von Marktdaten, die eigene Ermittlung des Zinssatzes erhöhen demgegenüber die Gestaltungsspielräume des Managements deutlich, da eine Marktobjektivierung und somit Nachprüfbarkeit der Daten erheblich erschwert ist.[1251] Hierbei würde es sich dann in der Regel um Daten der dritten Ebene der Inputhierarchie des IFRS 13 handeln. Sofern diese erforderlich sind, sollte so weit wie möglich auf interne Überlegungen der Unternehmenssteuerung zurückgegriffen werden, um zumindest die Anreize zur Manipulation zu senken.

Neben dem hier erläuterten (Net) Initial Yield kann auch der weniger übliche sogenannte **Gross Initial Yield** (Brutto-Anfangsrendite) ermittelt werden, der sich durch das Verhältnis der Roherträge des ersten Jahres zum Netto-Kaufpreis (ohne Transaktionskosten) ergibt.[1252] Im Unterschied zum Initial Yield und zum Liegenschaftszinssatz der ImmoWertV wird hier auf die Roherträge anstelle der Reinerträge abgestellt.[1253] Durch die Verwendung des Netto-Kaufpreises im Nenner sind hier, wie auch schon beim Ertragswertverfahren nach ImmoWertV, die Erwerbsnebenkosten des Käufers nicht separat durch Abzug zu berücksichtigen. Bei der Diskontierung mit einem derartigen Zinssatz wird mithin direkt der Netto-Marktwert ermittelt.[1254] Abgesehen davon, dass für den Investor in der Regel die Netto-Rendite, im Sinne des Net Initial Yield, entscheidend ist,[1255] hat die Netto-Rendite auch den Vorteil, dass sie im Bereich der Immobilienbewertung besser vergleichbar ist. Bei der Anwendung von Brutto-Renditen wird implizit davon ausgegangen, dass das zu vergleichende Objekt ähnliche Bewirtschaftungskosten und Erwerbsnebenkosten aufweist. Nur so würde die ermittelte Relation übertragbar sein. Dies dürfte indes regelmäßig nicht der Fall sein.[1256] Im Folgenden wird der Gross Initial Yield daher nicht weiter betrachtet.

443.3 Current Yield

Von dem Initial Yield zu unterscheiden ist der **Current Yield**, also die aktuelle Rendite. Hierbei werden nicht die Netto-Mieterträge des ersten Jahres sondern die derzeitig aktuellen Reinerträge dem historischen Kaufpreis gegenübergestellt.[1257] Anders als bei dem Initial Yield beziehen sich Zähler und Nenner hier nicht auf den gleichen Zeitraum, weswegen die Rendite nicht die Markterwartungen beim Kauf der Immobilie widerspiegeln kann.[1258] Die Risikoäquivalenz wird nicht erfüllt, weswegen der Zinssatz konzeptionell nicht geeignet ist. Da sich die Parameter des Current

---

1251 Vgl. ähnlich THÖNE, C., Britische Bewertungsverfahren, S. 597.

1252 Vgl. BEYERLE, T., Renditespektrum, S. 2 f; WINDORFER, C., Bewertung, S. 326. Der Kehrwert des Gross Initial Yield wird auch als Rohertragsvervielfältiger bezeichnet. Nach Meinung des Schrifttums kann er für eine grobe Überschlagsrechnung genutzt werden. Eine genaue Wertermittlung ist regelmäßig nicht möglich, da er selten spezifisch genug ermittelt und kategorisiert wird. Vgl. SIMON, J., Deutsche Verfahren, S. 140.

1253 Vgl. SIMON, J., Internationale Bewertungsstandards, S. 272.

1254 Vgl. PÖRSCHKE, A., Transaktionskosten, S. 150.

1255 Vgl. BEYERLE, T., Renditespektrum, S. 2.

1256 Vgl. ähnlich VOGELS, M., Ertragswert-Berechnungen, S. 921; SCARRETT, D., Five methods, S. 78.

1257 Vgl. LEOPOLDSBERGER, G./THOMAS, M./NAUBEREIT, P., Immobilienbewertung, S. 503. Wird bei der Berechnung des Current Yield ein Brutto-Kaufpreis verwandt, sind vom dadurch ermittelten Brutto-Marktwert entsprechend die Erwerbsnebenkosten abzuziehen.

1258 Vgl. so auch ZÜLCH, H., Bilanzierung von Investment Properties, S. 270. Vgl. zum Erfordernis der zeitlichen Entsprechung von Zähler- und Nennergröße auch BAETGE, J./KIRSCH, H.-J./THIELE, S., Bilanzanalyse, S. 151.

Yield vergleichsweise glaubwürdig im Sinne der IFRS dem internen Rechnungswesen entnehmen lassen, weil vor allem die Möglichkeiten zur Manipulation stark eingeschränkt sind, könnte der Zinssatz möglicherweise zur Plausibilisierung anderer Zinssätze herangezogen werden. Dies dürfte indes nur dann der Fall sein, wenn die eigentliche Transaktion vergleichsweise zeitnah stattgefunden hat. Aufgrund von Marktschwankungen sollte indes auch ein solcher Hinweis nicht überbewertet werden.

443.4 Internal Rate of Return

Die **Internal Rate of Return** wird auch als Interner Zinssatz bezeichnet.[1259] Hierbei wird der Zinssatz ermittelt, bei dem der Barwert der gesamten Investitionszahlungen Null ergibt.[1260] Zur Berechnung wird auf erwartete Cashflows und den zugehörigen Kaufpreis vergleichbarer Immobilien zurückgegriffen.[1261] ZÜLCH kritisiert hier, dass zur Berechnung der Internal Rate of Return bereits der Marktwert und die Cashflows einer vergleichbaren Immobilie bekannt sein müssen. Sofern ein solcher Marktwert bekannt wäre, stellt sich die Frage, warum nicht anstelle des barwertorientierten Verfahrens auf ein Vergleichswertverfahren abgestellt wird.[1262]

Die Internal Rate of Return lässt sich wiederum in zwei verschiedene Zinssätze unterteilen.[1263] Die klassische Internal Rate of Return, bei der sämtliches Mietwachstum im Cashflow berücksichtigt wird, wird auch als **Equated Yield** bezeichnet.[1264] Da bei der Internal Rate of Return im Sinne eines Equated Yield keine Wachstumserwartungen im Zinssatz berücksichtigt werden, ist dieser Zinssatz nicht mit dem All Risk Yield vergleichbar und kann diesen daher auch nicht approximieren.[1265] Er ist daher für eine Fair Value-Bewertung mit dem Income Capitalization Approach regelmäßig nicht geeignet.

Der **Equivalent Yield** hingegen unterscheidet sich vom Equated Yield, da hier wie beim Liegenschaftszinssatz alle Erwartungen bezüglich der künftigen Entwicklung implizit im Zinssatz enthalten sind. Der Equivalent Yield ist der Zinssatz bei dem der Barwert der Investition Null ist, wenn im Zähler keine Wachstumserwartungen enthalten sind.[1266] Somit handelt es sich inhaltlich um einen All Risk Yield,[1267] der bei einem rack-rented property dem Initial Yield entspricht. Leicht ab-

---

[1259] Vgl. KÜHNBERGER, M., Bilanzierung und Bewertung von Immobilien nach IFRS, S. 158.

[1260] Vgl. GONDRING, H., Immobilienwirtschaft, S. 622 f.; KÜHNBERGER, M., Bilanzierung und Bewertung von Immobilien nach IFRS, S. 158; APPRAISAL INSTITUTE, Appraisal of Real Estate, S. 463; JANSSEN, O., Simulationen, S. 194. Sofern die Internal Rate of Return keine Markterwartungen, sondern die Erwartungen des individuellen Investors reflektiert, ist der Zinssatz nicht zur Marktwertermittlung und somit auch nicht zur Fair Value-Bewertung geeignet. Vgl. dazu auch IVSC, ED IVS 2011, IVS 303.01, Tz. 18; IVSC, Staff Draft IVS 2011, IVS 230, Tz. C19.

[1261] Vgl. KÜHNBERGER, M., Bilanzierung und Bewertung von Immobilien nach IFRS, S. 158.

[1262] Vgl. ZÜLCH, H., Bilanzierung von Investment Properties, S. 263 f. So auch BECK, M., Wertermittlung bei Immobilien, S. 361; ERNSTBERGER, J./KRAUS, C., Vorschriften des IVSC, S. 397 f.

[1263] Vgl. WHITE, D./TURNER, J./JENYON, B./LINCOLN, N., Internationale Bewertungsverfahren, S. 37.

[1264] Vgl. auch IVSC, IVS 2007, GN 9, Tz. 3.4; WHITE, D./TURNER, J./JENYON, B./LINCOLN, N., Internationale Bewertungsverfahren, S. 34. Hieran wird konzeptionell u. a. die implizite Wiederanlageprämisse zur Internal Rate of Return kritisiert. Vgl. u. a. BEYERLE, T., Renditespektrum, S. 3.

[1265] Vgl. WHITE, D./TURNER, J./JENYON, B./LINCOLN, N., Internationale Bewertungsverfahren, S. 31.

[1266] Vgl. LEOPOLDSBERGER, G./THOMAS, M./NAUBEREIT, P., Immobilienbewertung, S. 503; WHITE, D./TURNER, J./JENYON, B./LINCOLN, N., Internationale Bewertungsverfahren, S. 33 f.; SIMON, J., Europäische Standards, S. 136.

[1267] Vgl. PETO, R./FRENCH, N./BOWMAN, G., Price and worth, S. 88.

weichend hierzu wird unter dem Equivalent Yield bei Anwendung des DCF-Verfahrens auch der Zinssatz verstanden, der das gewichtete Mittel des Zinssatzes mit Wachstumserwartungen für die ewige Rente und des Zinssatzes ohne Wachstumserwartungen für die Detailplanungsphase darstellt. Es handelt sich somit um eine Art Durchschnittszinssatz.[1268] Dieser Zinssatz nähert sich aufgrund des Verhältnisses von (kurzer) Detailplanungsphase zu ewiger Rente regelmäßig der Definition des Equivalent Yield im Income Capitalization Approach an.[1269] Die Interpretation des Equivalent Yield ist somit von der Interpretation im Kontext des Income Capitalization Approach bzw. des DCF-Verfahrens abhängig. Insgesamt lässt sich feststellen, dass es sich bei dem Equivalent Yield im Income Capitalization Approach lediglich um eine synonyme Bezeichnung für den All Risk Yield handelt. Er wäre wiederum beispielsweise über einen Initial Yield zu bestimmen.

443.5 Kapitalmarktorientierter Zinssatz

Alternativ zur Ermittlung des Zinssatzes über den Immobilienmarkt könnte der All Risk Yield auch über den **Kapitalmarkt** ermittelt werden.[1270] Hierbei würde sich der Zins aus dem risikolosen Zinssatz und einer Risikoprämie zusammensetzen, wobei letztere über das CAPM (Capital Asset Pricing Model) ermittelt werden könnte. Das CAPM besteht aus dem risikolosen Zinssatz, der um die Marktrisikoprämie (Marktrendite abzüglich risikolosem Zinssatz) multipliziert mit einem adäquaten Beta-Wert erhöht wird.[1271] Bei der Verwendung kapitalmarktorientierter Zinssätze ist der so ermittelte Brutto-Marktwert einer Immobilie regelmäßig um die Erwerbsnebenkosten des Käufers zu mindern, da diese im Zinssatz nicht berücksichtigt werden.[1272] Im Folgenden wird untersucht, ob das CAPM eine realistische Alternative vor allem zum Initial Yield darstellt. Daher liegt der Fokus darauf, inwiefern die hierfür erforderlichen Daten für das sonst zur Unternehmensbewertung genutzte Konzept für die Immobilienbewertung zur Verfügung stehen.

Der **risikolose Zinssatz** könnte entweder als Stichtagszins in Form sogenannter Spot Rates oder als durchschnittlicher Zinssatz langfristiger Staatsanleihen ermittelt werden.[1273] Da nur der Stichtagszins hinreichend in der Lage ist, die Erwartungen des Markts zu reflektieren und gleichzeitig hinreichend objektiv ermittelt werden kann, sollte indes nur ein solcher verwandt werden.[1274] Im Bewertungszeitpunkt sind dafür Spot Rates für Null-Kupon-Anleihen für die gesamte Restnutzungsdauer

[1268] Vgl. ähnlich IVSC, IVS 2007, GN 9, Tz. 5.9.3.5; BAUM, A./MACKMIN, D./NUNNINGTON, N., Income Approach, S. 253.

[1269] Vgl. im Ergebnis WHITE, D./TURNER, J./JENYON, B./LINCOLN, N., Internationale Bewertungsverfahren, S. 33 f. und 100.

[1270] Vgl. auch KÜHNBERGER, M., Bilanzierung und Bewertung von Immobilien nach IFRS, S. 158; LISTER, M., Die Auswahl des „richtigen" Kalkulationszinses, S. 192-198.

[1271] Vgl. ausführlich zum CAPM COPELAND, T./KOLLER, T./MURRIN, J., Valuation, S. 214-226; PERRIDON, L./STEINER, M./RATHGEBER, A., Finanzwirtschaft der Unternehmung, S. 261-268. Vgl. für allgemeine Probleme bei der Anwendung des CAPM und damit verbundenen Ermessensspielräumen ESSER, M., Goodwillbilanzierung, S. 215-217. Auch empirisch vermag das CAPM nicht grundsätzlich zu überzeugen. Vgl. HAGEMEISTER, M./KEMPF, A., CAPM und erwartete Renditen, S. 145-164.

[1272] Vgl. KLEIBER, W., Internationale Bewertungsverfahren, S. 200 f.

[1273] Vgl. zu dieser Problematik auch BAETGE, J./NIEMEYER, K./KÜMMEL, J./SCHULZ, R., DCF-Verfahren, S. 362 f.

[1274] Vgl. ausführlich KOELEN, P., Bewertungskalküle, S. 143-146; detailliert FRIEDRICHS, J.-C., Zinssätze in Wertermittlungen, S. 66-71. So auch KLEIBER, W., Verkehrswertermittlung, S. 1646; BEHRENDT, W./BAUMUNK, H., Diskontierungszinssätze, S. 11. A. A. HINRICHS, K./SCHULTZ, E., DCF in der Praxis, S. 269.

der Immobilie erforderlich, um die Zinsstrukturkurve und letztlich den einheitlichen risikolosen Zinssatz ableiten zu können (Laufzeitäquivalenz).[1275] In der Immobilienbewertung werden häufig vereinfachend 10-jährige Anleihen verwandt.[1276] Hierbei wird vernachlässigt, dass bis zu einer erforderlichen Restlaufzeit von 30 Jahren auf die NELSON/SIEGEL/SVENSSON-Methode vergleichsweise einfach zurückgegriffen werden kann.[1277] Für darüber hinausgehende Laufzeiten, wie sie bei Immobilien regelmäßig auftreten dürften, wird die Annahme relevant, dass die Zinsstrukturkurve immer flacher wird und gegen einen bestimmten Wert konvergiert.[1278] Um mögliche Fehler zu vermeiden, sollte hier der Empfehlung des FAUB gefolgt werden, den Zinssatz mit einer Laufzeit von 30 Jahren als nachhaltigen Schätzer zu verwenden, sofern die Restnutzungsdauer 30 Jahre oder länger beträgt.[1279]

Zu dem risikolosen Zinssatz ist die Differenz aus Marktrendite und risikolosem Zinssatz multipliziert mit dem Beta-Wert der Immobilie zu addieren, wobei der Beta-Wert das Maß für das systematische Risiko darstellt.[1280] Die **Marktrendite** kann in Deutschland etwa durch die Rendite des CDAX ermittelt werden.[1281] Da hierbei indes nur auf die regionalen Anleger abgestellt würde, kann es sinnvoll sein im Rahmen der internationalen Rechnungslegung auf europäische Aktienindizes oder sogar auf den MSCI-World Index zurückzugreifen.[1282]

Schwieriger ist hingegen die Ermittlung des **Beta-Werts**, da aufgrund der Heterogenität und geringen Umschlagshäufigkeit von Immobilien sowie der Intransparenz des Immobilienmarkts regelmäßig keine Beta-Werte für einzelne Immobilien ermittelt werden können.[1283] Der Beta-Wert für Immobilien wird daher in der Regel durch die Beta-Werte von einzelnen Immobilienaktiengesellschaften oder denen ganzer Immobilienaktienindizes approximiert.[1284] Indes ist es sehr umstritten, ob der Beta-Wert ganzer Immobilienaktiengesellschaften oder auch von Immobilienindizes den Beta-Wert einzelner Immobilien adäquat abbilden kann.[1285] In einer empirischen Studie der Jahre 1992 bis 2008 konnte für Großbritannien und die USA gezeigt werden, dass sich Immobilienaktien kurzfristig eher an der Entwicklung des Kapitalmarkts denn an der des Immobilienmarkts orientieren. Erst

---

1275 Vgl. BAETGE, J./NIEMEYER, K./KÜMMEL, J./SCHULZ, R., DCF-Verfahren, S. 363-367.

1276 Vgl. MÜNCHEHOFE, M./SPRINGER, U., RO-Verfahren, S. 259; HINRICHS, K./SCHULTZ, E., DCF in der Praxis, S. 269. Diese Vereinfachung empfiehlt auch HUSCHKE. Vgl. HUSCHKE, C., Immobilienbewertung, S. 143.

1277 Vgl. ausführlich zu dieser Methode WIESE, J./GAMPENRIEDER, P., Ableitung des Basiszinssatzes, S. 1722-1726; FRIEDRICHS, J.-C., Zinssätze in Wertermittlungen, S. 74-83.

1278 Vgl. WIESE, J./GAMPENRIEDER, P., Ableitung des Basiszinssatzes, S. 1723 f.

1279 Vgl. IDW (Hrsg.), Ergänzende Hinweise des FAUB, S. 491. So auch KOELEN, P., Bewertungskalküle, S. 146; ähnlich KÜMPEL, T., Finanzinvestitionen, S. 24.

1280 Vgl. PERRIDON, L./STEINER, M./RATHGEBER, A., Finanzwirtschaft der Unternehmung, S. 267.

1281 Vgl. CREUTZMANN, A./HEUER, A., Der Risikozuschlag, S. 1302.

1282 Vgl. DÖRSCHELL, A./FRANKEN, L./SCHULTE, J./BRÜTTING, C., Risikozuschläge, S. 1157-1159.

1283 Vgl. WÖHLE, C. B., Moderne Immobilienbewertung, S. 220; KÜMMEL, J., Fair Value-Ermittlung mit Barwertkalkülen, S. 186; MÜNCHEHOFE, M./SPRINGER, U., RO-Verfahren, S. 262; BAUM, A./CROSBY, N., Property Investment Appraisal, S. 76. GORDON hofft diesbezüglich, dass es mit zunehmender Transparenz der Immobilienmärkte einfacher sein sollte, dass CAPM adäquat anzuwenden. Vgl. GORDON, J., Europa, S. 4.

1284 Vgl. zu dieser Thematik auch ausführlich BIENERT, S., Ertragswertverfahren, S. 364-366; BEHRENDT, W./BAUMUNK, H., Diskontierungszinssätze, S. 11.

1285 Vgl. kritisch u. a. SCHUBACH, F., Wertermittlung, S. 15; BEHRENDT, W./BAUMUNK, H., Diskontierungszinssätze, S. 11; FREIBERG, J., § 16, Tz. 93 f.

in der Langzeitbetrachtung verbessert sich das Bild.[1286] Hinzu kommt, dass durch die Risikostreuung der Immobilienunternehmen in viele Immobilien, verbunden mit der Tatsache, dass viele Immobiliengesellschaften auch andere Geschäftsbereiche haben, es zweifelhaft ist, ob hierdurch wirklich das Risikoprofil der einzelnen Immobilie abgebildet wird.[1287] Gerade die vergleichsweise größere Heterogenität verbunden mit der größeren Illiquidität von Immobilien lässt dieses Modell, vor allem in Hinblick auf die Risikoäquivalenz, fragwürdig erscheinen.[1288]

Zudem sind Immobilien nicht beliebig teilbar, wie dies etwa bei Immobilienaktien der Fall ist. Daher ist es fraglich, inwiefern das systematische Risiko alleine die Risikosituation einer einzelnen Immobilie adäquat abzubilden vermag.[1289] Bei Anwendung des CAPM könnte indes systemimmanent das unsystematische Risiko nicht berücksichtigt werden.[1290] Demzufolge dürften regelmäßig Zuschläge auf den Beta-Wert für objekt- oder marktspezifische Risiken erforderlich sein,[1291] die wiederum nur schwer objektiviert werden können.[1292] Diese Zuschläge würden das systematische Risiko um das unsystematische Risiko der Immobilie ergänzen, das noch nicht im Beta-Wert berücksichtigt wurde.[1293] Aufgrund der Objektivierungsprobleme und der modelltheoretischen Grenzen wird das CAPM für die Immobilienbewertung allgemein folglich abgelehnt.[1294] Hinzu kommt, dass der diesem Konzept zugrundeliegende Zusammenhang zwischen Kapital- und Immobilienmarkt bisher so auch noch nicht empirisch belegt werden konnte.[1295]

1286 Je länger der Beobachtungshorizont umso besser ist die Korrelation von Immobilienaktien und Immobilienmarkt. Vgl. detailliert SCHÄTZ, A./SEBASTIAN, S., Immobilienaktien, S. 842 f.

1287 Vgl. BIENERT, S., Ertragswertverfahren, S. 368 f.; so auch KÜHNBERGER, M., Bilanzierung und Bewertung von Immobilien nach IFRS, S. 157; WALBRÖHL, V., Immobilienanlageentscheidung, S. 111; BEHRENDT, W./BAUMUNK, H., Diskontierungszinssätze, S. 11; ähnlich FROLAND, C./GORLOW, R. M./SAMPSON, R., The market risk of real estate, S. 18.

1288 Vgl. KÜHNBERGER, M., Bilanzierung und Bewertung von Immobilien nach IFRS, S. 157. Alternativ gibt es auch Überlegungen statt auf immobilienaktienbasierte Indizes auf bewertungsbasierte Indizes zurückzugreifen. Diese basieren in der Regel auf Portfolios großer institutioneller Anleger, die mindestens jährlich neu bewertet werden. Da hierbei indes nur auf die Unterschiede in der Bewertung nicht aber auf eigentliche Transaktionen abgestellt wird, ist die Genauigkeit der Bewertung nicht gewährleistet. Vgl. REHKUGLER, H., Rendite und Risiko, S. 32 f.

1289 Vgl. ZÜLCH, H., Bilanzierung von Investment Properties, S. 269; BAUM, A./CROSBY, N., Property Investment Appraisal, S. 55 f. Kritisch hierzu REHKUGLER, der die Frage offen lässt, ob das unsystematische Risiko bei der Marktwertermittlung berücksichtigt werden darf. Vgl. REHKUGLER, H., Rendite und Risiko, S. 43. Demgegenüber ist LUSHT der Meinung, dass eine vollständige Diversifizierung bei der Investition in Immobilien nicht möglich ist. Vgl. LUSHT, K. M., Real Estate Valuation, S. 393.

1290 Vgl. auch KÜMMEL, J., Fair Value-Ermittlung mit Barwertkalkülen, S. 185 f.; detailliert ZÜLCH, H., Bilanzierung von Investment Properties, S. 264-269.

1291 Vgl. BIENERT, S., Ertragswertverfahren, S. 368; WÖHLE, C. B., Moderne Immobilienbewertung, S. 221.

1292 Zur Subjektivität des Beta-Faktors bei Immobilien vgl. auch WINDORFER, C., Bewertung, S. 325.

1293 Vgl. KÜMMEL, J., Fair Value-Ermittlung mit Barwertkalkülen, S. 186.

1294 Vgl. BEHRENDT, W./BAUMUNK, H., Diskontierungszinssätze, S. 11; ZÜLCH, H., Bilanzierung von Investment Properties, S. 273; SCHULTE, K.-W., Immobilienbewertung und Immobilien-Portfoliobewertung, S. 577; ERNSTBERGER, J./KRAUS, C., Vorschriften des IVSC, S. 395; FREIBERG, J., § 16, Tz. 94; ähnlich BECK, M., Wertermittlung bei Immobilien, S. 361; BAUM, A./CROSBY, N., Property Investment Appraisal, S. 76. A. A. FREITAG, M., Immobilienbewertung, S. 97.

1295 Vgl. BEHRENDT, W./BAUMUNK, H., Diskontierungszinssätze, S. 11. Zusätzlich besteht das grundsätzliche Problem, dass im kapitalmarktorientierten Zinssatz per se keine Mietwachstumserwartungen der Immobilie abgebildet werden können, weswegen diese noch zusätzlich (im Fall positiver Wachstumserwartungen) zur Ableitung des All Risk Yield abgezogen werden müssen. Vgl. REHKUGLER, H., Rendite und Risiko, S. 41; BIENERT, S., Ertragswertverfahren, S. 368.

Statt des Rückgriffs auf das CAPM zur Bestimmung des Diskontierungszinssatzes wird daher teilweise auch der **risikolose Zinssatz** separat um die einzelnen **Risikobestandteile** bzw. **impliziten Wachstumsparameter** erhöht bzw. vermindert.[1296] Diese Möglichkeit ist indes eher theoretischer Natur,[1297] da gerade die Bestimmung der einzelnen Parameter praktisch nur schwer möglich sein dürfte.[1298] Daher ist diese Vorgehensweise für eine Immobilienbewertung im Rahmen der IFRS abzulehnen.

443.6 Zusammenfassende Beurteilung des Diskontierungszinssatzes beim Income Capitalization Approach

Bei der Diskontierung des Net Operating Income im Rahmen des Income Capitalization Approach ist ein sogenannter All Risk Yield erforderlich, dessen Ermittlung indes problematisch ist. Der All Risk Yield soll die Wachstumserwartungen der Marktteilnehmer berücksichtigen. Über den **Kapitalmarkt** kann dieser Zinssatz regelmäßig nicht approximiert werden,[1299] da bei einem Rückgriff auf das CAPM aufgrund der Unterschiede zwischen Immobilien und Anlagen in Immobilienaktien keine risikoadäquaten Zinssätze ermittelbar sind. Außerdem werden in einem solchem Zinssatz die Mietwachstumserwartungen nicht implizit berücksichtigt, so dass sie expliziert werden müssten, was mit subjektivem Ermessen und Unsicherheit verbunden wäre. Eine eigene Konstruktion des Zinssatzes mit Hilfe des risikolosen Zinssatzes und einer Risikoprämie, die sich aus den einzelnen Risiko- und Wachstumskomponenten der Immobilie zusammensetzt, wäre zwar konzeptionell geeignet und grundsätzlich für eine Fair Value-Bewertung zulässig. Diese Vorgehensweise scheidet indes aufgrund der Komplexität und somit der praktisch sehr schwierigen, höchst subjektiven Bestimmung für eine Fair Value-Bewertung von Renditeimmobilien gewöhnlich ebenfalls aus. Eine Bewertung ist hierbei aufgrund der hohen Bewertungsunsicherheit regelmäßig nicht sachgerecht möglich und die Entscheidungsnützlichkeit eines solchen Fair Values dürfte mithin häufig nicht gegeben sein.[1300]

Damit verbleibt lediglich eine Ermittlung über den **Immobilienmarkt**. Die klassische **Internal Rate of Return** (Equated Yield) ist für den Income Capitalization Approach nicht geeignet, da der Zinssatz die Erwartungen des Markts an die künftige Entwicklung u. a. der Mieteinnahmen nicht implizit berücksichtigt. Dieser Zinssatz wäre explizit um die Wachstumserwartungen anzupassen, damit er in Form einer Equivalent Yield zur Diskontierung geeignet wäre. Außerdem ergäbe sich bei der Bestimmung der Internal Rate of Return das Problem, dass der Bewerter die künftige Entwicklung der Cashflows der Immobilie selbst und einer vergleichbaren Immobilie prognostizieren

[1296] Vgl. LUSHT, K. M., Real Estate Valuation, S. 394-396; REHKUGLER, H., Rendite und Risiko, S. 41.

[1297] Vgl. am Beispiel des konzeptionell sehr ähnlichen Liegenschaftszinssatzes ausführlich FRIEDRICHS, J.-C., Zinssätze in Wertermittlungen, S. 102-109. Diese Möglichkeit dient eher der Erläuterung als der Ermittlung des All Risk Yield. Vgl. zur Zusammensetzung auch THÖNE, C., Britische Bewertungsverfahren, S. 588.

[1298] Vgl. LEOPOLDSBERGER, G./THOMAS, M./NAUBEREIT, P., Immobilienbewertung, S. 502; SCARRETT, D., Five methods, S. 58 f.; O. V., Yields, S. 117, zitiert nach: THOMAS, M., Income Approach (1. Teil), S. 38. SOTELO bezeichnet dies sogar als unmöglich. Vgl. SOTELO, R., WertV, S. 94 f.

[1299] Kritisch zur Anwendung von Zinssätzen aus Wertpapiermärkten zur Bewertung von Immobilien auch KISHORE, R., Discounted cash flow analysis, S. 68.

[1300] So weist auch der IASB in CF.QC16 darauf hin, dass eine sehr hohe Bewertungsunsicherheit dazu führen kann, dass ein Schätzwert nicht mehr entscheidungsnützlich ist.

bzw. kennen müsste, um Vergleichbarkeit festzustellen und um anschließend die Zinssätze zu ermitteln. Hier ergäbe sich zusätzlicher subjektiver Ermessensspielraum, da die Wachstumsannahmen zum einen nur schwer objektivierbar und zum anderen auch so gut wie nicht falsifizierbar sein dürften. Aufgrund der vielen subjektiven Einflüsse, dürften die Nachprüfbarkeit und die Glaubwürdigkeit und somit auch die Entscheidungsnützlichkeit des Zinssatzes im Sinne der IFRS begrenzt sein. Außerdem stellt sich die Frage, warum nicht gleich auf das Vergleichswertverfahren im Sinne der Inputhierarchie des IFRS 13 zurückgegriffen wird, wenn bereits die Marktwerte vergleichbarer Immobilien bekannt sind.

Somit verbleibt neben dem **Current Yield**, der aufgrund der fehlenden zeitlichen Entsprechung von Zähler- und Nennergröße ausscheidet, lediglich der **Initial Yield**. Sofern Informationen zu entsprechenden vergleichbaren Immobilientransaktionen vorliegen, kann diese Rendite vergleichsweise objektiv ermittelt werden. Bevorzugt sollte hier auf öffentlich verfügbare Informationen zurückgegriffen werden, da der Zinssatz so im Sinne der zweiten Ebene des IFRS 13 über den Markt objektiviert wäre. Indes sind regelmäßig **objektspezifische Anpassungen** erforderlich, die mit Ermessensspielräumen verbunden sind. Dies dürfte auch bei einem am Markt beobachtbaren Zinssatz dazu führen, dass durch die subjektiven Anpassungen der insgesamt ermittelte Marktwert wiederum auf der dritten Ebene der Inputhierarchie des IFRS 13 anzusetzen wäre. Sofern entsprechende marktobjektivierte Zinssätze nicht vorhanden sind oder wenn der (marktübliche) Initial Yield intern so ermittelt werden kann, dass weniger (objektspezifische) Anpassungen erforderlich wären, so sollte er mit Hilfe der Daten des internen Rechnungswesens ermittelt werden, was im Sinne des Management Approach bei Planungsdaten tendenziell zu geringeren Manipulationsanreizen und bei historischen Daten zu geringeren Manipulationsmöglichkeiten führt. Diese Option dürfte sich vor allem für größere Immobiliengesellschaften bieten. Trotz der Ermessensspielräume, die bei der Ermittlung des Zinssatzes verbleiben, scheint der Initial Yield der Zinssatz zu sein, der sowohl die konzeptionellen Anforderungen an einen Diskontierungszinssatz beim Income Capitalization Approach erfüllt, als auch noch vergleichsweise objektiviert im Sinne der IFRS zu ermitteln ist. Er sollte daher bei Anwendung des Income Capitalization Approach im Rahmen der Fair Value-Bewertung vorrangig angewandt werden.

443.7 Diskontierung bei over- und underrented properties

Für den Income Capitalization Approach gilt ähnlich wie für das Ertragswertverfahren nach ImmoWertV, dass bei over- und underrented properties besondere Abzinsungsaspekte zu berücksichtigen sind. Es dürfte aufgrund der Kombinationsmöglichkeiten regelmäßig nicht realistisch sein, genügend vergleichbare Immobilien mit identischen Vertragsbestimmungen zu ermitteln, um marktobjektivierte Renditen zu bestimmen. In der Regel muss daher der **All Risk Yield** im Term den veränderten Bedingungen **angepasst** werden.[1301] Neben der Anpassung aufgrund von veränderten Mietausfallrisiken und veränderten Mieterhöhungspotentialen,[1302] besteht hier ebenso wie beim

[1301] Vgl. PETO, R./FRENCH, N./BOWMAN, G., Price and worth, S. 90; KORMAIER, B., Income Capitalisation Model, S. 383.

[1302] Vgl. hierzu ausführlich die Ausführungen in Kap. 332.42.

Ertragswertverfahren das Erfordernis einer Wachstumsanpassung, um die (doppelte) Berücksichtigung von Wachstum zu vermeiden.[1303]

Wie bereits in Kap. 442.5 ausgeführt, ist diese Anpassung bei Anwendung des Top and Bottom Slicing Models, das mit dem **Hardcore Model** vergleichbar ist, besonders schwierig. Eine Korrektur der Wachstumsraten ist auch beim Hardcore Model eher umständlich und erfordert regelmäßig neben der horizontalen Teilung der Cashflows eine zusätzliche vertikale Teilung.

Daher erscheint eine Anwendung des **Term and Reversion Models** zunächst sachgerechter. Hierbei sollten sowohl bei over- als auch bei underrented properties im Zinssatz des Terms keine Wachstumserwartungen enthalten sein, um, wie etwa bei Staffelmieten, eine Doppelberücksichtigung von Wachstum zu vermeiden. Dies impliziert, dass ein All Risk Yield entweder um die impliziten Wachstumserwartungen zu erhöhen wäre oder dass auf den Kapitalmarkt zurückgegriffen werden müsste, um mit Hilfe des risikolosen Zinssatzes und einer zu ermittelnden Risikoprämie den Zinssatz zu berechnen. Letztere Methode dürfte aufgrund der Probleme, die bei Anwendung eines kapitalmarktorientierten Zinssatzes auftreten, regelmäßig weniger gut geeignet sein. Für die Reversion könnte nach wie vor der ursprüngliche All Risk Yield angewandt werden.

Sowohl für das Hardcore Model als auch für das Term and Reversion Model werden die Anpassungen des **Mietausfallrisikos** und des **Mieterhöhungspotentials**, wie auch beim Ertragswertverfahren, in der Regel subjektiv vorgenommen, was aus Objektivierungsgesichtspunkten im Sinne der IFRS grundsätzlich zu bemängeln ist. Hinzu kommt, dass, ähnlich dem Ertragswertverfahren, die (Doppel)Berücksichtigung von **Wachstum** zwar als Kritikpunkt genannt wird,[1304] der Zinssatz aber regelmäßig nicht entsprechend korrigiert wird. Dadurch wäre die geforderte Äquivalenz von Zähler und Nenner nicht gegeben.

444. Zinssatz beim DCF-Verfahren

444.1 Diskontierungszinssatz für die Detailplanungsphase

Anders als beim Ertragswertverfahren nach ImmoWertV ist beim DCF-Verfahren strittig, welche Art von Zinssatz (Initial Yield, kapitalmarktorientierter Zinssatz etc.) zu verwenden ist.[1305] Beim DCF-Verfahren werden bei der klassischen Aufteilung in Detailplanungsphase und Restwert regelmäßig mindestens zwei Zinssätze benötigt.[1306] Da für die Detailplanungsphase die nominalen Cashflows inklusive der Mietwachstumserwartungen explizit geschätzt werden, ist im Nenner ein Zins-

[1303] Vgl. zur ausführlichen Diskussion dieser Problematik im Rahmen des Ertragswertverfahrens Kap. 442.5.

[1304] Vgl. GONDRING, H., Immobilienwirtschaft, S. 937; WHITE, D./TURNER, J./JENYON, B./LINCOLN, N., Internationale Bewertungsverfahren, S. 104; BAUM, A./CROSBY, N., Property Investment Appraisal, S. 120 f.; KÖNIGSTEIN, M., Internationale Methoden, S. 287; LEOPOLDSBERGER, G./THOMAS, M./NAUBEREIT, P., Immobilienbewertung, S. 510; BIENERT, S./REINBERG, M. P., Bewertungsverfahren, S. 491; CROSBY, N./GOODCHILD, R., Reversionary Freeholds, S. 69.

[1305] Vgl. BECK, M., Wertermittlung bei Immobilien, S. 360.

[1306] Ähnlich LEOPOLDSBERGER, G., US-Gutachten, S. 7; SIMON, J., Europäische Standards, S. 140. Es wäre auch möglich für jede einzelne Periode der Detailplanungsphase einen eigenen Zinssatz zu ermitteln. Aus Kosten-Nutzen-Überlegungen heraus wird indes regelmäßig ein einziger als sachgerecht betrachtet. Vgl. auch ENGELBRECHT, B., Ordnungsmäßige Immobilienbewertung, S. 261.

satz ohne implizite Mietwachstumserwartungen erforderlich.[1307] Somit muss sich per se bereits der Zinssatz von dem des Income Capitalization Approach unterscheiden.[1308] Für die Phase der ewigen Rente ist ein Zinssatz zu ermitteln, wenn mit der dann erzielbaren Miete der Restwert als ewige Rente abgebildet werden soll. Dieser Zinssatz ist wiederum, wie beim Ertragswertverfahren und beim Income Capitalization Approach, ein Zinssatz mit impliziten Mietwachstumserwartungen, um die Äquivalenz von Zähler und Nenner zu gewährleisten. Grundsätzlich könnten die Zinssätze sowohl auf Immobilien- als auch auf Kapitalmärkten ermittelt werden,[1309] weswegen im Folgenden die bereits bei den anderen Verfahren vorgestellten Zinssätze sowie die Target Rate of Return für das DCF-Verfahren beurteilt werden. Anders als der Zinssatz für den Income Capitalization Approach soll der Diskontierungszinssatz beim DCF-Verfahren, zumindest in der Detailplanungsphase, die **durchschnittlich erwartete Rendite der Marktteilnehmer** für ihr Investment darstellen, da sämtliche Wachstumserwartungen im Zähler beim Cashflow berücksichtigt sind.[1310]

Sofern der Zinssatz anhand von Netto-Renditen ermittelt wird, die auf dem Brutto-Kaufpreis inklusive **Erwerbsnebenkosten** aufsetzen, sind von dem so ermittelten Brutto-Marktwert noch die Erwerbsnebenkosten des Käufers abzuziehen, um den Fair Value zu ermitteln. Dies gilt ebenso für jegliche Art von kapitalmarktorientierten Zinssätzen, da diese per se nicht die am Immobilienmarkt typischen Erwerbsnebenkosten berücksichtigen können.[1311] Werden für Detailplanungsphase und Restwert verschiedene Zinssätze verwandt, kann es erforderlich werden, lediglich für einen der beiden Werte Erwerbsnebenkosten anteilig zu berücksichtigen, sofern diese durch einen Zinssatz, etwa beim Restwert, bereits implizit berücksichtigt sind.[1312] Da Erwerbsnebenkosten vergleichsweise objektiv ermittelt werden können,[1313] wird hierauf im Folgenden nicht weiter eingegangen. Es ist lediglich anzumerken, dass eine einheitliche explizite oder implizite Berücksichtigung von Erwerbsnebenkosten im Rahmen des DCF-Verfahrens zu präferieren wäre.

Häufig wird beim DCF-Verfahren für die erste Phase der **Initial Yield** von rack-rented properties, also ein All Risk Yield, als der anzuwendende Zinssatz vorgeschlagen, da er vergleichsweise objektiv ermittelt werden kann.[1314] Diese marktgestützte Ermittlung des Zinssatzes dürfte zwar durch die IVS gedeckt sein.[1315] Die Überlegung vernachlässigt indes die Tatsache, dass im Initial Yield bereits Wachstumserwartungen enthalten sind, die durch die Prognose der Cashflows beim DCF-Verfahren doppelt berücksichtigt würden.[1316] Um diese Wachstumserwartungen müsste der Zinssatz

[1307] Vgl. NITSCH, H., Inflation, S. 48.
[1308] Vgl. SCHULTE, K.-W., Immobilienbewertung und Immobilien-Portfoliobewertung, S. 569.
[1309] Vgl. THE APPRAISAL FOUNDATION, USPAP 2010-2011, SMT-2.
[1310] Vgl. APPRAISAL INSTITUTE, Appraisal of Real Estate, S. 462 f.
[1311] Vgl. KLEIBER, W., Wertermittlungsverfahren, S. 125.
[1312] Vgl. ausführlich KLEIBER, W., Wertermittlungsverfahren, S. 126; PÖRSCHKE, A., Transaktionskosten, S. 151 f.
[1313] Vgl. auch die Erläuterungen hierzu in Kap. 231.
[1314] Vgl. BEHRENDT, W./BAUMUNK, H., Diskontierungszinssätze (Teil 2), S. 10; ZÜLCH, H., Bilanzierung von Investment Properties, S. 261 f. und 273 f.; FRANK, T., Bilanzierung von Anlageimmobilien, S. 63; BAUMUNK, H., IAS 40, S. 93.
[1315] Vgl. IVSC, IVS 2007, GN 9, Tz. 5.1.
[1316] Vgl. so auch WALBRÖHL, V., Immobilienanlageentscheidung, S. 111; LENZ, T., Bilanzierung von Immobilien, S. 301 f.; MÜNCHEHOFE, M., Liegenschaftszinssatz, S. 37; ähnlich BAUM, A./MACGREGOR, B. D., Initial Yield Revealed, S. 711.

zunächst korrigiert werden,[1317] um äquivalent zum Zähler zu sein. Durch diese Anpassung eröffnen sich wiederum neue Ermessensspielräume und eine Explikation des Wachstums würde erforderlich. Eine Möglichkeit hierzu wäre, den Zinssatz um die Wachstumserwartungen, die im Cashflow explizit prognostiziert werden, zu korrigieren, wenngleich sich hier die Frage stellt, wieso die Wachstumserwartungen dann überhaupt explizit dargestellt werden. Die Genauigkeit dieser Vorgehensweise ist in hohem Maße von der Genauigkeit der Cashflow-Prognosen abhängig.[1318] Positiv wäre hier lediglich die Transparenz, die durch die explizite Offenlegung der erwarteten Wachstumsannahmen möglicherweise erzielt werden könnte. Außerdem würde statt der Initial Yield eine Gesamtkapitalrendite ermittelt, die auch den Vergleich mit anderen Investitionen erlaubt.[1319]

Auch eine Anwendung des **Liegenschaftszinssatzes** wird teilweise in Betracht gezogen.[1320] Aufgrund der dann doppelt berücksichtigten Wachstumserwartungen wird dieser Zinssatz für das DCF-Verfahren indes abgelehnt.[1321] Ähnlich wie der Initial Yield müsste der Liegenschaftszinssatz, da er nicht risikoäquivalent ist,[1322] somit um die Wachstumserwartungen korrigiert werden,[1323] was bei der Analyse des Zinssatzes häufig vernachlässigt wird.[1324] Außerdem verbleibt das konzeptionelle Problem der unterschiedlichen Einflussparameter wie etwa der ortsüblichen Vergleichsmiete versus der Marktmiete oder die separate Berücksichtigung des Bodenwerts,[1325] weswegen der Liegenschaftszinssatz für das DCF-Verfahren keine geeignete Alternative darstellt. Zähler und Nenner wären konzeptionell nicht äquivalent. Aufgrund seiner konzeptionellen Schwächen bei einer Anwendung beim DCF-Verfahren vermag der Liegenschaftszins daher nicht zu überzeugen.

Zusätzlich zu den beim Income Capitalization Approach bereits erwähnten Zinssätzen ist beim DCF-Verfahren noch die **Target Rate of Return** zu betrachten. Diese Zielrendite soll die investitionsspezifischen Anforderungen individuell widerspiegeln[1326] und wird daher vornehmlich für Investitionsüberlegungen benötigt.[1327] Da hierbei auf eine investorspezifische Target Rate of Return und nicht auf die allgemeinen Markterwartungen abgestellt wird, ist diese Rendite regelmäßig für die objektivierte Marktwertermittlung und somit auch für die Fair Value-Bewertung nicht geeignet.[1328]

1317 Vgl. SCHULTE, K.-W., Immobilienbewertung und Immobilien-Portfoliobewertung, S. 577 f. Vgl. für den Zusammenhang zwischen einem Zinssatz mit impliziten Wachstum und einem Zinssatz ohne Wachstumserwartungen auch APPRAISAL INSTITUTE, Appraisal of Real Estate, S. 531 f.

1318 Vgl. so auch LUSHT, K. M., Real Estate Valuation, S. 396.

1319 Vgl. so auch WALBRÖHL, V., Immobilienanlageentscheidung, S. 112.

1320 Vgl. HUSCHKE, C., Immobilienbewertung, S. 148. Befürwortend SCHULTE, K.-W., Immobilienbewertung und Immobilien-Portfoliobewertung, S. 578. A. A. SCHLICHT, K./GEHRI, C., Verkehrswertermittlung, S. 189.

1321 Vgl. u. a. WALBRÖHL, V., Immobilienanlageentscheidung, S. 111; SIMON, J., Europäische Standards, S. 141; ähnlich LEOPOLDSBERGER, G., Immobilienbewertung (Immobilienzyklen), S. 197.

1322 Vgl. ERNSTBERGER, J./KRAUS, C., Vorschriften des IVSC, S. 397.

1323 Vgl. SCHULTE, K.-W., Immobilienbewertung und Immobilien-Portfoliobewertung, S. 578.

1324 Vgl. SCHUBACH, F., Wertermittlung, S. 15.

1325 Vgl. ähnlich KORDUAN, R., Modernisierungskosten, S. 25.

1326 Vgl. LEOPOLDSBERGER, G./THOMAS, M./NAUBEREIT, P., Immobilienbewertung, S. 503; SHAPIRO, E./DAVIES, K./MACKMIN, D., Methods of Valuation, S. 174.

1327 Vgl. NAUBEREIT, P., Harmonisierung, S. 109.; BAUMUNK, H., Immobilien und Immobilienbewertung, S. 195.

1328 Vgl. ähnlich auch IVSC, ED IVS 2011, IVS 303.01, Tz. 18; IVSC, Staff Draft IVS 2011, IVS 230, Tz. C19.

GN 9 der IVS weist explizit auf die Möglichkeit der Diskontierung beim DCF-Verfahren mit einer **Internal Rate of Return** im Sinne eines **Equated Yield** hin.[1329] Hierfür würde der Zinssatz wie auch der Initial Yield empirisch am Immobilienmarkt ermittelt werden.[1330] Diese Möglichkeit wird auch explizit von der GIF, bei dem Versuch das DCF-Verfahren zu standardisieren, genannt.[1331] Vorteilhaft ist, dass die Internal Rate of Return eine Gesamtkapitalrendite darstellt, die mit anderen Investments, außerhalb des Immobilienbereichs, verglichen werden kann.[1332] Sofern entsprechende vergleichbare Transaktionen vorliegen, mag dies auch eine adäquate Lösung darstellen.[1333] Problematisch hieran ist allerdings, dass zur Berechnung des Zinssatzes die künftigen Cashflows der Vergleichsimmobilie explizit geschätzt werden müssten. Es stellt sich die Frage, ob sich überhaupt genug vergleichbare Transaktionen finden lassen, für die entsprechende Zukunftsschätzungen vorliegen.[1334] Letztendlich dürfte diese Methode daher regelmäßig an der Heterogenität von Immobilien und somit der fehlenden Vergleichbarkeit scheitern.[1335] Der Internal Rate of Return steht außerdem entgegen, dass das DCF-Verfahren bei Vorliegen derartig vergleichbarer Immobilientransaktionen unter Umständen im Rahmen der IFRS nicht angewandt werden sollte.[1336] Hier wäre möglicherweise im Sinne der Inputhierarchie des IFRS 13 ein vergleichswertorientiertes Verfahren zu bevorzugen.

Ist die Internal Rate of Return nicht zu ermitteln, kann auch auf einen **kapitalmarktorientierten Zinssatz** zurückgegriffen werden, der sich aus einer risikolosen Rendite und einer Risikoprämie zusammensetzt.[1337] Diese Möglichkeit ist ebenfalls in den IVS vorgesehen.[1338] Vergleichsweise positiv ist hier die Tatsache, dass der kapitalmarktorientierte Zinssatz beim DCF-Verfahren nicht zusätzlich um einen Wachstumsab- oder -zuschlag korrigiert werden müsste.[1339] Somit ist der Ermessensspielraum geringer als dies bei Anwendung eines kapitalmarktorientierten Zinssatzes beim Income Capitalization Approach wäre. Letztendlich verbleibt indes auch hier das Problem der zutreffenden und objektivierten Bestimmung der Risikoprämie, da eine Ermittlung mit dem CAPM,

[1329] Vgl. IVSC, IVS 2007, GN 9, Tz. 5.1.2. So auch MORGAN, J. F. W./HARROP, M. J., Neue Ansätze, S. 128.

[1330] Vgl. FRIEDRICHS, J.-C., Zinssätze in Wertermittlungen, S. 133. Vgl. zur Berechnung auch MÜRLE, M./SCHMITT, G., Discounted-Cash-Flow-Verfahren, S. 2 f.

[1331] Vgl. GIF, Standardisierung des DCF-Verfahrens, S. 14.

[1332] Vgl. BAUM, A./MACGREGOR, B. D., Initial Yield Revealed, S. 711; WERNHART, H., Immobilien-Renditen, S. 102.

[1333] Befürwortend auch SCHULTE, K.-W., Immobilienbewertung und Immobilien-Portfoliobewertung, S. 577 f.; BECK, M., Wertermittlung bei Immobilien, S. 361; HARROP, M. J./MORGAN, J. F. W., Dynamische Bewertungsmethoden, S. 13; BRAND, E., Verfahrenskritik, S. 212.

[1334] Vgl. BAUM, A./MACGREGOR, B. D., Initial Yield Revealed, S. 711. Vgl. hierfür und für weitere Kritikpunkte an der Internal Rate of Return FRIEDRICHS, J.-C., Zinssätze in Wertermittlungen, S. 133-135.

[1335] Ähnlich NAUBEREIT, P., Harmonisierung, S. 218.

[1336] Vgl. ZÜLCH, H., Bilanzierung von Investment Properties, S. 272; BECK, M., Wertermittlung bei Immobilien, S. 361.

[1337] Vgl. BAUM, A./MACGREGOR, B. D., Initial Yield Revealed, S. 711. KLEIBER bezeichnet dies als die übliche Vorgehensweise. Vgl. KLEIBER, W., Verkehrswertermittlung, S. 1645; so auch HIRSCHLER, K./SCHIEBEL, A., Ausgleich von Bewertungsgewinnen, S. 142.

[1338] Vgl. IVSC, IVS 2007, GN 9, Tz. 5.1.

[1339] Vgl. hingegen zum Income Capitalization Approach Kap. 443.5 (Fn. 1295).

vor allem aufgrund von Problemen bei der Bestimmung eines risikoäquivalenten Beta-Werts, im Allgemeinen ausscheidet.[1340]

Alternativ könnte die **Risikoprämie** daher auch pauschal oder durch eine Zerlegung in ihre Bestandteile bestimmt werden.[1341] So wird häufig eine **pauschale Risikoprämie** von 1 bis 3 % auf den risikolosen Zinssatz addiert.[1342] Hierdurch können verschiedene Objektarten und Risikosituationen indes regelmäßig nur unzureichend abgebildet werden,[1343] weswegen diese Vorgehensweise als nicht sachgerecht abzulehnen ist. Möglicherweise könnte die **Risikoprämie** daher durch **Zerlegung** in ihre Bestandteile sachgerechter ermittelt werden.[1344] Hierbei wird indes vernachlässigt, dass es nahezu unmöglich sein dürfte, sämtliche Einflussfaktoren auf den Zinssatz zu identifizieren.[1345] Darüber hinaus werden die Parameter überwiegend subjektiv bestimmt.[1346] Dem Ziel einer objektivierten Bewertung kann somit nicht entsprochen werden.[1347] Es ist daher fraglich, inwiefern ein marktgerechter Wert bei Verwendung von (pauschalen) Risikoprämien ermittelt werden kann.[1348]

Eine weitere Möglichkeit zur Ermittlung der **Risikoprämie** gemäß HINRICHS/SCHULTZ ist daher die **Verknüpfung von Immobilien- und Kapitalmarkt**, wie sie ähnlich von FISCHER bereits für den Liegenschaftszinssatz vorgestellt wurde.[1349] Zunächst wird hierfür der aktuelle risikolose Zinssatz ermittelt, der sodann um den historischen durchschnittlichen Unterschied zwischen Initial Yield und zeitlich zugehörigem risikolosen Zinssatz erhöht wird (Risikoprämie). Da hierdurch letztendlich über den Initial Yield Mietwachstumserwartungen in den Zinssatz eingehen, ist diese Vorgehensweise aus konzeptioneller Sicht ebenfalls abzulehnen. Außerdem stellt sich die Frage nach der Relevanz historischer Daten. So konnten empirisch starke Schwankungen der Differenz zwischen risikolosem Zinssatz und Initial Yield im Zeitablauf festgestellt werden, weshalb diese Vorgehenswei-

---

1340 Vgl. BAUM, A./CROSBY, N., Property Investment Appraisal, S. 76. Vgl. dazu auch ausführlich Kap. 443.5.

1341 Diese Vorgehensweise wird auch durch die GIF als Möglichkeit genannt. Vgl. GIF, Standardisierung des DCF-Verfahrens, S. 14 und 16. Kritisch hierzu NAUBEREIT, P., Harmonisierung, S. 218. Indes wird nicht genannt, wie diese Risikoprämien auf dem Immobilienmarkt ermittelt werden könnten. Auch im ED der IVS wird die Option der Zerlegung der Risikoprämie genannt, sofern eine Bestimmung des Zinssatzes über den Immobilienmarkt nicht möglich ist. Vgl. IVSC, ED IVS 2011, IVS 303.01, Tz. 19; IVSC, Staff Draft IVS 2011, IVS 230, Tz. C20.

1342 Vgl. BEHRENDT, W./BAUMUNK, H., Diskontierungszinssätze, S. 11. Vgl. für den Vorschlag einer Risikoprämie um die 2 % KISHORE, R., Discounted cash flow analysis, S. 65. Für eine individuelle Risikoprämie, ohne diese zu quantifizieren, ist auch ENGEL-CIRIC. Vgl. ENGEL-CIRIC, D., Bewertung von Immobilien, S. 128. Bei dem Versuch einer Plausibilisierung der Bandbreite von 1 bis 3 % mit Hilfe des CAPM und Immobilienaktien ergab sich eher ein Wert am oberen Ende der Bandbreite. Vgl. ausführlich BEHRENDT, W./BAUMUNK, H., Diskontierungszinssätze, S. 11.

1343 Vgl. NAUBEREIT, P., Harmonisierung, S. 216.

1344 Vgl. für Überlegungen zur Zerlegung der Risikoprämie in eine marktorientierte und eine objektspezifische Risikoprämie etwa SHAPIRO, E./DAVIES, K./MACKMIN, D., Methods of Valuation, S. 174 f. Für einen ähnlichen Ansatz vgl. auch RAU, R., Break-Even-Rendite, S. 14. Vgl. befürwortend zu dieser Vorgehensweise BYRNE, P., Fuzzy analysis, S. 22.

1345 Vgl. im Ergebnis auch GEPPERT, H./WERLING, U., ImmoWertV im Fokus, S. 21.

1346 Vgl. BAUM, A./CROSBY, N., Property Investment Appraisal, S. 77 f.; KORDUAN, R., Modernisierungskosten, S. 25; HUSCHKE, C., Immobilienportfolios und Immobilienunternehmen, S. 350.

1347 Vgl. ähnlich HUSCHKE, C., Immobilienbewertung, S. 153; FREIBERG, J., § 16, Tz. 98.

1348 Vgl. ZÜLCH, H., Bilanzierung von Investment Properties, S. 269.

1349 Vgl. hierzu und zu den folgenden Ausführungen HINRICHS, K./SCHULTZ, E., DCF in der Praxis, S. 269 f.

se nicht zu überzeugen vermag.[1350] Werden hingegen aktuelle Daten verwandt, erhält man lediglich den aktuellen Initial Yield, dessen Anwendung beim DCF-Verfahren konzeptionell nicht ohne Anpassungen sachgerecht ist. Ein Rückgriff auf den risikolosen Zinssatz kann dann unterbleiben.[1351] Ferner dürfte es schwierig sein, für einzelne Immobilien(arten) objektspezifische Risikoprämien nach diesem Modell abzuleiten,[1352] weswegen auch dieser Ansatz nicht empfehlenswert ist.

444.2 Diskontierungszinssatz für den Restwert

Der Zinssatz für die **zweite Phase** wird auch als Terminal Capitalization Rate oder Reversion Yield bezeichnet.[1353] Er wird benötigt, um den Restwert, die sogenannte Reversion, zu bestimmen.[1354] Dieser Zinssatz für den Restwert sollte sich regelmäßig von dem der ersten Phase unterscheiden.[1355] Ein Diskontierungszinssatz für den Restwert ist regelmäßig dann erforderlich, wenn der Restwert auf Basis der zuletzt gezahlten Marktmiete des Detailplanungszeitraums oder des darauffolgenden Jahres durch Diskontierung ermittelt werden soll.[1356] Diese Vorgehensweise ist aus Gründen der Bewertungsgenauigkeit regelmäßig einer pauschalen Schätzung des Restwerts vorzuziehen, weil der Restwert teilweise mehr als 50 % des gesamten Werts der Immobilie beträgt.[1357] Da ein solcher Zinssatz ähnlich dem Income Capitalization Approach und dem Ertragswertverfahren wiederum Erwartungen bezüglich künftiger Mietentwicklungen berücksichtigen müsste,[1358] ist die Anwendung des Zinssatzes der ersten Phase konzeptionell nicht möglich.[1359] Demnach ist wie beim Income Capitalization Approach ein **All Risk Yield** anzuwenden.[1360] Hierfür böte sich der Initial Yield an.[1361] Indes kann der Zinssatz unter Umständen etwas höher sein, da er das größere Prognoserisiko des Net Operating Income zum Ende des Detailplanungszeitraums und die dann tendenziell geringere Restnutzungsdauer der Immobilie reflektieren soll.[1362]

444.3 Zusammenfassende Beurteilung des Diskontierungszinssatzes beim DCF-Verfahren

Während sich für die Diskontierung des Restwerts aufgrund der inhaltlichen Nähe zum Income Capitalization Approach wie bei diesem Verfahren ein Initial Yield anbietet, ist die Zinsfrage für die Detailplanungsphase etwas differenzierter zu beurteilen. Beim DCF-Verfahren werden für die

[1350] Vgl. GEPPERT, H./WERLING, U., ImmoWertV im Fokus, S. 21 f.
[1351] Vgl. ähnlich GEPPERT, H./WERLING, U., ImmoWertV im Fokus, S. 21.
[1352] Mögliche Probleme bei der Bestimmung der Datenbasis bei einzelnen Teilmärkten räumen auch die Autoren selbst ein. Vgl. HINRICHS, K./SCHULTZ, E., DCF in der Praxis, S. 269 f.
[1353] Vgl. IVSC, IVS 2007, GN 9, Tz. 5.1.1; ähnlich BIENERT, S./REINBERG, M. P., Bewertungsverfahren, S. 499. Siehe für weitere Begriffe auch APPRAISAL INSTITUTE, Appraisal of Real Estate, S. 527.
[1354] Vgl. IVSC, IVS 2007, GN 9, Tz. 5.1.
[1355] Vgl. BIENERT, S./REINBERG, M. P., Bewertungsverfahren, S. 499.
[1356] Vgl. NAUBEREIT, P., Harmonisierung, S. 140 f. Vgl. für weitere Möglichkeiten zur Ermittlung des Restwerts Kap. 424.2.
[1357] Vgl. SIMON, J., Europäische Standards, S. 140.
[1358] Vgl. ähnlich THE APPRAISAL FOUNDATION, USPAP 2010-2011, SMT-2.
[1359] Vgl. BIENERT, S./REINBERG, M. P., Bewertungsverfahren, S. 499.
[1360] So auch HINRICHS, K./SCHULTZ, E., DCF in der Praxis, S. 268.
[1361] Vgl. hierzu auch die Analyse in Kap. 443.
[1362] Vgl. APPRAISAL INSTITUTE, Appraisal of Real Estate, S. 527; AICPA (Hrsg.), Real Estate Accounting, S. 11-11; ähnlich BAUM, A./CROSBY, N., Property Investment Appraisal, S. 70 f.

Detailplanungsphase verschiedene Zinssätze zur Diskontierung verwandt, wenngleich nicht alle Zinssätze konzeptionell oder aus IFRS-Sicht angemessen sind. So wird häufig auf Initial Yields oder kapitalmarktorientierte Zinssätze zurückgegriffen. Bei Initial Yields ist es problematisch, dass diese bereits Wachstumserwartungen enthalten, die so beim DCF-Verfahren doppelt berücksichtigt würden. Der kapitalmarktorientierte Zinssatz vermag ebenfalls nicht vollständig zu überzeugen, da insbesondere die Möglichkeiten zur Ermittlung der Risikoprämie regelmäßig das Risiko der Immobilie nicht adäquat abzubilden vermögen. Die Target Rate of Return scheidet per se aus, da mit ihr keine Marktwerte sondern nur individuelle Investitionswerte ermittelt werden können.

Am ehesten wäre zur Diskontierung noch die **Internal Rate of Return** geeignet, da sie zum einen aus dem Immobilienmarkt abgeleitet wird und zum anderen rekursiv aus der Gleichung für das DCF-Verfahren ermittelt wird. Damit wäre dieser Zinssatz konzeptionell modellkonform. Diese idealtypische Vorgehensweise zur Zinssatzbestimmung ist indes regelmäßig aufgrund fehlender Vergleichstransaktionen nicht anwendbar bzw., wenn diese denn vorlägen, wäre möglicherweise im Sinne der Inputhierarchie des IFRS 13 ein Vergleichswertverfahren vorzuziehen. Da die Target Rate of Return ausscheidet, verbleiben mangels passender Internal Rate of Return-Schätzungen nur noch der **Initial Yield** und ein **kapitalmarktorientierter Zinssatz**, die dementsprechend zur Diskontierung gewählt werden können. Hierfür wären indes entsprechende Anpassungen vorzunehmen, um den Zinssatz an die Konzeption des DCF-Verfahrens bzw. an die objektspezifischen Besonderheiten anzupassen, wodurch die Ermessensspielräume weiter erhöht würden. Es dürfte regelmäßig eine Ermittlung auf der dritten Ebene der Inputhierarchie des IFRS 13 erforderlich sein.

Letztendlich bleibt festzustellen, dass die Diskontierung im DCF-Verfahren aufgrund der Schwierigkeiten bei der Ermittlung eines konzeptionell geeigneten Zinssatzes einer der **größten Schwachstellen** des Verfahrens ist. Die Möglichkeiten und Anreize zur Manipulation sind teilweise so hoch, dass eine glaubwürdige Abbildung im Sinne der IFRS im Einzelfall zu prüfen wäre. Daher könnte es unter Umständen sachgerechter sein, bei einer objektivierten Wertermittlung andere Verfahren, wie beispielsweise den Income Capitalization Approach, zu verwenden.[1363]

45 Berücksichtigung der Restnutzungsdauer

451. Restnutzungsdauer beim Ertragswertverfahren nach ImmoWertV

Wie andere nicht-finanzielle Vermögenswerte des Anlagevermögens unterliegen auch Immobilien einer **begrenzten Nutzungsdauer**. Dies wird im Rahmen der verschiedenen barwertorientierten Immobilienbewertungsverfahren unterschiedlich berücksichtigt. So begrenzt die Restnutzungsdauer beim Ertragswertverfahren nach ImmoWertV explizit den Zeitraum, für den Mieteinnahmen in die Bewertung einbezogen werden.[1364] Die **Restnutzungsdauer** ist hierbei der Zeitraum, in dem die Immobilie bei ordnungsgemäßer Bewirtschaftung ab dem Bewertungsstichtag voraussichtlich noch

1363 Vgl. für eine parameterübergreifende Würdigung der Verfahren auch Kap. 47.
1364 Vgl. dazu auch Kap. 322.321 und dort Formel 2 und Formel 3.

wirtschaftlich genutzt werden kann (§ 6 Abs. 6 Satz 1 Halbsatz 1 ImmoWertV).[1365] Abgestellt wird hierbei auf die wirtschaftliche, nicht auf die technische,[1366] Nutzungsdauer.[1367] Die Frage nach der weiteren technischen Verwendungsfähigkeit einer Immobilie ist am Ende der wirtschaftlichen Nutzungsdauer somit obsolet.[1368]

Die **Restnutzungsdauer** ergibt sich durch Abzug des Gebäudealters von der Gesamtnutzungsdauer der Immobilie,[1369] wobei zu beachten ist, dass sich die Restnutzungsdauer einer Immobilie durch Modernisierungsmaßnahmen verlängern kann (§ 6 Abs. 6 Satz 1 Halbsatz 2 ImmoWertV).[1370] Zur Bestimmung der Restnutzungsdauer bei modernisierten Gebäuden kann ein Punktrastermodell der AGVGA-NRW verwandt werden. Dieses ordnet etwa einer Verbesserung der Fenster eine entsprechende Punktzahl zu mit deren Hilfe, in Abhängigkeit von der Gesamtnutzungsdauer des Gebäudes, dann die Restnutzungsdauer der Immobilie anhand von Tabellen ermittelt werden kann.[1371] Abgesehen von objektspezifischen Überlegungen gibt es zudem allgemeine Erfahrungswerte (in Tabellenform) zur Gesamtnutzungsdauer bestimmter Immobilien in Abhängigkeit ihrer Nutzungsart.[1372] So beträgt die durchschnittliche Nutzungsdauer eines Mehrfamilienhauses mit keiner oder nur geringer gewerblicher Nutzung ca. 60-80 Jahre.[1373] Tendenziell gilt, dass die Restnutzungsdauer von Büroimmobilien niedriger ist als die von Wohnimmobilien.[1374] Trotz dieser Anhaltspunkte verbleibt indes ein entsprechender Ermessensspielraum beim Bewertenden.[1375]

Die **explizite Berücksichtigung** der Restnutzungsdauer beim Ertragswertverfahren vermag grundsätzlich zu überzeugen, da die Nutzungsdauer wertbeeinflussend ist. Mithin kann der Wert einer individuellen Immobilie genauer abgebildet werden. Der Einfluss der Restnutzungsdauer auf den Marktwert einer Immobilie sinkt indes mit zunehmender Restnutzungsdauer[1376] und kann, wie auch Sensitivitätsanalysen zeigen,[1377] ab circa 50 Jahren regelmäßig vernachlässigt werden.[1378] Da gerade

[1365] Vgl. HOLZNER, P./RENNER, U., Ermittlung des Verkehrswertes, S. 435 f.; METZGER, B., Wertermittlung, S. 107; SIMON, J., Europäische Standards, S. 137.

[1366] Unter der technischen Nutzungsdauer wird die maximale technische Lebensdauer der Immobilie bzw. ihrer einzelnen Teile verstanden. Sie ist i. d. R. länger als die wirtschaftliche Nutzungsdauer. Vgl. detailliert zur technischen und wirtschaftlichen Nutzungsdauer FISCHER, K., Liegenschaftszins (Teil 2), S. 215 f.; ENGELBRECHT, B., Ordnungsmäßige Immobilienbewertung, S. 131 f.

[1367] Vgl. Nr. 3.5.6 WertR 2006; BECK, M., Bewertung nach WertV, S. 229; GEYER, H., Immobilien, S. 79; GIF, Qualitätssicherung, S. 5; BISCHOFF, B., Wertermittlungsrecht, S. 58.

[1368] Vgl. HOLZNER, P./RENNER, U., Ermittlung des Verkehrswertes, S. 435.

[1369] Vgl. ausführlich METZGER, B., Wertermittlung, S. 108-110.

[1370] Vgl. BECK, M., Bewertung nach WertV, S. 229; PETERSEN, H., Marktorientierte Immobilienbewertung, S. 24; GIF, Qualitätssicherung, S. 5. Vgl. zur Berechnung der Restnutzungsdauer u. a. bei durchgeführter Modernisierung METZGER, B., Wertermittlung, S. 107-118; FISCHER, K., Liegenschaftszins (Teil 2), S. 216-220.

[1371] Vgl. dazu detailliert AGVGA-NRW, Modell zur Ableitung von Liegenschaftszinssätzen, S. 14-17. Für eine Erweiterung des Modells vgl. KIERIG, J., Modifizierte Punktrastermethode, S. 56-58. Demgegenüber kann die Restnutzungsdauer bei unterlassener, nicht nachholbarer, Instandhaltung in Relation zu vergleichbaren Immobilien auch kürzer sein. Vgl. GOTTSCHALK, G.-J., Immobilienwertermittlung, S. 360.

[1372] Vgl. dazu etwa Anlage 4 der WertR 2006; GEYER, H., Immobilien, S. 62; HOLZNER, P./RENNER, U., Ermittlung des Verkehrswertes, S. 436.

[1373] Vgl. GEYER, H., Immobilien, S. 62.

[1374] Vgl. JUST, T., Langfristige Trends, S. 39.

[1375] Vgl. FRIEß, R./KORMAIER, B., Fair-Value-Ermittlung, S. 2028.

[1376] Vgl. dazu auch IDW (Hrsg.), WP Handbuch 2008, Tz. A157 und A161.

[1377] Vgl. dazu auch umfassend MOLL-AMREIN, M., Liegenschaftszins, S. 135-143 und 185 f.

die Schätzung langer Restnutzungsdauern mit größeren Unsicherheiten behaftet ist, ist die Schätzproblematik für solche Objekte daher trotzdem eher gering.[1379] Eine Scheingenauigkeit ist hierdurch nicht zu befürchten.[1380] Bei geringeren Restnutzungsdauern, die relevante Auswirkungen auf den Marktwert haben,[1381] sollten genauere Schätzungen möglich sein, die dann auch leichter nachprüfbar und somit objektivierbar sein dürften.[1382] Grundsätzlich sollten Restnutzungsdauern glaubwürdig im Sinne der IFRS zu ermitteln sein.

452. Restnutzungsdauer bei Income Capitalization Approach und DCF-Verfahren

Weder beim **Income Capitalization Approach** noch beim **DCF-Verfahren** wird die Restnutzungsdauer der Immobilie explizit mit Hilfe einer endlichen Cashflow-Betrachtung berücksichtigt, da grundsätzlich eine ewige Rente vorgesehen ist.[1383] Sofern zur Diskontierung ein immobilienmarktorientierter Zinssatz wie der Initial Yield verwandt wird, so berücksichtigt dieser implizit die durchschnittliche Restnutzungsdauer der Vergleichsobjekte, da sich die Zahlungsbereitschaft der Marktteilnehmer auch an der Restnutzungsdauer orientiert hat.[1384] Bei einem kapitalmarktorientierten Zinssatz wäre die Restnutzungsdauer entsprechend bei der Ermittlung der Risikoprämie zu berücksichtigen,[1385] was nur schwer zu objektivieren sein dürfte. Wenn die Restnutzungsdauern der Vergleichsobjekte nicht mit dem zu bewertenden Objekt übereinstimmen, wird die Restnutzungsdauer unzureichend abgebildet.[1386] Dies dürfte zumindest bei einer Restnutzungsdauer von weniger als 50 Jahren problematisch sein.[1387] Daher müssen abweichende Restnutzungsdauern implizit, in der Regel durch **Anpassung** des **Zinssatzes,** abgebildet werden.[1388] Hierfür ist festzustellen, wie hoch die Restnutzungsdauern der Vergleichsobjekte für die Zinssätze sind, um entsprechende Korrekturen bei abweichenden Restnutzungsdauern vornehmen zu können. Problematisch hieran ist,

[1378] Vgl. etwa MÖLLER, K.-W., Liegenschaftszinssätze, S. 346; GONDRING, H., Immobilienwirtschaft, S. 940; ENGELBRECHT, B., Ordnungsmäßige Immobilienbewertung, S. 128 f. HARROP sieht eine Relevanz des Parameters bis zu einer Nutzungsdauer von 60 Jahren als gegeben an. Vgl. HARROP, M. J., Bodenwert, S. 7. MOLL-AMREIN dagegen bezeichnet die Unterschiede bereits ab einer Restnutzungsdauer von 40 Jahren als sehr gering. Vgl. MOLL-AMREIN, M., Liegenschaftszins, S. 136. So auch BECK, M., Wertermittlung bei Immobilien, S. 350; SIMON, J., Deutsche Verfahren, S. 137. METZGER postuliert 40 bis 50 Jahre als die zu beachtende Grenze. Vgl. METZGER, B., Wertermittlung, S. 73. Vgl. auch das Rechenbeispiel in Kap. 461.

[1379] Ähnlich SCHULZ-WULKOW, C., Methoden der Immobilienbewertung, S. 87.

[1380] Vgl. ähnlich HARROP, M. J., Bodenwert, S. 7.

[1381] Vgl. Nr. 3.5.6.2 WertR 2006.

[1382] Vgl. PETERSEN, H., Marktorientierte Immobilienbewertung, S. 25.

[1383] Vgl. KORMAIER, B., Income Capitalisation Model, S. 382. Daher ist das (deutsche) Konzept der Berücksichtigung von Restnutzungsdauern international teilweise schwer zu vermitteln. Vgl. LEYKAM, M., Problemkind Ertragswert, S. 1.

[1384] Vgl. ähnlich SIMON, J., Europäische Standards, S. 137; THOMAS, M., Income Approach (2. Teil), S. 89; FRIEDRICHS, J.-C., Zinssätze in Wertermittlungen, S. 130; BIENERT, S./REINBERG, M. P., Bewertungsverfahren, S. 498.

[1385] Vgl. auch KLEIBER, W., Verkehrswertermittlung, S. 1649 f.

[1386] Vgl. FRIEDRICHS, J.-C., Zinssätze in Wertermittlungen, S. 130.

[1387] Vgl. KORMAIER, B., Income Capitalisation Model, S. 384.

[1388] Vgl. FRIEDRICHS, J.-C., Zinssätze in Wertermittlungen, S. 130; THOMAS, M., Income Approach (2. Teil), S. 89; ähnlich ZURHORST, J., Internationale Bewertungsverfahren, S. 12. Bei Restnutzungsdauern, die 20 Jahre unterschreiten, sieht die GIF beim DCF-Verfahren vor, dass die Detailplanungsphase entsprechend auf diesen Zeitraum terminiert wird und die zweite Phase entfällt bzw. dass nur noch der Bodenwert abzüglich Abrisskosten addiert wird. Vgl. GIF, Standardisierung des DCF-Verfahrens, S. 13; ALTMEPPEN, H., DCF-Verfahren, S. 500.

dass diese Informationen häufig nicht vorliegen. Außerdem wird nicht erläutert, wie diese Anpassungen ermittelt werden könnten. Insgesamt lässt sich daher feststellen, dass erforderliche Anpassungen des Zinssatzes an die individuelle Nutzungsdauer der Immobilie nur vergleichsweise subjektiv und eher ungenau möglich sind.[1389]

Da weder IAS 40 noch IFRS 13 die Art und Weise der Berücksichtigung der Restnutzungsdauer vorschreiben, ist diese Vorgehensweise grundsätzlich möglich. Indes ist die explizite Berücksichtigung der Restnutzungsdauer beim **Ertragswertverfahren**, also eine endliche Cashflow-Betrachtung, aus Objektivierungsgründen einer Anpassung der Zinssatzes vorzuziehen, sofern die Restnutzungsdauer sachgerecht ermittelt werden kann.[1390] Durch die höheren Manipulationsmöglichkeiten bei den internationalen Verfahren aufgrund der Anpassung der Zinssätze an spezielle Restnutzungsdauern ist der so ermittelte Marktwert ceteris paribus weniger glaubwürdig und nachprüfbar und somit auch weniger entscheidungsnützlich im Sinne der IFRS.[1391] Dieser Mangel der internationalen Verfahren im Vergleich zum Ertragswertverfahren nach ImmoWertV wiegt indes weniger schwer, je länger die Restnutzungsdauer der Immobilie ist.[1392] Bei Restnutzungsdauern ab 50 Jahren dürften die Verfahren aufgrund der dann geringen Relevanz der Restnutzungsdauer als diesbezüglich gleichwertig zu bewerten sein.[1393] Dies setzt indes voraus, dass auch die Vergleichsobjekte, die für die Ableitung des Zinssatzes hinzugezogen wurden, entsprechend lange Restnutzungsdauern aufweisen. Durch eine explizite Beachtung der Restnutzungsdauer könnte hingegen regelmäßig eine gleichwertige Bewertung und teilweise (bei geringeren Restnutzungsdauern) sogar eine genauere und objektiviertere Bewertung der Renditeimmobilie erreicht werden. Daher ist die explizite Berücksichtigung der Restnutzungsdauer konzeptionell und aus Sicht der IFRS grundsätzlich zu präferieren.[1394]

46 Berücksichtigung von Bodenwerten

461. Bodenwert beim Ertragswertverfahren nach ImmoWertV

Analog zur Restnutzungsdauer wird auch der Bodenwert beim Ertragswertverfahren nach ImmoWertV **explizit** erfasst (§ 17 Abs. 2 und 3 ImmoWertV). Da von einer endlichen Nutzungsdauer für die bauliche Anlage ausgegangen wird, verbleibt am Ende der Nutzungsdauer das Grundstück mit einer (theoretisch) unendlichen Restnutzungsdauer,[1395] das verkauft oder anderweitig genutzt

---

[1389] So auch SIEGESMUND, R., Deutsche Sachverständige, S. 8.

[1390] Während HARROP/MORGAN eine Schätzung der Restnutzungsdauer als ungenau bezeichnen, wird überwiegend in Deutschland die Meinung vertreten, dass die Restnutzungsdauer genauer abschätzbar ist als erforderliche Anpassungen des Zinssatzes. Vgl. MORGAN, J. F. W./HARROP, M. J., Neue Ansätze, S. 128; BAUMUNK, H., Immobilien und Immobilienbewertung, S. 189; ähnlich KLEIBER, W., Wertermittlungsverfahren, S. 48 f.; SIEGESMUND, R., Deutsche Sachverständige, S. 8.

[1391] Ähnlich SIEGESMUND, R., Deutsche Sachverständige, S. 8.

[1392] Vgl. zur Sensitivität des Parameters Restnutzungsdauer auch FISCHER, K., Liegenschaftszins (Teil 2), S. 221 f.; MOLL-AMREIN, M., Liegenschaftszins, S. 135 f.

[1393] Vgl. SCARRETT, D., Five methods, S. 57 f.; ähnlich GONDRING, H., Immobilienwirtschaft, S. 940. Vgl. auch die Beispielrechnung in Kap. 461.

[1394] So auch KORMAIER, B., Income Capitalisation Model, S. 384; BÖCKEM, H./SCHURBOHM-EBNETH, A., Implementierung von IAS 40, S. 340 f.; KLEIBER, W., Internationale Bewertungsverfahren, S. 197 f.

[1395] Vgl. HARROP, M. J., Bodenwert, S. 7.

werden kann.[1396] Für die Marktwertermittlung wird daher entsprechend der Bodenwert als Restwert zum Ende der Restnutzungsdauer ermittelt. Dafür wird mit dem **Vergleichswertverfahren** für unbebaute Grundstücke der aktuelle Bodenwert berechnet (§ 16 Abs. 1 Satz 1 ImmoWertV)[1397] und mit Hilfe des Liegenschaftszinssatzes auf den Wertermittlungsstichtag diskontiert.[1398] Da Grundstück und bauliche Anlage als Immobilie eine Einheit bilden, scheint auch die Diskontierung mit dem gleichen Zinssatz angemessen.[1399] Der Liegenschaftszinssatz berücksichtigt implizit neben u. a. der erwarteten Mietentwicklung auch die erwartete Bodenwertsteigerung, weswegen der Wert des Bodens zum Wertermittlungsstichtag angesetzt werden kann, obwohl der Wert zum Ende der Nutzungsdauer der Immobilie ermittelt werden soll. Durch die Diskontierung mit dem Liegenschaftszins und der darin enthaltenen Wachstumsrate wird die erwartete Wertentwicklung des Bodens implizit berücksichtigt. Alternativ müsste der Bodenwert zum Ende der Nutzungsdauer des Gebäudes als Restwert explizit prognostiziert und dann mit einem Zinssatz ohne Wachstum auf den Wertermittlungsstichtag diskontiert werden,[1400] was schwer zu objektivieren wäre und im Ertragswertverfahren nicht vorgesehen ist. Dies wäre im Sinne einer objektivierten Rechnungslegung weniger glaubwürdig und durch die vielen Ermessensspielräume in Bezug auf den Bodenwert und den entsprechenden Zinssatz möglicherweise nicht sachgerechter als die Diskontierung mit dem Liegenschaftszinssatz, weswegen die Vorgehensweise der ImmoWertV im Vergleich zu einer expliziten Prognose des Bodenwerts auch im Sinne der IFRS zu präferieren ist.

In Deutschland können Bodenwerte gemäß § 16 Abs. 1 Satz 2 ImmoWertV, sofern sie nicht durch unmittelbare Vergleiche ermittelt werden können, insbesondere durch die sehr detaillierten **Bodenrichtwertkarten** marktobjektiviert und mit vergleichsweise wenig Ermessensspielräumen ermittelt werden.[1401] Die Glaubwürdigkeit der Werte dürfte somit zumindest in Deutschland gegeben sein.[1402] Sofern der Markt **Freilegungskosten** bei der Wertermittlung berücksichtigen würde, ist der

[1396] Grundstück und bauliche Anlage werden somit solange als eine Einheit bewertet, wie beide Teile bestehen. Nach Untergang der baulichen Anlage verbleibt allein das unbebaute Grundstück, dessen Wert berücksichtigt werden muss. Vgl. ENGELBRECHT, B., Ordnungsmäßige Immobilienbewertung, S. 325.

[1397] Vgl. Nr. 2.3.1 WertR 2006; BOBKA, G., Novelle der WertV, S. 10; SCHLICHT, K./GEHRI, C., Verkehrswertermittlung, S 89. Vgl. zur Ermittlung ausführlich Kap. 322.22. Sofern das Vergleichswertverfahren nicht angewandt werden kann, sind weitere Methoden wie etwa deduktive Verfahren nachrangig möglich, die hier nicht näher erläutert werden sollen. Teilweise werden diese auch zur Berechnung der Bodenrichtwerte nachrangig verwandt, da seit der ImmoWertV auch bei fehlenden Vergleichspreisen Bodenrichtwerte ermittelt werden müssen. Vgl. dazu u. a. GIF, Qualitätssicherung, S. 4; BOBKA, G., Novelle der WertV, S. 10; detailliert zu Bodenrichtwerten gemäß § 10 der ImmoWertV BISCHOFF, B., Wertermittlungsrecht, S. 17-19 und 73-85.

[1398] Vgl. Nr. 3.5.5 WertR 2006.

[1399] Vgl. GONDRING, H., Immobilienwirtschaft, S. 899; SCHULZ-WULKOW, C., Methoden der Immobilienbewertung, S. 87.

[1400] Vgl. ähnlich MOLL-AMREIN, M., Liegenschaftszins, S. 152; FRIEDRICHS, J.-C., Zinssätze in Wertermittlungen, S. 105-107.

[1401] Vgl. detailliert zur Qualität der Bodenrichtwerte KÜTING, K./TRAPPMANN, H./KEßLER, M., Eignung von Bodenrichtwerten, S. 1856-1861. Durch die regelmäßig erforderliche Anpassung der objektivierten Werte an objektspezifische Besonderheiten bzw. aufgrund erforderlicher Plausibilisierungen und damit verbundener Anpassungen können Gestaltungsspielräume nicht vollständig ausgeschlossen werden.

[1402] Vgl. detailliert zur Ermittlung von Bodenrichtwerten METZGER, B., Wertermittlung, S. 37-56. International werden Bodenwerte in der Regel auch mit dem Vergleichswertverfahren ermittelt. Der einzige Unterschied ist, dass bei fehlenden Daten keine Bodenrichtwerte aushelfen. Vgl. ähnlich HARROP, M. J., Bodenwert, S. 7; detailliert

Bodenwert ggf. zusätzlich um diese zu vermindern, sofern sie wesentlich sind. Dies ist bei langen Restnutzungsdauern allerdings regelmäßig nicht der Fall.[1403] Die Wertrelevanz ist im Einzelfall beispielsweise durch Plausibilisierungen zu überprüfen. Diese Vorgehensweise dürfte auch im Sinne von IFRS 13.12 sein.

Mit zunehmender Restnutzungsdauer der Immobilie sinkt auch die Relevanz des Bodenwerts für die Wertermittlung.[1404] In der Literatur wird allgemein bei einer Restnutzungsdauer von über 50 Jahren die Relevanz des Bodenwerts, analog zur Berücksichtigung der Restnutzungsdauer selbst, negiert.[1405] So beträgt der Wertanteil des Bodenwerts beispielsweise bei einer Restnutzungsdauer von 50 Jahren, einem Liegenschaftszins von 6 %, einem jährlichen Reinertrag von 90.000 Euro und einem aktuellen Bodenwert von 500.000 Euro nur 1,88 %.[1406] Würde hierbei c. p. auf die Berücksichtigung der Restnutzungsdauer und des Bodenwerts verzichtet werden, beliefe sich die Bewertungsdifferenz auf lediglich 3,76 %. Vergleicht man nun den Marktwert einer Immobilie mit einer Restnutzungsdauer von 60 Jahren, der mit dem Ertragswertverfahren ermittelt wurde, mit einen Marktwert, der sich ergeben würde, wenn aus den obigen Daten ein Initial Yield (ohne Berücksichtigung von Restnutzungsdauer und Bodenwert) abgeleitet würde, so betrüge die Differenz nur 1,66 %.

462. Bodenwert bei Income Capitalization Approach und DCF-Verfahren

Charakteristisches Merkmal der internationalen Verfahren ist, dass sie **nicht** zwischen **Boden- und Gebäudewert trennen**.[1407] Die Verzinsung des Bodens ist ebenso wie die Restnutzungsdauer implizit im Diskontierungszinssatz wie etwa dem All Risk Yield enthalten.[1408] Damit ergibt sich das gleiche Problem wie bei der Restnutzungsdauer, da der Anteil des Bodenwerts am gesamten Immobilienwert stark variieren kann.[1409] Bei der Ermittlung des All Risk Yield für den Income Capitalization Approach bzw. bei der Zusammensetzung eines Diskontierungszinssatzes für das DCF-Verfahren müsste die Bodenwert-Marktwert-Relation unter anderem bei der Wahl potentieller Vergleichsobjekte berücksichtigt werden, um eine entsprechende Vergleichbarkeit und somit Äquivalenz des Zinssatzes mit dem Bewertungsobjekt zu gewährleisten. Dafür müssten indes die entspre-

---

Appraisal Institute, Appraisal of Real Estate, S. 363. Das Konzept der Bodenrichtwerte ist international nicht bekannt. Vgl. Königstein, M., Internationale Methoden, S. 381; Beck, M., Wertermittlung bei Immobilien, S. 353.

[1403] Vgl. Simon, J., Internationale Bewertungsstandards, S. 274; Nr. 3.5.5 WertR 2006; Kleiber, W., Wertermittlungsverfahren, S. 76; Schlicht, K./Gehri, C., Verkehrswertermittlung, S. 89; Bobka, G., Novelle der WertV, S. 10. Petersen nennt hier Restnutzungsdauern, die zehn Jahre unterschreiten. Vgl. Petersen, H., Marktorientierte Immobilienbewertung, S. 32.

[1404] Vgl. Leopoldsberger, G., Kontinuierliche Wertermittlung, S. 227; Moll-Amrein, M., Liegenschaftszins, S. 144.

[1405] Vgl. Harrop, M. J., Bodenwert, S. 7; Thomas, M., Income Approach (2. Teil), S. 90; Möller, K.-W., Liegenschaftszinssätze, S. 346. Kleiber bezeichnet den Bodenwert bereits bei einer Restnutzungsdauer ab 40 Jahren als nicht mehr wertrelevant. Vgl. Kleiber, W., Ertragswertermittlung, S. 6.

[1406] Vgl. für eine ähnliche Überlegung auch Moll-Amrein, M., Liegenschaftszins, S. 128 und 151.

[1407] Vgl. Harrop, M. J., Bodenwert, S. 7; Kormaier, B., Income Capitalisation Model, S. 380; Brand, E., Verfahrenskritik, S. 211. Da die internationalen Verfahren indes nicht normiert sind, wäre es entgegen der üblichen Praxis durchaus möglich, den Bodenwert separat zu berücksichtigen. Vgl. Hettrich, S./Ritsch, S., DCF-Methode, S. 327.

[1408] Vgl. Baumunk, H., Immobilien und Immobilienbewertung, S. 188; ähnlich Hettrich, S./Ritsch, S., DCF-Methode, S. 327.

[1409] Vgl. Simon, J., Deutsche Verfahren, S. 136.

chenden Relationen für die Vergleichsobjekte erhoben werden, was regelmäßig unterbleibt. Zusätzlich ergeben sich Ermessensspielräume und somit Manipulationsmöglichkeiten für den Bilanzierenden, wenn aufgrund besonders hoher oder niedriger Bodenwerte in Relation zu den Marktwerten Anpassungen der Zinssätze erforderlich werden.[1410] Weder IAS 40 noch IFRS 13 geben hier Hinweise, wie der Bodenwert zu berücksichtigen ist. Im Sinne einer glaubwürdigen Rechnungslegung und einer sachgerechten Bewertung sollte der Bodenwert bei der Fair Value-Bewertung indes separat berücksichtigt werden. Dies würde systemimmanent mit einer Berücksichtigung der Restnutzungsdauer einhergehen, an dessen Ende der Bodenwert zur Verfügung stünde. Dieser müsste dann entsprechend auf den Wertermittlungsstichtag diskontiert werden.[1411] Mithin entsprechen sich die Empfehlungen, sowohl die Restnutzungsdauer als auch den Bodenwert explizit zu berücksichtigen.

Unabhängig hiervon gilt, dass sich bei **längerer Restnutzungsdauer** die Marktwerte aller barwertorientierten Verfahren unabhängig von der Berücksichtigung von Bodenwerten annähern.[1412] Ab einer Restnutzungsdauer von circa 50 Jahren sind somit alle Verfahren bezüglich der Behandlung des Bodenwerts als gleichwertig anzusehen.[1413] Dies wurde ebenfalls bereits für die Restnutzungsdauer konstatiert, die mit dem Bodenwert eng verbunden ist.[1414]

47 Zusammenfassende Beurteilung der Immobilienbewertungsverfahren zur Fair Value-Ermittlung nach IFRS

471. Vorbemerkungen

Nachdem in dem vorangegangenen Abschnitt die einzelnen Parameter der drei betrachteten barwertorientierten Immobilienbewertungsverfahren detailliert dargestellt, individuell beurteilt und ggf. konkretisiert wurden, werden nun die Vor- und Nachteile der einzelnen Verfahren zusammengefasst dargestellt. Grundsätzlich sind alle Verfahren zur Fair Value-Ermittlung im Rahmen der IFRS-Rechnungslegung geeignet, sofern sie sachgerecht angewandt werden.[1415] Durch ihre investitionstheoretische Ausrichtung ist eine genaue und sachgerechte Abbildung von Renditeimmobilien durch Ermittlung des Fair Value gemäß IAS 40 bzw. IFRS 13 zwar grundsätzlich möglich. Durch die Marktobjektivierbarkeit der Parameter, die durch den IFRS 13 weitestmöglich für die Fair Value-Ermittlung gefordert wird, ergeben sich indes Anforderungen, die bei der Beurteilung der

1410 Ähnlich SIMON, J., Deutsche Verfahren, S. 136.

1411 Vgl. dazu auch die Ausführungen zum Ertragswertverfahren in Kap. 461.

1412 Vgl. ähnlich LEOPOLDSBERGER, G., Kontinuierliche Wertermittlung, S. 227.

1413 Vgl. auch die Beispielsrechnung in Kap. 461.

1414 Vgl. dazu Kap. 45.

1415 Vgl. ähnlich LEOPOLDSBERGER, G., Britische Gutachter, S. 6. In der Praxis dominiert zumindest auf deutschen Kapitalmärkten zurzeit keines der Verfahren, wie MÜLLER/WOBBE/REINKE in ihrer Untersuchung gezeigt haben. Vgl. MÜLLER, S./WOBBE, C./REINKE, J., Investment Properties, S. 254. Demgegenüber gibt es in der Literatur unterschiedliche Stimmen, die das eine oder das andere Verfahren als dominierend bezeichnen. So bezeichnet SIMON implizite Wachstumsmodelle wie das Ertragswertverfahren und den Income Capitalization Approach als vorherrschend zur Marktwertermittlung. Vgl. SIMON, J., Internationale Bewertungsstandards, S. 276 f.; so auch ENGEL, R., DCF-Methode, S. 328; KLEIBER, W., Internationale Bewertungsverfahren, S. 195. A. A. BECK, der das DCF-Verfahren als dominierend bezeichnet. Vgl. BECK, M., Bilanzierung nach IAS 40, S. 501. BAUMUNK weist in diesem Zusammenhang zumindest auf den Trend hin, vermehrt mit dem DCF-Verfahren zu bewerten. Vgl. BAUMUNK, H., IAS 40, S. 95; ähnlich WHITE, D./TURNER, J./JENYON, B./LINCOLN, N., Internationale Bewertungsverfahren, S. 107 f.

Vorziehenswürdigkeit einzelner Verfahren zu berücksichtigen sind. Auf der Basis dieser Ergebnisse wird dann im darauffolgenden Kapitel ein Bewertungskalkül für die Abbildung von Renditeimmobilien zum Fair Value vorgeschlagen.

472. Beurteilung des Ertragswertverfahrens nach ImmoWertV

Das **Ertragswertverfahren nach ImmoWertV** ist vergleichsweise stark normiert, was grundsätzlich ein Objektivierungsvorteil ist.[1416] Konzeptionell ist das Ertragswertverfahren ein in sich geschlossenes Bewertungssystem, das, sofern zur Ermittlung des Rohertrags und für die Berechnung des Liegenschaftszinssatzes einheitlich die ortsübliche Vergleichsmiete verwandt wird, systemkonforme Parameter vorsieht. Durch die Normierung der **Bewirtschaftungskosten** kann hier allenfalls die Höhe strittig sein, wenngleich die einzelnen Parameter der Bewirtschaftungskosten im Wesentlichen am Markt objektivierbar oder zumindest plausibilisierbar sein sollten. Kritisch ist hier unter Umständen, dass marktorientierte Erfahrungssätze, die auf der zweiten Ebene der Inputhierarchie des IFRS 13 einzuordnen sind, bei der ImmoWertV erst nachrangig zu internen (historischen) Daten des Objekts zur Anwendung kommen sollen. Die **ortsübliche Vergleichsmiete** kann über öffentlich zugängliche Mietspiegel vergleichsweise gut am Markt objektiviert werden. Davon unbenommen bleibt die Frage, inwiefern die ortsübliche Miete als durchschnittliche Bestands- und Neuvermietungsmiete der letzten vier Jahre überhaupt für die Bewertung des jeweiligen Objekts geeignet ist. Möglicherweise könnte hier die Marktmiete sachgerechter sein. Bei unbefristeten Mietverträgen von overrented properties bzw. von Wohnimmobilien, die underrented sind, kommt zusätzlich die Überlegung hinzu, ob die vertraglich vereinbarten Mieten nicht trotz der damit verbundenen Objektivierungsproblematik für die prognostizierte Dauer des Mietvertrags berücksichtigt werden sollten, da potentielle Käufer von overrents ebenso profitieren würden und an underrents bei Wohnimmobilien prinzipiell ebenfalls erst einmal gebunden wären. Andernfalls würde vor allem bei overrented properties möglicherweise zwar ein vorsichtiger Wert, nicht aber ein neutraler Fair Value im Sinne der IFRS abgebildet. Insgesamt dürfte der Cashflow im Zähler durch die vergleichsweise geringen Manipulationsmöglichkeiten unter Berücksichtigung der systemimmanenten Unsicherheit von Barwertverfahren relativ glaubwürdig zu ermitteln sein. Die Entscheidungsnützlichkeit der Fair Values insgesamt könnte indes, etwa durch die Berücksichtigung unbefristeter Mietverträge bei der Bewertung mit Hilfe des Term and Reversion Models, auch im Hinblick auf IAS 40.40 noch erhöht werden.

Als Schwachstelle des Verfahrens verbleibt die Ermittlung des Diskontierungszinssatzes. Das Modell beruht auf extern ermittelten **Liegenschaftszinssätzen**, die häufig nicht in dem Maße den Anforderungen entsprechen, die das Bewertungsobjekt erfordert. So stehen häufig keine Daten für spezifische Bewertungsobjekte zur Verfügung bzw. die zur Verfügung stehenden Zinssätze sind entsprechend anzupassen, um den Anforderungen des spezifischen Objekts gerecht zu werden. Durch die dadurch erforderlichen prinzipiell subjektiven Anpassungen wird die eigentliche Marktobjektivierung der Werte konterkariert. Der Fair Value dürfte regelmäßig einem Fair Value der dritten Stufe der Inputparameter-Hierarchie gemäß IFRS 13 entsprechen. Außerdem besteht im Fall von zu

[1416] Vgl. TILLMANN, A., Unternehmens- und Immobilienbewertung, S. 336.

berücksichtigenden Vertragsbeziehungen das Problem, dass der Liegenschaftszins trotz eventueller Risikoanpassungen eine implizite Mietwachstumserwartung enthält, die etwa bei Staffelmietverträgen im Term and Reversion Model zu einer Doppelberücksichtigung von Wachstum führen würde.

Positiv hervorzuheben ist die Beachtung der **Restnutzungsdauer** und des **Bodenwerts**, wodurch insbesondere bei kurzen Restnutzungsdauern (<50 Jahren) die Abbildung des Fair Value verbessert wird. Beide Parameter können vergleichsweise objektiv und somit mit relativ geringem Ermessensspielraum ermittelt werden.

Insgesamt kann festgestellt werden, dass die Möglichkeiten zur Manipulation beim Liegenschaftszinssatz, verbunden mit den systemimmanenten Problemen und mit den vorhandenen Anreizen zur Bilanzgestaltung, die Glaubwürdigkeit und die Nachprüfbarkeit und somit c. p. auch die Entscheidungsnützlichkeit des ermittelten Fair Value mindern. Zudem werden die Liegenschaftszinssätze nur national von Gutachterausschüssen zur Verfügung gestellt Zumindest international scheint diese Methode daher so nicht anwendbar, was grundsätzlich im Rahmen der internationalen Rechnungslegung ein offensichtlicher Nachteil ist. Im Zusammenhang mit der fehlenden Anwendbarkeit ist auch die fehlende internationale Akzeptanz zu bemängeln,[1417] so dass diese Methode für international aufgestellte Unternehmen bzw. für solche, die internationale Kapitalanleger ansprechen möchten, wohl eher weniger geeignet ist. Trotz der grundsätzlich überzeugenden konzeptionellen Vorgehensweise ist das Ertragswertverfahren nach ImmoWertV darüber hinaus vor allem durch die Verwendung ortsüblicher Mieten aufgrund einer geringeren Abbildungsgenauigkeit im Vergleich zu einem Verfahren, das Marktmieten berücksichtigt, unterlegen.

473. Beurteilung des Income Capitalization Approach

Dem Ertragswertverfahren nach ImmoWertV sehr ähnlich ist der **Income Capitalization Approach**.[1418] Hier wird ebenso wie beim Ertragswertverfahren auf die explizite Prognose insbesondere der Mietentwicklung und der Bewirtschaftungskosten zugunsten einer marktobjektivierten, impliziten Prognose, die sich durch eine Wachstumsrate im Zinssatz widerspiegelt, verzichtet.[1419] Die Ermittlung der **Bewirtschaftungskosten** dürfte im Wesentlichen der des Ertragswertverfahrens entsprechen. Positiv hervorzuheben ist indes, dass bei Anwendung des Income Capitalization Approach nicht vorgegeben wird, inwiefern marktobjektivierte und interne Daten anzuwenden sind, so dass allein die Inputhierarchie des IFRS 13 für die Fair Value-Bewertung ausschlaggebend ist. Zentraler Parameter im Zähler ist indes die **Marktmiete**, die regelmäßig im Zähler verwandt wird und die eine international bekannte und gebräuchliche Mietgröße ist. Die ortsübliche Vergleichsmiete, die beim Ertragswertverfahren genutzt wird, und ihre Veröffentlichung im Rahmen von Mietspiegeln ist eher eine deutsche Besonderheit. Sowohl die ortsübliche Vergleichsmiete als auch die Marktmiete sind in Deutschland (u. U. gegen Entgeld) häufig verfügbar und sollten somit objek-

[1417] Vgl. SCHULZ-WULKOW, C., Methoden der Immobilienbewertung, S. 95.

[1418] Vgl. ZÜLCH, H., Immobilienbewertung, S. 219.

[1419] Voraussetzung hierfür ist, dass, wie im Folgenden empfohlen, der Initial Yield zur Diskontierung verwandt wird, da dieser die erforderliche implizite Wachstumsrate enthält.

tivierbar sein.[1420] Wesentliche Unterschiede im Hinblick auf die Marktobjektivierbarkeit der Mieten würden sich folglich erst bei der Bewertung von Immobilien im Ausland ergeben, da dort regelmäßig nur Marktmieten ermittelt werden. Ferner ist darauf hinzuweisen, dass die bei der Bewertung verwandten Initial Yields ebenfalls regelmäßig auf der Basis von Marktmieten ermittelt werden. Durch die Verwendung von Marktmieten im Rahmen des Income Capitalization Approach kann so eine Äquivalenz von Zähler und Nenner gewährleistet werden. Zudem vermag die Marktmiete auch inhaltlich eher zu überzeugen, da diese den Sachverhalt in der Regel zutreffender abzubilden vermag. Mithin ist der Income Capitalization Approach für die Fair Value-Bewertung im Rahmen der IFRS bezogen auf diesen Aspekt dem Ertragswertverfahren nach ImmoWertV überlegen.

Wie bereits erwähnt,[1421] bemängeln einige Kritiker des Ertragswertverfahrens die vergangenheitsorientierte Ableitung der Daten zur Abbildung künftiger Entwicklungen,[1422] weswegen sie das DCF-Verfahren bevorzugen. Wenngleich diese Kritik auch für den Income Capitalization Approach gelten kann, so ist darauf hinzuweisen, dass dieser durch die Verwendung von Marktmieten beim Cashflow und zur Ableitung des Zinssatzes sich vergleichsweise aktuellerer Daten bedient als dies beim Ertragswertverfahren auf Basis ortsüblicher Vergleichsmieten der Fall ist. Zudem ist zu bedenken, dass die Mieten lediglich die gegenwärtige Situation abbilden sollen. Die Erwartungen bezüglich der künftigen Entwicklung werden implizit im Zinssatz berücksichtigt, weswegen die Kritik weder für das Ertragswertverfahren und noch weniger für den Income Capitalization Approach zu überzeugen vermag.

Bei der Berücksichtigung von **Vertragsmieten** sind beim Income Capitalization Approach grundsätzlich die gleichen Probleme festzustellen wie beim Ertragswertverfahren nach ImmoWertV.[1423] Hierbei ist es unerheblich, ob mit einer ortsüblichen Vergleichsmiete oder mit einer Marktmiete bewertet wird. Neben Anpassungen des Zinssatzes an veränderte Mietausfallrisiken und veränderte Mietwachstumspotentiale sollte der Zinssatz ebenfalls um Wachstumserwartungen korrigiert werden, um Fehler bei der Wertermittlung zu vermeiden. Dafür sind beim Top and Bottom Slicing Model (Ertragswertverfahren) und beim Hardcore Model (Income Capitalization Approach) tendenziell aufwendigere Anpassungen erforderlich als beim Term and Reversion Model, weswegen letzteres grundsätzlich bei der Bewertung von over- und underrented properties zu präferieren ist.[1424] Da das Term and Reversion Model indes beim Ertragswertverfahren und beim Income Capitalization Approach analog angewandt wird, ist diesbezüglich kein Verfahren im Vorteil. Zu kritisieren wäre beim Income Capitalization Approach, wie auch schon beim Ertragswertverfahren, dass auf die konzeptionell erforderlichen Wachstumsanpassungen des Zinssatzes im Schrifttum häufig nicht hingewiesen wird, was tendenziell zu einer Überbewertung der Immobilien führt.

[1420] Mögliche Unternehmen, die Immobiliendaten erheben, die für den Income Capitalization Approach benötigt werden, sind etwa Bulwien Gesa oder auch Property Market Analysis (PMA). Vgl. KNAPMEYER, T., Immobilienmärkte, S. 166. PMA hat den Schwerpunkt auf Gewerbeimmobilien.

[1421] Vgl. dazu auch Kap. 422.1.

[1422] Vgl. GEISEN, B./MOLL, J., Wertminderung, S. 5. A. A. u. a. HOLZNER, P./RENNER, U., Ermittlung des Verkehrswertes, S. 486 f.

[1423] Vgl. für einzelne Probleme etwa THOMAS, M., Income Approach (2. Teil), S. 86.

[1424] Vgl. ausführlich Kap. 442.5 und 443.7.

Als Zinssatz wird mit dem **All Risk Yield**, vorzugsweise in der Form eines Initial Yield, ein international akzeptierter Zinssatz verwandt. Er sollte vornehmlich mit Hilfe eines Initial Yield ermittelt werden. Andere Zinssätze sollten aufgrund bereits erwähnter konzeptioneller Nachteile nicht genutzt werden. Durch die weite Verbreitung und die regelmäßige Veröffentlichung von Initial Yields, unter anderem von großen Maklerunternehmen, dürften die Zinssätze tendenziell ähnlich breit verfügbar sein wie die Liegenschaftszinssätze. Für die Bewertung von Immobilien im Ausland ist die Datenbasis grundsätzlich besser als für Liegenschaftszinssätze, da diese dort nicht erhoben werden. Nichtsdestotrotz ergeben sich auch hier durch die möglicherweise erforderlichen (subjektiven) insbesondere objektspezifischen Anpassungen Möglichkeiten zur Manipulation.[1425] Möglicherweise könnte der Zinssatz im Sinne des IFRS 13, der eine möglichst hohe Marktobjektivierung sämtlicher Inputparameter fordert, indes durch die Vielzahl der Veröffentlichungen verschiedener Unternehmen im Immobilienbereich besser am Markt plausibilisiert werden, als dies beim Liegenschaftszinssatz der Fall wäre, der ausschließlich von Gutachterausschüssen ermittelt wird.

Vergleichsweise negativ wirkt indes, dass beim Income Capitalization Approach regelmäßig keine **Restnutzungsdauern** und auch keine **Bodenwerte** explizit berücksichtigt werden. Vom Vergleichsobjekt abweichende Restnutzungsdauern und Bodenwert-Marktwert-Relationen werden nur durch eine (subjektive) Anpassung des Zinssatzes erfasst. Diese Vorgehensweise ist im Vergleich zu der des Ertragswertverfahrens, bei dem Restnutzungsdauer und Bodenwert explizit durch eine endliche Cashflow-Betrachtung und eine explizite Bodenwertermittlung in die Bewertung eingehen, unterlegen. Gerade bei kürzeren Restnutzungsdauern ist die sachgerechte Erfassung der Restnutzungsdauer und des Bodenwerts im Bewertungskalkül von besonderer Wertrelevanz, so dass dieser Aspekt des Income Capitalization Approach vor allem bei kürzeren Restnutzungsdauern die Entscheidungsnützlichkeit des Fair Value mindert.

Insgesamt kann festgestellt werden, dass bei langen Restnutzungsdauern und bei der Bewertung von Immobilien im Ausland der **Income Capitalization Approach** dem Ertragswertverfahren nach ImmoWertV aus IFRS-Sicht tendenziell leicht überlegen und somit **vorziehenswürdig** ist. Dies ist zum einen auf den Einsatz von Marktmieten im Vergleich zu ortsüblichen Mieten zurückzuführen, da diese inhaltlich geeigneter sind. Zum anderen überzeugen die bessere Objektivierbarkeit und somit die geringeren Möglichkeiten zur Manipulation des All Risk Yield im Ausland. Bei kürzeren Restnutzungsdauern, durch die der Bodenwert und die Restnutzungsdauer an Bedeutung gewinnen, kann kein Verfahren explizit als vorziehenswürdig betrachtet werden.

474. Beurteilung des DCF-Verfahrens

Während das Ertragswertverfahren nach ImmoWertV und der Income Capitalization Approach im Wesentlichen statische Modelle sind, deren Dynamisierung durch den Zinssatz erreicht wird, handelt es sich beim **DCF-Verfahren** um ein gespaltenes Verfahren. Die Cashflows in der Detailplanungsphase sind dynamisch und der Restwert wird, wie auch schon bei den anderen Verfahren, auf Basis eines statischen Cashflows ermittelt. Die Terminal Capitalization Rate soll die fehlende Dy-

[1425] Vgl. ähnlich SCARRETT, D., Property Valuation, S. 83 f.; KÖNIGSTEIN, M., Internationale Methoden, S. 287.

namisierung ausgleichen.[1426] Hierbei ergeben sich ähnliche Probleme, etwa bei der Ermittlung des objektspezifischen Zinssatzes, wie für die anderen beiden Verfahren. Die Dynamisierung, also die explizite Prognose der einzelnen **Mieten und Bewirtschaftungskosten**, wird gerade bei komplexen Vertragsstrukturen als wichtiger Vorteil des DCF-Verfahrens gelobt.[1427] So ist im Rahmen des DCF-Verfahrens auch eine Berücksichtigung von unbefristeten Mietverträgen möglich, was im Vergleich mit den anderen Verfahren und im Hinblick auf IAS 40.40 zu begrüßen ist. Indes sind explizite, nicht beobachtbare Prognosen aus Sicht der IFRS, sofern keine expliziten Vertragsdaten vorliegen, ein für Bilanzadressaten und Abschlussprüfer aufgrund der erschwerten Nachprüfbarkeit essentieller Nachteil des Verfahrens, da es die Gestaltungsspielräume und somit auch die Möglichkeiten zur Manipulation im Vergleich zu den anderen beiden Verfahren, bei denen die (impliziten) Prognosen direkt am Markt im Sinne des IFRS 13 beobachtet werden, deutlich erhöht.[1428] Auch daher ist es fraglich, ob die explizite Prognose vieler einzelner Parameter wie etwa des Mietwachstums überhaupt der impliziten Berücksichtigung über den am Markt ermittelten Zinssätzen überlegen sein kann, die die impliziten Erwartungen aller Marktteilnehmer darstellt. Gerade durch die langen Nutzungsdauern und die geringen Transaktionshäufigkeiten von Immobilien sind Prognosen für Renditeimmobilien grundsätzlich sehr ermessensbehaftet.[1429] Ferner besteht durch explizite Prognosen die Gefahr, dass eine Scheingenauigkeit suggeriert wird.[1430] Möglicherweise wäre mithin eine marktobjektivierte Ableitung von Zinssätzen der Prognose von Mietverläufen auch im Sinne der Inputhierarchie des IFRS 13 vorzuziehen.

Bei der Ermittlung des **Zinssatzes** ergeben sich ähnliche Probleme wie auch bei den anderen Verfahren.[1431] Die Hinweise des IVS oder der GIF enthalten hierzu nur wenige Anhaltspunkte. Die optimalerweise anzuwendende Internal Rate of Return scheitert regelmäßig an der Datenverfügbarkeit. Ein Initial Yield eignet sich bedingt zur Diskontierung für die Phase des Restwerts; für die Detailplanungsphase ist er aufgrund der impliziten Wachstumserwartungen ohne Anpassungen in der Regel nicht geeignet. Daher wird häufig auf zusammengesetzte Zinssätze bestehend aus risikolosem Zinssatz und Risikozuschlag zurückgegriffen, wobei gezeigt werden konnte, dass das CAPM zur Ermittlung des Risikozuschlags konzeptionell für Renditeimmobilien eher nicht geeignet ist. Damit verbleibt der Risikozuschlag als prinzipiell subjektiv zu bestimmende Größe,[1432] was zwar im Rahmen einer Fair Value-Bewertung grundsätzlich zulässig sein dürfte, wenngleich diese Vorgehensweise aus Sicht der IFRS aufgrund der hohen Bewertungsunsicherheit und der damit verbundenen eingeschränkten Entscheidungsnützlichkeit nicht zu überzeugen vermag.

[1426] Kritisch hierzu SIMON, J., Offene Immobilienfonds, S. 134 f.

[1427] Vgl. WHITE, D./TURNER, J./JENYON, B./LINCOLN, N., Internationale Bewertungsverfahren, S. 107; BIENERT, S./REINBERG, M. P., Bewertungsverfahren, S. 501.

[1428] Vgl. GEPPERT, H./WERLING, U., ImmoWertV im Fokus, S. 17; ähnlich zu den Ermessensspielräumen, die sich aufgrund von Prognosen beim DCF-Verfahren ergeben, BAETGE, J., Januskopf, S. 1.

[1429] Vgl. FRANCKE, H.-H., Immobilienbewertung, S. 46.

[1430] So auch FRANK, T., Bilanzierung von Anlageimmobilien, S. 65; KLEIBER, W., Internationale Bewertungsverfahren, S. 206; HOLZNER, P./RENNER, U., Ermittlung des Verkehrswertes, S. 487; ähnlich ENGEL, R., DCF-Methode, S. 330.

[1431] So bestätigen auch empirische Befragungen, dass der Diskontierungszinssatz beim DCF-Verfahren als der größte Unsicherheitsfaktor gesehen wird. Vgl. HERSBERGER, D., Wertermittlung, S. 109.

[1432] Vgl. ähnlich FRANK, T., Bilanzierung von Anlageimmobilien, S. 66.

Zudem werden auch beim DCF-Verfahren regelmäßig weder die **Restnutzungsdauer** noch der hiermit verbundene **Bodenwert** explizit abgebildet, wenngleich eine Berücksichtigung beider Größen konzeptionell durchaus möglich wäre.

Aufgrund der generellen Objektivierungsproblematik beim DCF-Verfahren verbunden mit den oben genannten Problembereichen dürfte ein prognoseorientiertes DCF-Verfahren, vor allem aufgrund der weitreichenden Manipulationsmöglichkeiten, somit tendenziell eher weniger gut zur marktobjektivierten Fair Value-Ermittlung geeignet sein.[1433] Prinzipiell ist dieses Verfahren eher für die subjektive, entscheidungsorientierte **Investitionsrechnung** denn für eine objektivierte Marktwertermittlung zweckdienlich.[1434] Hierfür spricht auch der Hintergrund des DCF-Verfahrens als betriebswirtschaftliches Investitionskalkül, während die impliziten Wachstumsmodelle eher versuchen annähernd einen volkswirtschaftlichen Gleichgewichtspreis zu ermitteln.[1435] Es erscheint daher sachgerecht, dem Income Capitalization Approach bzw. dem Ertragswertverfahren nach ImmoWertV tendenziell den Vorzug zu geben.[1436]

Da indes auch bei diesen Verfahren noch erheblicher Gestaltungsspielraum besteht,[1437] wird im folgenden Kapitel eine alternative Abbildung von Renditeimmobilien zum Fair Value im Jahresabschluss dargestellt. Hierbei soll sowohl eine konzeptionell geeignete Vorgehensweise erarbeitet als auch den Anforderungen des IFRS 13 und den Zielen der IFRS-Rechnungslegung entsprochen werden.

1433 Ähnlich BÖCKEM, H./SCHURBOHM, A., Bilanzierung von Immobilien nach IAS, S. 48; LENZ, T., Bilanzierung von Immobilien, S. 304 f. Vgl. zur Gefahr des Einbezugs von subjektiven Parametern in das DCF-Verfahren (auch durch Gutachter) BRAND, E., Verfahrenskritik, S. 213.

1434 So auch KLEIBER, W., Einnahmen und Ausgaben, S. 25 f.; SIMON, J., Internationale Bewertungsstandards, S. 276 f.; ähnlich MACKMIN, D., United Kingdom, S. 37 f. Vgl. zur Vorziehenswürdigkeit des DCF-Verfahrens bei Investitionsentscheidungen etwa JANSSEN, O., Simulationen, S. 193; BAUMUNK, H., Immobilien und Immobilienbewertung, S. 184.

1435 Vgl. ENGEL, R., DCF-Methode, S. 328, 330-332.

1436 In der Literatur sind die Meinungen diesbezüglich geteilt. Vgl. etwa als Befürworter der impliziten Verfahren ENGEL, R., DCF-Methode, S. 331. Vgl. zur Unterstützung des DCF-Verfahrens TEBOW, B., DCF analysis, S. 43 und 49.

1437 So bemängelt etwa auch die DPR, dass aufgrund der Komplexität der Bewertungsverfahren nicht marktgerechte Fair Values von Renditeimmobilien durch die Prüfstelle nicht falsifiziert werden konnten. Vgl. DPR, Tätigkeitsbericht 2008, S. 7.

5 Empfehlungen zur Konkretisierung eines Bewertungskalküls für Renditeimmobilien

51 Vorbemerkungen

Im Rahmen dieses Kapitels werden nun Empfehlungen zur Konkretisierung eines Bewertungskalküls auf der Bewertungsebene und, da bereits Schwächen erkannt wurden, flankierende Erläuterungen auf der Erläuterungsebene betrachtet. Im Rahmen der **Bewertungsebene** sollen die Parameter des Kalküls erläutert und beurteilt werden. Es wird im Sinne eines „Objektivierungs-Korsetts“[1438] eine konzeptionell geeignete, möglichst normierte und marktobjektivierte Immobilienbewertungsvariante vorgeschlagen, die die positiven Aspekte der drei diskutierten Bewertungsverfahren verbindet und die Nachteile möglichst minimiert.[1439] Durch **Normierungen** können die Vergleichbarkeit und die Transparenz der Immobilienwerte erhöht werden.[1440] Zudem sinkt die Gefahr von Fehlbewertungen, weil die Bewerter mit dem Modell vertraut sind, und die Akzeptanz des Modells steigt, wenn es international einheitlich angewandt wird.[1441] Zurzeit gibt es, wie bereits gezeigt wurde, mehrere Modelle, die international gebräuchlich sind.[1442] Die Verabschiedung der ImmoWertV in Deutschland konnte nicht wesentlich zu einer Annäherung der Verfahren beitragen.[1443] Die **Marktobjektivierung** der Modellparameter im Sinne des IFRS 13 soll dazu beitragen, die Nachprüfbarkeit und somit primär auch die Glaubwürdigkeit des ermittelten Fair Value zu erhöhen, um so den Anforderungen der IFRS und speziell des IFRS 13 zu entsprechen und entscheidungsnützliche Werte bereitzustellen. Sofern eine Marktobjektivierung zur Minderung der Manipulationsmöglichkeiten nicht möglich ist, kann zusätzlich durch Anwendung des Management Approach versucht werden, die Anreize zur Manipulation zu mindern.[1444] Hierdurch kann ebenfalls die Glaubwürdigkeit von Informationen erhöht werden. Durch die Normierung und Marktobjektivierung sollen mithin die Möglichkeiten zur Manipulation und durch Anwendung des Management Approach die Anreize hierzu wirksam eingeschränkt werden. Hierbei ist es indes zwingend erforderlich, ein optimales und kein maximales Maß an Objektivierung anzustreben, da ansonsten möglicherweise die Realitätsnähe und die Genauigkeit der Bewertung und mithin auch die Relevanz der Bewertung

---

1438 BAETGE, J., DCF-Kalküle, S. 23.

1439 Vgl. für eine ähnliche Forderung für den Bereich der Finanzinstrumente BAETGE, J./BREMBT, T./BRÜGGEMANN, P., Mark-to-Model-Bewertung, S. 1010.

1440 Vgl. ähnlich ENGELBRECHT, B., Ordnungsmäßige Immobilienbewertung, S. 29; SCHEELE, A., Lageberichterstattung, S. 40-42.

1441 So auch SPRENGNETTER in Bezug auf ein einheitliches Bewertungsmodell für Deutschland. Vgl. SPRENGNETTER, H. O., Webbasierte Immobilienbewertung, S. 103.

1442 Vgl. zu den (geringen) Chancen einer kurz- bis mittelfristigen Harmonisierung der Bewertungsmodelle auch KÖNIGSTEIN, M., Internationale Methoden, S. 290. Demgegenüber steht der Wunsch nach einer einheitlichen Immobilienbewertungsmethode, der größtenteils von Anteilseignern und globalen Immobiliendienstleistern wie etwa Wirtschaftsprüfungsgesellschaften geäußert wird. Vgl. BAUMUNK, H., Immobilien und Immobilienbewertung, S. 138. Für den Wunsch nach Standardisierung vgl. auch BRAND, E., Verfahrenskritik, S. 213; MÜLLER, S./WOBBE, C./REINKE, J., Investment Properties, S. 256.

1443 Vgl. BOBKA, G., Neue Verordnung, S. 57; MOLL-AMREIN, M., Liegenschaftszins, S. 283 f.

1444 Es ist indes darauf zu achten, dass auch bei Anwendung des Management Approach die Marktsicht abzubilden ist. Dies ist bei internen Daten bereits der Fall, wenn keine gegenteiligen Hinweise am Markt vorliegen. Ansonsten sind Anpassungen erforderlich (IFRS 13.89).

verloren gehen.[1445] In diesem Fall würde dem Kriterium der Glaubwürdigkeit auch nicht mehr entsprochen, da nicht mehr der ökonomische Sachverhalt dargestellt würde, der im Sinne von CF.QC12 abgebildet werden soll.

Unterstützt wird dieses Bewertungsmodell durch eine transparente **Erläuterung** der Bewertung. Erläuterungen sollen dazu beitragen, die Ermessensspielräume, die durch Schätzungen und Annahmen in die Bewertung eingehen, offenzulegen.[1446] Dadurch soll den Bilanzadressaten ermöglicht werden, die durchgeführte Bewertung zu plausibilisieren und zu überprüfen.[1447] Mithin soll im Sinne der IFRS die Glaubwürdigkeit der Information erhöht werden.[1448] Der Umfang der Erläuterung und die mithin erforderliche Transparenz richten sich nach den Ermessensspielräumen der eingehenden Parameter. Je ermessensbehafteter die Bewertung ist, umso weitreichendere Erläuterungen bieten sich im Sinne entscheidungsnützlicher Informationen an.[1449]

52 Anforderungen an die Bewertung

521. Überblick

Im Folgenden wird ein **Bewertungskonzept** für eine objektivierte Wertermittlung aus Marktsicht dargelegt. Hierfür muss entsprechend ein Modell gewählt werden, dass die künftige Entwicklung der Cashflows erfasst. Die in der Unternehmensbewertung übliche differenzierte Betrachtung der Entwicklung im Cashflow im Rahmen eines DCF-Verfahrens ist indes in der Immobilienbewertung nicht immer erforderlich. So wurde auch in den vorangegangenen Kapiteln gezeigt, dass das DCF-Verfahren in der Immobilienbewertung einem Modell, dass die Erwartungen hinsichtlich der künftigen Entwicklung marktobjektiviert im Zinssatz berücksichtigt, aus IFRS-Sicht bei vielen Sachverhalten unterlegen ist. Aus diesem Grund wird hier ein Bewertungskalkül entwickelt, das sich im Wesentlichen an dem **Term and Reversion Model** eines **modifizierten Income Capitalization Approach** unter Berücksichtigung von Restnutzungsdauer und Bodenwert orientiert. Hierdurch sollen im Sinne der Inputhierarchie des IFRS 13 soweit wie möglich marktobjektivierte Wachstumserwartungen anstelle expliziter, differenzierter Cashflow-Prognosen verwandt werden. Das Term and Reversion Model wird hier gewählt, da es im Vergleich zum Top and Bottom Slicing Model/Hardcore Model, wie das DCF-Verfahren, für die Bewertung komplexer Immobilien mit komplizierten Mietvertragsgestaltungen konzeptionell eher geeignet ist.[1450] Abbildung 8 gibt bereits einen Überblick über das in den folgenden Kapiteln dargestellte Bewertungskonzept.

[1445] Vgl. MOXTER, A., Grundsätze ordnungsgemäßer Rechnungslegung, S. 16 f.; BAETGE, J., Möglichkeiten der Objektivierung, S. 169; ähnlich HUSCHKE, C., Immobilienbewertung, S. 117.

[1446] Vgl. KOELEN, P., Bewertungskalküle, S. 96 f.; BAETGE, J./KIRSCH, H.-J., Grundsätze ordnungsmäßiger Buchführung, Tz. 62.

[1447] Vgl. HEPERS, L., Entscheidungsnützlichkeit, S. 119.

[1448] Vgl. ähnlich KOELEN, P., Bewertungskalküle, S. 97.

[1449] Vgl. HEPERS, L., Entscheidungsnützlichkeit, S. 113 und 126-128; ZÜLCH, H., Bilanzierung von Investment Properties, S. 328 f.

[1450] Vgl. die Ausführungen in Kap. 442.5 und 443.7.

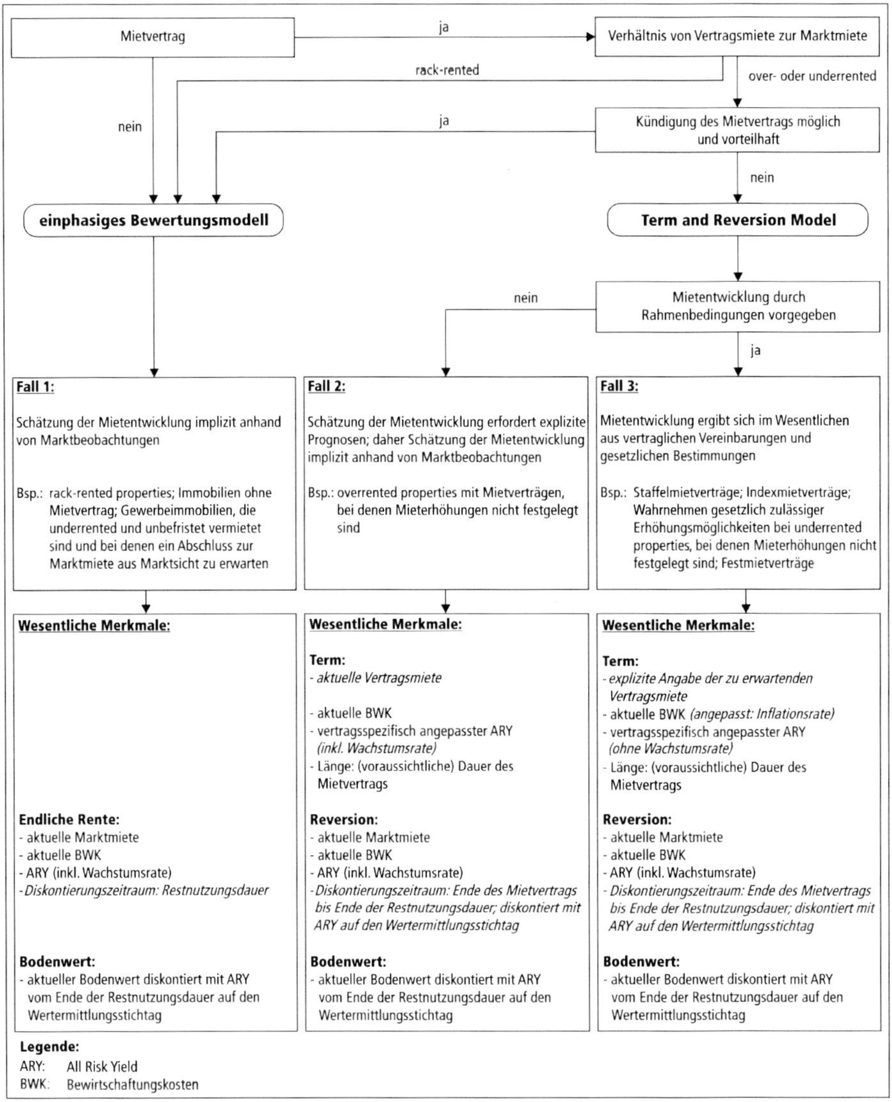

Abbildung 8: Allgemeiner Überblick über das Bewertungskalkül

Die Wahl der Modellvariante (einphasig oder Term and Reversion) und somit auch der Umfang der möglichen Berücksichtigung marktobjektivierter Zukunftserwartungen richtet sich nach dem Verhältnis der Vertragsmiete zur Marktmiete. Sofern ein Mietvertrag noch nicht abgeschlossen wurde, die Immobilie zur Marktmiete vermietet (rack-rented) ist[1451] oder sich bei einem over- oder underrented property eine kurzfristige Kündigung des Vertrags aus Vermietersicht anbietet und möglich ist,[1452] ist allein das Grundmodell des (modifizierten) Income Capitalization Approach maßgeblich (**Fall 1** in Abb. 8). In dem Fall wäre eine einphasige Bewertung unter Berücksichtigung von Restnutzungsdauer und Bodenwert anzuwenden. Die Wachstumserwartungen bezüglich der Cashflows zur Berücksichtigung der künftigen Entwicklung müssten nicht explizit prognostiziert werden, sondern wären entsprechend im Zinssatz abzubilden. Das Term and Reversion Model hingegen ist dann relevant, wenn für das zu bewertende Objekt ein Mietvertrag vorliegt, der über oder unter der Marktmiete liegt (over- oder underrented properties) und wenn sich eine kurzfristige Kündigung des Vertrags aus Vermietersicht nicht anbietet (**Fall 2 und 3** in Abb. 8). Bei diesen over- und underrented properties werden zwei Phasen, der Term bis zum Ende der Vertragslaufzeit und die anschließende Reversion bis zum Ende der Nutzungsdauer der Immobilie, unterschieden. Während der Reversion würden die Wachstumserwartungen wiederum wie beim einphasigen Modell im Nenner, während des Terms sachverhaltsabhängig im Zähler (Fall 3) oder im Nenner (Fall 2) abgebildet. Eine differenzierte Betrachtung der Cashflows **(Fall 3)** ist dann erforderlich, wenn die Mietentwicklung bereits durch Rahmenbedingungen vorgegeben und mithin bereits im Bewertungszeitpunkt weitestgehend feststeht. Ansonsten ist **Fall 2** einschlägig, bei dem zugunsten einer marktobjektivierten impliziten Berücksichtigung der künftigen Entwicklung mit Hilfe der aktuellen Vertragsmiete und des All Risk Yield auf eine tendenziell eher ermessensbehaftete explizite Prognose der Miete verzichtet wird. Die fallabhängige Bewertung wird in den nachfolgenden Abschnitten ausführlich erläutert.

Nachstehend werden die Parameter des Bewertungskalküls zunächst für **einphasige Bewertungsmodelle** (Fall 1) und dann für das **Term and Reversion Model** (Fall 2 und 3), getrennt nach Term and Reversion, erläutert. Da die Bewertung der Parameter in der **Reversion** häufig der Bewertung beim einphasigen Grundmodell ähnelt, werden diese teilweise im Rahmen des einphasigen Modells erläutert. Die Bewertungsdetails für den **Term** für over- und underrented properties werden anschließend behandelt. Hierbei sind verschiedene **Mietvertragsarten** zu differenzieren. So können Staffelmietverträge, Indexmietverträge (die an die Inflationsrate gebunden sind), Mietverträge, die Mieterhöhungen ermöglichen ohne diese explizit festzulegen, und Festmietverträge unterschieden werden.[1453] Bei letzteren ist eine Mieterhöhung während der Vertragslaufzeit ausgeschlossen. Alle

[1451] Verschiedene Vertragsgestaltungen, wie etwa Festmieten, werden für rack-rented properties im Rahmen dieser Arbeit nicht betrachtet. Es wird grundsätzlich von einem Vertrag ausgegangen, der erhöht werden kann, wenngleich die Erhöhungen nicht fest geplant sind. Ebenfalls nicht betrachtet werden vertraglich bedingte, marktunübliche Bewirtschaftungskosten bei rack-rented properties. Vertragsbedingte Abweichungen der Bewirtschaftungskosten von den marktüblichen Kosten sind hierbei im Rahmen einer speziellen Term-Betrachtung zu berücksichtigen. Dies hätte zur Folge, dass die rein einphasige Fair Value-Ermittlung bei rack-rented properties nicht mehr angewandt werden könnte. Das im Rahmen dieser Arbeit dargelegte Konzept könnte indes vergleichsweise einfach auf weitere Vertragstypen bzw. auf marktunübliche Bewirtschaftungskosten übertragen werden.

[1452] Dies könnte sich vor allem bei Gewerbeimmobilien, deren Mietvertrag unbefristet ist und deren Mietzins unter der Marktmiete liegt (underrented), anbieten. Vgl. dazu auch erläuternd Kap. 522.2.

[1453] Eine Anpassung der Mieten ist in Deutschland automatisch bei Staffel- und bei Indexmietverträgen vertraglich möglich. Ansonsten gelten die gesetzlichen Regelungen zur Mieterhöhung in § 557-559b BGB.

diese Mietvertragsarten sind Fall 3 zuzuordnen mit Ausnahme von Mietverträgen für overrented properties, bei denen Mieterhöhungen zwar möglich, aber nicht festgelegt sind. Diese Konstellation entspricht Fall 2. Die **Vertragslaufzeit** kann grundsätzlich bei allen Mietvertragsarten befristet oder unbefristet sein. Sofern keine Unterschiede zwischen den Mietvertragsarten bestehen, werden diese nachfolgend allgemein erläutert. Ansonsten wird der Term immer zunächst ausgehend von einem **befristeten Staffelmietvertrag** erläutert, bei dem die vertraglich vereinbarte Miete die Marktmiete übersteigt (**overrented property**). Dies ist vor allem im Gewerbeimmobilienbereich eine übliche Vertragsgestaltung.[1454] Sofern sich von diesem Grundfall Abweichungen für andere Mietvertragsarten, für underrented properties und/oder für unbefristete Verträge ergeben, werden diese jeweils im Anschluss erläutert. Da diese Mietvertragsgestaltungen, wie bereits gezeigt, fast alle dem dritten Fall aus Abb. 8 entsprechen, wird in den folgenden Abschnitten darauf hingewiesen, wenn der zweite Fall vorliegt bzw. wenn eine Differenzierung zwischen den beiden Fällen erforderlich ist. In der Regel bestehen allerdings bei der Ermittlung der Parameter viele Parallelen, so dass dieser Fall nicht grundsätzlich separat erläutert wird. Die nachstehende Systematik folgt stattdessen einer Differenzierung nach Mietvertragsarten, nach dem Verhältnis der Markt- zur Vertragsmiete sowie nach der Fristigkeit der Mietverträge. Im Folgenden werden für das Bewertungskalkül zunächst die Inflows, dann die Outflows, der Diskontierungszinssatz, die Restnutzungsdauer und abschließend die Ermittlung des Bodenwerts erläutert.

522. Konkretisierung der Inflows

522.1 Konkretisierung der Inflows für einphasige Bewertungskalküle

Liegt **kein Mietvertrag** vor bzw. entspricht die Vertragsmiete der Marktmiete (**rack-rented property**), so ist grundsätzlich keine Unterscheidung in Term and Reversion erforderlich (Fall 1).[1455] Im Rahmen eines einphasigen Bewertungskalküls wird im Zähler die Marktmiete (bzw. die identische Vertragsmiete) angesetzt. Die Marktmiete kann regelmäßig objektiviert am Markt ermittelt werden. Auf der Inputhierarchie gemäß IFRS 13 entspricht dies der zweiten Stufe, sofern keine weiteren objektspezifischen Anpassungen etwa aufgrund einer marktunüblichen Wohnungsgröße bzw. -lage erforderlich sind. Derartige Anpassungen, die regelmäßig nur schwer objektivierbar sein dürften, sollten nach Möglichkeit vermieden werden. Ist dies nicht möglich, sollten die Abweichungen zur Erhöhung der Transparenz zumindest im Bewertungsgutachten und möglichst auch im Jahresabschluss erläutert werden.

1454 Noch häufiger als ein Staffelmietvertrag ist ein Indexmietvertrag bei Gewerbeimmobilien. Vgl. HOLZNER, P./RENNER, U., Ermittlung des Verkehrswertes, S. 541 und 546. Da ausgehend vom Staffelmietvertrag indes die Unterschiede zu den anderen Verfahren besser verdeutlicht werden können, soll hier der Staffelmietvertrag den Ausgangspunkt bilden.

1455 Bei Immobilien ohne Mietvertrag kann es hiervon abweichend erforderlich sein, eine spezielle Term-Betrachtung vorzunehmen, um den vorübergehenden Leerstand zum Bewertungszeitpunkt in Form von fehlenden Mieteinnahmen zu berücksichtigen. Vgl. auch Kap. 523.1. Spezielle Terms sind ebenso bei rack-rented properties möglich, wenn die Bewirtschaftungskosten nicht marktüblich sind oder grundsätzlich bei einphasigen Modellen, wenn hinreichend konkretisierte, marktübliche Modernisierungen geplant sind. Vgl. dazu auch Kap. 523.1 (Fn. 1466 und 1467).

522.2 Konkretisierung der Inflows für den Term

Da Mietverträge ein elementarer Bestandteil einer Immobilie sind und sie auch von potentiellen Käufern beachtet werden müssen, sind diese auch bei der Bewertung explizit zu berücksichtigen (Fall 2 und 3). Darüber hinaus wird auch in IAS 40.40 eine Berücksichtigung von aktuellen Mietverträgen gefordert. Im Fall eines befristeten Mietvertrags kann dieser in der Regel nicht vor Ablauf gekündigt werden. Bis zum Ablauf des Mietvertrags (Term) sollten sich die Inflows daher an den vertraglich vereinbarten Roherträgen orientieren. Perioden mit gleichen Inflows könnten entsprechend zu einer Phase zusammengefasst werden. Die entsprechenden Miethöhen können bei **Staffel-** und bei **Festmietverträgen** für over- und underrented properties exakt den Verträgen entnommen werden. Die Glaubwürdigkeit im Sinne der IFRS sollte entsprechend gewährleistet sein.[1456]

Indexmietverträge beziehen sich in Deutschland auf den vom Statistischen Bundesamt ermittelten Verbraucherpreisindex. Für over- und underrented properties mit befristeten Indexmietverträgen sollte daher in einem ersten Schritt die erwartete Inflation für die Dauer des Mietvertrags und in einem zweiten Schritt die damit verbundene Vertragsmiete prognostiziert werden. Dadurch können die vertraglich vereinbarten (prognostizierten) Mieterhöhungen, anders als beim Ertragswertverfahren nach ImmoWertV üblich,[1457] explizit berücksichtigt werden, um den Mietvertrag sachgerecht im Sinne der IFRS abzubilden. Die Inflationsprognosen könnten etwa für die ersten beiden Jahre anhand des Frühjahrsgutachtens für Deutschland marktobjektiviert gemäß der Inputhierarchie des IFRS 13 ermittelt werden. Für die Restdauer des Terms sollten anhand dieser Entwicklung Annahmen getroffen werden, die zumindest im Bewertungsgutachten selbst zu begründen sind. Somit wäre es in weiten Teilen möglich, die Mietentwicklung bei Indexmietverträgen objektiviert über den Markt zu bestimmen. Die Glaubwürdigkeit sollte daher neben der Relevanz gegeben sein.

Bei **overrented properties**, für die **keine automatischen Mieterhöhungen** vorgesehen sind, sollten Mieterhöhungen, wie auch beim Ertragswertverfahren und beim klassischen Income Capitalization Approach, weder bei befristeten noch bei unbefristeten Mietverträgen im Cashflow berücksichtigt werden (Fall 2). Stattdessen sollten die Erwartungen der Marktteilnehmer diesbezüglich implizit über den am Markt beobachtbaren Zinssatz abgebildet werden,[1458] um explizite, spekulative Prognosen zu vermeiden. So kann gemäß der Inputhierarchie des IFRS 13 der Einsatz am Markt beobachtbarer Parameter unter Beibehaltung der Relevanz erhöht werden.

Bei **underrented properties** erscheint es sachgerecht, im Fall von befristeten Mietverträgen, sofern **keine automatischen Mieterhöhungen** vereinbart werden, für die Dauer der Vertragslaufzeit unabhängig von den Plänen des Unternehmens regelmäßig die gesetzlich maximal möglichen Mieter-

[1456] Dies entspricht weitestgehend auch der Vorgehensweise bei den bisher dargestellten Verfahren: dem Ertragswertverfahren, dem Income Capitalization Approach und dem DCF-Verfahren.

[1457] Vgl. THOMAS, M., Income Approach (2. Teil), S. 88 f.; so auch BISCHOFF in Bezug auf das Ertragswertverfahren mit periodisch unterschiedlichen Erträgen. Vgl. BISCHOFF, B., Neues Wertermittlungsrecht, S. 224. A. A. VON CÖLLN, T./BEHRENDT, R. J., ImmoWertV, S. 1448.

[1458] Vgl. Kap. 524.22.

höhungen anzusetzen,[1459] sofern keine sachverhaltsspezifischen Gründe dagegen sprechen. Diese Vorgehensweise wäre im Sinne eines rationalen Investors und entspräche so seinem wirtschaftlich besten Interesse (IFRS 13.22). Letztendlich sollen gemäß der IFRS nicht die Mieten berücksichtigt werden, die das individuelle Unternehmen ansetzt, sondern die, die der durchschnittliche Marktteilnehmer ansetzen würde.

Die **Dauer des Terms** richtet sich nach der (voraussichtlichen) Dauer der Mietverträge. Bei **befristeten Mietverträgen** sollte die Vertragsmiete für die Dauer des Mietvertrags berücksichtigt werden. Anders als etwa beim Ertragswertverfahren erscheint es darüber hinaus auch bei einem **unbefristeten Mietvertrag** für **overrented properties** im Regelfall (unabhängig von der Vertragsart) aus Marktsicht sachgerecht, von einer Fortführung des Mietvertrags durch potentielle Käufer der Immobilie auszugehen, da die zu erzielende Miete die Marktmiete übersteigt. Würde diese Vertragskonstellation nicht berücksichtigt, würde der Fair Value der Immobilie möglicherweise zu vorsichtig ermittelt. Daher ist es erforderlich, die erwartete Mietvertragsdauer des unbefristeten Vertrags unter Berücksichtigung von Kündigungswahrscheinlichkeiten durch den Mieter zu prognostizieren. Die minimale Vertragsdauer ergibt sich hierbei regelmäßig durch die Kündigungsfrist. Als Anhaltspunkt und zur Plausibilisierung der Zeitdauer bis zum Mieterwechsel könnte je nach Verfügbarkeit beispielsweise die durchschnittliche Fluktuationsrate des Stadtteils, der Stadt oder des Lands herangezogen werden.[1460] Hieraus könnte die maximale Vertragsdauer prognostiziert werden, die am Markt im Sinne der zweiten Ebene des IFRS 13 beobachtet werden kann. Durch die Vorgabe dieser Bandbreite potentieller Vertragsdauern, die sich durch Marktdaten ergibt und die etwa durch das IVSC empfohlen werden könnte, können die Möglichkeiten zur Manipulation gesenkt werden. Sofern eine Objektivierung über den Markt nicht möglich ist, könnte bei größeren Immobilienunternehmen auch die interne Mieterwechselrate zur Ableitung der maximalen Mietvertragsdauer genutzt werden. Diese Vorgehensweise ist indes im Sinne der Inputhierarchie des IFRS 13 nachrangig zur marktorientierten Ableitung. Bei overrented properties, deren Miete per definitione über der Marktmiete liegt, ist indes auch eine kürzere Verweildauer der Mieter möglich. Mit Hilfe der minimalen und der maximalen Vertragsdauer sowie ggf. Hinweisen aus dem internen Rechnungswesen muss das Unternehmen daher Prognosen zur Mietdauer aufstellen. Dieser Zeitraum ist für externe Marktteilnehmer nur bedingt objektivierbar, weswegen die hier vorgeschlagene maximale (durch am Markt beobachtbare Fluktuationsraten typisierte) Mietdauer nicht überschritten werden sollte. Zusätzlich könnte die Einschätzung möglichst weitgehend an interne Daten angelehnt werden, damit zumindest die Anreize zur Manipulation gesenkt werden, um die Glaubwürdigkeit im Sinne der IFRS zu verbessern.

Bei **underrented properties** ist bei der Bestimmung der voraussichtlichen Mietvertragsdauer zumindest in Deutschland zwischen Gewerbe- und Wohnimmobilien zu differenzieren. Sofern bei underrented properties lediglich **unbefristete Gewerbemietverträge**, also unter Berücksichtigung

[1459] Vgl. hierzu auch SCHWIRLEY, P., Bewertung von Mieten, S. 848; KLEIBER, W., Verkehrswertermittlung, S. 1680; BECK, M., Bewertung nach WertV, S. 226; ähnlich PETERSEN, H., Marktorientierte Immobilienbewertung, S. 19.

[1460] Vgl. für diese Information etwa die Angaben des Bundesverbands deutscher Wohnungs- und Immobilienunternehmen (GdW) unter www.gdw.de.

der Kündigungsfrist jederzeit durch den Vermieter kündbare Mietverträge vorliegen, so sollte bei der Bewertung in der Regel von der sofortigen Kündigung der Mietverträge ausgegangen werden, wenn eine Neuvermietung zur Marktmiete realistisch ist. Eine Kündigung und Neuvermietung zur Marktmiete entspräche, sofern keine sachverhaltsspezifischen Gründe dagegen stehen, der opportunen Vorgehensweise aus Marktsicht, wobei der Investor gemäß IFRS 13.22 in seinem wirtschaftlich besten Interesse handeln würde. Derartige Renditeimmobilien sind in Bezug auf sämtliche Parameter prinzipiell so zu bewerten, als wenn kein Mietvertrag vorläge.[1461] Bei **Wohnimmobilien**, bei denen zumindest in Deutschland eine Kündigung durch den Vermieter deutlich schwieriger ist, sollte zunächst von einer Fortführung des Vertrags ausgegangen werden. Die Höhe der Mieten sollte sich wie bei befristeten Mietverträgen, sofern keine sachverhaltsspezifischen Gründe dagegen sprechen, je nach Mietvertrag an den gesetzlich maximal möglichen bzw. den vertraglich vereinbarten Mieterhöhungen orientieren. Die erwartete Mietvertragsdauer wäre, ähnlich wie für overrented properties erläutert, mit Hilfe minimaler und maximaler Mietvertragsdauern zu schätzen.[1462] Die folgende Abbildung stellt die Hinweise zur glaubwürdigen und sachverhaltsgerechten Ermittlung der Mietvertragsdauern im Sinne der IFRS noch einmal zusammen.

Verhältnis der Vertragsmiete zur Marktmiete	**Vertragsart**	
	Befristeter Vertrag	Unbefristeter Vertrag
Overrented	Vertragslaufzeit	Min.: Kündigungsfrist Max.: 100/durchschnittliche Fluktuation p. a. in %
Underrented	Vertragslaufzeit	Gewerbeimmobilien: (Fiktive) Annahme, dass der Vertrag gekündigt wird (Kündigungsfrist) Wohnimmobilien: s. overrented

Abbildung 9: Hinweise zur Ermittlung der Mietvertragsdauer

522.3 Konkretisierung der Inflows für die Reversion

Sofern eine Unterteilung in Term and Reversion-Periode erforderlich ist (Fall 2 und 3), bestimmt sich der Rohertrag für die **Reversion**, also nach Mietvertragsende, durch die zum Bewertungsstichtag **aktuelle Marktmiete**, angepasst um einen Zinssatz mit Wachstumserwartungen, der die künftige Entwicklung abbildet. Im Sinne einer Objektivierung wird somit nicht, wie häufig beim DCF-Verfahren, die Marktmiete zu Beginn der Reversion explizit prognostiziert, sondern die aktuelle Marktmiete zum Bewertungsstichtag verwandt. Die bis zur Reversion erwartete, künftige Veränderung der Miete wird implizit durch den Zinssatz (aus Marktsicht) berücksichtigt,[1463] um Gestaltungsmöglichkeiten und somit Möglichkeiten zur Manipulation im Zähler zu vermeiden. Die Marktmiete für die Reversion kann somit im Wesentlichen im Sinne der zweiten Ebene der Input-

[1461] Vgl. daher hierfür auch die Ausführungen zu einphasigen Bewertungskalkülen (Fall 1) in diesem Kapitel.

[1462] Im Vergleich zu einem overrent dürfte die tatsächliche Vertragsdauer innerhalb der ermittelten Bandbreite bei einem underrent tendenziell höher sein. Vgl. in diesem Sinne zur Rational Choice Theory GREEN, D. P./SHAPIRO, I., Rational Choice, S. 25; TURSKI, M., Rational Choice-Theorie, S. 6.

[1463] Vgl. hierzu auch die Ausführungen zum Zinssatz in Kap. 524.

hierarchie des IFRS 13 am Markt objektiviert werden. **Objektspezifische Anpassungen** aufgrund der Lage etc. wiederum verschlechtern die Nachprüfbarkeit durch Externe,[1464] weswegen sofern möglich, auf entsprechend spezifische Marktdaten zurückgegriffen werden sollte. Ansonsten dürfte eine Objektivierung schwieriger werden. Sinnvoll wäre vor allem eine Nennung der Faktoren, die zu einer Anpassung geführt haben. Durch die (subjektiven) Anpassungen wird daher die Transparenz auf der Erläuterungsebene besonders wichtig.[1465]

523. Konkretisierung der Outflows

523.1 Konkretisierung der Outflows für einphasige Bewertungskalküle und für die Reversion

Bei **einphasigen Barwertkalkülen** (Fall 1), u. a. für rack-rented properties und für Immobilien ohne aktuellem Mietvertrag, bzw. für die Phase der **Reversion** (Fall 2 und 3) sind etwaige vertragliche, marktunübliche Besonderheiten bei den Bewirtschaftungskosten nicht zu berücksichtigen. Es sind bevorzugt durchschnittliche, **marktübliche, externe Bewirtschaftungskosten** abzuleiten.[1466] Hierbei ist zwischen nicht-umlagefähigen Betriebskosten, Verwaltungskosten, Instandhaltungs- und Modernisierungskosten[1467], dem Mietausfallwagnis und Leerstandskosten für strukturellen Leerstand zu differenzieren. Sofern keine marktüblichen und marktobjektivierten Daten ohne größere (subjektive) objektspezifische Anpassungen zur Verfügung stehen, ist nachrangig im Sinne der Inputhierarchie des IFRS 13 auf durchschnittliche, **interne Daten** der Immobilie oder vergleichbarer Objekte zurückzugreifen, die, wenn möglich, historischer Natur sein sollten.[1468] Gegebenenfalls sind die vergangenen Daten mit der Inflationsrate an den aktuellen Wertermittlungsstichtag anzupassen. Planungsrechnungen, die sich auf die gesamte Restnutzungsdauer der Immobilie beziehen und aus denen durchschnittliche Werte abgeleitet werden könnten, dürften wohl eher selten vorliegen.[1469] Theoretisch könnten sie indes verwandt werden. Allerdings wäre die Prognosegenauigkeit für diesen Zeitraum kritisch zu hinterfragen und sachverhaltsabhängig zu beurteilen. Zur Transparenzsteigerung würde es sich anbieten, Abweichungen von marktüblichen Erfahrungssätzen, wie sie etwa in Immobilienbewertungskommentaren veröffentlicht werden, zumindest im Bewertungsgutachten zu erläutern. Etwaige Kostensteigerungen der Bewirtschaftungskosten sind indes weder bei

---

[1464] Vgl. FRENCH, N./GABRIELLI, L., Uncertainty of valuation, S. 49.

[1465] Vgl. dazu auch Kap. 533.3.

[1466] Für rack-rented properties gilt hierbei ausnahmsweise, dass die tatsächlichen Bewirtschaftungskosten zu verwenden sind, da sie den marktüblichen Kosten entsprechen dürften. Ist dies nicht der Fall, sind die abweichenden tatsächlichen Bewirtschaftungskosten im Rahmen einer speziellen Term-Betrachtung zu berücksichtigen. In der Reversion-Phase sind dann die marktüblichen Kosten anzusetzen. Dies hätte zur Folge, dass die rein einphasige Fair Value-Ermittlung bei rack-rented properties nicht mehr angewandt werden kann.

[1467] Vgl. zum Ansatz von Modernisierungskosten ausführlich die Ausführungen in Kap. 523.2. Im Rahmen der Reversion sind Modernisierungskosten regelmäßig gar nicht und im Rahmen von einphasigen Modellen nur dann anzusetzen, wenn sie hinreichend konkretisiert und marktüblich sind oder wenn die derzeitige Nutzung nicht dem Konzept des Highest and Best Use entspricht. In diesem Fall ist eine spezielle Term-Betrachtung erforderlich, so dass die einphasige Ermittlung nicht mehr möglich ist.

[1468] Bei internen Daten ist darauf zu achten, dass es keine Hinweise gibt, dass diese Daten nicht der Marktsicht entsprechen. Ansonsten sind diesbezüglich Anpassungen vorzunehmen (IFRS 13.89).

[1469] So wird etwa für die mittelfristige Mehrjahresplanung ein Prognosezeitraum von drei bis fünf Jahren zugrunde gelegt. Vgl. BERENS, W./DIMKE, M./EPSTEIN, R./WÖMPENER, A., Kapitalmarktorientierte Zielvorgaben, S. 350.

einphasigen Bewertungskalkülen noch in der Reversion zu berücksichtigen, da diese implizit über den Zinssatz erfasst werden.

Allgemein sollte das kalkulatorische **Mietausfallwagnis** (auch im Term) im Zähler als prozentuale Größe der Mieteinnahmen separat berücksichtigt werden.[1470] Wenn indes nur Zinssätze zur Verfügung stehen, bei deren Ermittlung das Mietausfallwagnis, wie in Großbritannien üblich, nicht separat berücksichtigt wurde, sollte zugunsten einer systemkonformen Zähler-Nenner-Ableitung auf eine explizite Berücksichtigung verzichtet werden. Bei im Bewertungszeitpunkt bereits leerstehenden Immobilien oder underrented properties, deren Mietvertrag, um eine Marktsicht einzunehmen, (fiktiv für die Bewertung) gekündigt wird, sollte gegebenenfalls der zusätzliche **Mietausfall**, der nicht im allgemeinen Mietausfallwagnis berücksichtigt wird, direkt von den Mieteinnahmen abgezogen werden.[1471] Hierfür könnten die marktüblichen Vermarktungsdauern je nach Verfügbarkeit über externe Marktinformationen oder, wenn das nicht möglich ist, nachrangig gemäß der Inputhierarchie des IFRS 13 über interne Daten ermittelt werden. In diesem Fall sind die einphasigen Modelle ggf. um einen speziellen Term, für die Dauer des Mietausfalls zu ergänzen.

Außerdem sollten die **Bezugsgrößen** für die einzelnen Kosten sowohl bei einphasigen Modellen als auch in der Reversion im Sinne des Verursachungsprinzips bestimmt werden. Für die einzelnen Kosten sollte nicht die Höhe der Roherträge sondern eher z. B. die Größe der Wohnung bei den Instandhaltungskosten oder die Anzahl der Wohneinheiten pro Gebäude bei den Verwaltungskosten herangezogen werden. Dies gilt auch für eine Ermittlung der Bewirtschaftungskosten im Rahmen eines Terms, die im folgenden Abschnitt erläutert wird.

523.2 Konkretisierung der Outflows für den Term

Sofern die Mietverträge die Berücksichtigung eines **Terms** erforderlich machen (Fall 2 und 3), empfiehlt es sich hierfür, gemäß der Inputhierarchie **marktübliche, externe Bewirtschaftungskosten** abzuleiten, die für die einzelnen Kostenbestandteile (Betriebskosten, Verwaltungskosten etc.) jeweils separat ermittelt werden sollten. Des Weiteren sollen etwaige vertragliche Besonderheiten berücksichtigt werden.[1472] Ist eine primär marktorientierte Ermittlung nicht möglich, da die erforderlichen (subjektiven) objektspezifischen Anpassungen den Objektivierungsvorteil konterkarieren würden, ist auf unternehmensinterne Daten zurückzugreifen. Diese sollten im Sinne der Inputhierarchie des IFRS 13 mithin erst nachrangig verwandt werden. Die Grenze zwischen den externen und den internen Daten ist hier fließend und abhängig vom Sachverhalt zu bestimmen. Sie liegt mithin im Ermessen des Bewerters. Für die Dauer der Mietverträge sind dann die **erwarteten nicht-umlagefähigen Bewirtschaftungskosten** als (sofern möglich) **langjähriger Durchschnitt**

1470 Vgl. zur Ermittlung des Mietausfallwagnisses auch Kap. 432.5.

1471 Hierfür würden entweder die Mieteinnahmen erst ab einem Zeitpunkt in der Zukunft berücksichtigt und hiervon ein Betrag in Höhe der nicht-umlagefähigen Bewirtschaftungskostenanteile für die ersten Perioden abgezogen oder die zusätzlichen Bewirtschaftungskosten würden mit den fehlenden Mieteinnahmen am Ende vom bis dahin ermittelten vorläufigen Fair Value abgezogen. Um i. S. d. Term and Reversion Models vorzugehen, wäre die erste Vorgehensweise tendenziell zu bevorzugen.

1472 Vgl. zu den vertraglichen Besonderheiten, zu denen etwa die Übernahme von Instandhaltungskosten durch den Mieter gehört, auch Kap. 432.1.

der Vergangenheit der Immobilie oder vergleichbarer Objekte heranzuziehen und diese zur Approximation der marktüblichen Kosten zu verwenden. Zur Normierung des Verfahrens könnte beispielsweise das IVSC in einem Bewertungsstandard wie den IVS oder in einem Technical Information Paper empfehlen, über wie viele Jahre der Durchschnitt der einzelnen Bewirtschaftungskosten zu ermitteln ist. Alternativ kann auch mangels adäquater historischer Daten auf interne **Planungsrechnungen** zurückgegriffen werden. Sofern die Daten dem internen Rechnungswesen entnommen werden, können bei historischen Daten die Möglichkeiten und bei Plandaten die Anreize zur Manipulation im Sinne der IFRS gesenkt werden. Etwaige Abweichungen der einzelnen Bewirtschaftungskostenbestandteile von den in Bewertungskommentaren genannten, marktüblichen Erfahrungssätzen sollten zumindest im Bewertungsgutachten erläutert werden, um zu zeigen, inwiefern die Abweichungen ggf. auf Objektspezifika oder auf Ermessensspielräume zurückzuführen sind.

Da die Cashflows im Term bei dem hier vorgeschlagenen Modell, anders als in der Reversion, bei vielen Vertragsgestaltungen mit einem Zinssatz ohne implizite **Wachstumserwartungen** diskontiert werden (Fall 3),[1473] sind entsprechende Wachstumserwartungen im Zähler zu berücksichtigen. Da die Wachstumserwartungen für die Bewirtschaftungskosten im Wesentlichen der erwarteten Entwicklung des Verbraucherpreisindizes entsprechen,[1474] sind die Bewirtschaftungskosten, die auf aktuellen und vergangenen Daten beruhen, um die (prognostizierte) Inflationsrate zu korrigieren.[1475] Diese Anpassung entfällt, wenn zur Abschätzung der Kosten interne Planungsrechnungen verwandt wurden. Die Prognose entfällt ebenfalls bei Verträgen, bei denen die Wachstumserwartungen im Zinssatz berücksichtigt werden (Fall 2).

Die Diskontierung einer Durchschnittsgröße kann, wie bereits erläutert, bei tendenziell steigenden Kosten wie Instandhaltungskosten zu einer Unterbewertung der Immobilien führen.[1476] Um dieses Problem der **Zyklizität** zu mindern, könnte gegebenenfalls auf barwertäquivalente Durchschnittskosten in Form von Annuitäten zurückgegriffen werden.[1477] Diese Methode ist mithin nur anwendbar, wenn die einzelnen Kosten geschätzt und nicht primär Durchschnittswerte herangezogen werden, weswegen sie vor allem für den Term geeignet ist. Da die Instandhaltungskosten, wenn sie Planungsrechnungen entnommen werden, bei solchen Bewertungen, wo die Cashflow-Entwicklung im Zähler abgebildet wird (Fall 3), direkt übernommen werden können, bietet sich diese Vorgehensweise nur für solche Mietvertragsgestaltungen an, bei denen das künftige Wachstum implizit im Nenner berücksichtigt wird (Fall 2).

Modernisierungskosten nehmen häufig eine Sonderstellung bei den Bewirtschaftungskosten ein. Sie sollten bei einer objektivierten Wertermittlung im Rahmen der IFRS im Term nur dann konkret angesetzt werden, wenn sie im Bewertungszeitpunkt hinreichend konkretisiert und marktüblich

[1473] Vgl. dazu ausführlich Kap. 524.
[1474] Vgl. ENGELBRECHT, B., Ordnungsmäßige Immobilienbewertung, S. 322.
[1475] Vgl. zur Prognose der Inflationsrate ausführlich WERLING, U., Berücksichtigung der Inflation, S. 152-154.
[1476] Vgl. dazu ausführlich Kap. 432.4.
[1477] Vgl. dazu auch APPRAISAL INSTITUTE, Appraisal of Real Estate, S. 491. Vgl. zur Transformation in barwertäquivalente Annuitäten am Beispiel der Reinvestitionsrate bei Unternehmensbewertungen IDW (Hrsg.), WP Handbuch 2008, Tz. A263.

sind. Um die Anreize zur Manipulation zu senken und somit die Glaubwürdigkeit der Informationen zu erhöhen, empfiehlt es sich, die Modernisierungskosten den internen Planungsrechnungen des Unternehmens im Sinne des Management Approach zu entnehmen.

Darüber hinaus sollten nicht geplante Modernisierungskosten angesetzt werden, wenn eine geänderte Nutzung der Immobilie im Sinne des in IFRS 13 vorgesehenen Konzepts des Highest and Best Use wäre. In diesem Fall wäre die Immobilie ggf. auch mit ihrem Highest and Best Use as Improved zu bewerten, bei dem vom Unternehmen nicht vorgesehene Modernisierungen zu berücksichtigen wären. Da diese Kosten regelmäßig sehr ermessensbehaftet sein dürften, empfiehlt sich hier, zumindest in Deutschland, die Kosten für einzelne Bauteile über die NHK 2000 zu ermitteln, da hierdurch die aktuellen Kosten für einzelne Bauteile marktobjektiviert im Sinne der Inputhierarchie des IFRS 13 ermittelt werden können.[1478] Zudem sind auch die Mieteinnahmen, die anderen Bewirtschaftungskosten und der Zinssatz an die geänderte Nutzung anzupassen. Es sind entsprechend die Marktmieten, die marktüblichen Bewirtschaftungskosten und der Zinssatz nach Maßgabe der geänderten Nutzung gemäß der in den Abschnitten 522., 523. und 524. erläuterten Vorgehensweise zu ermitteln, wobei interne Daten des zu bewertenden Objekts vergleichsweise an Bedeutung verlieren dürften.[1479]

Insgesamt kann festgestellt werden, dass bei dieser Vorgehensweise die durchschnittlich zu erwartenden, marktüblichen Kosten im Wesentlichen aus historischen externen und internen Durchschnittswerten ermittelt werden, wodurch Ermessensspielräume reduziert werden können und eine gewisse Objektivierung erreicht wird. Die Betrachtung der Zukunft wird im Term sachverhaltsabhängig über eine Wachstumsrate im Zinssatz (Fall 2), durch eine Indexierung der Outflows mit der Inflationsrate (Fall 3) oder nachrangig im Sinne der Inputhierarchie des IFRS 13 explizit durch interne Planungsrechnungen berücksichtigt (Fall 3).[1480] Des Weiteren werden in dem hier dargestellten Modell zusätzlich durch Normierungen wie etwa einer Festlegung der Bezugsgrößen für die einzelnen Bewirtschaftungskosten eine Eingrenzung der Ermessensspielräume und eine Verbesserung der Bewertungskonzeption angestrebt.

524. Konkretisierung des Diskontierungszinssatzes

524.1 Konkretisierung des All Risk Yield für einphasige Bewertungsmodelle und für die Reversion

Wie in Kap. 232.1 gezeigt und in IFRS 13.B14 verdeutlicht wird, müssen die Cashflows im Zähler konform zu den Zinssätzen gewählt werden bzw. vice versa.[1481] Da mit Ablauf eines Mietvertrags in der Regel eine Neuvermietung zur Marktmiete erwartet werden kann, basieren die hier vorgeschlagenen **einphasigen Modelle** (Fall 1) und die **Reversion** (Fall 2 und 3), wie beim Income Capitalization Approach, auf der aktuellen Marktmiete. Da in diesen Fällen bis zum Ende der Restnut-

[1478] Vgl. dazu auch detailliert KORDUAN, R., Modernisierungskosten, S. 22 f.
[1479] Vgl. dazu auch die Ausführungen in Kap. 432.4.
[1480] Vgl. hierzu auch Abbildung 8.
[1481] Vgl. APPRAISAL INSTITUTE, Appraisal of Real Estate, S. 425; GEPPERT, H./WERLING, U., ImmoWertV im Fokus, S. 23.

zungsdauer nur eine konstante Marktmiete im Zähler berücksichtigt werden kann, sind entsprechende Wachstumserwartungen hinsichtlich der künftigen Entwicklung im Nenner zu berücksichtigen. Dies kann implizit durch die Nutzung eines All Risk Yield erreicht werden, da dieser bereits eine Wachstumsrate enthält. Alternativ könnte auch ein Zinssatz ohne Wachstumserwartungen abgeleitet werden, der dann entsprechend um einen expliziten Wachstumsabschlag zu vermindern wäre. Allerdings ist die Ableitung eines Zinssatzes ohne implizite Wachstumserwartungen bei Immobilienbewertungen eher problematisch. So ist es schwierig, den objektspezifischen Risikozuschlag im Rahmen eines kapitalmarktorientierten Zinssatzes sachgerecht zu ermitteln.[1482] Mithin soll hier der impliziten Berücksichtigung von Wachstum, wie auch schon beim Income Capitalization Approach, der Vorzug gegeben werden.[1483] Damit kann eine verzerrte, also eine bewusst zu positive oder negative explizite Prognose der Wachstumserwartungen, anders als beim DCF-Verfahren, durch die direkte Ableitung des Zinssatzes am Markt inklusive der Wachstumserwartungen vermieden werden. Dies dürfte auch im Sinne der Inputhierarchie des IFRS 13 sein. Wie auch schon für den Income Capitalization Approach bzw. ähnlich für das Ertragswertverfahren nach ImmoWertV erläutert, eignet sich hierfür zur Diskontierung insbesondere der aus dem Immobilienmarkt abgeleitete All Risk Yield, der aus konzeptioneller Sicht auf der Initial Yield basieren sollte.[1484]

Der Initial Yield berücksichtigt bereits die Wachstumserwartungen des Markts, weswegen bei Anwendung des Term and Reversion Models durch die Diskontierung auf den Bewertungsstichtag mit dem All Risk Yield die aktuellen und nicht die zu Beginn der **Reversion** erzielbaren, zu prognostizierenden Marktmieten und Bewirtschaftungskosten im Zähler angesetzt werden können.

Sofern der All Risk Yield auf Basis des Initial Yield aus dem Markt ohne größere objektspezifische Anpassungen abgeleitet werden kann, dürfte der Zinssatz somit für die Reversion bzw. bei einphasigen Modellen gänzlich auf der zweiten Stufe der Inputhierarchie des IFRS 13 zu ermitteln sein, was grundsätzlich positiv zu beurteilen wäre. Sollten größere, regelmäßig subjektive Anpassungen des marktorientierten Initial Yield zur Anpassung an Objektspezifika erforderlich werden, sollten diese aus Transparenzgründen zumindest im Bewertungsgutachten erläutert werden. Möglich wäre auch eine Anlehnung an die Modelle von KLEIBER/SIMON und ZEIẞLER, die diese für den Liegenschaftszinssatz entwickelt haben.[1485] Hier werden die **objektspezifischen Anpassungen** in einzelne Anpassungen für spezielle Charakteristika der Immobilie, wie etwa die Größe der Wohnfläche, unterteilt.[1486] Indes dürfen Objektspezifika, wie beispielsweise das Mietausfallwagnis, das regelmäßig bereits im Cashflow bewertet wird, nicht doppelt berücksichtigt werden. Daher sollten nur relevante Kriterien berücksichtigt und zumindest im Bewertungsgutachten erläutert werden, warum und in welcher Höhe sie den All Risk Yield beeinflusst haben. Das würde zwar letztendlich die Subjektivität der Bewertung nicht wesentlich verringern, zumindest aber ergäben sich hierdurch Möglichkei-

---

[1482] Vgl. zu diesen Überlegungen auch Kap. 44.

[1483] Vgl. in diesem Kontext vor allem die Diskussion in Kap. 443.

[1484] Vgl. ähnlich auch KORMAIER, B., Income Capitalisation Model, S. 384. Vgl. ausführlich zum Initial Yield auch Kap. 443.2.

[1485] Vgl. zu diesen Modellen ausführlich Kap. 442.3.

[1486] Vgl. für die Verfahren auch Kap. 442.3.

ten, die Transparenz auf der Erläuterungsebene zu erhöhen und Ermessensspielräume offenzulegen. Daher wäre eine solche Vorgehensweise aus IFRS-Sicht zu empfehlen.

Erwerbsnebenkosten sind bei der Wertermittlung zu beachten.[1487] Sofern der Initial Yield mit Berücksichtigung der **Erwerbsnebenkosten** ermittelt wurde, sind von dem ermittelten Brutto-Marktwert noch die Erwerbsnebenkosten des potentiellen Käufers abzuziehen, um den Netto-Marktwert und somit den Fair Value zu erhalten. Die Entscheidung für oder gegen eine direkte Berücksichtigung von Erwerbsnebenkosten sollte individuell in Abhängigkeit von der Datenverfügbarkeit getroffen werden. Erwerbsnebenkosten können in der Regel vergleichsweise gut für einzelne Länder prozentual quantifiziert und marktobjektiviert werden,[1488] so dass sie regelmäßig auf der zweiten Ebene der Inputhierarchie einzuordnen sind.

International werden die **Initial Yields** üblicherweise ohne explizite Beachtung der **Restnutzungsdauer** und des **Bodenwerts** ermittelt. Die Restnutzungsdauer beeinflusst hierbei die Zahlungsbereitschaft der Marktteilnehmer und mithin über den Transaktionspreis der Vergleichsimmobilie auch den All Risk Yield. Dieser wäre somit nur dann unverändert anzuwenden, wenn er in einem Modell angewandt würde, dass die Restnutzungsdauer lediglich implizit berücksichtigt (wie der klassische Income Capitalization Approach) und wenn die Restnutzungsdauer und der Bodenwert der Vergleichsimmobilie denen des Bewertungsobjekts entsprächen. Ansonsten wäre der Zinssatz (subjektiv) anzupassen. Dies ist bereits im Rahmen des Income Capitalization Approach kritisiert worden.[1489] Bei der Bestimmung des All Risk Yield kann es daher in dem hier dargestellten Modell zu Problemen kommen, sofern die Restnutzungsdauer der Vergleichsimmobilie 50 Jahre unterschreitet. Durch die explizite Berücksichtigung von Restnutzungsdauer und Bodenwert wäre die konzeptionelle Äquivalenz von Cashflow und Zinssatz nicht mehr gegeben, so dass die Zinssätze, die aus Vergleichsimmobilien mit **kürzeren Restnutzungsdauern** abgeleitet werden, konzeptionell nicht für eine Anwendung in diesem Modell geeignet sind. Sofern die Vergleichsimmobilien der am Markt beobachtbaren All Risk Yields indes auf **längeren Restnutzungsdauern** beruhen, sind diese direkt für eine Bewertung in dem hier vorgestellten Verfahren geeignet. Dies ist darauf zurückzuführen, da in diesem Fall die Zinssätze mit und ohne Berücksichtigung der Restnutzungsdauer nahezu identisch sind. Bei dem Beispiel aus Kap. 461. würde der hieraus abgeleitete All Risk Yield beispielsweise 6,23 % betragen im Vergleich zu einem Liegenschaftszinssatz von 6 %. Die Marktwertdifferenz betrüge, wenn der All Risk Yield nun bei gleichen Ausgangsdaten in ein Modell mit Restnutzungsdauer und Bodenwert eingesetzt würde, nur ca. 3 %. Ab einer Restnutzungsdauer von ca. 50 Jahren sind Restnutzungsdauer und Bodenwert in der Regel nicht mehr wertrelevant.[1490] Die so ermittelten Zinssätze könnten daher auch in Barwertkalkülen verwandt werden, bei denen Restnutzungsdauern explizit berücksichtigt werden. So könnten sie auch bei Renditeimmobilien mit geringen Restnutzungsdauern sachgerecht und ohne subjektive Anpassungen (wie sie sonst ggf.

[1487] Vgl. dazu auch Kap. 231.

[1488] In Großbritannien betragen sie etwa zwischen 5,75 und 6 % des Kaufpreises und in Deutschland, wenn ein Makler eingeschaltet wird, ca. 12 %. Vgl. SCARRETT, D., Property Valuation, S. 86 bzw. KLEIBER, W., Verkehrswertermittlung, S. 427.

[1489] Vgl. dazu auch die Kritik in Kap. 452. und 462.

[1490] Vgl. auch Kap. 45 und 46.

erforderlich wären) im Sinne der IFRS angewandt werden. Dies setzt voraus, dass die All Risk Yields mit den zugehörigen Restnutzungsdauern der Vergleichsimmobilien veröffentlicht werden.

Derzeit können regelmäßig (noch) nicht die **Liegenschaftszinssätze** herangezogen werden, da diese in weiten Teilen auf Basis der ortsüblichen Vergleichsmieten und nicht der Marktmieten abgeleitet werden. Seit Inkrafttreten der ImmoWertV ist die Ermittlung von Liegenschaftszinssätzen auf Basis von Marktmieten wohl ebenfalls erlaubt,[1491] wodurch sich die Möglichkeit eröffnet, die Liegenschaftszinssätze in Deutschland künftig den internationalen Gepflogenheiten anzupassen. Für das hier vorgeschlagene Modell würde eine solche Änderung eine Erweiterung der Datenbasis für die Ermittlung von All Risk Yields bedeuten und wäre somit zu begrüßen. Inwiefern diese Möglichkeit in Zukunft von den deutschen Gutachterausschüssen genutzt wird, ist indes offen.

Neben einer marktobjektivierten Ableitung bietet sich auch nachrangig im Sinne der Inputhierarchie des IFRS 13 eine **interne Ableitung** des All Risk Yield unter Beachtung von Restnutzungsdauer und Bodenwert aus vergleichbaren Immobilien an. Diese Möglichkeit dürfte sich vor allem für externe Gutachter größerer Immobilienbewertungsgesellschaften und interne Bewerter von Immobilienunternehmen mit großem Immobilienbestand anbieten, da diese am ehesten hinreichend Vergleichsimmobilien und Markterfahrung besitzen. Eine Plausibilisierung dieser Größen über den Markt wäre dann zwar nur noch in Grenzen möglich. Die abgeleiteten Zinssätze sollten aber zumindest für den Abschlussprüfer zu plausibilisieren sein.

524.2 Konkretisierung des All Risk Yield für den Term

524.21 Anpassung des All Risk Yield für den Term bei befristeten Staffelmietverträgen von overrented properties

Wenn im Fall von over- oder underrented properties im Rahmen eines Terms entsprechende Mietverträge zu berücksichtigen sind, kann der All Risk Yield nicht immer in seiner ursprünglichen Form angewandt werden, da es sonst, etwa bei Staffelmietverträgen, zu einer Doppelberücksichtigung von Wachstum kommen kann. Auch eine direkte Ableitung eines derart spezifischen Initial Yield für das Bewertungsobjekt dürfte wohl nicht möglich sein, da es hierfür regelmäßig keine hinreichend vergleichbaren Immobilien mit gleichen Mietverträgen geben dürfte. Da eine Ableitung des Zinssatzes (ohne Wachstum) aus dem Kapitalmarkt mit dem CAPM für Renditeimmobilien in der Regel ebenfalls nicht sachgerecht möglich ist und eine Verwendung von risikolosen Zinssätzen in Verbindung mit individuellen Risikozuschlägen einer zu hohen Subjektivität und somit einem zu großen Ermessensspielraum unterliegt, soll an dieser Stelle eine alternative Vorgehensweise vorgeschlagen werden.[1492]

Bei einem **befristeten Staffelmietvertrag** eines **overrented property** stehen für die Zeit der Vertragsdauer die einzelnen Mieten inklusive ihrer Erhöhungen bereits fest (Fall 3).[1493] Da diese Mie-

[1491] Vgl. SPRENGNETTER, H. O., Aus „nachhaltige“ werden „marktübliche“ Erträge, S. 53.

[1492] Vgl. dazu auch die Ausführungen in Kap. 443.5 und 444.1.

[1493] Damit auch die Bewirtschaftungskosten für diesen Zeitraum nominal berücksichtigt werden können, sind diese ggf. an die erwartete Inflation anzupassen. Vgl. hierzu auch Kap. 523.

ten im Cashflow berücksichtigt werden sollen, darf das zusätzliche Wachstum nicht mehr im Zinssatz enthalten sein. Daher sollte die implizit im Zinssatz bereits enthaltene Wachstumsrate aus diesem herausgerechnet werden. Aus diesem Grund könnte man in Anlehnung an die sogenannte Short-Cut DCF-Methode[1494] dieses Wachstum der Mieteinnahmen im Zähler durch Sichtung der Mietverträge über die Laufzeit des Terms jahrweise prozentual berechnen und dann als durchschnittliche jährliche (geometrische) Wachstumsrate auf den All Risk Yield aufschlagen. Der angepasste All Risk Yield stellt somit einen um die Wachstumsrate erhöhten Zinssatz im Sinne einer marktorientierten Rendite für Immobilien dar. Aus dem All Risk Yield würde mithin für die Dauer des Terms eine Art Equated Yield, also ein Zinssatz, der grundsätzlich keine impliziten Wachstumserwartungen mehr enthält, da das implizite Wachstum der Reinerträge durch das im Mietvertrag festgelegte Wachstum approximiert wird. Andere Erwartungen wie etwa hinsichtlich der Entwicklung der Bewirtschaftungskosten wären zwar theoretisch auch zu berücksichtigen, sie werden hier indes aufgrund ihrer geringen Wertrelevanz vernachlässigt.[1495] So lässt sich der Zusammenhang zwischen einem Equated Yield und einem All Risk Yield im Wesentlichen durch die Mietwachstumserwartungen abbilden.[1496] Dadurch ergibt sich eine **erste vertragsspezifische Anpassung** in Form eines **Wachstumszuschlags**. Bei Staffelmietverträgen dürfte so der größte Teil der insgesamt erforderlichen Anpassung explizit quantifizierbar sein, da die Anpassungen direkt den internen Mietverträgen entnommen werden können.[1497] Die Ermessensspielräume dürften daher im Sinne der IFRS sehr begrenzt sein. Auf diese Weise ist es möglich, eine Doppelberücksichtigung von Wachstum zu vermeiden, was beim Ertragswertverfahren nach ImmoWertV und beim Income Capitalization Approach bisher größtenteils im Schrifttum gar nicht oder nur durch die Empfehlung subjektiver Anpassungen vorgesehen ist.[1498] Beim DCF-Verfahren wird in der Regel versucht, diese

[1494] Mit der Short-Cut DCF-Methode wird versucht, bei gegebenem All Risk Yield und Diskontierungszinssatz i. S. eines Equated Yield die Wachstumsrate für die Cashflows zu ermitteln. Es ist mithin lediglich eine alternative Möglichkeit zur Bestimmung der Cashflows im Zähler des DCF-Verfahrens. Vgl. etwa RICS, Valuation Methods, S. 14 f. Der Diskontierungszinssatz als kapitalmarktorientierter Zinssatz (ohne implizitem Wachstum) ergibt sich i. d. R. durch Erhöhung eines risikolosen Zinssatzes um einen (subjektiven) Risikozuschlag. Die Methode soll u. a. dabei helfen, zu ermitteln, wann die Marktmiete eine derzeit höhere Vertragsmiete übersteigt. Indes sind hierbei viele subjektive Schätzungen etwa im Hinblick auf den kapitalmarktorientierten Zinssatz und die Entwicklung der Marktmiete erforderlich. Vgl. dazu ausführlich PETO, R./FRENCH, N./BOWMAN, G., Price and worth, S. 90-93. Da dieses Konzept in seiner aktuellen Form nicht zu überzeugen vermag, soll es im Rahmen dieser Arbeit in einem anderen Kontext genutzt werden. Erhalten bleibt lediglich die Idee, dass sich ein Diskontierungszinssatz ohne Wachstumserwartungen aber unter Berücksichtigung immobilienmarktspezifischer Sentiments als All Risk Yield erhöht um das erwartete Wachstum abbilden lässt.

[1495] Vgl. implizit auch FRIEDRICHS, J.-C., Zinssätze in Wertermittlungen, S. 104 f.

[1496] Vgl. zu diesem Zusammenhang auch GEPPERT, H./WERLING, U., ImmoWertV im Fokus, S. 22; ähnlich SCARRETT, D., Five methods, S. 37 f. Sofern die Bewirtschaftungskosten lediglich prozentual von den Mieterlösen bestimmt werden, ist dieser Zusammenhang noch deutlicher. Vgl. FRIEDRICHS, J.-C., Zinssätze in Wertermittlungen, S. 105.

[1497] Durch die Berechnung einer durchschnittlichen Wachstumsrate wird gewährleistet, dass am Ende des Terms die vertraglich vereinbarte Mietsteigerung berücksichtigt wurde. Indes kann es sein, dass die Mietentwicklung im Term einem anderen Muster unterliegt, weswegen nach dem hier vorgeschlagenen Konzept u. U. leichte Ungenauigkeiten aus Vereinfachungsgründen akzeptiert würden. Vgl. ähnlich RICS, Valuation Methods, S. 14. Weitere Möglichkeiten zur Manipulation könnten bei der Berechnung der Wachstumsrate durch die Beeinflussung von Anfangs- und Endmietwerten entstehen. Indes dürften diese bei befristeten Verträgen mit festen Vertragslaufzeiten prinzipiell eher gering sein. Bei unbefristeten Verträgen ist dagegen auf die Objektivierbarkeit der Vertragslaufzeit abzustellen.

[1498] Vgl. hierzu auch Kap. 442.5 und 443.7.

Wachstumskomponente durch den Rückgriff auf kapitalmarktorientierte Zinssätze gar nicht erst im Zinssatz zu berücksichtigen. Kapitalmarktorientierte Zinssätze sind indes, wie bereits erläutert, konzeptionell nur sehr bedingt zur Fair Value-Ermittlung von Immobilien geeignet.[1499]

Würde nur der Wachstumszuschlag in Bezug auf die vereinbarte Mietzahlung berücksichtigt, würden möglicherweise durch den Mietvertrag bedingte Änderungen des **Mietausfallrisikos**[1500] und des **Mieterhöhungspotentials** nicht ausreichend beachtet. Daher erscheint es sachgerecht, im Rahmen einer **zweiten vertragsspezifischen Anpassung**, sofern erforderlich, Korrekturen aufgrund geänderter Mietausfallrisiken und, im Fall von overrented properties, geringeren Mietwachstumspotentialen vorzunehmen. Für befristete Staffelmietverträge bedeutet dies, dass bei overrented properties die Mehrerlöse während der Vertragslaufzeit einem höheren Mietausfallrisiko als zur Marktmiete vermietete Immobilien unterliegen, da der Fortbestand des Mietvertrags wesentlich von der Bonität des Mieters abhängt.[1501] Außerdem dürfte die im Vertrag vorgesehene Mietstaffelung prozentual regelmäßig geringere Mietsteigerungen vorsehen, als dies für eine zur Marktmiete vermietete Immobilie implizit im All Risk Yield erwartet wird,[1502] weswegen der Wachstumszuschlag im Rahmen der ersten Anpassung tendenziell etwas zu niedrig ausfallen könnte. Aus diesen beiden Gründen sollte der All Risk Yield zusätzlich nach oben angepasst werden.[1503] Wie genau diese Anpassung theoretisch ermittelt werden könnte, wird im Schrifttum nicht genannt. Diese Anpassung sollte indes regelmäßig sehr gering ausfallen. Sofern diese Anpassungen zurzeit bereits beim Ertragswertverfahren oder beim Income Capitalization Approach berücksichtigt werden, werden in der Regel Anpassungen von maximal einem Prozent empfohlen.[1504] Die Herkunft des Betrags wird indes nicht näher erläutert. Da diese Anpassungen mithin stets subjektiver Natur und nur schwer zu objektivieren sind, bieten sich dem Bilanzierenden hier Gestaltungsspielräume. Daher könnte es sinnvoll sein, eine maximal mögliche Zuschlagshöhe für diese zweite Anpassung etwa in den IVS (oder in einem ergänzenden Technical Information Paper) zu empfehlen oder bei Anwendung des Verfahrens durch eine Best Practice zu erreichen.[1505] Sinnvoll wäre es, in Anlehnung an die Literaturempfehlungen eine zweite Korrektur für veränderte Mietausfallrisiken und Mieterhöhungsmöglichkeiten von maximal 1 % zuzulassen.

Die **Marktmiete** kann anders als die feste **Vertragsmiete** innerhalb einer Phase steigen. Sollte die Marktmiete während der Vertragslaufzeit auf oder sogar über die Vertragsmiete steigen, läge kein overrented property mehr vor. Bei dem Top and Bottom Slicing Model/Hardcore Model besteht hier

[1499] Vgl. Kap. 444.1.

[1500] Dies ist unabhängig von dem vertragsunspezifischen Mietausfallwagnis, was bereits regelmäßig im Zähler berücksichtigt wird.

[1501] Vgl. KLEIBER, W., Verkehrswertermittlung, S. 1041.

[1502] Vgl. hierzu auch KLEIBER, W., Verkehrswertermittlung, S. 1035.

[1503] Vgl. erläuternd auch KLEIBER, W., Verkehrswertermittlung, S. 1035 f. und 1041.

[1504] So nennen SCHLICHT/GEHRI für over- und underrented properties Erhöhungen von 0,5 bis 1 %. Vgl. SCHLICHT, K./GEHRI, C., Verkehrswertermittlung, S. 106. SCARRETT, KORMAIER und LEOPOLDSBERGER/THOMAS/NAUBEREIT verweisen für underrented properties ebenfalls auf Anpassungen von 0,5 bis 1 %. Vgl. SCARRETT, D., Property Valuation, S. 87; KORMAIER, B., Income Capitalisation Model, S. 384; LEOPOLDSBERGER, G./THOMAS, M./NAUBEREIT, P., Immobilienbewertung, S. 506. KORMAIER befürwortet bei overrented properties Anpassungen von ca. 0,25 %. Vgl. KORMAIER, B., Income Capitalisation Model, S. 384.

[1505] Vgl. dazu auch die Ausführungen zur Erläuterungsebene in Kap. 533.3.

die Gefahr, dass die Mehrerlöse, wenn sie über die Vertragsdauer berechnet werden, überbewertet werden.[1506] Während sich dadurch an den hier dargestellten Wachstumsanpassungen nichts ändert, könnte die zweite vertragsspezifische Anpassung zu hoch sein, da sich sowohl das Mietausfallwagnis als auch das Mietsteigerungspotential bereits dem Marktüblichen angenähert haben oder dieses bereits unterschreiten könnten.[1507] Durch die Wachstumsanpassung des All Risk Yield dürfte die hierdurch mögliche Bewertungsungenauigkeit indes wesentlich niedriger sein, als dies bei den klassischen Verfahren der Fall ist. Diese Argumentation gilt vice versa für underrented properties. In der Regel dürfte die Ungenauigkeit im Rahmen der IFRS aus Kosten-Nutzen-Überlegungen heraus in diesem Modell vernachlässigbar sein. Wenn nach Würdigung des Sachverhalts indes deutlich absehbar ist, dass sich Marktmiete und Vertragsmiete in der Phase des Terms angleichen, könnte ggf. die zweite vertragsspezifische Anpassung verringert werden.

Während die (größere) erste Anpassung, die Wachstumsanpassung, bei Staffelmietverträgen demnach relativ glaubwürdig im Sinne der IFRS und mit wenig Ermessen abbildbar ist, kann bei der zweiten Anpassung der Ermessensspielraum nur durch die Begrenzung der maximal möglichen Anpassung eingeschränkt werden. Nichtsdestotrotz scheint die vorgeschlagene Strukturierung der erforderlichen Zuschläge, ihre Ableitung zum einen transparenter und ermessensfreier zu ermöglichen, als dies bei den bisher dargestellten Methoden der Fall war. Zum anderen wird durch die explizite Wachstumskorrektur des All Risk Yield das konzeptionelle Problem der Doppelberücksichtigung von Wachstum weitestgehend gelöst. Daher wird im Folgenden dieses Konzept, das bisher im Wesentlichen für befristete Staffelmietverträge bei overrented properties dargestellt wurde, nun für alternative Mietverträge erläutert, die teilweise einer speziellen Berücksichtigung bedürfen. Dafür werden zunächst die bisher noch nicht betrachteten Mietvertragsgestaltungen bei overrented properties betrachtet und in dem darauf folgenden Abschnitt werden die Ergebnisse aus diesem und dem nächsten Abschnitt auf underrented properties übertragen und ggf. erforderliche Anpassungen sowie die Unterschiede erläutert.

524.22 Anpassung des All Risk Yield für den Term bei sonstigen overrented properties

Bei **befristeten** und **unbefristeten Indexmietverträgen** von **overrented properties** entspricht der Wachstumszuschlag der bereits für den Zähler geschätzten Entwicklung der Vertragsmiete auf Basis der Entwicklung des Verbraucherpreisindex (Fall 3). Vergleichsweise einfacher ist der Sachverhalt bei befristeten und unbefristeten Mietverträgen von overrented properties, bei denen zwar **keine automatischen Mieterhöhungen** vertraglich vereinbart sind, diese aber durchaus möglich sind (Fall 2). Hier ist die erste Anpassung, also die Korrektur des All Risk Yield um die Wachstumsrate, nicht erforderlich, da das Wachstum der Mieten im Zähler nicht explizit berücksichtigt wird. Ebenso sind auch die Bewirtschaftungskosten nicht um Inflationserwartungen zu korrigieren. Hier ist die implizite Berücksichtigung des Wachstums im Nenner durch den All Risk Yield explizit vorgesehen, da hierdurch im Sinne der IFRS (subjektive) Anpassungen in Zähler und Nenner vermieden

[1506] Vgl. LEOPOLDSBERGER, G./THOMAS, M./NAUBEREIT, P., Immobilienbewertung, S. 510.

[1507] Sinkt hingegen die Marktmiete, können das veränderte Mietausfallwagnis und das veränderte Mietsteigerungspotential im Gegenteil ggf. sogar größer im Vergleich zum Marktüblichen werden. Daher gelten die Ausführungen hierzu im Text für sinkende Marktmieten vice versa.

werden können. Die zweite Anpassung entspricht bei Indexmietverträgen und Mietverträgen ohne automatischen Mieterhöhungen bei **befristeten Verträgen** grundsätzlich der von befristeten Staffelmietverträgen.[1508] Ein leicht geänderter Sachverhalt liegt bei **unbefristeten Mietverträgen** von overrented properties vor, bei denen Indexmietverträge, Staffelmietverträge oder Mietverträge ohne automatische Mieterhöhungen verwandt werden (Fall 2 und 3). Bei der zweiten Anpassung des All Risk Yield um das veränderte Mietausfallwagnis sollte eher ein leicht höheres Risiko als bei befristeten Verträgen berücksichtigt werden, da der Anreiz in einer über der Marktmiete vermieteten Immobilie zu bleiben aus Marktsicht mit dem Anstieg der Miete abnimmt und gleichzeitig der unbefristete Vertrag jederzeit durch den Mieter unter Berücksichtigung einer Kündigungsfrist gekündigt werden könnte.

Bei **befristeten** und **unbefristeten Festmietverträgen** von **overrented properties**, bei denen eine **Mieterhöhung mietvertraglich ausgeschlossen** wurde (Fall 3), muss entsprechend wieder die Wachstumskomponente für die (prognostizierte) Dauer des Mietvertrags auf den All Risk Yield aufgeschlagen werden, um eine Art Equated Yield zu erhalten, da hierbei weder im Zähler noch im Nenner implizites oder explizites Wachstum berücksichtigt werden soll. Anders als bei Staffelmietverträgen kann das Wachstum hierbei aber nicht aus dem Mietvertrag abgeleitet werden. Aus diesem Grund bietet es sich an, dass durchschnittliche Mietwachstum der spezifischen Region und der Nutzungsart heranzuziehen. Je nach Datenverfügbarkeit könnte hier primär im Sinne der Inputhierarchie des IFRS 13 das vergangene (oder künftige) durchschnittliche Mietwachstum aus am Markt erhältlichen Quellen genutzt werden[1509] bzw. sofern dies nicht möglich ist, könnte sekundär auf das vergangene oder künftig geplante durchschnittliche Wachstum bestehender zur Marktmiete vermieteter Immobilien des Unternehmens verwiesen werden. Ob primär historische oder künftig erwartete Mietwachstumsraten verwandt werden, sollte sachverhaltsabhängig unter Abwägung der Entscheidungsnützlichkeit der Daten im Sinne der IFRS entschieden werden. Möglich wäre auch eine Plausibilisierung der externen Daten mit den internen und vice versa. Da hierbei indes viel Ermessensspielraum besteht, ist gerade bei Festmietverträgen die Transparenz bei der Bestimmung der Parameter von übergeordneter Bedeutung. In Bezug auf die zweite Anpassung ist hier zu konstatieren, dass das höhere Mietausfallrisiko wie auch schon bei Staffelmietverträgen durch Aufschlag auf den All Risk Yield zu berücksichtigen wäre. Indes wäre für das Mietwachstumspotential keine Anpassung vorzunehmen, da im angepassten All Risk Yield keine Wachstumserwartungen mehr enthalten sein sollten, was somit bereits dem Vertragskonstrukt entsprechen würde.

[1508] Dieser Sachverhalt ist u. U. bei Indexmietverträgen differenziert zu würdigen. Da die Erhöhung bei Indexmietverträgen bei over- und underrented properties i. d. R. identisch sein dürfte, kommt der Bilanzierende nicht umhin, dass Wachstum im Marktkontext zu würdigen, um festzustellen, ob sich ein erhöhtes oder ein vermindertes Mietsteigerungspotential ergibt. RÖSSLER ET AL. gehen davon aus, dass das marktübliche Mietsteigerungspotential grundsätzlich über der Inflationsrate liegt, was einen Zinsaufschlag bedingen würde. Vgl. RÖSSLER, R./LANGNER, J./SIMON, J./KLEIBER, W./JOERIS, D./SIMON, T., Grundstückswerte, S. 323. Im Zweifel sollte indes eine Anpassung unterbleiben.

[1509] Anhaltspunkte könnte hier möglicherweise auch das von der EPRA empfohlene Like-for-like rental growth reporting geben. Demnach soll das Mietwachstum für ein Portfolio von Immobilien, das sich in den letzten zwei Jahren nicht verändert hat, im Geschäftsbericht angegeben werden. Vgl. dazu auch Kap. 533.3 und EPRA, Best Practices Recommendations, S. 12.

524.23 Anpassung des All Risk Yield für den Term bei underrented properties

Im Wesentlichen können underrented properties (alle Fall 3) bei der Anpassung des All Risk Yield wie overrented properties bei befristeten Staffelmietverträgen behandelt werden. Indes sind besondere Aspekte zu beachten, die im Folgenden erläutert werden. So sind auch hier bei **befristeten Staffel- und Indexmietverträgen** entsprechende Wachstumszuschläge zu beachten, die sich aus dem durchschnittlichen, vertraglich festgelegten Wachstum ergeben. Bei **befristeten** Verträgen **ohne automatische Mieterhöhung** ist im Sinne einer baldigen Anpassung der Vertragsmiete an die Marktmiete, anders als bei overrented properties, aus Marktsicht im Sinne von IFRS 13.22 von der rechtlich maximal möglichen Erhöhung der Miete auszugehen. Das durchschnittliche Wachstum ist dann entsprechend im Zuge einer ersten Anpassung auf den All Risk Yield aufzuschlagen.[1510] Bei der zweiten Anpassung sind die Unterschiede im Vergleich zu overrented properties bei allen **drei Vertragskonstrukten** (Staffel-, Index- und „normale" Mietverträge) identisch. Anders als bei overrented properties sinkt bei underrented properties das Mietausfallrisiko im Vergleich zu marktüblich vermieteten Immobilien, da die Mieter einen Anreiz haben, in dem für sie günstigen Vertrag zu bleiben bzw. da das Bonitätsrisiko des Mieters für den Vermieter kein Risiko sondern lediglich eine Chance auf eine frühzeitigere Vermietung zur Marktmiete darstellt.[1511] Ebenfalls ist statt des Zuschlags ein Abschlag auf den All Risk Yield vorzunehmen, um das tendenziell höhere Mietwachstumspotential im Vergleich zum marktüblichen Mietwachstum zu berücksichtigen.[1512] Bei allen drei Vertragsarten wird der Wachstumszuschlag somit teilweise durch die Abschläge für die zweite Anpassung wieder konterkariert.

Ähnlich wie bei den overrented properties bildet auch hier der **befristete Festmietvertrag**, bei dem **keine Mieterhöhungen möglich** sind, eine Ausnahme. Um die impliziten Mieterwartungen aus dem All Risk Yield auszugleichen, ist wiederum das durchschnittliche Mietwachstum bezogen auf die Region und die Nutzungsart auf den All Risk Yield aufzuschlagen. Das Mietausfallrisiko sinkt analog zu den anderen Vertragsarten, da die Vertragsmiete unter der Marktmiete liegt. Da der angepasste All Risk Yield optimalerweise keine impliziten Wachstumserwartungen mehr enthält und diese bei einer Festmiete auch nicht erforderlich sind, bestehen auch keine etwaigen geänderten Erwartungen in Bezug hierauf. Daher ist kein verändertes Mietwachstumspotential zu berücksichtigen.

Für **unbefristete Mietverträge** von **Wohnimmobilien** gelten die obigen Ausführungen analog. Bei **Gewerbeimmobilien** entfallen die Anpassungen, da es sich aus Marktsicht im Sinne von IFRS 13.22 häufig empfiehlt, von einer möglichst zeitnahen Kündigung des Mietvertrags auszugehen. Daher kann eine Bewertung mit einem speziellen Term hierbei weitestgehend unterbleiben,

---

[1510] Die Bewirtschaftungskosten sind nach wie vor nur um die erwartete Inflation zu korrigieren.

[1511] Vgl. KLEIBER, W., Verkehrswertermittlung, S. 1038 und 1041.

[1512] Dieser Sachverhalt ist u. U. bei Indexmietverträgen differenziert zu betrachten. Da die Erhöhung bei Indexmietverträgen bei over- und underrented properties i. d. R. identisch sein dürfte, kommt der Bilanzierende auch hier nicht umhin, dass Wachstum im Marktkontext zu würdigen, um festzustellen, ob sich ein erhöhtes oder ein vermindertes Mietsteigerungspotential ergibt. RÖSSLER ET AL. gehen davon aus, dass das marktübliche Mietsteigerungspotential grundsätzlich über der Inflationsrate liegt, was einen Zinsaufschlag bedingen würde. Vgl. RÖSSLER, R./LANGNER, J./SIMON, J./KLEIBER, W./JOERIS, D./SIMON, T., Grundstückswerte, S. 323.

weswegen Immobilien mit diesen Mietverträgen bereits im Vorhinein den einphasigen Modellen zugeordnet worden sind (Fall 1).[1513]

524.3 Gesamtbeurteilung der Konkretisierung des Diskontierungszinssatzes

Insgesamt lässt sich konstatieren, dass die Ermessensspielräume und somit auch die Glaubwürdigkeit der ermittelten Zinssätze im Wesentlichen von der vorliegenden Mietvertragsgestaltung abhängen. Die hier beschriebene Systematisierung stellt den Versuch dar, eine standardisierte, transparentere und, sofern realisierbar, objektiviertere Ermittlung im Sinne der IFRS zu ermöglichen. So wird zum einen darauf hingewiesen, dass der All Risk Yield anders als beim Income Capitalization Approach zumindest bei Restnutzungsdauern unter 50 Jahren die Restnutzungsdauer und den Bodenwert berücksichtigen sollte. Zum anderen wurde versucht, durch die Systematisierung der Anpassungen des All Risk Yield in objekt- und vertragsspezifische Anpassungen eine gewisse Objektivierung zu erzielen. Die Zusammenhänge für die einzelnen Mietvertragsarten sind in der folgenden Abbildung zusammengefasst dargestellt, wobei nach oben gerichtete Pfeile eine Anpassung des Zinssatzes nach oben implizieren und vice versa. Mit Ausnahme der grau unterlegten Vertragskonstellation (Fall 2) sind alle anderen Vertragskonstellationen dem dritten Fall aus Abb. 8 zuzuordnen.

Höhe der Vertragsmiete	Overrented properties				Underrented properties		
Anpassungen	1. Anpassung	2. Anpassung			1. Anpassung	2. Anpassung	
	Wachstum	verändertes Mietausfallwagnis		verändertes Mietsteigerungspotential	Wachstum	verändertes Mietausfallwagnis	verändertes Mietsteigerungspotential
Mietvertragsdauer	befristet/ unbefristet	befristet	unbefristet	befristet/ unbefristet	befristet/ (unbefristet)	befristet/ (unbefristet)	befristet/ (unbefristet)
Staffelmietverträge	↑ (Mietvertrag)	↑	↑	↑	↑ (Mietvertrag)	↓	↓
Indexmietverträge	↑ (Mietvertrag)	↑	↑	↑ oder ↓	↑ (Mietvertrag)	↓	↑ oder ↓
Mietverträge ohne automatische Erhöhungen	–	↑	↑	↑	↑ (Gesetzlich maximale Erhöhung)	↓	↓
Festmietverträge	↑ (Immobilienmarkt)	↑	↑	–	↑ (Immobilienmarkt)	↓	–

Abbildung 10: Übersicht über die vertragsspezifischen Anpassungen des All Risk Yield im Term für over- und underrented properties

Die vertragsspezifische Anpassung unterteilt sich in zwei Komponenten. So ist die erste Anpassung, die eine Korrektur der impliziten Wachstumskomponente anstrebt, häufig vergleichsweise objektiv

[1513] Vgl. dazu auch die Ausführungen in Kap. 522.2 und die Abb. 8 in Kap. 521.

und glaubwürdig im Sinne der IFRS zu bestimmen. Die zweite Anpassung, die Änderungen des Mietausfallrisikos und des Mietwachstumspotentials betrifft, ist hingegen häufig subjektiver Natur, da eine Objektivierung hier nur schwer möglich erscheint. Aus diesem Grund wurde für eine Obergrenze der maximal vorzunehmenden zweiten Anpassung plädiert. Diese könnte sich, wie hier vorgeschlagen, an der in der Literatur häufig genannten Schwelle von einem Prozent orientieren.

525. Konkretisierung der Restnutzungsdauer und des Bodenwerts

Wie bereits bei der Diskussion der einzelnen Bewertungsmodelle dargelegt wurde, wäre es für **einphasige Modelle** ebenso wie für das **Term and Reversion Model** sinnvoll, wenn Bodenwert und Restnutzungsdauer mindestens bis zu einer Restnutzungsdauer des Bewertungsobjekts von 50 Jahren explizit berücksichtigt würden.[1514] Der **Bodenwert** kann hierbei mit Hilfe des Vergleichswertverfahrens ermittelt werden. In Deutschland wird regelmäßig auf Bodenrichtwerte zurückgegriffen, die öffentlich verfügbar und somit leicht am Markt objektiviert werden können. Zur Ermittlung der **Restnutzungsdauer** empfiehlt es sich zumindest für Deutschland, das von der AGVGA-NRW vorgeschlagene Konzept,[1515] das in ähnlicher Form auch von SPRENGNETTER verwandt wird,[1516] zur Ermittlung der Restnutzungsdauer zu nutzen. Hierdurch kann objektiviert und normiert ermittelt werden, inwiefern sich vergangene oder (hinreichend konkretisierte und marktübliche) künftige Modernisierungen auf die Restnutzungsdauer auswirken. Das Punktrastermodell der AGVGA-NRW ordnet etwa einer Verbesserung der Fenster eine entsprechende Punktzahl zu, mit deren Hilfe, in Abhängigkeit von der Gesamtnutzungsdauer des Gebäudes, dann die Restnutzungsdauer der Immobilie anhand von Tabellen ermittelt werden kann.[1517] Für diese Berechnungen ist die wirtschaftliche Gesamtnutzungsdauer der einzelnen Gebäude zu schätzen, womit indes wiederum Gestaltungsspielräume verbunden sind. Diese könnten eingegrenzt werden, indem die wirtschaftlichen Gesamtnutzungsdauern in Abhängigkeit von der Nutzungsart typisiert würden. Hierfür könnte als Datenbasis beispielhaft in Deutschland auf die Anlage 22 zum § 185 Abs. 3 Satz 3 BewG zurückgegriffen werden. Hier werden für das Steuerrecht bereits für über 30 Nutzungsarten die entsprechenden Gesamtnutzungsdauern typisiert dargestellt. Eine derartige Konkretisierung entspräche wohl weniger den IFRS, könnte indes in Bewertungsstandards wie etwa den IVS (oder in einem ergänzenden Technical Information Paper) empfohlen werden oder sich als Benchmark herausbilden.

Bei **Restnutzungsdauern** der zu bewertenden Immobilie und der Vergleichsobjekte (zur Ableitung des All Risk Yield) von **über 50 Jahren** kann zur Vereinfachung in der Regel auf die Berücksichtigung von Restnutzungsdauer und Bodenwert verzichtet werden. Da dies auch der internationalen Vorgehensweise entspricht, sollte zumindest für solche Objekte eine einheitliche Lösung weltweit möglich sein. Nichtsdestotrotz empfiehlt sich im Rahmen dieses Modells im Sinne einer einheitlichen Vorgehensweise eine separate Berücksichtigung dieser Parameter unabhängig von der Restnutzungsdauer.

[1514] Vgl. zur Diskussion ausführlich Kap. 45 und 46.

[1515] Vgl. AGVGA-NRW, Modell zur Ableitung von Liegenschaftszinssätzen, S. 14-17 und Kap. 451.

[1516] Vgl. KIERIG, J., Modifizierte Punktrastermethode, S. 56-58.

[1517] Vgl. detailliert AGVGA-NRW, Modell zur Ableitung von Liegenschaftszinssätzen, S. 14-17.

53 Anforderungen an die Erläuterung

531. Vorbemerkungen

Die Komplexität[1518], die sich aus dem Sachverhalt und dem im vorangegangenen Abschnitt dargestellten, differenziert anzuwendenden Verfahren ergibt, bedarf zur Erhöhung der Transparenz und mithin auch der Entscheidungsnützlichkeit entsprechender Erläuterungen. Aufgrund der Ermessensspielräume, die auch bei dem hier vorgeschlagenen Bewertungskalkül zwingend bei der Fair Value-Ermittlung verbleiben, sind die Erläuterungen, etwa durch Offenlegung der Bewertungsannahmen, sehr bedeutend,[1519] da sie grundsätzlich zu einer Erhöhung der Transparenz beitragen können.[1520] Und gerade diese Transparenz ist ein elementarer Bestandteil für die Glaubwürdigkeit der Immobilienbranche, da durch sie Unsicherheiten sichtbar und Risiken kalkulierbar werden.[1521] Daher werden im Folgenden Möglichkeiten zur Verbesserung der Erläuterungsvorschriften diskutiert,[1522] die sich durch IFRS 13 bzw. durch darüber hinausgehende Vorschläge ergeben. Dafür soll zunächst auf Anhangangaben eingegangen werden, die zur Transparenz der Fair Value-Bewertung beitragen können und gemäß IAS 40 i. V. m. IFRS 13 bereits vorgesehen sind. Im Anschluss werden über die Standards hinausgehende Vorschläge zur Erhöhung der Transparenz gemacht. Hierfür werden insbesondere die einzelnen Bewertungsparameter des dargestellten Bewertungskalküls näher betrachtet und standardisierte Angaben vorgeschlagen.

532. Anhangangaben nach IAS 40 und IFRS 13

Der Bilanzierende soll den **Fair Value** (IFRS 13.93 (a)) und die **Bewertungsebene** (IFRS 13.93 (b)) angeben.[1523] Gemäß IFRS 13.93 (d) soll er zudem das von ihm verwandte **Bewertungsverfahren** beschreiben, sofern die Bewertung auf zweiter oder dritter Ebene einzuordnen ist.[1524] Das hier vorgeschlagene Modell könnte wohl im Wesentlichen als modifizierter Income Capitalization Approach bezeichnet werden, der regelmäßig auf der dritten Ebene einzuordnen sein dürfte. Ferner ist das Ausmaß anzugeben, inwiefern **externe Gutachter** an der Wertermittlung beteiligt gewesen sind (IAS 40.75 (e)).[1525] Externe Gutachter haben häufig eine bessere Sachkenntnis und eine breitere empirische Basis zur Ableitung der Bewertungsparameter.[1526] Demgegenüber wird

---

[1518] Vgl. zum Begriff der Komplexität auch BERENS, W./SCHMITTING, W., Komplexitätsmanagement, S. 97.

[1519] Vgl. MEYER, H./BRAUN, R., Treiber der Komplexität, S. 1782; KÜMMEL, J., Fair Value-Ermittlung mit Barwertkalkülen, S. 94 f.; ähnlich KIRSCH, H.-J./KOELEN, P./TINZ, O., Impairment only approach, S. 88.

[1520] Vgl. KOELEN, P., Bewertungskalküle, S. 168; ZYLA, M. L., Fair Value Measurements, S. 282; HINRICHS, K./SCHULTZ, E., DCF in der Praxis, S. 272; KÜMMEL, J., Fair Value-Ermittlung mit Barwertkalkülen, S. 94 f.; BAETGE, J./HOLLMANN, S., Zuverlässigkeit der Rechnungslegung nach IFRS, S. 366.

[1521] Vgl. GORDON, J., Europa, S. 4; ähnlich ERNST & YOUNG, IFRS for real estate, S. 17. Vgl. zum Risikobegriff auch KIRSCH, H.-J., Erwartungslücke, S. 969. Risiken bestehen dann, wenn Unsicherheiten subjektiv oder objektiv quantifiziert werden können. Vgl. BYRNE, P., Fuzzy analysis, S. 23; FRANCKE, H.-H., Immobilienbewertung, S. 48 f.

[1522] Vgl. kritisch zu den (noch) aktuellen Regelungen in IAS 40 und der dadurch erreichten Transparenz KORMAIER, B., Income Capitalisation Model, S. 385.

[1523] Gemäß IAS 40.75 (d) a.F. ist lediglich anzugeben, ob die Bewertung durch Marktdaten unterlegt wurde oder ob sie in Ermangelung derselben überwiegend anhand anderer Faktoren durchgeführt wurde. Die anderen Faktoren sind vom Unternehmen entsprechend offenzulegen.

[1524] IAS 40.75 (d) a.F. fordert in diesem Zusammenhang die Offenlegung des Verfahrens.

[1525] In der Praxis werden überwiegend externe Gutachter in Anspruch genommen. Vgl. dazu die empirischen Ergebnisse von MÜLLER, S./WOBBE, C./REINKE, J., Investment Properties, S. 254.

[1526] Vgl. ähnlich NAUBEREIT, P., Harmonisierung, S. 266; ZÜLCH, H., Bilanzierung von Investment Properties, S. 327.

der Einsatz externer Gutachter, u. a. aufgrund der Vermittlung einer möglichen Scheingenauigkeit, kritisiert.[1527] Indes dürften die Gestaltungsmöglichkeiten insgesamt beim Einsatz von externen Gutachtern zumindest tendenziell sinken,[1528] was zu begrüßen wäre.

Weiterhin sind die **Inputparameter** des verwandten Verfahrens zu beschreiben (IFRS 13.93 (d)).[1529] Durch qualitative Angaben könnte für den Bilanzleser ersichtlich werden, ob bei der Bewertung z. B. Restnutzungsdauern und Bodenwerte explizit berücksichtigt wurden und welcher Herkunft die marktobjektivierten All Risk Yields sind. Zudem kann ersichtlich werden, ob und in welchem Ausmaß der Bewertung explizite Prognosen etwa der Mietentwicklung zugrunde gelegt wurden oder ob auf implizite Markterwartungen unter anderem durch Anwendung eines All Risk Yield aufgebaut wurde. Dies ist zum einen zur Beurteilung des Objektivierungsgrads des Verfahrens wichtig, was zum anderen dabei hilft, die Ermessensspielräume und somit auch die potentielle Unsicherheit der Bewertung zu erfassen. Neben einer qualitativen Beschreibung der Parameter sind darüber hinaus für wesentliche **nicht-beobachtbare Inputparameter** auch quantitative Angaben erforderlich (IFRS 13.93 (d)). In IFRS 13.IE63 wird hier beispielweise für Renditeimmobilien der durchschnittliche Zinssatz und die Bandbreite der verwandten Zinssätze jeweils für Gewerbeimmobilien in Asien und Europa und insgesamt angegeben. Dadurch soll die Bewertungsunsicherheit verdeutlicht werden (IFRS 13.BC190). Dies kann als ein positiver Ansatz beurteilt werden, wenngleich zu kritisieren ist, dass beobachtbare Parameter nicht quantifiziert werden müssen. Während der IASB in IFRS 13.BC192 bereits darauf hinweist, dass die quantitativen Angaben nicht zur Replikation des Bewertungsmodells gedacht sind, so sollen Investoren dennoch nach Meinung des IASB feststellen können, ob die Unternehmenssicht ihrer eigenen entspricht. Indes sind derart aggregierte Informationen, auch wenn sie, wie in Illustrative Example 17 vorgeschlagen, nach Kontinenten differenziert werden, auch aus Transparenzsicht durchaus kritisch zu sehen, da die Parameter so wohl nur schwer plausibilisiert und somit beurteilt werden können.[1530]

Aufgrund der für Renditeimmobilien regelmäßig erforderlichen Bewertung auf der dritten Ebene, sind weitere gesonderte Anhangangabepflichten zu beachten, die eine transparente Bewertung unterstützen. So ist gemäß IFRS 13.93 (g) der Bewertungsprozess zu beschreiben. In diesem Zusammenhang sind beispielsweise über eine Beschreibung der Inputparameter hinaus, auch die Methoden zu nennen, mit denen nicht-beobachtbare Inputparameter ermittelt und belegt wurden (IFRS.13.IE65). Damit kann der Fair Value zumindest in Bezug auf die nicht-beobachtbaren Inputparameter besser nachvollzogen werden und mithin die Transparenz erhöht werden. Darüber hinaus ist gemäß IFRS 13.93 (h) lit. i eine deskriptive Beschreibung (narrative description) der **Sensitivität**

[1527] Vgl. ERNSTBERGER, J./KRAUS, C., Vorschriften des IVSC, S. 399; ähnlich ENGEL, R., DCF-Methode, S. 328. Vgl. zur Kritik auch ausführlich LENZ, T., Bilanzierung von Immobilien, S. 305-308. Die EPRA versucht der möglichen Abhängigkeitsvermutung des externen Gutachters durch zusätzliche Angaben, wie etwa der Höhe der Bewertungsgebühren sowie der Basis ihrer Ermittlung (fix/variabel in Abhängigkeit der Bewertungshöhe oder -dauer) und der Angabe der sonstigen Zahlungen, die an das Bewertungsunternehmen im Berichtsjahr gezahlt wurden, zu begegnen. Vgl. EPRA, Best Practices Recommendations, S. 20 f. Diese Empfehlungen sind grundsätzlich zu unterstützen.

[1528] Vgl. DIETRICH, R. J./HARRIS, M. S./MULLER, K. A., Fair value estimates, S. 155 f.

[1529] IAS 40.75 (d) a.F. fordert lediglich die Offenlegung der signifikanten Annahmen.

[1530] Vgl. dazu auch die Ausführungen in Kap. 533.3.

der Fair Value-Bewertung auf Änderungen der nicht-beobachtbaren Inputparameter erforderlich, wenn solche Änderungen zu signifikant höheren oder niedrigeren Fair Values führen würden.[1531] Hierbei sind auch die Zusammenhänge zwischen nicht-beobachtbaren Inputparametern sowie die Auswirkungen der Zusammenhänge auf die Fair Value-Änderung zu beschreiben. Anders als im Exposure Draft zu IFRS 13 sind die Angaben rein deskriptiver Natur.[1532]

Für das hier dargestellte Modell wären grundsätzlich die Sensitivitäten aller signifikanten nicht-beobachtbaren Inputparameter, die bereits gemäß IFRS 13.93 (d) quantifiziert anzugeben sind, zu beschreiben (IFRS 13.93 (h) lit. i). So würde sich u. a. eine Angabe der Auswirkungen geänderter objektspezifischer Anpassungen der Markmiete und des All Risk Yield sowie geänderter Restnutzungsdauern als nicht-beobachtbare Parameter anbieten. Außerdem wären möglicherweise die Auswirkungen geänderter vertragsspezifischer Anpassungen des All Risk Yield im Rahmen des Terms bei over- und underrented properties erläuterungspflichtig. Hierbei würde es indes ausreichen, die Wirkung auf den Fair Value bei einer signifikanten Änderung der Parameter als positiv oder negativ zu beschreiben, wenn sich hierdurch der Fair Value signifikant verändern würde.[1533] Gleiches gilt für mögliche Zusammenhänge, die etwa bei der Anpassung des objektspezifischen All Risk Yield an die Vertragsbesonderheiten für den Term beachtet werden müssen. So dürften zwischen der ersten Anpassung, der Wachstumsanpassung, und der möglichen zweiten Anpassung für das veränderte Mietausfallrisiko und das veränderte Mietwachstumspotential regelmäßig Interdependenzen bestehen. Allerdings ist auch hier nur qualitativ zu beschreiben, welche Zusammenhänge bestehen und wie sich diese auf die Änderungen der nicht-beobachtbaren Inputparameter auswirken. Die Information der Investoren über die mit der Bewertung verbundene Unsicherheit ist mithin begrenzt.

Grundsätzlich liegen der Detaillierungsgrad, die Schwerpunktsetzung, und der (Dis-)Aggregationsgrad im Rahmen der der Erläuterung im Ermessen des Unternehmens (IFRS 13.92). Es muss selbst entscheiden, wie detailliert die Informationen von den Bilanzadressaten benötigt werden, sollte aber zusätzliche Informationen bereitstellen, sofern diese für das Verständnis der (quantitativen) Daten erforderlich sind (IFRS 13.92). Da diese Formulierung indes viele Gestaltungsmöglichkeiten bietet, werden im Folgenden einige Vorschläge für eine transparentere Anhangberichterstattung dargelegt, die sich nicht direkt aus den Bestimmungen von IAS 40 und IFRS 13 ergeben.

533. Anhangangaben für eine transparente Berichterstattung

533.1 Vorbemerkungen

Über die expliziten Anforderungen des IAS 40 und des IFRS 13 hinaus, könnte es sachgerecht sein, als berichterstattendes Unternehmen weitere Anhangangaben für Renditeimmobilien (freiwillig) zu

[1531] Auch die RICS nennen Sensitivitätsanalysen als eine adäquate Möglichkeit, um über Unsicherheit zu berichten. Vgl. RICS, RICS Valuation Standards, GN 5, Tz. 3.4.

[1532] Vgl. zur im ED vorgeschlagenen Bewertungsunsicherheitsanalyse auch ausführlich Kap. 533.2.

[1533] Vgl. hierzu und zu den folgenden Ausführungen auch IFRS 13.IE66.

geben, um die Transparenz der Berichterstattung zu erhöhen.[1534] Einige Unternehmen veröffentlichen bereits zusätzliche Informationen, wenn auch nicht immer im Anhang so doch im allgemeinen Teil des Geschäftsberichts, weswegen einige hiervon exemplarisch im Sinne einer Best Practice genannt werden. Darüber hinaus versucht auch die European Real Estate Association (EPRA) als Zusammenschluss von börsennotierten Immobilienunternehmen i. S. v. Normierungen durch ihre (nicht-verbindlichen) Best Practice Recommendations die Berichterstattung von Immobiliengesellschaften über die IFRS hinaus transparenter, einheitlicher und vergleichbarer zu machen.[1535] Bei der Bestimmung des Ausmaßes der zusätzlichen Informationen ist die jeweilige Relevanz für das Unternehmen zu bedenken. Für andere Unternehmen als Immobiliengesellschaften könnten sehr detaillierte Informationen zu Renditeimmobilien sonst möglicherweise zu einem Information Overload führen.[1536] Aber auch bei Immobiliengesellschaften sollte eine Grenze nicht überschritten werden. Sinnvoll erscheinen beispielsweise eine Disaggregation von Inputparametern und eine Differenzierung nach Nutzungsarten, wie z. B. nach Wohn- und Gewerbeimmobilien.[1537] Demgegenüber können im Zuge der Kosten-Nutzen-Restriktion der IFRS wohl keine detaillierten Angaben zu jeder einzelnen Immobilie gefordert werden.[1538] Im Folgenden soll dies beachtet werden, wenn nun zunächst Angaben im Rahmen von Bewertungsunsicherheitsanalysen und darauf folgend zu einzelnen Inputparametern des Bewertungskalküls erläutert werden.

533.2 Angaben zu Bewertungsunsicherheitsanalysen

Gemäß dem **Vorschlag im Exposure Draft** „Measurement Uncertainty Analysis“ (ED Unc) vom Juni 2010 war für alle Bewertungen der dritten Ebene eine **Bewertungsunsicherheitsanalyse** ähnlich einer Sensitivitätsanalyse[1539] für signifikante, nicht-beobachtbare Inputparameter durchzuführen und im Anhang zu erläutern (ED Unc.2 (a)). Wenngleich diese Angabe nicht in den finalen Standard übernommen wurde, so stellt sie doch eine sinnvolle Ergänzung der Erläuterungen dar. So wird explizit auf die immanente Unsicherheit in den Bewertungen hingewiesen, die bei der Anwendung nicht-beobachtbarer Inputparameter besteht (ED Unc.IE1). Gleichzeitig wird die Transparenz der Bewertung erhöht (ED Unc.BC29). Mit Bewertungsunsicherheitsanalysen kann der Einfluss nicht-beobachtbarer Parameter auf den Fair Value einer Immobilie durch Variation dieser Parameter innerhalb realistischer Bandbreiten quantifiziert und angegeben werden. Bei dieser Berechnung

[1534] Vgl. kritisch zur Bewertungstransparenz aktueller Anhangserläuterungen auch HUSCHKE, C., Immobilienbewertung, S. 38.

[1535] Vgl. EPRA, Best Practices Recommendations, S. 7. Die dort dargelegten Empfehlungen werden bei den folgenden Überlegungen berücksichtigt.

[1536] Vgl. zur Gefahr des Information Overload in der IFRS-Rechnungslegung auch LIPP, L., IFRS-Finanzberichterstattung, S. 790; BAETGE, J./HOLLMANN, S., Zuverlässigkeit der Rechnungslegung nach IFRS, S. 366.

[1537] Vgl. hierzu auch die Empfehlungen der EPRA, die an verschiedenen Stellen Informationen für Sub-Portfolios unterteilt nach Nutzungsart, Region oder Stadt fordert. Vgl. bspw. EPRA, Best Practices Recommendations, S. 11.

[1538] Hier ist die Wesentlichkeit der Information zu beachten. Vgl. TINZ, O., Die Abbildung von Wachstum, S. 65. Vgl. zu den Grenzen des Anhangs auch SCHMIDT, M., Bewertungsmaßstab, S. 72. A. A. ZÜLCH, der detaillierte Angaben zu jeder einzelnen Renditeimmobilie fordert. Vgl. ZÜLCH, H., Bilanzierung von Investment Properties, S. 359 f.

[1539] Vgl. hierzu ausführlich REHKUGLER, H., Rendite und Risiko, S. 37 f.; METZGER, B., Wertermittlung, S. 154-157.

sollten, wie auch im Exposure Draft vorgesehen, mögliche Abhängigkeiten[1540] zwischen nicht-beobachtbaren Parametern, sofern diese bestehen, berücksichtigt werden (ED Unc.2 (a)).[1541] In dem Illustrative Example zum Exposure Draft wurden hierzu Renditeimmobilien nach Regionen unterteilt und für diese Kategorien dann insgesamt angegeben, inwiefern sich der Fair Value nach oben und unten verändern könnte, wenn sämtliche signifikanten, nicht-beobachtbaren Parameter innerhalb realistischer Bandbreiten angepasst würden (ED Unc.IE4). Diese signifikanten, nicht-beobachtbaren Inputparameter werden im Anschluss aufgelistet. Da gerade Sensitivitäts- und Szenarioanalysen von den Unternehmen selbst bereits regelmäßig zur Plausibilisierung der ermittelten Werte genutzt werden,[1542] dürfte sich der zusätzliche Aufwand in Grenzen halten.

Sofern eine parameterübergreifende Angabe potentieller Fair Values innerhalb realistischer Bandbreiten gegeben würde, würde dies de facto der Angabe einer **Bandbreite** potentieller Fair Values entsprechen. Dies wäre grundsätzlich zu begrüßen, da hierdurch die Bewertungsunsicherheit sehr deutlich würde.[1543] Bisher geben die Unternehmen im Rahmen einer Sensitivitätsanalyse lediglich häufig freiwillig an, wie sich der Immobilienwert verändern würde, wenn sich relevante Parameter um einen bestimmten Prozentsatz verändern würden.[1544] In der Regel unterbleibt indes ein Hinweis darauf, wie wahrscheinlich diese Entwicklungen sind. Zusammenfassend lässt sich daher feststellen, da die Einführung einer verpflichtenden Bewertungsunsicherheitsanalyse, so wie sie im Exposure Draft geplant war, eine sinnvolle Ergänzung der Regelungen dargestellt hätte. Daher ist es zu begrüßen, dass der IASB von dieser Regelung noch nicht gänzlich abgerückt ist. Die Entscheidung, ob eine quantitative Bewertungsunsicherheitsanalyse eingeführt werden soll, hat der IASB explizit auf einen späteren Zeitpunkt verschoben (IFRS 13.BC206).

Nicht beachtet wird bei dem Vorschlag des IASB indes, dass durch die gleichzeitige, bewusste Änderung mehrerer Inputparameter innerhalb realistischer Bandbreiten, die Auswirkungen auf den Fair Value begrenzt werden und somit die Bandbreite potentieller Fair Values bewusst klein gehalten werden könnte. Daher sollten die quantitativen Auswirkungen nicht nur aggregiert angegeben werden. **Erweiternd** zu der im Exposure Draft beschriebenen **Bewertungsunsicherheitsanalyse** könnte diese gerade von Immobiliengesellschaften noch genauer aufgeschlüsselt werden. Hier empfiehlt sich neben der Aufteilung der Immobilien in regionale Kategorien zusätzlich eine Differenzierung in Nutzungsarten, da die Tatsache, ob es sich um Gewerbe- oder um Wohnimmobilien handelt,

1540 Im Exposure Draft wird der Begriff der Abhängigkeiten als Korrelationen bezeichnet, ohne damit die Anwendung von statistischen Analysen zu meinen. Daher wurde hier der Begriff der Abhängigkeit gewählt. Vgl. befürwortend hierzu auch BARNARD, C., CL4, S. 1; WALKER, F., CL1, S. 1.

1541 Korrelationen (i. S. v. Abhängigkeiten) mit beobachtbaren Parametern sind nicht anzugeben (ED Unc.BC19).

1542 Vgl. GRABL, A./BECK, M., Bewertung von Immobilienunternehmen, S. 333. Vgl. zu Szenarioanalysen auch GROB, H. L., Investitionsrechnung, S. 459-461.

1543 Vgl. zu dieser Forderung auch FOLIAN, D., Fair Value-Bilanzierung, S. 181; ZÜLCH, H., Immobilienbewertung, S. 220. Vgl. zur Vorteilhaftigkeit der Angabe von Bandbreiten BAETGE, J., Möglichkeiten der Objektivierung, S. 150.

1544 Vgl. CITYCON OYJ, Annual Report 2009, S. 29 (93); ALSTRIA OFFICE REIT-AG, Annual Report 2009, S. 48; COLONIA REAL ESTATE AG, Geschäftsbericht 2009, S. 121 f.

durchaus einen Einfluss auf die Bewertungsunsicherheit haben kann.[1545] Außerdem wäre es für den Adressaten hilfreich, wenn die potentiellen Bandbreiten des Fair Value, zumindest für ausgewählte, interdependente, nicht-beobachtbare Parameter separat angegeben würden.[1546] So würden die einzelnen Anpassungen transparent und ein Austarieren von Parametern, um die Auswirkungen auf den Fair Value möglichst gering zu halten, würde erschwert. In diesem Zusammenhang könnten die wichtigsten Parameter und ihre Anpassungen in Anlehnung an die Vorgaben in IAS 36.134 (f) auch quantifiziert werden. Sinnvoll wäre auch neben der Angabe von Bandbreiten eine Aussage zur Eintrittswahrscheinlichkeit dieser Szenarien im Sinne von Konfidenzintervallen, unter anderem um Unternehmen besser untereinander vergleichen zu können.[1547] Dadurch würde der Grad der Unsicherheit weiter verdeutlicht. Zusätzlich zu den signifikanten, nicht-beobachtbaren Inputfaktoren wäre aus Gründen der Vollständigkeit auch eine Nennung der nicht-signifikanten Einflussfaktoren ohne Bewertungsunsicherheitsanalysen möglich. Indes stellt sich hier die Frage nach der Wirtschaftlichkeit, da gerade bei Immobilienbewertungen regelmäßig eine Vielzahl von nicht-beobachtbaren Parametern vorliegen dürfte.

533.3 Angaben zu Inputparametern

IFRS 13.93 (d) verlangt lediglich eine Beschreibung der Inputparameter, ohne die Detailtiefe näher auszuführen. Im folgenden Abschnitt wird daher die Berichterstattung über die Inputparameter näher konkretisiert. Dafür werden Empfehlungen gegeben, welche Informationen zu einzelnen Bewertungsparametern offengelegt werden sollten, um diese angemessen zu beschreiben.

Neben der Angabe der derzeitigen **Vertragsmiete** empfiehlt die EPRA im Rahmen der Mietvertragsdarstellung zusätzlich die Angabe der diesen Immobilien entsprechenden aktuellen **Marktmie-**

[1545] So wäre es möglich, dass für Wohnimmobilien die objektspezifische Anpassung der Marktmieten und die damit verbundene Unsicherheit tendenziell geringer ausfallen könnten als bei Gewerbeimmobilien, da hierfür möglicherweise weniger passende Vergleichsmieten zur Verfügung stehen.

[1546] Die Auswirkungen des geänderten Parameters auf abhängige andere Parameter sollten indes nicht vernachlässigt werden. Darauf weist der IASB auch in IAS 36.134 (f) (iii) im Rahmen der dortigen Sensitivitätsanalyse für die Wertminderung hin.

[1547] Vgl. für diese Forderung auch BAUM, A., Property Investment Depreciation, S. 27; ähnlich ENGELBRECHT, B., Ordnungsmäßige Immobilienbewertung, S. 152. MALLINSON/FRENCH/GABRIELLI haben sich ausführlich mit dieser Thematik im Kontext von DCF-Verfahren für Immobilienbewertungen beschäftigt und schlagen umfangreiche Angaben vor. So sollen etwa die Bandbreiten genannt werden, die mit einer Wahrscheinlichkeit von 5, 10, 50 und 100 % zutreffend sind. Vgl. hierzu ausführlich MALLINSON, M./FRENCH, N., Uncertainty in property valuation, S. 29; FRENCH, N./GABRIELLI, L., Accounting for uncertainty, S. 87. Wenngleich derartig viele Konfidenzintervalle möglicherweise zu aufwendig sind, erscheint es dennoch sinnvoll, zumindest einzelne Intervalle zu benennen. Die Konfidenzintervalle könnten bspw. mit Hilfe von Monte Carlo-Methoden und dem Einsatz einer Dreiecksverteilung ermittelt werden. Hierbei werden für alle Parameter des Verfahrens jeweils für drei Szenarien (worst, best, most likely) entsprechende Werte geschätzt und mit Hilfe der Monte Carlo-Technik wird die Wahrscheinlichkeitsverteilung ermittelt. Die so ermittelte Standardabweichung, also die Genauigkeit der Bewertung, wäre von den Inputparametern abhängig. So wäre die Standardabweichung beim Ansatz einer festen Vertragsmiete geringer als wenn kein Mietvertrag vorläge und die Marktmiete geschätzt und als Wahrscheinlichkeitsverteilung in die Berechnung eingehen würde. Vgl. ausführlich für den Income Capitalization Approach FRENCH, N./GABRIELLI, L., Uncertainty of valuation, S. 485-498. Hierbei ist zu beachten, dass trotz der Quantifizierung der Unsicherheit, diese nicht gemindert wird. Vgl. etwa BERENS, W./SCHMITTING, W./STRAUCH, J., Due Diligence, S. 82.

ten.[1548] Diese Angaben finden sich getrennt nach Ländern etwa bei der VASTNED RETAIL N.V.[1549] Zum einen könnte das bilanzierende Unternehmen so zeigen, wie erfolgreich es mit seiner Vermarktung ist und wie viel Verhandlungsgeschick und Verhandlungsmacht es insbesondere im Vergleich mit Konkurrenzunternehmen aufweisen kann. Infolgedessen könnten die Leistungen des Managements beurteilt werden.[1550] Zum anderen wird dem Bilanzadressaten hierdurch verdeutlicht, welche Summen bei möglichen Vertragsausfällen gefährdet wären. Die Angabe entspricht mithin einem Risikoindikator.

In Bezug auf die **Bewirtschaftungskosten**, die der Bewertung zugrunde gelegt werden, wäre eine Nennung der durchschnittlichen Kosten pro Bezugseinheit der einzelnen Kostenarten getrennt nach Nutzungsart hilfreich.[1551] Diese Angaben finden sich ansatzweise bereits bei einigen Unternehmen. So gibt etwa die PATRIZIA IMMOBILIEN AG ihre disaggregierten Bewirtschaftungskosten, weitestgehend unterteilt nach Nutzungsarten, im Konzernanhang an.[1552] Erst durch die Disaggregation der Größe in die einzelnen Kostenbestandteile wird nämlich eine sachgerechte Plausibilisierung der Kosten ermöglicht. Werden die Gesamtkosten, die in die Bewertung eingehen, lediglich prozentual vom Rohertrag angegeben, könnte ein Unternehmen bspw. vergleichsweise hohe Verwaltungskosten aufgrund von Ineffizienzen durch zu niedrige Instandhaltungskosten ausgleichen, woraus möglicherweise ein Instandhaltungsstau resultieren könnte, der zudem für den Bilanzleser so nicht ersichtlich wäre. So empfiehlt es sich etwa die durchschnittlichen Verwaltungskosten pro Wohneinheit, die durchschnittlichen Instandhaltungskosten pro Quadratmeter und das durchschnittliche Mietausfallwagnis in Prozent vom Rohertrag anzugeben. So könnte zum einen der Bilanzleser die durchschnittlichen Kosten mit denen anderer Unternehmen vergleichen und plausibilisieren. Zum anderen würden sich Unternehmen mit stark abweichenden (höheren) Kosten möglicherweise dazu veranlasst sehen, diese Abweichungen zu erläutern, wodurch die Transparenz weiter gestärkt würde. Sofern Modernisierungskosten bei der Bewertung berücksichtigt wurden, empfiehlt sich vor allem bei größeren Vorhaben, wie von der CITYCON OYJ praktiziert, eine Erläuterung der Projekte und der geplanten Kosten.[1553]

1548 Vgl. EPRA, Best Practices Recommendations, S. 11 und 30. Die EPRA empfiehlt diese Angabe im Management Commentary oder in einem Anhang.

1549 Vgl. VASTNED RETAIL N.V., Annual Report 2009, S. 24 und 32 (allgemeiner Teil).

1550 So kritisiert etwa FOLIAN, dass die derzeitige Berichterstattung über Renditeimmobilien keine Aussage darüber erlaubt, inwiefern die Leistungen des Managements ursächlich für Fair Value-Änderungen sind. Vgl. FOLIAN, D., Fair Value-Bilanzierung, S. 181 f.

1551 Die EPRA scheint hier lediglich die Angabe der durchschnittlichen Bewirtschaftungskosten insgesamt zu empfehlen, was indes für eine Plausibilisierung häufig unzureichend sein dürfte. Vgl. EPRA, Best Practices Recommendations, S. 14.

1552 Vgl. PATRIZIA IMMOBILIEN AG, Geschäftsbericht 2009, S. 73. Für eine Angabe der durchschnittlichen disaggregierten Bewirtschaftungskosten ohne nähere Unterteilung nach Immobilienarten vgl. A.A.A. AKTIENGESELLSCHAFT ALLGEMEINE ANLAGEVERWALTUNG, Geschäftsbericht 2009, S. 34.

1553 Die CITYCON OYJ stellt in dem allgemeinem Teil des Geschäftsberichts für Modernisierungskosten eine detaillierte Auflistung aller abgeschlossenen, derzeitigen, geplanten und potentiellen Modernisierungsmaßnahmen inklusive der damit verbundenen Kosten bereit. Vgl. dazu CITYCON OYJ, Annual Report 2009, S. 21-23.

Außerdem sollte, wie auch durch die EPRA empfohlen, der durchschnittliche **Zinssatz** für die einzelnen Immobilienarten getrennt angegeben werden.[1554] Darüber hinaus empfiehlt sich eine getrennte Angabe des Zinssatzes für overrented und underrented properties für den Term sowie für rack-rented properties und die Reversion, da die Zinssätze sonst nur schwer plausibilisiert werden können. Hier dürfte für den Bilanzleser neben dem Zeitvergleich insbesondere auch der Vergleich der Zinssätze zwischen den Unternehmen hilfreich sein.

Abgesehen von der Nennung der durchschnittlichen Parameter, kommt bei höchst bewertungsrelevanten und sensitiven Parametern, wie der **Marktmiete** und dem **All Risk Yield**, zusätzlich eine **disaggregierte Berichterstattung** in Betracht, die im Vergleich zur Disaggregation der Bewirtschaftungskosten wesentlich detaillierter sein sollte.[1555] Grundsätzlich können Marktmieten und All Risk Yields (vor objektspezifischen und vertragsspezifischen Anpassungen) marktorientiert unter anderem mit Hilfe von Maklerunternehmen ermittelt werden. Zur näheren Erläuterung der Parameter empfiehlt es sich i. S. v. IFRS 13.92 anzugeben, von welchem Datenanbieter bzw. aus welcher Datenbasis das Unternehmen die marktorientierte Marktmiete und den All Risk Yield (vor Anpassungen) ermittelt hat.

Diese derart objektivierten Werte werden in der Regel lediglich durchschnittliche Objekte zutreffend abbilden können. Aus diesem Grund sind sowohl in Bezug auf die Marktmieten als auch in Bezug auf die All Risk Yields regelmäßig **objektspezifische Anpassungen**, unabhängig von mietvertragsspezifischen Anpassungen, erforderlich, die dem Management Ermessensspielräume bieten. Objektspezifische Anpassungen sind beispielsweise sinnvoll, wenn die Größe des Bewertungsobjekts die durchschnittliche Objektgröße der Nutzungsart deutlich überschreitet oder wenn statt eines Reihenmittelhauses ein Reihenendhaus vorliegt. Diese Anpassungen sind aufgrund der Spezifität des Objekts erforderlich. Die Ausmaße der Anpassungen können indes regelmäßig nicht objektiviert werden, da hierzu häufig keine Marktdaten vorliegen und aufgrund der spezifischen Eigenschaften der einzelnen Objekte aussagekräftige Zusammenhänge wohl nicht festgestellt werden können. Da gerade die Marktmiete und der All Risk Yield einen besonders hohen Einfluss auf das Bewertungsergebnis haben, sind die Ermessensspielräume hier besonders kritisch zu sehen. Aus diesem Grund empfiehlt es sich, diese Anpassungen im Anhang zu erläutern. Nun ist es indes unrealistisch, dass eine Immobiliengesellschaft für sämtliche Immobilien einzeln die Anpassungsparameter im Anhang angibt. Daher erscheint es sachgerecht, im Anhang die durchschnittliche, objektspezifische Anpassung des All Risk Yield und der Marktmiete in Prozent anzugeben. In den Bewertungsgutachten sollten indes die Gründe für die Abweichung und ihr Einfluss detailliert für jedes Objekt erläutert werden, um etwa dem Abschlussprüfer eine adäquate Datengrundlage zur Plausibilisierung der Fair Values zu geben. Durch die Disaggregation und die Nennung der durchschnittlichen Anpassungen kann festgestellt werden, in welchem Umfang subjektiv angepasst wird und ob dieser Wert im Zeitablauf einer gewissen Tendenz unterliegt bzw. ob er im Vergleich mit anderen Unternehmen größer oder kleiner ist. Eine größere Anpassung könnte beispielsweise auf eine

[1554] Vgl. ähnlich EPRA, Best Practices Recommendations, S. 14.

[1555] Vgl. hierzu ansatzweise, wenn auch auf den Diskontierungszinssatz beim DCF-Verfahren bezogen, z. B. DEUTSCHE EUROSHOP AG, Geschäftsbericht 2009, S. 109.

schlechtere Datenbasis, auf ein Portfolio mit sehr individuellen Immobilien oder auf das Nutzen von Ermessensspielräumen hindeuten. Mittel- bis langfristig könnte sich durch diese Angabe eine gewisse Marktregulation ergeben, die das Unternehmen veranlasst, bei Abweichungen von durchschnittlichen Erfahrungswerten zusätzliche Erklärungen abzugeben.

Gleiches empfiehlt sich für die **vertragsspezifischen Anpassungen** des All Risk Yield, die für die Berechnung des Terms erforderlich sind und die das Bewertungsergebnis ebenfalls maßgeblich beeinflussen können. Hierbei ist zwischen den Wachstumsanpassungen (d. h. der ersten Anpassung) und der zweiten Anpassung zu differenzieren. Sinnvoll wäre eine Nennung des durchschnittlich erwarteten, künftigen Wachstums, was sich durch vorhandene Mietverträge der Unternehmen ergibt und tendenziell mit wenigen Ermessensspielräumen verbunden ist. Außerdem bietet es sich an, das durchschnittliche Wachstum von Mietverträgen vergangener Jahre zur Plausibilisierung der Wachstumsanpassung anzugeben. So empfiehlt auch die EPRA die Angabe des Mietwachstums für ein Portfolio von Immobilien, das sich in den letzten zwei Jahren nicht verändert hat (like-for-like rental growth reporting),[1556] was entsprechend auch bereits von einzelnen Unternehmen angegeben wird.[1557] Genau wie die Wachstumsanpassung sollte auch die zweite Anpassung zur Berücksichtigung des veränderten Mietausfallrisikos und des veränderten Mieterhöhungspotentials, die regelmäßig deutlich ermessensbehafteter ist, jeweils getrennt für over- und underrented properties angegeben werden, da sich diese Werte deutlich unterscheiden dürften.[1558] Durch diese Transparenz wäre es möglich, dass sich hierdurch über die Jahre belastbare Grenzwerte für die maximale Höhe der zweiten Anpassung ergeben würden, die künftig die hier vorgeschlagene Grenze von einem Prozent durch in der Praxis ermittelte Grenzwerte ersetzen könnten.

Ferner empfiehlt es sich die durchschnittliche **Restnutzungsdauer** der Immobilien zumindest getrennt für die wichtigsten Nutzungsarten anzugeben. Mit dieser Angabe könnte sich der Bilanzleser ein grundsätzliches Bild über die Bedeutung der Restnutzungsdauer und des Bodenwerts machen und die Vorgehensweise des Unternehmens diesbezüglich entsprechend würdigen. Eine hohe durchschnittliche Restnutzungsdauer würde demnach auf eine geringere Bedeutung der expliziten Berücksichtigung der Restnutzungsdauer und des Bodenwerts bei der Bewertung hinweisen. So könnte die Transparenz der Bewertung ebenfalls erhöht werden.

Die EPRA empfiehlt zur Darstellung des Nutzenpotentials der Immobilien eine detaillierte Mietvertragsdarstellung, bei der u. a. die **durchschnittlichen Mietvertragsrestdauern** für einzelne Immo-

[1556] Darauf aufbauend sind die entsprechenden Wachstumsraten auch für Sub-Portfolios zu nennen. Da die Mietwachstumsveränderung neben einer vertraglich vereinbarten Veränderung der Mietverträge indes auch auf eine Veränderung der Leerstandsquote und auf Änderungen aufgrund des Neuabschlusses von Mietverträgen zurückgeführt werden kann, wäre es hilfreich, wenn die Unternehmen zusätzlich angeben würden, welcher Teil der Mietveränderung worauf zurückzuführen ist. Letzteres wird indes nicht von der EPRA gefordert, weswegen der Wert lediglich zur Plausibilisierung geeignet ist. Vgl. dazu auch EPRA, Best Practices Recommendations, S. 12.

[1557] Vgl. CITYCON OYJ, Annual Report 2009, S. 6, 20 und 4 (68) (allgemeiner Teil und Anhang); HAMMERSON PLC, Annual Report 2009, S. 34 (allgemeiner Teil); VASTNED RETAIL N.V., Annual Report 2009, S. 84 (allgemeiner Teil).

[1558] Vgl. für eine Übersicht über die vertraglichen Anpassungen auch Abb. 10 in Kap. 524.3.

bilienarten anzugeben sind.[1559] Sofern für die Bewertung die Mietvertragsdauer für unbefristete Mietverträge geschätzt werden musste, kann hiervon die durchschnittliche Größe, sofern sie im Anhang angegeben wird, mit Hilfe der durchschnittlichen Mietvertragsdauer der befristeten Mietverträge plausibilisiert werden.

Zusammenfassend kann festgestellt werden, dass folgende **Anhangangaben** zu einer sachgerechten Beschreibung der Inputparameter i. S. v. IFRS 13.93 (d) i. V. m. IFRS 13.92 beitragen würden:

- Marktmiete
  - Herkunft der marktobjektivierten Werte
  - Höhe der objektspezifischen Anpassung
  - Aktuelle Vertragsmiete und aktuelle Marktmiete (aggregiert)
- Bewirtschaftungskosten
  - Disaggregierte, durchschnittliche Kosten
  - Beschreibung geplanter, größerer Modernisierungsprojekte
- All Risk Yield
  - Durchschnittlicher Zinssatz
  - Herkunft der marktobjektivierten Werte
  - Höhe der objektspezifischen Anpassung
  - Höhe der vertragsspezifischen Anpassung
    - Höhe der Wachstumsanpassung
    - Höhe der Anpassung für das veränderte Mietausfallrisiko und für das veränderte Mietwachstumspotential
- Restnutzungsdauer
  - Durchschnittliche Restnutzungsdauer
- Dauer von Mietverträgen
  - Geschätzte durchschnittliche Restdauer von unbefristeten Mietverträgen
  - Durchschnittliche Restdauer von befristeten Mietverträgen

Für alle oben genannten Angaben wäre eine getrennte Angabe der Werte für die einzelnen Nutzungsarten, also etwa Wohn- und Gewerbeimmobilien, hilfreich.[1560] Zusätzlich ist, abhängig von der Internationalität des Unternehmens, ggf. auch eine Unterteilung einzelner Parameter, wie der Mieten, der Bewirtschaftungskosten, des All Risk Yield oder der durchschnittlichen Mietvertragsdauer in Regionen sinnvoll.[1561] Darüber hinaus bietet sich für die Angabe des durchschnittlichen All Risk Yield und der objektspezifischen Anpassungen eine Differenzierung der Werte nach ihrem Vermietungsstatus (z. B. over- oder underrented) an.

[1559] Vgl. dazu z. B. detailliert CITYCON OYJ, Annual Report 2009, S. 20, 5 (69) und 8 (72) (allgemeiner Teil und Anhang); HAMMERSON PLC, Annual Report 2009, S. 30 (allgemeiner Teil); VASTNED RETAIL N.V., Annual Report 2009, S. 32, 38, 44, 54, 60 und 72 (allgemeiner Teil).

[1560] So weist auch die EPRA bei den Empfehlungen für Einteilungen von Sub-Portfolios neben Nutzungsarten auch auf Regionen hin. Vgl. EPRA, Best Practices Recommendations, S. 11.

[1561] Hierbei ist abzuwägen, welche Einteilung sich anbietet. Eine Einteilung in Kontinente, wie in Illustrative Example 17 empfohlen, dürfte indes regelmäßig unzureichend sein.

54 Abschließende Beurteilung des dargestellten Bewertungskalküls

Das hier vorgeschlagene **Bewertungskalkül** zur Fair Value-Ermittlung von Renditeimmobilien basiert im Wesentlichen auf dem Term and Reversion Model des Income Capitalization Approach. Einzelne Aspekte entstammen dem Ertragswertverfahren nach ImmoWertV. Trotz des im Allgemeinen zweiphasigen Aufbaus des Modells basiert das Modell weitestgehend auf gesicherten bzw. aktuellen Daten. Die Erwartungen hinsichtlich der künftigen Entwicklung werden im Wesentlichen implizit mit einem direkt am Markt beobachtbaren Zinssatz im Sinne der Inputhierarchie des IFRS 13 berücksichtigt. Einzelne Prognosen werden weitestgehend vermieden, weswegen das Modell inhaltlich wenig mit dem typischen DCF-Verfahren gemein hat. Insgesamt lässt sich feststellen, dass durch das hier dargelegte Bewertungskalkül die Stärken der einzelnen derzeit gebräuchlichen Verfahren gebündelt und um neue Aspekte ergänzt werden, um ein konsistentes und international anwendbares Verfahren zu entwickeln. Um die bilanzierungsrelevanten Renditeimmobilien glaubwürdig im Sinne der IFRS abzubilden, wurde dazu, sofern möglich, eine Objektivierung im Sinne einer Marktobjektivierung und/oder einer Normierung des Verfahrens angestrebt, um Wahlmöglichkeiten und Gestaltungsspielräume abzubauen. Die Strategie der Marktobjektivierung wird etwa regelmäßig bei der Bestimmung der (impliziten) Wachstumsrate für die Cashflows verfolgt, während eine Normierung beispielsweise durch die alleinige Festlegung auf den Initial Yield als All Risk Yield erzielt wird. Sofern eine Marktobjektivierung, also eine Einschränkung der Möglichkeiten zur Manipulation, nicht möglich war und auf die dritte Stufe der Fair Value-Inputhierarchie des IFRS 13 zurückgegriffen werden musste, wurde versucht, zumindest die Anreize zur Manipulation zu senken, um die Glaubwürdigkeit und somit auch die Entscheidungsnützlichkeit des Fair Value zu sichern bzw. zu erhöhen. Anreize zur Manipulation können durch die Anwendung des Management Approach, wie beispielsweise bei der Bestimmung der Laufzeit eines unbefristeten Mietvertrags, gesenkt werden, weswegen an diversen Stellen empfohlen wurde, auf interne Unternehmensdaten zurückzugreifen.[1562] Denn letztendlich ist eine Information nur dann entscheidungsnützlich, wenn relevante Sachverhalte auch glaubwürdig abgebildet werden.[1563]

Dennoch verbleiben einige Aspekte wie etwa die objektspezifischen und die vertragsspezifischen Anpassungen von Marktmiete und All Risk Yield, die nicht vollumfänglich konkretisiert und objektiviert werden können. Aus diesem Grund ist die **Erläuterungsebene** zur Erhöhung der Transparenz und zur Aufdeckung von Ermessensspielräumen für externe Dritte von besonderer Bedeutung.[1564] Positiv ist die in IFRS 13 verpflichtend eingeführte, quantitative Angabe signifikanter nicht-beobachtbarer Inputparameter zu werten. Nichtsdestotrotz ist die derzeitige und auch die durch IFRS 13 geforderte Berichterstattung nur bedingt dazu geeignet, die Bewertungsunsicherheiten bei der Bewertung nachprüfbar und transparent offenzulegen. Die Einführung von Bewertungsunsicherheitsanalysen für die Anhangberichterstattung, wie sie zunächst für IFRS 13 geplant waren, wären in diesem Kontext durchaus hilfreich, da hierdurch interne Überlegungen für den Bilanz-

[1562] Interne Unternehmensdaten sind zwar ggf. (bei Vorliegen von Hinweisen) noch an die Marktsicht anzupassen. Sie stellen aber zumindest einen nachvollziehbaren Ausgangspunkt für weitere Überlegungen dar.

[1563] Ähnlich KIRSCH, H.-J., Fair Value, S. I.

[1564] Vgl. ähnlich TINZ, O., Die Abbildung von Wachstum, S. 221.

adressaten offengelegt und das Ausmaß an Unsicherheit bei der Bewertung deutlicher wird.[1565] Darüber hinaus sind weitere detaillierte Angaben zu den einzelnen Parametern erforderlich, weswegen im Rahmen dieser Arbeit unter Beachtung des Aspekts der Wirtschaftlichkeit entsprechende Vorschläge dargelegt wurden, die im Wesentlichen eine mögliche Konkretisierung der Regelungen des IFRS 13 darstellen. Bei der Entwicklung dieser Vorschläge wurden zum einen die Best Practice Recommendations der EPRA und zum anderen konkrete Beispiele aus aktuellen Geschäftsberichten berücksichtigt.

[1565] Vgl. ERNST & YOUNG, IFRS for real estate, S. 17; generell befürwortend zur Offenlegung von Unsicherheit in Bewertungsverfahren auch FRENCH, N./GABRIELLI, L., Accounting for uncertainty, S. 77.

6 Zusammenfassung und Ausblick

Unternehmen, die nach IFRS bilanzieren, haben gemäß IAS 40 ein Wahlrecht, ihre Renditeimmobilien entweder zum Fair Value oder zu Anschaffungs- und Herstellungskosten zu bilanzieren. Insbesondere Immobilienunternehmen wählen zunehmend die Option der Fair Value-Bewertung. Dies hat zur Folge, dass die Immobilienbewertung verstärkt an Bedeutung gewinnt. Der hierbei ermittelte Marktwert ist im Wesentlichen sowohl mit dem Fair Value nach IAS 40 als auch mit dem des IFRS 13 identisch, weswegen der **Marktwert** zur Ermittlung des Fair Value herangezogen werden kann. Die Fair Value-Ermittlung richtet sich gemäß IFRS 13 nach der dort kodifizierten **Inputparameter-Hierarchie**, wobei eine Maximierung der marktobjektivierten Parameter angestrebt wird, wenngleich auch Marktparameter den Ertragswert einer Immobilie regelmäßig nur approximieren können. IAS 40 sieht bisher statt der Inputhierarchie eine Hierarchisierung der Bewertungsmethoden vor. Diese Hierarchisierung dürfte für Renditeimmobilien, wenn auch nicht formell, so doch zumindest praktisch im Wesentlichen durch IFRS 13 bestehen bleiben. Da originäre Marktwerte (erste Ebene der Inputhierarchie) für Renditeimmobilien regelmäßig nicht vorliegen, ist zur Fair Value-Ermittlung auf Immobilienbewertungsverfahren und mithin auf Fair Values der zweiten und dritten Ebene zurückzugreifen.

Mögliche **Immobilienbewertungsverfahren**, die zur Fair Value-Bewertung angewandt werden könnten, sind die in Deutschland in der ImmoWertV kodifizierten Sachwert-, Vergleichswert- und Ertragswertverfahren. Auf internationaler Ebene sind der Cost Approach, der Sales Comparison Approach, der Income Capitalization Approach und das DCF-Verfahren geläufig. Wenngleich das Sachwertverfahren und der Cost Approach durch IFRS 13 als Ausprägungen des kostenorientierten Ansatzes zur Fair Value-Bewertung angewandt werden können, dürften diese beiden Verfahren aufgrund der fehlenden Ausrichtung an ertragsorientierten Exit-Preisen regelmäßig bei der Bewertung von Renditeimmobilien ausscheiden. Das Vergleichswertverfahren und der Sales Comparison Approach, als Ausprägungen des Market Approach, dürften theoretisch in der Regel bevorzugte Verfahren zur Fair Value-Ermittlung darstellen, da hierbei weitestgehend marktobjektivierte Parameter im Sinne der Inputhierarchie des IFRS 13 verwandt werden können. Aufgrund der spezifischen Charakteristika von Immobilien und Immobilienmärkten, wozu insbesondere die Heterogenität, die Immobilität und die geringe Transaktionshäufigkeit von Immobilien gehören, sind diese indes regelmäßig nicht anwendbar, da entsprechende Vergleichsimmobilien fehlen. Aus diesem Grund werden vornehmlich barwertorientierte Immobilienbewertungsverfahren zur Fair Value-Ermittlung angewandt. Hierzu gehören das Ertragswertverfahren nach ImmoWertV, der Income Capitalization Approach und das DCF-Verfahren als Ausprägungen des Income Approach in IFRS 13. Sie unterscheiden sich etwa konzeptionell darin, ob die Erwartungen hinsichtlich der künftigen Entwicklung explizit in den Cashflows oder implizit mit Hilfe eines am Markt beobachtbaren Zinssatzes berücksichtigt werden. Alle drei Verfahren haben als wesentliche Inputparameter die Mieten, die Bewirtschaftungskosten und einen Diskontierungszinssatz sowie die Restnutzungsdauer und den Bodenwert, die zum Teil implizit berücksichtigt werden. Die unterschiedliche Ermittlung der Parameter zur Bestimmung von (Netto-)Marktwerten ist unter Beachtung der Äquivalenzprinzipien detailliert gewürdigt und ggf. konkretisiert worden.

Bei dem Ertragswertverfahren nach ImmoWertV werden regelmäßig die marktüblichen **Mieten** in Form von ortsüblichen Vergleichsmieten als Cash-Inflows angesetzt. Diese sind indes als Durchschnittsmieten zwischen Bestands- und Neuvermietungsmieten den reinen Neuvermietungsmieten, der sog. Marktmiete, die bei den internationalen Verfahren angewandt wird, unterlegen. Davon unbenommen sind beim Ertragswertverfahren nach ImmoWertV und beim Income Capitalization Approach zusätzlich durch Mietverträge festgelegte Mieten während der Vertragslaufzeit zu berücksichtigen. Beim DCF-Verfahren sind darüber hinaus weitere Entwicklungen der Marktmiete und möglicher Vertragsmieten zu prognostizieren, weswegen die Ermessensspielräume im Vergleich zu den anderen beiden Verfahren, bei denen die Erwartungen hinsichtlich der künftigen Entwicklung implizit im Zinssatz berücksichtigt werden, steigen. Davon unbenommen besteht bei allen drei Verfahren die Schwierigkeit, die ermittelten marktüblichen Mieten und Marktmieten, die regelmäßig für durchschnittliche Objekte am Markt ermittelt werden können, an die objektspezifischen Gegebenheiten anzupassen. Hier verbleibt Ermessensspielraum beim Management.

Bewirtschaftungskosten sind dann bei der Bewertung zu berücksichtigen, wenn sie nicht auf die Mieter umgelegt werden können. Es handelt sich im Wesentlichen um Betriebs-, Verwaltungs-, Instandhaltungs- und Modernisierungskosten. Hierzu kommen im Regelfall die Kosten für das Mietausfallwagnis, worunter der vorübergehende Leerstand subsumiert wird, und die Kosten für dauerhaften, strukturellen Leerstand. Diese Kosten können in der Regel bei allen drei Verfahren marktobjektiviert ermittelt werden, wenngleich beim DCF-Verfahren die Entwicklung der Kosten wieder explizit, mit den damit verbundenen Unsicherheiten, prognostiziert werden muss. Ist eine marktobjektivierte Ermittlung nicht möglich, kommen auch interne Daten in Betracht, die indes nicht unverändert angewandt werden können, wenn es Hinweise gibt, dass Marktteilnehmer andere Daten nutzen würden. Sofern hinreichend konkretisierte, marktübliche Modernisierungskosten angesetzt werden, ist gegebenenfalls die Restnutzungsdauer anzupassen, da sich diese durch Modernisierungen verändern kann.

Der **Zinssatz**, der zur Diskontierung beim **Ertragswertverfahren** hinzugezogen wird, ist laut ImmoWertV der **Liegenschaftszinssatz**. Dieser soll von Gutachterausschüssen ermittelt werden, was in der Praxis teilweise mit Problemen verbunden ist. Sie sind entsprechend an die Objektspezifika der Immobilie anzupassen, was regelmäßig Möglichkeiten zur Manipulation bietet. Kritisch ist es ferner, wenn der Liegenschaftszinssatz unverändert auch für over- und underrented properties angewandt wird. Hierfür müsste der Zinssatz in der Regel noch um die Wachstumserwartungen, sowie das veränderte Mietausfallwagnis und das veränderte Mietsteigerungspotential angepasst werden. Insbesondere auf die Anpassungen hinsichtlich der Wachstumserwartungen wird in der Theorie häufig nicht hingewiesen. Zudem haben Liegenschaftszinssätze den Nachteil, dass sie nicht international abgeleitet werden.

Beim **Income Capitalization Approach** eignet sich im Wesentlichen nur der Initial Yield zur Darstellung des erforderlichen **All Risk Yield**. Aufgrund der sich bei Einbezug des Current Yield ergebenden Inkonsistenz des zeitlichen Bezugs von Zähler und Nenner ist dieser Zinssatz nicht als All Risk Yield geeignet. Die Internal Rate of Return (Equated Yield) ist zum einen schwierig zu ermitteln, da entsprechende Vergleichsimmobilien fehlen und zum anderen enthält sie keine implizite

Wachstumskomponente, so dass bei einem konstanten Zähler keine Erwartungen bezüglich der künftigen Entwicklung in die Berechnung eingehen würden. Ein kapitalmarktorientierter Zinssatz, der mit Hilfe des CAPM ermittelt wird, ist ebenfalls nicht geeignet, unter anderem da der Aktienmarkt die Risiken des Immobilienmarkts nicht adäquat zu reflektieren vermag. Ein Zinssatz, der aus einer Kombination von risikolosem Zinssatz und einer (pauschalen) Risikoprämie (inklusive Wachstumskomponente) zusammengesetzt wird, kann ebenfalls nicht überzeugen, da die Ermessensspielräume bei der Ermittlung der Risikoprämie und somit die Möglichkeiten zur Manipulation entsprechend hoch sind. Beim All Risk Yield besteht ebenso wie beim Liegenschaftszinssatz die Problematik der objekt- und vertragsspezifischen Anpassungen, wenngleich bei der Ermittlung des Initial Yield zumindest die Marktmiete statt einer ortsüblichen Vergleichsmiete hinzugezogen wird, was grundsätzlich zu befürworten ist.

Beim **DCF-Verfahren** konnte nur die Internal Rate of Return als konzeptionell geeigneter **Zinssatz** identifiziert werden, wenngleich gerade diese häufig nur schwer zu ermitteln ist. Der Initial Yield ist nur bedingt geeignet, da er implizite Wachstumserwartungen enthält. Der kapitalmarktorientierte Zinssatz ist, wie bereits schon beim Income Capitalization Approach erwähnt, in der Regel nicht so bestimmbar, dass er die Risiken des Immobilienmarkts und der Immobilie angemessen und möglichst marktobjektiviert berücksichtigt. Es bestehen mithin deutliche Ermessensspielräume.

Die **Restnutzungsdauer** und der damit eng verbundene **Bodenwert**, der dem Unternehmen zum Ende der Nutzungsdauer der Immobilie wieder zur Verfügung steht, werden lediglich beim Ertragswertverfahren explizit berücksichtigt. Bei den anderen Verfahren werden sie implizit über die Vergleichsobjekte berücksichtigt, weswegen diese auch hinsichtlich der Restnutzungsdauer und des Bodenwertanteils mit dem Vergleichsobjekt übereinstimmen müssen, was regelmäßig schwierig sein dürfte. Da beide Parameter bei Restnutzungsdauern von weniger als 50 Jahren wertrelevant sind, sollten sie zumindest in diesen Fällen explizit bei der Bewertung berücksichtigt werden.

Letztendlich lässt sich feststellen, dass kein Verfahren in der derzeitig üblichen Ausprägung vollends für die Fair Value-Bewertung zu überzeugen vermag. Da indes gerade die internationalen Verfahren nicht standardisiert sind,[1566] wird im Rahmen dieser Arbeit ein **modifizierter Income Capitalization Approach** vorgeschlagen, der die Vorteile der einzelnen Verfahren weitestgehend miteinander verbindet. Von einem DCF-Verfahren wird abgesehen, da dieses überwiegend auf expliziten Prognosen basiert und diese, wie schon CHURCHILL festgestellt hat, „schwierig [sind], besonders wenn sie sich auf die Zukunft beziehen"[1567]. Die umfangreichen expliziten Prognosen, wodurch die Möglichkeiten zur Manipulation im Vergleich zu den anderen Verfahren deutlich höher sind, sind indes nicht in dem Ausmaß erforderlich, um einen sachgerechten Fair Value zu ermitteln. Von dem ursprünglichen Income Capitalization Approach wird die Berücksichtigung der Marktmiete abzüglich der Bewirtschaftungskosten im Zähler und des Initial Yield als All Risk Yield im Nenner übernommen. Zusätzlich sollten die Restnutzungsdauer und der Bodenwert zumindest bei Restnutzungsdauern von weniger als 50 Jahren explizit berücksichtigt werden, was beim Ertragswertver-

[1566] Vgl. so auch HETTRICH, S./RITSCH, S., DCF-Methode, S. 327.
[1567] WINKER, P., Empirische Wirtschaftsforschung, S. 282.

fahren generell geleistet wird. Zur Erhöhung der Glaubwürdigkeit des Fair Value und um den Regelungen des IFRS 13 zu entsprechen, sind Ermessensspielräume und somit Möglichkeiten zur Manipulation soweit wie möglich durch Normierungen und Marktobjektivierungen einzugrenzen. Sofern keine Marktobjektivierungen möglich sind, kann durch Anwendung des Management Approach versucht werden, die Anreize zur Manipulation zu mindern, um hierdurch ebenfalls zur Glaubwürdigkeit beizutragen. Bei Anwendung des Management Approach ist darauf zu achten, dass hierbei keine Daten unverändert genutzt werden dürfen, für die es Hinweise gibt, dass sie der Sicht der Marktteilnehmer nicht entsprechen. Im Folgenden werden die einzelnen Parameter der Bewertungsebene des modifizierten Income Capitalization Approach im Überblick dargestellt und anschließend knapp die wesentlichen Ergebnisse hinsichtlich der damit verbundenen Erläuterungsebene skizziert.

Marktmieten und **All Risk Yields**, sofern hierfür auf Initial Yields zurückgegriffen wird, können in der Regel für durchschnittliche Objekte am Markt abgelesen werden. Bei All Risk Yields sollte die Restnutzungsdauer der Vergleichsobjekte mindestens 50 Jahre betragen, damit sie in einem Model mit Restnutzungsdauer und Bodenwert verwandt werden können. Andernfalls sind ggf. interne All Risk Yields unter expliziter Berücksichtigung der Restnutzungsdauer und des Bodenwerts abzuleiten. **Objektspezifische Anpassungen** der Marktmieten und des All Risk Yield, die regelmäßig nicht objektiviert werden können, sollten zumindest in den Bewertungsgutachten ausführlich erläutert werden. Zur objektspezifischen Anpassung des All Risk Yield bietet sich etwa das Modell von ZEIßLER oder das von KLEIBER/SIMON an,[1568] welche zur Anpassung des Liegenschaftszinssatzes entwickelt wurden. Diese Modelle versuchen, die Anpassungen in einzelne Schritte zu unterteilen und sie somit nachvollziehbar zu machen. Die Schritte können dann erläutert werden, was wiederum transparenzsteigernd wirken würde.

Abgesehen von den Marktmieten sind bei Vorliegen von Mietverträgen grundsätzlich auch die **Vertragsmieten** zu berücksichtigen. Entsprechend ist bei over- und underrented properties zwischen dem Term, der Vertragslaufzeit, und der Reversion, der Zeit nach Vertragsende bis zum Ende der Nutzungsdauer der Immobilie, zu unterscheiden. Bei befristeten Mietverträgen bestimmt der Mietvertrag die Länge des Terms. Bei unbefristeten Mietverträgen muss die Vertragslaufzeit plausibilisiert werden, wobei sie mindestens der Kündigungsfrist entsprechen und sich maximal an der durchschnittlichen Mieterwechselquote der Region orientieren sollte. Bei Gewerbeimmobilien, die underrented sind, sollte aus Marktsicht bei unbefristeten Mietverträgen aufgrund der gesetzlichen Möglichkeiten von einer Kündigung und einer anschließenden Neuvermietung zur Marktmiete ausgegangen werden, sofern eine Neuvermietung realistisch erscheint.

Die **Bewirtschaftungskosten** sollten sich im Wesentlichen an den am Markt üblichen Kosten orientieren. Wenn eine Ermittlung mit externen Quellen nicht sachgerecht möglich ist, ist es im Sinne des IFRS 13 möglich, die (marktüblichen) Kosten aus internen historischen Daten abzuleiten. Vor allem für die Phase des Terms kommen ggf. auch interne Planungsrechnungen in Betracht. Sofern die Kosten (Betriebskosten, Verwaltungskosten etc.) separat angegeben werden, sollte es prinzipiell

[1568] Vgl. Kap. 442.3.

möglich sein, die Kosten entsprechend mit Vergleichsdaten zu plausibilisieren. Hierfür sollten die Bezugsgrößen entsprechend sinnvoll gewählt werden. Die Ermessensspielräume sollten dann grundsätzlich beschränkt sein. Werden die Bewirtschaftungskosten im Rahmen eines Terms berücksichtigt, sind sie aufgrund der nachfolgend dargelegten Anpassung des All Risk Yield in der Regel um Inflationserwartungen zu erhöhen.

Beim **All Risk Yield** sind zusätzlich zu den objektspezifischen Anpassungen bei over- und underrented properties zusätzlich auch **vertragsspezifische Anpassungen** zu berücksichtigen. Diese können in eine Wachstumsanpassung und eine zweite Anpassung für das veränderte Mietsteigerungspotential und das veränderte Mietausfallwagnis unterschieden werden, wobei die Wachstumsanpassung regelmäßig die größere Anpassung implizieren dürfte. Abhängig von der Vertragsart kann die Wachstumsanpassung durch bestehende Mietverträge häufig vergleichsweise ohne größere Möglichkeiten zur Manipulation abgeleitet werden, während die zweite Anpassung eher subjektiver Natur ist. So kann die Wachstumsanpassung z. B. bei Staffel- oder bei Indexmietverträgen, deren Wachstum von der Inflationsrate abhängt, vergleichsweise ermessensfrei bestimmt werden. Durch die Bereinigung des All Risk Yield um die Wachstumserwartungen für die Dauer des Terms kann die in der Literatur häufig kritisierte Doppelberücksichtigung von Wachstum, wie etwa bei Staffelmietverträgen, weitestgehend vermieden werden.

Sofern eine **Restnutzungsdauer** berücksichtigt wird, ergibt sich diese aus der Differenz der Gesamtnutzungsdauer von der bisherigen Nutzungsdauer der Immobilie. Die Gesamtnutzungsdauer könnte in Anlehnung an die Vorgaben im Bewertungsgesetz für die einzelnen Immobilienarten typisiert werden, um den Ermessensspielraum einzuschränken. Sollte sich die Restnutzungsdauer aufgrund von Modernisierungen ändern, empfiehlt es sich, zur Objektivierung zumindest in Deutschland auf das Punktrastermodell der AGVGA-NRW zurückzugreifen,[1569] bei dem einzelnen Maßnahmen Punktzahlen zugeordnet werden. Diese geben dann wiederum die verlängerten Restnutzungsdauern in Abhängigkeit von der Gesamtnutzungsdauer an. **Bodenwerte** sind entsprechend mit Vergleichswerten wie regelmäßig auch Bodenrichtwerten zu ermitteln. Die Ermessensspielräume dürften sich so bei der Ermittlung von Restnutzungsdauern und Bodenwerten in Grenzen halten.

Trotz der Versuche, die Parameter des modifizierten Income Capitalization Approach über das bei den anderen Verfahren übliche Maß hinaus zu normieren und am Markt zu objektivieren, bleibt insbesondere durch die objektspezifischen Anpassungen der Marktmiete und des All Risk Yield sowie der zweiten vertragsspezifischen Anpassung des All Risk Yield aufgrund von veränderten Mietausfallrisiken und Mietänderungspotentialen ein Ermessensspielraum bestehen. Gerade diesbezüglich sind daher Angaben bezüglich der Disaggregation des Zinssatzes im Anhang sinnvoll, um eine transparente Berichterstattung zu gewährleisten. Nur so können entsprechende Ermessensspielräume unter Beachtung der Wirtschaftlichkeit im Rahmen der **Erläuterungsebene** offengelegt werden. In diesem Zusammenhang sind auch Bewertungsunsicherheitsanalysen sinnvoll, durch die im

[1569] Vgl. Kap. 525.

Wesentlichen die Bandbreiten potentieller Fair Values anzugeben wären. Ansätze diesbezüglich im Exposure Draft zu IFRS 13 sind indes (vorerst) nicht in den finalen Standard übernommen worden.

Zum derzeitigen Zeitpunkt gibt es keine verpflichtende Regelung, die die anzuwendende Methodologie bei der Immobilienbewertung näher bestimmt. Daher verbleiben, beginnend bei der Wahl des Verfahrens selbst, erhebliche Ermessensspielräume bei der Immobilienbewertung, durch die die Entscheidungsnützlichkeit der veröffentlichten Fair Values deutlich eingeschränkt wird. Da indes auch US-GAAP-Bilanzierer Teile ihrer Renditeimmobilien künftig verpflichtend zum Fair Value bewerten müssen, dürfte sich die Nachfrage nach einheitlichen Standards durch den größeren Anwenderkreis von Immobilienbewertungsverfahren für die Bilanzierung noch erhöhen. So ist zwar eine Umsetzung der hier dargestellten immobilienbezogenen Vorschläge im Rahmen der IFRS nach Verabschiedung des allgemeinen Fair Value-Standards wohl größtenteils in nächster Zukunft nicht zu erwarten. Indes wäre es möglich, dieses auf die Bilanzierung abgestellte Konzept in den international anerkannten **IVS** bzw. in den sie ergänzenden Technical Information Paper des IVSC zu implementieren.[1570] Die hier dargestellten Empfehlungen zur Bestimmung des Immobilienwerts sollen daher einen Anhaltspunkt geben, wie ein in sich konsistentes, standardisiertes Immobilienbewertungsverfahren aussehen könnte, das soweit wie möglich eine Marktobjektivierung und Normierung der Parameter auf der Bewertungsebene vorsieht, ohne die Bewertungsgenauigkeit zu vernachlässigen, und das international umgesetzt werden könnte. Wo eine Objektivierung nicht möglich ist, soll die Erläuterungsebene entsprechend zur Steigerung der Transparenz der Bewertung beitragen. Insgesamt sollen entscheidungsnützliche Informationen vermittelt werden. Damit stellt dieses Verfahren im Sinne der IFRS, auch wenn Kritikpunkte verbleiben, im Vergleich zu den herkömmlichen Verfahren einen substantiellen Schritt in die gewünschte Richtung dar.

[1570] So sehen auch ERNSTBERGER/KRAUS die IVS als Möglichkeit zur Vereinheitlichung der Immobilienbewertung. Vgl. ERNSTBERGER, J./KRAUS, C., Vorschriften des IVSC, S. 400. Zwar ist bisher weder im Rahmen der derzeitigen IVS noch in der geplanten Neufassung eine derartige Normierung und Marktobjektivierung der Immobilienbewertungsverfahren vorgesehen. Allerdings gibt es auch Stimmen, die sich explizit für die Einrichtung eines eigenen International Valuation Standards für Renditeimmobilien i. S. d. IAS 40 aussprechen. Vgl. EPRA, CL51, S. 1; ERNST & YOUNG, CL19, S. 14. Darüber hinaus ist beim IVSC für die Zukunft die Entwicklung mehrerer sog. Technical Information Paper vorgesehen, die die IVS vor allem im Bereich der Bewertungsmethodologien ergänzen sollen.

Quellenverzeichnis

Literaturverzeichnis

A.A.A. AKTIENGESELLSCHAFT ALLGEMEINE ANLAGEVERWALTUNG, Geschäftsbericht 2009, Frankfurt am Main 2010 (Geschäftsbericht 2009).

ADS, Abschnitt 10: Als Finanzinvestition gehaltene Immobilien (Investment Property) (IAS 40), in: ADLER/DÜRING/SCHMALTZ (Hrsg.), Rechnungslegung nach Internationalen Standards: Kommentar, Stuttgart 2007 (Abschnitt 10).

AGVGA-NRW, Modell zur Ableitung von Liegenschaftszinssätzen, 2008, abrufbar unter: http://www.gutachterausschuss.nrw.de/pdf/Modell_LZ_2008.pdf, Stand: 22.06.2010 (Modell zur Ableitung von Liegenschaftszinssätzen).

AICPA (Hrsg.), Real Estate Accounting and Auditing, Lewisville 2003 (Real Estate Accounting).

ALSTRIA OFFICE REIT-AG, Annual Report 2009, Hamburg 2010 (Annual Report 2009).

ALTMEPPEN, HERMANN, Ein alternativer Weg wird gangbar – das standardisierte DCF-Verfahren, in: Immobilien & Finanzierung 2006, S. 499-501 (DCF-Verfahren).

ALTMEPPEN, HERMANN, Weniger Kreditausfallrisiko durch Quantifizierung der Leerstandskosten, in: Immobilien & Finanzierung 2006, S. 336-338 (Leerstandskosten).

ALTMEPPEN, HERMANN/BRAUER, FLORIAN, Den Fair Value fairer machen, in: Immobilien & Finanzierung 2009, S. 774-776 (Fair Value).

APPRAISAL INSTITUTE, The Appraisal of Real Estate, 13. Aufl., Chicago 2008 (Appraisal of Real Estate).

ARCHNER, GERNOT, Forward valuation: Kommentar zur Zukunft der RICS-Marktwertermittlung, in: Der Immobilienbewerter (Heft 6) 2009, S. 18-19 (Forward valuation).

BAETGE, JÖRG, Januskopf: DCF-Verfahren in der Unternehmensbewertung und in der Bilanzierung, in: BB (Special 7) 2005, S. 1 (Januskopf).

BAETGE, JÖRG, Möglichkeiten der Objektivierung des Jahreserfolges, Düsseldorf 1970 (Möglichkeiten der Objektivierung).

BAETGE, JÖRG, Verwendung von DCF-Kalkülen bei der Bilanzierung nach IFRS, in: WPg 2009, S. 13-23 (DCF-Kalküle).

BAETGE, JÖRG/BALLWIESER, WOLFGANG, Zum bilanzpolitischen Spielraum der Unternehmensleitung, in: BFuP 1977, S. 199-215 (Spielraum).

BAETGE, JÖRG/HOLLMANN, SEBASTIAN, Zur Zuverlässigkeit der Rechnungslegung nach IFRS, in: DÖRING, ULRICH/KUßMAUL, HEINZ (Hrsg.), Spezialisierung und Internationalisierung: Entwicklungstendenzen der deutschen Betriebswirtschaftslehre: Festschrift für Prof. Dr. Dr. h.c. mult. Günter Wöhe zum 80. Geburtstag am 2. Mai 2004, München 2004, S. 347-378 (Zuverlässigkeit der Rechnungslegung nach IFRS).

BAETGE, JÖRG/KIRSCH, HANS-JÜRGEN, Kapitel 4: Grundsätze ordnungsmäßiger Buchführung, in: KÜTING, KARLHEINZ/PFITZER, NORBERT/WEBER, CLAUS-PETER (Hrsg.), Handbuch der Rechnungslegung: Einzelabschluss: Kommentar zur Bilanzierung und Prüfung, 5. Aufl., Stuttgart 2010 (Grundsätze ordnungsmäßiger Buchführung).

BAETGE, JÖRG/ZÜLCH, HENNING, Fair Value-Accounting, in: BFuP 2001, S. 543-562 (Fair Value-Accounting).

BAETGE, JÖRG/BREMBT, TOBIAS/BRÜGGEMANN, PETER, Die Mark-to-Model-Bewertung des IAS 39 in der Subprime-Krise, in: WPg 2008, S. 1001-1010 (Mark-to-Model-Bewertung).

BAETGE, JÖRG/KIRSCH, HANS-JÜRGEN/THIELE, STEFAN, Bilanzanalyse, 2. Aufl., Düsseldorf 2004 (Bilanzanalyse).

BAETGE, JÖRG/ZÜLCH, HENNING/MATENA, SONJA, Fair Value-Accounting – Ein Paradigmenwechsel auch in der kontinentaleuropäischen Rechnungslegung? (Teil B) –, in: StuB 2002, S. 417-422 (Fair Value-Accounting (Teil B)).

BAETGE, JÖRG/NIEMEYER, KAI/KÜMMEL, JENS/SCHULZ, ROLAND, Bewertungsverfahren – Teil B: Darstellung der Discounted Cashflow-Verfahren (DCF-Verfahren) mit Beispiel, in: PEEMÖLLER, VOLKER H. (Hrsg.), Praxishandbuch der Unternehmensbewertung, 4. Aufl., Herne/Berlin 2009, S. 339-477 (DCF-Verfahren).

BALLWIESER, WOLFGANG, IAS 40: Als Finanzinvestition gehaltene Immobilien (Investment Property), in: BAETGE, JÖRG/WOLLMERT, PETER/KIRSCH, HANS-JÜRGEN/OSER, PETER/BISCHOF, STEFAN (Hrsg.), Rechnungslegung nach IFRS: Kommentar auf der Grundlage des deutschen Bilanzrechts, 2. Aufl., Stuttgart 2008 (IAS 40).

BALLWIESER, WOLFGANG, Unternehmensbewertung: Prozeß, Methoden und Probleme, 2. Aufl., Stuttgart 2007 (Unternehmensbewertung).

BALLWIESER, WOLFGANG/KÜTING, KARLHEINZ/SCHILDBACH, THOMAS, Fair value – erstrebenswerter Wertansatz im Rahmen einer Reform der handelsrechtlichen Rechnungslegung?, in: BFuP 2004, S. 529-549 (Fair value).

BALLWIESER, WOLFGANG/KÜTING, KARLHEINZ/SCHILDBACH, THOMAS, Fair Value in der Krise, in: DB (Heft 49) 2009, S. I (Fair Value in der Krise).

BARNARD, CHRIS, Comment Letter 4: Exposure Draft ED/2010/7, 2010, abrufbar unter: http://www.ifrs.org/NR/rdonlyres/7FEF5DF8-FFF0-4144-90F9-C7A285594A6F/15967/20100728080749_Comment_Letter_ED_2010_7_Chris_Barnard_280710.pdf, Stand: 17.08.2010 (CL4).

BAUM, ANDREW, Property Investment Depreciation and Obsolescence, London 1991 (Property Investment Depreciation).

BAUM, ANDREW/CROSBY, NEIL, Property Investment Appraisal, 3. Aufl., Oxford 2008 (Property Investment Appraisal).

BAUM, ANDREW/MACGREGOR, BRYAN D., The Initial Yield Revealed: Explicit Valuations and the Future of Property Investment, in: Journal of Property Valuation & Investment 1992, S. 709-726 (Initial Yield Revealed).

BAUM, ANDREW/MACKMIN, DAVID/NUNNINGTON, NICK, The Income Approach to Property Valuation, 5. Aufl., London 2006 (Income Approach).

BAUMUNK, HENRIK, Anlageimmobilien (IAS 40), in: WEBER, ERNST/BAUMUNK, HENRIK/PELZ, JÜRGEN (Hrsg.), IFRS Immobilien: Praxiskommentar der wesentlichen immobilienrelevanten International Financial Reporting Standards, 2. Aufl., Köln 2009, S. 75-103 (IAS 40).

BAUMUNK, HENRIK, Immobilien und Immobilienbewertung im Zeitalter der Globalisierung, Dresden 2000 (Immobilien und Immobilienbewertung).

BAUMUNK, HENRIK/BEYHS, OLIVER, Wertminderung von Immobilien (IAS 36), in: WEBER, ERNST/BAUMUNK, HENRIK/PELZ, JÜRGEN (Hrsg.), IFRS Immobilien: Praxiskommentar der wesentlichen immobilienrelevanten International Financial Reporting Standards, 2. Aufl., Köln 2009, S. 135-169 (IAS 36).

BAUMUNK, HENRIK/SCHRÖDER, DETMAR, Immobilien des Vorratsvermögens (IAS 2), in: WEBER, ERNST/BAUMUNK, HENRIK/PELZ, JÜRGEN (Hrsg.), IFRS Immobilien: Praxiskommentar der wesentlichen immobilienrelevanten International Financial Reporting Standards, 2. Aufl., Köln 2009, S. 37-50 (IAS 2).

BAUMUNK, HENRIK/WEBER, ERNST, Einführung, in: WEBER, ERNST/BAUMUNK, HENRIK/PELZ, JÜRGEN (Hrsg.), IFRS Immobilien: Praxiskommentar der wesentlichen immobilienrelevanten International Financial Reporting Standards, 2. Aufl., Köln 2009, S. 1-4 (Einführung).

BAUMUNK, HENRIK/BÖCKEM, HANNE/SCHURBOHM-EBNETH, ANNE, Die Bilanzierung von Immobilien nach International Accounting Standards, in: GuG 2002, S. 354-361 (Bilanzierung von Immobilien).

BECK, MARTIN, Bilanzierung von Investment Properties nach IAS 40: Anwendungsprobleme bei der Implementierung und Lösungsansätze, in: KoR 2004, S. 498-505 (Bilanzierung nach IAS 40).

BECK, MARTIN, Ein entscheidungsrelevanter Fair Value für Investment Properties, in: Immobilien & Finanzierung 2010, S. 514-517 (Entscheidungsrelevanter Fair Value).

BECK, MARTIN, Grundlagen der Bilanzierung von Immobilien nach den International Financial Reporting Standards (IFRS), in: BDO Deutsche Warentreuhand AG (Hrsg.), Praxishandbuch Real Estate Management: Kompendium der Immobilienwirtschaft, Stuttgart 2005, S. 143-172 (Bilanzierung von Immobilien).

BECK, MARTIN, Grundsätze der Bewertung von Immobilien nach der Wertermittlungsverordnung, in: BDO Deutsche Warentreuhand AG (Hrsg.), Praxishandbuch Real Estate Management: Kompendium der Immobilienwirtschaft, Stuttgart 2005, S. 217-233 (Bewertung nach WertV).

BECK, MARTIN, Wertermittlung bei Immobilien, in: RICHTER, FRANK/TIMMRECK, CHRISTIAN (Hrsg.), Unternehmensbewertung: Moderne Instrumente und Lösungsansätze, Stuttgart 2004, S. 343-364 (Wertermittlung bei Immobilien).

BECK, MARTIN/REHKUGLER, HEINZ, Das Fair Value-Konzept für investment properties nach IFRS: Ein sinnvoller und notwendiger Ansatz aus Sicht des Kapitalmarkts?, in: KoR 2009, S. 488-494 (Fair Value-Konzept).

BECK, MARTIN/MATTNER, ANDREAS/REHKUGLER, HEINZ, Bewertung und Bilanzierung: Immobilienwirtschaft fordert Modifizierung der IFRS, in: Der Immobilienbewerter (Heft 5) 2009, S. 13-14 (Bewertung).

BEHRENDT, WOLFGANG/BAUMUNK, HENRIK, Discounted-Cash-Flow-Verfahren: Wie erhält man objektivierte Diskontierungszinssätze?, in: Immobilien Zeitung (Heft 12) 2001, S. 11 (Diskontierungszinssätze).

BEHRENDT, WOLFGANG/BAUMUNK, HENRIK, Discounted-Cash-Flow-Verfahren: Wie erhält man objektivierte Diskontierungszinssätze? (Teil 2), in: Immobilien Zeitung (Heft 13) 2001, S. 10 (Diskontierungszinssätze (Teil 2)).

BEISSE, HEINRICH, Gläubigerschutz – Grundprinzip des deutschen Bilanzrechts, in: BEISSE, HEINRICH/BEUSCH, KARL/LUTTER, MARCUS/NÄRGER, HERIBALD (Hrsg.), Festschrift für Karl Beusch zum 68. Geburtstag am 31. Oktober 1993, Berlin 1993, S. 77-97 (Gläubigerschutz).

BERENS, WOLFGANG/HOFFJAN, ANDREAS, Wertermittlung von Immobilien auf Basis vollständiger Finanzpläne, in: zfbf 1995, S. 373-395 (Wertermittlung von Immobilien).

BERENS, WOLFGANG/SCHMITTING, WALTER, Controllinginstrumente für das Komplexitätsmanagement: Potentiale des internen Rechnungswesens, in: ADAM, DIETRICH (Hrsg.), Komplexitätsmanagement, Wiesbaden 1998, S. 97-110 (Komplexitätsmanagement).

BERENS, WOLFGANG/DELFMANN, WERNER/SCHMITTING, WALTER, Quantitative Planung: Grundlagen, Fallstudien, Lösungen, 4. Aufl., Stuttgart 2004 (Quantitative Planung).

BERENS, WOLFGANG/SCHMITTING, WALTER/STRAUCH, JOACHIM, Funktionen, Terminierung und rechtliche Einordnung der Due Diligence, in: BERENS, WOLFGANG/BRAUNER, HANS U./STRAUCH, JOACHIM (Hrsg.), Due Diligence bei Unternehmensakquisitionen, 5. Aufl., Stuttgart 2008, S. 71-112 (Due Diligence).

BERENS, WOLFGANG/DIMKE, MARC/EPSTEIN, ROLF/WÖMPENER, ANDREAS, Kapitalmarktorientierte Zielvorgaben im Rahmen der Mehrjahresplanung von Konzernführungsgesellschaften, in: Controlling 2008, S. 349-356 (Kapitalmarktorientierte Zielvorgaben).

BERENTZEN, CHRISTOPH, Die Bilanzierung von finanziellen Vermögenswerten im IFRS-Abschluss nach IAS 39 und nach IFRS 9, Lohmar/Köln 2010 (Finanzielle Vermögenswerte).

BERNDT, THOMAS/EBERLI, PETER, Die Fair-Value-Konzeption des IASB: Aktueller Stand und künftige Entwicklung, in: Schweizer Treuhänder 2009, S. 895-898 (Fair-Value-Konzeption).

BEYERLE, THOMAS, Das Renditespektrum – Variationen eines Begriffs, in: DEGI Research – ImmobilienFOKUS (Heft 5) 2007, S. 1-4 (Renditespektrum).

BEYHS, OLIVER, Impairment of Assets nach International Accounting Standards, Frankfurt am Main 2002 (Impairment of Assets).

BIEKER, MARCUS, Ende des Bilanzierungschaos in Sicht? – Stellungnahme zum IASB-Diskussionspapier „Fair Value Measurements“ (Teil I), in: PiR 2007, S. 91-97 (Fair Value Measurements (Teil I)).

BIENERT, SVEN, Ertragswertverfahren, in: BIENERT, SVEN/FUNK, MARGRET (Hrsg.), Immobilienbewertung Österreich, Wien 2007, S. 327-381 (Ertragswertverfahren).

BIENERT, SVEN/REINBERG, MICHAEL P., „Highest-and-Best-Use“ als Leitlinie, in: BIENERT, SVEN/FUNK, MARGRET (Hrsg.), Immobilienbewertung Österreich, Wien 2007, S. 457-458 (Highest-and-Best-Use).

BIENERT, SVEN/REINBERG, MICHAEL P., Internationale Standards und Organisationen, in: BIENERT, SVEN/FUNK, MARGRET (Hrsg.), Immobilienbewertung Österreich, Wien 2007, S. 441-450 (Internationale Standards).

Bienert, Sven/Reinberg, Michael P., Verändertes Immobilienmarktgeschehen, in: Bienert, Sven/Funk, Margret (Hrsg.), Immobilienbewertung Österreich, Wien 2007, S. 437-440 (Immobilienmarktgeschehen).

Bienert, Sven/Reinberg, Michael P., Verwendete Bewertungsverfahren, in: Bienert, Sven/Funk, Margret (Hrsg.), Immobilienbewertung Österreich, Wien 2007, S. 471-503 (Bewertungsverfahren).

BIIS, Bewerterstreit eskaliert, in: Immobilien & Finanzierung 2009, S. 805 (Bewerterstreit).

BIIS, Marktwertkonformes DCF-Verfahren: Plausibilisierung von Marktwerten, Frankfurt am Main 2006 (DCF-Verfahren).

BIIS, Marktwertkonformes DCF-Verfahren: Plausibilisierung von Marktwerten, Frankfurt am Main 2006 (DCF-Verfahren).

BIIS, Bewerterstreit eskaliert, in: Immobilien & Finanzierung 2009, S. 805 (Bewerterstreit).

Bischoff, Bernhard, Das neue Wertermittlungsrecht in Deutschland: Die Praxis der Immobilienbewertung nach ImmoWertV, München 2009 (Wertermittlungsrecht).

Bischoff, Bernhard, Neues Wertermittlungsrecht in Deutschland: Chancen und Herausforderungen, in: Ummen, Robert/Johns, Sven R. (Hrsg.), Immobilien Jahrbuch 2010: Analysen, Trends und Perspektiven, Berlin 2010, S. 220-228 (Neues Wertermittlungsrecht).

Bischoff, Bernhard, Serie Wertermittlungsverfahren, Teil 1: Historisch etablierte Bewertungsmethoden, in: Immobilien Zeitung (Heft 15) 2007, S. 6 (Bewertungsmethoden).

Bischoff, Bernhard, Serie Wertermittlungsverfahren, Teil 2: Vergleiche führen direkt zum Marktwert, in: Immobilien Zeitung (Heft 16) 2007, S. 6 (Marktwert).

Bischoff, Bernhard, Serie Wertermittlungsverfahren, Teil 3: Vergleichsobjekte müssen nicht 100% identisch sein, in: Immobilien Zeitung (Heft 17) 2007, S. 8 (Vergleichsobjekte).

BKI, „Aktuelle Gebäudesachwerte in der Verkehrswertermittlung“, 2008, abrufbar unter: http://www.bmvbs.de/cae/servlet/contentblob/29082/publicationFile/222/abschlussbericht-des-forschungsprojekts.pdf, Stand: 17.11.2010 (Aktuelle Gebäudesachwerte).

Bobka, Gabriele, Der schwierige Weg zur neuen Verordnung, in: IWR (Heft 11) 2009, S. 56-57 (Neue Verordnung).

Bobka, Gabriele, Novelle der WertV: Ein neues Kleid für eine alte Dame, in: Der Immobilienbewerter (Heft 2) 2009, S. 6-12 (Novelle der WertV).

Bobka, Gabriele, Wertermittlung aktuell: 40. Freiburger Immobilien-Fachseminar, in: Der Immobilienbewerter (Heft 3) 2009, S. 13-20 (Wertermittlung aktuell).

BÖCKEM, HANNE/SCHURBOHM, ANNE, Die Bilanzierung von Immobilien nach den International Accounting Standards, in: KoR 2002, S. 38-51 (Bilanzierung von Immobilien nach IAS).

BÖCKEM, HANNE/SCHURBOHM, ANNE, Klassifizierung von Immobilien, in: WEBER, ERNST/BAUMUNK, HENRIK/PELZ, JÜRGEN (Hrsg.), IFRS Immobilien: Praxiskommentar der wesentlichen immobilienrelevanten International Financial Reporting Standards, 2. Aufl., Köln 2009, S. 5-22 (Klassifizierung von Immobilien).

BÖCKEM, HANNE/SCHURBOHM-EBNETH, ANNE, Praktische Fragestellungen der Implementierung von IAS 40 – Als Finanzanlagen gehaltene Immobilien (investment properties), in: KoR 2003, S. 335-343 (Implementierung von IAS 40).

BÖMELBURG, PETER/LANDGRAF, CHRISTIAN/SINGH-VERMA, JEETENDRA, Zukunft der Leasingbilanzierung nach IFRS: Kritische Würdigung des Discussion Paper „Leases – Preliminary Views“, in: PiR 2009, S. 217-224 (Zukunft der Leasingbilanzierung nach IFRS).

BONE-WINKEL, STEPHAN, Das strategische Management von offenen Immobilienfonds unter besonderer Berücksichtigung der Projektentwicklung von Gewerbeimmobilien, Köln 1994 (Offene Immobilienfonds).

BONE-WINKEL, STEPHAN/SCHULTE, KARL-WERNER/FOCKE, CHRISTIAN, Begriff und Besonderheiten der Immobilie als Wirtschaftsgut, in: SCHULTE, KARL-WERNER (Hrsg.), Immobilienökonomie: Band I: Betriebswirtschaftliche Grundlagen, 4. Aufl., München 2008, S. 3-25 (Begriff und Besonderheiten).

BOTTUM, MACKENZIE S., Discounted Cash Flow Analyses: Tests of Reasonableness, in: The Appraisal Journal 1993, S. 138-143 (Discounted Cash Flow Analyses).

BRAND, EIKE, Verfahrenskritik zum Discounted-Cash-Flow-Verfahren in der Grundstücksbewertung, in: GuG 2000, S. 210-213 (Verfahrenskritik).

BRÄSICK, ANTJE, Ansatz und Bewertung von Immobilien nach HGB und IFRS, in: Der Konzern 2008, S. 275-283 (Ansatz und Bewertung von Immobilien).

BRAUER, KERRY-U., Einführung in die Immobilienwirtschaft, in: BRAUER, KERRY-U. (Hrsg.), Grundlagen der Immobilienwirtschaft: Recht – Steuern – Marketing – Finanzierung – Bestandsmanagement – Projektentwicklung, 6. Aufl., Wiesbaden 2009, S. 1-53 (Immobilienwirtschaft).

BRÜBACH, JÜRGEN, Der Liegenschaftszins im Kontext der neuen gif-Rendite-Definitionen, in: AIZ (Heft 11) 2007, S. 38-40 (gif-Rendite-Definitionen).

BULWIEN, HARTMUT/DENK, ULRICH/SCHEFFLER, ROLF, Ergebnisse und Schlussfolgerungen aus aktuellen Büroflächenbestandserhebungen in Deutschland, in: ZIÖ (Sonderausgabe 2008) 2008, S. 77-88 (Büroflächenbestandserhebungen).

BUNDESMINISTERIUM FÜR VERKEHR, BAU UND STADTENTWICKLUNG, Bericht des Sachverständigengremiums zur Überprüfung des Wertermittlungsrechts, 2008, abrufbar unter: http://www.bodenseeforum.net/refernten/documents/BerichtdesSachverstaendigengremiumszurUeberpruefungWertV.pdf, Stand: 10.06.2010 (Bericht des Sachverständigengremiums).

BURGER, ANTON/BUCHHART, ANTON, Integration des Rechnungswesens im Shareholder Value-Ansatz, in: DB 2001, S. 549-554 (Integration des Rechnungswesens).

BURKHARDT, KATJA/HACHMEISTER, DIRK, Bilanzierung von Investment Properties nach den Vorschriften des IAS 40, in: ZfCM 2006, S. 354-359 (Bilanzierung von Investment Properties).

BUSSE VON COLBE, WALTHER, Unternehmenskontrolle durch Rechnungslegung, in: SANDROCK, OTTO/JÄGER, WILHELM (Hrsg.), Internationale Unternehmenskontrolle und Unternehmenskultur: Beiträge zu einem Symposium, Tübingen 1994, S. 37-57 (Unternehmenskontrolle).

BYRNE, PETER, Fuzzy analysis: A vague way of dealing with uncertainty in real estate analysis?, in: Journal of Property Valuation & Investment 1995, S. 22-41 (Fuzzy analysis).

CARSBERG, BRYAN, Property Valuation: The Carsberg Report, London 2002 (The Carsberg Report).

CASTEDELLO, MARC, Fair Value Measurement – Der neue Exposure Draft 2009/5, in: WPg 2009, S. 914-917 (Fair Value Measurement).

CASTEDELLO, MARC/KLINGBEIL, CHRISTIAN/SCHRÖDER, JAKOB, IDW RS HFA 16: Bewertungen bei der Abbildung von Unternehmenserwerben und bei Werthaltigkeitsprüfungen nach IFRS, in: WPg 2006, S. 1028-1036 (IDW RS HFA 16).

CEZANNE, WOLFGANG, Allgemeine Volkswirtschaftslehre, 6. Aufl., München/Wien 2005 (Allgemeine Volkswirtschaftslehre).

CITYCON OYJ, Annual and Corporate Social Responsibility Report 2009, Helsinki 2010 (Annual Report 2009).

COENENBERG, ADOLF G./STRAUB, BARBARA, Rechenschaft versus Entscheidungsunterstützung: Harmonie oder Disharmonie der Rechnungszwecke?, in: KoR 2008, S. 17-26 (Rechenschaft).

COENENBERG, ADOLF G./HALLER, AXEL/MATTNER, GERHARD/SCHULTZE, WOLFGANG, Einführung in das Rechnungswesen: Grundzüge der Buchführung und Bilanzierung, 3. Aufl., Stuttgart 2009 (Einführung in das Rechnungswesen).

COGGIN, DANA T., Let's Not Abandon the Cost Approach, in: The Appraisal Journal 1994, S. 144-145 (Cost Approach).

COHEN, ARTHUR C., Extracting Cap Rates „From the Market“: Beware!, in: The Appraisal Journal 1979, S. 370-373 (Extracting Cap Rates).

COLONIA REAL ESTATE AG, Geschäftsbericht 2009, Köln 2010 (Geschäftsbericht 2009).

COPELAND, TOM/KOLLER, TIM/MURRIN, JACK, Valuation: Measuring and Managing the Value of Companies, 3. Aufl., New York 2000 (Valuation).

CREUTZMANN, ANDREAS/HEUER, ANDRÉ, Der Risikozuschlag beim vereinfachten Ertragswertverfahren, in: DB 2010, S. 1301-1307 (Der Risikozuschlag).

CROSBY, NEIL/GOODCHILD, ROBIN, Reversionary Freeholds: Problems with Over-renting, in: Journal of Property Valuation & Investment 1993, S. 67-81 (Reversionary Freeholds).

CROSBY, NEIL/FRENCH, NICK/WARD, CHARLES, Contemporary UK market valuation methods for over-rented investment properties: a framework for risk adjustment, in: Journal of Property Research 1997, S. 99-115 (UK market valuation methods).

DETTMEIER, MICHAEL/PÖSCHKE, MORITZ, IFRS und deutscher REIT – mögliche Stolpersteine für Gesetzgeber und Anwender, in: BB 2006, S. 1731-1736 (IFRS und deutscher REIT).

DEUTSCHE EUROSHOP AG, Geschäftsbericht 2009, Hamburg 2010 (Geschäftsbericht 2009).

DIETRICH, ANITA/RANKER, DANIEL, Zweifelsfragen der Bilanzierung und Bewertung von im Bau befindlichen Investment Properties: Die Bewertung der Immobilien im Bau und die Offenlegung der Bewertungsgrundlagen im Anhang, in: IRZ 2010, S. 113-117 (Investment Properties).

DIETRICH, ANITA/WOLTER, IRIS, Zweifelsfragen der Bilanzierung und Bewertung von im Bau befindlichen Investment Properties: Die erstmalige Anwendung des IAS 40 (rev. 2008), in: IRZ 2010, S. 67-70 (Zweifelsfragen).

DIETRICH, RICHARD J./HARRIS, MARY S./MULLER, KARL A., The reliability of investment property fair value estimates, in: Journal of Accounting and Economics 2001, S. 125-158 (Fair value estimates).

DITT, UWE, Bewertung von Fondsimmobilien: 50 Jahre unabhängige Sachverständigenausschüsse, in: Der Immobilienbewerter (Heft 5) 2009, S. 9-12 (Bewertung von Fondsimmobilien).

DOBLER, MICHAEL/HETTICH, SILVIA, Geplante Änderungen der Rahmenkonzepte von IASB und FASB: Konzeption, Vergleich, Würdigung, in: IRZ 2007, S. 29-36 (Rahmenkonzepte).

DOHRN, MATTHIAS, Entscheidungsrelevanz des Fair Value-Accounting am Beispiel von IAS 39 und IAS 40, Lohmar/Köln 2004 (Entscheidungsrelevanz).

DORCHESTER, JOHN D./VELLA, JOSEPH J., Valuation and the Appraisal Institute in a Global Economy: The European Initiative, in: The Appraisal Journal 2000, S. 72-85 (Valuation and the Appraisal Institute).

DÖRRIE, ULRICH/PREIẞLER, PETER R., Grundlagen Kosten- und Leistungsrechnung, 8. Aufl., München 2004 (Kosten- und Leistungsrechnung).

DÖRSCHELL, ANDREAS/FRANKEN, LARS/SCHULTE, JÖRN/BRÜTTING, CHRISTIAN, Ableitung CAPM-basierter Risikozuschläge bei der Unternehmensbewertung – eine kritische Analyse ausgewählter Problemkreise im Rahmen von IDW S 1 i. d. F. 2008, in: WPg 2008, S. 1152-1162 (Risikozuschläge).

DOTZOUR, MARK G./FREITAG, MARK R., The Cost Approach in Residential Appraising: Make It Optional, in: The Appraisal Journal 1995, S. 182-185 (Cost Approach).

DPR, Tätigkeitsbericht 2008, 2009, abrufbar unter: http://www.frep.info/docs/jahresberichte/2008_tb_prufstelle.pdf, Stand: 08.09.2010 (Tätigkeitsbericht 2008).

DRÖGE, FERDINAND, Bewirtschaftungskosten, in: SANDNER, SIEGFRIED/WEBER, ULRICH (Hrsg.), Lexikon der Immobilienwertermittlung, 2. Aufl., Köln 2007, S. 153-155 (Bewirtschaftungskosten).

DRÖGE, FERDINAND, Mietpreisbildende Determinanten beim Gewerberaum, in: KIPPES, STEPHAN (Hrsg.), Immobilienwirtschaft: Festschrift für Erwin Sailer zum 70. Geburtstag, Stuttgart u. a. 2001, S. 119-123 (Mietpreisbildende Determinanten).

DRUKARCZYK, JOCHEN/SCHÜLER, ANDREAS, Unternehmensbewertung, 6. Aufl., München 2009 (Unternehmensbewertung).

EBERHARTINGER, EVA/WIEDERMANN-ONDREJ, NADINE, Bilanzierung und Bewertung von Immobilien nach IAS/IFRS, in: BERTL, ROMUALD/EBERHARTINGER, EVA/EGGER, ANTON ET AL. (Hrsg.), Immobilien im Bilanz- und Steuerrecht, Wien 2007, S. 25-61 (Immobilien nach IFRS).

EDGE, JOHN A., The Time Is Right for Global Standards, in: Valuation Insights & Perspectives (2nd Quarter) 2000, S. 5-8 (Global Standards).

EHRENBERG, BIRGER, Serie Wertermittlungsverfahren, Teil 11: Investoren kalkulieren mit Hilfe des Residualwerts, in: Immobilien Zeitung (Heft 25) 2007, S. 7 (Residualwert).

EINGANG-ALBERER, BARBARA, TEGoVA und die EVS 2003 („Blue Book"), in: SCHILLER, JÜRGEN (Hrsg.), Immobilien: Bewertung und Investition: Wertermittlung in der EU: Slowakische Republik, Tschechische Republik, Ungarn, Wien/Graz 2005, S. 59-85 (TEGoVA).

ENGEL, RALF, Das Aus für die DCF-Methode?, in: GuG 2002, S. 321-332 (DCF-Methode).

ENGEL, RALF/ESSELMANN, DIRK, Der Einfluss von Modernisierungskosten auf Nutzungsdauer, Ertragswert und Immobilienrenditen; Herleitung einer Rendite-Risiko-Analyse (Teil 1), in: GuG 2005, S. 321-330 (Modernisierungskosten (Teil 1)).

ENGELBRECHT, BERNHARD, Grundsätze und Technik ordnungsmäßiger Immobilienbewertung, Heidelberg 1998 (Ordnungsmäßige Immobilienbewertung).

ENGEL-CIRIC, DEJAN, Als Finanzinvestition gehaltene Immobilien, in: BUSCHHÜTER, MICHAEL/STRIEGEL, ANDREAS (Hrsg.), Internationale Rechnungslegung: IFRS Praxis, Wiesbaden 2009, S. 156-167 (Als Finanzinvestition gehaltene Immobilien).

ENGEL-CIRIC, DEJAN, Die Bewertung von Immobilien nach IAS 40, in: BC 2001, S. 125-128 (Bewertung von Immobilien).

ENGEL-CIRIC, DEJAN, Einschränkung der Aussagekraft des Jahresabschlusses nach IAS durch bilanzpolitische Spielräume, in: DStR 2002, S. 780-784 (Aussagekraft des Jahresabschlusses).

EPRA, Best Practices Recommendations, Brüssel 2009 (Best Practices Recommendations).

EPRA, Comment Letter 51: Exposure Draft Proposed International Valuation Standards, 2010, abrufbar unter: http://www.ivsc.org/pubs/comment/2010_ivs/51_epra.pdf, Stand: 10.11.2010 (CL51).

ERLEI, MATHIAS/LESCHKE, MARTIN/SAUERLAND, DIRK, Neue Institutionenökonomik, 2. Aufl., Stuttgart 2007 (Neue Institutionenökonomik).

ERNST & YOUNG, Comment Letter 19: Exposure Draft Proposed International Valuation Standards, 2010, abrufbar unter: http://www.ivsc.org/pubs/comment/2010_ivs/19_ernst_young.pdf, Stand: 21.10.2010 (CL19).

ERNST & YOUNG, IFRS for real estate: Current issues and financial statements survey, 2010, abrufbar unter: http://www.ey.com/Publication/vwLUAssets/Real_Estate_Survey_2010/$FILE/real_Estate_Survey_2010_GL_IFRS.pdf, Stand: 22.03.2010 (IFRS for real estate).

ERNSTBERGER, JÜRGEN/KRAUS, CHRISTIAN, Immobilienbewertung nach den Vorschriften des IVSC und deren Anwendbarkeit nach IFRS, in: KoR 2008, S. 388-400 (Vorschriften des IVSC).

ESSER, MAIK, Goodwillbilanzierung nach SFAS 141/142: Eine ökonomische Analyse, Frankfurt am Main 2005 (Goodwillbilanzierung).

EVANS, ALEC H./SEIFERT, UWE, Staffelmietverträge und Verkehrswert, in: GuG 1994, S. 147-150 (Staffelmietverträge und Verkehrswert).

EWELT-KNAUER, CORINNA, Der Konzernabschluss als Berichtsinstrument der wirtschaftlichen Einheit, Lohmar/Köln 2010 (Konzernabschluss).

FASB (Hrsg.), Board Meeting Minutes: July deliberations, 2010, abrufbar unter: http://www.fasb.org/cs/ContentServer?c=Document_C&pagename=FASB%2FDocument_C%2FDocumentPage&cid=1176157132216, Stand: 26.10.2010 (Meeting Minutes).

FASB (Hrsg.), Investment Properties: Summary of Decisions Reached to Date As of March 30, 2011, 2011, abrufbar unter: http://www.fasb.org/cs/ContentServer?site=FASB&c=Document_C&pagename=FASB%2FDocument_C%2FDocumentPage&cid=1176157332085, Stand: 05.04.2011 (Summary of Decisions Reached).

FASB (Hrsg.), Statement of Financial Accounting Concepts No. 2: Qualitative Characteristics of Accounting Information, Norwalk 2008 (SFAC 2).

FERNANDEZ, ELVIN, Property Valuations For Company Balance Sheets, Following The Adoption Of IFRS, Athen, 2005, abrufbar unter: http://www.ivsc.org/pubs/papers/05fiabci.pdf, Stand: 03.06.2009 (Property Valuation).

FIERZ, KASPAR, Wert und Zins bei Immobilien: Darstellung der ökonomischen Grundlagen für die Bewertung von Anlagen, Bauten und Grundstücken samt Diskussion an einigen Fällen aus der Praxis, Zürich 1984 (Wert und Zins bei Immobilien).

FISCHER, DANIEL T., Der Standardentwurf „Fair Value Measurement" (ED/2009/5), in: PiR 2009, S. 341-342 (Fair Value Measurement).

FISCHER, DANIEL T., Offenlegungspflichten im Rahmen des Standardentwurfs „Fair Value Measurement" (ED/2009/5) – Vergleich zu US-GAAP, in: PiR 2010, S. 82-84 (Offenlegungspflichten).

FISCHER, KAI, Der Liegenschaftszins in der Anwendung (Teil 1), in: GuG 2006, S. 164-172 (Liegenschaftszins (Teil 1)).

FISCHER, KAI, Der Liegenschaftszins in der Anwendung (Teil 2), in: GuG 2006, S. 215-222 (Liegenschaftszins (Teil 2)).

FISCHER, ROLAND, Ist eine Neufassung der Wertermittlungsverordnung erforderlich?, in: GuG 2009, S. 106-110 (Neufassung der WertV).

FISCHER, ROLAND/LORENZ, HANS-JÜRGEN/BIEDERBECK, MATTHIAS/ASTL, BERND, Verkehrswertermittlung von bebauten und unbebauten Grundstücken, Köln 2005 (Verkehrswertermittlung).

FOLIAN, DANIEL, Die Relevanz der Fair Value-Bilanzierung nach IAS 40, in: RWZ 2008, S. 179-183 (Fair Value-Bilanzierung).

FRANCKE, HANS-HERMANN, Aktuelle, durchschnittliche und natürliche Leerstandsrate – ein Analysemodell für deutsche Immobilienmärkte, in: BOBKA, GABRIELE (Hrsg.), Spezialimmobilien von A-Z: Bewertung, Modelle, Benchmarks und Beispiele, Kronach 2007, S. 3-9 (Leerstandsrate).

FRANCKE, HANS-HERMANN, Die Immobilienbewertung – Anmerkungen zu einigen grundsätzlichen Problemen, in: KIPPES, STEPHAN (Hrsg.), Immobilienwirtschaft: Festschrift für Erwin Sailer zum 70. Geburtstag, Stuttgart u. a. 2001, S. 45-54 (Immobilienbewertung).

FRANCKE, HANS-HERMANN, Immobilienbewertung im Lichte rationaler Kapitalanlageentscheidungen, in: FRANCKE, HANS-HERMANN/REHKUGLER, HEINZ (Hrsg.), Immobilienmärkte und Immobilienbewertung, München 2005, S. 287-301 (Kapitalanlageentscheidungen).

FRANCKE, HANS-HERMANN, Konjunkturelle Perspektiven der Immobilienwirtschaft, in: NZM 2001, S. 449-453 (Konjunkturelle Perspektiven).

FRANK, TOBIAS, Die Bilanzierung von Anlageimmobilien im internationalen Vergleich (IAS/IFRS und HGB), Bremen/Hamburg 2007 (Bilanzierung von Anlageimmobilien).

FREIBERG, JENS, § 16: Als Finanzinvestitionen gehaltene Immobilien (Investment Properties), in: LÜDENBACH, NORBERT/HOFFMANN, WOLF-DIETER (Hrsg.), Haufe IFRS-Kommentar, 8. Aufl., Freiburg 2010 (§ 16).

FREIDANK, CARL-CHRISTIAN, Kostenrechnung: Grundlagen des innerbetrieblichen Rechnungswesens und Konzepte des Kostenmanagements, 8. Aufl., München 2008 (Kostenrechnung).

FREITAG, MICHAEL, Immobilienbewertung: Marktwertermittlung und Grenzpreisbestimmung bei Immobilien unter besonderer Berücksichtigung des deutschen Steuersystems, Frankfurt am Main 2000 (Immobilienbewertung).

FRENCH, NICK, A Question of Value: A Discussion of Definitions and the Property Pricing Process, in: SIRMANS, C. F./WORZALA, ELAINE (Hrsg.), Essays in Honor of William N. Kinnard, Jr., Boston 2004, S. 45-54 (Question of Value).

FRENCH, NICK, Market information management for better valuations: Part I – concepts and definitions of price and worth, in: Journal of Property Valuation & Investment 1997, S. 403-410 (Concepts and definitions).

FRENCH, NICK, The RICS valuation and appraisal standards, in: Journal of Property Investment & Finance 2003, S. 495-501 (RICS valuation).

FRENCH, NICK/GABRIELLI, LAURA, Discounted cash flow: accounting for uncertainty, in: Journal of Property Investment & Finance 2005, S. 76-89 (Accounting for uncertainty).

FRENCH, NICK/GABRIELLI, LAURA, The uncertainty of valuation, in: Journal of Property Investment & Finance 2004, S. 484-500 (Uncertainty of valuation).

FRIEDRICHS, JAN-CHRISTOPH, Zinssätze in Wertermittlungen: Neue Entwicklungen und deren praktische Umsetzung, Sankt Augustin 2001 (Zinssätze in Wertermittlungen).

FRIEß, RÜDIGER/KORMAIER, BENEDIKT, Fair-Value-Ermittlung von Investment Properties mit Hilfe des Ertragswertverfahrens nach WertV?, in: DStR 2004, S. 2024-2028 (Fair-Value-Ermittlung).

FROLAND, CHARLES/GORLOW, ROBERT M./SAMPSON, RICHARD, The market risk of real estate: How to blend systematic and specific risks, with profitable results, in: The Journal of Portfolio Management 1986, S. 12-19 (The market risk of real estate).

GASSEN, JOACHIM/SCHWEDLER, KRISTINA, Attitudes towards Fair Value and Other Measurement Concepts: An Evaluation of their Decision-usefulness, 2008, abrufbar unter: http://www.standardsetter.de/drsc/docs/press_releases/080411_fairvalue-studie.pdf, Stand: 18.01.2010 (Fair Value).

GASSEN, JOACHIM/SCHWEDLER, KRISTINA, The Decision Usefulness of Financial Accounting Measurement Concepts: Evidence from an Online Survey of Professional Investors and their Advisors, in: European Accounting Review 2010, S. 495-509 (Decision Usefulness).

GASSEN, JOACHIM/FISCHKIN, MICHAEL/HILL, VERENA, Das Rahmenkonzept-Projekt des IASB und des FASB: Eine normendeskriptive Analyse des aktuellen Stands, in: WPg 2008, S. 874-882 (Rahmenkonzept-Projekt).

GATZLAFF, DEAN H./TIRTIROGLU, DOGAN, Real Estate Market Efficiency: Issues and Evidence, in: Journal of Real Estate Literature 1995, S. 157-189 (Real Estate Market Efficiency).

GEISEN, BERNHARD/MOLL, JOSEF, Immobilien im Jahresabschluss, Teil 2: Ermittlung von Wertminderung gewinnt an Bedeutung, in: Immobilien Zeitung (Heft 8) 2007, S. 5 (Wertminderung).

GEPPERT, HUBERT/WERLING, ULLRICH, Die ImmoWertV im Fokus: Quo vadis DCF-Verfahren?, in: Der Immobilienbewerter (Heft 4) 2009, S. 17-23 (ImmoWertV im Fokus).

GEYER, HELMUT, Immobilien und ihre Finanzierung: Vom Bausparvertrag bis zu Real Estate Investment Trusts, 2. Aufl., Büren 2008 (Immobilien).

GIF, Erhöhung der Transparenz von Wohnimmobilienmarkteinschätzungen, Wiesbaden 2007 (Erhöhung der Transparenz).

GIF, Hinweise für die Qualitätssicherung bei der Ermittlung von Marktwerten, Wiesbaden 2006 (Qualitätssicherung).

GIF, Rendite-Definitionen: Real Estate Investment Management, Wiesbaden 2007 (Rendite-Definitionen).

GIF, Richtlinie zur Berechnung der Mietfläche für gewerblichen Raum (MF-G), Wiesbaden 2004 (MF-G).

GIF, Standardisierung des DCF-Verfahrens, Wiesbaden 2006 (Standardisierung des DCF-Verfahrens).

GONDRING, HANSPETER, Immobilienwirtschaft: Handbuch für Studium und Praxis, 2. Aufl., München 2009 (Immobilienwirtschaft).

GORDON, JACQUES, Europa auf dem Weg zum „effektiven" Markt: Internationale Kapitalgeber fordern Einblick in die Risiken, bevor sie investieren, in: Immobilien Zeitung (Heft 17) 1999, S. 4 (Europa).

GOTTSCHALK, GÖTZ-JOACHIM, Immobilienwertermittlung, 2. Aufl., München 2003 (Immobilienwertermittlung).

GRAASKAMP, JAMES A., A Rational Approach to Feasibility Analysis, in: The Appraisal Journal 1972, S. 513-521 (Feasibility Analysis).

GRAßL, ALFRED/BECK, MARTIN, Bewertung von Immobilienunternehmen, in: BDO Deutsche Warentreuhand AG (Hrsg.), Praxishandbuch Real Estate Management: Kompendium der Immobilienwirtschaft, Stuttgart 2005, S. 319-338 (Bewertung von Immobilienunternehmen).

GRÄULER, MICHAEL, Zur Problematik der Fair Value Beurteilung von Immobilien nach den IFRS, Hamburg 2008 (Fair Value Beurteilung von Immobilien).

GRAUMANN, MATHIAS, Bilanzierung der Renditeimmobilien nach IAS 40, in: UM 2004, S. 130-137 (Renditeimmobilien).

GREEN, DONALD P./SHAPIRO, IAN, Rational Choice: Eine Kritik am Beispiel von Anwendungen in der Politischen Wissenschaft, München 1999 (Rational Choice).

GROB, HEINZ LOTHAR, Einführung in die Investitionsrechnung: Eine Fallstudiengeschichte, 5. Aufl., München 2006 (Investitionsrechnung).

GROB, HEINZ LOTHAR/BENSBERG, FRANK, Kosten- und Leistungsrechnung: Theorie und SAP-Praxis, München 2005 (Kosten- und Leistungsrechnung).

GROß, RUDOLF, Gutachterausschuss (für Grundstückswerte), in: SANDNER, SIEGFRIED/WEBER, ULRICH (Hrsg.), Lexikon der Immobilienwertermittlung, 2. Aufl., Köln 2007, S. 345-346 (Gutachterausschuss).

GROßER-MÜNNIG, UTE, Kompetente und effiziente Gutachterausschüsse für Grundstückswerte in Hessen – Novellierung der Hessischen Verordnung zur Durchführung des Baugesetzbuches, in: WFA 2007, S. 104-106 (Grundstückswerte in Hessen).

GUTACHTERAUSSCHUSS FÜR GRUNDSTÜCKSWERTE FÜR DIE LANDESHAUPTSTADT SAARBRÜCKEN, Grundstücksmarktbericht 2007, Saarbrücken 2007 (Grundstücksmarktbericht 2007).

HAACK, BJÖRN, Sensitivitätsanalyse zur Verkehrswertermittlung von Grundstücken, Bonn 2006 (Sensitivitätsanalyse).

HABATH, ANDREAS, Zum Ableitungsmodell der Liegenschaftszinssätze des Berliner Gutachterausschusses für Renditeimmobilien 2007 (Baujahre bis 1919), in: immobilien & bewerten 2008, S. 119-124 (Ableitungsmodell).

HACHMEISTER, DIRK, Investment Properties (IAS 40), in: BRÖSEL, GERRIT/ZWIRNER, CHRISTIAN (Hrsg.), IFRS-Rechnungslegung: Grundlagen, Aufgaben, Fallstudien, 2. Aufl., München 2009, S. 421-439 (Investment Properties (IAS 40)).

HAGEMEISTER, MEIKE/KEMPF, ALEXANDER, CAPM und erwartete Renditen: Eine Untersuchung auf Basis der Erwartung von Marktteilnehmern, in: DBW 2010, S. 145-164 (CAPM und erwartete Renditen).

HAMMERSON PLC, Annual Report 2009, London 2010 (Annual Report 2009).

HARROP, MARTYN J., Bodenwert – Kern der Wertermittlung von bebauten Grundstücken oder überflüssiger Rechenvorgang? Unterschiedliche Entwicklung von Wertermittlung in Deutschland und Großbritannien, in: Immobilien Zeitung (Heft 23) 1995, S. 7 (Bodenwert).

HARROP, MARTYN J./MORGAN, JOHN F. W., Die dynamischen Bewertungsmethoden haben sich bisher kaum durchsetzen können, in: Immobilien Zeitung (Heft 7) 2000, S. 13 (Dynamische Bewertungsmethoden).

HARTERMANN, WOLFGANG, Flächen – Bedeutung und Wert, in: GuG 2009, S. 209-215 (Flächen).

HARTLE, JOACHIM, Möglichkeiten der Entobjektivierung der Bilanz: Eine ökonomische Analyse, Frankfurt am Main 1984 (Entobjektivierung).

HARTMANN-WENDELS, THOMAS/SCHMIDT, PEER, Zur Reform des IAS 17: Ist der Right-of-Use-Approach dem Risk-Reward-Approach überlegen?, in: WPg 2010, S. 278-285 (Zur Reform des IAS 17).

HASENBURG, CHRISTOF, Zur Veräußerung gehaltene, langfristige Vermögenswerte und aufgegebene Geschäftsbereiche (IFRS 5), in: WEBER, ERNST/BAUMUNK, HENRIK/PELZ, JÜRGEN (Hrsg.), IFRS Immobilien: Praxiskommentar der wesentlichen immobilienrelevanten International Financial Reporting Standards, 2. Aufl., Köln 2009, S. 105-134 (IFRS 5).

HAURY, ULRICH, § 12, in: HELIOS, MARCUS/WEWEL, UWE/WIESBROCK, MICHAEL R. (Hrsg.), REIT-Gesetz: Gesetz über deutsche Immobilien-Aktiengesellschaften mit börsennotierten Anteilen: Kommentar, München 2008 (REIT-Gesetz).

HEGEMANN, JÜRGEN, Das neue Erbschaftsteuer- und Bewertungsrecht: Richtig beraten nach der Erbschaftsteuerreform, Wiesbaden 2009 (Erbschaftsteuer- und Bewertungsrecht).

HEINTGES, SEBASTIAN/BOGGEL, ANJA/WULBRAND, HANNO, Immobilienvermögen nach dem Fair Value-Modell des IAS 40 – Aspekte aus der Praxis, in: DB 2008, S. 2037-2042 (Immobilienvermögen).

HELM, FRANK M., Investment Properties – Implikationen für die Rechnungslegung –, Bamberg 2001 (Investment Properties).

HEPERS, LARS, Entscheidungsnützlichkeit der Bilanzierung von Intangible Assets in den IFRS: Analyse der Regelungen des IAS 38 unter besonderer Berücksichtigung der ergänzenden Regelungen des IAS 36 sowie des IFRS 3, Lohmar/Köln 2005 (Entscheidungsnützlichkeit).

HERSBERGER, DAVID, Wertermittlung mit dem DCF-Verfahren bei Wohn- und Büroimmobilien in der Schweiz und Deutschland, Wiesbaden 2008 (Wertermittlung).

HETTRICH, SASCHA/RITSCH, SIMON, Die DCF-Methode – was kann noch verbessert werden?, in: Immobilien & Finanzierung 2006, S. 326-328 (DCF-Methode).

HEYSER, HARTWIG, Bestimmungsgründe des Büromietzinses: Hedonische Mietpreise am Beispiel des Münchener Gewerbemarktes, Berlin 2006 (Büromietzins).

HINRICHS, KARSTEN/SCHULTZ, ECKHARD, Das Discounted Cash-Flow-Verfahren in der Praxis, in: GuG 2003, S. 265-272 (DCF in der Praxis).

HINTZ, ANDRÉ, Neue NHK 2005 – Hinweise zur Anwendung bei der Bewertung von Lagergebäuden, in: immobilien & bewerten 2008, S. 25-30 (Neue NHK 2005).

HIRSCHLER, KLAUS/SCHIEBEL, ALEXANDER, Automatischer Ausgleich von Bewertungsgewinnen bzw. -verlusten nach IAS/IFRS bei sinkenden Marktzinsen und fixverzinstem Fremdkapital in der Immobilienbranche, in: RWZ 2004, S. 141-147 (Ausgleich von Bewertungsgewinnen).

HITZ, JÖRG-MARKUS, Das Diskussionspapier „Fair Value Measurements" des IASB – Inhalt und Bedeutung, in: WPg 2007, S. 361-367 (DP Fair Value Measurements).

HOFBAUER, MAX A., Der Buchungszeitpunkt bei Eigentumsänderungen an Grundstücken, in: WPg 1967, S. 142-145 (Buchungszeitpunkt).

HOFER, GÜNTER, Kennwertgestützte Sachwertermittlung auf Basis der BKI Datenbank für die NHK 2005 – Die praxisnahe Zuordnung der Kosten nach Leistungsbereichen des StLB (Gewerken) ermöglicht genauere Schätzungen, in: GuG 2009, S. 203-208 (Sachwertermittlung).

HOFFMANN, WOLF-DIETER, § 9: Finanzierung der Anschaffung oder Herstellung, in: LÜDENBACH, NORBERT/HOFFMANN, WOLF-DIETER (Hrsg.), Haufe IFRS-Kommentar, 8. Aufl., Freiburg 2010 (§ 9).

HOFFMANN, WOLF-DIETER, § 11: Ausserplanmässige Abschreibungen, Wertaufholung, in: LÜDENBACH, NORBERT/HOFFMANN, WOLF-DIETER (Hrsg.), Haufe IFRS-Kommentar, 8. Aufl., Freiburg 2010 (§ 11).

HÖK, GÖTZ-SEBASTIAN, Immobilienwertermittlung auf europäischer Rechtsgrundlage – ein neues Wertermittlungsrecht im Werden?, in: GuG 2001, S. 65-74 (Immobilienwertermittlung auf europäischer Rechtsgrundlage).

HOLZNER, PETER/RENNER, ULRICH, Der „Ross-Brachmann“: Ermittlung des Verkehrswertes (Marktwertes) von Grundstücken und des Wertes baulicher Anlagen, 29. Aufl., Isernhagen 2005 (Ermittlung des Verkehrswertes).

HORN, HANS-JÖRG, Der europäische Sachverständigenverband TEGoVA, in: Immobilien & Finanzierung 2003, S. 456-458 (TEGoVA).

HUSCHKE, CHRISTIAN, Bewertung von Immobilienportfolios und Immobilienunternehmen, in: KÜHNBERGER, MANFRED/WILKE, HELMUTH (Hrsg.), Immobilienbewertung: Methoden und Probleme in Rechnungswesen, Besteuerung und Finanzwirtschaft, Stuttgart 2010, S. 333-363 (Immobilienportfolios und Immobilienunternehmen).

HUSCHKE, CHRISTIAN, Immobilienbewertung im Kontext der IFRS: Eine deduktive und empirische Untersuchung der Vorziehenswürdigkeit alternativer Heuristiken hinsichtlich Relevanz und Zuverlässigkeit bei der Fair Value-Ermittlung von Investment Properties, Wiesbaden 2007 (Immobilienbewertung).

HUTTO, GARY W., What's wrong with real estate accounting?, in: The Real Estate Finance Journal 1998, S. 36-41 (Real estate accounting).

IASB (Hrsg.), Conceptual Framework for Financial Reporting 2010, London 2010 (CF).

IASB (Hrsg.), Discussion Paper: Fair Value Measurement, London 2006 (DP FVM).

IASB (Hrsg.), Discussion Paper: Leases – Preliminary Views – DP/2009/1, London 2009 (DP Leases).

IASB (Hrsg.), Exposure Draft: Fair Value Measurement – ED/2009/5, London 2009 (ED FVM).

IASB (Hrsg.), Exposure Draft: Leases – ED/2010/9, London 2010 (ED Leases).

IASB (Hrsg.), Exposure Draft: Measurement Uncertainty Analysis: Disclosure for Fair Value Measurements: Limited re-exposure of proposed disclosure – ED/2010/7, London 2010 (ED Unc).

IASB (Hrsg.), International Financial Reporting Standards 2010, London 2010 (IFRS).

IDW (Hrsg.), Ergänzende Hinweise des FAUB zur Bestimmung des Basiszinssatzes im Rahmen objektivierter Unternehmensbewertungen, in: IDW FN 2008, S. 490-491 (Ergänzende Hinweise des FAUB).

IDW (Hrsg.), IDW Standard: Grundsätze zur Durchführung von Unternehmensbewertungen (IDW S 1 i. d. F. 2008), in: IDW FN 2008, S. 271-292 (IDW S 1 i. d. F. 2008).

IDW (Hrsg.), WP Handbuch 2008: Wirtschaftsprüfung, Rechnungslegung, Beratung, Bd. II, 13. Aufl., Düsseldorf 2007 (WP Handbuch 2008).

INGOLD, MARTIN, Anwendungsbereiche und Abgrenzungsfragen bei der Bilanzierung von Immobilien nach IFRS, in: PiR 2006, S. 111-116 (Anwendungsbereiche und Abgrenzungsfragen).

IPD, Kürzere Mietvertragslaufzeiten für Büros in UK und Deutschland, 2009, abrufbar unter: http://www.ipd.com/Portals/10/downloads/produkter/PM%20IPD_Mietvertragsanalyse%2030%2011%2009.pdf, Stand: 05.05.2010 (Kürzere Mietvertragslaufzeiten).

ISAAC, DAVID, Property Valuation Principles, Hampshire 2002 (Property Valuation Principles).

IVD, IVD-Marktmietspiegel für Geschossbauwohnungen in Berlin 2009, in: GuG 2010, S. 53 (IVD-Marktmietspiegel).

IVD BERLIN-BRANDENBURG, Bewirtschaftungskosten Berlin (2009/2010) des IVD Berlin-Brandenburg, in: GuG 2010, S. 51-52 (Bewirtschaftungskosten Berlin (2009/2010)).

IVSC, Annual Report 2008/2009, 2009, abrufbar unter: http://www.ivsc.org/pubs/misc/annual_report_0809.pdf, Stand: 16.01.2011 (Annual Report 2008/2009).

IVSC, Exposure Draft: Proposed New International Valuation Standards, 2010, abrufbar unter: http://www.ivsc.org/pubs/exp_drafts/ivs_20100610.pdf, Stand: 20.09.2010 (ED IVS 2011).

IVSC, Exposure Draft: Technical Information Paper 1: The Discounted Cash Flow (DCF) Method – Real Property and Business Valuations, 2011, abrufbar unter: http://www.ivsc.org/pubs/exp_drafts/1101_dcf_method.pdf, Stand: 05.04.2011 (ED Technical Information Paper 1).

IVSC, Exposure Draft: Technical Information Paper 2: Depreciated Replacement Cost, 2011, abrufbar unter: http://www.ivsc.org/pubs/exp_drafts/1102_drc.pdf, Stand: 05.04.2011 (ED Technical Information Paper 2).

IVSC, International Valuation Standards, 8. Aufl., London 2007 (IVS 2007).

IVSC, Staff Draft: Proposed Revised International Valuation Standards, 2011, abrufbar unter: http://www.ivsc.org/standards/20110214_staff_draft.pdf, Stand: 05.04.2011 (Staff Draft IVS 2011).

IVSC, Standards Improvement Project: Summary report of Round Table discussions, 2010, abrufbar unter: http://www.ivsc.org/meetings/2010/1203_round_table.pdf, Stand: 05.01.2011 (Round Table discussions).

IVSC/APPRAISAL FOUNDATION, Memorandum of Understanding Between The International Valuation Standards Committee and The Appraisal Foundation, 2006, abrufbar unter: http://www.iasplus.com/resource/0606ivscagreement.pdf, Stand: 16.01.2011 (Memorandum of Understanding).

JACKE, ULRICH/SCHWAGENSCHEIDT, JÖRG, Politische Forderungen der RICS, in: IWR (Heft 11) 2009, S. 16 (Politische Forderungen).

JANSSEN, OLIVER, Simulationen zu Investitionsentscheidungen leicht gemacht: Das Discounted-Cash-Flow-Verfahren, in: GuG 2001, S. 193-198 (Simulationen).

JENSEN, MICHAEL C./MECKLING, WILLIAM H., Theory of the firm: Managerial behaviour, agency costs and ownership structure, in: Journal of Financial Economics 1976, S. 305-360 (Theory of the firm).

JENYON, BRUCE/JANZEN, SASCHA, Die Bewertung eines Bürogebäudes auf der Basis des Offenen Marktwertes, in: GuG 1998, S. 294-295 (Die Bewertung eines Bürogebäudes).

JONES LANG LASALLE, Global Real Estate Transparency Index 2010, 2010, abrufbar unter: http://www.joneslanglasalle.com/Documents/GlobalTransparencyIndex/Global_Transparency2010_FINAL.pdf, Stand: 28.10.2010 (Global Real Estate Transparency Index 2010).

JUNG, HENDRIK, § 6. Als Finanzinvestition gehaltene Immobilien, in: BOHL, WERNER/RIESE, JOACHIM/SCHLÜTER, JÖRG (Hrsg.), Beck'sches IFRS-Handbuch: Kommentierung der IFRS/IAS, 3. Aufl., München 2009 (§ 6).

JUNGIUS, TOM/RÜTHERS, TORBEN, Entwicklungen in der IFRS-Rechnungslegung und des Enforcement: Bericht über das IFRS-Forum zur handelsrechtlichen und internationalen Rechnungslegung des Instituts für Unternehmensführung an der Ruhr-Universität Bochum, in: KoR 2010, S. 99-103 (Entwicklungen in der IFRS-Rechnungslegung).

JUST, TOBIAS, Langfristige Trends für deutsche Büromärkte: Wie schwer wiegen die demografischen Entwicklungen?, in: ZIÖ (Sonderausgabe 2008) 2008, S. 39-43 (Langfristige Trends).

KAJÜTER, PETER/BARTH, DANIELA, Segmentberichterstattung nach IFRS 8 – Übernahme des Management Approach, in: BB 2007, S. 428-434 (Segmentberichterstattung).

KAMPMANN, HELGA/SCHWEDLER, KRISTINA, Zum Entwurf eines gemeinsamen Rahmenkonzepts von FASB und IASB – Rechnungslegungsziele und qualitative Anforderungen –, in: KoR 2006, S. 521-530 (Rahmenkonzept).

KATZUNG, NICOLAS, Novellierung des Bewertungsrechts: Das „alte“ Ertragswertverfahren wird zum Exoten erklärt, in: Immobilien Zeitung (Heft 17) 2008, S. 3 (Novellierung des Bewertungsrechts).

KAUL, THOMAS/SCHEFER, BRUNO, Einfluss der Rechnungslegung nach IFRS auf die Führung einer internationalen Immobiliengesellschaft am Beispiel der Züblin Immobilien Gruppe, in: WEBER, ERNST/BAUMUNK, HENRIK/PELZ, JÜRGEN (Hrsg.), IFRS Immobilien: Praxiskommentar der wesentlichen immobilienrelevanten International Financial Reporting Standards, 2. Aufl., Köln 2009, S. 347-356 (Einfluss der Rechnungslegung).

KELLER, NICO/WEBER, ERNST, Immobilien des Sachanlagevermögens (IAS 16), in: WEBER, ERNST/BAUMUNK, HENRIK/PELZ, JÜRGEN (Hrsg.), IFRS Immobilien: Praxiskommentar der wesentlichen immobilienrelevanten International Financial Reporting Standards, 2. Aufl., Köln 2009, S. 51-73 (IAS 16).

KEUNECKE, KLAUS PETER, Immobilienbewertung: Entscheidungsorientierte Ansätze bei der Grundstücks- und Gebäudebewertung, Berlin/Heidelberg/New York 1994 (Immobilienbewertung).

KIERIG, JOCHEM, Modifizierte Punktrastermethode und neues Restwertmodell, in: immobilien & bewerten 2009, S. 55-60 (Modifizierte Punktrastermethode).

KILEY, JEFFREY J./MACCRATE, JAMES R., What Does Mark to Market Mean Today? Differing Perspectives of Real Estate Owners, Wall Street, Accountants, and Appraisers, in: The Appraisal Journal 1999, S. 94-97 (What Does Mark to Market Mean Today?).

KIRSCH, HANNO, ED of an improved Conceptual Framework for Financial Reporting: The Objective of Financial Reporting and Qualitative Characteristics and Constraints of Decision-useful Financial Reporting Information, in: VATER, HENDRIK/ERNST, EDGAR/HAYN, SVEN/KNORR, LIESEL/MIßLER, PETER (Hrsg.), IFRS Änderungskommentar 2009, 2. Aufl., Weinheim 2009, S. 393-420 (Conceptual Framework).

KIRSCH, HANS-JÜRGEN, Die Objektivierung künftiger Zahlungsströme bei einer Bewertung nach IFRS, in: KIRSCH, HANS-JÜRGEN/THIELE, STEFAN (Hrsg.), Rechnungslegung und Wirtschaftsprüfung: Festschrift zum 70. Geburtstag von Jörg Baetge, Düsseldorf 2007, S. 361-380 (Objektivierung künftiger Zahlungsströme).

KIRSCH, HANS-JÜRGEN, Erwartungslücke und Bestätigungsvermerk, in: FISCHER, THOMAS R./HÖMBERG, REINHOLD (Hrsg.), Jahresabschluß und Jahresabschlußprüfung: Probleme, Perspektiven, internationale Einflüsse: Festschrift zum 60. Geburtstag von Jörg Baetge, Düsseldorf 1997, S. 955-980 (Erwartungslücke).

KIRSCH, HANS-JÜRGEN, Fair Value – quo vadis?, in: WPg (Heft 19) 2009, S. I (Fair Value).

KIRSCH, HANS-JÜRGEN/DOHRN, MATTHIAS, Aktuelle Entwicklungen der internationalen Rechnungslegung – Implikationen für das Corporate Finance –, in: WIEDMANN, KLAUS-

PETER/HECKMÜLLER, CARSTEN (Hrsg.), Ganzheitliches Corporate Finance Management: Konzept – Anwendungsfelder – Praxisbeispiele, Wiesbaden 2003, S. 157-176 (Aktuelle Entwicklungen).

KIRSCH, HANS-JÜRGEN/EWELT, CORINNA, Die Konvergenz von internem und externem Rechnungswesen: Vereinfachung und Qualitätssteigerung durch Vereinheitlichung, in: VOM BROCKE, JAN/BECKER, JÖRG (Hrsg.), Einfachheit in Wirtschaftsinformatik und Controlling: Festschrift für Heinz Lothar Grob, München 2008, S. 307-320 (Konvergenz).

KIRSCH, HANS-JÜRGEN/KOELEN, PETER, IFRS-Rechnungslegung und Unternehmensbewertung – Möglichkeiten und Grenzen für Ersteller und Analysten, in: HEYD, REINHARD/VON KEITZ, ISABEL (Hrsg.), IFRS-Management: Interessenschutz auf dem Prüfstand – Treffsichere Unternehmensbeurteilung – Konsequenzen für das Management, München 2007, S. 279-301 (IFRS-Rechnungslegung).

KIRSCH, HANS-JÜRGEN/STEINHAUER, LEIF, Zum Einfluss der internationalen Rechnungslegung auf das Controlling, in: Zeitschrift für Planung & Unternehmenssteuerung 2003, S. 415-435 (Einfluss der internationalen Rechnungslegung).

KIRSCH, HANS-JÜRGEN/KOELEN, PETER/KÖHLING, KATHRIN, Möglichkeiten und Grenzen des management approach: Eine Analyse unter besonderer Berücksichtigung des Nutzungswerts des IAS 36, in: KoR 2010, S. 200-207 (Management approach).

KIRSCH, HANS-JÜRGEN/KOELEN, PETER/TINZ, OLIVER, Die Berichterstattung der DAX-30-Unternehmen in Bezug auf die Neuregelung des impairment only approach des IASB (Teil 1), in: KoR 2008, S. 88-97 (Impairment only approach).

KIRSCH, HANS-JÜRGEN/KOELEN, PETER/TINZ, OLIVER, Die Berichterstattung der DAX-30-Unternehmen in Bezug auf die Neuregelung des impairment only approach des IASB (Teil 2), in: KoR 2008, S. 188-193 (Impairment only approach (Teil 2)).

KISHORE, ROHIT, Discounted cash flow analysis in property investment valuations, in: Journal of Property Valuation & Investment 1996, S. 63-70 (Discounted cash flow analysis).

KLEIBER, WOLFGANG, Die „europäischen Bewertungsstandards“ des Blauen Buchs, in: GuG 2000, S. 321-329 (Blaues Buch).

KLEIBER, WOLFGANG, Ertragswertverfahren als Phasenmodell, in: GuG 2007, S. 223-226 (Phasenmodell).

KLEIBER, WOLFGANG, Marktwertermittlung eines Einfamilienhauses nach der ImmoWertV, in: GuG 2010, S. 93-99 (Marktwertermittlung).

KLEIBER, WOLFGANG, Nachhaltige Einnahmen und Ausgaben, in: GuG 2006, S. 25-32 (Einnahmen und Ausgaben).

KLEIBER, WOLFGANG, Residualpreis versus Residualwert, in: GuG 1996, S. 16-23 (Residualpreis).

KLEIBER, WOLFGANG, Serie Wertermittlungsverfahren, Teil 4: Ertragswertermittlung verlangt „prophetische Gaben", in: Immobilien Zeitung (Heft 18) 2007, S. 8 (Prophetische Gaben).

KLEIBER, WOLFGANG, Serie Wertermittlungsverfahren, Teil 5: Ertragswertermittlung nach einer Zauberformel?, in: Immobilien Zeitung (Heft 19) 2007, S. 6 (Ertragswertermittlung).

KLEIBER, WOLFGANG, Verkehrswertermittlung von Grundstücken: Kommentar und Handbuch zur Ermittlung von Marktwerten (Verkehrswerten), Versicherungs- und Beleihungswerten unter Berücksichtigung der ImmoWertV, 6. Aufl., Köln 2010 (Verkehrswertermittlung).

KLEIBER, WOLFGANG, Was sind eigentlich die sog. internationalen Bewertungsverfahren?, in: GuG 2004, S. 193-207 (Internationale Bewertungsverfahren).

KLEIBER, WOLFGANG, Wertermittlungsverfahren, in: KÜHNBERGER, MANFRED/WILKE, HELMUTH (Hrsg.), Immobilienbewertung: Methoden und Probleme in Rechnungswesen, Besteuerung und Finanzwirtschaft, Stuttgart 2010, S. 11-128 (Wertermittlungsverfahren).

KLEIBER, WOLFGANG/SIMON, JÜRGEN, Verkehrswertermittlung von Grundstücken: Kommentar und Handbuch zur Ermittlung von Verkehrs-, Versicherungs- und Beleihungswerten unter Berücksichtigung von WertV und BelWertV, 5. Aufl., Köln 2007 (Verkehrswertermittlung von Grundstücken).

KLEIBER, WOLFGANG/SIMON, JÜRGEN, WertV '98: Marktwertermittlung unter Berücksichtigung der Wertermittlungsrichtlinien WertR 02: Praxisnahe Erläuterungen zur Verkehrswertermittlung von Grundstücken, 6. Aufl., Köln 2004 (WertV '98).

KLINGER, FRANZ/MÜLLER, MICHAEL, IFRS & Immobilien, 2. Aufl., Berlin 2009 (IFRS & Immobilien).

KNAPMEYER, TORSTEN, Immobilienmärkte: Transparenz als Wettbewerbsfaktor, in: Immobilien & Finanzierung 2010, S. 166-168 (Immobilienmärkte).

KNOFLACH, BARBARA A., G-REITs im Vergleich mit offenen und geschlossenen Immobilienfonds, in: SCHÄFERS, WOLFGANG/BONE-WINKEL, STEPHAN/SCHULTE, KARL-WERNER (Hrsg.), Handbuch Real Estate Investment Trusts, Köln 2008, S. 341-353 (G-REITs).

KOELEN, PETER, Investitionstheoretische Bewertungskalküle in der IFRS-Rechnungslegung: Möglichkeiten und Grenzen einer unternehmenswertorientierten Berichterstattung, Lohmar/Köln 2009 (Bewertungskalküle).

KÖNIGSTEIN, MARKUS, Internationale Methoden der Immobilienbewertung, in: BDO Deutsche Warentreuhand AG (Hrsg.), Praxishandbuch Real Estate Management: Kompendium der Immobilienwirtschaft, Stuttgart 2005, S. 281-292 (Internationale Methoden).

KORDUAN, RALPH, Berücksichtigung von Modernisierungskosten bei der Wertermittlung, in: BOBKA, GABRIELE (Hrsg.), Spezialimmobilien von A-Z: Bewertung, Modelle, Benchmarks und Beispiele, Kronach 2007, S. 11-27 (Modernisierungskosten).

KORMAIER, BENEDIKT, Eignung des Income Capitalisation Model zur Fair Value-Ermittlung von Investment Properties nach IAS 40, in: KoR 2006, S. 378-385 (Income Capitalisation Model).

KOWAR, JOHANN, Ohne Korrektur keine Zukunft, in: Immobilien & Finanzierung 2009, S. 839 (Korrektur).

KPMG, Comment Letter 47: Exposure Draft Proposed International Valuation Standards, 2010, abrufbar unter: http://www.ivsc.org/pubs/comment/2010_ivs/47_kpmg.pdf, Stand: 21.10.2010 (CL47).

KRANEWITTER, HEIMO, Liegenschaftsbewertung, 5. Aufl., Wien 2007 (Liegenschaftsbewertung).

KRÖLL, RALF, Nachbesserungsbedarf bei NHK 2005 und Restwertmodell, in: GuG 2010, S. 65-70 (Nachbesserungsbedarf bei NHK 2005).

KÜHNBERGER, MANFRED, Bilanzierung und Bewertung von Immobilien nach IFRS, in: KÜHNBERGER, MANFRED/WILKE, HELMUTH (Hrsg.), Immobilienbewertung: Methoden und Probleme in Rechnungswesen, Besteuerung und Finanzwirtschaft, Stuttgart 2010, S. 129-190 (Bilanzierung und Bewertung von Immobilien nach IFRS).

KÜHNBERGER, MANFRED, Überblick, in: KÜHNBERGER, MANFRED/WILKE, HELMUTH (Hrsg.), Immobilienbewertung: Methoden und Probleme in Rechnungswesen, Besteuerung und Finanzwirtschaft, Stuttgart 2010, S. 1-9 (Immobilienbewertung).

KÜHNBERGER, MANFRED/BRENIG, MARIA/MAAßEN, HOLGER, REITs-Rechnungslegung: Bilanzierung, Bewertung, Prüfung, Berlin 2008 (REITs-Rechnungslegung).

KUHNER, CHRISTOPH/MALTRY, HELMUT, Unternehmensbewertung, Berlin/Heidelberg 2006 (Unternehmensbewertung).

KÜMMEL, JENS, Grundsätze für die Fair Value-Ermittlung mit Barwertkalkülen – Eine Untersuchung auf der Grundlage des Statement of Financial Accounting Concepts No. 7 –, Düsseldorf 2002 (Fair Value-Ermittlung mit Barwertkalkülen).

KÜMPEL, THOMAS, Finanzinvestitionen in Immobilien (investment properties) nach IAS 40, in: b&b 2004, S. 17-28 (Finanzinvestitionen).

KURZ, LÜDER, Bilanzierung von Klimaschutzprojekten nach IFRS: Clean Development Mechanism und Joint Implementation unter dem Protokoll von Kyoto, Lohmar/Köln 2010 (Klimaschutzprojekte).

KÜTING, KARLHEINZ/DAWO, SASCHA, Bilanzpolitische Gestaltungspotenziale im Rahmen der International Financial Reporting Standards (IFRS) – Bewertungsfragen insbesondere bei immateriellen Werten –, in: StuB 2002, S. 1205-1213 (Bilanzpolitische Gestaltungspotenziale).

KÜTING, KARLHEINZ/LAUER, PETER, Der Fair Value in der Krise, in: BFuP 2009, S. 547-567 (Fair Value).

KÜTING, KARLHEINZ/KOCH, CHRISTIAN/TESCHE, THOMAS, Die internationale Leasingbilanzierung vor dem Umbruch: Eine bilanzanalytische Betrachtung der Leasingnehmerbilanzierung, in: PiR 2010, S. 283-293 (Internationale Leasingbilanzierung).

KÜTING, KARLHEINZ/TRAPPMANN, HELMUT/KEßLER, MARCO, Die Eignung von Bodenrichtwerten zur Ausfüllung der bilanziellen Bewertungsmaßstäbe bei Grundstücken nach HGB und den IFRS – Sind die Bodenrichtwerte das Nonplusultra für die Ermittlung eines Vergleichswerts bei der Folgebilanzierung? –, in: DB 2006, S. 1853-1861 (Eignung von Bodenrichtwerten).

LABUSCH, DIRK, Das Feature: Wie wird's denn so?, in: IWR (Heft 2) 2010, S. 36-37 (Das Feature).

LANG, HARRY, Immobilienvermögen in der IAS/IFRS-Bilanzierung, in: Immobilien & Finanzierung 2003, S. 342-345 (Immobilienvermögen).

LAUX, HELMUT, Unternehmensbewertung bei Unsicherheit, in: ZfB 1971, S. 525-540 (Unternehmensbewertung).

LEFFSON, ULRICH, Die Grundsätze ordnungsmäßiger Buchführung, 7. Aufl., Düsseldorf 1987 (GoB).

LEINEMANN, MARTIN, Immobilienbewertung nach IAS/IFRS zu beizulegenden Zeitwerten: Eine Option für den deutschen Mittelstand, in: UM 2004, S. 255-263 (Immobilienbewertung nach IAS/IFRS).

LENNARD, ANDREW, Stewardship and the Objectives of Financial Statements: A Comment on IASB's Preliminary Views on an Improved Conceptual Framework for Financial Reporting: The Objective of Financial Reporting and Qualitative Characteristics of Decision-Useful Financial Reporting Information, in: Accounting in Europe 2007, S. 51-66 (Stewardship).

LENZ, THOMAS, Die Bilanzierung von Immobilien nach IFRS – Eine ökonomische Analyse vor dem Hintergrund des REIT-Gesetzes, Lohmar/Köln 2009 (Bilanzierung von Immobilien).

LEOPOLDSBERGER, GERRIT, Immobilienbewertung, in: WERNECKE, MARTIN/ROTTKE, NICO B. (Hrsg.), Praxishandbuch Immobilienzyklen, Köln 2006, S. 177-198 (Immobilienbewertung (Immobilienzyklen)).

LEOPOLDSBERGER, GERRIT, Kontinuierliche Wertermittlung von Immobilien, Köln 1998 (Kontinuierliche Wertermittlung).

LEOPOLDSBERGER, GERRIT, Serie Wertermittlungsverfahren, Teil 13: US-Gutachten haben es in sich, in: Immobilien Zeitung (Heft 27) 2007, S. 7 (US-Gutachten).

LEOPOLDSBERGER, GERRIT, Serie Wertermittlungsverfahren, Teil 14: Britische Gutachter „sehen rot", in: Immobilien Zeitung (Heft 28) 2007, S. 6 (Britische Gutachter).

LEOPOLDSBERGER, GERRIT/SAFFRAN, PETRA, Bewertung von Immobilien, in: SCHULTE, KARL-WERNER/BONE-WINKEL, STEPHAN/THOMAS, MATTHIAS (Hrsg.), Handbuch Immobilien-Investition, 2. Aufl., Köln 2005, S. 429-459 (Bewertung von Immobilien).

LEOPOLDSBERGER, GERRIT/THOMAS, MATTHIAS, Wertermittlungsverfahren, in: Immobilien Manager (Heft 6) 1998, S. 14 (Wertermittlungsverfahren).

LEOPOLDSBERGER, GERRIT/THOMAS, MATTHIAS/NAUBEREIT, PHILIPP, Immobilienbewertung, in: SCHULTE, KARL-WERNER (Hrsg.), Immobilienökonomie: Band I: Betriebswirtschaftliche Grundlagen, 4. Aufl., München 2008, S. 453-527 (Immobilienbewertung).

LEUTNER, BERND/WARTENBERG, JULIAN, Aktuelle Liegenschaftszinssätze für das Ertragswertverfahren: Ergebnisse einer Studie zur Ableitung regionaler Liegenschaftszinssätze für Eigentumswohnungen in Deutschland, in: GuG 2009, S. 257-265 (Aktuelle Liegenschaftszinssätze).

LEUTNER, BERND/WARTENBERG, JULIAN, Aktuelle Marktanpassungsfaktoren für das Sachwertverfahren, in: GuG 2009, S. 152-156 (Sachwertverfahren).

LEYKAM, MONIKA, Problemkind Ertragswert, in: Immobilien Zeitung (Heft 4) 2005, S. 1 (Problemkind Ertragswert).

LIECK, HANS, Immobilienspezifische Auftragsfertigung (IAS 11), in: WEBER, ERNST/BAUMUNK, HENRIK/PELZ, JÜRGEN (Hrsg.), IFRS Immobilien: Praxiskommentar der wesentlichen immobilienrelevanten International Financial Reporting Standards, 2. Aufl., Köln 2009, S. 213-232 (IAS 11).

LIENAU, ACHIM/ZÜLCH, HENNING, Die Ermittlung des value in use nach IFRS – Eine Betrachtung der Einflussfaktoren des value in use vor dem Hintergrund der Vermittlung entscheidungsnützlicher Abschlussinformationen –, in: KoR 2006, S. 319-329 (Value in use).

LIPP, LORENZ, IFRS-Finanzberichterstattung muss relevant bleiben!, in: Der Schweizer Treuhänder 2009, S. 790 (IFRS-Finanzberichterstattung).

LISTER, MICHAEL, Die Auswahl des „richtigen" Kalkulationszinses in der Immobilienbewertung mit DCF-Verfahren, in: UMMEN, ROBERT/JOHNS, SVEN R. (Hrsg.), Immobilien Jahrbuch 2010: Analysen, Trends und Perspektiven, Berlin 2010, S. 192-198 (Die Auswahl des „richtigen" Kalkulationszinses).

LOOS, CHRISTOPH, Strategien institutioneller Immobilieninvestoren: Ein kompetenzbasierter Strategieansatz am Beispiel offener Immobilienfonds, Köln 2008 (Immobilieninvestoren).

LOOSE, DIRK, Liegenschaftszinssatz: Kommentar zur IVD-Erhebung, in: Der Immobilienbewerter (Heft 6) 2009, S. 20-21 (Liegenschaftszinssatz).

LORENZ, KARSTEN, IFRS Exposure Draft „Leases“: Abschaffung des wirtschaftlichen Eigentums bei Leasingverhältnissen?, in: BB 2010, S. 2555-2560 (ED „Leases“).

LORSON, PETER/GATTUNG, ANDREAS, Die Forderung nach einer „faithful representation“ – Verhältnis zur Objektivität, Neutralität und Nachprüfbarkeit –, in: KoR 2008, S. 556-565 (Faithful representation).

LÖW, EDGAR/ANTONAKOPOULOS, NADINE/WEILAND, THOMAS, SFAS 157 und das IASB Discussion Paper „Fair Value Measurements“, in: WPg 2007, S. 730-740 (Fair Value Measurements).

LOW, LINUS, Comment Letter 2: Exposure Draft ED/2010/7, 2010, abrufbar unter: http://www.ifrs.org/NR/rdonlyres/6EF59744-439D-442C-B6CF-59475161991E/15766/2010 0717100720_EDMeasurementUncertaintyAnalysisFVM.pdf, Stand: 17.08.2010 (CL2).

LÜDENBACH, NORBERT/FREIBERG, JENS, Zweifelhafter Objektivierungsbeitrag des Fair Value Measurement-Projekts für die IFRS-Bilanz, in: KoR 2006, S. 437-445 (Objektivierungsbeitrag).

LUSHT, KENNETH M., Real Estate Valuation: Principles and Applications, Chicago u. a. 1997 (Real Estate Valuation).

MACKMIN, DAVID, The United Kingdom, in: Appraisal Institute, (Hrsg.), Real Estate Valuation in Global Markets, Chicago 1997, S. 21-41 (United Kingdom).

MACKMIN, DAVID/EMARY, RICHARD, The assessment of worth: the need for standards, in: Journal of Property Investment & Finance 2000, S. 52-65 (Assessment of worth).

MALLINSON, MICHAEL/FRENCH, NICK, Uncertainty in property valuation: The nature and relevance of uncertainty and how it might be measured and reported, in: Journal of Property Investment & Finance 2000, S. 13-32 (Uncertainty in property valuation).

MANDL, GERWALD/RABEL, KLAUS, Unternehmensbewertung: Eine praxisorientierte Einführung, Wien/Frankfurt 1997 (Unternehmensbewertung).

MARCHITELLI, RICHARD, Rethinking the Cost Approach, in: The Appraisal Journal 1992, S. 424-426 (Rethinking the Cost Approach).

MARTIN, PETER, The management approach, in: CA magazine (Heft 11) 1997, S. 29-30 (The management approach).

MAYRZEDT, HANS/GEIGER, NORBERT/KLETT, ECKHARD/BEYERLE, THOMAS, Internationales Immobilienmanagement: Handbuch für Praxis, Aus- und Weiterbildung, München 2007 (Internationales Immobilienmanagement).

METH, DIRK, Die IFRS als Grundlage der Rechnungslegung mittelständischer Unternehmen: Eine Analyse der Eignung der IFRS für mittelständische Unternehmen unter Berücksichtigung des IASB-Projektes „Accounting Standards for Small and Medium-sized Entities", Lohmar/Köln 2007 (Rechnungslegung mittelständischer Unternehmen).

METZ, VOLKER, Der Kapitalisierungszinssatz bei der Unternehmensbewertung: Basiszinssatz und Risikozuschlag aus betriebswirtschaftlicher Sicht und aus Sicht der Rechtsprechung, Wiesbaden 2007 (Kapitalisierungszinssatz).

METZGER, BERNHARD, Wertermittlung von Immobilien und Grundstücken, 2. Aufl., München 2006 (Wertermittlung von Immobilien).

METZGER, BERNHARD, Wertermittlung von Immobilien und Grundstücken, 4. Aufl., Freiburg 2010 (Wertermittlung).

MEYER, CLAUS/MEISENBACHER, MICHAELA, Bilanzpolitik auf der Basis von IAS/IFRS, insbesondere in Zeiten der Krise, in: DStR 2004, S. 567-572 (Bilanzpolitik).

MEYER, HERBERT/BRAUN, ROBERT, Fair Value als Treiber der Komplexität von IFRS, in: BB 2010, S. 1779-1782 (Treiber der Komplexität).

MEYER, JENS, Europäische Immobilienbewertungsstandards: Methoden und Begriffe, Saarbrücken 2007 (Europäische Immobilienbewertungsstandards).

MÖCKEL, RAINER, Ermittlung des Liegenschaftszinssatzes und der Restnutzungsdauer aus Kaufpreisen von Ertragsgrundstücken, in: VR 1975, S. 129-137 (Ermittlung des Liegenschaftszinssatzes).

MOLL-AMREIN, MARIANNE, Der Liegenschaftszinssatz in der Immobilienwertermittlung und seine institutionelle Implementierung – Ein deutscher Sonderweg –, Wiesbaden 2009 (Liegenschaftszins).

MÖLLER, KLAUS-W., Liegenschaftszinssätze, in: GuG 1995, S. 346-347 (Liegenschaftszinssätze).

MORGAN, JOHN F. W., Internationale Immobilienbewertung aus der Sicht eines Chartered Surveyors, in: Der Langfristige Kredit 1989, S. 380-387 (Internationale Immobilienbewertung).

MORGAN, JOHN F. W./HARROP, MARTYN J., Neue Ansätze der Bewertung und Beurteilung von Anlageobjekten, in: GuG 1991, S. 128-132 (Neue Ansätze).

MOSER, ULRICH, Anwendungsfragen der Multi-Period Excess Earnings Method – Teil 1: Grundlagen, in: BewertungsPraktiker (Heft 3) 2008, S. 10-21 (Multi-Period Excess Earnings Method).

MOXTER, ADOLF, Grundsätze ordnungsgemäßer Rechnungslegung, Düsseldorf 2003 (Grundsätze ordnungsgemäßer Rechnungslegung).

MOXTER, ADOLF, Grundsätze ordnungsmäßiger Unternehmensbewertung, 2. Aufl., Wiesbaden 1983 (Grundsätze ordnungsmäßiger Unternehmensbewertung).

MULLER, KARL A./RIEDL, EDWARD J./SELLHORN, THORSTEN, Causes and Consequences of Choosing Historical Cost versus Fair Value (Working Paper), 2008, abrufbar unter: http://www.hbs.edu/research/pdf/09-033.pdf, Stand: 15.03.2010 (Historical Cost vs. Fair Value).

MÜLLER, MARTIN/SCHANNE, CLAUDIA, Praxis der Bilanzierung und Bewertung von Grundstücken und Gebäuden zum beizulegenden Zeitwert nach IAS/IFRS, in: BC 2005, S. 30-35 (Praxis der Bilanzierung und Bewertung).

MÜLLER, STEFAN/WOBBE, CHRISTIAN/REINKE, JENS, Bilanzierung von Investment Properties: Eine empirische Analyse der Ansatz-, Bewertungs- und Ausweisentscheidungen der DAX-, MDAX- und SDAX-Unternehmen, in: IRZ 2009, S. 249-256 (Investment Properties).

MÜNCHEHOFE, MICHAEL, Liegenschaftszinssatz: Marktzinssätze quantifizieren, in: Der Immobilienbewerter (Heft 1) 2010, S. 36-37 (Liegenschaftszinssatz).

MÜNCHEHOFE, MICHAEL/SPRINGER, ULRICH, Der Risikobezogene Ansatz der Immobilienbewertung („RO-Verfahren“), in: GuG 2004, S. 257-263 (RO-Verfahren).

MÜNCHEHOFE, MICHAEL/SPRINGER, ULRICH, Verkehrswertermittlung ohne Gutachterausschuss, in: GuG 2004, S. 208-212 (Verkehrswertermittlung ohne Gutachterausschuss).

MÜRLE, MICHAEL/SCHMITT, GÜNTER, Discounted-Cash-Flow-Verfahren – Analyse des Diskontierungszinssatzes, in: zfv 2009, S. 1-10 (Discounted-Cash-Flow-Verfahren).

MURPHY, KEVIN J., Executive compensation, in: ASHENFELTER, ORLEY C./CARD, DAVID (Hrsg.), Handbook of Labor Economics, 3. Aufl., Amsterdam/Oxford 1999, S. 2485-2563 (Executive compensation).

NAGEL, JOCHEN/ZOBEL, CHRISTIAN, Bewertung von Industrieliegenschaften, in: BOBKA, GABRIELE (Hrsg.), Spezialimmobilien von A-Z: Bewertung, Modelle, Benchmarks und Beispiele, Kronach 2007, S. 311-325 (Bewertung von Industrieliegenschaften).

NAUBEREIT, PHILIPP, Harmonisierung internationaler Immobilienbewertungsansätze, Köln 2009 (Harmonisierung).

NIMWEGEN, SEBASTIAN, Vermeidung und Aufdeckung von Fraud: Möglichkeiten der internen Corporate Governance-Elemente, Lohmar/Köln 2009 (Vermeidung und Aufdeckung von Fraud).

NITSCH, HARALD, Inflation als Problem der Wertermittlung, in: BOBKA, GABRIELE (Hrsg.), Spezialimmobilien von A-Z: Bewertung, Modelle, Benchmarks und Beispiele, Kronach 2007, S. 47-57 (Inflation).

O. V., Yields and rates of interest, in: Estates Gazette 1993, S. 117-118 (Yields).

OBERDÖRSTER, TATJANA, Finanzberichterstattung und Prognosefehler von Finanzanalysten, Wiesbaden 2009 (Finanzberichterstattung).

OLBRICH, MICHAEL, Zur Bilanzierung von als Finanzinvestition gehaltenen Immobilien nach IAS 40, in: BFuP 2003, S. 346-357 (Bilanzierung nach IAS 40).

OVERSBERG, THOMAS, IFRIC 15 – Agreements for the Construction of Real Estate: Die Rückkehr der Percentage of Completion-Methode an unerwarteter Stelle!?, in: PiR 2008, S. 247-253 (IFRIC 15).

PATRIZIA IMMOBILIEN AG, Geschäftsbericht 2009, Augsburg 2010 (Geschäftsbericht 2009).

PAUL, EDUARD, Bewertung von Unternehmensimmobilien, in: PEEMÖLLER, VOLKER H. (Hrsg.), Praxishandbuch der Unternehmensbewertung, 3. Aufl., Herne/Berlin 2005, S. 548-594 (Bewertung von Unternehmensimmobilien).

PELGER, CHRISTOPH, Entscheidungsnützlichkeit in neuem Gewand: Der Exposure Draft zur Phase A des Conceptual Framework-Projekts, in: KoR 2009, S. 156-163 (Entscheidungsnützlichkeit).

PELLENS, BERNHARD/FÜLBIER, ROLF UWE, Differenzierung der Rechnungslegungsregulierung nach Börsenzulassung, in: ZGR 2000, S. 572-593 (Rechnungslegungsregulierung).

PELLENS, BERNHARD/CRASSELT, NILS/ROCKHOLTZ, CARSTEN, Wertorientierte Entlohnungssysteme für Führungskräfte – Anforderungen und empirische Evidenz –, in: PELLENS, BERNHARD (Hrsg.), Unternehmenswertorientierte Entlohnungssysteme, Stuttgart 1998, S. 1-28 (Wertorientierte Entlohnungssysteme).

PELLENS, BERNHARD/FÜLBIER, ROLF UWE/GASSEN, JOACHIM/SELLHORN, THORSTEN, Internationale Rechnungslegung: IFRS 1 bis 8, IAS 1 bis 41; IFRIC-Interpretationen, Standardentwürfe, 7. Aufl., Stuttgart 2008 (Internationale Rechnungslegung).

PERRIDON, LOUIS/STEINER, MANFRED/RATHGEBER, ANDREAS, Finanzwirtschaft der Unternehmung, 15. Aufl., München 2009 (Finanzwirtschaft der Unternehmung).

PETERSEN, HAUKE, Marktorientierte Immobilienbewertung: Grundriss für die Praxis, 8. Aufl., Stuttgart 2008 (Marktorientierte Immobilienbewertung).

PETERSEN, KARL/ZWIRNER, CHRISTIAN, Zur Bedeutung der fair value-Bewertung in der deutschen Bilanzierungspraxis: Dargestellt am Beispiel von Investment Properties nach IAS 40, in: PiR 2008, S. 218-224 (Fair value-Bewertung).

PETO, ROBERT/FRENCH, NICK/BOWMAN, GILLIAN, Price and worth: Developments in valuation methodology, in: Journal of Property Valuation & Investment 1996, S. 79-100 (Price and worth).

PFNÜR, ANDREAS, Betriebliche Immobilienökonomie, Heidelberg 2002 (Immobilienökonomie).

PHYRR, STEPHEN A./COOPER, JAMES/WOFFORD, LARRY E./KAPPLIN, STEVEN D./LAPIDES, PAUL D., Real Estate Investment: Strategy, Analysis, Decisions, 2. Aufl., New York u. a. 1989 (Real Estate Investment).

PLENKER, SINA/PLENKER, HERBERT, Der determinierte Verkehrswert aus der Sicht des Konstruktivismus (Teil 1), in: GuG 2006, S. 223-228 (Verkehrswert (Teil 1)).

POPPER, KARL R., Logik der Forschung, 2. Aufl., Tübingen 1966 (Logik der Forschung).

PÖRSCHKE, ANDREAS, Die Behandlung von Transaktionskosten im Rahmen der Bilanzierung von als Finanzinvestitionen gehaltenen Immobilien nach IFRS, in: KoR 2010, S. 148-153 (Transaktionskosten).

QUAGLI, ALBERTO/AVALLONE, FRANCESCO, Fair Value or Cost Model? Drivers of Choice for IAS 40 in the Real Estate Industry, in: European Accounting Review 2010, S. 461-493 (Fair Value or Cost Model).

RANKER, DANIEL, Immobilienbewertung nach HGB und IFRS: Auslegung, Konzeption und Einzelfragen der Bilanzierung des Anlagevermögens, Berlin 2006 (Immobilienbewertung).

RAU, RAINER, Immobilienbewertung: Prognose: „Break-Even-Rendite schlägt Liegenschaftszins", in: Immobilien Zeitung (Heft 16) 2003, S. 14 (Break-Even-Rendite).

REESE, VERA/WIEGELMANN, THOMAS, Prüfungsstandard 545 und Immobilienbewertung: „Prüfung von Fair Values" und Diskussion der Auswirkungen auf die Bewertungspraxis, in: Der Schweizer Treuhänder 2005, S. 333-338 (Prüfungsstandard 545).

REHKUGLER, HEINZ, Fair Value-Bewertung bei investment property, in: BIEG, HARTMUT/HEYD, REINHARD (Hrsg.), Fair Value: Bewertung in Rechnungswesen, Controlling und Finanzwirtschaft, München 2005, S. 263-285 (Fair Value-Bewertung).

REHKUGLER, HEINZ, Rendite und Risiko – Ihre Bedeutung für die Verkehrswertermittlung, in: BOBKA, GABRIELE (Hrsg.), Spezialimmobilien von A-Z: Bewertung, Modelle, Benchmarks und Beispiele, Kronach 2007, S. 29-45 (Rendite und Risiko).

REHKUGLER, HEINZ, „Wertansätze in den Bilanzen sind nie echte Marktpreise", in: Real Estate Magazin (Heft 3) 2008, S. 30-31 (Wertansätze).

REHKUGLER, HEINZ/SCHINDLER, FELIX, Investment Property – Anwendungshinweise für die Praxis (IAS 40), in: Accounting 2005, S. 5-8 (Investment Property).

REUTER, FRANZ, Zur Ermittlung von Bodenwerten in kaufpreisarmen Lagen, in: fub 2006, S. 97-107 (Ermittlung von Bodenwerten).

RICS, Commercial Investment Property: Valuation Methods: An Information Paper, London 1997 (Valuation Methods).

RICS, RICS Valuation Standards, 6. Aufl., Coventry 2010 (RICS Valuation Standards).

RICS, Valuation Uncertainty and Market Instability, 2008, abrufbar unter: http://www.joinricsineurope.eu/uploads/files/ValuationUncertaintyandMarketInstabilityNov08.pdf, Stand: 07.04.2010 (Valuation Uncertainty and Market Instability).

RÖSSLER, RUDOLF/LANGNER, JOHANNES/SIMON, JÜRGEN/KLEIBER, WOLFGANG/JOERIS, DAGMAR/SIMON, THORE, Schätzung und Ermittlung von Grundstückswerten, 8. Aufl., München/Unterschleißheim 2004 (Grundstückswerte).

ROTH, MARTIN M., Wertbegriffe und Wertdefinitionen, in: BIENERT, SVEN/FUNK, MARGRET (Hrsg.), Immobilienbewertung Österreich, Wien 2007, S. 43-50 (Wertbegriffe).

RÜCHARDT, KONRAD, Bemerkungen zur Immobilienbewertung in Deutschland und Großbritannien, in: GuG 1991, S. 307-312 (Immobilienbewertung in D und GB).

RUDOLPH, BERND/SCHÄFER, KLAUS, Derivative Finanzmarktinstrumente: Eine anwendungsbezogene Einführung in Märkte, Strategien und Bewertung, 2. Aufl., Berlin/Heidelberg 2010 (Derivative Finanzmarktinstrumente).

SAILER, ERWIN, Grundstücksmarkt, in: SANDNER, SIEGFRIED/WEBER, ULRICH (Hrsg.), Lexikon der Immobilienwertermittlung, 2. Aufl., Köln 2007, S. 328-330 (Grundstücksmarkt).

SAUERBORN, CHRISTIAN, NHK 2005 – eine Gesamtwürdigung des Entwurfs, in: immobilien & bewerten 2009, S. 15-19 (NHK 2005).

SAUERBORN, CHRISTIAN, Sachverständiger Spielraum bei der Marktanpassung, in: immobilien & bewerten 2008, S. 59-65 (Marktanpassung).

SCARRETT, DOUGLAS, Property Valuation: The five methods, London 1991 (Five methods).

SCARRETT, DOUGLAS, Property Valuation: The five methods, 2. Aufl., New York 2008 (Property Valuation).

SCHÄTZ, ALEXANDER/SEBASTIAN, STEFFEN, Immobilienaktien – Immobilien oder Aktien?, in: Immobilien & Finanzierung 2009, S. 842-843 (Immobilienaktien).

SCHEELE, ALEXANDER, Strategieorientierte Lageberichterstattung: Eine kritische Analyse internationaler Entwicklungen vor dem Hintergrund des Management Commentary des IASB, Lohmar/Köln 2007 (Lageberichterstattung).

SCHILDBACH, THOMAS, Fair value Statik und Information des Kapitalmarktes, in: BFuP 2009, S. 581-598 (Fair value-Statik).

SCHILLER, JÜRGEN, Wertermittlung in Europa, in: SCHILLER, JÜRGEN (Hrsg.), Immobilien: Bewertung und Investition: Wertermittlung in der EU: Slowakische Republik, Tschechische Republik, Ungarn, Wien/Graz 2005, S. 37-58 (Wertermittlung in Europa).

SCHLICHT, KLAUS/GEHRI, CLEMENS, Grundlagen der Verkehrswertermittlung, Köln 2007 (Verkehrswertermittlung).

SCHMALGEMEIER, HELMUT, Grundstücksmarkttransparenz – sind die Gutachterausschüsse „am Puls der Zeit"?, in: GuG 2005, S. 350-356 (Grundstücksmarkttransparenz).

SCHMALGEMEIER, HELMUT, Grundstücksmarkttransparenz durch Gutachterausschüsse – aktuelle Entwicklungen, in: WFA 2006, S. 99-104 (Gutachterausschüsse).

SCHMIDT, JÜRGEN, Änderung der Wertermittlungsvorschriften in §§ 193, 196, 198 und 199 BauGB im Rahmen des Erbschaftssteuerreformgesetzes (ErbStRG), in: GuG 2008, S. 150-157 (Änderung der Wertermittlungsvorschriften).

SCHMIDT, JÜRGEN, Die Gutachterausschüsse: bewährte und unverzichtbare Einrichtungen für Verwaltung und Wirtschaft, in: GuG 1996, S. 351-353 (Gutachterausschüsse).

SCHMIDT, JÜRGEN, Probleme der Gutachterausschüsse in Baden-Württemberg, in: GuG 1992, S. 330-332 (Gutachterausschüsse in Baden-Württemberg).

SCHMIDT, MARTIN, Der Bewertungsmaßstab bei erstmaliger Erfassung, in: KoR 2006, S. 65-75 (Bewertungsmaßstab).

SCHUBACH, FLORIAN, Wertermittlung: Kritische Analyse der Verfahren, in: Der Immobilienbewerter (Heft 6) 2009, S. 11-17 (Wertermittlung).

SCHULTE, KARL-WERNER, Immobilienbewertung und Immobilien-Portfoliobewertung, in: KIRSCH, HANS-JÜRGEN/THIELE, STEFAN (Hrsg.), Rechnungslegung und Wirtschaftsprüfung: Festschrift zum 70. Geburtstag von Jörg Baetge, Düsseldorf 2007, S. 559-588 (Immobilienbewertung und Immobilien-Portfoliobewertung).

SCHULTE, KARL-WERNER, Internationalisierung der Immobilienbewertung, in: Der Sachverständige 2003, S. 50-51 (Internationalisierung der Immobilienbewertung).

SCHULTE, KARL-WERNER/LEOPOLDSBERGER, GERRIT, Bewertung von Immobilien, in: DRUKARCZYK, JOCHEN/ERNST, DIETMAR (Hrsg.), Branchenorientierte Unternehmensbewertung, 3. Aufl., München 2010, S. 503-521 (Bewertung von Immobilien).

SCHULZ-KLEEẞEN, WOLF-EBERHARD, Herbsttagung TEGoVA: TEGoVA erkennt nun alle Zertifizierer an, in: DS 2005, S. 362 (Herbsttagung TEGoVA).

SCHULZ-WULKOW, CHRISTIAN, Nationale und internationale Methoden der Immobilienbewertung, in: REHKUGLER, HEINZ (Hrsg.), Die Immobilien-AG: Bewertung und Marktattraktivität, München/Wien 2003, S. 73-96 (Methoden der Immobilienbewertung).

SCHWIRLEY, PETER, Bewertung von Mieten bei Miet- und Verkehrswertgutachten: Praxishandbuch zur Ermittlung und Anwendung von Mieten für den Wohn- und Gewerberaum, 2. Aufl., Köln 2006 (Bewertung von Mieten).

SHAPIRO, ERIC/DAVIES, KEITH/MACKMIN, DAVID, Modern Methods of Valuation, 10. Aufl., London 2009 (Methods of Valuation).

SHILLING, JAMES D., Real Estate, 13. Aufl., Cincinnati 2002 (Real Estate).

SIEGESMUND, RUDOLF, „Angelsächsisch ist nicht international“: Deutsche Sachverständige kontra britische Bewerter, in: Immobilien Zeitung (Heft 1-2) 2000, S. 8 (Deutsche Sachverständige).

SIMON, JÜRGEN, Angelsächsisches Verfahren, in: SANDNER, SIEGFRIED/WEBER, ULRICH (Hrsg.), Lexikon der Immobilienwertermittlung, 2. Aufl., Köln 2007, S. 38-40 (Angelsächsisches Verfahren).

SIMON, JÜRGEN, Berücksichtigung von Leerständen und sonstigen Abweichungen vom Normalfall, in: GuG 2003, S. 273-281 (Berücksichtigung von Leerständen).

SIMON, JÜRGEN, Ertragswert bei Staffelmieten, in: GuG 1991, S. 94-95 (Staffelmieten).

SIMON, JÜRGEN, Europäische Standards für die Immobilienbewertung, in: GuG 2000, S. 134-141 (Europäische Standards).

SIMON, JÜRGEN, Internationale Bewertungsstandards, in: GuG 2006, S. 270-281 (Internationale Bewertungsstandards).

SIMON, JÜRGEN, Quo Vadis? – Deutsche Verfahren der Grundstückswertermittlung auf dem Prüfstand, in: GuG 1996, S. 134-143 (Deutsche Verfahren).

SIMON, JÜRGEN, Serie Wertermittlungsverfahren, Teil 9: Sachwertverfahren nicht nur für Einfamilienhäuser, in: Immobilien Zeitung (Heft 23) 2007, S. 6 (Sachwertverfahren).

SIMON, JÜRGEN, Überlegungen zur Novellierung der Wertermittlungsverordnung 1988 (WertV '88), in: GuG 2008, S. 132-139 (Novellierung).

SIMON, JÜRGEN, Verkehrswertermittlung Offener Immobilienfonds, in: GuG 1999, S. 129-143 (Offene Immobilienfonds).

SIMON, JÜRGEN, Wertermittlung eines Mietwohngrundstücks unter Anwendung verschiedener Wertermittlungsverfahren, in: GuG 2004, S. 108-112 (Mietwohngrundstück).

SIMON, THORE, Berücksichtigung unterjährlich auslaufender Rentenzahlungen im Rahmen der Ertragswertermittlung, in: GuG 2002, S. 148-153 (Rentenzahlungen).

SIMON, THORE/DREIOCKER, STEPHANIE, Analyse von Vergleichskaufpreisen, in: GuG 2007, S. 326-332 (Vergleichskaufpreise).

SIRMANS, C. F./SIRMANS, G. STACY/BEASLEY, BEN T., Income Property Valuation and the Use of Market Extracted Overall Capitalization Rates, in: The Real Estate Appraiser & Analyst 1986, S. 64-68 (Income Property Valuation).

SIRMANS, G. STACY/SIRMANS, C. F./BENJAMIN, JOHN D., Apartment Rent, Concessions and Occupancy Rates, in: The Journal of Real Estate Research 1994, S. 299-312 (Apartment Rent, Concessions and Occupancy Rates).

SIRMANS, G. STACY/SIRMANS, C. F./BENJAMIN, JOHN D., Examining the Variability of Apartment Rent, in: The Real Estate Appraiser & Analyst 1990, S. 43-48 (Apartment Rent).

SOMMER, GÖTZ, Ertragswertermittlung mit den Standardverfahren nach ImmoWertV, in: GuG 2010, S. 225-228 (Ertragswertermittlung).

SOMMER, GOETZ, Zur Irrationalität des Sachwertverfahrens, in: GuG 1998, S. 215-217 (Irrationalität des Sachwertverfahrens).

SOMMER, GOETZ/HAUSMANN, ANDREA, Liegenschaftszinssätze aus einer empirischen Analyse, in: GuG 2006, S. 139-141 (Liegenschaftszinssätze).

SOMMER, GOETZ/KRÖLL, RALF, Anzuwendende Liegenschaftszinssätze aus einer empirischen Untersuchung, in: GuG 1995, S. 290-292 (Anzuwendende Liegenschaftszinssätze).

SOTELO, RAMON, Die WertV ist tot, es lebe die WertV: Ein finanzierungstheoretischer Vergleich deutscher und angelsächsischer Wertermittlungsmethoden, in: GuG 1995, S. 91-96 (WertV).

SPIES, F. FERDINAND, Ökonometrische Modelle zur Prognose von Büromieten, Köln 2009 (Prognose von Büromieten).

SPRENGNETTER, HANS OTTO, Begriff der „nachhaltig erzielbaren Miete", in: WFA 2000, S. 127-130 (Nachhaltig erzielbare Miete).

SPRENGNETTER, HANS OTTO, Deutschlandweit automatisierte webbasierte Immobilienbewertung – die Kunst des Einfachen, in: immobilien & bewerten 2008, S. 100-108 (Webbasierte Immobilienbewertung).

SPRENGNETTER, HANS OTTO, ImmoWertV: Aus „nachhaltige" werden „marktübliche" Erträge, in: immobilien & bewerten 2009, S. 52-55 (Aus „nachhaltige" werden „marktübliche" Erträge).

SPRENGNETTER, HANS OTTO, ImmoWertV: Verbesserungsvorschläge, Teil 1, in: immobilien & bewerten 2009, S. 4-14 (ImmoWertV).

SPRENGNETTER, HANS OTTO, NHK 2005 – Allgemeine Anforderungen aus Sicht der Immobilienbewertung, in: immobilien & bewerten 2008, S. 52-53 (NHK 2005).

SPRENGNETTER, HANS OTTO, NHK 2005 – Zur Anwendbarkeit bei EFH/ZFH, in: immobilien & bewerten 2008, S. 54-58 (NHK 2005 (Anwendbarkeit)).

SPRENGNETTER, HANS OTTO, Örtliche Marktkompetenz – bundesweite Regionalisierung der Liegenschaftszinssätze und Marktanpassungsfaktoren, in: immobilien & bewerten 2008, S. 22-24 (Örtliche Marktkompetenz).

SPRENGNETTER, HANS OTTO, Serie Wertermittlungsverfahren, Teil 7: Liegenschaftszinssatz darf nicht grob geschätzt werden, in: Immobilien Zeitung (Heft 21) 2007, S. 8 (Liegenschaftszinssatz).

SPRENGNETTER, HANS OTTO/STROTKAMP, HANS-PETER, Stellungnahme zu den im vorstehenden Artikel abgedruckten Anmerkungen von Möckel, in: WFA 1996, S. 52-55 (Stellungnahme).

STARBATTY, NIKOLAUS, Fair Value Accounting gemäß Statement of Financial Accounting Concept No. 7, in: WPg 2001, S. 543-558 (Fair Value Accounting).

STARINGER, CLAUS, Ausgliederung von Immobilien im Unternehmenssteuerrecht, in: BERTL, ROMUALD/EBERHARTINGER, EVA/EGGER, ANTON ET AL. (Hrsg.), Immobilien im Bilanz- und Steuerrecht, Wien 2007, S. 179-200 (Ausgliederung von Immobilien).

STEINGRÄBER, CAROLA, Kennen deutsche Unternehmen ihre eigenen Immobilienportfolien?, in: IKB Immobilienbrief September 2004, S. 9-11 (Immobilienportfolien).

STEININGER, MARTIN, Langfristige Trends für deutsche Büromärkte: Ein ökonometrisches Prognosemodell, in: ZIÖ (Sonderausgabe 2008) 2008, S. 44-46 (Ökonometrisches Prognosemodell).

STELTER, MANFRED, Serie Wertermittlungsverfahren, Teil 8: Mietwertermittlung bei fehlenden Mietspiegeln, in: Immobilien Zeitung (Heft 22) 2007, S. 10 (Mietwertermittlung).

STEMMLER, JOHANNES, Von der Wertermittlungsverordnung zur Immobilienwertermittlungsverordnung, in: GuG 2010, S. 193-202 (ImmoWertV).

STOBBE, JÖRN/WEINAND-HÄRER, KLAUS, G-REITs, in: USINGER, WOLFGANG/SCHNEIDER, HANS-JOSEF (Hrsg.), Real Property in Germany: Legal and Tax Aspects of Development and Investment, 7. Aufl., Frankfurt am Main 2009, S. 267-275 (G-REITs).

STREIM, HANNES/LEIPPE, BRITTA, Neubewertung nach International Accounting Standards – Darstellung, Anwendungsprobleme und kritische Analyse, in: SEICHT, GERHARD (Hrsg.), Jahrbuch für Controlling und Rechnungswesen 2001, Wien 2001, S. 373-411 (Neubewertung nach IAS).

STROTKAMP, HANS-PETER, Häufige Fehler bei der Ableitung der Liegenschaftszinssätze, in: WFA 1996, S. 55-59 (Ableitung der Liegenschaftszinssätze).

TEBOW, BRAD, In defense of DCF analysis, in: Real Estate Review (Heft 3) 1994, S. 43-50 (DCF analysis).

TEGoVA, European Valuation Standards, 6. Aufl., Belgien 2009 (EVS 2009).

THE APPRAISAL FOUNDATION, Uniform Standards of Professional Appraisal Practice 2010-2011 Edition, Washington 2010 (USPAP 2010-2011).

THEILE, CARSTEN, Systematik der fair value-Ermittlung: IFRS, SFAS 157 und das Discussion Paper des IASB, in: PiR 2007, S. 1-8 (Fair value-Ermittlung).

THOMAS, MATTHIAS, Income Approach versus Ertragswertverfahren (1. Teil), in: GuG 1995, S. 35-38 (Income Approach (1. Teil)).

THOMAS, MATTHIAS, Income Approach versus Ertragswertverfahren (2. Teil), in: GuG 1995, S. 82-90 (Income Approach (2. Teil)).

THÖNE, CHRISTIAN, Britische Bewertungsverfahren, in: GONDRING, HANSPETER/LAMMEL, ECKHARD (Hrsg.), Handbuch Immobilienwirtschaft, Wiesbaden 2001, S. 573-609 (Britische Bewertungsverfahren).

TILLMANN, ALBERT, Unternehmens- und Immobilienbewertung, in: BFuP 2003, S. 329-345 (Unternehmens- und Immobilienbewertung).

TINZ, OLIVER, Die Abbildung von Wachstum in der Unternehmensbewertung: Eine theoretische und empirische Analyse der Möglichkeiten und Grenzen einer objektivierten und transparenten Abbildung von Wachstum nach IDW S 1, Lohmar/Köln 2010 (Die Abbildung von Wachstum).

TRAPPMANN, HELMUT/RANKER, DANIEL, Fair Value von Immobilien in der Finanzkrise, in: GuG 2009, S. 193-194 (Fair Value von Immobilien).

TROTZ, RAYMOND, Internationale Harmonisierung der Immobilienbewertungsstandards, in: BDO Deutsche Warentreuhand AG (Hrsg.), Praxishandbuch Real Estate Management: Kompendium der Immobilienwirtschaft, Stuttgart 2005, S. 293-297 (Immobilienbewertungsstandards).

TROTZ, RAYMOND, Internationale Harmonisierung in der Bewertung, in: Immobilien & Finanzierung 2004, S. 792 (Internationale Harmonisierung in der Bewertung).

TURSKI, MALTE, Das „Paradox des Wählens“ in der Rational Choice-Theorie – Ist Wählen irrational?, Norderstedt 2008 (Rational Choice-Theorie).

UNTERREINER, FRANK PETER, Keine Scheingewinne – ändert IFRS!, in: IWR (Heft 10) 2009, S. 9 (Keine Scheingewinne).

VAN KANN, JÜRGEN, Immobilieninvestment – Grundlagen, in: VAN KANN, JÜRGEN (Hrsg.), Immobilientransaktionen: Praxishandbuch zur Strukturierung, Vertragsgestaltung und Bewertung, Berlin 2007, S. 33-70 (Immobilieninvestment).

VAN SUNTUM, ULRICH/WESTERMEIER, ANDREAS, Verbesserung der Rahmenbedingungen für den Wohnungsbau in Deutschland, Münster 2009 (Wohnungsbau in Deutschland).

VASTNED RETAIL N.V., Annual Report 2009, Rotterdam 2010 (Annual Report 2009).

VATER, HENDRIK, Bilanzierung von Immobilien nach IAS 40 „Immobilienanlagen“, in: Betrieb und Wirtschaft 2002, S. 535-539 (Bilanzierung von Immobilien nach IAS 40).

VÄTH, ARNO/HOBERG, WENZEL, Immobilienanalyse – die Beurteilung von Standort, Markt, Gebäude und Vermietung, in: SCHULTE, KARL-WERNER/BONE-WINKEL, STEPHAN/THOMAS, MATTHIAS (Hrsg.), Handbuch Immobilien-Investition, 2. Aufl., Köln 2005, S. 359-390 (Immobilienanalyse).

VDP, Europäische Immobilienmärkte und ihre Bewertungsverfahren, Berlin 2004 (Europäische Immobilienmärkte).

VENTOLO, WILLIAM L./WILLIAMS, MARTHA R., Fundamentals of Real Estate Appraisal, 8. Aufl., Chicago 2001 (Real Estate Appraisal).

VOGEL, MARTIN, Immobilienleasingverhältnisse (IAS 17), in: WEBER, ERNST/BAUMUNK, HENRIK/PELZ, JÜRGEN (Hrsg.), IFRS Immobilien: Praxiskommentar der wesentlichen immobilienrelevanten International Financial Reporting Standards, 2. Aufl., Köln 2009, S. 171-212 (IAS 17).

VOGEL, ROLAND R., „Blue Book“, ausgereift und anwendbar?, in: GuG 2000, S. 369-371 (Blue Book).

VOGEL, ROLAND R., Angelsächsische Investitionsverfahren und marktorientierte Verkehrswertermittlung in Deutschland, in: GuG 2000, S. 202-209 (Angelsächsische Investitionsverfahren).

VOGELS, MANFRED, Ertragswert-Berechnungen, in: DBZ 1972, S. 921-926 (Ertragswert-Berechnungen).

VOGELS, MANFRED, Staffelmieten und Instandhaltungsrückstellungen: Im Bankbereich bei Beleihungs- und Verkehrswertermittlungen, in: GuG 2004, S. 157-164 (Staffelmieten).

VOIGTLÄNDER, MICHAEL, Die Stabilität des deutschen Immobilienmarktes, in: GuG 2010, S. 1-9 (Stabilität des deutschen Immobilienmarktes).

VÖLKER, LUTZ/HEROLD, JÖRG, Kosten- und Leistungsrechnung – Ein Lehr- und Übungsbuch, Norderstedt 2009 (Kosten- und Leistungsrechnung).

VON CÖLLN, THOMAS/BEHRENDT, RONALD J., ImmoWertV löst WertV ab – Nachweis des niedrigeren gemeinen Werts von bebauten und unbebauten Grundstücken für Zwecke der Erbschaft- und Schenkungsteuer nach § 198 BewG, in: BB 2010, S. 1444-1449 (ImmoWertV).

VON KEITZ, ISABEL, Praxis der IASB-Rechnungslegung: Best practice von 100 IFRS-Anwendern, 2. Aufl., Stuttgart 2005 (Praxis der IASB-Rechnungslegung).

WALBRÖHL, VICTORIA, Die Immobilienanlageentscheidung im Rahmen des Kapitalanlagemanagements institutioneller Anleger – eine Untersuchung am Beispiel deutscher Lebensversicherungsunternehmen und Pensionskassen, Köln 2001 (Immobilienanlageentscheidung).

WALCH, STEFAN, Nachhaltige Miete, in: GuG 2005, S. 357-359 (Nachhaltige Miete).

WALKER, FRANK, Comment Letter 1: Exposure Draft ED/2010/7, 2010, abrufbar unter: http://www.ifrs.org/NR/rdonlyres/61B8500C-E7A4-4EAE-85D7-6308F6591250/15532/20100709190740_ED20107Uncertainty.pdf, Stand: 17.08.2010 (CL1).

WALTER, MELANIE, Der Liegenschaftszins – wird er überhaupt ermittelt?, in: GuG 2000, S. 6-7 (Liegenschaftszins).

WATRIN, CHRISTOPH, Internationale Rechnungslegung und Regulierungstheorie, Wiesbaden 2001 (Regulierungstheorie).

WATRIN, CHRISTOPH/STROHM, CHRISTIANE, Principles-Based Accounting Standards – Paradigmenwechsel der US-Rechnungslegung?, in: KoR 2006, S. 123-127 (Paradigmenwechsel).

WEINSTOCK, MARC/SCIBBE, PETER, Wechselwirkungen zwischen Konjunktur und Immobilienmarkt, in: Immobilien & Finanzierung 2010, S. 158-159 (Konjunktur und Immobilienmarkt).

WEIßENBERGER, BARBARA E./MAIER, MICHAEL, Der Management Approach in der IFRS-Rechnungslegung: Fundierung der Berichterstattung durch Informationen aus dem Controlling, in: DB 2006, S. 2077-2083 (Der Management Approach in der IFRS-Rechnungslegung).

WELLNER, KRISTIN, Entwicklung eines Immobilien-Portfolio-Management-Systems: Zur Optimierung von Rendite-Risiko-Profilen diversifizierter Immobilien-Portfolios, Leipzig 2003 (Immobilien-Portfolio-Management-System).

WERLING, ULLRICH, Zur Berücksichtigung der Inflation bei der Bewertung von Grundstücken, in: WFA 2007, S. 152-154 (Berücksichtigung der Inflation).

WERNHART, HELMUT, Immobilien-Renditen im Vergleich, in: WFA 2002, S. 99-105 (Immobilien-Renditen).

WHITE, DARRON/TURNER, JOHN/JENYON, BRUCE/LINCOLN, NICOLE, Internationale Bewertungsverfahren für das Investment in Immobilien: Praktische Anwendung internationaler Bewertungsstandards, 3. Aufl., Wiesbaden 2003 (Internationale Bewertungsverfahren).

WIESE, JÖRG/GAMPENRIEDER, PETER, Marktorientierte Ableitung des Basiszinssatzes mit Bundesbank- und EZB-Daten, in: BB 2008, S. 1722-1726 (Ableitung des Basiszinssatzes).

WINCOTT, RICHARD, The Myth of Three Independent Approaches to Value, in: Real Estate Issues 2001, S. 16-21 (Three Independent Approaches).

WINDORFER, CHRISTIAN, Bewertung, in: VAN KANN, JÜRGEN (Hrsg.), Immobilientransaktionen: Praxishandbuch zur Strukturierung, Vertragsgestaltung und Bewertung, Berlin 2007, S. 309-333 (Bewertung).

WINKER, PETER, Empirische Wirtschaftsforschung und Ökonometrie, 2. Aufl., Berlin/Heidelberg 2007 (Empirische Wirtschaftsforschung).

WÖHLE, CLAUDIA B., Moderne Immobilienbewertung mit Hilfe der Discounted Cashflow-Verfahren, in: FRANCKE, HANS-HERMANN/REHKUGLER, HEINZ (Hrsg.), Immobilienmärkte und Immobilienbewertung, München 2005, S. 209-246 (Moderne Immobilienbewertung).

WÜSTEFELD, HERMANN, Risiko und Rendite von Immobilieninvestments, Frankfurt am Main 2000 (Risiko und Rendite).

ZAUGG, DANIEL/KRÄMER, CHRISTIAN, IFRS-Jahresabschlüsse von Immobiliengesellschaften: Problematik der internationalen Vergleichbarkeit, in: Der Schweizer Treuhänder 2007, S. 69-76 (IFRS-Jahresabschlüsse von Immobiliengesellschaften).

ZAUGG, DANIEL/KRÄMER, CHRISTIAN/BACH, ROLF F., Fair-Value-Bilanzierung für Entwicklungsliegenschaften: Auswirkungen der geplanten Änderungen von IAS 40, in: Der Schweizer Treuhänder 2008, S. 428-435 (Entwicklungsliegenschaften).

ZAUGG, DANIEL/KRÄMER, CHRISTIAN/MEYER, TOBIAS, Bilanzierung von Renditeliegenschaften im Bau – Stand der Umsetzung in der Praxis?, in: IRZ 2009, S. 531-538 (Renditeliegenschaften im Bau).

ZEIßLER, MAIK, Bewirtschaftungskosten für Gewerbeimmobilien, in: GuG 2002, S. 197-204 (Bewirtschaftungskosten für Gewerbeimmobilien).

ZEIßLER, MAIK, Marktkonforme Liegenschaftszinssätze für Gewerbeimmobilien, in: GuG 2001, S. 269-275 (Marktkonforme Liegenschaftszinssätze).

ZIMMERMANN, PETER, Der Pflegefall Sachwertverfahren – geht es ihm nun eigentlich besser?, in: Der Sachverständige 2003, S. 284-292 (Sachwertverfahren).

ZIMMERMANN, PETER, WertV 88: Praktiker-Kommentar zur Wertermittlungsverordnung 1988, München/Berlin 1998 (WertV 88).

ZIMMERMANN, PETER/HELLER, ROBERT E., Der Verkehrswert von Grundstücken: Rechtliche Belastungen und ihr Einfluß auf die Wertfindung, 2. Aufl., München 1999 (Verkehrswert von Grundstücken).

ZÜLCH, HENNING, Die Bilanzierung von Investment Properties nach IAS 40, Düsseldorf 2003 (Bilanzierung von Investment Properties).

ZÜLCH, HENNING, Immobilienbewertung: Aktueller Stand der Harmonisierungstendenzen – Das International Valuations Standards Committee (IVSC) und seine Bedeutung für die Bewertungspraxis und externe Rechnungslegung –, in: UM 2004, S. 213-220 (Immobilienbewertung).

ZÜLCH, HENNING, Investment Properties: Begriff und Bilanzierungsregeln nach IFRS, in: PiR 2005, S. 67-72 (Investment Properties).

ZÜLCH, HENNING/HENDLER, MATTHIAS, Bilanzierung nach International Financial Reporting Standards (IFRS), Weinheim 2009 (Bilanzierung nach IFRS).

ZUNFT, Der Ertragswert als maßgebender Faktor des Verkehrswerts von Grundstücken, in: MDR 1961, S. 550-553 (Ertragswert).

ZURHORST, JÖRG, Internationale Bewertungsverfahren: „Es ist höchste Zeit für einheitliche Standards": Methodische Unterschiede können zu abweichenden Bewertungsergebnissen führen, in: Immobilien Zeitung (Heft 23) 1999, S. 12 (Internationale Bewertungsverfahren).

ZYLA, MARK L., Fair Value Measurements: Practical Guidance and Implementation, Hoboken 2010 (Fair Value Measurements).

Verzeichnis der Rechtsquellen

Baugesetzbuch (BauGB) vom 23.09.2004, BGBl. I S. 2414-2491, zuletzt geändert durch das Gesetz vom 31.07.2009 (BGBl. I S. 2585-2621).

Beleihungswertermittlungsverordnung (BelWertV) vom 12.05.2006, BGBl. I S. 1175-1186, zuletzt geändert durch die Verordnung vom 16.09.2009 (BGBl. I S. 3041).

Bewertungsgesetz (BewG) vom 01.02.1991, BGBl. I S. 230-275, zuletzt geändert durch das Gesetz vom 24.12.2008 (BGBl. I S. 3018-3082).

Bundesrat-Drucksache 171/10 vom 26.03.2010: Beschlussvorlage zur Verordnung über die Grundsätze für die Ermittlung der Verkehrswerte von Grundstücken (Immobilienwertermittlungsverordnung – ImmoWertV).

Bundesrat-Drucksache 296/09 (Beschluss) vom 15.05.2009: Beschluss des Bundesrates zur Verordnung über die Grundsätze für die Ermittlung der Verkehrswerte von Grundstücken (Immobilienwertermittlungsverordnung – ImmoWertV).

Bundesrat-Drucksache 296/09 vom 03.04.2009: Beschlussvorlage zur Verordnung über die Grundsätze für die Ermittlung der Verkehrswerte von Grundstücken (Immobilienwertermittlungsverordnung – ImmoWertV).

Bürgerliches Gesetzbuch (BGB) vom 02.01.2002, BGBl. I S. 42-341, zuletzt geändert durch das Gesetz vom 24.07.2010 (BGBl. I S. 977-982).

Gesetz zur Reform des Erbschaftsteuer- und Bewertungsrechts (Erbschaftssteuerreformgesetz (ErbStRG)) vom 24.12.2008, BGBl. I S. 3018-3082.

Handelsgesetzbuch (HGB) vom 10.05.1897, RGBl. S. 219-436, zuletzt geändert durch das Gesetz vom 31.07.2009 (BGBl. I S. 2512-2520).

Immobilienwertermittlungsverordnung (ImmoWertV) vom 19.05.2010, BGBl. I S. 639-652.

REIT-Gesetz (REITG) vom 28.05.2007, BGBl. I S. 914-922, zuletzt geändert durch das Gesetz vom 19.12.2008 (BGBl. I S. 2794-2845).

Richtlinien für die Ermittlung der Verkehrswerte (Marktwerte) von Grundstücken (Wertermittlungsrichtlinien 2006) (WertR 2006) vom 01.03.2006, Bundesanzeiger Nr. 108a vom 10.06.2006.

Verordnung über die Aufstellung von Betriebskosten (Betriebskostenverordnung (BetrKV)) vom 25.11.2003, BGBl. I S. 2346-2351.

Verordnung über Grundsätze für die Ermittlung des Verkehrswertes von Grundstücken (Wertermittlungsverordnung) (WertV'61) vom 07.08.1961, BGBl. I S. 1183-1188.

Verordnung über Grundsätze für die Ermittlung des Verkehrswertes von Grundstücken (Wertermittlungsverordnung) (WertV'88) vom 06.12.1988, BGBl. I S. 2209-2218, zuletzt geändert durch das Gesetz vom 18.08.1997 (BGBl. I S. 2081-2112 (WertV'98)).

Vierte Richtlinie 78/660/EWG des Rates vom 25. Juli 1978 aufgrund von Artikel 54 Absatz 3 Buchstabe g) des Vertrages über den Jahresabschluß von Gesellschaften bestimmter Rechtsformen, in: Amtsblatt der EG Nr. L 222 vom 14.08.1978, S. 11-31, zuletzt geändert durch die Richtlinie 2009/49/EG des Europäischen Parlaments und des Rates vom 18.07.2009 (Amtsblatt der EG Nr. L 164, S. 42-44).

Wirtschaftsstrafgesetz (WiStG) vom 03.06.1975, BGBl. I S. 1313-1317, zuletzt geändert durch das Gesetz vom 09.04.2008 (BGBl. I S. 714-720).

Zweite Berechnungsverordnung (II. BV) vom 12.10.1990, BGBl. I S. 2178-2202, zuletzt geändert durch das Gesetz vom 23.11.2007 (BGBl. I S. 2614-2630).

Rechnungslegung und Wirtschaftsprüfung

Herausgegeben von Prof. (em.) Dr. Dr. h. c. Jörg Baetge, Münster, Prof. Dr. Hans-Jürgen Kirsch, Münster, und Prof. Dr. Stefan Thiele, Wuppertal

Band 25
Oliver Tinz
Die Abbildung von Wachstum in der Unternehmensbewertung – Eine theoretische und empirische Analyse der Möglichkeiten und Grenzen einer objektivierten und transparenten Abbildung von Wachstum nach IDW S 1
Lohmar – Köln 2010 • 324 S. • € 62,- (D) • ISBN 978-3-89936-952-6

Band 26
Frank M. Hülsberg
Sorgfaltspflichten bei Unternehmenserwerben – Haftungsvermeidung für Vorstände, Geschäftsführer und Aufsichtsräte
Lohmar – Köln 2010 • 340 S. • € 63,- (D) • ISBN 978-3-89936-965-6

Band 27
Tim Eckert
Ausschüttungsrestriktionen als Instrument der Kapitalerhaltung – Eine vergleichende Analyse von Nennkapitalsystem und Solvenztest unter Einbezug einer Monte-Carlo-Simulation
Lohmar – Köln 2010 • 268 S. • € 57,- (D) • ISBN 978-3-89936-989-2

Band 28
Corinna Ewelt-Knauer
Der Konzernabschluss als Berichtsinstrument der wirtschaftlichen Einheit – Zur Abgrenzung des Vollkonsolidierungskreises sowie zur bilanziellen Abbildung von Transaktionen mit Dritten
Lohmar – Köln 2010 • 304 S. • € 59,- (D) • ISBN 978-3-89936-996-0

Band 29
Kathrin Köhling
Barwertorientierte Fair Value-Ermittlung für Renditeimmobilien in der IFRS-Rechnungslegung – Empfehlungen zur Konkretisierung eines Bewertungskalküls
Lohmar – Köln 2011 • 304 S. • € 59,- (D) • ISBN 978-3-8441-0041-9

JOSEF EUL VERLAG